中国国家标准汇编

447

GB 24744～24793

（2009 年制定）

中国标准出版社　编

中国标准出版社

北京

图书在版编目（CIP）数据

中国国家标准汇编：2009 年制定．447：GB 24744～24793/中国标准出版社编．—北京：中国标准出版社，2010

ISBN 978-7-5066-6060-0

Ⅰ.①中… Ⅱ.①中… Ⅲ.①国家标准-汇编-中国-2009 Ⅳ.①T-652.1

中国版本图书馆 CIP 数据核字（2010）第 170978 号

中国标准出版社出版发行
北京复兴门外三里河北街 16 号
邮政编码:100045

网址 www.spc.net.cn
电话:68523946 68517548
中国标准出版社秦皇岛印刷厂印刷
各地新华书店经销

*

开本 880×1230 1/16 印张 38 字数 1 125 千字
2010 年 10 月第一版 2010 年 10 月第一次印刷

*

定价 220.00 元

ISBN 978-7-5066-6060-0

出 版 说 明

1.《中国国家标准汇编》是一部大型综合性国家标准全集。自1983年起，按国家标准顺序号以精装本、平装本两种装帧形式陆续分册汇编出版。它在一定程度上反映了我国建国以来标准化事业发展的基本情况和主要成就，是各级标准化管理机构，工矿企事业单位，农林牧副渔系统，科研、设计、教学等部门必不可少的工具书。

2.《中国国家标准汇编》收入我国每年正式发布的全部国家标准，分为“制定”卷和“修订”卷两种编辑版本。

“制定”卷收入上一年度我国发布的、新制定的国家标准，顺延前年度标准编号分成若干分册，封面和书脊上注明“20××年制定”字样及分册号，分册号一直连续。各分册中的标准是按照标准编号顺序连续排列的，如有标准顺序号缺号的，除特殊情况注明外，暂为空号。

“修订”卷收入上一年度我国发布的、修订的国家标准，视篇幅分设若干分册，但与“制定”卷分册号无关联，仅在封面和书脊上注明“20××年修订-1，-2，-3，……”字样。“修订”卷各分册中的标准，仍按标准编号顺序排列(但不连续)；如有遗漏的，均在当年最后一分册中补齐。需提请读者注意的是，个别非顺延前年度标准编号的新制定的国家标准没有收入在“制定”卷中，而是收入在“修订”卷中。

读者配套购买《中国国家标准汇编》“制定”卷和“修订”卷则可收齐上一年度我国制定和修订的全部国家标准。

3. 由于读者需求的变化，自1996年起，《中国国家标准汇编》仅出版精装本。

4. 2009年我国制修订国家标准共3 158项。本分册为“2009年制定”卷第447分册，收入国家标准GB 24744～24793的最新版本。

中国标准出版社

2010年8月

目　　录

ICS 01.100.01
J 04

GB

中华人民共和国国家标准

GB/T 24744—2009/ISO 10135:2007

产品几何规范(GPS)技术产品文件(TPD)中模制件的表示法

Geometrical product specifications (GPS)—Drawing indications for moulded parts in technical product documentation (TPD)

(ISO 10135:2007,IDT)

2009-11-30 发布 2010-09-01 实施

中华人民共和国国家质量监督检验检疫总局
中国国家标准化管理委员会 发布

前　言

本标准等同采用 ISO 10135:2007《产品几何规范(GPS)　技术产品文件(TPD)中模制件的表示法》。

本标准的附录 A 为规范性附录,附录 B 为资料性附录。

本标准由全国技术产品文件标准化技术委员会(SAC/TC 146)提出并归口。

本标准起草单位:中机生产力促进中心、江苏技术师范学院、吉林大学。

本标准主要起草人:杨东拜、王槐德、王秀英、庞薇。

产品几何规范(GPS)
技术产品文件(TPD)中模制件的表示法

1 范围

本标准规定了技术产品文件中模制件的表示规则和图形符号的比例及尺寸。

本标准适用于铸、锻件工艺性图样的绘制。

2 规范性引用文件

下列文件中的条款通过本标准的引用而成为本标准的条款。凡是注日期的引用文件,其随后所有的修改单(不包括勘误的内容)或修订版均不适用于本标准,然而,鼓励根据本标准达成协议的各方研究是否可使用这些文件的最新版本。凡是不注日期的引用文件,其最新版本适用于本标准。

GB/T 131 产品几何技术规范(GPS) 技术产品文件中表面结构的表示法(GB/T 131—2006,ISO 1302:2002,IDT)

GB/T 1804 一般公差 未注公差的线性和角度尺寸的公差(GB/T 1804—2000,eqv ISO 2768-1:1989)

GB/T 1182 产品几何技术规范(GPS) 几何公差 形状、方向、位置和跳动公差标注(GB/T 1182—2008,ISO 1101:2004,IDT)

GB/T 4457.2 技术制图 图样画法 指引线和基准线的基本规定(GB/T 4457.2—2003,ISO 128-22:1999,Technical drawings—General principles of presentation—Part 22:Basic conventions and applications for leader lines and reference lines,IDT)

GB/T 4457.4 机械制图 图样画法 图线(GB/T 4457.4—2002,ISO 128-24:1999,Technical drawings—General principles of presentation—Part 24:Lines on mechanical engineering drawing,MOD)

GB/T 15757 产品几何量技术规范(GPS) 表面缺陷 术语、定义及参数(GB/T 15757—2002,eqv ISO 8785:1998)

GB/T 16671 产品几何技术规范(GPS) 几何公差 最大实体要求、最小实体要求和可逆要求(GB/T 16671—2009,ISO 2692:2006,MOD)

GB/T 17851 形状和位置公差 基准和基准体系(GB/T 17851—1999,eqv ISO 5459:1981)

GB/T 18780.1 产品几何量技术规范(GPS) 几何要素 第1部分:基本术语和定义(GB/T 18780.1—2002,idt ISO 14660-1:1999)

GB/T 18780.2 产品几何量技术规范(GPS) 几何要素 第2部分:圆柱面和圆锥面的提取中心线、平行平面的提取中心面、提取要素的局部尺寸(GB/T 18780.2—2003,ISO 14660-2:1999,IDT)

GB/T 19096 技术制图 图样画法 未定义形状边的术语和注法(GB/T 19096—2003,ISO 13715:2000,Technical drawings—Edges of undefined shape—Vocabulary and indications,IDT)

ISO 129-1 技术制图 尺寸和公差表示 第1部分:一般原则

ISO 7083 技术制图 几何形位公差的符号 比例和尺寸

ISO 8062-1:2007 产品几何规范(GPS) 模制件的尺寸和几何公差 第1部分:词汇

ISO 14405 产品几何规范(GPS) 尺寸公差

ISO 81714-1 技术产品文件中图形符号的设计 第1部分:基本规则

3 术语和定义

ISO 8062-1、GB/T 18780.1和GB/T 18780.2确立的以及下列术语和定义适用于本标准。

3.1

全部特征注法 global specification

适用于所有相关特征的注法规定。

3.2

个别特征注法 partial specification

适用于有限相关特征的注法规定。

4 字母代号

本标准的字母代号如表1所示。

表1 字母代号说明

字母代号	说明	见条目
C	铸心	6.1
E	顶杆	6.2
FL	毛边	6.5
FLF	自由毛边	6.5.3
G	浇口	6.2
H	热发散(冷却标志)	6.2
M	主要	6.1
PRD	局部流动方向	6.9
R	冒口	6.2
S	滑块(侧芯型)	6.1
SMI	表面错移	6.4
TF	配合锥度(通风)	6.7.5
TM	锥度一	6.7.3
TMD	工具运动方向	6.8
TP	锥度+	6.7.3
V	通风孔	6.2

5 线型规定

线的种类和线的宽度应依据GB/T 4457.4,见表2。图形符号的尺寸和比例见附录A。

表 2　线型

线　　型	线型代码 （依据 GB/T 4457.4）	应　　用
	01.2	视图中的模样分型线
	04.2	剖视图中的模样分型线
		限制区域界线
	05.1	模样的最初轮廓线
		成品中空部分轮廓线
		特定区域线

6　模制件的表示法

6.1　分模面

两个铸造模具之间的分模面的图形符号见图 1 a)。固定和可动的模具零件的标志是空心和实心各半的图形符号见图 1 b)，其中实心的一半表示固定模具零件，空心的一半表示可动模具零件。图形符号的详细信息见图 A.1。

a)　　　　　　　　　　　　b)

图 1　分模面的图形符号

分模面图形符号外侧左上角可用字母代号表示分模面的类型，见表 3、图 2 和图 3。

表 3　分模面类型的字母代号

字母代号	应　　用
C	芯骨处的分模面
M	模具的主要分模面
S	滑块的分模面

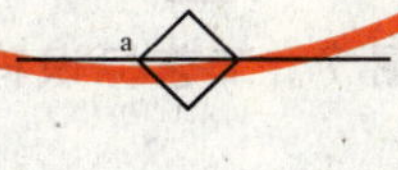

ᵃ 表示分模面类型字母代号插入的位置。

图 2　分模面类型字母代号插入的位置

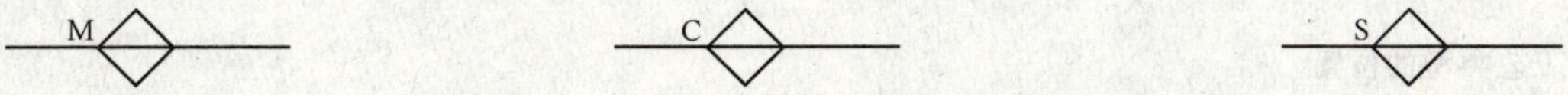

a)　　　　　　　　b)　　　　　　　　c)

图 3　特殊类型分模面的表示

分模面应按表 2 规定的线型表示。表示分模面的图形符号标注在表示分模面的分型线上，位置在模具零件的轮廓线外侧，见图 4。

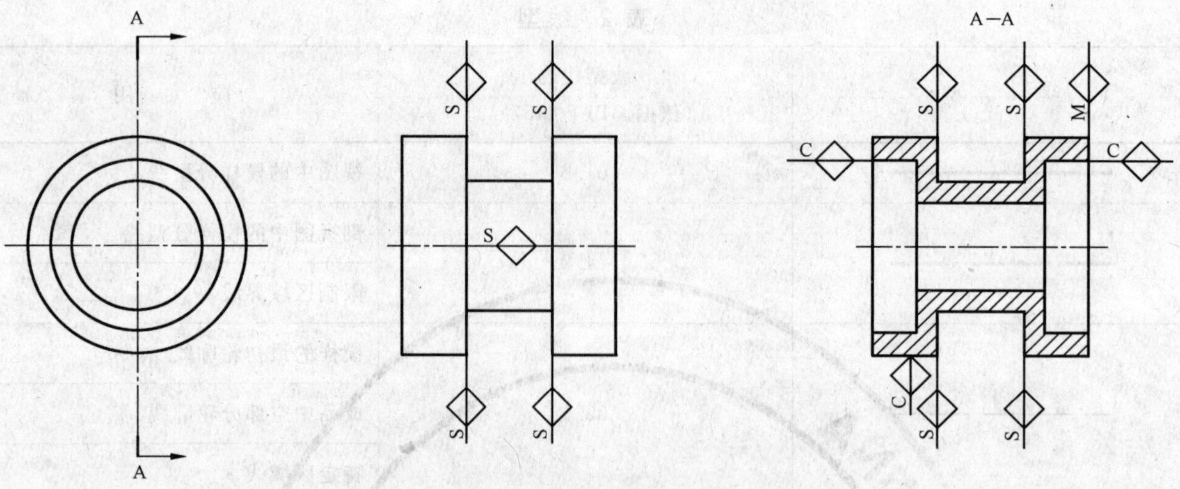

图 4　分模面的标注

一个零件的一个分模面可用不止一个图形符号来说明。

必要时，表面错移和毛边应标注在分模面图形符号的右侧，如图 5 和图 6 所示，更多详细信息见 6.4 和 6.5。

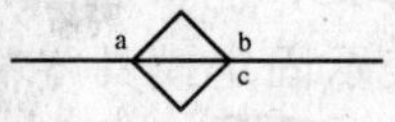

a 标注分模面类型字母代号的位置。

b 标注表面错移误差要求的位置。

c 标注毛边要求的位置。

图 5　分模面图形符号上标注错移和毛边的位置

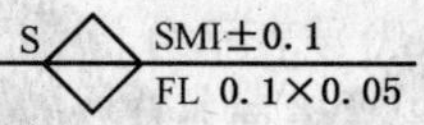

图 6　分模面上错移和毛边的标注示例

6.2　工艺标识符

当有必要说明因模具辅助组件引起的最大允许挠度的大小时，其浇口、冒口、通气口、顶杆等工艺标识符如图 7 所示。这些标识符应标注在基准线上面，如图 8 所示。箭头和指引线指向特征表面（见 GB/T 4457.2）。表 4 中给出的字母代号，表示工艺的种类，这些字母代号应标注在工艺标识符后。当采用表 4 所列种类以外的工艺时，应用汉字写出全称。标识符的详细信息如图 A.3 所示。

图 7　工艺标识符

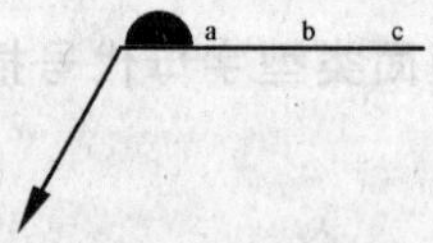

a 标注工艺类型的位置。

b 标注加号或者减号用来表示（升高或降低）方向的位置。

c 标注尺寸的位置。

图 8　带指引线和基准线的工艺标识符的标注

表 4　工艺标识符的字母代号及工艺种类

字母代号	工艺种类
E	顶杆
G	浇口
R	热发散(冷却)
H	冒口
V	通气口

加号或减号应标注在工艺种类的字母代号后面,如图 9 所示。模制件在邻接面的上面时,在字母代号后标注加号,如图 9 a)所示。模制件在邻接面的下面时,在字母代号后标注减号,如图 9 b)所示。当升高或降低均被允许时,可以使用加号和减号。

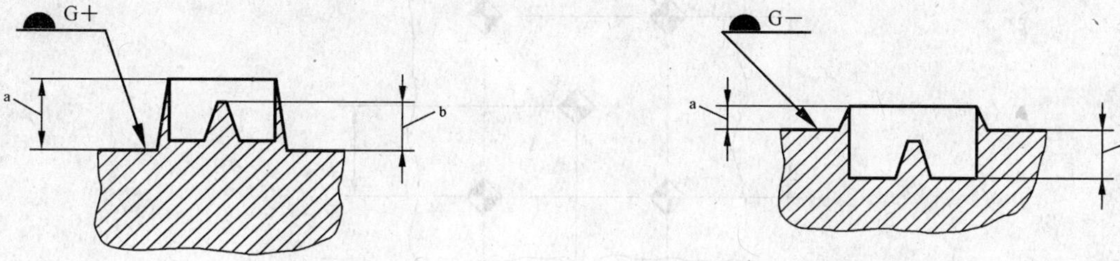

a) 升高工艺标识符　　　　b) 降低工艺标识符

a 毛边深度。
b 凸出高度。
c 凹陷深度。

图 9　毛边和浇口组合要求标注示例

标注表面最大允许误差时,可以如图 10 所示在工艺标识符加号或减号后面添加数值。数值表示最大允许误差的上限或者下限,箭头应指向表面。

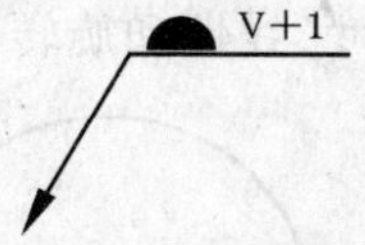

图 10　工艺标识符示例

如果有必要指明最大允许误差范围,应当在数值后标注表面最大允许误差上限和下限,即:

——用一个数值表示模制件表面直径误差,如图 11 a)所示;

——用两个数值代表模制件的一个矩形表面,如图 11 b)所示,其中第一个数值代表视图平面方向的误差,第二个数值代表视图正交方向的误差。

a) 标注直径　　　　b) 标注矩形

图 11　带最大允许误差范围和挠度范围的工艺标识符标注

毛边的最大允许误差值可以在基准线下方,标识符的右侧标注,见 6.5 和图 12。

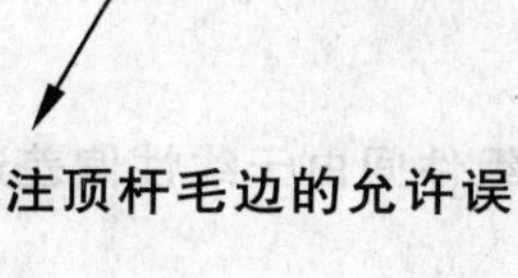

图 12　标注顶杆毛边的允许误差极限示例

模制件表面的加工工艺结构位置公差标注按 GB/T 1182 的规定。

6.3 顶杆特殊标识符

如果有必要说明时，可以使用图形符号标注，例如图 13 中的顶杆标识符。图形符号的详细信息如图 A.4 所示。

图 13 顶杆标识符的图形符号

顶杆标识符可与说明凸出或凹陷最大允许误差的工艺标识符标注在一起，如图 14 所示。

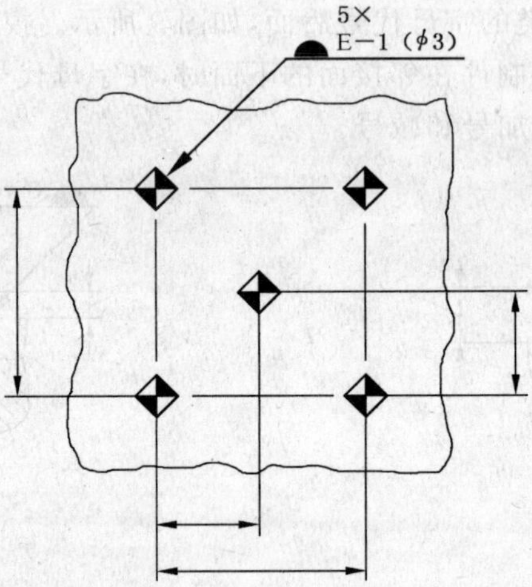

图 14 顶杆标识符与工艺标识符联合标注的示例

6.4 错移

6.4.1 总则

在制造具有复杂特征的分模面时，由于使用一个以上的模具组件会引起表面错移现象，表面错移可能产生在主要分模面、滑块、内部工具或者两个芯骨间的分模面等部位。

图 15、图 16 和图 17 分别给出了由于尺寸、线性和旋转偏差造成的表面错移示例。

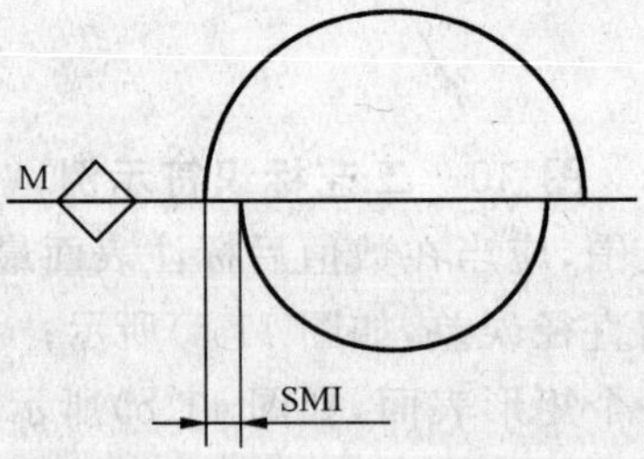

图 15 两个模具组件间由于尺寸偏差造成的表面错移(SMI)

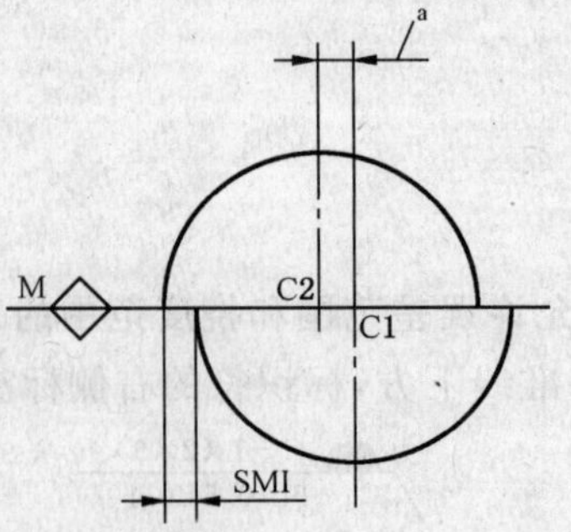

[a] 线性偏差。

图 16 两个模具组件间由于线性偏差造成的表面错移

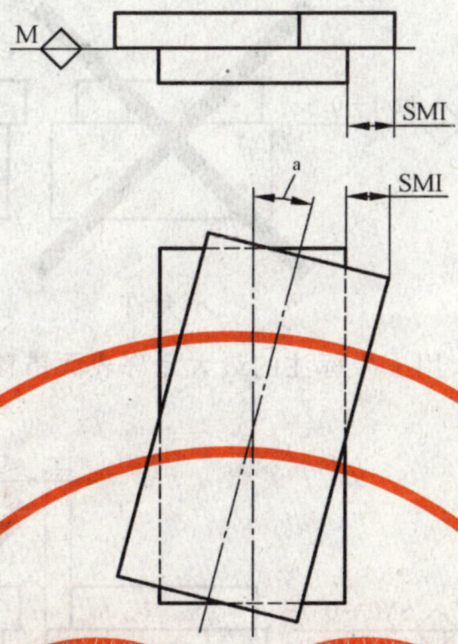

a 旋转偏差。

图 17 两个模具组件间由于旋转偏差造成的表面错移

由于在铸造过程中错移会造成不合格产品，所以有必要进行控制，可以用指定最大允许表面错移范围来控制错配现象。

6.4.2 最大允许表面错移 SMI

6.4.2.1 总则

如果有必要指定最大允许表面错移，按照图 18 所示字母代号表示。

SMI

图 18 最大允许表面错移的字母代号

如表 5 所示，标注最大允许表面错移的数值时应附带一个符号。图 19 用字母代号表示了模制件相应特征的表面错移允许方向，标注示例如图 20 和图 21 所示。

表 5 SMI 的符号

＋(加号)	凸出
－(减号)	凹陷
±(加减号)	凸出或凹陷

SMI±0.2

图 19 最大允许表面错移的标注

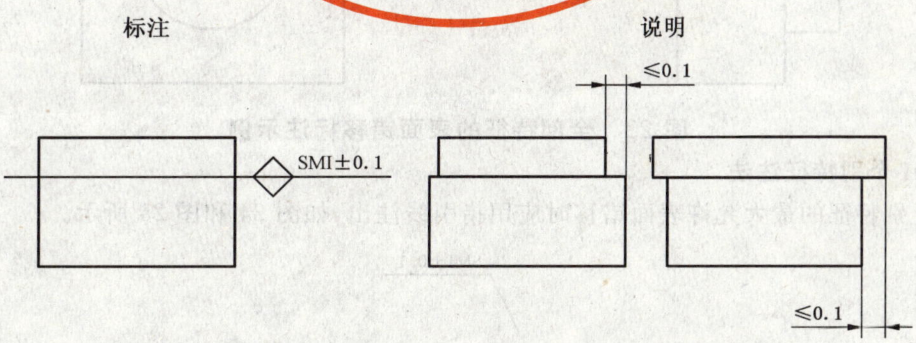

图 20 用±号标注两个模具组件模制件间的允许表面错移(SMI)

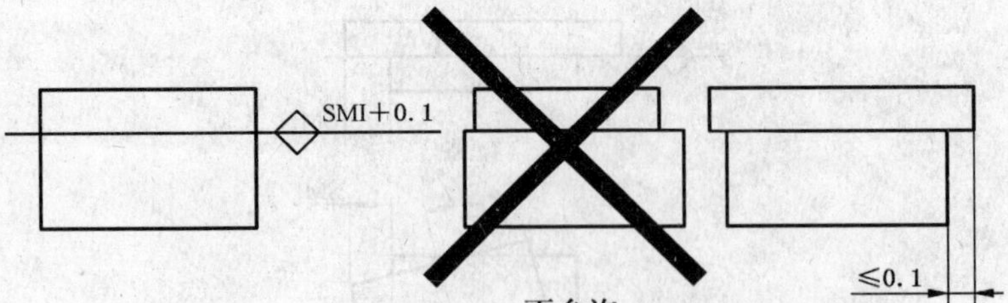

a) 用+号标注的最大允许表面错移

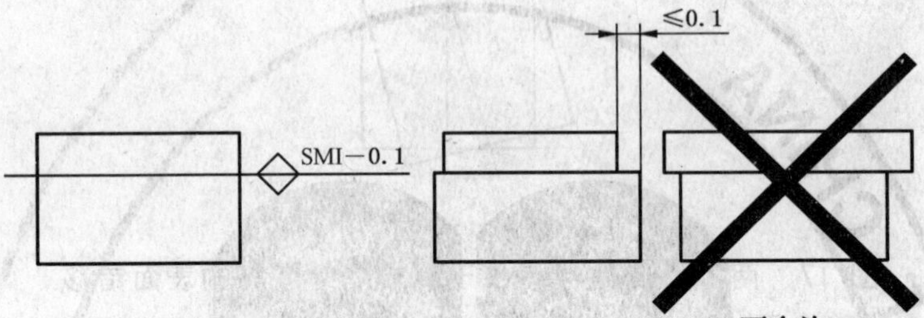

b) 用−号标注的最大允许表面错移

图 21　用符号标注两个模制件间的允许表面错移(SMI)

最大允许表面错移可能有以下两种标注方法：

——SMI 全部特征注法，如 6.4.2.2；

——SMI 个别特征注法，如 6.4.2.3。

6.4.2.2　SMI 全部特征注法

一个分模面所有特征的最大允许表面错移应标注在标识符的右侧，分型线的上方，如图 22 所示。

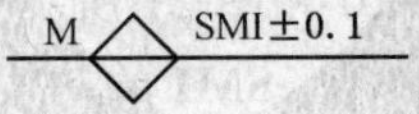

图 22　全部特征的表面错移标识符

当在视图上为了说明一个分模面而使用不止一个标识符时，全部特征最大允许表面错移只标注在其中一个标识符后面，如图 23 所示。

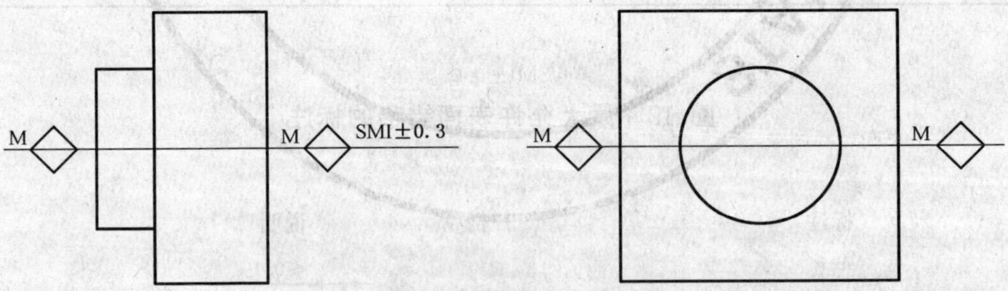

图 23　全部特征的表面错移标注示例

6.4.2.3　SMI 个别特征注法

在标注个别特征的最大允许表面错移时应用指引线注出，如图 24 和图 25 所示。

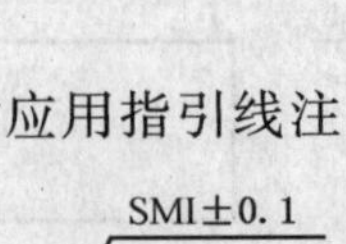

图 24　用指引线和基准线标注最大允许表面错移的标识符示例

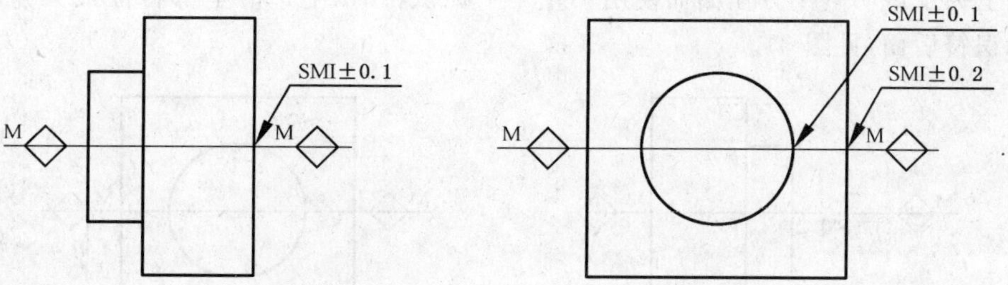

图 25　个别特征的表面错移标注示例

最大允许表面错移个别标注规格可以代替最大允许表面错移全部特征注法。

6.5　毛边

6.5.1　总则

由于在铸造过程中毛边经常会造成不合格产品，所以有必要进行控制，可以用指定最大允许毛边或者自由毛边区域来控制毛边现象。

6.5.2　最大允许毛边尺寸

6.5.2.1　一般原则

如果有必要说明最大允许毛边尺寸，应使用图 26 给出的字母代号表示。

FL

图 26　毛边最大允许尺寸的字母代号

毛边最大允许尺寸应标注在字母代号的右侧，用一个或两个数值来表示均可，见图 27 和图 28。

FL 0.2

图 27　毛边最大允许高度标注示例

FL 0.2×0.05

图 28　毛边最大允许高度和宽度标注示例

第一个数值代表毛边最大允许高度，如果有第二个数值，第二个数值代表毛边最大允许宽度，如图 29 所示。

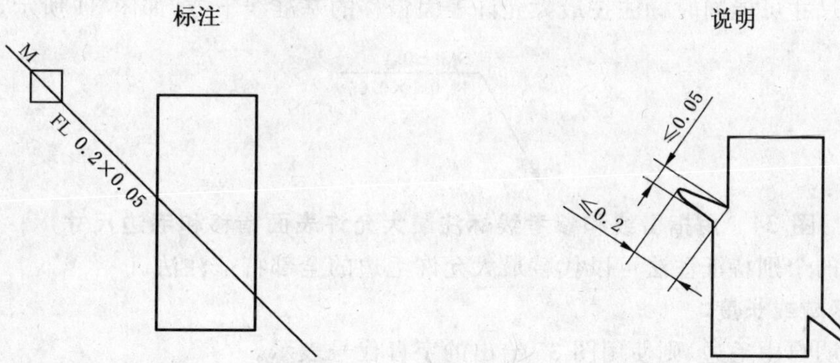

图 29　毛边要求标注示例

毛边最大允许尺寸可能有以下两种标注方法：

——毛边的全部特征注法，如 6.5.2.2；

——毛边的个别特征注法，如 6.5.2.3。

6.5.2.2　毛边的全部特征注法

一个分模面所有特征的毛边最大允许尺寸应标注在标识符的右侧，分模线的下方，见图 30。

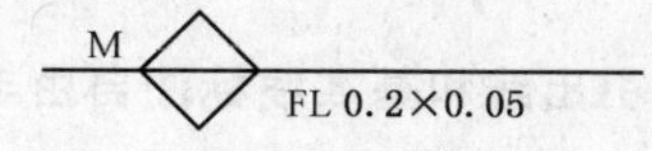

图 30　毛边的全部特征注法

当在视图上为了说明一个分模面而使用不止一个标识符时，毛边的全部特征最大允许尺寸只标注在其中一个标识符后面，见图 31。

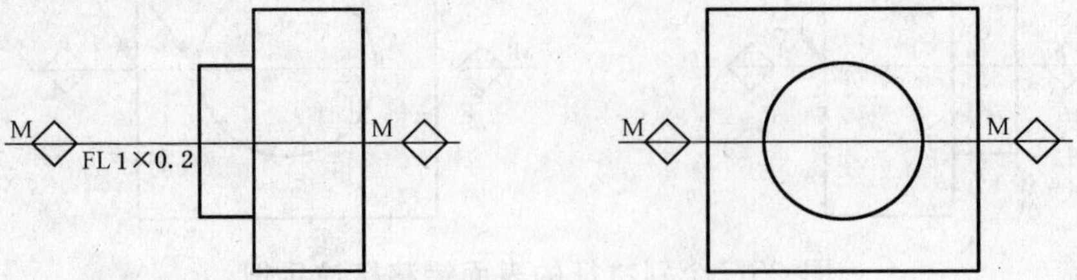

图 31　毛边的全部特征标注示例

6.5.2.3　毛边的个别特征注法

依据 GB/T 4457.2 有关要求，在标注毛边的个别特征最大允许尺寸时，应用指引线标出，见图 32 和图 33。

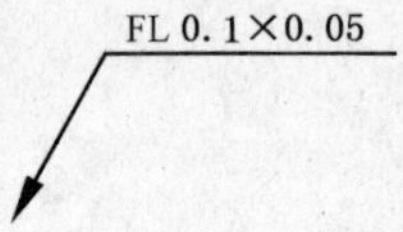

图 32　用指引线和基准线标注毛边最大允许尺寸

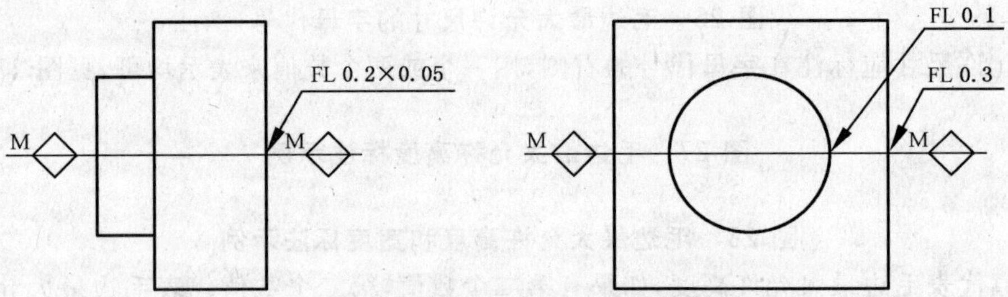

图 33　毛边的个别特征尺寸标注示例

毛边最大允许尺寸可能同时标注在最大允许表面错移的基准线下方，如图 34 所示。

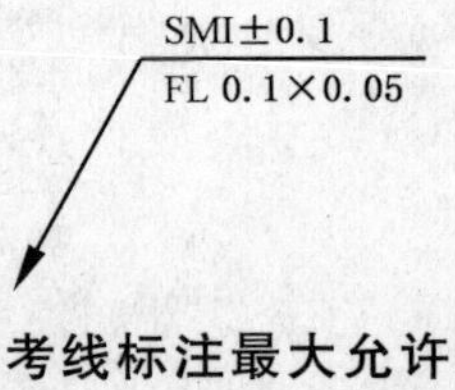

图 34　用指引线和参考线标注最大允许表面错移和毛边尺寸

最大允许毛边的个别特征注法可以代替最大允许毛边的全部特征注法。

6.5.3　自由毛边区域或长度

如果有必要说明自由毛边，则使用图 35 给出的字母代号表示。

FLF

图 35　自由毛边情况时的字母代号

依据 GB/T 4457.2 有关要求，在标注自由毛边情况时要用引出线标出，见图 36。

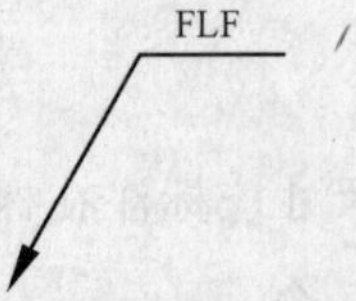

图 36　用引出线和基准线标注自由毛边情况

6.6 范围标注规定

6.6.1 总则

有时在工件的一部分或整个工件上有不止一个特征要求，此时应限定范围并进行标注。

6.6.2 限定区域

当对特征表面上的某一部分有特定要求时，可在与之相邻处画一平行的粗点画线来限定区域。

当特征表面为曲面时标注在工件的一侧，见图 37。当视图能够明确显示限定区域的范围时，不需要标注尺寸，见图 38。

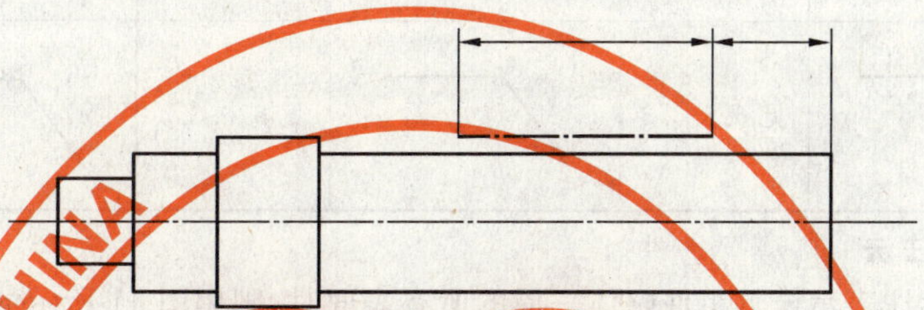

图 37 限定区域特征的标注

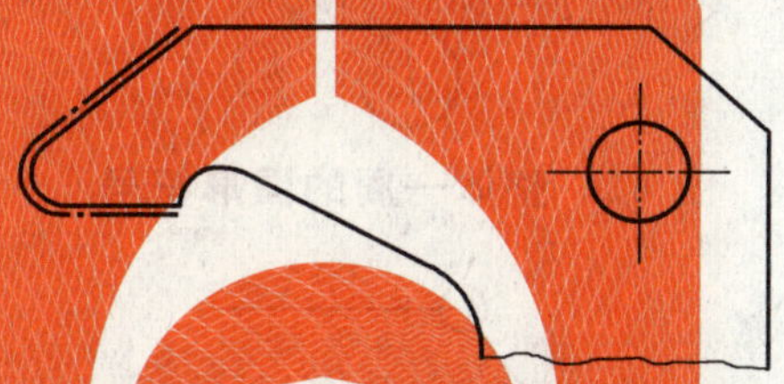

图 38 组合相连的特征标注

依据 GB/T 4457.2 有关要求，用指引线进行标注的特定要求，仅在所限定范围内有效，见图 39 和图 40。

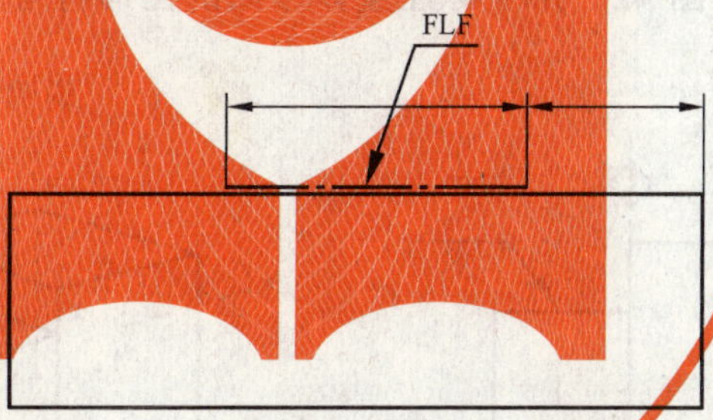

图 39 限定自由毛边区域的标注(一)

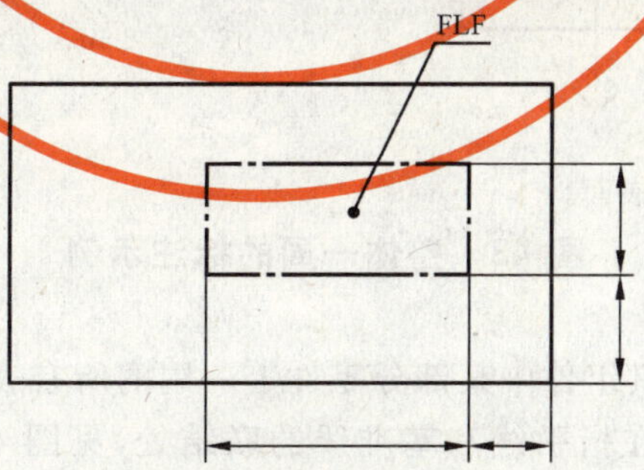

图 40 限定自由毛边区域的标注(二)

6.6.3 延伸区域

6.6.3.1 总则

如果需要对多个相同特征进行标注，而这些所有特征表面在同一工件上并且相互关联，那么可以用经过变化的标注表示一个模制件的延伸区域，见表 6。图形符号的详细信息见图 A.12～图 A.15。

表 6　一个模制件上的延伸区域标注的各种变化

分　类	一个模制件上的延伸区域标注变化					
	一　周		给定轴向的一周		全周(限定范围的)	
整体	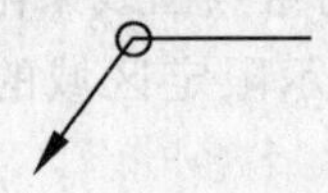	见 6.6.3.2	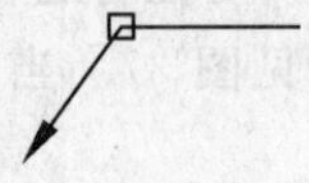	见 6.6.3.4	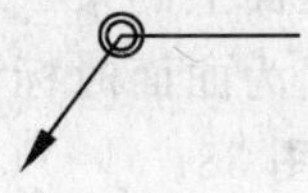	见 6.6.3.6
局部	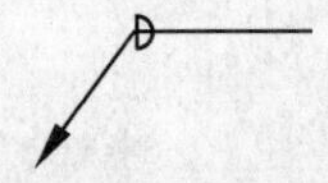	见 6.6.3.3	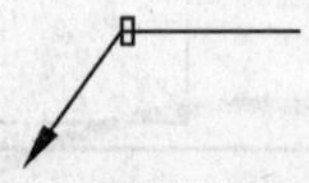	见 6.6.3.5	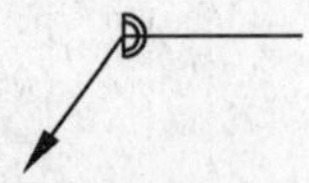	见 6.6.3.7

6.6.3.2　整体一周的注法

如果需要用一个标注表示模具组件整体一周的所有表面时，则用图 41 所示的整体一周图形符号标注。图形符号的位置在指引线和基准线的联结处，见图 42。图形符号的标注示例如图 43 所示。

图 41　整体一周的图形符号

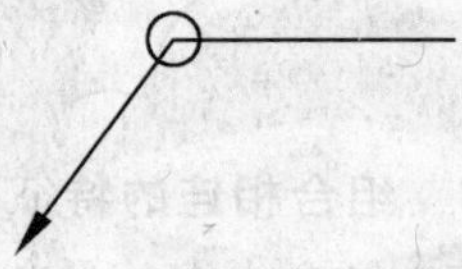

图 42　用于标注整体一周的图形符号

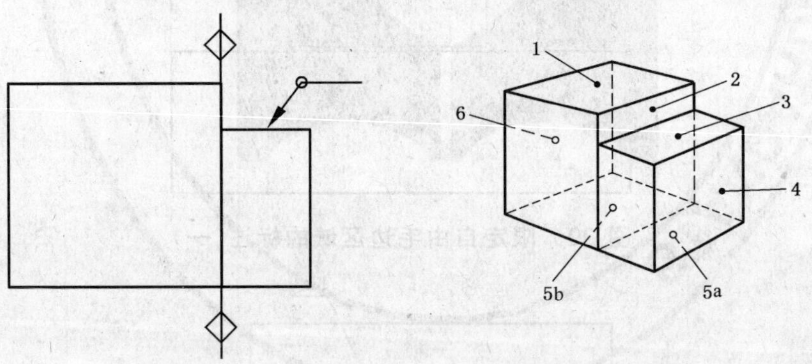

注：标注中所指的是编号 1～6 的表面。

图 43　整体一周的标注示例

6.6.3.3　局部一周的注法

如果需要用一个标注表示模具组件中某部分零件上一周的所有表面时，则用图 44 所示的局部一周图形符号标注。图形符号的位置在指引线和基准线的联结处，见图 45。局部一周标注的标注示例如图 46 所示。

图 44　局部一周的图形符号

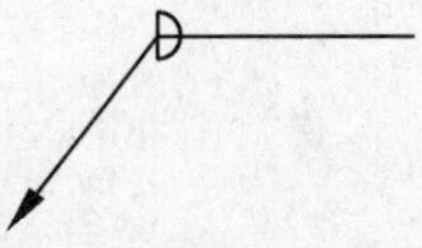

图 45　用于标注局部一周的图形符号

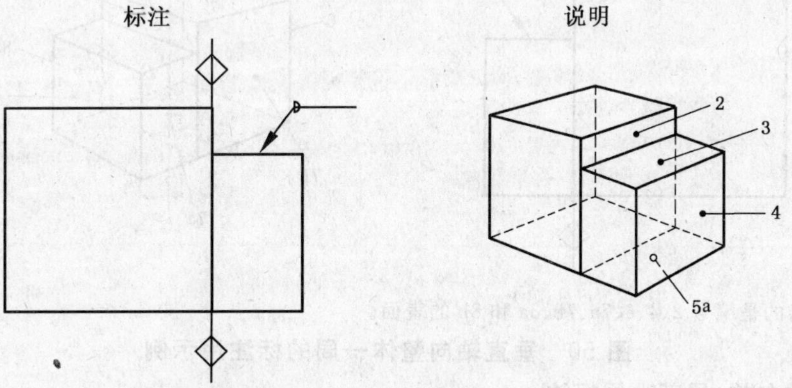

注：标注中所指的是编号 2～5a 的用相同形状模具组件铸造的表面。

图 46　局部一周的标注示例

6.6.3.4　（给定轴向的）整体一周注法

如果需要用一个标注表达模制件上与给定轴平行或垂直的表面时，则用图 47 所示的整体一周的基本图形符号标注，在整体一周的基本图形符号旁边要标注水平或垂直轴向。基本图形符号的位置在指引线和基准线的联结处，见图 48。图形符号的标注示例如图 49 和图 50 所示。

a）水平轴向　　b）垂直轴向

图 47　（给定轴向的）整体一周的基本图形符号

a）水平轴向　　b）垂直轴向

图 48　用于标注（给定轴向的）整体一周的图形符号

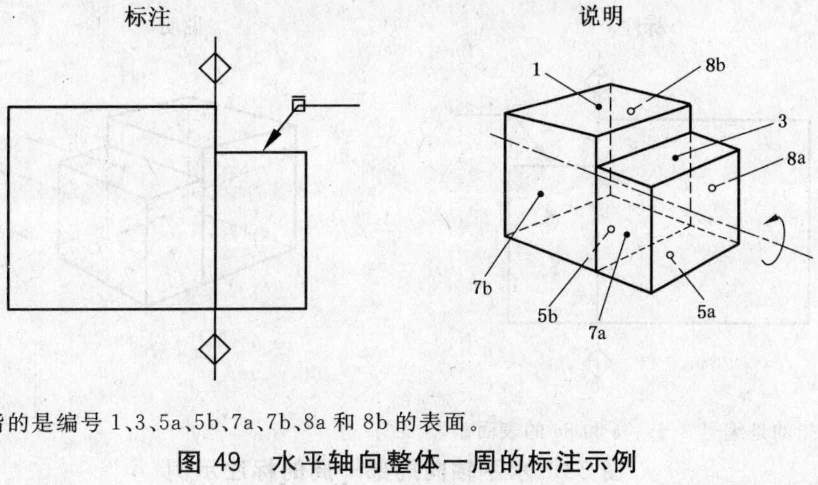

注：标注中所指的是编号 1、3、5a、5b、7a、7b、8a 和 8b 的表面。

图 49　水平轴向整体一周的标注示例

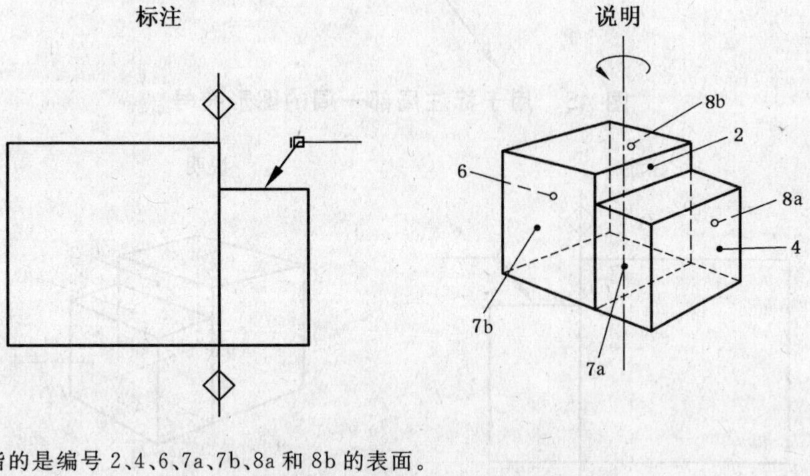

注：标注中所指的是编号 2、4、6、7a、7b、8a 和 8b 的表面。

图 50　垂直轴向整体一周的标注用示例

6.6.3.5　(给定轴向的)局部一周标注

如果需要用一个标注表达在成形模具组件内的某个零件上与给定轴向水平或垂直的表面时，则用图 51 所示的局部一周的基本图形符号标注，在局部一周的基本图形符号旁边要标注水平或垂直轴向。基本图形符号的位置应在指引线和基准线的联结处，见图 52。图形符号的标注示例如图 53 和图 54 所示。

a) 水平轴向　　b) 垂直轴向

图 51　(给定轴向的)局部一周的基本图形符号

a) 水平轴向　　b) 垂直轴向

图 52　用于标注(给定轴向的)局部一周的图形符号

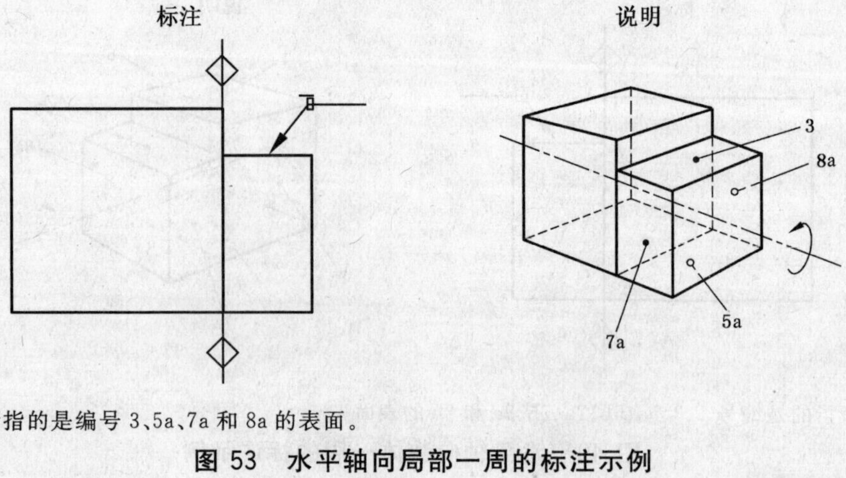

注：标注中所指的是编号 3、5a、7a 和 8a 的表面。

图 53　水平轴向局部一周的标注示例

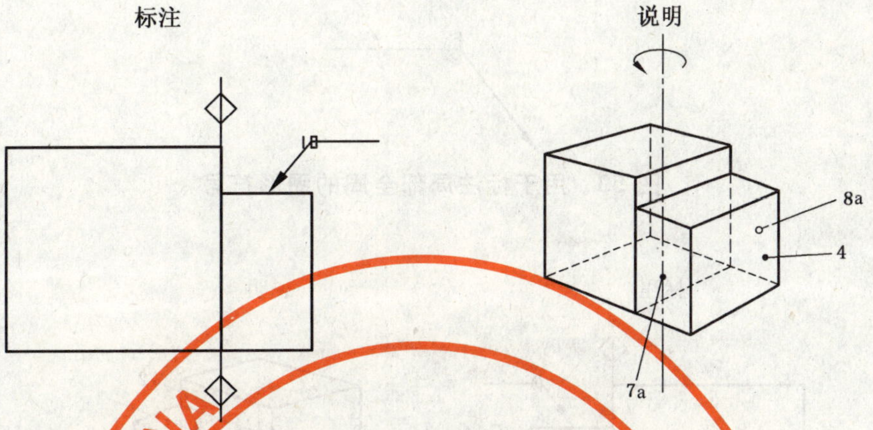

注：标注中所指的是编号 4、7a 和 8a 的表面。

图 54　垂直轴向局部一周的标注用示例

6.6.3.6　整体全周的注法

如果需要用一个标注表达模具组件上的所有表面时，则用图 55 所示的整体全周图形符号标注。图形符号的位置在指引线和基准线的联结处，见图 56。图形符号的标注示例如图 57 所示。

图 55　整体全周的图形符号

图 56　用于标注整体全周的图形符号

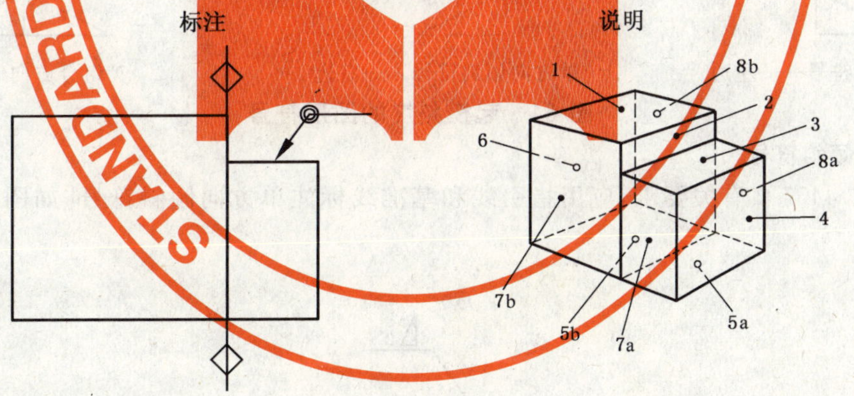

注：标注中所指的是编号 1、2、3、4、5a、5b、6、7a、7b、8a 和 8b 的表面。

图 57　整体全周的标注示例

6.6.3.7　局部全周的注法

如果需要用一个标注表示模具组件中某部分零件上的所有表面时，则用图 58 所示的局部全周图形符号标注。图形符号的位置在引出线和参考线的联结处，见图 59。图形符号的标注示例如图 60 所示。

图 58　局部全周的图形符号

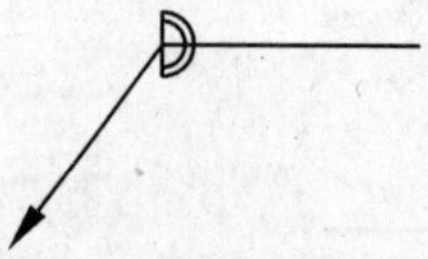

图 59　用于标注局部全周的图形符号

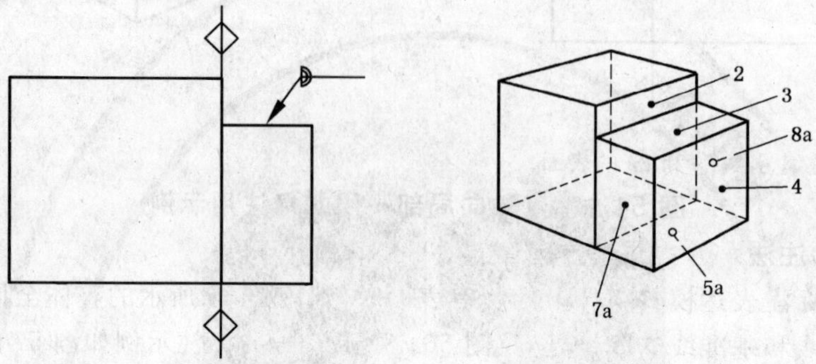

注：标注中所指的是编号 2、3、4、5a、7a 和 8a 的表面。

图 60　局部全周的标注示例

6.7　起模斜度

6.7.1　总则

在视图中，铸件表面的起模斜度应在其相应位置用倾斜的图形符号标注，倾斜图形符号的方向可以是单一的也可以是组合的，见图 61。符号的详细信息如图 A.5～图 A.11 所示。

a) 单方向倾斜符号——左边　　b) 单方向倾斜符号——右边　　c) 组合方向倾斜符号

图 61　起模斜度的图形符号

6.7.2　单方向倾斜符号

依据 GB/T 4457.2 有关要求，应用指引线和基准线标注单方向倾斜符号[如图 61 a)和 b)]，如图 62 所示。

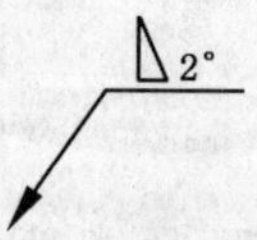

图 62　倾斜符号

单方向倾斜符号的标注应符合以下基本规则：

——规则 1：倾斜符号的直角三角形的斜边表示起模斜度的方向。

——规则 2：倾斜符号的长直角边应平行且靠近特征尺寸。

——规则 3：斜度应通过注写在倾斜符号右边的角度(例如 2°)或比率(例如 1∶10)来表示。

——规则 4：指引线箭头指向标注在基本尺寸的边上。

——规则 5：如果起模特征表面与分模面相交，则用指引线箭头和分模面(分模线)限定起模特征表面的边缘。否则认为整个平面都是起模特征表面。

标注示例如图 63 和图 64 所示。

单位为毫米

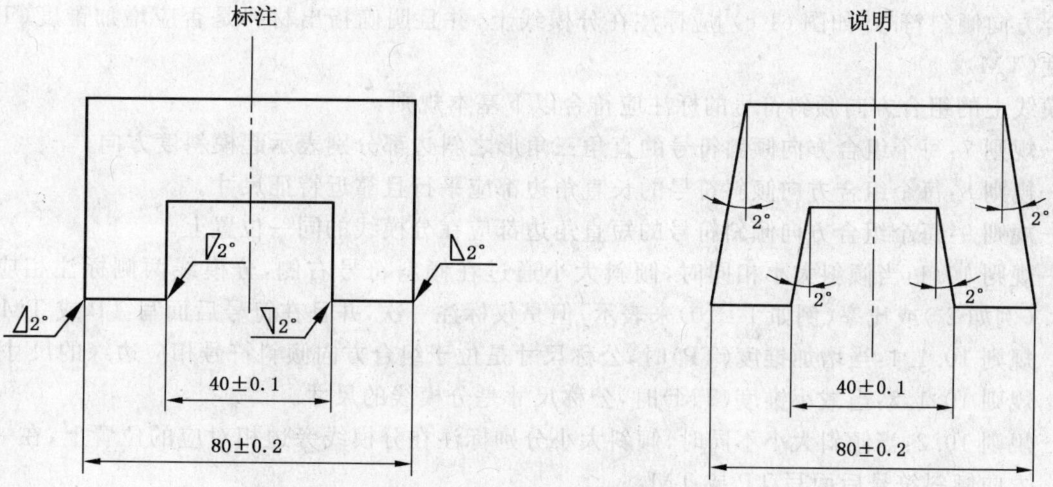

图 63 用单方向倾斜符号标注起模斜度(示例 1)

单位为毫米

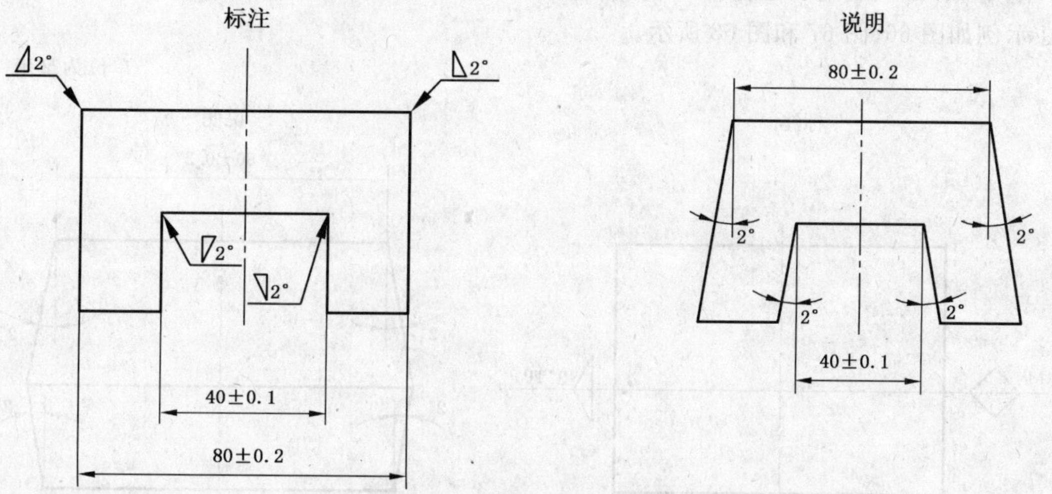

图 64 用单方向倾斜符号标注起模斜度(示例 2)

当标注一些特殊位置或部分特征尺寸的基本尺寸时,应遵守下面所列的附加规则:

——规则 6:可以运用尺寸线和指引线箭头一起标注准确的位置或部分,见图 65。

单位为毫米

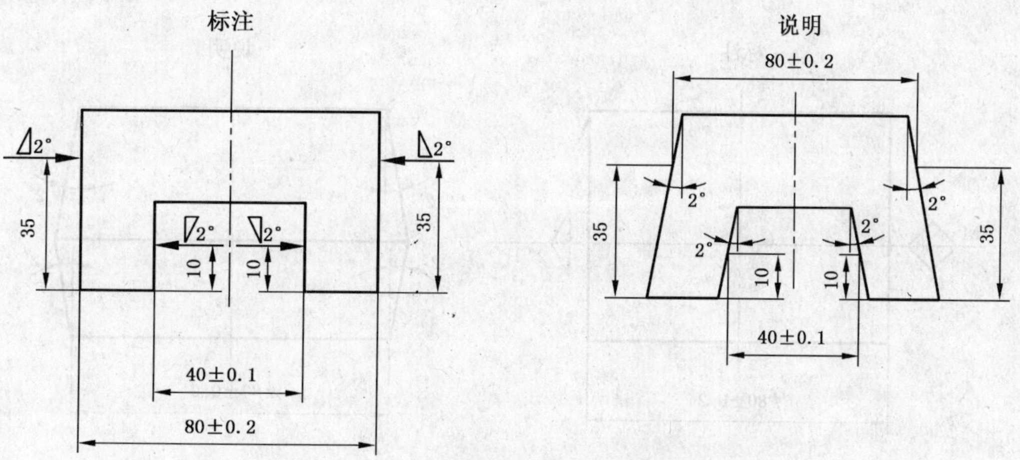

图 65 用单方向倾斜符号标注起模精确位置

6.7.3 分模线上的组合方向倾斜符号

组合方向倾斜符号[如图 61 c)]应标注在分模线上，并且明确指出材料是否应增加锥度(TP)或者减小锥度(TM)。

分模线上的组合方向倾斜符号的标注应符合以下基本规则：

——规则 7：每个组合方向倾斜符号的直角三角形之斜边都分别表示起模斜度方向。

——规则 8：每个组合方向倾斜符号的长直角边都应平行且靠近特征尺寸。

——规则 9：每个组合方向倾斜符号的短直角边都应在分模线的同一位置上。

——规则 10.1：当倾斜大小相同时，倾斜大小通过在倾斜符号右侧，分模线两侧标注相应的角度(例如 2°)或比率(例如 1：10)来表示，但是仅标注一次，并且在符号后面写 TP 或 TM：

规则 10.1.1：当增加锥度(TP)时，公称尺寸是位于组合方向倾斜符号相应边缘的尺寸；

规则 10.1.2：当减小锥度(TM)时，公称尺寸是分模线的尺寸。

——规则 10.2：当倾斜大小不同时，倾斜大小分别标注在分模线旁边相对应的位置上，在一个组合方向倾斜符号后面写 TP 或 TM：

规则 10.2.1：当减小锥度(TM)时，公称尺寸是分模线的尺寸；

规则 10.2.2：当增加锥度(TP)时，公称尺寸是位于组合方向倾斜符号相应边缘的尺寸。

标注示例如图 66、图 67 和图 68 所示。

单位为毫米

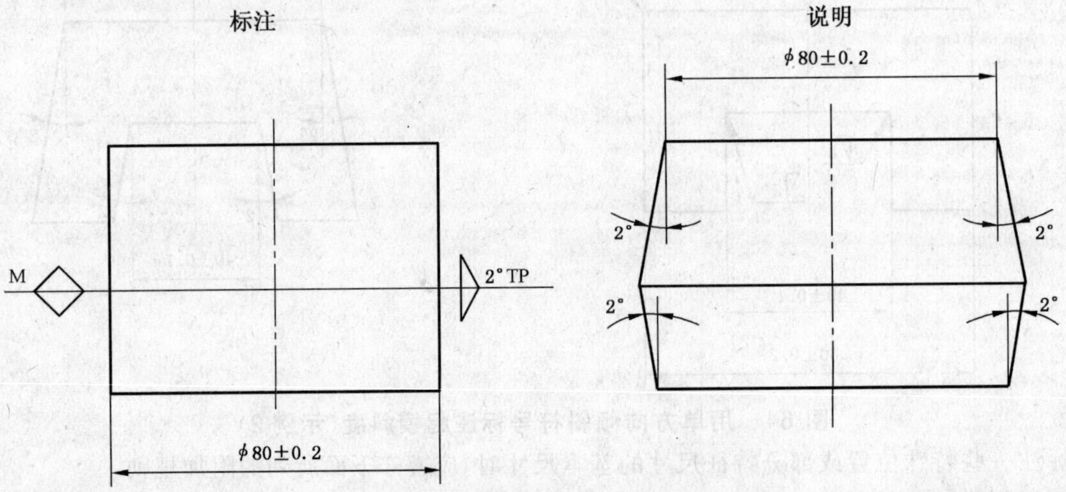

图 66 增加锥度(TP)的组合倾斜方向标注(示例 1)

单位为毫米

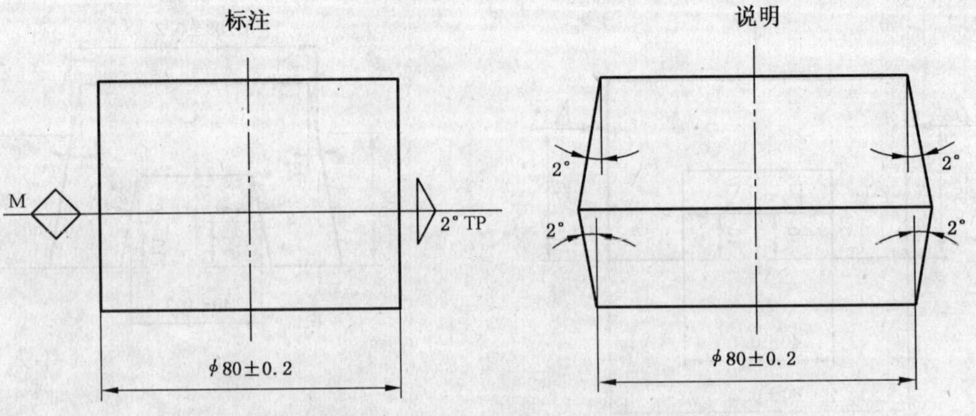

图 67 增加锥度(TP)的组合倾斜方向标注(示例 2)

单位为毫米

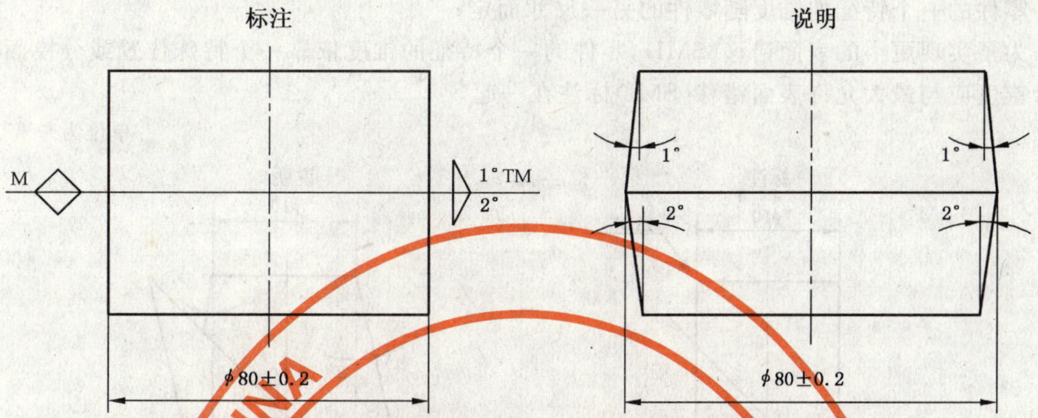

图 68　减小锥度(TM)的组合倾斜方向标注

6.7.4　特殊位置上的组合方向倾斜符号

用尺寸线和基准线箭头一起标注准确的位置或部分，见图 69。组合方向倾斜符号[如 61 c)]应标注在基准线上，并且明确指出材料是否应增加锥度(TP)或者减小锥度(TM)。

特殊位置上的组合方向倾斜符号的标注应符合以下基本规则：

——规则 11：每个组合方向倾斜符号的直角三角形之斜边都分别表示起模斜度的方向。

——规则 12：每个组合方向倾斜符号的长直角边都应平行且靠近特征尺寸。

——规则 13：每个组合方向倾斜符号的短直角边都应在分模线的同一位置上。

——规则 14.1：当倾斜大小相同时，倾斜大小通过在倾斜符号右侧，参考线两侧标注相应的角度(例如 2°)或比率(例如 1∶10)来表示，但仅标注一次，并在符号后面写 TP 或 TM：

规则 14.1.1：当减小锥度(TM)时，公称尺寸是参考线标注位置的尺寸；

规则 14.1.2：当增加锥度(TP)时，公称尺寸是位于组合方向倾斜符号相应边缘的尺寸。

——规则 14.2：当倾斜大小不同时，倾斜大小分别标注在尺寸线旁边相对应的位置上，在一个组合方向倾斜符号后面写 TP 或 TM：

规则 14.2.1：当减小锥度(TM)时，公称尺寸是参考线标注位置的尺寸；

规则 14.2.2：当增加锥度(TP)时，公称尺寸是位于组合方向倾斜符号相应边缘的尺寸。

标注示例如图 69 所示。

单位为毫米

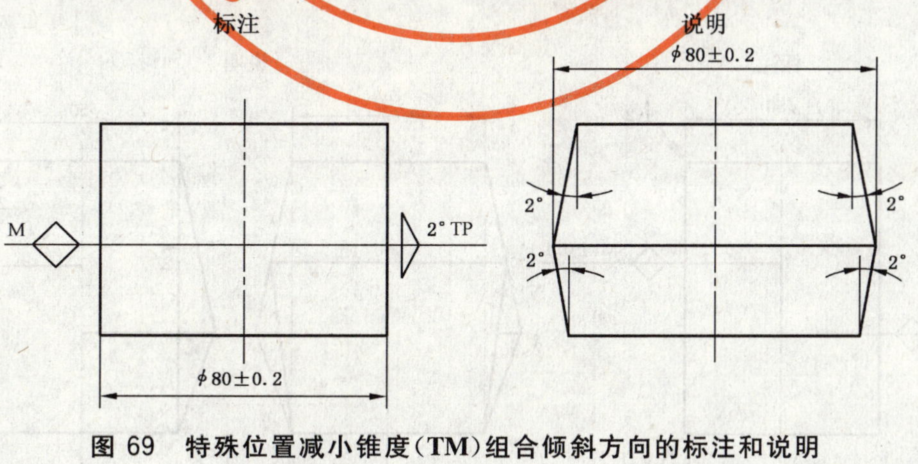

图 69　特殊位置减小锥度(TM)组合倾斜方向的标注和说明

6.7.5　配合锥度

在以下情况中起模配合斜度可以用 TF 代替数值进行标注，见图 70、图 71、图 72 和图 73。

——最大允许表面错移(SMI)对铸件很重要；

——零件的一个特征的锥度随零件的另一尺寸而定；

——为了实现更小的表面错移(SMI)，零件的一个特征的锥度依靠一个特殊位置或分模面。

配合锥度应与最大允许表面错移(SMI)标注在一起。

单位为毫米

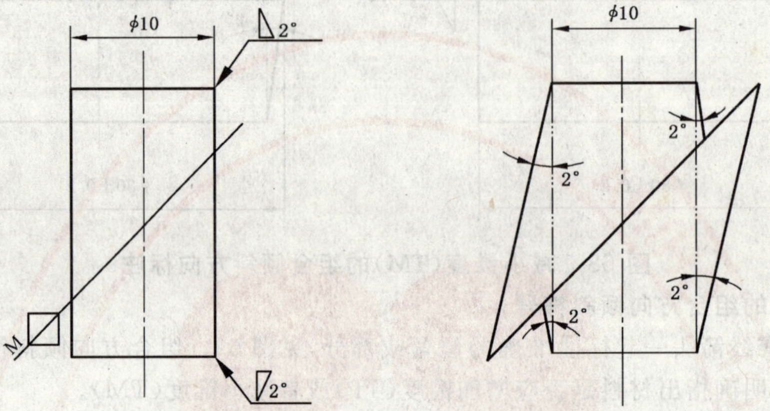

图 70　标注起模数值的零件倾斜分模面

单位为毫米

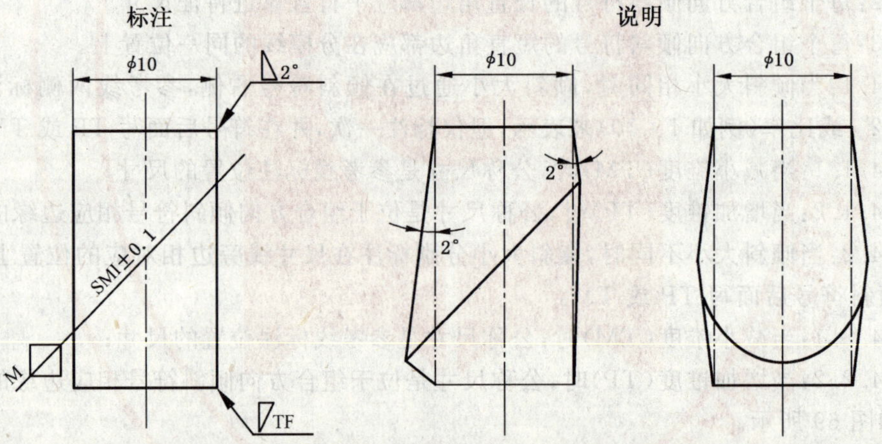

图 71　标注配合锥度的零件倾斜分模面

单位为毫米

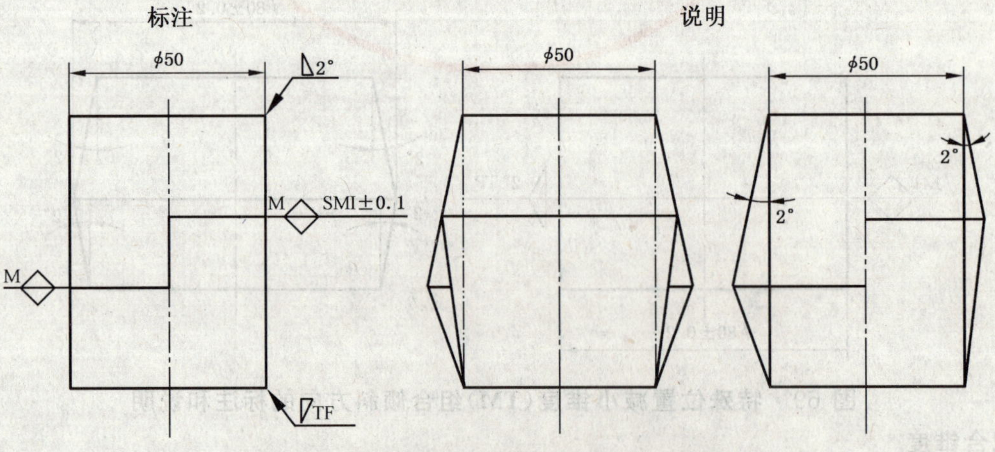

图 72　标注配合锥度的零件阶梯分模面

单位为毫米

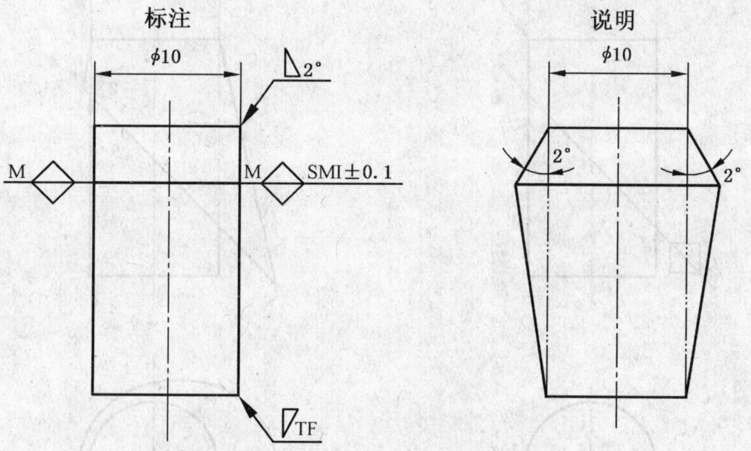

图 73　依靠起模位置的配合锥度标注

6.7.6　**起模角度范围**

以下规则适用于旋转体起模角度的标注：

——规则 15：如果要标注旋转体的起模角度，只标注在一侧，见图 74。

——规则 16：如果标注一个完整旋转体的分模面起模角度，只需要标注一个相关起模角度，见图 75。

单位为毫米

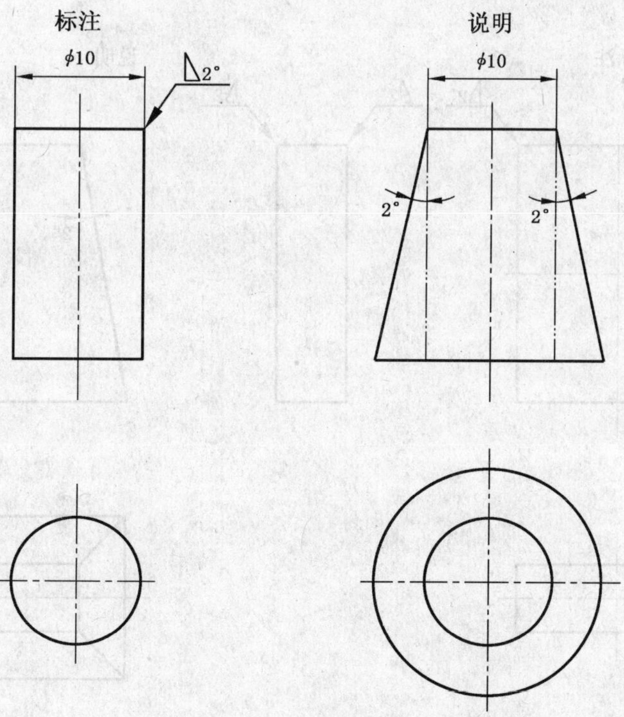

图 74　旋转特征的起模角度标注

单位为毫米

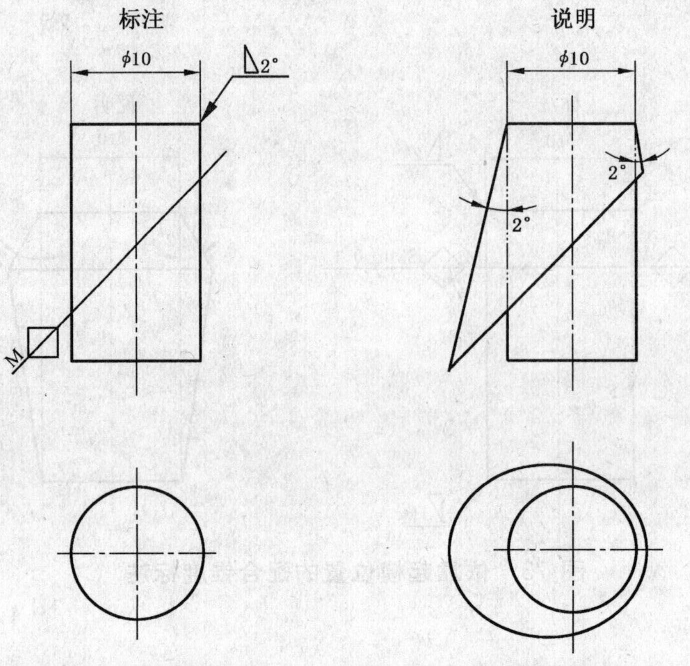

图 75　与分模面相交的旋转体特征起模角度标注

以下规则适用于非旋转体的标注：

——规则 17：如果要标注非旋转体的起模角度，应标注每一处特征，见图 76，或延伸起模面，见 6.6.3 和图 77、图 78。

——规则 17.1：如果在零件的剖视图上标注起模角度，起模角度延伸至整个特征平面，见图 79。

——规则 18：如果标注与分模面相交的平面，当只标注起模角度时，表示一部分的特征平面有起模角度，见图 80。

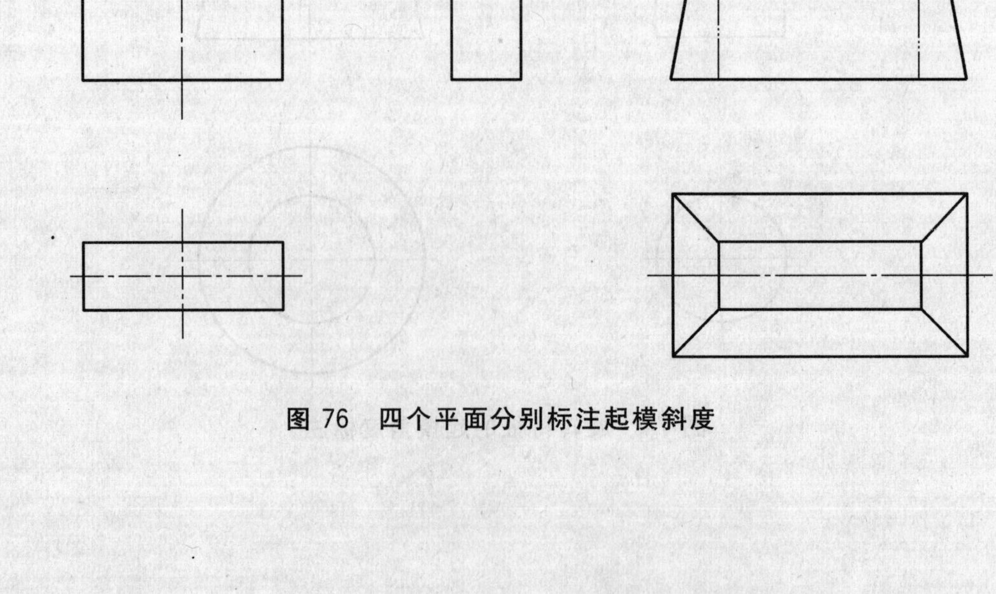

图 76　四个平面分别标注起模斜度

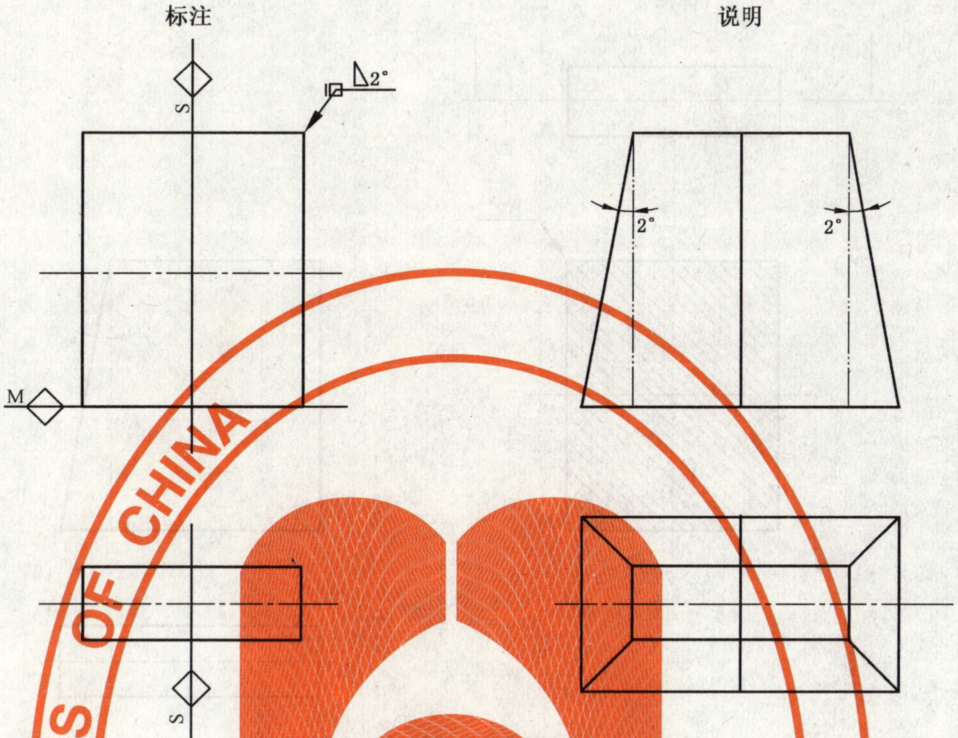

注：这个简化的例子,不表示任何实际应用,只是为了说明绘图标注的规则。

图 77　零件一周起模角度标注

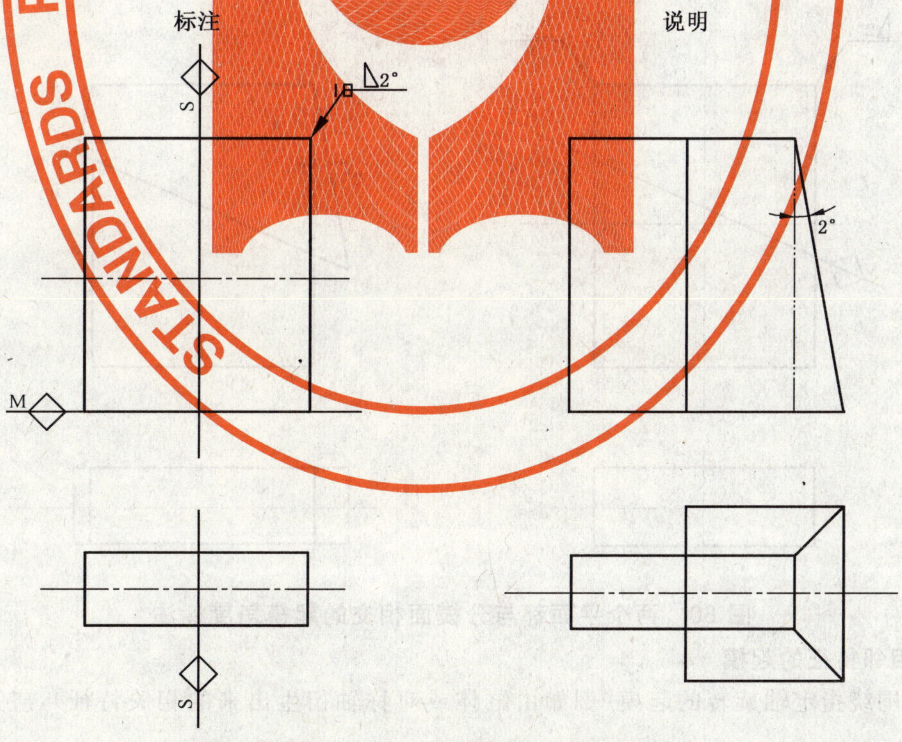

注：这个简化的例子,不表示任何实际应用,只是为了说明绘图标注的规则。

图 78　与分模面相交的局部一周起模角度标注

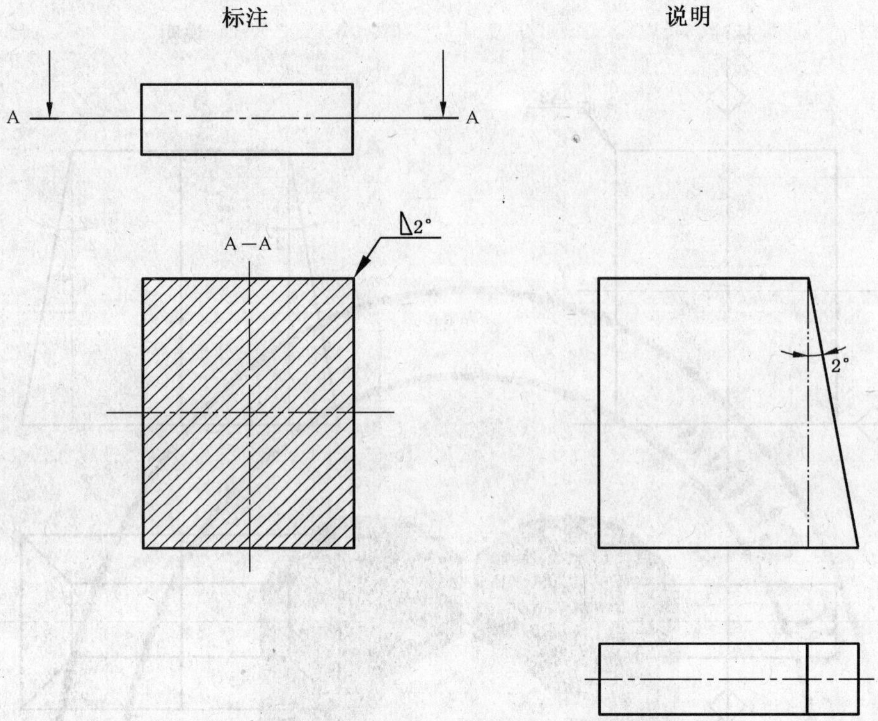

图 79　剖视图上起模角度的标注

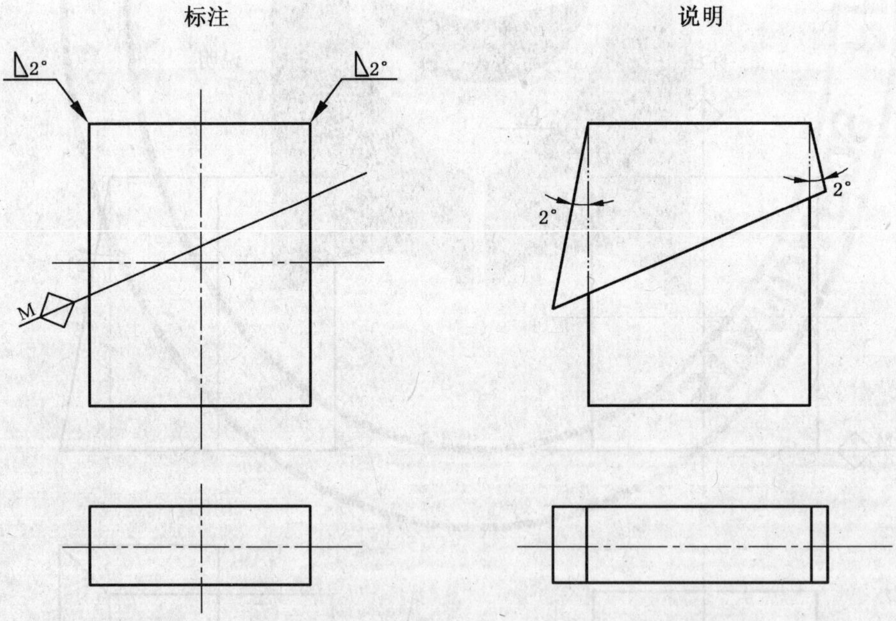

图 80　两个平面都与分模面相交的起模角度标注

6.7.7　依靠相邻特征的起模

为了标注围绕指定轴旋转的起模(例如由缸体或对称轴衍生出来的相关特征),应采用以下规则标注:

——规则 19:通常,轴应在分模面所在平面内。按照 6.7.3 使用组合倾斜符号标注,整体一周符号应标注在分模线上,特征轮廓线和组合倾斜符号之间的位置,见图 81 和图 82。

注:在这种特殊的情况下,一周符号标注的是围绕轴心转动形成的面或锥面。

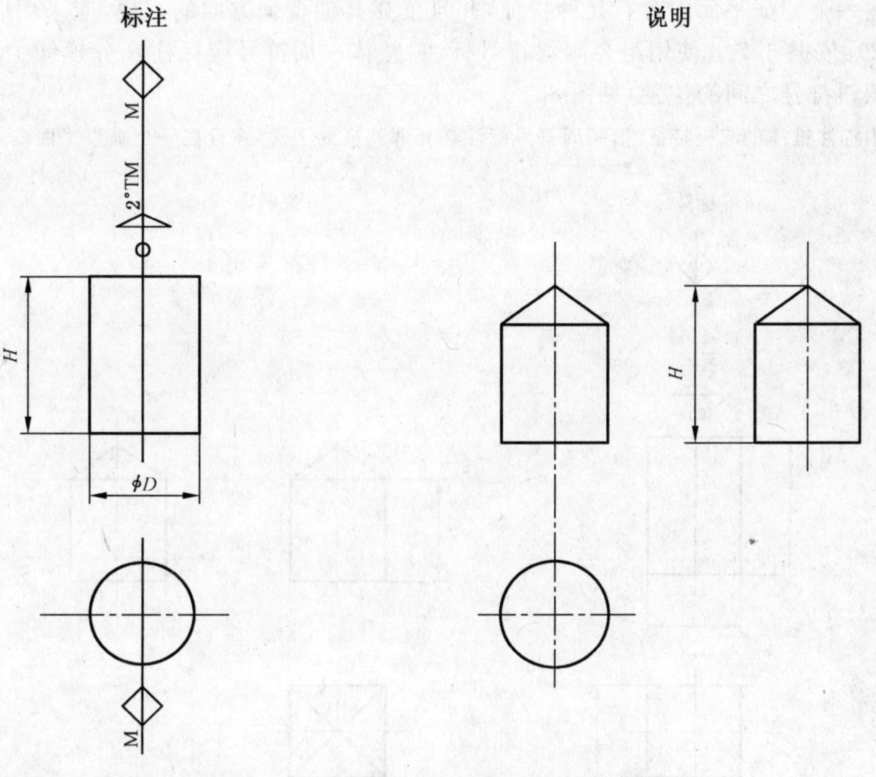

注：这个简化的例子，不表示任何实际应用，只是为了说明绘图标注的规则。

图 81　依靠旋转轴的旋转体起模标注

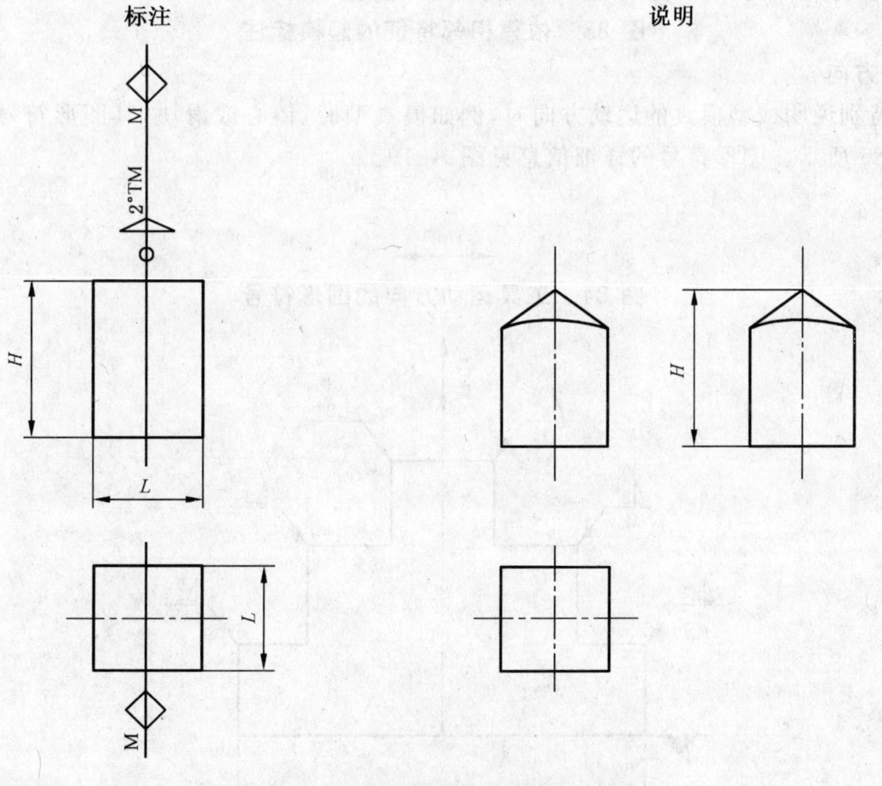

注：这个简化的例子，不表示任何实际应用，只是为了说明绘图标注的规则。

图 82　依靠对称轴起模标注

为了标注在一个特征平面内含有几种特征，并且依靠其他特征方向的起模，应采用以下规则标注：

——规则 20：依据 6.7.3 使用组合倾斜符号标注，整体一周符号应标注在分模线上，特征轮廓线和组合倾斜符号之间的位置，见图 83。

注：在视图中标注锥体的起模特征时，一周符号标注在相邻特征的下面，并且在一个垂直平面内。

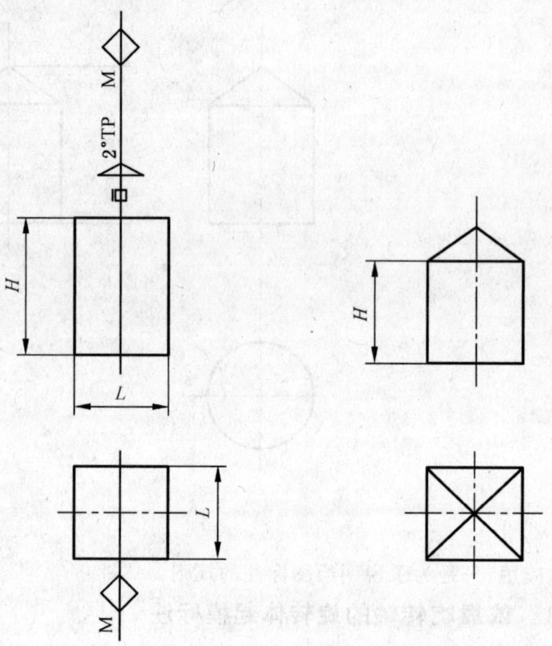

注：这个简化的例子，不表示任何实际应用，只是为了说明绘图标注的规则。

图 83　依靠相邻特征的起模标注

6.8　工具运动方向

如果需要特别说明成型模具的运动方向时，例如模具型腔、铸心或滑块，其图形符号如图 84 所示，标注方法如图 85 所示。图形符号的详细信息见图 A.19。

图 84　工具运动方向的图形符号

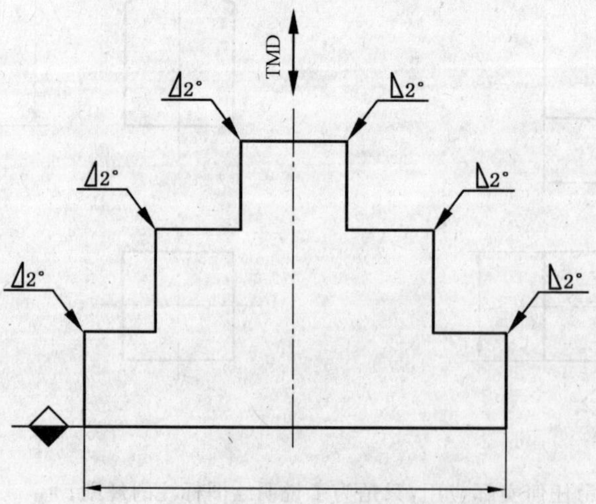

图 85　工具运动方向标注示例

如果需要说明运动工具零件的种类或者运动方向的角度，应如图 86 所示在与图形符号相连的参考线上标注。

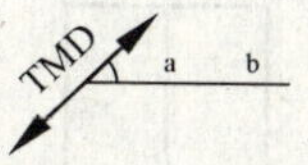

[a] 标注运动工具零件种类的位置。

[b] 说明角度的位置。

图 86　工具运动方向符号上可能标注的位置

工具零件的种类可以依照表 7 用字母代号表示，标注方法见图 87。

表 7　工具零件种类的字母代号

文字符号	应　　用
C	运动铸心
M	主要运动零件
S	运动滑块

如图 87 所示，运动方向的角度标注可能带有公差。

图 87　工具运动方向标注示例

在铸造中，工具运动方向的精心设计能够产生起模余量，见图 88。

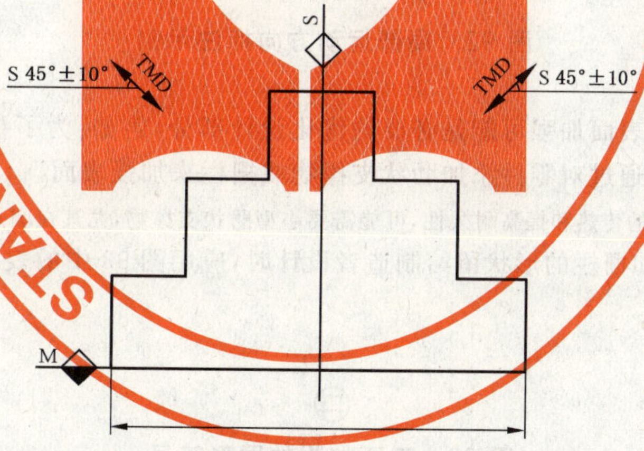

图 88　能够产生起模余量的工具运动方向标注示例

6.9　局部运动方向

如果需要标注铸件的局部运动方向，其图形符号如图 89 所示，标注方法如图 90 所示。图形符号的详细信息见图 A.20。

a）向左　　　　b）向右

图 89　局部运动方向 a）或 b）图形符号

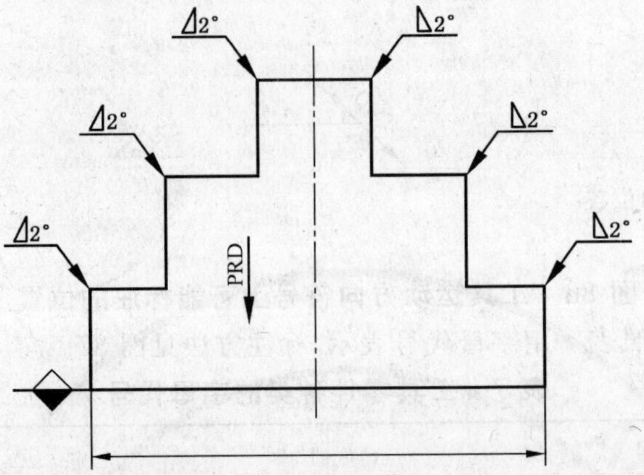

图 90　带有角度的局部运动方向标注示例

如果需要说明运动工具零件的种类或者运动方向的角度时，应如图 91 和图 92 所示，在与图形符号相连的参考线上标注。

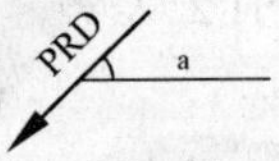

a 说明角度的位置。

图 91　局部运动方向符号上角度的标注位置

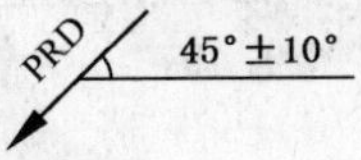

图 92　局部运动方向标注示例

6.10　表面加强

为了使成型工艺可行，表面加强可能是必要的优化设计部分，例如：为了帮助改善模具型腔内部传热或附加压力的释放，可以通过对零件添加肋状支撑物或栅栏来加强表面。

注：为了改善永久性铸型的传热和提高耐久性，可能需要小型肋状支撑物，尤其在圆角位置上。

当模具的肋状支撑物和栅栏的形状留给制造者设计时，应用图 93 中的表面加强符号来标注。图形符号的详细信息见图 A.17。

图 93　表面加强的图形符号

此符号也可以标注在指引线的一端，见图 94。

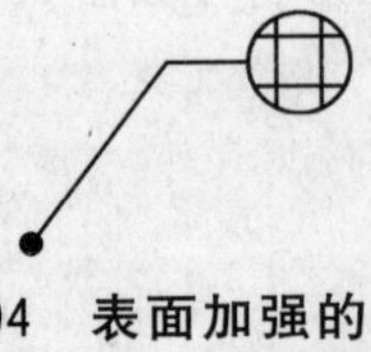

图 94　表面加强的标注

表面加强的符号只表示指引线末端所指明的特征或区域，见图 95 和图 96。

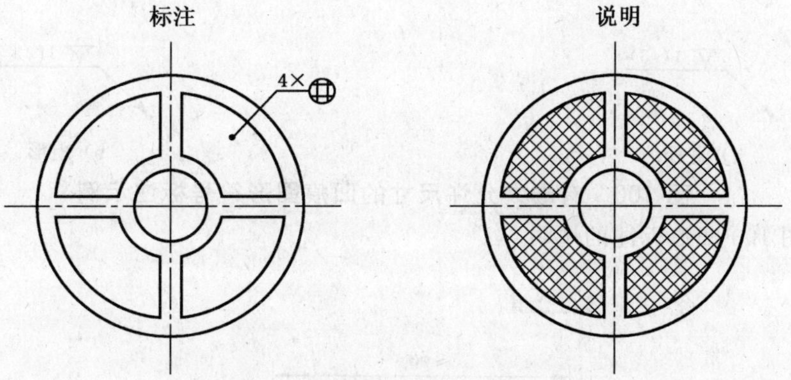

图 95　表面加强标注示例

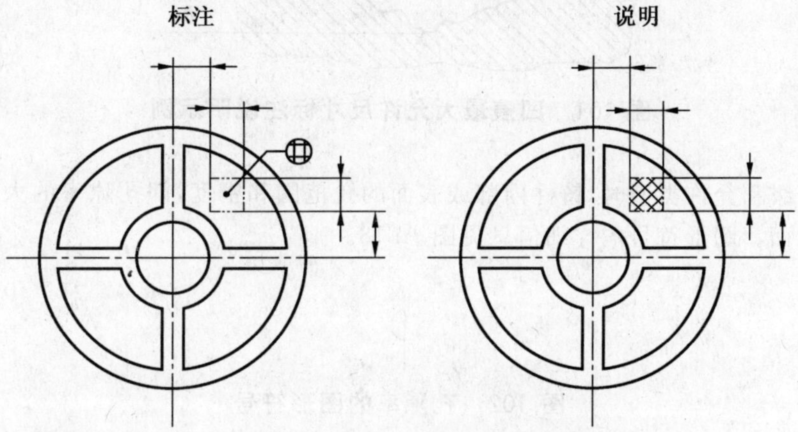

图 96　表面加强标注示例

6.11　凹痕

当有必要标注工件表面凹痕的最大允许尺寸时，应用图 97 所示的图形符号进行标注，例如在冷却过程中造成的材料收缩。这个图形符号可以标注在与箭头所指表面平行的基准线上(见 GB/T 4457.2)，在其后面可以标注相应的数值，见图 98。

图 97　凹痕的图形符号

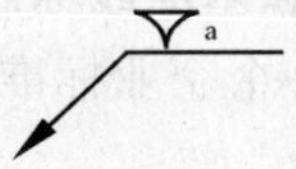

[a] 标注尺寸的位置。

图 98　用指引线和基准线标注的凹痕图形符号

特征的表面允许误差可以用附加的数值表示，数值代表凹痕下沉的尺寸(SIMsd 如 GB/T 15757)，见图 99。图形符号的详细信息见图 A.16。

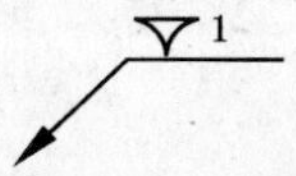

图 99　凹痕符号

如果需要标注最大允许凹痕范围(SIMw 和 SIMe，如 GB/T 15757)，应在数值后面标注最大允许范围，即：

——用一个数值标注直径，见图 100 a)；

——或，用两个数值描述范围或矩形，见图 100 b)，其中第一个数值在视图平面方向上，第二个数值在视图平面正交方向上。

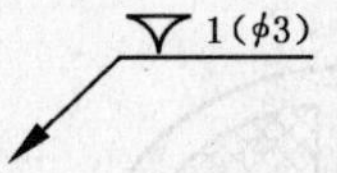

a) 直径

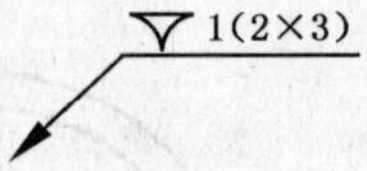

b) 矩形

图 100　有最大允许尺寸的凹痕图形符号标注示例

图 101 是对图 100 凹痕标注的说明。

单位为毫米

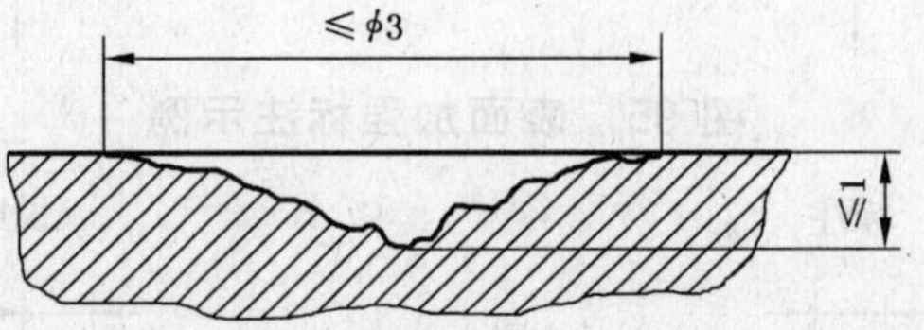

图 101　凹痕最大允许尺寸标注说明示例

6.12　孔隙率

当需要说明等级和允许类型时，铸件内部或表面的孔范围和密度，即孔隙率的大小应标注在图 102 所示的图形符号后面。图形符号的详细信息见图 A.18。

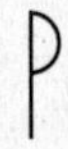

图 102　孔隙率的图形符号

此图形符号应用基准线标注(见 GB/T 4457.2)并在基准线上图形符号的后面标注详细说明，见图 103。图形符号的详细信息见图 A.18。

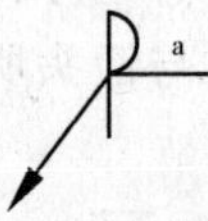

[a] 标注详细说明的位置。

图 103　用指引线和基准线标注的空隙率图形符号

如果详细说明是指一个特殊文件，例如一个企业标准或一个国家标准规定的等级，在视图上或附近的标题栏中如以下方法标注文件信息：

“孔隙率参照[文件 ID]”

6.13　标识和标记

6.13.1　模具组件

如果需要区别模具组件，可以用以下给出的信息标注：

——型腔号；

——识别码(主体号码或组件号码)；

——回收标志；

——制造识别标志。

6.13.2　标识和标记的位置

在视图中标识和标记应在规定位置标注。标识和标记不应标注在被加工表面上(必须尽可能的与模具分开)。

标注的位置要用细双点画线框起，见表 2 和图 104。

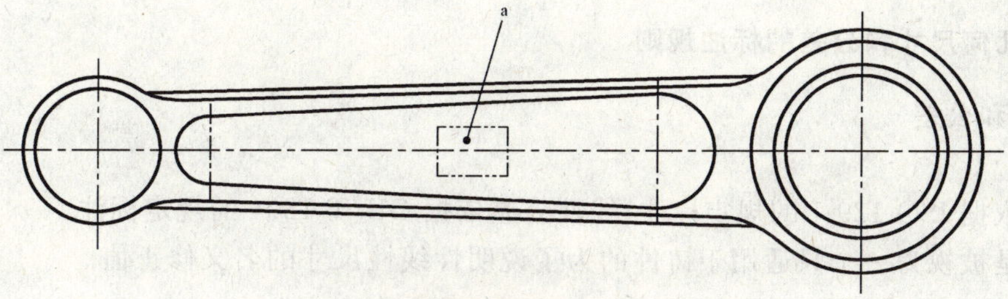

a 标识的位置。

图 104 标识和标记的位置

6.13.3 字母代号

字母代号应根据以下信息标注：

——升高或降低；

——字母代号高度；

——字母代号种类。

6.14 其他需要信息

为了完善技术文件，也许需要更多相关信息，例如：

——热处理；

——密度；

——材料结构，比如纤维的变化、晶粒流向、复合材料的成分，如果需要，这些可以通过用徒手绘的细线标注与这部分或结构相关的附加文件来详细说明；

——准确度；

——铸造错误。

这方面的资料可从技术图纸以外的其他标准或文件中获得。

6.15 无干扰表面的特殊标注

凡设计要求的特征（在任何情况下）可能因任何工具引起的裂痕或表面缺陷，例如：分模线，工具标记或识别码，应如图 105 所示的图形符号标注。图形符号的详细信息见图 A.16。

图 105 无干扰表面的图形符号

图形符号应标注在指引线的末端，见图 106。

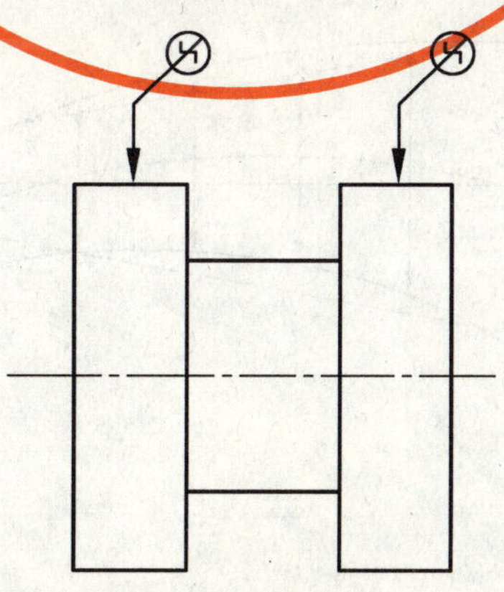

图 106 无干扰表面的标注

无干扰表面只表示指引线指向的特征表面或者区域。

7 线性尺寸、几何尺寸和公差的标注规则

7.1 线性尺寸和公差

7.1.1 总则

线性尺寸依据 ISO 129-1 的规定标注，线性公差依据 GB/T 1804 的规定标注。

起模角度是被视为一个只适用于铸件的为了说明性线性尺寸的名义修正值。

7.1.2 特征尺寸

7.1.2.1 总则

在标注铸件分模面上的特征时，默认线性尺寸及公差标注的是垂直于提取表面圆锥轴线的横截面上两点间的尺寸(见 GB/T 18780.2)。

可以依据 ISO 14405 中规定的修饰词改变特征尺寸的定义。

除了特殊标注(例如 MMR 或 LMR，依据 GB/T 16671)，标注铸件分模面特征的线性尺寸和公差，既不限制特征尺寸的轴线形式，也不限制对称平面，见图 107。

标注

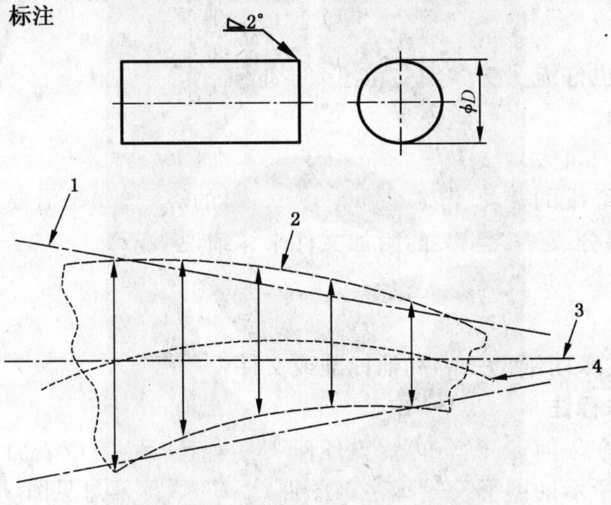

说明

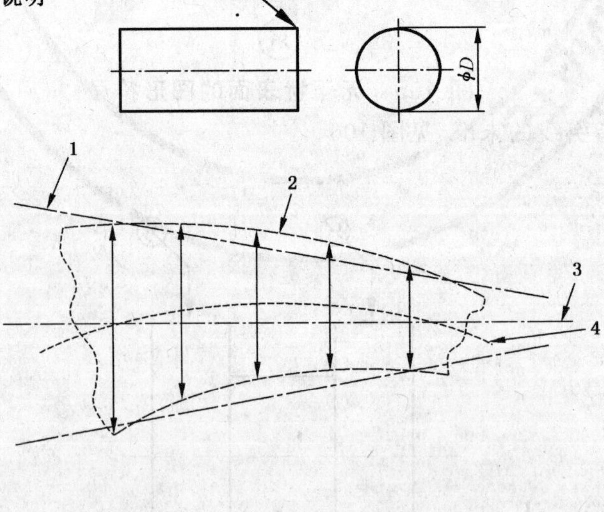

1——相关锥面；

2——提取面；

3——相关轴线；

4——提取中心线。

图 107 由垂直于圆锥轴线的横截面决定起模角度(锥角等于两倍的起模角度)的(缸体)特征尺寸的局部线性尺寸

被分模面分开的铸件特征尺寸包括表面错移，见图 108 和图 109。

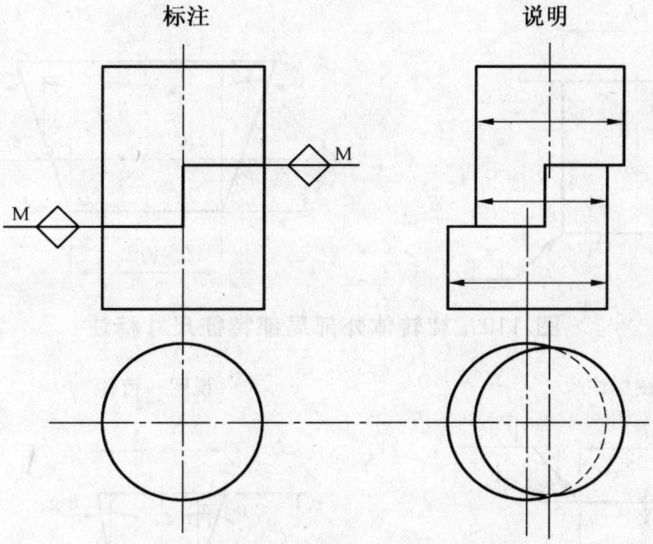

图 108 特征尺寸局部尺寸标注示例

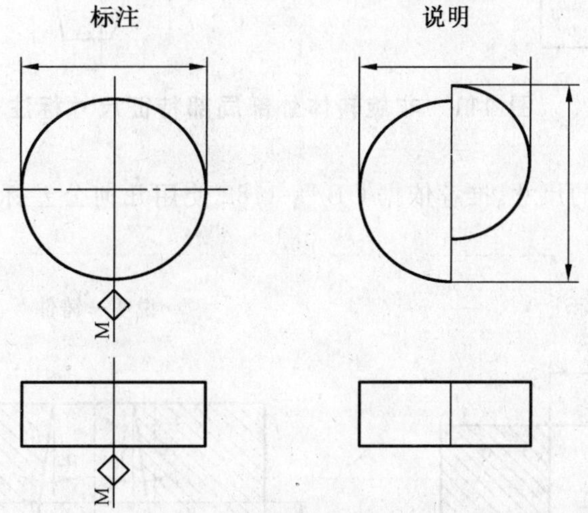

图 109 特征尺寸局部尺寸标注示例

7.1.2.2 尺寸

铸件的特征尺寸应依据表 8 和表 9 修正，起模角度根据材料锥度增加（TP）或者减少（TM）而变化（用倾斜符号标注方向）。

表 8 由于材料增加对起模角度产生影响时的修正

特　　征	外部特征尺寸	内部特征尺寸
旋转体	尺寸$+2\times\tan(W)\times X$ 见图 110	尺寸$-2\times\tan(W)\times X$ 见图 112
非旋转体	尺寸$+\tan(W1)\times X+\tan(W2)\times X$	尺寸$-\tan(W1)\times X-\tan(W2)\times X$

表 9 由于材料减少对起模角度产生影响时的修正

特　　征	外部特征尺寸	内部特征尺寸
旋转体	尺寸$-2\times\tan(W)\times X$	尺寸$+2\times\tan(W)\times X$
非旋转体	尺寸$-\tan(W1)\times X-\tan(W2)\times X$ 见图 111	尺寸$+\tan(W1)\times X+\tan(W2)\times X$ 见图 113

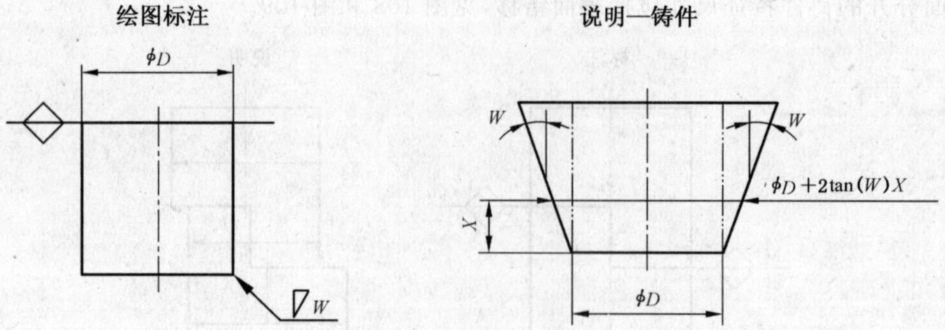

图 110　旋转体外部局部特征尺寸标注

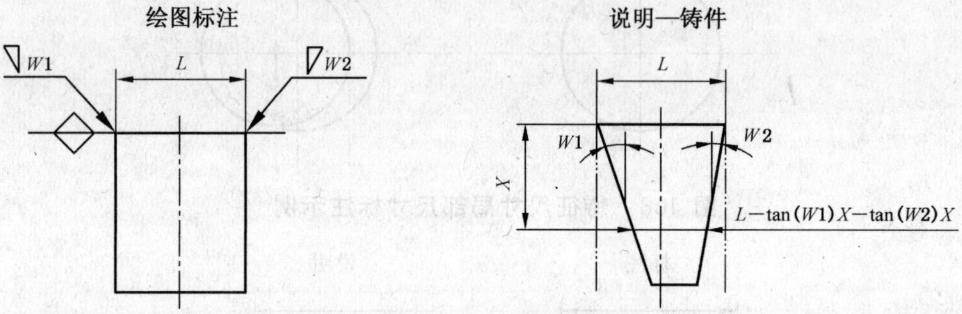

图 111　非旋转体外部局部特征尺寸标注

7.1.3　非特征尺寸

为了控制非特征尺寸的尺寸，推荐依据 GB/T 1182 使用几何公差标注，因为使用线性尺寸和公差标注非特征尺寸不明确。

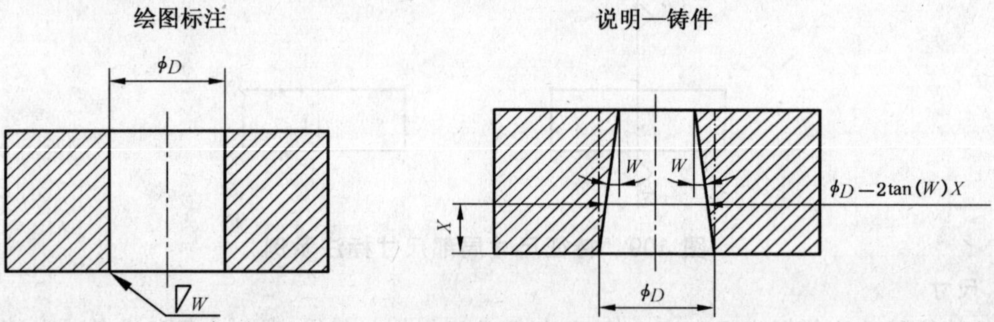

图 112　旋转体内部特征尺寸标注

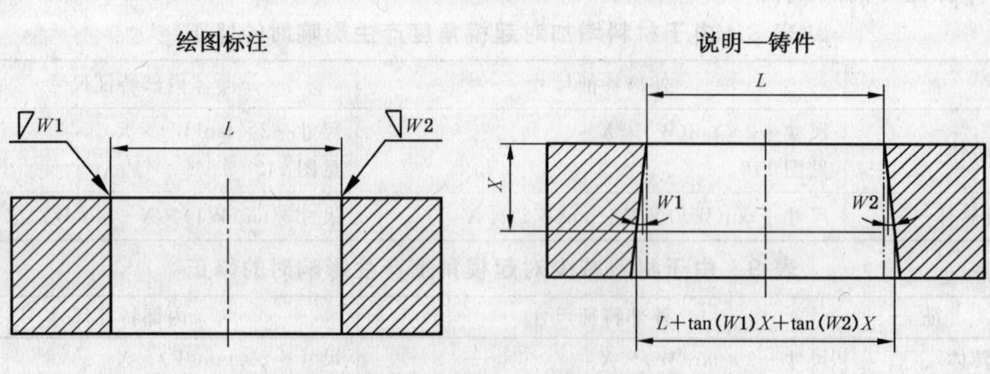

图 113　非旋转体内部局部特征尺寸标注

7.2 几何公差

个别几何公差应当依据 GB/T 1182 标注。

7.3 数据

数据和数据系统应当依据 GB/T 17851 标注。

7.4 表面纹理

表面纹理应当依据 GB/T 131 标注。

7.5 边缘

边的规定的表述应当依据 GB/T 19096。

附 录 A
(规范性附录)
图形符号的比例和尺寸

A.1 总体要求

为了使本标准中的符号标注(尺寸和几何公差等)与其他技术图纸的规定保持一致,其规则应当依据 ISO 81714-1。

A.2 应用

应用 GB/T 131、ISO 7083 和 GB/T 19096 所规定的图形符号。

A.3 比例

"a"区的图形符号和附加标注应当依据图 A.1～图 A.20 绘制。

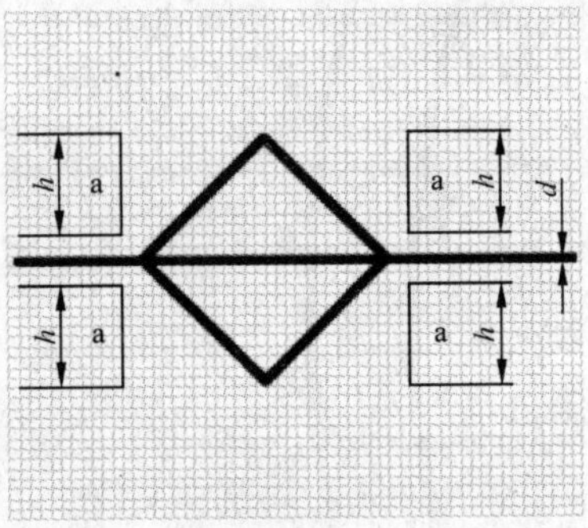

图 A.1

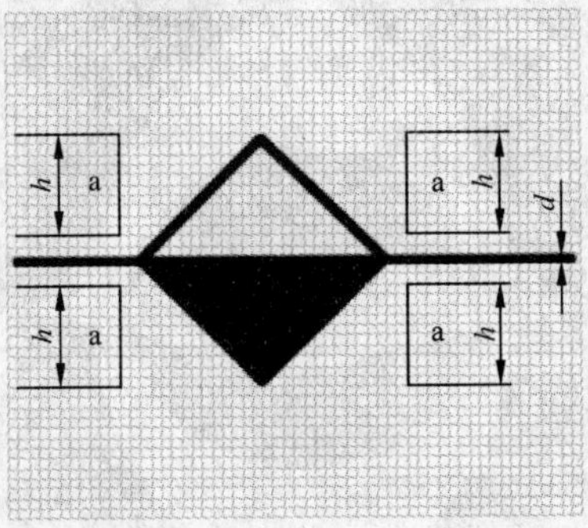

图 A.2

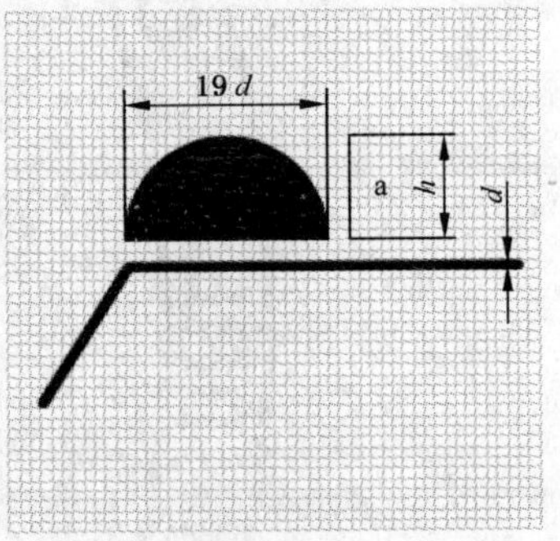

图 A.3

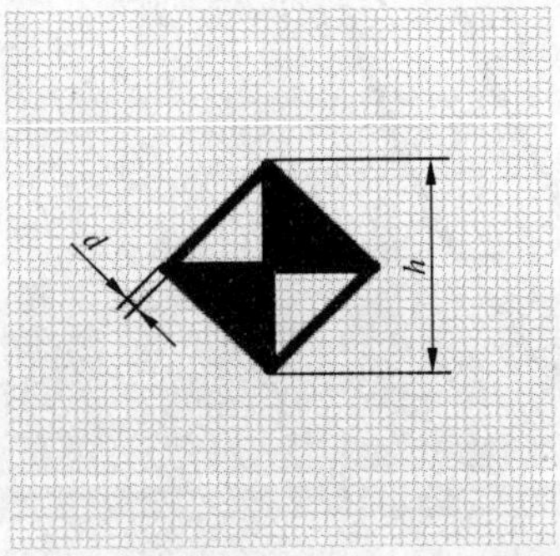

图 A.4

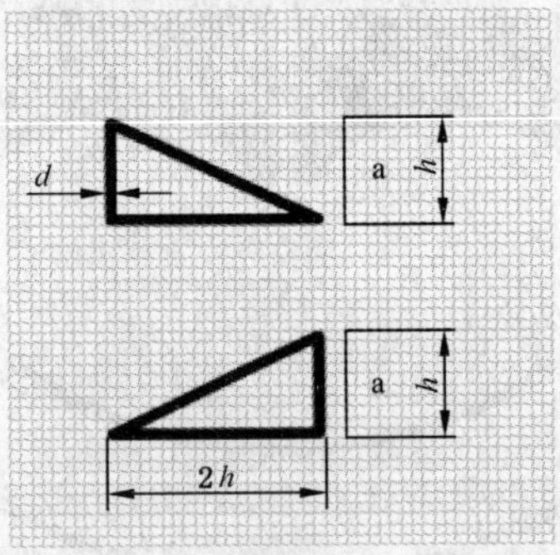

图 A.5

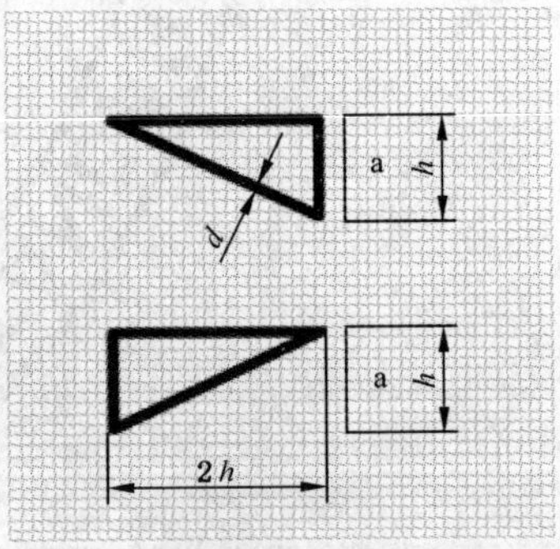

图 A.6

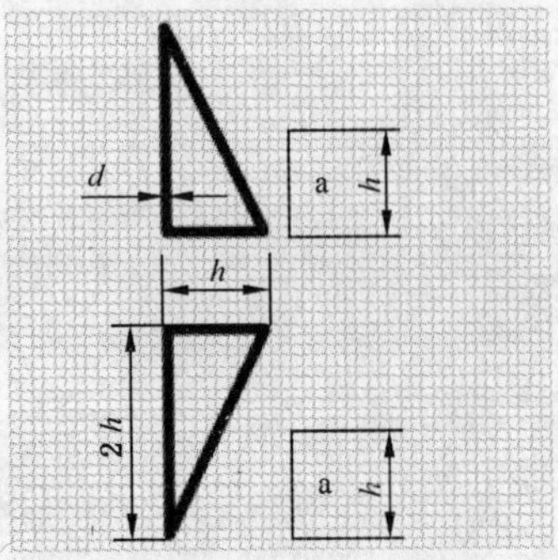

图 A.7

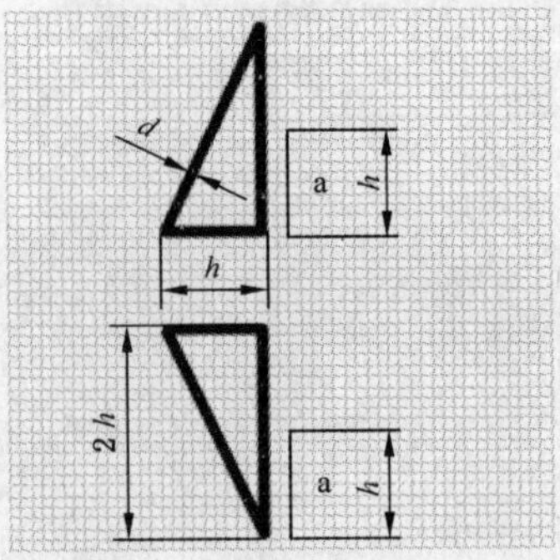

图 A.8

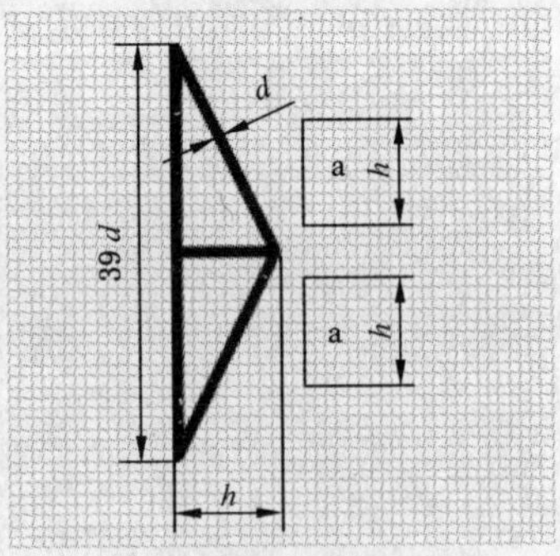

图 A.9

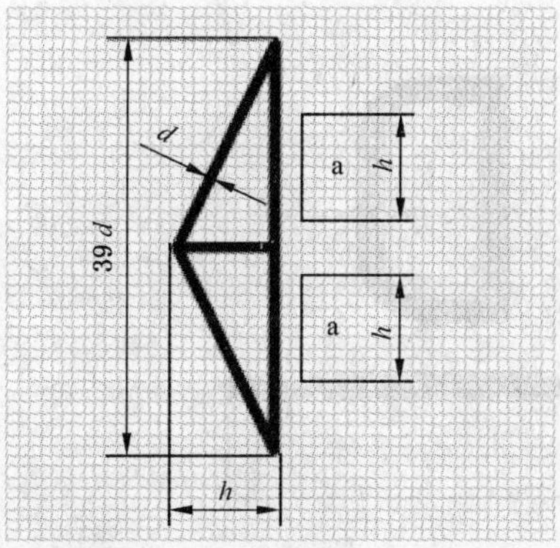

图 A.10

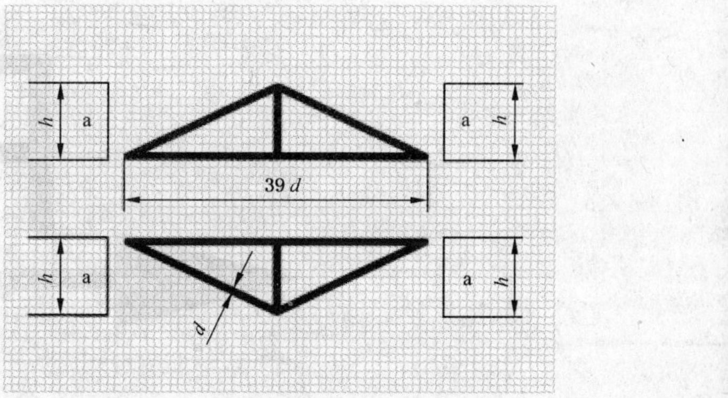

图 A.11

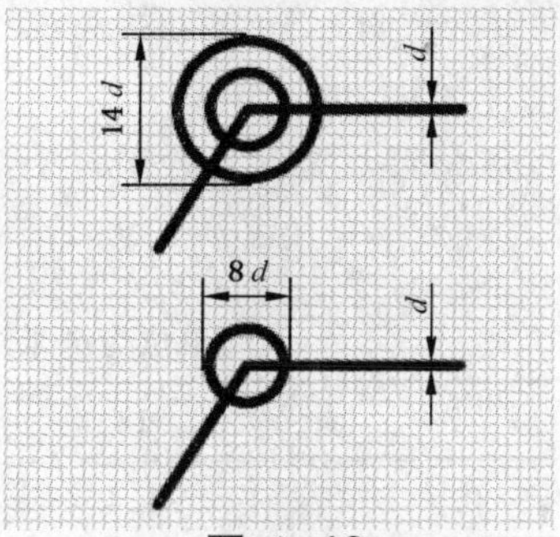

图 A.12

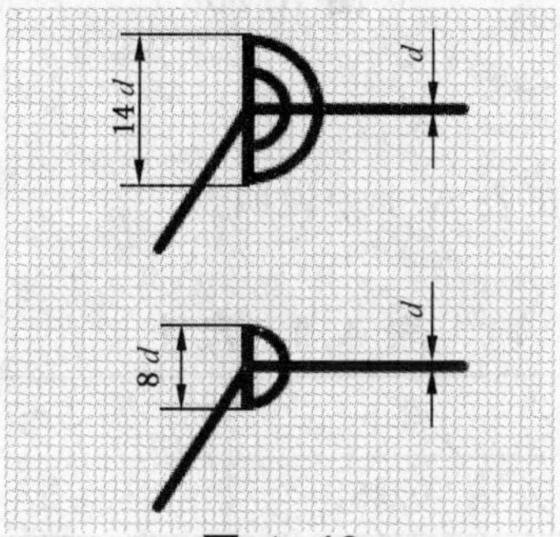

图 A.13

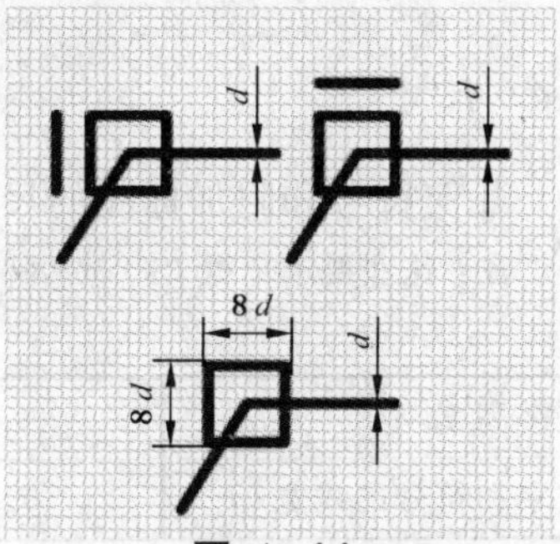

图 A.14

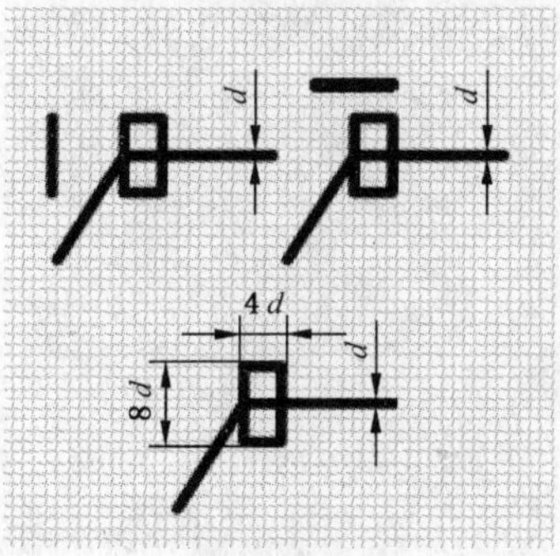

图 A.15

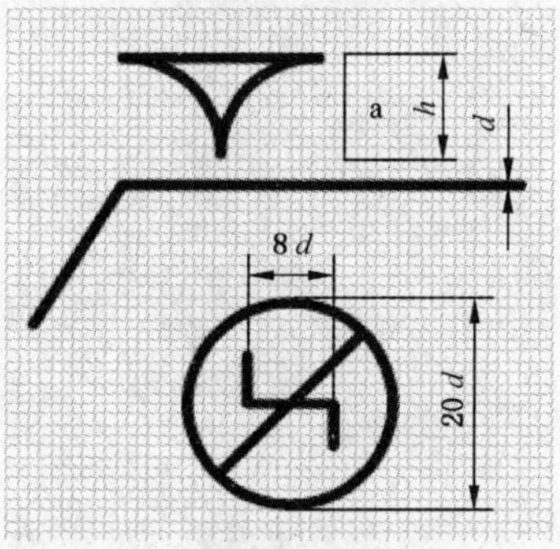

图 A.16

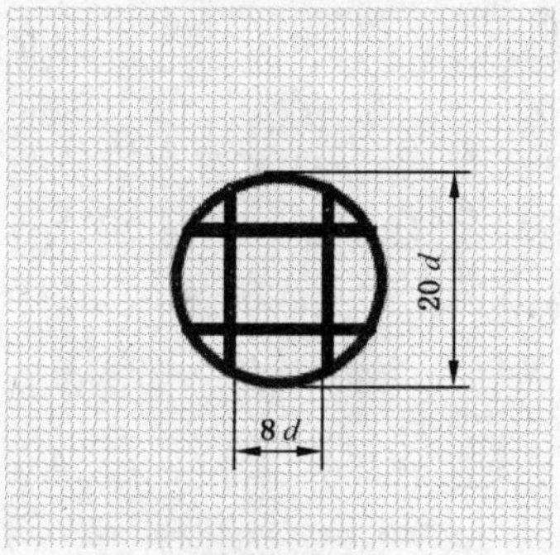

图 A.17

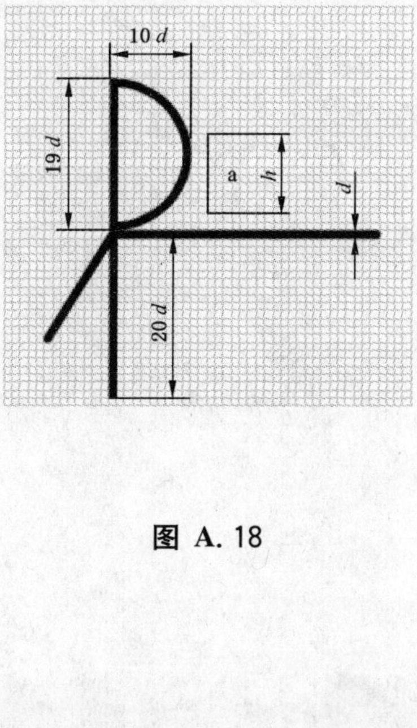

图 A.18

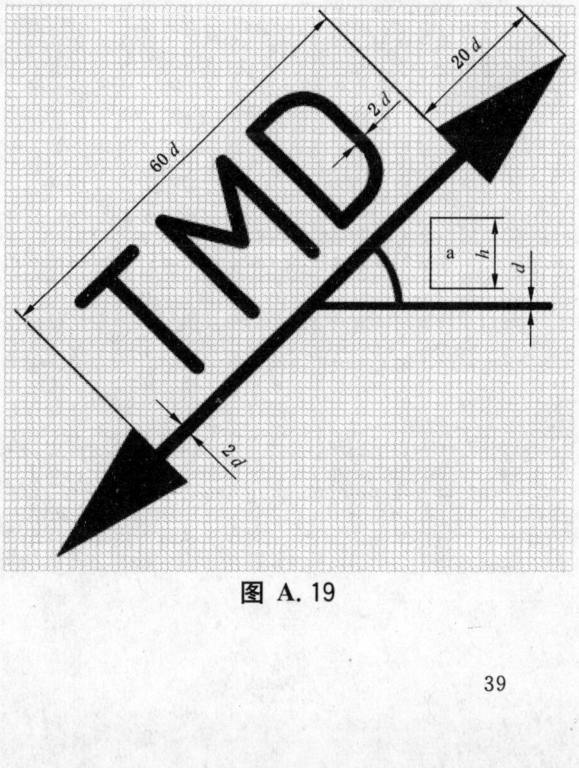

图 A.19

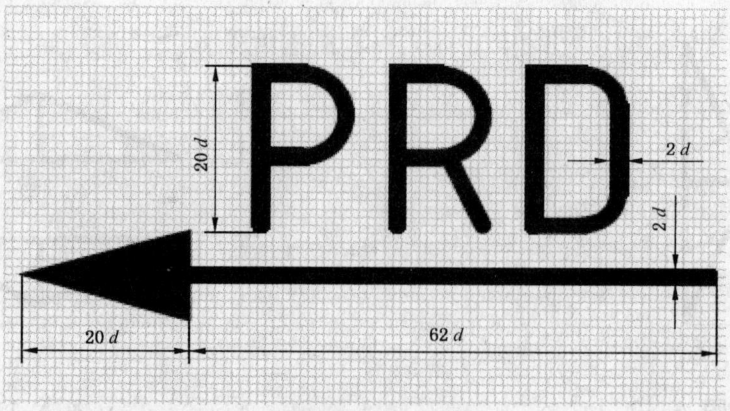

图 A.20

A.4 尺寸

几何符号和附加标注的尺寸要求在表 A.1 中说明。

注：这些要求依据 ISO 3098-1。

表 A.1 尺寸

单位为毫米

文字高度/h	2.5	3.5	5	7	14
文字和符号的线宽/d	0.25	0.35	0.5	0.7	1.4

附 录 B
（资料性附录）
圆 锥 特 征

以下文字是 ISO 8062-1：2007 的第 8 章关于圆锥特征的规定。其意义已被证明是含糊不清，有异议的，现在还没有合适的表述。因此，只选择重复其内容，这里不提供任何解释。ISO 8062-1：2007 的第 8 章中关于材料不减少的锥面特征的规定已被本标准中的 6.7 所取代。

当锥面特征有设计要求时（例如起模角度特征），公差应当沿对称表面标注，见图 B.1。

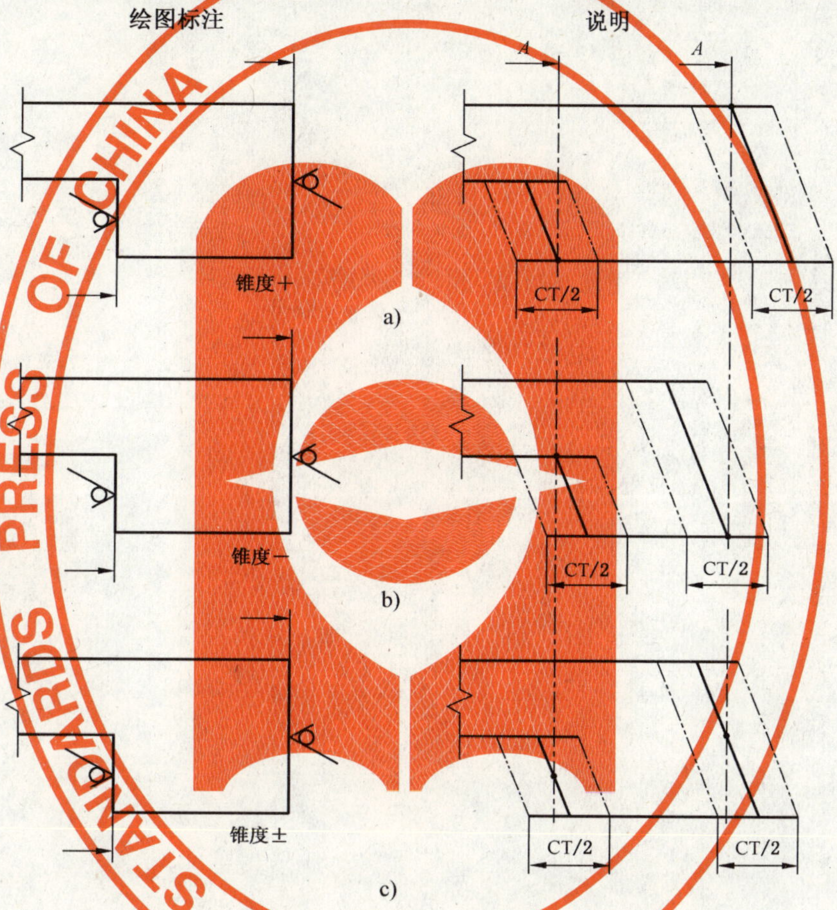

A——公称尺寸。

图 B.1 锥面特征公差标注

在视图中应当说明材料的增加、减少或平均，例如：

——锥度＋，图 B.1 a)；

——锥度－，图 B.1 b)；

——锥度±，图 B.1 c)。

在绘图中特殊种类表面锥度标注有别于一般的标注，应单独标注在其表面，例如：

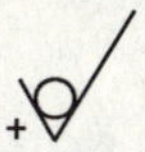

不论关于锥度的一般绘图规格如何，为了便于加工，使成品尺寸能够实现，可以使用“锥度＋”标注。

ICS 01.100.01
J 04

中华人民共和国国家标准

GB/T 24745—2009

技术产品文件　词汇　图样注语

Technical product documentation—Vocabulary—Drawings note

2009-11-30 发布　　2010-09-01 实施

中华人民共和国国家质量监督检验检疫总局
中国国家标准化管理委员会　发布

前言

本标准由全国技术产品文件标准化技术委员会(SAC/TC 146)提出并归口。

本标准起草单位:中机生产力促进中心、中国电子科技集团、中国航空综合技术研究所、中航工业第一飞机设计研究院。

本标准主要起草人:杨东拜、张红旗、夏晓理、张永才、庞薇。

技术产品文件 词汇 图样注语

1 范围

本标准规定了技术产品文件中图样上常用的注写规范用语。

本标准适用于技术产品文件,也可用于有关CAD数据库。

2 规范性引用文件

下列文件中的条款通过本标准的引用而成为本标准的条款。凡是注日期的引用文件,其随后所有的修改单(不包括勘误的内容)或修订版均不适用于本标准,然而,鼓励根据本标准达成协议的各方研究是否可使用这些文件的最新版本。凡是不注日期的引用文件,其最新版本适用于本标准。

GB/T 1184 形状和位置公差 未注公差值(GB/T 1184—1996,eqv ISO 2768-2:1989)

GB/T 1804 一般公差 未注公差的线性和角度尺寸的公差(GB/T 1804—2000,eqv ISO 2768-1:1989)

GB/T 6403.3 滚花

GB/T 13361 技术制图 通用术语

GB/T 16948 技术产品文件 词汇 投影法术语(GB/T 16948—1997,eqv ISO 10209-2:1993)

3 术语和定义

GB/T 13361 和 GB/T 16948 确立的术语和定义适用于本标准。

4 图样注语的选用原则

4.1 图样注语的选用应有利于设计意图的准确与规范表达。

4.2 图样注语的选用能有利于对设计意图的正确理解。

4.3 图样注语的选用涉及产品设计生产中常用的注语。

4.4 图样注语的选用应考虑到扩充性。

5 制图基础注语

制图基础注语见表1。

表1 制图基础注语

序号	注语内容
1	标高投影
2	比例
3	表示法
4	标题栏
5	等高线
6	第三角投影(第三角画法)
7	第一角投影(第一角画法)
8	对中符号

表 1（续）

序　号	注 语 内 容
9	放大比例
10	分角
11	镜像投影
12	极坐标
13	明细栏
14	剖面区域
15	剖切符号
16	剖切线
17	平行投影法
18	缩小比例
19	图框
20	投射线
21	投射中心
22	投影(投影图)
23	投影法
24	投影面
25	图线
26	图形符号
27	图纸幅面
28	线段
29	线素
30	斜投影(斜投影图)
31	斜投影法
32	斜轴测投影
33	原点
34	原值比例
35	坐标平面
36	坐标体系
37	坐标值
38	坐标轴
39	轴测投影(轴测图)
40	直角坐标体系
41	字体
42	正投影(正投影图)
43	正投影法
44	轴向角
45	轴向伸缩系数
46	中心投影法

6 画法注语

画法注语见表 2。

表 2 画法注语

序号	注语内容
1	断面图
2	俯视图
3	规定画法
4	后视图
5	局部放大图
6	简化画法
7	立面图
8	平面图
9	剖视图
10	省略画法
11	视图
12	示意画法
13	详图
14	右视图
15	仰视图
16	主视图
17	左视图

7 图样尺寸注语

图样尺寸注语见表 3。

表 3 图样尺寸注语

序号	注语内容
1	半径
2	尺寸
3	尺寸线
4	沉孔或锪平
5	参考线
6	尺寸界限
7	尺寸数字
8	弧长
9	厚度

表 3（续）

序　　号	注　语　内　容
10	均布
11	角度
12	基准线
13	埋头孔
14	球半径
15	球直径
16	深度
17	型材截面形状
18	斜度
19	锥度
20	正方形
21	直径
22	展开长
23	指引线

8　图的种类注语

图的种类注语见表 4。

表 4　图的种类注语

序　　号	注　语　内　容
1	安装图
2	表格图
3	表图
4	草图
5	底图
6	方案图
7	复制图
8	管系图
9	空白图
10	零件图
11	毛坯图
12	施工图
13	设计图
14	型线图
15	原理图
16	原图

表 4（续）

序　　号	注　语　内　容
17	外形图
18	总布置图
19	装配图

9　零件图图样注语

零件图图样注语见表 5。

表 5　零件图图样注语

序　　号	注　语　内　容
1	保持锐边
2	补焊区及坡口周围××mm 以内的粘砂、油、水、锈等赃物必须彻底清理
3	表面渗碳，渗碳深度××
4	表面硬化和回火
5	保证锻件内部充分锻透
6	保证锻件无缩孔和严重的偏折
7	除标注外，其余加工处为(表面粗糙度的符号)
8	成形冲压件
9	除锈前，先用有机溶剂、碱液、乳化剂、蒸汽等去除钢铁制件表面的油污、污垢
10	除注有“不镀覆”表面外，其余表面镀铬 Fe/EP · Cr25b
11	镀后
12	锻件不允许有肉眼可见的裂纹、折叠和其他影响使用的外观缺陷
13	锻件不允许存在白点、内部裂纹和残余缩孔
14	锻件非加工表面缺陷应清理干净并圆滑过渡
15	锻件局部缺陷可以清除，但清理深度不得超过加工余量的××
16	锻件应在有足够能力的锻压机上锻造成形
17	顶面对基准 A(底面)的平行度公差为 ϕ××
18	镀前
19	镀前进行××处理
20	非工作表面抛光、喷漆
21	分模面
22	公差等级
23	刮削
24	工作极限应力 $T_j = a$ N/mm^2
25	焊疤修平达××，焊后外表面修平达××
26	焊缝在 0.05 MPa 表压下不漏气
27	焊后焊缝处修整××，粗糙度为××

表 5（续）

序　号	注 语 内 容
28	焊后人工时效，去应力
29	焊后修整，××面清除焊疤，保持平整
30	焊接采用××焊，焊条牌号为××，焊缝高××，工艺按××
31	焊前做喷沙处理，焊后进行气密性检查
32	精度等级
33	精加工后的配合面、齿面不应有退火，不得有脱皮现象
34	孔 ϕ××的轴线对基准 A 的垂直公差为 ϕ××
35	零件加工表面上，不应有划痕、擦伤等损伤零件表面的缺陷
36	零件去除氧化皮
37	零件××(LH)如图，零件××(RH)对称
38	零件整体硬化和回火
39	轮缘与轮芯装配后，再精车和切制轮齿
40	拉削
41	磨削
42	平冲压件
43	喷砂
44	喷丸
45	配作
46	全部表面钝化 Cu/Ct·P
47	全部表面磷化 Fe/Ct·MnPh
48	全部表面阳极氧化 Al/Et·A·Cl(BK)
49	全部倒角为 C××
50	去除毛刺飞边
51	锐角倒钝
52	涂后
53	涂前
54	调质处理，HRCa～HRCb
55	未加工处涂上××漆
56	纹理方向
57	未注尺寸公差按 GB/T 1804-××
58	未注倒角为 C××
59	未注几何公差按 GB/T 1184-××
60	网(直)纹 m××(GB/T 6403.3)
61	弯折线
62	未注铸造圆角 R××

表 5（续）

序　号	注 语 内 容
63	纤维方向
64	应经时效处理，以消除内应力
65	研磨
66	衔削
67	允许焊接，焊后修整
68	在补焊的全过程中，铸钢件预热区的温度不得低于 350 ℃
69	铸件不得有砂眼、缩孔和裂纹等缺陷
70	铸件必须进行水韧处理
71	铸件尺寸公差按××
72	铸件非加工表面的粗糙度，砂型铸造 R××，不大于××μm
73	铸件非加工表面的褶皱，深度小于××，间距应大于××
74	铸件非加工表面涂××底漆，非加工外表面复涂××磁漆
75	铸件精加工前进行人工时效
76	铸件起模斜度为××
77	铸件热处理按××
78	铸件热处理后，表面喷砂处理
79	铸件上的型砂、芯砂、芯骨、多肉等应铲磨平整，清理干净
80	铸件应清砂处理
81	铸件有倾斜的部位，其尺寸公差带应沿倾斜面对称配置
82	在条件允许的情况下，尽可能在水平位置施焊
83	铸造非加工表面上的铸字和标志应清晰可靠，位置和字体应符合图样要求
84	展开长度 $L=a$
85	ϕ××和 ϕ××圆柱面的轴线分别对基准 B(ϕ××圆柱面轴线)的同轴度公差为 ϕ××
86	ϕ××圆柱面对基准 A—B 公共轴线的径向圆跳动公差为 ϕ××
87	ϕ××圆柱面轴线的直线度公差为 ϕ××

注：表中凡出现“××”符号处，由设计人员根据需要填入相应内容。

10　装配图图样注语

装配图图样注语见表 6。

表 6　装配图图样注语

序　号	注 语 内 容
1	齿轮箱与盖的结合面应接触良好
2	齿轮装配后，齿面的接触斑点和侧隙
3	产品的安全防护装置
4	除已注的××处，其余均采用手工电弧焊，焊条为××

表 6（续）

序　号	注 语 内 容
5	点焊处不贴合时，允许增加焊点
6	点铆
7	各密封件装配前必须浸透油
8	滑动配合的平键装配后，配件移动自如，不得有松紧不匀现象
9	焊接后喷砂并浸油
10	焊接结构的一般尺寸公差和形位公差
11	结合件
12	结合面用××塞尺的塞入深度不得大于接触面宽度的 1/3
13	经装配调试后
14	机座与机盖的结合面错位不得大于××
15	零件在装配前必须清理和清洗干净，装配时注意保护表面油漆
16	粘结后应清除流出的多余粘结剂
17	平键与轴上键槽两侧面应均匀接触，其配合面不得有间隙
18	配制
19	上下轴瓦的结合面要紧密贴合，用 0.05 mm 的塞尺检查不入
20	调试合格后
21	涂××密封胶
22	同一零件用多种螺钉紧固时，各螺钉要交叉、对称、均匀拧紧
23	完成装配后应按 GB/T ××进行可靠性试验
24	完成装配后应按 GB/T ××进行寿命试验
25	完成装配后应按 GB/T ××进行性能试验
26	无图
27	××点，EQS
28	用××剂粘接
29	与××同钻铰
30	圆锥销装配时应与孔进行涂色检查
31	轴承外圈与开式轴承座及轴承盖的半圆孔不准有卡住现象
32	轴承外圈装配好后用手转动应灵活、平稳
33	装配过程中零件不允许磕、碰、划伤和锈蚀
34	装配前所有的管子应去除管端飞边、毛刺并倒角
35	装配前，所有钢管都要进行脱脂、酸洗、中和、水洗及防锈处理
36	装配前应对零件的尺寸进行复查
37	装配时××处涂××润滑脂
38	在××MPa 压力下试验××min，不得出现渗漏现象

注：表中凡出现“××”符号处，由设计人员根据需要填入相应内容。

11 其他注语

其他注语见表 7。

表 7 其他注语

序 号	注 语 内 容
1	按××生产说明书
2	按××工艺说明书
3	本图有重要特性××处
4	本图仅示改动部分,未示部分均按××
5	标准注语
6	标印打在标签上
7	参考
8	测量方向
9	锉修处涂××底漆
10	打冲点
11	典型
12	定位尺寸
13	××分离面
14	发动机前安装面
15	发动机后安装面
16	工艺孔轴线
17	关键件
18	关键特性
19	航向
20	机械关锁
21	机械开锁
22	基准线
23	基准面
24	距××轴线××
25	精度等级
26	理论外形
27	理论交点
28	逆转
29	平行切割线
30	喷××色漆
31	前缘线
32	旗标注语

表 7（续）

序 号	注 语 内 容
33	上交点
34	水平测量点
35	水平测量公差
36	顺转
37	投影尺寸
38	通用注语
39	外挂站位
40	外挂物质心
41	外挂物中心
42	下交点
43	弦长
44	弦线
45	旋转
46	销孔轴线
47	一般公差
48	与××零件协调制孔
49	允许锉修
50	允许打磨
51	允许分段制造
52	右件如图,左件对称
53	左件如图,右件对称
54	主吊点
55	重要件
56	重要特性
57	真实

注：表中凡出现“××”符号处,由设计人员根据需要填入相应内容。

ICS 01.100.01
J 04

中华人民共和国国家标准

GB/T 24746—2009/ISO 15785:2002

技术制图
粘接、弯折与挤压接合的图形符号表示法

Technical drawings—
Symbolic presentation and indication of adhesive, fold and pressed joints

(ISO 15785:2002, IDT)

2009-11-30 发布　　　　2010-09-01 实施

中华人民共和国国家质量监督检验检疫总局
中国国家标准化管理委员会　发布

前　言

本标准等同采用 ISO 15785:2002《技术制图　粘接、弯折与挤压接合的图形符号表示法》。

本标准的附录 A 为规范性附录。

本标准由全国技术产品文件标准化技术委员会(SAC/TC 146)提出并归口。

本标准起草单位：中机生产力促进中心、江苏技术师范学院、合肥工业大学、大连海事大学。

本标准主要起草人：杨东拜、王槐德、李学京、邹玉堂、庞薇。

技术制图
粘接、弯折与挤压接合的图形符号表示法

1 范围

本标准规定了粘接、弯折和挤压接合处图形符号的表示方法。

本标准适用于技术图样中的粘接、弯折和挤压接合处的绘制。

2 规范性引用文件

下列文件中的条款通过本标准的引用而成为本标准的条款。凡是注日期的引用文件，其随后所有的修改单(不包括勘误的内容)或修订版均不适用于本标准，然而，鼓励根据本标准达成协议的各方研究是否可使用这些文件的最新版本。凡是不注日期的引用文件，其最新版本适用于本标准。

GB/T 324 焊缝符号表示法(GB/T 324—2008,ISO 2553:1992,Welded,brazed and soldered joints—Symbolic representation on drawings,MOD)

GB/T 4457.2 技术制图 图样画法 指引线和基准线的基本规定(GB/T 4457.2—2003,ISO 128-22:1999,Technical drawings—General principles of presentation—Part 22:Basic conventions and applications for leader lines and reference lines,IDT)

GB/T 4457.4 机械制图 图样画法 图线(GB/T 4457.4—2002,ISO 128-24:1999,Technical drawings—General principles of presentation—Part 24:Lines on mechanical engineering drawing,MOD)

GB/T 4458.4 机械制图 尺寸注法

GB/T 14691 技术制图 字体(GB/T 14691—1993,eqv ISO 3098-1:1974 & ISO 3098-2:1984)

GB/T 17450 技术制图 图线(GB/T 17450—1998,idt ISO 128-20:1996)

3 术语和定义

GB/T 4457.2 确立的以及下列术语和定义适用于本标准。

3.1

接合处 joint

将要接合或者已经接合的工件交界处或边缘。

3.1.1

粘接接合处 adhesive joint

使用粘接剂将两个或两个以上相似或不同材料的工件粘接的接合处。

3.1.2

弯折接合处 fold joint

通过叠加和耦合将相似或不同的材料表面的两条边接合的接合处。

3.1.3

挤压接合处 pressed joint

通过使用(圆筒形、矩形等)工具将两个或两个以上板材同时变形的接合处。

4 图形符号

4.1 总则

接合处的具体表示法见图1～图4。

附录A给出了这些符号的尺寸、比例。

注：图1～图3所给出的这些符号与GB/T 324的规定相一致。

4.2 粘接接合处

粘接接合处的图形符号见图1和图2。

表面粘接接合处的图形符号见图1。

图1 表面粘接接合处符号

倾斜表面粘接接合处的图形符号见图2。

图2 倾斜表面粘接接合处符号

4.3 弯折接合处

弯折接合处的图形符号见图3。

图3 弯折接合处符号

4.4 挤压接合处

挤压接合处的图形符号见图4。

图4 挤压接合处符号

5 制图中接合处的表示法

接合符号应注写在基准线上(例如图5)，并按GB/T 324的规定补充信息。

图形符号和基准线之间的距离至少应为$2d$(其中符号的线宽d见附录A)。

指引线和基准线按照GB/T 4457.2的规定用细实线表示。

指引线底端应有箭头(见图5)，基准线的末端可以分叉(见图6)。如有需要，可以增加文字说明(见图7)。

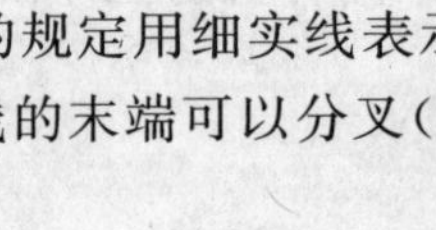

图5 在基准线上标注接合符号的表示法

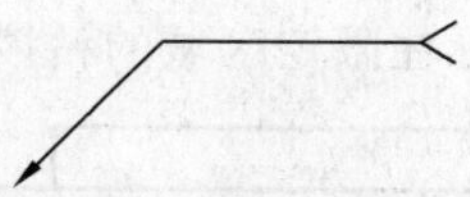

图 6　基准线分叉

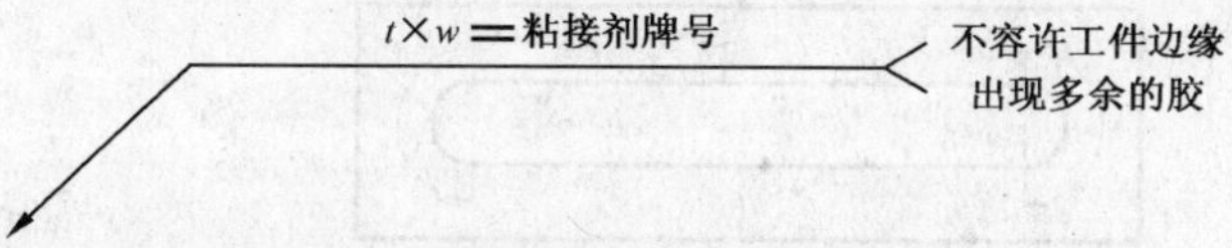

图 7　在基准线上附加信息

除了符号，对基准线上的附加信息的说明：

——接合处截面的尺寸（宽度和高度、直径、深度、冲压等）标注在符号的左侧；

——其他特性，例如粘接剂牌号，标注在符号的右侧；

——接合处需要的说明，标注在分叉处（见图 7）。

接合处的尺寸按 GB/T 4458.4 的规定标注。

6　接合处符号标注的基本规定

6.1　粘接接合处

不标注粘接剂的粘接接合处的表示（见图 8 和图 9）。

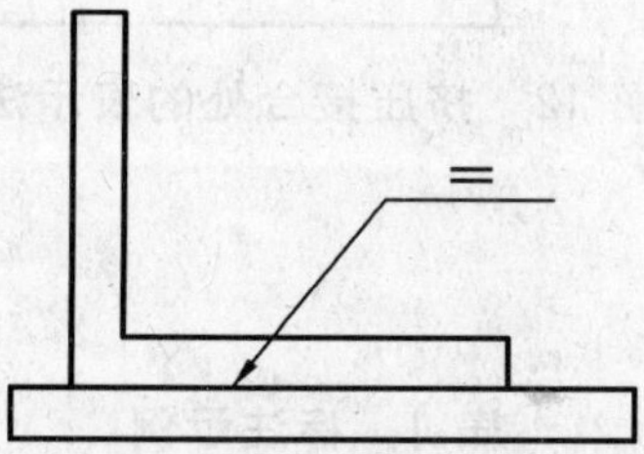

图 8　粘接接合处的表示法（一）

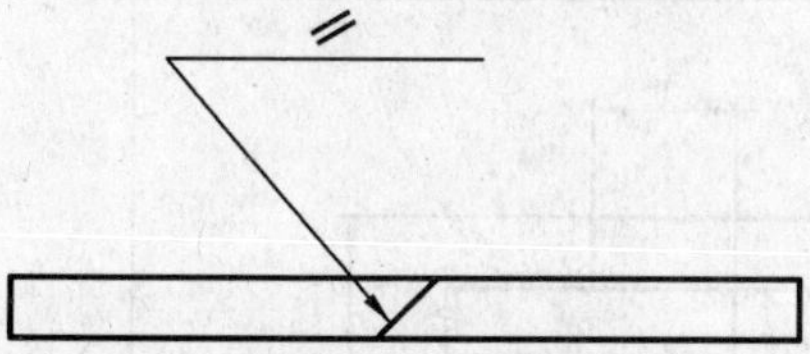

图 9　粘接接合处的表示法（二）

按 GB/T 4457.2 的规定标注全周边的相同接合要求时，应在指引线和基准线的连接点加画周边符号（见图 10）。

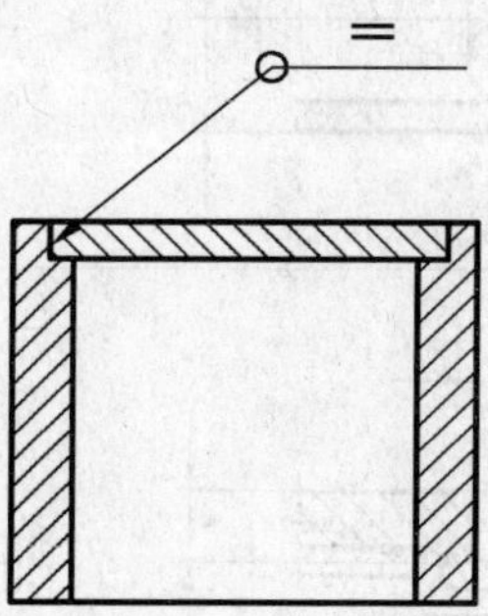

图 10　圆周接合处的表示法

按 GB/T 4457.4 规定的细双点画线标注限定区域的粘接接合范围(见图 11)。

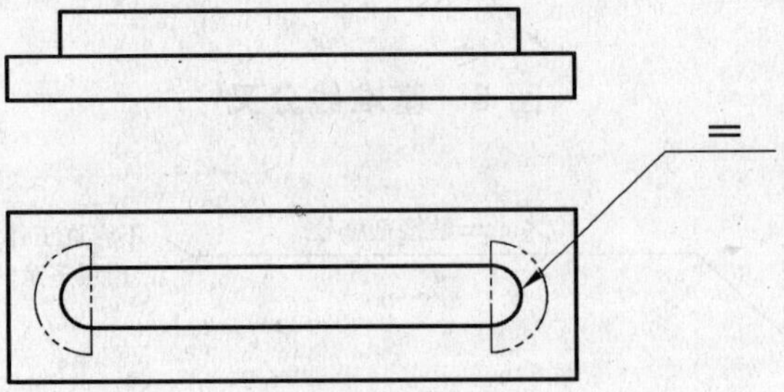

图 11 限定区域接合处的表示法

6.2 弯折接合处

弯折接合处按 GB/T 17450、GB/T 4457.2 和 GB/T 4457.4 的规定表示。

6.3 挤压接合处

如有一个以上的挤压接合处,可统一标注(见图 12)。

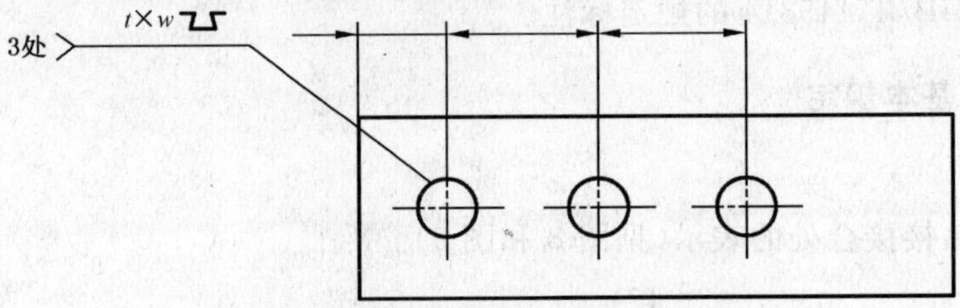

图 12 挤压接合处的表示法

7 标注示例

表 1 给出了标注示例。

表 1 标注示例

接合处种类	说 明	标 注
粘接	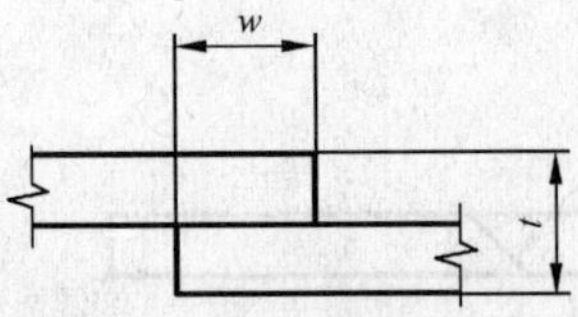	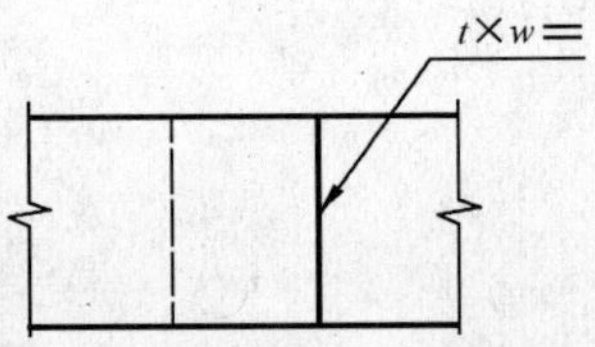
弯折	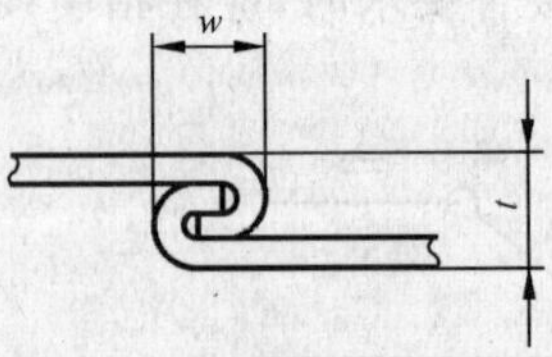	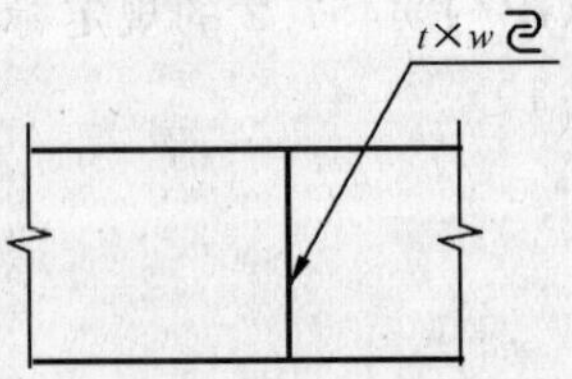
挤压	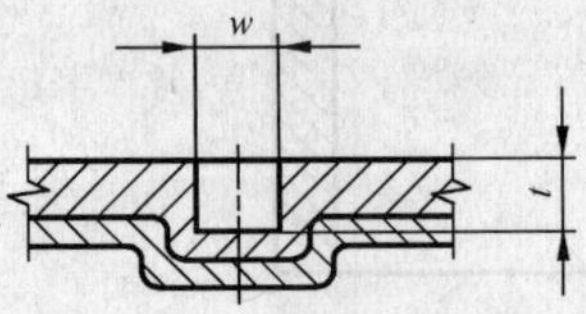	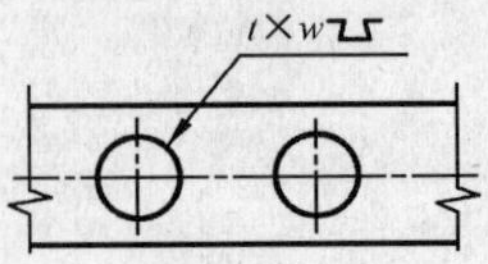

附　录　A
（规范性附录）
图形符号的尺寸、比例

符号的尺寸、比例见图 A.1～图 A.4。

图形符号线的宽度应为 d，$d=0.1h$。

高度 h 按 GB/T 14691 的规定。

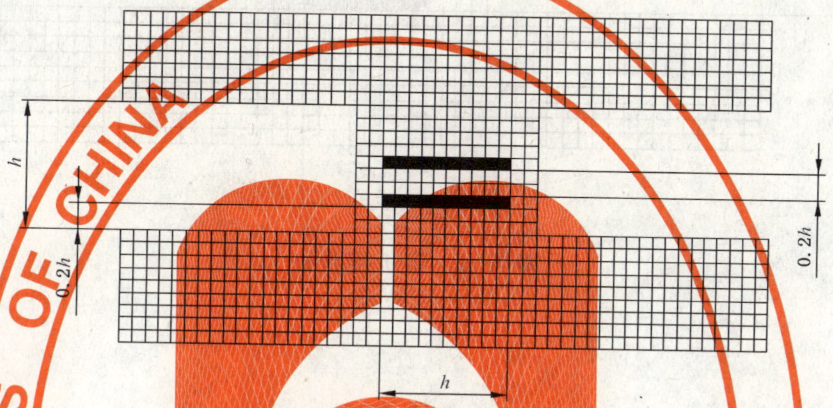

图 A.1　表面粘接接合处

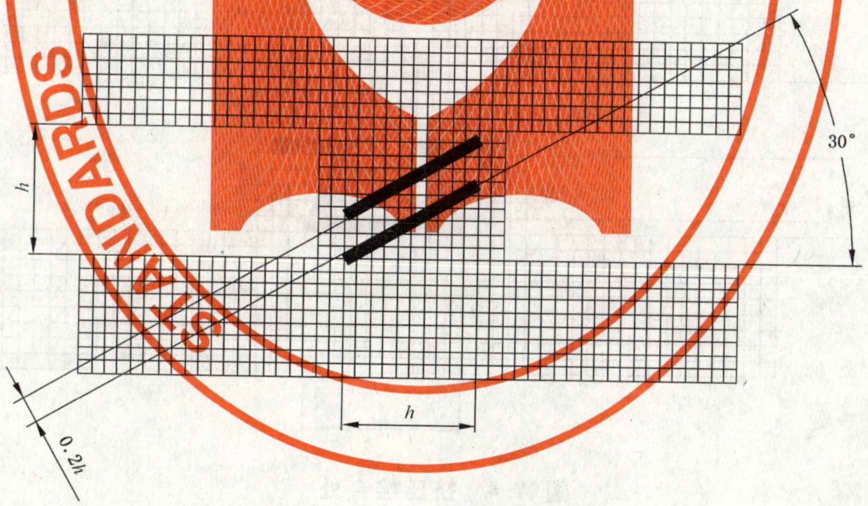

图 A.2　倾斜表面粘接接合处

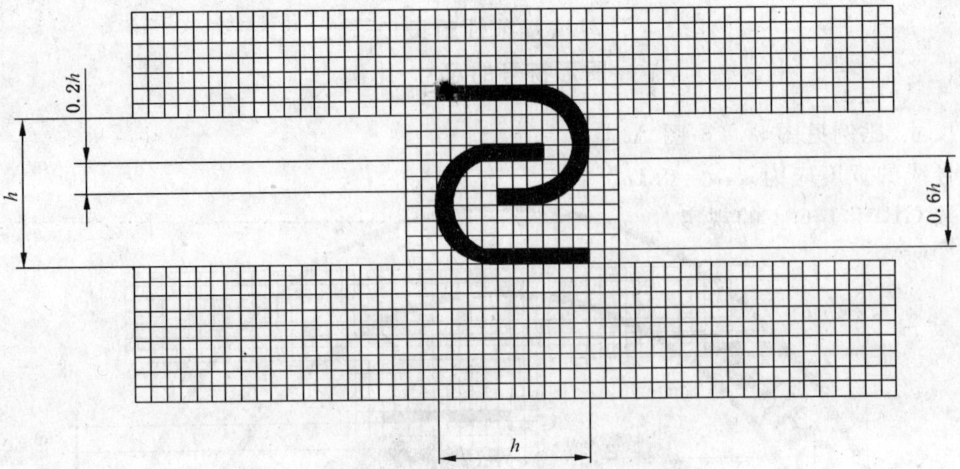

图 A.3 弯折接合处

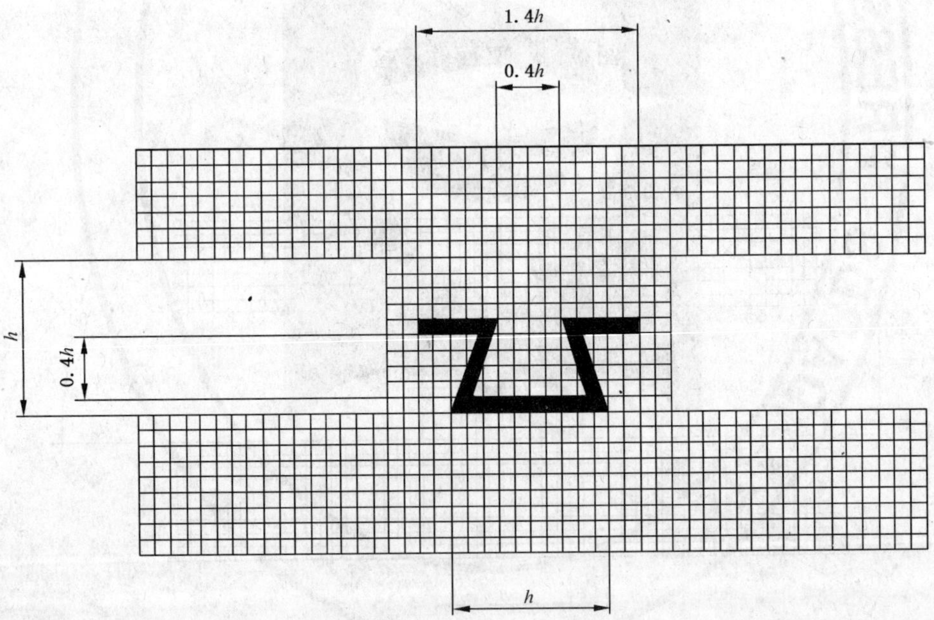

图 A.4 挤压接合处

ICS 27.060.30
J 98

中华人民共和国国家标准

GB 24747—2009

有机热载体安全技术条件

Safety technology conditions for heat transfer fluids

2009-10-30 发布　　　　2010-06-01 实施

中华人民共和国国家质量监督检验检疫总局
中国国家标准化管理委员会 发布

前 言

本标准第4章、第5章、第6章和第7章,8.1、8.3、8.5、9.2、10.2和10.3为强制性的,其余为推荐性的。

本标准与DIN 51529《在用有机热载体的试验与评价》的一致性程度为非等效。

本标准的附录A为规范性附录。

本标准由全国锅炉压力容器标准化技术委员会(SAC/TC 262)提出并归口。

本标准起草单位:中国锅炉水处理协会、中国特种设备检测研究院、中国石化股份有限公司石油化工科学研究院、宁波市特种设备检验研究院、广州市特种承压设备检测研究院、江苏省特种设备安全监督检验研究院常州分院、苏州首诺导热油有限公司。

本标准主要起草人:王骄凌、周英、窦文宇、杨麟、胡月新、梁红、卜小平、顾洁。

本标准为首次发布。

有机热载体安全技术条件

1 范围

本标准规定了各种类型的有机热载体锅炉及其传热系统所使用有机热载体的术语和定义、一般要求、质量指标和试验方法、判定与处置、检验周期和取样、混用、回收处理、传热系统的清洗、更换与废弃。

本标准适用于以各种有机热载体锅炉为加热设备，并以间接加热为目的的有机热载体，不适用于仅以冷冻和低温冷却为目的的有机热载体。

2 规范性引用文件

下列文件中的条款通过本标准的引用而成为本标准的条款。凡是注日期的引用文件，其随后所有的修改单(不包括勘误的内容)或修订版均不适用于本标准，然而，鼓励根据本标准达成协议的各方研究是否可使用这些文件的最新版本。凡是不注日期的引用文件，其最新版本适用于本标准。

GB/T 259　石油产品水溶性酸及碱测定法

GB/T 261　闪点的测定　宾斯基-马丁闭口杯法(GB/T 261—2008,ISO 2719:2002,MOD)

GB/T 265　石油产品运动粘度测定法和动力粘度计算法

GB/T 268　石油产品残炭测定法(康氏法)

GB/T 1884　原油和液体石油产品密度实验室测定法(密度计法)(GB/T 1884—2000,eqv ISO 3675:1998)

GB/T 1885　石油计量表(GB/T 1885—1998,eqv ISO 91-2:1991)

GB/T 4756　石油液体手工取样法(GB/T 4756—1998,eqv ISO 3170:1988)

GB/T 6536　石油产品蒸馏测定法(GB/T 6536—1997,eqv ASTM D86-95)

GB/T 6682　分析实验室用水规格和试验方法(GB/T 6682—2008,ISO 3696:1987,MOD)

GB/T 11133　液体石油产品水含量测定法(卡尔·费休法)

GB/T 11137　深色石油产品运动粘度测定法(逆流法)和动力粘度计算法

GB/T 16483　化学品安全技术说明书　内容和项目顺序

GB/T 17144　石油产品残炭测定法(微量法)(GB/T 17144—1997,eqv ISO 10370:1993)

GB/T 23800　有机热载体热稳定性测定法(GB/T 23800—2009,DIN 51528:1998,MOD)

GB 23971—2009　有机热载体(DIN 51522:1998,MOD)

SH/T 0170　石油产品残炭测定法(电炉法)

SH/T 0246　轻质石油产品中水含量测定法(电量法)

SH/T 0558　石油馏分沸程分布测定法(气相色谱法)

SH/T 0604　原油和石油产品密度测定法(U 形振动管法)

3 术语和定义

下列术语和定义适用于本标准。

3.1

有机热载体　heat transfer fluids

作为传热介质使用的有机物质的统称。

注：有机热载体包括被称为热传导液(heat transfer fluids)、导热油 (hot oils)、有机传热介质(organic heat transfer carriers)、热媒(heating media)等用于间接传热目的的所有有机介质。根据化学组成可分类为合成型有机热载体和矿物油型有机热载体；根据沸程可分类为气相有机热载体和液相有机热载体。

3.2

未使用有机热载体　unused heat transfer fluids

尚未注入传热系统使用的有机热载体。

3.3

在用有机热载体　heat transfer fluids in use

已经注入传热系统使用的有机热载体。

3.4

合成型有机热载体　synthetic heat transfer fluids

以化学合成工艺生产的，具有一定化学结构和确定的化学名称的有机热载体。

注：根据最高允许使用温度，合成型有机热载体划分为普通合成型和具有特殊高热稳定性合成型。

3.5

矿物油型有机热载体　mineral heat transfer fluids

以石油为原料，经蒸馏和精制（包括溶剂精制和加氢精制）工艺得到适当馏分生产的，主要组分为烃类混合物的有机热载体。

3.6

气相有机热载体　vapour phase heat transfer fluids

具有沸点或共沸点，可以在气相条件下使用的合成型有机热载体。

注：气相有机热载体也可以通过加压的方式在液相使用，因此又称为气相/液相有机热载体。

3.7

液相有机热载体　liquid phase heat transfer fluids

具有一定馏程范围，在液相条件下使用的有机热载体。

3.8

热稳定性　thermal stability

有机热载体在高温下抵抗化学分解的能力。

注：随着温度的升高，有机热载体将发生化学反应或分子重排，所生成的气相分解产物、低沸物、高沸物和不能蒸发的产物将影响有机热载体的使用性能。

3.9

最高允许使用温度　maximum permitted bulk temperature

采用有机热载体热稳定性测定法进行检测，被测有机热载体的变质率不超过10%（质量分数）条件下的最高试验温度。

注：有机热载体热稳定性测定采用GB/T 23800。

3.10

最高工作温度　maximum working temperature

在传热系统运行条件下，锅炉出口处测得的有机热载体平均主流体温度为工作温度；锅炉出口处允许的有机热载体最高主流体温度为最高工作温度。

3.11

最高允许液膜温度　maximum permitted film temperature

液膜温度是指与锅炉受热面接触的有机热载体边界层内的温度；最高允许液膜温度是有机热载体与锅炉受热面接触处的最高允许温度。

3.12

计算最高液膜温度　calculated maximum film temperature

有机热载体锅炉设计中，根据炉膛内的最大设计面积热流密度和炉管内有机热载体的设计换热条件计算出的该锅炉最高液膜温度。

3.13

初馏点(IBP) initial boiling point

采用石油馏分沸程分布法进行测定,累加面积等于所得色谱图总面积0.5%的温度点。

注:石油馏分沸程分布的测定采用SH/T 0558。

3.14

低沸物 components with low boiling point

在用有机热载体中馏出温度低于未使用有机热载体初馏点的物质。

3.15

系统回流温度 bulk temperature at the inlet of boiler

在锅炉进口处测得的系统回流的在用有机热载体平均主流体温度。

3.16

质量指标 quality index

用于界定有机热载体在使用中质量状况的指标。

注:根据其质量状况,在用有机热载体质量指标分为允许使用质量指标,安全警告质量指标和停止使用质量指标。

3.17

闭式传热系统 closed heating system

膨胀罐与大气隔离的有机热载体传热系统。

注:闭式系统通常采用惰性气体或冷油液封装置将膨胀罐与大气隔离。

3.18

开式传热系统 opening heating system

膨胀罐与大气相通的有机热载体传热系统。

4 一般要求

4.1 有机热载体产品应符合GB 23971—2009的要求。有机热载体供应商应提供以下产品质量证明资料:

a) 由国家主管部门认可的检测机构出具的该产品型式试验报告。

b) 由生产商出具的该批次产品出厂质量检验报告。如由供应商提供其复印件,该报告的真实性应由供应商确认。

c) 符合GB/T 16483要求的化学品安全技术说明书。

4.2 加入添加剂的有机热载体产品,除满足4.1的要求外,还应提供所加添加剂的类型和相关产品信息,以及由国家主管部门认可的检测机构出具的以下证明资料:

a) 采用GB/T 23800的方法测定,加入添加剂前后有机热载体的热稳定性检测报告;

b) 采用GB 23971—2009中附录C的方法测定,加入添加剂前后有机热载体的热氧化安定性检测报告。

4.3 有机热载体的最高允许使用温度至少应高于有机热载体锅炉最高工作温度10 ℃,其自燃点应不低于最高允许使用温度。对于燃煤锅炉或锅炉辐射段的设计平均面积热流密度等于或大于50 kW/m^2的情况,有机热载体最高允许使用温度应高于有机热载体锅炉最高工作温度20 ℃。

4.4 有机热载体最高允许液膜温度是传热系统内任何一处的有机热载体都不应超过的温度,有机热载体锅炉的计算最高液膜温度不得高于有机热载体的最高允许液膜温度。

4.5 L-QC和L-QD类有机热载体应在闭式循环系统中使用;L-QB类有机热载体可在闭式或者开式循环系统中使用,但开式系统膨胀罐内的有机热载体温度应低于100 ℃。L-QB、L-QC、L-QD分类见GB 23971—2009。

4.6 有机热载体不得直接用于加热或冷却具有氧化作用的化学品。在食品或药品生产过程中间接加热使用的有机热载体,除了应符合GB 23971—2009的规定外,还应满足国家有关食品及药品安全标准的要求。

5 质量指标和试验方法

5.1 未使用有机热载体验证指标和试验方法

未使用有机热载体注入系统前(包括系统初次注入和运行过程中补充的未使用有机热载体)应根据该产品型式试验报告,对其质量进行验证检验。检验项目和试验方法见表 1。

表 1 未使用有机热载体的验证指标和试验方法

项 目	判断指标	试验方法
运动黏度(40 ℃)/(mm^2/s)	≤型式试验结果的±10%	GB/T 265
酸值/[mg/g(以 KOH 计)]	≤0.05	附录 A
水溶性酸碱	无	GB/T 259
残炭/%	≤0.05	GB/T 268[a] SH/T 0170 GB/T 17144
密度/(kg/m^3)	≤型式试验结果±10	GB/T 1884 和 GB/T 1885 SH/T 0604[a]

a 测定结果有争议时,残炭测定以 GB/T 268 为准,密度测定以 SH/T 0604 为准。

5.2 在用有机热载体的质量指标和试验方法

在用有机热载体的质量指标和试验方法见表 2。

表 2 在用有机热载体的质量指标和试验方法

项 目		允许使用质量指标	安全警告质量指标	停止使用质量指标	试验方法
外观	分层	无	轻微	明显	目测
	沉淀	无	轻微	明显	
	乳化	无	轻微	明显	
闪点(闭口)/℃		≥100	>60~<100	≤60	GB/T 261
运动黏度[a](40 ℃)/(mm^2/s)	L-QB、L-QC 类	<40	40~50	>50	GB/T 265 GB/T 11137[b]
	L-QD 类	<40	40~60	>60	
残炭(质量分数)/%		<1.0	1.0~1.5	>1.5	GB/T 268[c]、SH/T 0170 GB/T 17144
酸值/[mg/g(以 KOH 计)]		<0.5	0.5~1.5	>1.5	附录 A
水分/(mg/kg)		<500	500~1 000	>1 000	GB/T 11133[c]、SH/T 0246
5%低沸物的馏出温度[d,e]/℃	在最高工作温度低于未使用有机热载体初馏点的条件下使用	—	≤在用有机热载体最高工作温度	≤在用有机热载体系统的回流温度	GB/T 6536
	在最高工作温度高于未使用有机热载体初馏点的条件下使用	—	≤未使用有机热载体的 2%馏出温度		

表 2（续）

项目	允许使用质量指标	安全警告质量指标	停止使用质量指标	试验方法

a 运动黏度指标不适用于最高允许使用温度大于 350 ℃的有机热载体。

b 当在用有机热载体挂壁现象严重或颜色很深时，应采用 GB/T 11137 逆流法测定运动黏度。

c 测定结果有争议时，残炭测定以 GB/T 268 为准，水分测定以 GB/T 11133 为准。

d 最高测至低沸物馏出量达到 5%时的馏出温度。如果低沸物馏出量低于 5%，但其馏出温度已经高于指标要求温度，即可停止测定。

e 未使用有机热载体的初馏点是指采用 SH/T 0558 测定的数据，由该产品的出厂检验报告提供。

6 判定与处置

6.1 未使用有机热载体验证检验的判定与处置

检验结果全部符合表 1 中判断指标的规定，判定为合格。否则为不合格，不得加入系统使用。如对验证检验结果有异议，应由国家主管部门认可的检测机构对该样品进行复验。

6.2 在用有机热载体质量判定与处置

6.2.1 检验结果全部符合表 2 中"允许使用质量指标"，判定该在用有机热载体质量处于正常状况，可以继续使用。

6.2.2 检验结果中一项或数项处于表 2 中"安全警告质量指标"范围时，依据表 3 进行判定和处置。

6.2.3 检验结果中一项或数项处于表 2 中"停止使用质量指标"范围时，依据表 4 进行判定和处置。

表 3 安全警告质量问题的判定和处置

项目	安全警告质量指标	质量判定	处置
外观	任一项	轻度化学污染	找到污染源，确定污染物，缩短样品检验周期
酸值 运动黏度 残炭	实测值都未超出指标中间值	轻度过热、氧化	使用期限未超过两年者缩短样品检验周期；超过两年者继续每年一次样品检验
	任一项实测值超出指标中间值	中度过热、氧化或轻度污染	缩短样品检验周期
闪点 水分 5%低沸物馏出温度	实测值都未超出指标中间值	轻度过热、氧化或有水渗入	脱气操作，继续每年一次样品检验
	任一项实测值超出指标中间值	中度过热、氧化或有水漏入	脱气操作，脱气后一个月内进行一次样品检验，指标值达到允许使用值后继续每年一次检验

表 4 停止使用质量问题的判定和处置

项目	停止使用质量指标	质量判定	处置
外观	任一项	中度、重度化学污染	停止使用，确认污染源和污染物，清洗系统，处理或更换在用有机热载体；更换后应进行样品检验，确认消除污染危害后方可继续使用
酸值 运动黏度 残炭	任一项	中度、重度过热及氧化，或污染	停止使用，处理或更换在用有机热载体；处理或更换后进行样品检验，确认该指标达到允许使用指标后方可继续使用

表 4（续）

项　目	停止使用质量指标	质量判定	处　置
闪　点 水　分 5%低沸物馏出温度	任一项	中度、重度过热及氧化，水泄漏或污染	停止使用，进行脱气操作；脱气后进行样品检验，确认该项指标达到允许使用指标后可继续使用
系统中混入对在用有机热载体质量产生明显影响或其危害性尚不明确的化学物质	—	严重污染	立即停止使用，确认污染物及污染程度，清洗系统并更换有机热载体，更换后进行样品检验，确认消除污染危害后方可继续使用

7　检验周期和取样

7.1　检验周期

7.1.1　验证检验合格的未使用有机热载体注入系统并完成系统调试后应在3个月内进行首次检验；在用有机热载体至少应每年取样检验一次，检验项目为表2中的所有项目。

7.1.2　有以下情况之一，应根据需要随时取样并按表2进行检验：

a)　系统发生偶然事故，可能对有机热载体产生了危害；

b)　系统中排放出的在用有机热载体再次注入系统时；

c)　确定停止使用的有机热载体，采取科学合理的处理措施改善其质量后，欲继续使用前；

d)　系统中更换或添加混用了不同的有机热载体产品后3个月内。

7.2　取样

7.2.1　未使用有机热载体的取样应符合GB/T 4756的要求，取样量应能满足验证检验和此后复验留样的要求，留样量应不少于2 L。

7.2.2　在用有机热载体的取样应在系统循环回路内通过取样冷却器进行，所取样品温度应不高于50 ℃，取得的样品应为代表该系统当前在用有机热载体质量状况的均匀样品。取样量应满足检验和复验留样的要求。复验留样的保留时间不应少于40天。

8　混用

8.1　不同化学组成的气相有机热载体不得混用，气相有机热载体与液相有机热载体不得混用。

8.2　不同化学和物理性质的有机热载体一般不应加入同一系统中混合使用。

8.3　如需将合成型液相有机热载体与矿物油型有机热载体混合使用，或将不同化学组成的合成型液相有机热载体混合使用，以及将不同厂商生产的矿物油型有机热载体混合使用，应满足以下要求：

a)　应通过GB/T 23800的热稳定性检验，且比原有的在用有机热载体具有更高或相当的热稳定性；

b)　符合本标准第4章的要求；

c)　加入前应通过表1规定的验证检验；

d)　生产商或供应商应保证混用后的有机热载体能够安全使用。

8.4　传热系统中加入的混用有机热载体的数量及混合比例应有准确记录，同时应对混用后的有机热载体取样并保留2 L的复验样品。

8.5　混用后的有机热载体应按照原有的在用有机热载体性质和性能条件使用，其质量指标应符合表2要求。

9 回收处理

9.1 对于尚具有回收处理价值的在用有机热载体，可采用蒸馏、过滤及加氢精制等工艺方法进行回收处理，去除其中污染物和部分变质物，使其质量得到一定程度的改善，达到允许使用的质量指标后可返回原系统继续使用。

9.2 回收处理工艺不应采用酸碱中和法降低其酸值，也不得采用加入其他化学添加剂的方法改变其物理性质。

10 传热系统的清洗

10.1 当系统中有机热载体被严重污染，或锅炉炉管发生过热超温事故后，以及系统更换有机热载体之前，应对锅炉及系统进行检查。如果已产生结焦或残油粘附严重，应采用适当的清洗方式将系统中存在的污染物和炉管内的结焦物清除，以保持系统的清洁，避免新更换有机热载体被污染。

10.2 有机热载体系统的清洗不应采用对有机热载体有污染或对系统材料有腐蚀危害的清洗介质。

10.3 有机热载体注入清洗后的系统中并完成排气脱水后应取样检验，其质量应符合表 2 中允许使用质量指标。

11 更换与废弃

11.1 当在用有机热载体的运动黏度、酸值、残炭或污染程度处在表 2 的“停止使用指标”范围内，并且难以有效回收处理至允许使用的质量指标时，应全部或部分更换新的有机热载体。

11.2 更换出的有机热载体应按照国家安全环保部门有关处理废弃石油及化工产品的法律规定处理。

附 录 A
（规范性附录）
有机热载体酸值测定法（电位滴定法）

A.1 概要

A.1.1 本方法适用于有机热载体酸值的测定，酸值的测量范围：0 mg/g（以 KOH 计）～30 mg/g（以 KOH 计）。

A.1.2 本方法以氢氧化钾（异丙醇）标准溶液（以下简称 KOH 标准溶液）为滴定剂，用甲苯、异丙醇和少量水的混合溶剂溶解试样，通过复合电极或者一对玻璃指示电极-银/氯化银（Ag/AgCl）参比电极进行电位滴定。根据 KOH 标准溶液消耗体积和电位值绘制滴定曲线图，当曲线出现明显突跃点（即化学计量点）时为终点。由于有机热载体存在多种弱酸，因此在滴定过程中往往存在多个突跃点，终点判断以最靠近 pH 11±0.02 的标准缓冲液的电位值所对应的突跃点来计算酸值；如果滴定过程中找不到突跃点，则以滴定到电极在 pH 11±0.02 标准缓冲溶液中测得的电位值时所消耗的标准溶液体积来计算酸值。

A.2 仪器

A.2.1 电位滴定仪

A.2.1.1 自动电位滴定仪

自动电位滴定仪基本要求：

a) 自动滴定系统应能满足 A.5.7 中的设置需求；
b) 马达驱动滴定管：精度不低于±0.001 mL；
c) 滴定剂添加方式应能进行动态添加模式，即在滴定过程中，滴定剂的添加体积和速率应能随电位改变而变化；
d) 测量方式为"平衡控制模式"，自动滴定过程中应同时进行电位滴定曲线和一阶微分曲线的绘制；
e) 盛装 KOH 标准溶液的试剂瓶应设有可以吸收 CO_2 的干燥管（例如盛有苏打、碱石灰等物质的干燥管）；
f) 机械搅拌器：应采用程序控制，可用螺旋桨搅拌器或者磁力搅拌器。搅拌速度应能充分搅拌液体（有漩涡产生，但不可溅出液体或者将空气搅入溶液中）；
g) 滴定杯，100 mL 容积，材质为硼硅酸盐玻璃或其他不会与有机热载体作用的材料。

A.2.1.2 手动电位滴定仪

手动电位滴定仪基本要求：

a) 电位计或伏特计：电极符合 A.2.2 中的规定，并且两个电极之间的电阻介于 0.2 MΩ～20 MΩ 时，电位计或伏特计的精度为±0.5 mV，灵敏度为±0.2 mV，量程至少为±500 mV。
b) 仪器应能显示电位值或 pH 值。
c) 仪器必须防静电场。玻璃电极的表面暴露部分、玻璃电极的导线、滴定台、电位计以及电位计的接线柱都应接地或分别加以屏蔽，用以隔离外部静电场。
d) 微量滴定管：分刻度不大于 0.01 mL；精度不低于±0.005 mL。KOH 标准溶液直接通过滴定管加入至滴定容器而不会暴露在环境空气中。盛装 KOH 的滴定管需要有干燥管盛放苏打、碱石灰或者其他可以吸收 CO_2 的物质。
e) 滴定杯，100 mL～250 mL 容积，材质为硼硅酸盐玻璃或其他不会与有机热载体作用的材料。

f) 滴定台,能够合理放置电极、搅拌器和滴定管等。

g) 机械搅拌器:可用磁力搅拌器或螺旋桨搅拌器。搅拌速度应能充分搅拌液体(有漩涡产生,但不可溅出液体或者将空气搅入溶液中)。如果使用电动搅拌设备,需要正确使用和接地,防止在滴定过程中电机通电或断电时造成仪表读数的持续变化。

A.2.2 测量电极

A.2.2.1 测量电极应选用适合于非水滴定的标准 pH 电极。

A.2.2.2 复合电极。测量电极内有 Ag/AgCl 参比电极,便于操作和维护。电极填充液采用 1 mol/L～3 mol/L LiCl 乙醇溶液,复合电极的液接部位一般应带有可活动的保护套管,以方便清洗和更换填充液。复合电极的响应比双电极系统的响应更好或者相当。

A.2.2.3 双电极或叁电极。双电极:玻璃指示电极-银/氯化银(Ag/AgCl)参比电极,参比电极中填充 1 mol/L～3 mol/L LiCl 乙醇溶液。叁电极在双电极基础上增加第三个辅助电极,比如铂电极,可以用于增加电极在某些系统中的稳定性。

A.3 试剂

A.3.1 除另有说明外,全部测定试验用的试剂均为分析纯试剂。试验用水应符合 GB/T 6682 二级水的规定。商业采购的标准溶液和 pH 标准缓冲溶液可以代替实验室配制并标定的标准溶液和 pH 标准缓冲溶液。

A.3.2 异丙醇(注意:易燃、有毒)。无水(水含量小于 0.1%)。如果试剂含水量大于 0.1%,则需要通过多层板式柱蒸馏,放弃初始 5%的蒸馏液,使用余下的 95%试剂。也可以用分子筛柱进行干燥,1 份分子筛可以干燥 10 份试剂。

A.3.3 乙醇(注意:易燃)。

A.3.4 氯化锂,LiCl。

A.3.5 氯化锂电极填充液(1 mol/L～3 mol/L LiCl-乙醇溶液)。建议采用商品氯化锂-乙醇电极填充液。

A.3.6 甲苯(注意:易燃、有毒)。

A.3.7 混合溶剂:将异丙醇、甲苯、水按(495 mL±5 mL):(500 mL±5 mL):(5 mL±0.2 mL)的比例配制,摇匀静置。混合溶剂需要大量配制,并且每次滴定前都要做空白试验。

A.3.8 标准缓冲液 pH 4、pH 7、pH 11。缓冲溶液需要按规定的稳定期限内使用(稳定有效期可以从制造商处获取),当被污染时应及时进行更换。

A.3.9 微酸性水:用 1:4 HCl 调节水溶液 pH 值为 4.5～5.5。

A.3.10 氢氧化钾(注意:可造成灼伤)。

A.3.11 $c(KOH)=0.02$ mol/L～0.08 mol/L 氢氧化钾-异丙醇标准溶液。一般自动滴定时,宜配制 $c(KOH)=0.05$ mol/L～0.08 mol/L;手动滴定时,宜配制 $c(KOH)=0.02$ mol/L～0.05 mol/L。

A.3.11.1 配制:称取 3 g～5 g 氢氧化钾,加入到 1 000 mL 异丙醇中剧烈摇动,使氢氧化钾尽量溶解,然后加热回流(注意溶液体积不可超过回流瓶容积的 2/3,必要时可分次回流),当加热至微沸时加入适量氢氧化钡(半匙左右),继续微沸回流 10 min。将此溶液静置 2 天,吸出上层澄清液或用玻璃漏斗过滤,将澄清标准溶液装入耐碱的试剂瓶中(试剂瓶必须设有防止 CO_2 的干燥管),标定后待用。

注:加氢氧化钡的目的是除去 CO_2,若不加氢氧化钡,标准溶液易受 CO_2 影响而产生混浊。

A.3.11.2 标定:分别准确称取 3 份 0.2 g～0.3 g(准确至±0.000 2 g)经 110 ℃±5 ℃烘干至恒重的邻苯二甲酸氢钾,在滴定杯中各加 60 mL 新煮沸冷却不含二氧化碳的二级水溶解。

自动电位滴定仪标定:按仪器要求进行标定操作,滴定至终点时,仪器自动显示氢氧化钾标准溶液的浓度。

手动电位滴定仪标定:将待标定的氢氧化钾标准溶液装入电位滴定仪的滴定管中,在已溶解的邻苯二甲酸氢钾中加入2滴1%酚酞指示剂，用氢氧化钾标准溶液滴定至溶液呈粉红色(10 s不褪色)，另取60 mL二级水作空白。记录氢氧化钾消耗体积，然后按式(A.1)进行计算。

$$c(\mathrm{KOH})=\frac{m\times 1\,000}{(V_1-V_0)\times 204.2}\ \mathrm{mol/L} \qquad \cdots\cdots(\mathrm{A}.1)$$

式中：

c(KOH)——氢氧化钾标准溶液的浓度，单位为摩尔每升(mol/L)；

V_1——滴定邻苯二甲酸氢钾时消耗的氢氧化钾溶液的体积，单位为毫升(mL)；

V_0——空白试验消耗氢氧化钾溶液的体积，单位为毫升(mL)；

m——邻苯二甲酸氢钾的质量，单位为克(g)；

204.2——邻苯二甲酸氢钾($KHC_8H_4O_4$)的摩尔质量，单位为克每摩尔(g/mol)。

A.3.11.3 标准溶液平行标定的误差应小于0.000 5 mol/L。由于空气中的CO_2易影响氢氧化钾标准溶液浓度的准确性，因此标准溶液应经常进行标定(一般每月至少一次)。

警告：异丙醇、甲苯等试剂都是有毒物质，应严防入口或溅在皮肤及眼睛内，溶液配制及测定过程应在通风橱中进行，并戴好防护眼镜、乳胶手套、防毒口罩等防护用品。

A.4 电极系统

A.4.1 电极准备

A.4.1.1 滴定所用Ag/AgCl参比电极，应采用氯化锂电极填充液，否则需更换。方法为：排空电极中原有的电解液，用氯化锂电极填充液清洗数次，最后充满氯化锂电极填充液。复合电极也做同样处理。

A.4.1.2 电极电位的检测：新电极、久置的电极或者新安装的电位滴定仪首次使用时，都要进行电极电位的检测，之后也要定期进行检测。

检测方法：先用混合溶剂清洗电极，再用二级水清洗后用滤纸吸干电极上的水滴。将电极浸入pH 4±0.02标准缓冲液中，搅拌1 min后读取电位值(mV数)；取出电极依次用二级水及pH 7缓冲液淋洗后，再浸入pH 7±0.02标准缓冲液中，搅拌1 min后读取电位mV数，计算两次测定的电位差值。良好的电极系统的差值最小为158 mV (20 ℃～25 ℃)。如果小于158 mV，打开电极液接部位保护套，确认电极填充液可以自由流出，重新测量。如果还是小于158 mV，清洗或者更换电极。

A.4.1.3 当采用两电极或叁电极时，测量电极和参比电极应被认为是一体的。如果其中一支改变了，则这一电极体系也改变了，需要重新测试。

A.4.1.4 每次使用前，应先将电极在微酸性水中浸泡5 min以上，再用二级水清洗，然后再用混合溶剂清洗后进行测定。

A.4.1.5 电极不使用时，应将电极浸泡在氯化锂电极填充液中(球泡应完全浸没)。使用时，可将电极存放在pH 4.5～5.5的微酸性水中。注意：在两次滴定之间如相隔较长的时间(超过1 h)，尽量不要将电极浸在混合溶剂中。

A.4.2 EP电位值的校正

A.4.2.1 定期用新鲜的pH 11±0.02标准缓冲溶液校正电极，以确保当滴定曲线上没有明显突跃点时可以正确判定终点。因为不同的玻璃电极对氢离子活度的响应不完全一样，因此每个电极都应定期用pH 11±0.02标准缓冲溶液校正EP电位值。

A.4.2.2 将电极浸入pH 11±0.02标准缓冲溶液中，搅拌约5 min，控制测量过程中缓冲溶液的温度变化在2 ℃以内，读取电位值。该电位值即EP电位值，可作为试样测定过程中，找不到滴定曲线突跃点时酸值的滴定终点。

A.5 酸值的测定

A.5.1 标准溶液预备

测定前，KOH标准溶液需要进行循环或者溃液（将管内的空气排出，并确保滴定管内充满标准溶液),以保证标准溶液浓度均匀一致。

A.5.2 测空白

每一批样品测定时或混合溶剂配制后,都应进行空白测定:取 60 mL 混合溶剂至滴定杯,并放到滴定台上。自动滴定时,采用非常小的增量体积(0.001 mL～0.005 mL),用测定新油相同的模式进行滴定。手动滴定时,按 0.01 mL～0.05 mL 增量加入 KOH 标准溶液,每次增量加入后应等到电位稳定再加入下一滴,当每次增量加入后电位值不再变化时,记录仪表读数。

A.5.3 样品处理

A.5.3.1 有机热载体如果出现沉淀物时,样品应经过适当处理:将有沉淀物的样品在原取样罐中加热至 60 ℃±5 ℃,并激烈地搅拌,使沉淀物均匀地悬浮于油样中(如果取样罐中样品体积超过容积的四分之三,需将样品全部转移至另一干净的玻璃瓶中,玻璃瓶的容积应该超过整个样品体积的三分之一,并将留在原储罐中剩余的沉淀物激烈地搅拌后也转移到玻璃瓶中)。

A.5.3.2 油样在放置时可能会发生略微变化,取样后应尽快进行测定,并记录取样和测定时间。

A.5.4 称量

试样测定至少应进行两份平行试验。将试样激烈摇匀后,在滴定杯中称取合适的试样量,建议按表 A.1 称量。

表 A.1 建议称样量

酸值范围/[mg/g(以 KOH 计)]	称样量/g	称样精度/g
<0.2	15～20	±0.005
0.2～<1.0	10～15	±0.005
1.0～<3.0	5～10	±0.002
≥3.0	1～5	±0.001

A.5.5 滴定准备

A.5.5.1 在加有试样的滴定杯中加入 60 mL 混合溶剂,准备好电极(见 A.4.1.2)。将滴定杯放在滴定台上,调节电极高度使球泡完全浸入被测液体中。开动搅拌器,保持整个滴定过程中转速一致。

A.5.5.2 选择合适的滴定管,充满 KOH 标准溶液,将滴定管装上滴定台,使馈液管端口略低于球泡底部。记录初始滴定管和仪表读数。

A.5.6 自动滴定方法

A.5.6.1 自动滴定时,仪器的设置对酸值较小的有机热载体测定结果影响较大。为了提高测定的准确性和重现性,测定未使用有机热载体(以下简称新油)的酸值时,需放慢滴定速度,而且每滴 KOH 标准溶液体积应尽可能小。但过慢的滴定速度在测定在用有机热载体(以下简称旧油)的酸值时,会耗时过长,因此自动电位滴定仪应分别设置新油和旧油的测定方法。

A.5.6.2 仪器的设置和操作除了按照仪器制造商的要求外,还应符合本标准的设定要求。

A.5.6.2.1 滴定终点的设定:

按 A.4.2.2 测量 EP 电位值,25 ℃时 EP 电位值约为－236 mV,滴定结束时的电位值应设置为超过 EP 电位值 60 mV～100 mV,即设定－290 mV～－340 mV 为滴定终止电位;同时按下列情况,根据滴定曲线设置终点判断,并计算酸值:

a) 以最靠近 EP 电位值所对应的突跃点为终点;

b) 如果滴定过程中找不到突跃点,则以滴定到 EP 电位值时所消耗的标准溶液体积来计算酸值。

A.5.6.2.2 滴定过程中 KOH 标准溶液滴定体积的设定:

a) 新油测定:最大滴加量 0.01 mL;最小滴加量不大于 0.001 mL(或者加液速率最大 0.1 mL/min;最小 0.01 mL/min);停止滴定体积为 10 mL;

b) 旧油测定:最大滴加量 0.1 mL;最小滴加量不大于 0.005 mL(或者加液速率最大 0.5 mL/min;最小 0.05 mL/min);停止滴定体积为 20 mL。

A.5.6.3 滴定过程中 KOH 标准溶液采用动态添加模式或等量滴定模式,应使每次增量后电位变化的范围控制在 5 mV～15 mV。如果电位在 10 s 内变化小于 5 mV,加入下一滴,最长等待时间为 60 s。

A.5.6.4 当电位超过 EP 电位值 60 mV 以上,停止滴定。如果一阶导数上有超过静电噪音产生的最大峰时,识别为突跃点。自动滴定仪测定后将直接显示酸值的测定结果。

A.5.6.5 滴定结束后,应用混合溶剂仔细将电极清洗干净。尤其是配置有自动进样器的电位滴定仪,当测定黏度较大的旧油时,光靠自动清洗可能难以洗净电极,必要时应取下电极,手动进行仔细的清洗。

A.5.7 手动滴定方法

A.5.7.1 以合适的速度滴加 KOH 标准溶液,待反应至电位稳定后,记录标准溶液滴定体积,并读取此时的电位值。

A.5.7.2 滴定过程应按下列要求控制:

a) 新油的测定:

1) 为了得到更好的精确度,KOH 标准溶液浓度应采用 0.02 mol/L 或者更小的浓度;手动滴定管(最小分度 0.01 mL)宜换为自动滴定管(最小分度 0.001 mL),以得到更小的 KOH 标准溶液的添加量;

2) 滴定过程中,如果 KOH 标准溶液每增加 0.05 mL,电位变化小于 10 mV,可适当地增大每次的滴加量,使产生的电位变化约等于 10 mV;如果 KOH 标准溶液每增加 0.05 mL 时,电位值变化大于 10 mV,则每次滴加量要减少至 0.01 mL 或更少,直到每次增量后的电位变化小于 5 mV,并且仪器显示电位值已经超过 EP 电位值为止。

b) 旧油的测定:

滴定过程中,如果 KOH 标准溶液每增加 0.1 mL,电位变化小于 20 mV,可适当地增大每次的滴加量,使产生的电位变化约等于 20 mV;如果 KOH 标准溶液每增加 0.1 mL 时,电位值变化大于 20 mV,则每次滴加量要减少至 0.02 mL 或更少,直到每次增量后的电位变化小于 5 mV,并且仪器显示电位值已经超过 EP 电位值为止。

A.5.7.3 记录 KOH 标准溶液消耗体积和对应的电位值。当 EP 电位值附近出现明显突跃时为终点。如果突跃不明显或者没有突跃时,以 EP 电位值为终点。

A.6 计算

自动滴定和手动滴定都可按式(A.2)计算酸值。

$$S=(V-V_0)\times c(\mathrm{KOH})\times 56.1/m \qquad \cdots\cdots(A.2)$$

式中:

S——有机热载体酸值,单位为毫克每克,以氢氧化钾计[mg/g(以 KOH 计)];

V——滴定终点时 KOH 标准溶液消耗体积,单位为毫升(mL)。如果有突跃点时,终点是最接近 EP 电位值突跃点所消耗的体积;当突跃点不明显或没有时,终点为滴定至 EP 电位值所消耗的体积;

V_0——混合溶剂空白消耗体积,单位为毫升(mL);

$c(\mathrm{KOH})$——KOH 标准溶液的实际浓度,单位为摩尔每升(mol/L);

56.1——KOH 摩尔质量,单位为克每摩尔(g/mol);

m——样品质量,单位为克(g)。

A.7 注意事项

A.7.1 滴定后的电极处理

不管采用自动滴定还是手动滴定,每次滴定终止后,都需用混合溶剂将电极清洗干净,并将电极在微酸性水中浸泡 5 min,使玻璃电极的含水凝胶层活化,再用混合溶剂清洗电极,然后开始下一样品滴定。如果电极脏污,按 A.7.2.2 处理。

A.7.2 电极的测试和维护

A.7.2.1 电极响应能力测试

电极的响应速度和稳定性对于测定的准确性非常重要。虽然电极经过校准能得到可接受的斜率和截距,但不一定对滴定有良好的响应,因此需通过连续测定毫伏值检查电极的响应能力,其方法如下:

a) 设置电位滴定仪为连续测毫伏值状态,搅拌转速与滴定样品时相同;

b) 将电极在二级水中浸泡 5 min,然后浸入 pH 11±0.02 标准缓冲溶液中,从电极碰到溶液的瞬间开始计时,30 s 后,读取电位值;再过 30 s,再读电位值,两个电位值的差值为漂移值。必要时可重复上述步骤用 pH 7 和 pH 4 的标准缓冲溶液测定;

c) 根据漂移值,按表 A.2 判定电极响应能力。

表 A.2 电极响应能力判定

漂移值	响应能力
≤1	非常好
1<~≤2	好
2<~≤3	可接受
3<~≤4	有问题
>4	不可接受

A.7.2.2 电极的维护和保养

A.7.2.2.1 复合电极或玻璃电极每隔一段时间(在连续使用时,至少每周一次)在强氧化性溶剂中浸泡不超过 30 s,然后用二级水冲洗,保证测量电极玻璃球泡不被堵塞,避免污染物造成电极信号不稳定或者造成液接电位不明显。

A.7.2.2.2 电极的填充液至少每周更换一次,每次填充到加入口处,并确认电极填充液中没有气泡,如果有气泡,将电极垂直,轻拍,赶出气泡。滴定过程中要始终保持电极填充液的液面高于滴定杯中的液面。

A.8 测定精确度

按下述规定判断试验结果的可靠性(95%的置信水平):

a) 重复性:同一操作者,用同一台仪器,相同的测试方法,对同一试样测得的两个连续试验结果之差不应超过下列规定的数值:

未使用有机热载体:≤0.012(X+1)

在用有机热载体:≤0.12X

b) 再现性:不同操作者,在不同实验室,用相同的测试方法,对同一试样进行测定,所得两个独立结果之差不应超过下列规定的数值:

未使用有机热载体:≤0.024(X+1)

在用有机热载体:≤0.24X

其中:X=两个结果的平均值。

ICS 27.020
J 92

中华人民共和国国家标准

GB/T 24748—2009

往复式内燃机　飞轮　技术条件

Reciprocating internal combustion engines—Flywheels—General specifications

2009-11-15 发布　　　　2010-07-01 实施

中华人民共和国国家质量监督检验检疫总局
中国国家标准化管理委员会　发布

前 言

本标准仅规定了往复式内燃机飞轮的一般要求。有关道路车辆用发动机的飞轮尺寸及其配套标准可见 ISO 7648:1987《往复式内燃机用飞轮壳　公称尺寸和公差》、ISO 7649:1991《往复式内燃机用离合器壳　公称尺寸和公差》和 ISO 11055:1996《往复式内燃机飞轮　与离合器的配套尺寸》。

本标准由中国机械工业联合会提出。

本标准由全国内燃机标准化技术委员会归口。

本标准起草单位:上海内燃机研究所、常州常瑞天力动力机械有限公司、广西玉柴机器股份有限公司、上海汽车股份有限公司商用车技术中心。

本标准主要起草人:计维斌、张顺、顾庆、苏怀林、罗志坚、骆培兴、瞿俊鸣、宋国婵、谢亚平、陈云清。

本标准系首次发布。

往复式内燃机　飞轮　技术条件

1　范围

本标准规定了往复式内燃机飞轮的技术要求、试验方法、检验规则、标志、包装、运输及贮存。

本标准适用于气缸直径为 200 mm(含 200 mm)以下的往复式内燃机飞轮(以下简称飞轮)。

2　规范性引用文件

下列文件中的条款通过本标准的引用而成为本标准的条款。凡是注日期的引用文件，其随后所有的修改单(不包括勘误的内容)或修订版均不适用于本标准，然而，鼓励根据本标准达成协议的各方研究是否可使用这些文件的最新版本。凡是不注日期的引用文件，其最新版本适用于本标准。

GB/T 197　普通螺纹　公差(GB/T 197—2003,ISO 965-1:1998,MOD)

GB/T 1095　平键　键槽的剖面尺寸

GB/T 1096　普通型　平键

GB/T 1184　形状和位置公差　未注公差值(GB/T 1184—1996,eqv ISO 2768-2:1989)

GB/T 1348　球墨铸铁件(GB/T 1348—2009,ISO 1083:2004,MOD)

GB/T 1801　产品几何技术规范(GPS)　极限与配合　公差带和配合的选择(GB/T 1801—2009,ISO 1829:1975,MOD)

GB/T 1958　产品几何量技术规范(GPS)　形状和位置公差　检测规定

GB/T 2828.1　计数抽样检验程序　第1部分:按接收质量限(AQL)检索的逐批检验抽样计划(GB/T 2828.1—2003,ISO 2859-1:1999,IDT)

GB/T 3177　产品几何技术规范(GPS)　光滑工件尺寸的检验

GB/T 6060.1　表面粗糙度比较样块　铸造表面(GB/T 6060.1—1997,eqv ISO 2632-3:1979)

GB/T 6060.2　表面粗糙度比较样块　磨、车、镗、铣、插及刨加工表面(GB/T 6060.2—2006,ISO 2632-1:1985,MOD)

GB/T 6414　铸件　尺寸公差与机械加工余量(GB/T 6414—1999,eqv ISO 8062:1994)

GB/T 7216　灰铸铁金相检验(GB/T 7216—2009,ISO 945-1:2008,MOD)

GB/T 9239.1　机械振动　恒态(刚性)转子平衡品质要求　第1部分:规范与平衡允差的检验(GB/T 9239.1—2006,ISO 1940-1:2003,IDT)

GB/T 9439　灰铸铁件

GB/T 9441　球墨铸铁金相检验(GB/T 9441—2009,ISO 945-1:2008,MOD)

GB/T 11351　铸件重量公差

JB/T 7945　灰铸铁力学性能试验方法

JB/T 51127　中小功率柴油机　产品可靠性考核

3　技术要求

3.1　总则

飞轮应按规定程序批准的产品图样及技术文件制造，并符合本标准的规定。飞轮与飞轮发电机、皮带轮、曲轴的总装简图见图1。

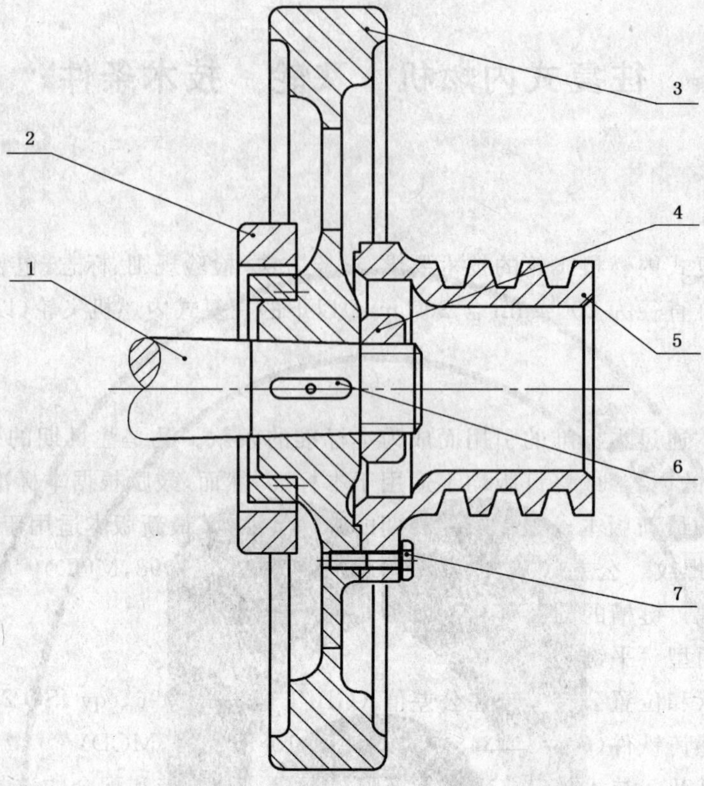

图示说明：

1——曲轴；

2——发电机；

3——飞轮；

4——飞轮螺母；

5——皮带轮；

6——平键；

7——皮带轮螺栓。

图 1 飞轮与飞轮发电机、皮带轮、曲轴的总装简图

3.2 材料和金相组织

3.2.1 飞轮应采用 GB/T 9439 规定的 HT300 灰铸铁或 GB/T 1348 规定的 QT600-3 球墨铸铁制造，其力学性能应符合相应标准的规定。允许采用机械性能不低于 HT300 或 QT600-3 的其他材料制造。

3.2.2 灰铸铁飞轮的金相组织应符合 GB/T 7216 的规定，石墨分布形状为片状，允许 A 型＋B 型＋少量 C 型石墨分布形状存在；石墨长度为 4 级～8 级；基体组织为片状珠光体；珠光体数量为 1 级～5 级；磷共晶数量为 1 级～3 级；共晶团数量为 1 级～5 级。

球墨铸铁飞轮的金相组织应符合 GB/T 9441 的规定，球化级别为 1 级～3 级，石墨大小为 5 级～8 级，珠光体数量不低于珠 85，游离渗碳体和磷共晶的总量应小于或等于 3%。

3.3 铸造要求

3.3.1 铸件表面应清除粘砂、毛刺、飞边和披缝。

3.3.2 铸件的尺寸公差应不低于 GB/T 6414 中 CT10 的要求，有特殊要求的可按图样或有关技术要求的规定。

3.3.3 铸件的表面粗糙度应不低于 GB/T 6060.1 中 *Ra*25 的规定。

3.3.4 铸件重量公差应不低于 GB/T 11351 中 MT9 级的规定。

3.3.5 铸件的缺陷及修补

3.3.5.1 铸件的加工面上允许存在加工余量范围内的表面缺陷，不允许有影响铸件使用性能的铸造性缺陷，如裂纹、冷隔、缩孔和夹渣等存在。

铸件非加工表面及铸件内部的缺陷由供需双方按铸件要求商定。

3.3.5.2 铸件如有疏松、裂纹、夹渣及其他降低铸件结构强度或切削加工和定位夹紧的铸造缺陷，不可采用补焊的方法加以补救。

3.3.6 飞轮铸件经喷丸处理后，在非加工表面应及时涂上防锈漆，漆层应均匀，不得有露底、流挂等现象存在。

3.4 加工部位的尺寸和公差

3.4.1 与飞轮发电机配合的尺寸公差不低于 GB/T 1801 规定的 8 级精度。

3.4.2 与皮带轮配合的尺寸公差不低于 GB/T 1801 规定的 9 级精度。

3.4.3 键槽宽度尺寸公差不低于 GB/T 1095 和 GB/T 1096 规定的 9 级精度。

3.4.4 飞轮锥孔尺寸精度应符合产品图样规定，用专用塞规检测时刻线应露出锥孔大端 0～1 mm。用涂色法检测锥孔贴合面时锥孔贴合度应大于 70%。

飞轮与曲轴采用轴孔而不是锥孔配合时，一般不低于 GB/T 1801 规定的基轴制 7 级精度过渡配合加定位销和用螺栓固紧。

3.5 加工部位的形状和位置公差

3.5.1 与飞轮发电机内孔配合的回转轴线对飞轮锥孔(轴孔)轴线的同轴度不低于 GB/T 1184 规定的 9 级精度。

3.5.2 与皮带轮配合的回转轴线对飞轮锥孔(轴孔)轴线的同轴度不低于 GB/T 1184 规定的 10 级精度。

3.5.3 飞轮轮缘两端面对飞轮锥孔(轴孔)轴线的圆跳动不低于 GB/T 1184 规定的 9 级精度。

3.5.4 飞轮外圆对锥孔(轴孔)轴线的圆跳动不低于 GB/T 1184 规定的 9 级精度。

3.5.5 键槽对锥孔(轴孔)轴线的对称度不低于 GB/T 1184 规定的 9 级精度。

3.5.6 与皮带轮连接螺纹的精度不低于 GB/T 197 规定的 6 级精度。

3.6 加工部位的表面粗糙度

3.6.1 锥孔(轴孔)表面粗糙度为 GB/T 6060.2 规定的 *Ra*1.6。

3.6.2 键槽表面粗糙度为 GB/T 6060.2 规定的 *Ra*6.3。

3.6.3 飞轮两端面表面粗糙度为 GB/T 6060.2 规定的 *Ra*3.2。

3.7 飞轮标记

飞轮应标明上止点、配气相位、供油角度和标记，各标记刻线及字体应清晰，其位置应符合产品图样的规定。

3.8 静平衡

飞轮许用剩余不平衡量 U_{per} 应符合产品图样规定，或按 GB/T 9239.1 要求，根据平衡品质级别 G 和工作转速 n 确定的许用剩余不平衡度 e_{per}，求出飞轮质量为 m 时的值。

3.9 可靠性

飞轮可靠性应按 JB/T 51127 规定满足主机要求。

4 试验方法

4.1 力学性能试验

4.1.1 力学性能试验按 JB/T 7945 的规定进行。

4.1.2 力学性能试验用试样应与飞轮样品同一炉次，并以直径为 30 mm 的单铸试棒加工的试样来测定飞轮材料的抗拉强度。

4.2 金相检验

灰铸铁件按 GB/T 7216、球墨铸铁件按 GB/T 9441 规定进行检验。在飞轮上取样时，取样部位在接近飞轮外圆 3 mm 范围内。

4.3 铸件表面质量

按 GB/T 6060.1 规定，用目测方法检查。

4.4 尺寸精度

按 GB/T 3177 规定，用合格的常规或专用量具检测。

4.5 锥孔尺寸精度及锥孔配合面的贴合程度

用专用塞规和涂色法检测。

4.6 螺纹精度

按 GB/T 197 规定，用相应的螺纹量规检测。

4.7 形状和位置公差

按 GB/T 1958 规定检测。

4.8 表面粗糙度

用表面粗糙度仪或按 GB/T 6060.1 和 GB/T 6060.2 规定用表面粗糙度比较样块检测。

4.9 静平衡

按 GB/T 9239.1 规定进行静平衡试验。

4.10 可靠性

按 JB/T 51127 规定，随主机进行考核。

5 检验规则

5.1 型式检验

5.1.1 在下列情况之一时应进行型式检验：

a) 新产品投产或老产品转厂生产时；

b) 正常生产时如结构、材料、工艺有较大改变，可能影响产品性能时；

c) 正常生产时每 5 年进行一次；

d) 产品长期停产后恢复生产时。

5.1.2 型式检验项目按表 1 规定。

表 1 不合格项目分类

不合格分类		不合格项目名称	本标准条款号	型式检验	出厂检验	抽查检验
类别	项目					
A	1	力学性能	3.2.1	√	×	▽
	2	金相组织	3.2.2	√	×	▽
	3	影响使用性能的铸造质量	3.3.5.1	√	√	▽
	4	静平衡	3.8	√	√	▽
	5	可靠性	3.9	√	×	▽
B	1	与飞轮发电机配合的尺寸公差	3.4.1	√	√	▽
	2	与皮带轮配合的尺寸公差	3.4.2	√	√	▽
	3	飞轮键槽宽度尺寸公差	3.4.3	√	√	▽
	4	与飞轮发电机配合的同轴度	3.5.1	√	√	▽
	5	飞轮锥孔(轴孔)尺寸精度	3.4.4	√	√	▽

表 1（续）

不合格分类		不合格项目名称	本标准条款号	型式检验	出厂检验	抽查检验
类别	项目					
B	6	与皮带轮配合的同轴度	3.5.2	√	√	▽
	7	飞轮轮缘两端面对飞轮锥孔(轴孔)轴线的圆跳动	3.5.3	√	√	▽
	8	飞轮外圆对锥孔(轴孔)轴线的圆跳动	3.5.4	√	√	▽
	9	飞轮键槽对锥孔(轴孔)轴线的对称度	3.5.5	√	√	▽
	10	飞轮与皮带轮连接的螺纹精度	3.5.6	√	√	▽
	11	锥孔(轴孔)表面粗糙度	3.6.1	√	√	▽
	12	键槽表面粗糙度	3.6.2	√	√	▽
	13	飞轮两端面表面粗糙度	3.6.3	√	√	▽
C	1	铸件的一般尺寸公差	3.3.2	√	√	▽
	2	铸件表面粗糙度	3.3.3	√	√	▽
	3	铸件重量公差	3.3.4	√	√	▽
	4	涂漆质量	3.3.6	√	√	▽
	5	包装、标志	6	√	√	▽

注：√——推荐检验的项目；×——无需检验的项目；▽——按需选检的项目。

5.2 出厂检验

5.2.1 每件飞轮产品均需进行出厂检验。合格后方可出厂，产品出厂必须附有合格证或合格标记。

5.2.2 出厂检验项目按表 1 规定。

5.3 抽查检验

5.3.1 主要用于产品鉴定、市场抽查、日常监督及订货抽检。

5.3.2 抽查检验项目按表 1 规定。

5.4 不合格分类

5.4.1 被检验项目不符合第 3 章规定，称为不合格或缺陷。不合格项目按其对产品质量的影响程度，分为 A、B、C 三类 。

5.4.2 不合格项目分类见表 1。

5.5 抽样方案

5.5.1 按 GB/T 2828.1 规定的一次正常抽样方案，并规定使用特殊检查水平 S-1，样本量字码为 A，AQL 为接收质量限，Ac 为接收数，Re 为拒收数。见表 2。

5.5.2 一般情况下，产品检查批 N=26 件～50 件，市场抽样不受此限。

5.5.3 规定样本量 n=2 件，对表 1 项目进行检查。抽样时还应考虑增抽 1 件～2 件备用，备用件只在因飞轮本身质量导致无法正常试验与作出正确判定时使用。

5.5.4 抽样方案及判定规则见表 2。

表 2 抽样判定方案

不合格分类	A	B	C
样本项目数	5×2	13×2	5×2
检验水平	S-1		
样本量字码	A		
样本量	2		
接收质量限(AQL)	6.5	25	40
Ac Re	0 1	1 2	2 3

5.6 抽样检验的评定

5.6.1 根据5.5规定的抽样方案,对样本进行检查,样本中的不合格数小于或等于Ac时评为可接收(合格);样本中的不合格数大于或等于Re评为拒收(不合格)。表1中规定不合格项目中有多个子项时,若其中有一项子项不合格,则判该项为不合格。各类全部合格时,则最终评为合格,任一类或多个不合格时,则最终评为不合格。

5.6.2 在整个检测期间,因飞轮质量问题发生一项A类不合格,则应停止检测,飞轮按拒收(不合格)处理。

6 标志、包装、运输及贮存

6.1 标志

6.1.1 飞轮上应标明制造厂名或商标。

6.1.2 检验合格的飞轮应附有检验员签章的产品合格证。合格证上应标明:

a) 制造厂名称;
b) 柴油机型号,零件名称;
c) 检验日期;
d) 检验员签章;
e) 执行标准号和标准名称。

6.2 包装

6.2.1 飞轮经清洗和防锈处理后应装入衬有防潮材料的包装箱内。如用户同意也可采用简易包装或不包装。

6.2.2 包装箱外表面应标明:

a) 制造厂名称及地址;
b) 产品名称及型号;
c) 出厂日期: 年 月;
d) 体积:长×宽×高,mm×mm×mm;
e) 重量:kg;
f) 数量;
g) 收货单位及地址;
h) "防潮","小心轻放","向上"等标志。

6.3 运输

飞轮在运输途中,应防止强烈震动,不致因相互碰撞而损坏。

6.4 贮存

飞轮应放在通风、干燥的仓库内。在正常保管情况下,制造厂应保证飞轮自发货之日起的12个月内不致锈蚀。

ICS 65.100.30
G 25

中华人民共和国国家标准

GB 24749—2009

丙环唑原药

Propiconazole technical

2009-11-30 发布　　2010-07-01 实施

中华人民共和国国家质量监督检验检疫总局
中国国家标准化管理委员会　发布

前　言

本标准的第3章、第5章是强制性的，其余是推荐性的。

本标准使用重新起草法修改采用FAO规格408/TC/S/F(1993)《丙环唑原药》(英文版)。

本标准与FAO规格408/TC/S/F(1993)的主要技术性差异如下：

——本标准丙环唑质量分数为不小于95%，FAO规格是不小于880 g/kg。

——本标准控制指标丙酮不溶物为不大于2%，酸度指标为不大于5%，水分指标为不大于0.8%，FAO规格无该项指标。

本标准由中国石油和化学工业协会提出。

本标准由全国农药标准化技术委员会(SAC/TC 133)归口。

本标准负责起草单位：沈阳化工研究院。

本标准参加起草单位：江苏七洲绿色化工股份有限公司、江苏丰登农药有限公司、温州绿佳化工有限公司。

本标准主要起草人：高晓晖、武铁军、胡春红、耿荣伟、王学驹。

丙环唑原药

该产品有效成分丙环唑的其他名称、结构式和基本物化参数如下：

ISO通用名称：propiconazole

CIPAC数字代码：408

化学名称：(±)1-[2-(2,4-二氯苯基)-4-丙基-1,3-二氧戊环-2-基甲基]-1H-1,2,4-三唑

丙环唑组成：丙环唑由一对立体异构体丙环唑A和丙环唑B组成

结构式：

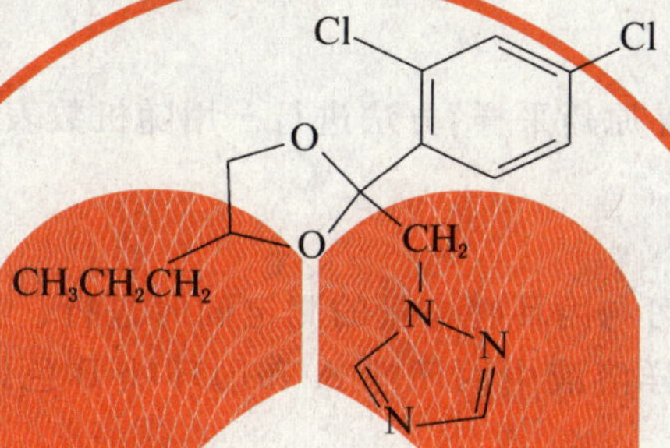

实验式：$C_{15}H_{17}Cl_2N_3O_2$

相对分子质量：342.2(按2005国际相对原子质量计)

生物活性：杀菌

沸点：180 ℃/13.3 Pa

蒸气压(20 ℃)：0.013 mPa

溶解度(20 ℃)：水中110 mg/L，己烷60 g/kg，与丙酮、甲醇、异丙醇互溶

稳定性：320 ℃以下稳定，对光较稳定，水解不明显，在酸性、碱性介质中较稳定，不腐蚀金属

1 范围

本标准规定了丙环唑原药的要求、试验方法以及标志、标签、包装、贮运。

本标准适用于由丙环唑及其生产中产生的杂质组成的丙环唑原药。

2 规范性引用文件

下列文件中的条款通过本标准的引用而成为本标准的条款。凡是注日期的引用文件，其随后所有的修改单(不包括勘误的内容)或修订版均不适用于本标准，然而，鼓励根据本标准达成协议的各方研究是否可使用这些文件的最新版本。凡是不注日期的引用文件，其最新版本适用于本标准。

GB/T 601 化学试剂 标准滴定溶液的制备

GB/T 1600 农药水分测定方法

GB/T 1604 商品农药验收规则

GB/T 1605—2001 商品农药采样方法

GB 3796 农药包装通则

GB/T 19138 农药丙酮不溶物测定方法

3 要求

3.1 外观

黄色至浅棕色均匀黏稠液体，无可见的悬浮物和沉淀，有时可能会出现结晶。

3.2 技术指标

丙环唑原药应符合表1要求。

表 1 丙环唑原药控制项目指标

项 目		指 标
丙环唑质量分数/%	≥	95.0
丙酮不溶物[a]/%	≤	0.2
水分/%	≤	0.8
酸度(以 H_2SO_4 计)/%	≤	0.5

[a] 正常生产时，丙酮不溶物每 3 个月至少测定一次。

4 试验方法

4.1 抽样

按 GB/T 1605—2001 中“商品原药采样”方法进行。用随机数表法确定抽样的包装件；最终抽样量应不少于 100 g。

4.2 鉴别试验

液相色谱法——本鉴别试验可与丙环唑含量的测定同时进行。在相同的色谱操作条件下，试样溶液某两个色谱峰的保留时间与标样溶液中丙环唑 A 和丙环唑 B 色谱峰的保留时间，其相对差值应在 1.5%以内。

气相色谱法——本鉴别试验可与丙环唑含量的测定同时进行。在相同的色谱操作条件下，试样溶液某两个色谱峰的保留时间与标样溶液中丙环唑 A 和丙环唑 B 色谱峰的保留时间，其相对差值应在 1.5%以内。

红外光谱法——试样与标样在 4 000 cm^{-1}～400 cm^{-1} 范围内的红外吸收光谱图应无明显差异，丙环唑标样的红外光谱图见图 1。

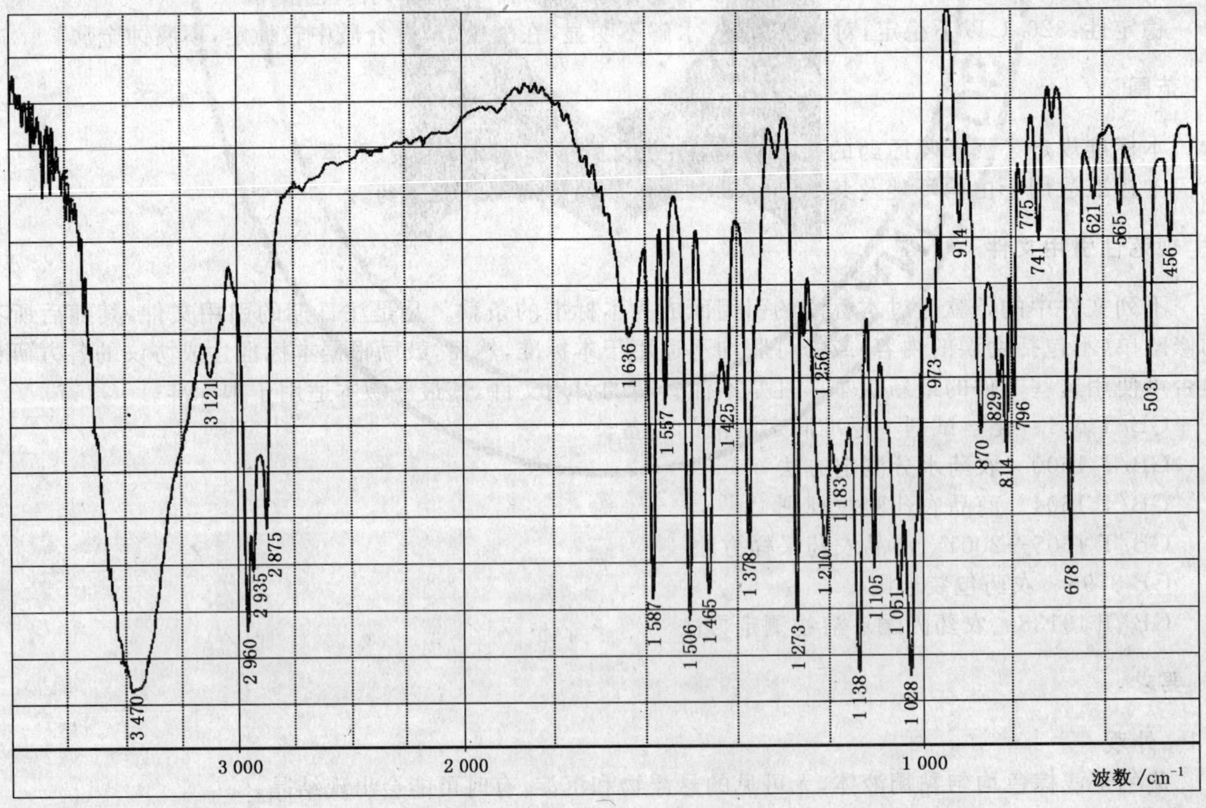

图 1 丙环唑标样红外光谱图

4.3 丙环唑质量分数的测定

4.3.1 气相色谱法(仲裁法)

4.3.1.1 方法提要

试样用三氯甲烷溶解,以邻苯二甲酸二环己酯为内标物,使用 HP-5 为涂壁的毛细柱和氢火焰离子化检测器,对试样中的丙环唑进行气相色谱分离和测定,内标法定量。

4.3.1.2 试剂和溶液

三氯甲烷;

丙环唑标样:已知质量分数,$w \geqslant 98.0\%$;

内标液:邻苯二甲酸二环己酯,应没有干扰分析的杂质;

内标溶液:称取 4.0 g 的邻苯二甲酸二环己酯,置于 500 mL 容量瓶中,用三氯甲烷溶解并稀释至刻度,摇匀。

4.3.1.3 仪器

气相色谱仪:具有氢火焰离子化检测器;

色谱数据处理机或工作站;

色谱柱:30 m×0.32 mm(i.d.)毛细管柱,键合 HP-5(5%苯甲基硅酮),膜厚 0.25 μm。

4.3.1.4 气相色谱操作条件

温度(℃):柱温 210,气化室 250,检测器室 280;

气体流量(mL/min):载气(N_2)2.0,氢气 40,空气 400,补偿气 25;

分流比:20∶1;

进样量:1.0 μL;

保留时间(min):丙环唑 A 9.5,丙环唑 B 9.9,邻苯二甲酸二环己酯 15.4。

上述操作参数是典型的,可根据不同仪器特点,对给定的操作参数作适当调整,以期获得最佳效果。典型的丙环唑原药与内标物的气相色谱图见图 2。

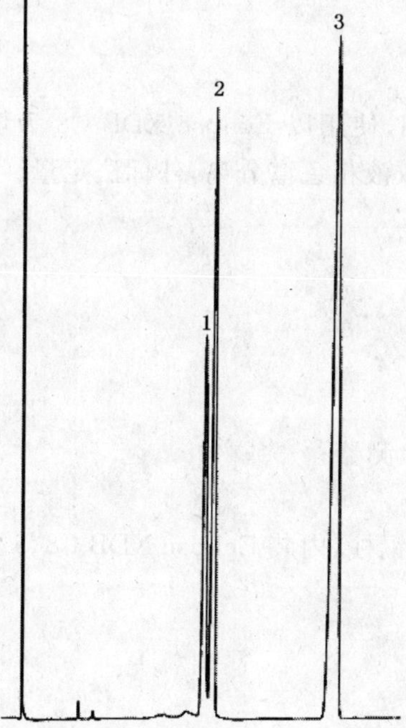

1——丙环唑 A;

2——丙环唑 B;

3——内标物(邻苯二甲酸二环己酯)。

图 2 丙环唑原药与内标物的气相色谱图

4.3.1.5 测定步骤

4.3.1.5.1 标样溶液的制备

称取丙环唑标样 0.1 g(精确至 0.000 2 g),置于 15 mL 具塞玻璃瓶中,用移液管准确加入 10 mL 内标液,摇匀。

4.3.1.5.2 试样溶液的制备

称取含丙环唑 0.1 g(精确至 0.000 2 g)的试样,置于 15 mL 具塞玻璃瓶中,用 4.3.1.5.1 中使用的同一支移液管准确加入 10 mL 内标液,摇匀。

4.3.1.5.3 测定

在上述操作条件下,待仪器稳定后,连续注入数针标样溶液,直至相邻两针丙环唑峰面积相对变化小于 1.2%后,按照标样溶液、试样溶液、试样溶液、标样溶液的顺序进行测定。

4.3.1.6 计算

将测得的两针试样溶液以及试样前后两针标样溶液中丙环唑 A 与丙环唑 B 的峰面积和与内标物峰面积比分别进行平均。试样中丙环唑的质量分数 w_1(%),按式(1)计算:

$$w_1 = \frac{r_2 \cdot m_1 \cdot w}{r_1 \cdot m_2} \quad \cdots\cdots(1)$$

式中:

r_1——标样溶液中,丙环唑 A 与丙环唑 B 的峰面积和与内标物峰面积比的平均值;

r_2——试样溶液中,丙环唑 A 与丙环唑 B 的峰面积和与内标物峰面积比的平均值;

m_1——标样的质量,单位为克(g);

m_2——试样的质量,单位为克(g);

w——标样中,丙环唑的质量分数,以%表示。

4.3.1.7 允许差

丙环唑质量分数两次平行测定结果之差应不大于 1.2%,取其算术平均值作为测定结果。

4.3.2 液相色谱法

4.3.2.1 方法提要

试样用甲醇溶解,以甲醇+水为流动相,使用以 Eclipse XDB C8 为填料的不锈钢柱和紫外检测器(230 nm),对试样中的丙环唑进行反相高效液相色谱分离,外标法定量。

4.3.2.2 试剂和溶液

甲醇:色谱级;

水:新蒸二次蒸馏水;

丙环唑标样:已知质量分数,$w \geqslant 98.0\%$。

4.3.2.3 仪器

高效液相色谱仪:具有可变波长紫外检测器;

色谱数据处理机或工作站;

色谱柱:150 mm×4.6 mm(i. d.)不锈钢柱,内装 Eclipse XDB C8、5 μm 填充物(或具等同效果的色谱柱);

过滤器:滤膜孔径约 0.45 μm;

微量进样器:50 μL;

定量进样管:5 μL;

超声波清洗器。

4.3.2.4 高效液相色谱操作条件

流动相:ψ(甲醇:水)=65:35,经滤膜过滤,并进行脱气;

流量:1.0 mL/min;

柱温:室温(温差变化应不大于 2 ℃);

检测波长:230 nm;

进样体积:5 μL;

保留时间:丙环唑 A 11.7 min,丙环唑 B 12.6 min。

上述操作参数是典型的,可根据不同仪器特点,对给定的操作参数作适当调整,以期获得最佳效果。典型的丙环唑原药高效液相色谱图见图 3。

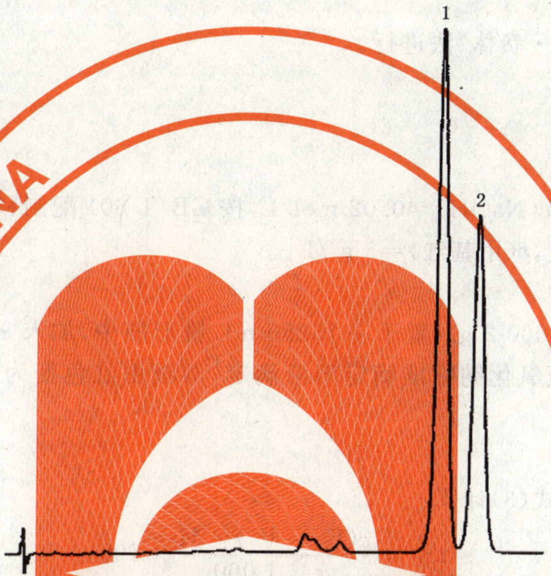

1——丙环唑 A;

2——丙环唑 B。

图 3 丙环唑原药的高效液相色谱图

4.3.2.5 测定步骤

4.3.2.5.1 标样溶液的制备

称取丙环唑标样 0.06 g(精确至 0.000 2 g),置于 50 mL 容量瓶中,用甲醇溶解并稀释至刻度,摇匀。

4.3.2.5.2 试样溶液的制备

称取含丙环唑 0.06 g(精确至 0.000 2 g)的试样,置于 50 mL 容量瓶中,用甲醇溶解并稀释至刻度,摇匀。

4.3.2.5.3 测定

在上述操作条件下,待仪器稳定后,连续注入数针标样溶液,直至相邻两针丙环唑峰面积相对变化小于 1.2%后,按照标样溶液、试样溶液、试样溶液、标样溶液的顺序进行测定。

4.3.2.6 计算

将测得的两针试样溶液以及试样前后两针标样溶液中丙环唑 A 与丙环唑 B 峰面积的和进行平均。试样中丙环唑的质量分数 w_2(%),按式(2)计算:

$$w_2 = \frac{A_2 \cdot m_1 \cdot w}{A_1 \cdot m_2} \quad \cdots\cdots\cdots\cdots (2)$$

式中:

A_1——标样溶液中,丙环唑 A 与丙环唑 B 峰面积和的平均值;

A_2——试样溶液中,丙环唑 A 与丙环唑 B 峰面积和的平均值;

m_1——标样的质量,单位为克(g);

m_2——试样的质量,单位为克(g);

w——标样中丙环唑的质量分数,以%表示。

4.3.2.7 **允许差**

丙环唑质量分数两次平行测定结果之差应不大于1.2%,取其算术平均值作为测定结果。

4.4 丙酮不溶物的测定

按GB/T 19138测定。

4.5 水分的测定

按GB/T 1600中"卡尔·费休"法进行。

4.6 酸度的测定

4.6.1 试剂和溶液

95%乙醇;

氢氧化钠标准滴定溶液 $c(NaOH)=0.02$ mol/L,按GB/T 601配制和标定;

指示液:甲基红乙醇溶液,ρ(甲基红)=5 g /L。

4.6.2 测定步骤

称取试样2 g(精确至0.000 2 g),置于一个250 mL锥形瓶中,加入95%乙醇50 mL,摇动使试样溶解。加入5滴指示液,用氢氧化钠标准滴定溶液滴定,溶液由红色变为黄色即为终点。同时做空白测定。

4.6.3 计算

试样的酸度 w_3(%),按式(3)计算:

$$w_3 = \frac{c(V_1 - V_0) \cdot M}{m \times 1\,000} \times 100 \quad \cdots\cdots(3)$$

式中:

c——氢氧化钠标准滴定溶液的实际浓度,单位为摩尔每升(mol/L);

V_1——滴定试样溶液,消耗氢氧化钠标准滴定溶液的体积,单位为毫升(mL);

V_0——滴定空白溶液,消耗氢氧化钠标准滴定溶液的体积,单位为毫升(mL);

m——试样的质量,单位为克(g);

M——硫酸($\frac{1}{2}H_2SO_4$)的摩尔质量的数值,单位为克每摩尔(g/mol)($M=49$)。

4.7 产品的检验与验收

应符合GB/T 1604的规定。极限数值处理采用修约值比较法。

5 标志、标签、包装、贮运

5.1 丙环唑原药的标志、标签、包装应符合GB 3796的规定。

5.2 丙环唑原药应用聚乙烯塑料桶或铁桶包装,每桶净含量应不大于200 kg。根据用户要求或订货协议,也可以采用其他形式的包装,但需符合GB 3796的规定。

5.3 丙环唑原药包装件应贮存在通风、干燥的库房中。

5.4 贮运时,严防潮湿和日晒,不得与食物、种子、饲料混放,避免与皮肤、眼睛接触,防止由口鼻吸入。

5.5 安全:丙环唑属低毒杀菌剂。使用本品应戴好防护手套、口罩,穿干净防护服。使用后应立即用清水和肥皂洗净。如发生中毒现象,应及时去医院治疗。

5.6 验收期:丙环唑原药验收期为1个月。从交货之日起,在1个月内,完成产品质量验收,其各项指标均应符合标准要求。

ICS 65.100
G 25

中华人民共和国国家标准

GB 24750—2009

乙烯利原药

Ethephon technical

2009-11-30 发布　　2010-07-01 实施

中华人民共和国国家质量监督检验检疫总局
中国国家标准化管理委员会　发布

前言

本标准的第3章、第5章为强制性的,其余为推荐性的。

本标准修改采用FAO规格373/TC/S/F(2000)《乙烯利原药》。

本标准与FAO规格373/TC/S/F(2000)的主要技术差异如下:

——本标准规定乙烯利质量分数不小于89.0%,FAO规格规定乙烯利质量分数不小于91.0%;

——FAO规格规定2-氯乙基膦酸2-氯乙基单酯质量分数不大于0.2%,本标准未控制该项指标;

——本标准规定水不溶物不大于0.2%,FAO规格未控制该项指标。

本标准自实施之日起,原化工行业标准HG 2311—1992《乙烯利原药》作废。

本标准的附录A为资料性附录。

本标准由中国石油和化学工业协会提出。

本标准由全国农药标准化技术委员会(SAC/TC 133)归口。

本标准负责起草单位:沈阳化工研究院。

本标准参加起草单位:绍兴市东湖生化有限公司、江苏安邦电化有限公司、黄骅市鸿承企业有限公司、江苏龙灯化学有限公司。

本标准主要起草人:梅宝贵、邢红、张雪冰、季小英、姜育田、张明月、冯秀珍、李茂青。

乙 烯 利 原 药

该产品有效成分乙烯利的其他名称、结构式和基本物化参数如下：

ISO 通用名称：Ethephon

CIPAC 数字代码：373

化学名称：2-氯-乙基膦酸

结构式：

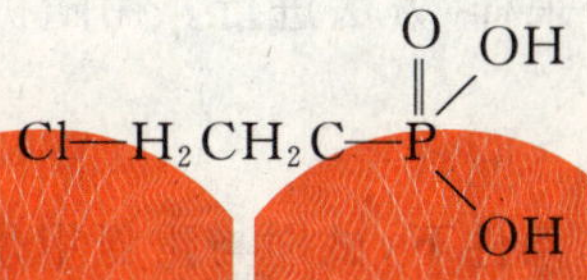

实验式：$C_2H_6ClO_3P$

相对分子质量：144.5（按 2005 国际相对原子质量计）

生物活性：植物生长调节剂

熔点：74 ℃～75 ℃

相对密度：1.2～1.3

溶解性：水、乙醇、1,2-丙二醇中约 1 kg/L，微溶于芳香族溶剂

稳定性：75 ℃下及在实验室条件下的水溶液中稳定；在 pH 值不大于 3 时稳定，在 pH 值大于 3 时分解释放出乙烯。不能与碱、金属盐、金属（铝、铜、铁）共存

1 范围

本标准规定了乙烯利原药的要求、试验方法以及标志、标签、包装、贮运。

本标准适用于由乙烯利及其生产中产生的杂质组成的乙烯利原药。

2 规范性引用文件

下列文件中的条款通过本标准的引用而成为本标准的条款。凡是注日期的引用文件，其随后所有的修改单（不包括勘误的内容）或修订版均不适用于本标准，然而，鼓励根据本标准达成协议的各方研究是否可使用这些文件的最新版本。凡是不注日期的引用文件，其最新版本适用于本标准。

GB/T 601　化学试剂　标准滴定溶液的制备

GB/T 1601　农药 pH 值测定方法

GB/T 1604　商品农药验收规则

GB/T 1605—2001　商品农药采样方法

GB 3796　农药包装通则

3 要求

3.1 外观

白色至浅棕色蜡状固体。

3.2 技术指标

乙烯利原药还应符合表 1 要求。

表 1 乙烯利原药控制项目指标

项 目		指 标
乙烯利质量分数/%	≥	89.0
1,2-二氯乙烷质量分数[a]/%	≤	0.05
水不溶物[a]/%	≤	0.2
pH 值范围		1.5～2.0

[a] 正常生产时,1,2-二氯乙烷质量分数、水不溶物每 3 个月至少测定一次。

4 试验方法

4.1 抽样

按 GB/T 1605—2001 中“商品原药采样”方法进行。用随机数表法确定抽样的包装件,最终抽样量应不少于 100 g。

4.2 鉴别试验

气相色谱法——在相同的色谱操作条件下,试样与重氮甲烷反应后某色谱峰的保留时间与标样溶液中乙烯利甲酯的保留时间,其相对差值应在 1.5%以内。气相色谱定性条件参见附录 A。

红外光谱法——试样与乙烯利标样在 4 000 cm^{-1}～400 cm^{-1} 范围内的红外吸收光谱图应无明显差异。乙烯利标样红外光谱图见图 1。

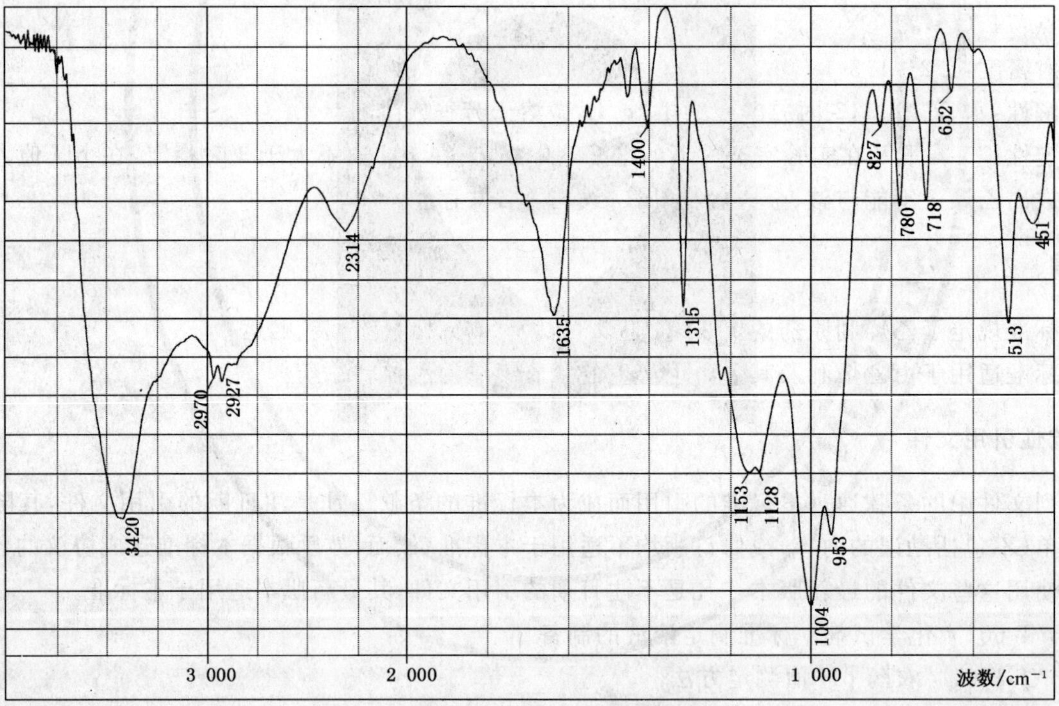

图 1 乙烯利标样的红外光谱图

4.3 乙烯利质量分数的测定

4.3.1 方法原理

样品中和至碱性生成乙烯利二钠盐,加热后生成乙烯和磷酸二氢钠,用氢氧化钠滴定测定磷酸二氢钠含量,由此求算乙烯利质量分数。

4.3.2 反应方程式

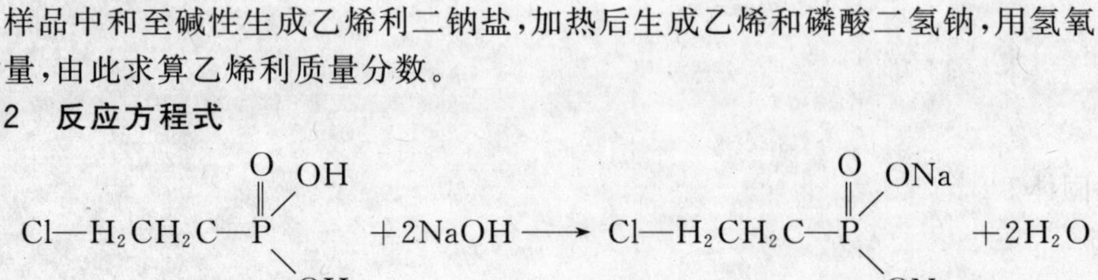

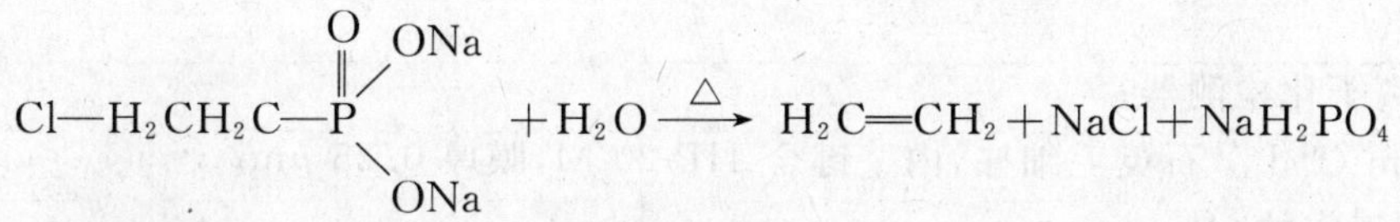

$$NaH_2PO_4 + NaOH \longrightarrow Na_2HPO_4 + H_2O$$

4.3.3 **方法提要**

试样加热熔化成液体后称量，用水溶解，以百里香酚蓝为指示剂，用氢氧化钠中和至溶液颜色由黄色变为蓝色。用沸水浴加热 30 min，冷却至室温，用氢氧化钠滴定至溶液由黄色变为蓝色为终点。

4.3.4 **试剂**

氢氧化钠溶液：$c(NaOH)=0.5$ mol/L；

氢氧化钠标准滴定溶液：$c(NaOH)=0.1$ mol/L，按 GB/T 601 配制和标定；

百里香酚蓝指示剂：ρ(百里香酚蓝)=1.0 g/L。

蒸馏水。

4.3.5 **仪器**

pH 计；

沸水浴；

三角瓶：250 mL。

4.3.6 **测定步骤**

4.3.6.1 **样品溶液的制备**

用水浴加热使乙烯利原药熔化，称取 0.2 g(精确至 0.000 2 g)乙烯利原药样品于 250 mL 三角瓶中，加入 100 mL 蒸馏水溶解，摇匀。

4.3.6.2 **测定**

向样品溶液中加入 10 滴百里香酚蓝指示剂，搅拌下加入氢氧化钠溶液使样品溶液 pH 值(用 pH 计测定)约为 8，再滴加氢氧化钠标准滴定溶液至样品溶液由黄色变为蓝色。立即将三角瓶置于沸水浴中加热 30 min，使乙烯利二钠盐完全分解，冷却至室温，搅拌下用氢氧化钠标准滴定溶液滴定至样品溶液由黄色变成蓝色为终点。

4.3.7 **计算**

乙烯利质量分数 w_1(%)按式(1)计算：

$$w_1=\frac{c\cdot V\cdot M}{1\,000m}\times 100 \qquad \cdots\cdots(1)$$

式中：

c——氢氧化钠标准滴定溶液的实际浓度，单位为摩尔每升(mol/L)；

V——滴定时耗用氢氧化钠标准滴定溶液的体积，单位为毫升(mL)；

m——样品质量，单位为克(g)；

M——乙烯利摩尔质量的数值，单位为克每摩尔(g/mol)[M=144.5 g/mol]。

4.3.8 **允许差**

乙烯利质量分数两次平行测定结果之差应不大于 1.2%，取其算术平均值作为测定结果。

4.4 **1,2-二氯乙烷质量分数的测定**

4.4.1 **方法提要**

试样用水溶解，用二氯甲烷萃取，使用 HP-20 M 键合的石英毛细管柱，分流进样装置和氢火焰离子化检测器，对试样中的 1,2-二氯乙烷进行毛细管气相色谱分离，外标法定量。

4.4.2 **试剂和溶液**

二氯甲烷；

1,2-二氯乙烷标样：已知质量分数，$w\geqslant 99.0\%$。

4.4.3 仪器

气相色谱仪:具氢火焰离子化检测器;

色谱柱:30 m×0.32 mm (i.d.) 石英毛细柱,内壁键合 HP-20 M,膜厚 0.25 μm;

色谱数据处理机或色谱工作站;

进样系统:具有分流和石英内衬装置。

4.4.4 气相色谱操作条件

温度(℃):柱温 50、气化室 150、检测室 260;

气体流量(mL/min):载气(N_2)3.0、氢气 30、空气 300;

分流比:15∶1;

进样体积:1.0 μL;

保留时间:1,2-二氯乙烷 7.2 min。

上述气相色谱操作条件系典型操作参数。可根据不同仪器特点,对给定的操作参数作适当调整,以期获得最佳效果。典型的乙烯利原药中 1,2-二氯乙烷测定的气相色谱图见图 2,1,2-二氯乙烷标样的气相色谱图见图 3。

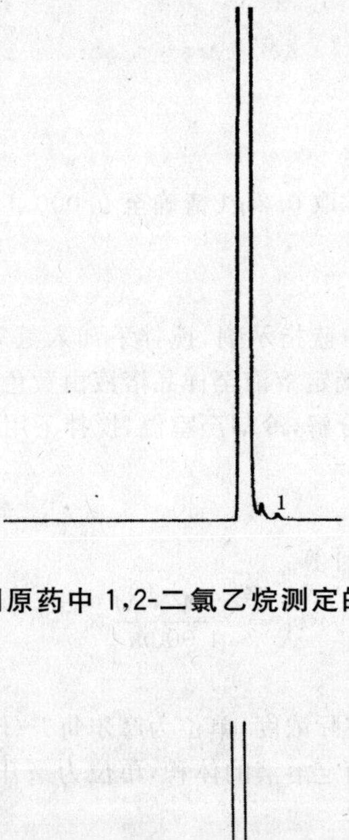

1——1,2-二氯乙烷。

图 2 乙烯利原药中 1,2-二氯乙烷测定的气相色谱图

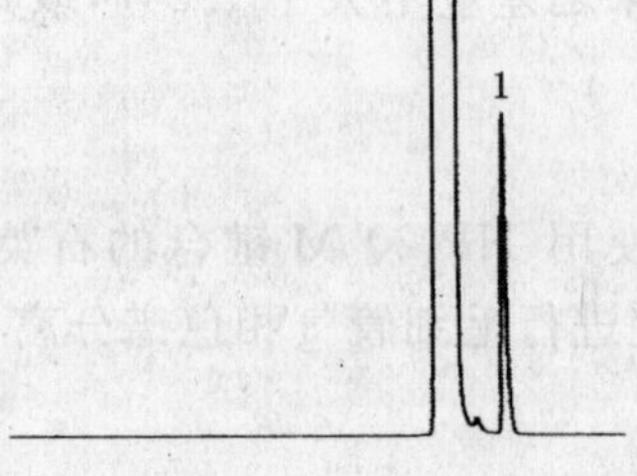

1——1,2-二氯乙烷。

图 3 1,2-二氯乙烷标样的气相色谱图

4.4.5 测定步骤

4.4.5.1 标样溶液的配制

称取1,2-二氯乙烷标样0.05 g(精确至0.000 2 g),置于50 mL容量瓶中,用二氯甲烷稀释至刻度,摇匀。

4.4.5.2 试样溶液的配制

称取20 g(精确至0.000 2 g)乙烯利原药试样置于装有20 mL水的150 mL分液漏斗中,振摇使试样溶解,用40 mL二氯甲烷分三次萃取,收集二氯甲烷层于50 mL容量瓶中,用二氯甲烷稀释至刻度,摇匀。

4.4.5.3 测定

在上述色谱操作条件下,待仪器稳定后,连续注入数针标样溶液,直至相邻两针1,2-二氯乙烷的峰面积相对变化小于20%后,按照标样溶液、试样溶液、试样溶液、标样溶液的顺序进行分析测定。

4.4.6 计算

将测得的两针试样溶液以及试样前后两针标样溶液中1,2-二氯乙烷的峰面积分别进行平均。试样中1,2-二氯乙烷质量分数w_2(%)按式(2)计算:

$$w_2 = \frac{A_2 \times m_1 \times w}{A_1 \times m_2} \qquad \cdots\cdots(2)$$

式中:

A_1——标样溶液中,1,2-二氯乙烷峰面积的平均值;

A_2——试样溶液中,1,2-二氯乙烷峰面积的平均值;

m_1——标样的质量,单位为克(g);

m_2——试样的质量,单位为克(g);

w——标样中1,2-二氯乙烷的质量分数,以%表示。

4.4.7 允许差

两次平行测定结果之相对偏差应不大于20%,取其算术平均值作为测定结果。

4.5 水不溶物的测定

4.5.1 试剂和仪器

锥形瓶:250 mL;

玻璃砂芯坩埚:G3;

烘箱:105 ℃±2 ℃;

吸滤瓶:500 mL。

4.5.2 测定方法

称取10 g试样(精确至0.01 g),放入锥形瓶中,加入100 mL水,振摇使试样溶解,立刻通过已恒重(精确至0.000 2 g)的坩埚过滤,再用60 mL水,分三次洗涤锥形瓶,抽滤。将坩埚置于烘箱中干燥2 h,取出置于干燥器中冷却,称量(精确至0.000 2 g)。

4.5.3 计算

试样中水不溶物w_3(%)按式(3)计算:

$$w_3 = \frac{m_1 - m_0}{m} \times 100 \qquad \cdots\cdots(3)$$

式中:

m_1——试样和称量瓶烘干前的质量,单位为克(g);

m_0——试样和称量瓶烘干后的质量,单位为克(g);

m——试样的质量,单位为克(g)。

4.5.4 允许差

两次平行测定结果之相对偏差应不大于30%,取其算术平均值作为测定结果。

4.6 pH 值的测定

按 GB/T 1601 进行。

4.7 产品的检验与验收

应符合 GB/T 1604 的规定。极限数值处理采用修约值比较法。

5 标志、标签、包装、贮运

5.1 乙烯利原药的标志、标签、包装应符合 GB 3796 的规定。

5.2 乙烯利原药包装应用清洁、干燥的塑料桶包装，每桶净含量应不大于 200 kg。也可以根据用户要求或订货协议采用其他形式的包装，但需符合 GB 3796 的规定。

5.3 乙烯利原药包装件应贮存在通风、干燥的库房中。

5.4 贮运时，严防潮湿和日晒，不得与食物、种子、饲料及碱性物质混放，避免与皮肤、眼睛接触。

5.5 **安全：乙烯利为低毒植物生长调节剂，有较强的酸性和腐蚀性。使用本品时应穿戴防护用品，施药后应用肥皂洗净。皮肤或身体裸露部位接触本品后应及时用肥皂和水清洗，万一误服，应立即送医院。**

5.6 验收期：乙烯利原药验收期为 1 个月。从交货之日起，在 1 个月内完成产品质量验收，其各项指标均应符合标准要求。

附 录 A
（资料性附录）
乙烯利的定性鉴定

A.1 2-亚硝基-2-甲基脲的制备

称取 13.5 g 盐酸甲胺于 250 mL 烧瓶中，依次加入 67 mL 水、40.2 g 脲，缓慢加热回流 165 min 后，激烈回流 15 min，冷却至室温后，加入 20.2 g 亚硝酸钠，冷却至 0 ℃，得到甲基脲-亚硝酸盐溶液。在 1 L 烧杯中加入 80 g 冰，置于冰盐浴中冷却，缓慢加入 7.2 mL 浓硫酸，边搅拌，边缓慢加入甲基脲-亚硝酸盐溶液，保持温度在 0 ℃以下，约 1 h 加完甲基脲-亚硝酸盐溶液。抽滤得到 2-亚硝基-2-甲基脲固体，用少量冰水洗涤后置于真空干燥器中干燥。

A.2 重氮甲烷饱和溶液的制备

取 10 mL 50%氢氧化钾水溶液与 5 mL 乙醚于 20 mL 试管中，在通风橱内加入 1 g 2-亚硝基-2-甲基脲，所释放出的重氮甲烷气体用装有 100 mL 乙醚的磨口瓶吸收至乙醚溶液呈深黄色，并有多余的重氮甲烷气泡溢出，即认为达到饱和(以上试验要求在冰水浴中进行)。制得的重氮甲烷乙醚饱和溶液应密封低温保存。

A.3 方法提要

试样用乙醚溶解后用重氮甲烷酯化，使用 HP-5 为填料的毛细管柱和氢火焰离子化检测器，对试样中的乙烯利进行气相色谱分离，保留时间定性。

A.4 试剂和溶液

乙醚；

丙酮；

重氮甲烷乙醚饱和溶液；

乙烯利标样：已知质量分数，$w \geqslant 98.0\%$。

A.5 仪器

气相色谱仪：具有氢火焰离子化检测器；

色谱处理机或色谱工作站；

色谱柱：30 m×0.32 mm(i.d.)毛细管柱，键合 HP-5(5%苯甲基硅酮)，膜厚 0.25 μm；

微量进样器：10 μL。

A.6 气相色谱操作条件

温度(℃)：柱温 170，气化室 220，检测器室 260；

气体流量(mL/min)：载气(N_2) 1.8，氢气 30，空气 300；

进样量：1.0 μL；

保留时间(min)：乙烯利甲酯 3.4。

上述操作参数是典型的，可根据不同仪器特点，对给定的操作参数作适当调整，以期获得最佳效果。典型的乙烯利原药甲酯化产物的气相色谱图见图 A.1。

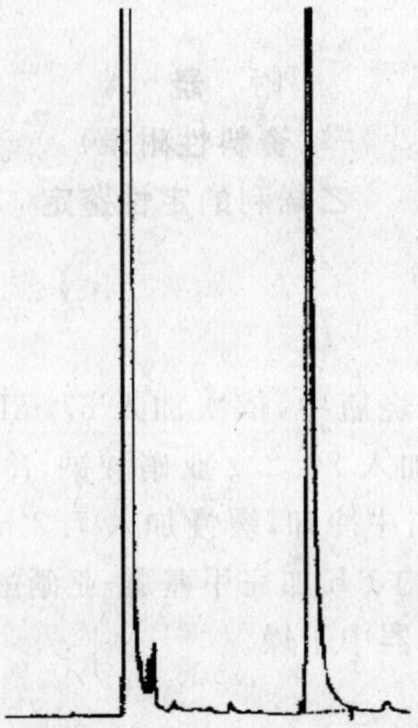

1——乙烯利甲酯。

图 A.1 乙烯利原药甲酯化产物的气相色谱图

A.7 测定步骤

A.7.1 标样溶液的配制

称取乙烯利标样 0.06 g(精确至 0.01 g),置于一具塞玻璃瓶中,加入约 10 mL 饱和重氮甲烷乙醚溶液,保持样品溶液为黄色 15 min,在 50 ℃水浴中除去重氮甲烷和乙醚挥发至近干,用量筒加入 5 mL 丙酮,摇匀。

A.7.2 试样溶液的配制

称取乙烯利原药 0.06 g(精确至 0.01 g),置于一具塞玻璃瓶中,加入约 10 mL 饱和重氮甲烷乙醚溶液,保持样品溶液为黄色 15 min,在 50 ℃水浴中除去重氮甲烷和乙醚挥发至近干,用量筒加入 5 mL 丙酮,摇匀。

A.7.3 测定

在上述操作条件下,待仪器基线稳定后,连续注入数针标样溶液,待相邻两针乙烯利甲酯保留时间相对变化小于 1.0%时,按照标样溶液、试样溶液的顺序进行测定。

ICS 65.100.20
G 25

中华人民共和国国家标准

GB 24751—2009

异噁草松原药

Clomazone technical

2009-11-30 发布　　　　2010-07-01 实施

中华人民共和国国家质量监督检验检疫总局
中国国家标准化管理委员会　发布

前言

本标准的第3章、第5章是强制性的，其余是推荐性的。

本标准由中国石油和化学工业协会提出。

本标准由全国农药标准化技术委员会(SAC/TC 133)归口。

本标准负责起草单位：沈阳化工研究院。

本标准参加起草单位：江苏长青农化股份有限公司、江苏龙灯化学有限公司、大连松辽化工有限公司。

本标准主要起草人：侯春青、眢艳坤、吉瑞香、冯秀珍、苗革新。

异 噁 草 松 原 药

该产品有效成分异噁草松的其他名称、结构式和基本物化参数如下：

ISO通用名称：Clomazone

CIPAC数字代码：509

化学名称：2-(2-氯苄基)-4,4-二甲基异噁唑-3-酮

结构式：

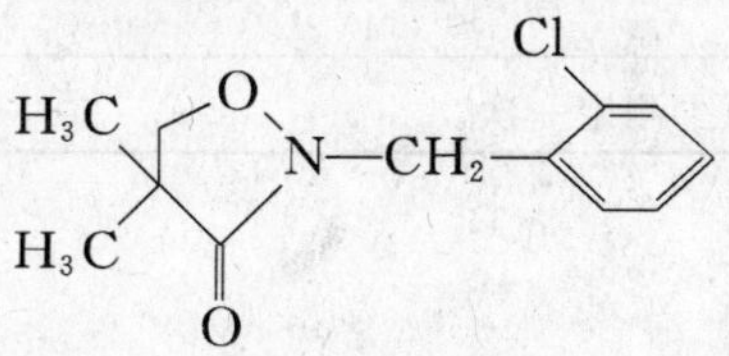

实验式：$C_{12}H_{14}ClNO_2$

相对分子质量：239.7(按2005年国际相对原子质量计)

生物活性：除草

蒸汽压：19.2 mPa(25 ℃)

沸点：275.4 ℃

熔点：25 ℃

溶解性(20 ℃)：水1.1 g/L，易溶于丙酮、乙腈、三氯甲烷、环己酮、二氯甲烷、甲醇、甲苯、正己烷、二甲基甲酰胺

稳定性：在室温下至少2年稳定，50 ℃下至少3个月稳定，日光下，水溶液中DT_{50}大于30 d

1 范围

本标准规定了异噁草松原药的要求、试验方法以及标志、标签、包装、贮运。

本标准适用于由异噁草松及其生产中产生的杂质组成的异噁草松原药。

2 规范性引用文件

下列文件中的条款通过本标准的引用而成为本标准的条款。凡是注日期的引用文件，其随后所有的修改单(不包括勘误的内容)或修订版均不适用于本标准，然而，鼓励根据本标准达成协议的各方研究是否可使用这些文件的最新版本。凡是不注日期的引用文件，其最新版本适用于本标准。

GB/T 601 化学试剂 标准滴定溶液的制备

GB/T 603 化学试剂 试验方法中所用制剂及制品的制备

GB/T 1600 农药水分测定方法

GB/T 1604 商品农药验收规则

GB/T 1605—2001 商品农药采样方法

GB 3796 农药包装通则

GB/T 19138 农药丙酮不溶物测定方法

3 要求

3.1 外观

无色至淡黄色黏稠液体或白色至淡黄色固体、半固体状物。

3.2 技术指标

异噁草松原药还应符合表1要求。

表1 异噁草松原药控制项目指标

项目		指标
异噁草松质量分数/%	≥	93.0
酸度(以 H_2SO_4 计)/%	≤	0.3
水分/%	≤	0.5
丙酮不溶物[a]/%	≤	0.2

[a] 正常生产时丙酮不溶物每3个月至少测定一次。

4 试验方法

4.1 抽样

按 GB/T 1605—2001 中"商品原药采样"方法进行。用随机数表法确定抽样的包装件;最终抽样量应不少于100 g。

4.2 鉴别试验

液相色谱法——本鉴别试验可与异噁草松质量分数的测定同时进行。在相同的色谱操作条件下,试样溶液中某个色谱峰的保留时间与标样溶液中异噁草松的色谱峰的保留时间,其相对差值应在1.5%以内。

红外光谱法——试样与异噁草松标样在 4 000 cm^{-1}~400 cm^{-1} 范围的红外吸收光谱图应没有明显区别。异噁草松标样红外光谱图见图1。

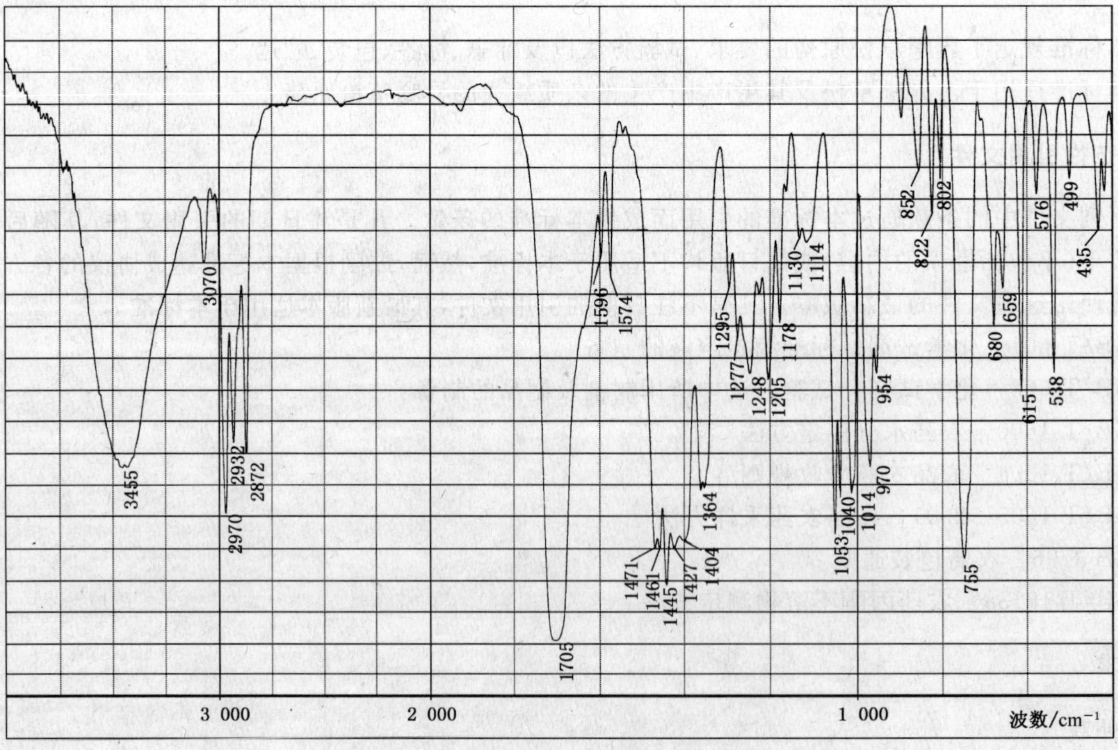

图1 异噁草松标样的红外光谱图

4.3 异噁草松质量分数的测定

4.3.1 方法提要

试样用甲醇溶解，以乙腈＋水为流动相，使用以 Agilent TC-C_{18}为填料的不锈钢柱和紫外检测器在波长 236 nm 下，对试样中的异噁草松进行反相高效液相色谱分离和测定，外标法定量。

4.3.2 试剂和溶液

甲醇：色谱级；

乙腈：色谱级；

水：新蒸二次蒸馏水；

异噁草松标样：已知质量分数，w≥98.0%。

4.3.3 仪器

高效液相色谱仪：具有可变波长紫外检测器；

色谱数据处理机或色谱工作站；

色谱柱：250 mm ×4.6 mm(i.d.)不锈钢柱，内装 Agilent TC-C_{18}、5 μm 填充物(或具等同效果的色谱柱)；

过滤器：滤膜孔径约 0.45 μm；

微量进样器：50 μL；

定量进样管：5 μL；

超声波清洗器。

4.3.4 高效液相色谱操作条件

流动相：ψ(乙腈：水)＝50：50，经滤膜过滤，并进行脱气；

流速：1.0 mL/min；

柱温：室温(温差变化应不大于 2 ℃)；

检测波长：236 nm；

进样体积：5 μL；

保留时间：异噁草松约 11.0 min。

上述操作参数是典型的，可根据不同仪器特点，对给定的操作参数作适当调整，以期获得最佳效果。典型的异噁草松原药高效液相色谱图见图 2。

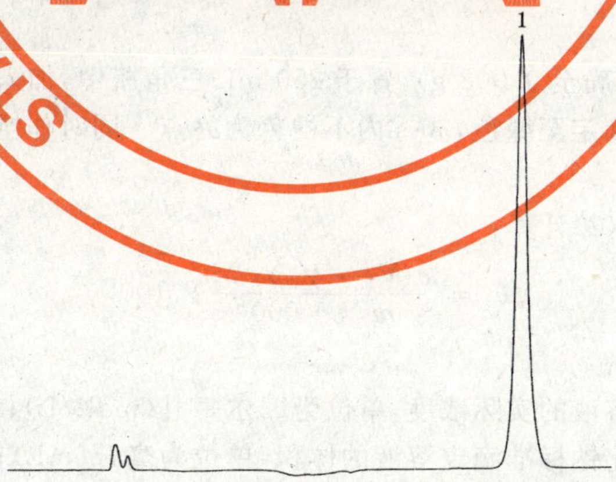

1——异噁草松。

图 2 异噁草松原药的高效液相色谱图

4.3.5 测定步骤

4.3.5.1 标样溶液的制备

称取 0.2 g(精确至 0.000 2 g)异噁草松标样于 50 mL 容量瓶中，用甲醇溶解并稀释至刻度，摇匀。用移液管移取上述溶液 10 mL 于 50 mL 容量瓶中，用甲醇稀释至刻度，摇匀。

4.3.5.2 **试样溶液的制备**

称取含异噁草松0.2 g(精确至0.000 2 g)的试样于50 mL容量瓶中,用甲醇溶解并稀释至刻度,摇匀。用移液管移取上述溶液10 mL于50 mL容量瓶中,用甲醇稀释至刻度,摇匀。

4.3.5.3 **测定**

在上述操作条件下,待仪器稳定后,连续注入数针标样溶液,直至相邻两针异噁草松峰面积相对变化小于1.2%后,按照标样溶液、试样溶液、试样溶液、标样溶液的顺序进行测定。

4.3.6 **计算**

将测得的两针试样溶液以及试样前后两针标样溶液中异噁草松峰面积分别进行平均。试样中异噁草松的质量分数w_1(%),按式(1)计算:

$$w_1 = \frac{A_2 \cdot m_1 \cdot w}{A_1 \cdot m_2} \qquad \cdots\cdots(1)$$

式中:

w——异噁草松标样的质量分数,以%表示;

A_1——标样溶液中,异噁草松峰面积的平均值;

A_2——试样溶液中,异噁草松峰面积的平均值;

m_1——异噁草松标样的质量,单位为克(g);

m_2——试样的质量,单位为克(g)。

4.3.7 **允许差**

异噁草松质量分数两次平行测定结果之差应不大于1.5%,取其算术平均值作为测定结果。

4.4 **丙酮不溶物的测定**

按GB/T 19138进行。

4.5 **水分的测定**

按GB/T 1600中的"卡尔·费休法"进行。

4.6 **酸度的测定**

4.6.1 **试剂和溶液**

95%乙醇;

氢氧化钠标准滴定溶液:$c(NaOH)=0.02$ moL/L,按GB/T 601配制;

混合指示液:溴甲酚绿乙醇溶液(1 g/L)+甲基红乙醇溶液(2 g/L)=3+1,按GB/T 603配制。

4.6.2 **测定步骤**

称取异噁草松试样2 g(精确至0.002 g),置于250 mL三角瓶中,加入100 mL 95%乙醇,3滴指示液,用氢氧化钠标准滴定溶液滴定至绿色,30 s内不褪色为终点。同时作空白试验。

4.6.3 **计算**

试样中酸度w_2(%),按式(2)计算:

$$w_2 = \frac{c(V_1 - V_0) \cdot M}{m \times 1\,000} \times 100 \qquad \cdots\cdots(2)$$

式中:

c——氢氧化钠标准滴定溶液的实际浓度,单位为摩尔每升(moL/L);

V_1——试样溶液消耗氢氧化钠标准滴定溶液的体积,单位为毫升(mL);

V_0——空白溶液消耗氢氧化钠标准滴定溶液的体积,单位为毫升(mL);

m——试样的质量,单位为克(g);

M——硫酸的摩尔质量的数值,单位为克每摩尔(g/mol)$\left[M\left(\frac{1}{2}H_2SO_4\right)=49\right]$。

4.7 **产品的检验与验收**

产品的检验与验收应符合GB/T 1604的规定。极限数值的处理采用修约值比较法。

5 标志、标签、包装、贮运

5.1 异嗯草松原药的标志、标签和包装应符合 GB 3796 的规定。

5.2 异嗯草松原药用衬塑铁桶装,每桶净含量一般为 50 kg、100 kg 或 200 kg。也可根据用户要求或订货协议采用其他形式的包装,但需符合 GB 3796 的规定。

5.3 异嗯草松原药包装件应贮存在通风、干燥的库房中。

5.4 贮运时,严防潮湿和日晒,不得与食物、种子、饲料混放,避免与皮肤、眼睛接触,防止由口鼻吸入。

5.5 **安全:本品属低毒农药。吞噬和吸入均有毒,可经皮肤渗入。使用本品时要戴防护镜和胶皮手套穿必要的防护衣物。施药后应用肥皂和清水冲洗。误服者应立即送医院对症治疗。**

5.6 验收期:异嗯草松原药的验收期为 1 个月。从交货之日起,在 1 个月内完成产品的质量验收,其各项指标均应符合本标准要求。

ICS 65.100.10
G 25

中华人民共和国国家标准

GB 24752—2009

灭多威原药

Methomyl technical

2009-11-30 发布　　2010-07-01 实施

中华人民共和国国家质量监督检验检疫总局
中国国家标准化管理委员会　发布

前言

本标准的第3章、第5章是强制性的，其余是推荐性的。

本标准使用重新起草法修改采用FAO规格264/TC(2002)《灭多威原药》(英文)。

本标准与FAO规格264/TC(2002)的主要技术性差异如下：

——本标准控制丙酮不溶物、水分及pH值范围，FAO规格无该3项指标。

本标准自实施之日起，原化工行业标准HG 2611—1994《灭多威原药》废止。

本标准由中国石油和化学工业协会提出。

本标准由全国农药标准化技术委员会(SAC/TC 133)归口。

本标准负责起草单位：沈阳化工研究院。

本标准参加起草单位：海利贵溪化工农药有限公司、山东省农药研究所、江苏龙灯化学有限公司、江苏盐城利民农化有限公司。

本标准主要起草人：赵欣昕、李秀杰、黄新华、李东芹、冯秀珍、韦鸿胜。

灭 多 威 原 药

该产品有效成分灭多威的其他名称、结构式和基本物化参数如下：

ISO 通用名称：methomyl

CIPAC 数字代号：264

化学名称：*S*-甲基 *N*-[(甲基氨基甲酰基)氧基]硫代乙酰亚胺酸酯

结构式：

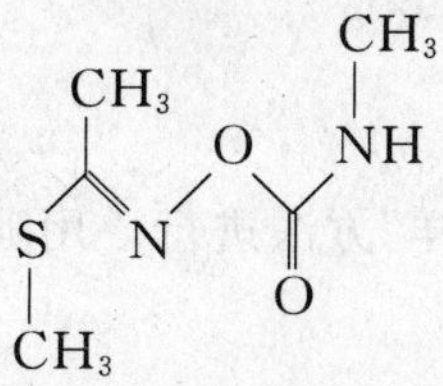

实验式：$C_5H_{10}N_2O_2S$

相对分子质量：162.20(按 2005 国际相对原子质量计)

生物活性：杀虫

熔点：78 ℃～79 ℃

蒸气压(25 ℃)：0.72 mPa

溶解度(g/L,25 ℃)：水 58；甲醇 1 000；丙酮 730；乙醇 420

稳定性：水溶液中，在室温下分解缓慢，在日光下、暴露在空气中及碱性介质中分解速度加快

1 范围

本标准规定了灭多威原药的要求、试验方法以及标志、标签、包装、贮运。

本标准适用于由灭多威及其生产中产生的杂质组成的灭多威原药。

2 规范性引用文件

下列文件中的条款通过本标准的引用而成为本标准的条款。凡是注日期的引用文件，其随后所有的修改单(不包括勘误的内容)或修订版均不适用于本标准，然而，鼓励根据本标准达成协议的各方研究是否可使用这些文件的最新版本。凡是不注日期的引用文件，其最新版本适用于本标准。

GB/T 1600 农药水分测定方法

GB/T 1601 农药 pH 值的测定方法

GB/T 1604 农药验收规则

GB/T 1605—2001 商品农药采样方法

GB 3796 农药包装通则

GB/T 19138 农药丙酮不溶物测定方法

3 要求

3.1 外观

白色至米色结晶粉末。

3.2 技术指标

灭多威原药还应符合表 1 要求。

表 1 灭多威原药控制项目指标

项 目		指 标
灭多威质量分数/%	≥	98.0
丙酮不溶物[a]/%	≤	0.2
水分/%	≤	0.3
pH 值范围		4.0～8.0
[a] 正常生产时,丙酮不溶物每 3 个月至少检测一次。		

4 试验方法

4.1 抽样

按 GB/T 1605—2001 中"商品原药采样"方法进行。用随机数表法确定抽样的包装件,最终抽样量应不少于 100 g。

4.2 鉴别试验

液相色谱法——本鉴别试验可与灭多威质量分数的测定同时进行。在相同的色谱操作条件下,试样溶液中某色谱峰的保留时间与标样溶液中灭多威的保留时间,其相对差值应在 1.5%以内。

红外光谱法——试样与灭多威标样在 4 000 cm^{-1}～400 cm^{-1}范围内的红外吸收光谱图应无明显差异。灭多威标样红外光谱图见图 1。

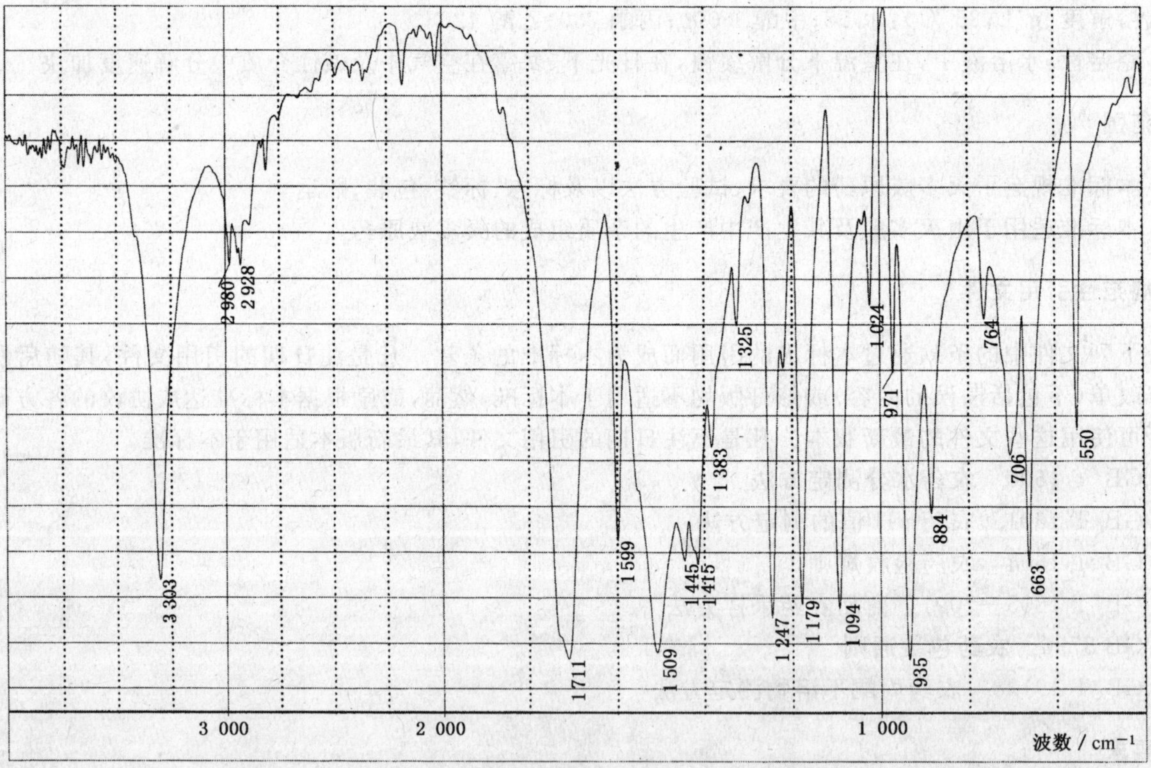

图 1 灭多威标样的红外光谱图

4.3 灭多威质量分数的测定

4.3.1 方法提要

试样用甲醇溶解,以甲醇+水为流动相,使用以 Spherisorb C_8 为填料的不锈钢柱和紫外检测器(235 nm),对试样中的灭多威进行反相高效液相色谱分离和测定。

4.3.2　试剂和溶液

甲醇：色谱级；

水：新蒸二次蒸馏水；

灭多威标样：已知灭多威质量分数，$w \geqslant 99.0\%$。

4.3.3　仪器

高效液相色谱仪：具有可变波长紫外检测器；

色谱数据处理机或色谱工作站；

色谱柱：200 mm×4.6 mm(i.d.)不锈钢柱，内装 Spherisorb C_8、10 μm 填充物(或具等同效果的 C_8、C_{18}键合固定相)；

过滤器：滤膜孔径约 0.45 μm；

微量进样器：50 μL；

定量进样管：5 μL；

超声波清洗器。

4.3.4　高效液相色谱操作条件

流动相：φ(甲醇：水)＝40：60，经滤膜过滤，并进行脱气；

流量：1.0 mL/min；

柱温：室温(温差变化应不大于 2 ℃)；

检测波长：235 nm；

进样体积：5 μL；

保留时间：灭多威约 4.1 min。

上述操作参数是典型的，可根据不同仪器特点，对给定的操作参数作适当调整，以期获得最佳效果。典型的灭多威原药高效液相色谱图见图 2。

1——灭多威。

图 2　灭多威原药的高效液相色谱图

4.3.5 测定步骤

4.3.5.1 标样溶液的制备

称取灭多威标样 0.10 g(精确至 0.000 2 g),置于 50 mL 容量瓶中,用甲醇稀释至刻度,摇匀。准确移取上述溶液 10 mL 于 50 mL 容量瓶中,用甲醇稀释至刻度,摇匀。

4.3.5.2 试样溶液的制备

称取含灭多威约 0.10 g 的原药试样(精确至 0.000 2 g),置于 50 mL 容量瓶中,用甲醇稀释至刻度,摇匀。准确移取上述溶液 10 mL 于 50 mL 容量瓶中,用甲醇稀释至刻度,摇匀。

4.3.5.3 测定

在上述操作条件下,待仪器稳定后,连续注入数针标样溶液,直至相邻两针灭多威峰面积相对变化小于 1.5%后,按照标样溶液、试样溶液、试样溶液、标样溶液的顺序进行测定。

4.3.6 计算

将测得的两针试样溶液以及试样前后两针标样溶液中灭多威峰面积分别进行平均。试样中灭多威的质量分数 w_1(%),按式(1)计算:

$$w_1 = \frac{A_2 \cdot m_1 \cdot w}{A_1 \cdot m_2} \qquad \cdots\cdots(1)$$

式中:

A_1——标样溶液中,灭多威峰面积的平均值;

A_2——试样溶液中,灭多威峰面积的平均值;

m_1——灭多威标样的质量,单位为克(g);

m_2——试样的质量,单位为克(g);

w——灭多威标样的质量分数,以%表示。

4.3.7 允许差

灭多威质量分数两次平行测定结果之差应不大于 1.2%,取其算术平均值作为测定结果。

4.4 丙酮不溶物的测定

按 GB/T 19138 进行。

4.5 水分的测定

按 GB/T 1600 中的"卡尔·费休法"进行。

4.6 pH 值的测定

按 GB/T 1601 进行。

4.7 产品的检验与验收

应符合 GB/T 1604 的规定。极限数值处理采用修约值比较法。

5 标志、标签、包装、贮运

5.1 灭多威原药的标志、标签、包装应符合 GB 3796 的规定。

5.2 灭多威原药应用内衬塑料袋的铁桶、木桶或编织袋包装,每桶(袋)净含量不超过 50 kg。也可根据用户要求或订货协议采用其他形式的包装,但需符合 GB 3796 的规定。

5.3 灭多威原药包装件应贮存在通风、干燥的库房中。

5.4 贮运时,严防潮湿和日晒,不得与食物、种子、饲料混放,避免与皮肤、眼睛接触,防止由口鼻吸入。

5.5 安全:在使用说明书或包装容器上,除有相应的毒性标志外,还应有如下有关毒性的说明:

灭多威属高毒氨基甲酸酯类杀虫剂,吸入有毒,吞噬可致死。使用本品应避免直接与皮肤及眼睛接触,不要吸入粉尘及喷雾。所有操作应在通风处进行,并对皮肤及眼睛采取适当保护措施,万一接触,应用水冲洗 15 min,再用肥皂和水洗净皮肤,并接受医生治疗。阿托品是特效解毒药。

5.6 验收期:灭多威原药验收期为1个月。从交货之日起,在1个月内完成产品质量验收,其各项指标均应符合标准要求。

ICS 65.100.10
G 25

中华人民共和国国家标准

GB 24753—2009

水胺硫磷原药

Isocarbophos technical

2009-11-30 发布　　2010-07-01 实施

中华人民共和国国家质量监督检验检疫总局
中国国家标准化管理委员会 发布

前　言

本标准的第3章、第5章是强制性的，其余是推荐性的。

本标准由中国石油和化学工业协会提出。

本标准由全国农药标准化技术委员会(SAC/TC 133)归口。

本标准负责起草单位：沈阳化工研究院。

本标准参加起草单位：湖北仙隆化工股份有限公司、河北威远生物化工股份有限公司。

本标准主要起草人：姜敏怡、于亮、张雪、杨锦蓉、高永民。

水胺硫磷原药

该产品有效成分水胺硫磷的其他名称、结构式和基本物化参数如下：

ISO 通用名称：Isocarbophos

CAS 登录号：24353-61-5

化学名称：*O*-甲基-*O*-(2-异丙氧基甲酰基苯基)硫代磷酰胺

结构式：

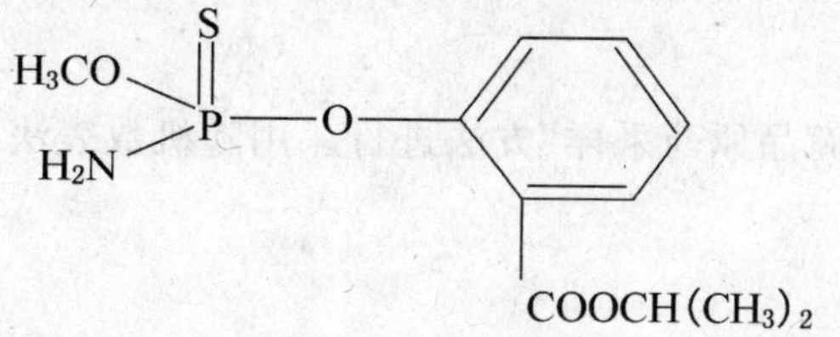

实验式：$C_{11}H_{16}NO_4PS$

相对分子质量：288.0（按 2003 年国际相对原子质量计）

生物活性：杀虫、杀螨

熔点：45 ℃～46 ℃

溶解性：能溶于乙醇、乙醚、苯、丙酮及乙酸乙酯，不溶于水和石油醚

稳定性：在中性及微酸性条件下比较稳定，遇碱易分解

1 范围

本标准规定了水胺硫磷原药的要求、试验方法以及标志、标签、包装、贮运。

本标准适用于由水胺硫磷和生产中产生的杂质组成的水胺硫磷原药。

2 规范性引用文件

下列文件中的条款通过本标准的引用而成为本标准的条款。凡是注日期的引用文件，其随后所有的修改单（不包括勘误的内容）或修订版均不适用于本标准，然而，鼓励根据本标准达成协议的各方研究是否可使用这些文件的最新版本。凡是不注日期的引用文件，其最新版本适用于本标准。

GB/T 601 化学试剂 标准滴定溶液的制备

GB/T 1600 农药水分测定方法

GB/T 1604 商品农药验收规则

GB/T 1605—2001 商品农药采样方法

GB 3796 农药包装通则

GB/T 19138 农药丙酮不溶物测定方法

3 要求

3.1 外观

白色至浅黄色晶体。

3.2 水胺硫磷原药应符合表 1 要求。

表 1 水胺硫磷原药质量控制项目指标

项 目		指 标
水胺硫磷质量分数/%	≥	95.0
水分/%	≤	0.3
丙酮不溶物[a]/%	≤	0.5
酸度(以 H_2SO_4 计)/%	≤	0.3

[a] 正常生产时丙酮不溶物每 3 个月至少测定一次。

4 试验方法

4.1 抽样

按 GB/T 1605—2001 中“商品原药采样”方法进行。用随机数表法确定抽样的包装件；最终抽样量应不少于 100 g。

4.2 鉴别试验

红外光谱法——试样与水胺硫磷标样在 4 000 cm^{-1}～400 cm^{-1} 范围的红外吸收光谱图应没有明显区别。水胺硫磷标样红外光谱图见图 1。

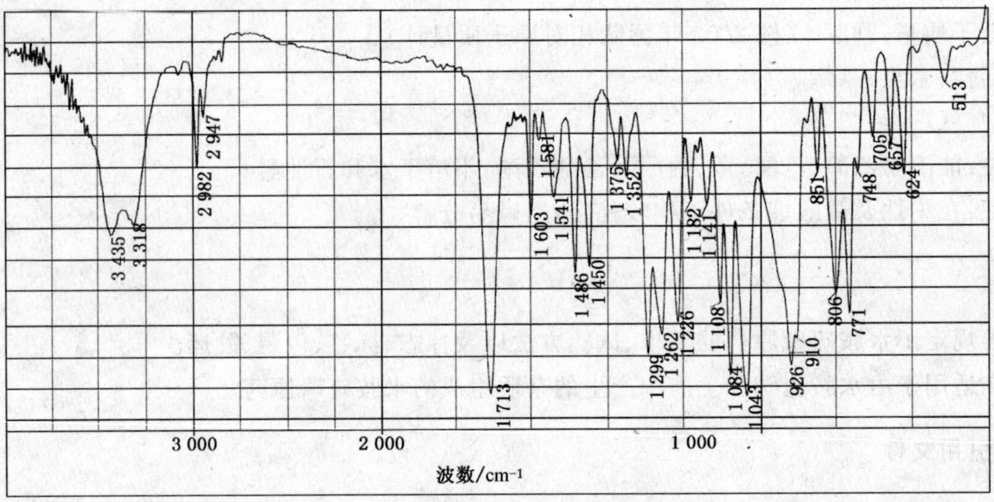

图 1 水胺硫磷标样红外光谱图

液相色谱法——本鉴别试验可与水胺硫磷质量分数的测定同时进行。在相同的色谱操作条件下，试样溶液中某个色谱峰的保留时间与标样溶液中水胺硫磷的色谱峰的保留时间，其相对差值应在1.5%以内。

4.3 水胺硫磷质量分数的测定

4.3.1 高效液相色谱法(仲裁法)

4.3.1.1 方法提要

试样用甲醇溶解，以甲醇＋水为流动相，使用以 BDS Hypersil C_{18} 为填料的不锈钢柱和紫外检测器(225 nm)，对试样中的水胺硫磷进行高效液相色谱分离和测定。

4.3.1.2 试剂和溶液

甲醇；

水：新蒸二次蒸馏水；

水胺硫磷标样：已知质量分数，w≥97.5%。

4.3.1.3 **仪器**

高效液相色谱仪：具有可变波长紫外检测器；

色谱数据处理机或工作站；

色谱柱：150 mm×4.6 mm(i.d.)不锈钢柱，内装 BDS Hypersil C_{18} 5 μm 填充物(或同等效果的色谱柱)；

过滤器：滤膜孔径约 0.45 μm；

微量进样器：50 μL；

定量进样管：5 μL；

超声波清洗器。

4.3.1.4 **高效液相色谱操作条件**

流动相：$\psi(CH_3OH : H_2O)=60 : 40$；

流速：1.0 mL/ min；

柱温：室温(温差变化应不大于 2 ℃)；

检测波长：225 nm；

进样体积：5 μL；

保留时间：水胺硫磷约 5.6 min。

上述操作参数是典型的，可根据不同仪器特点，对给定的操作参数作适当调整，以期获得最佳效果。典型的水胺硫磷原药高效液相色谱图见图 2。

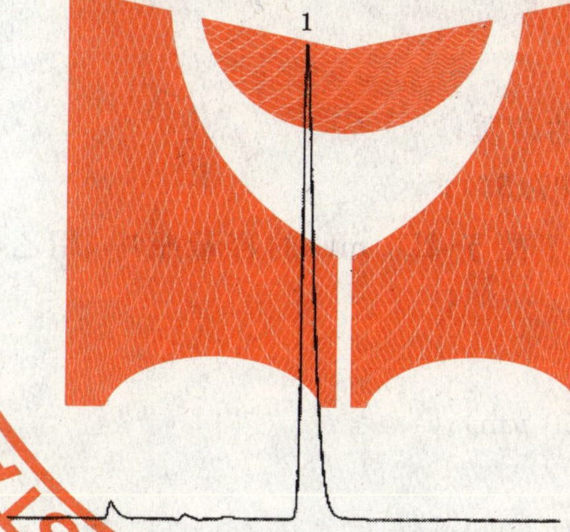

1——水胺硫磷。

图 2　水胺硫磷原药的高效液相色谱图

4.3.1.5 **测定步骤**

4.3.1.5.1 **标样溶液的制备**

称取 0.1 g 水胺硫磷标样(精确至 0.000 2 g)，置于 50 mL 容量瓶中，用甲醇稀释至刻度，超声波振荡 5 min 使试样溶解，冷却至室温，摇匀。用移液管移取上述溶液 5 mL 于 50 mL 容量瓶中，用甲醇稀释至刻度，摇匀。

4.3.1.5.2 **试样溶液的制备**

称取含水胺硫磷 0.1 g 的试样(精确至 0.000 2 g)，置于 50 mL 容量瓶中，用甲醇稀释至刻度，超声波振荡 5 min 使试样溶解，冷却至室温，摇匀。用移液管移取上述溶液 5 mL 于 50 mL 容量瓶中，用甲醇稀释至刻度，摇匀。

4.3.1.6 测定

在上述操作条件下，待仪器稳定后，连续注入数针标样溶液，直至相邻两针水胺硫磷峰面积相对变化小于1.2%后，按照标样溶液、试样溶液、试样溶液、标样溶液的顺序进行测定。

4.3.1.7 计算

试样中水胺硫磷的质量分数 w_1(%)，按式(1)计算：

$$w_1 = \frac{A_2 \cdot m_1 \cdot w}{A_1 \cdot m_2} \qquad \cdots\cdots(1)$$

式中：

A_1——标样溶液中，水胺硫磷峰面积的平均值；

A_2——试样溶液中，水胺硫磷峰面积的平均值；

m_1——标样的质量，单位为克(g)；

m_2——试样的质量，单位为克(g)；

w——水胺硫磷标样的质量分数，以%表示。

4.3.1.8 允许差

水胺硫磷质量分数两次平行测定结果之差应不大于1.2%，取其算术平均值作为测定结果。

4.3.2 气相色谱法

4.3.2.1 方法提要

试样用乙酸乙酯溶解，以癸二酸二正丁酯为内标物，使用5% OV-3填充柱，和氢火焰离子化检测器，对试样中的水胺硫磷进行气相色谱分离和测定。

4.3.2.2 试剂和溶液

乙酸乙酯；

癸二酸二正丁酯：不含有干扰分析的杂质；

水胺硫磷标样：已知质量分数，$w \geqslant 97.5\%$；

内标溶液：称取5 g的癸二酸二正丁酯于250 mL的容量瓶中，用乙酸乙酯溶解并稀释至刻度，摇匀；

固定液：OV-3；

载体：101硅烷化担体(180 μm～250 μm)。

4.3.2.3 仪器

气相色谱仪：具氢火焰离子化检测器；

色谱数据处理机或色谱工作站；

色谱柱：1 m×3 mm (i.d.)玻璃柱(或不锈钢柱)，内装5% OV-3/101硅烷化白色担体(180 μm～250 μm)填充物。

4.3.2.4 气相色谱操作条件

温度(℃)：柱室210、气化室270、检测室270；

气体流量(mL/min)：载气(N_2)60、氢气40、空气400；

进样体积：0.6 μL；

保留时间：水胺硫磷约6.1 min、内标物约9.5 min。

上述气相色谱操作条件，系典型操作参数。可根据不同仪器特点，对给定的操作参数作适当调整，以期获得最佳效果。典型的水胺硫磷原药与内标物的气相色谱图见图3。

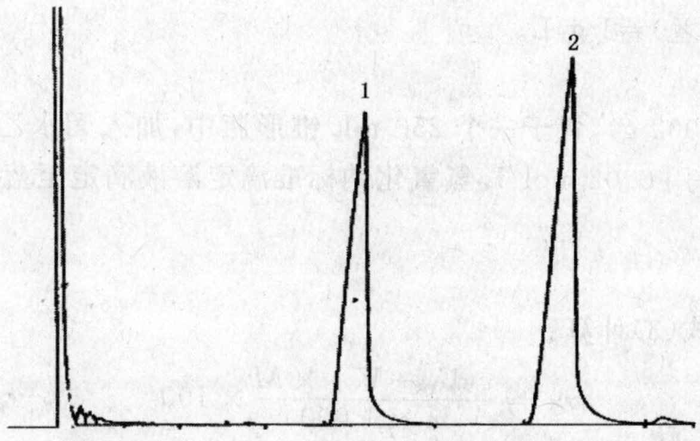

1——水胺硫磷;

2——内标物。

图 3　水胺硫磷原药与内标物的气相色谱图

4.3.2.5　测定步骤

4.3.2.5.1　标样溶液的配制

称取水胺硫磷标样 0.2 g(精确至 0.000 2 g),置于一具塞玻璃瓶中,用移液管准确加入 5 mL 内标溶液,摇匀。

4.3.2.5.2　试样溶液的配制

称取含水胺硫磷 0.2 g 的试样 (精确至 0.000 2 g),置于一具塞的玻璃瓶中,用与 4.3.2.5.1 中使用的同一支移液管准确加入 5 mL 内标溶液,摇匀。

4.3.2.6　测定

在上述色谱操作条件下,待仪器稳定后,连续注入数针标样溶液,直至相邻两针水胺硫磷与内标物的峰面积比的相对变化小于 1.2%后,按照标样溶液、试样溶液、试样溶液、标样溶液的顺序进行分析测定。

4.3.2.7　计算

将测得的两针试样溶液以及试样前后两针标样溶液中水胺硫磷与内标物的峰面积比分别进行平均。试样中水胺硫磷质量分数 w_2(%)按式(2)计算:

$$w_2 = \frac{r_2 \times m_1 \times w}{r_1 \times m_2} \qquad \cdots\cdots(2)$$

式中:

r_1——标样溶液中水胺硫磷与内标物峰面积比的平均值;

r_2——试样溶液中水胺硫磷与内标物峰面积比的平均值;

m_1——标样的质量,单位为克(g);

m_2——试样的质量,单位为克(g);

w——标样中水胺硫磷的质量分数,以%表示。

4.3.2.8　允许差

两次平行测定结果之差应不大于 1.2%,取其算术平均值作为测定结果。

4.4　水分的测定

按 GB/T 1600 中的"卡尔·费休法"进行。

4.5　丙酮不溶物的测定

按 GB/T 19138 进行。

4.6　酸度的测定

4.6.1　试剂和溶液

无水乙醇;

氢氧化钠标准滴定溶液 $c(NaOH)=0.02$ mol/L,按 GB/T 601 配制和标定;

溴酚兰乙醇溶液:ρ(溴酚兰)=1 g/L。

4.6.2 测定步骤

称取试样 2 g(精确至 0.002 g),置于一个 250 mL 锥形瓶中,加入无水乙醇 20 mL,摇动使试样溶解。加入 3 滴溴酚兰指示剂,用 0.02 mol/L 氢氧化钠标准滴定溶液滴定至蓝色即为终点。同时做空白测定。

4.6.3 计算

试样的酸度 w_3(%),按式(3)计算:

$$w_3=\frac{c(V_1-V_0)\times M}{m\times 1\,000}\times 100 \qquad \cdots\cdots(3)$$

式中:

c——氢氧化钠标准滴定溶液的实际浓度,单位为摩尔每升(mol/L);

V_1——滴定试样溶液,消耗氢氧化钠标准滴定溶液的体积,单位为毫升(mL);

V_0——滴定空白溶液,消耗氢氧化钠标准滴定溶液的体积,单位为毫升(mL);

m——试样的质量,单位为克(g);

M——硫酸的摩尔质量的数值,单位为克每摩尔(g/mol),[$M(\frac{1}{2}H_2SO_4)=49$ g/mol]。

4.7 产品的检验与验收

产品的检验与验收应符合 GB/T 1604 的规定。极限数值的处理采用修约值比较法。

5 标志、标签、包装、贮运

5.1 水胺硫磷原药的标志、标签和包装,应符合 GB 3796 的规定。

5.2 水胺硫磷原药应用清洁、干燥坚固的塑料(铁)桶包装,每桶净含量应不超过 200 kg。也可根据用户要求或订货协议采用其他形式的包装,但需符合 GB 3796 的规定。

5.3 水胺硫磷原药包装件应贮存在通风、干燥的库房中。

5.4 贮运时,严防潮湿和日晒,不得与食物、种子、饲料混放,避免与皮肤、眼睛接触,防止由口鼻吸入。

5.5 安全:本品属高毒有机磷杀虫剂。吞噬和吸入均有毒,可经皮肤渗入。使用本品时要戴防护镜和胶皮手套,穿必要的防护衣物。施药后,应立即用肥皂和大量清水冲洗。如发生中毒时,应立即送医院对症治疗。可用阿托品或解磷定解毒。

5.6 验收期:水胺硫磷原药的验收期为 1 个月。从交货之日起,在 1 个月内完成产品的质量验收,其各项指标均应符合本标准要求。

ICS 65.100.20
G 25

GB

中华人民共和国国家标准

GB 24754—2009

扑草净原药

Prometryn technical

2009-11-30 发布　　2010-07-01 实施

中华人民共和国国家质量监督检验检疫总局
中国国家标准化管理委员会　发布

前言

本标准的第3章、第5章是强制性的，其余是推荐性的。

本标准的附录A为资料性附录。

本标准自实施之日起，原行业标准 HG 2201—1991《扑草净原药》作废。

本标准由中国石油和化学工业协会提出。

本标准由全国农药标准化技术委员会(SAC/TC 133)归口。

本标准负责起草单位：沈阳化工研究院。

本标准参加起草单位：云南省化工研究院。

本标准主要起草人：王玉范、张雪冰、陈萌、梁雪松。

扑草净原药

该产品有效成分扑草净的其他名称、结构式和基本物化参数如下：

ISO 通用名称：Prometryn

CIPAC 数字代码：93

化学名称：4,6-双异丙胺基-2-甲硫基均三嗪

结构式：

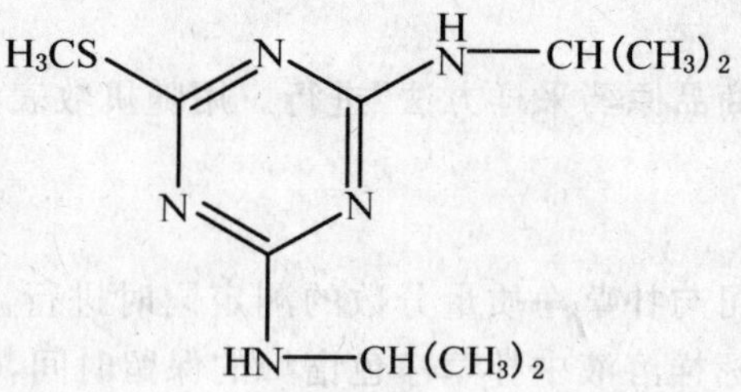

实验式：$C_{10}H_{19}N_5S$

相对分子质量：241.4(按 2005 年国际相对原子质量计)

生物活性：除草

熔点：118 ℃～120 ℃

蒸气压(20 ℃)：0.133 mPa

溶解度(20 ℃)：水 33 mg/L；丙酮中 240 g/L；二氯甲烷中 300 g/L；己烷中 5.5 g/L；甲醇中 160 g/L；辛醇中 100 g/L；甲苯中 170 g/L

稳定性：在中性、微酸或微碱介质中(20 ℃)对水解稳定。本品为碱性，土壤中 DT_{50} 40 d～70 d

1 范围

本标准规定了扑草净原药的要求、试验方法以及标志、标签、包装、贮运。

本标准适用于由扑草净及其生产中产生的杂质组成的扑草净原药。

2 规范性引用文件

下列文件中的条款通过本标准的引用而成为本标准的条款。凡是注日期的引用文件，其随后所有的修改单(不包括勘误的内容)或修订版均不适用于本标准，然而，鼓励根据本标准达成协议的各方研究是否可使用这些文件的最新版本。凡是不注日期的引用文件，其最新版本适用于本标准。

GB/T 601 化学试剂 标准滴定溶液的制备

GB/T 1604 商品农药验收规则

GB/T 1605—2001 商品农药采样方法

GB 3796 农药包装通则

GB/T 19138 农药丙酮不溶物测定方法

3 要求

3.1 外观：白色至灰白色粉末。

3.2 扑草净原药应符合表 1 要求。

表 1　扑草净原药控制项目指标

项　目		指　标
扑草净质量分数/%	≥	96.0
干燥减量/%	≤	1.0
氯化钠质量分数[a]/%	≤	1.0
二甲基甲酰胺不溶物[a]/%	≤	0.5
[a] 氯化钠质量分数、二甲基甲酰胺不溶物在正常生产情况下，每 3 个月至少测定一次。		

4　试验方法

4.1　抽样

按照 GB/T 1605—2001 中“商品原药采样方法”进行。用随机数表法确定抽样的包装件；最终抽样量应不少于 100 g。

4.2　鉴别试验

气相色谱法——本鉴别试验可与扑草净质量分数的测定同时进行。在相同的色谱操作条件下，试样溶液某一色谱峰的保留时间与标样溶液中扑草净色谱峰的保留时间，其相对差值应在 1.5%以内。

红外光谱法——试样与扑草净标样在 4 000 cm^{-1}～400 cm^{-1} 波数范围内的红外光谱图应没有明显的差异。扑草净标样的红外标准谱图见图 1。

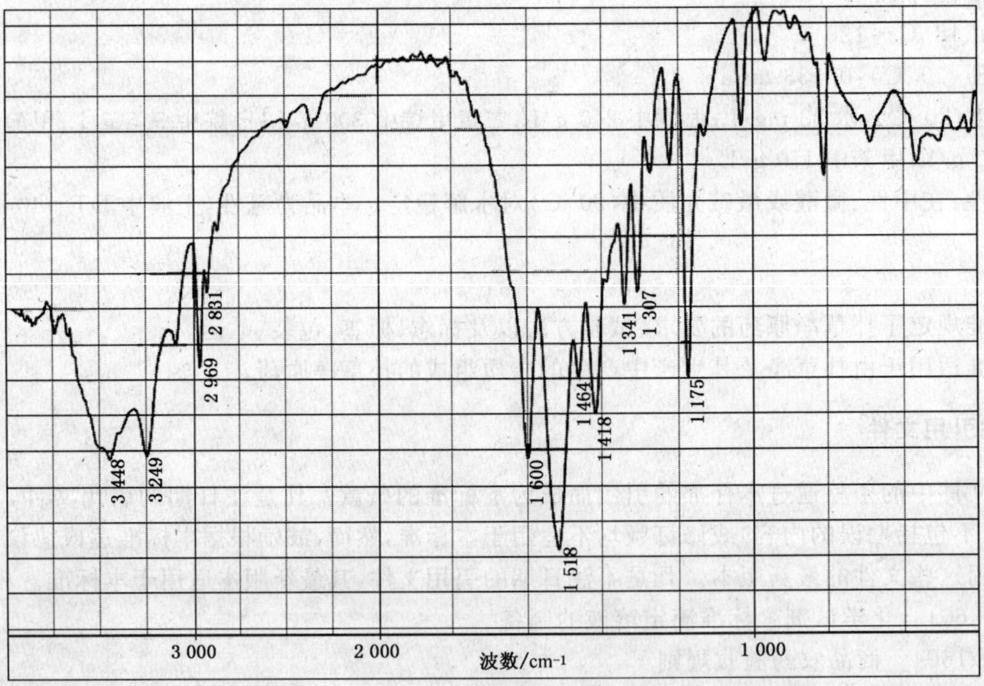

图 1　扑草净标样的红外光谱图

4.3　扑草净质量分数的测定

4.3.1　方法提要

试样用三氯甲烷溶解，以三唑酮为内标物，使用内壁键合聚乙二醇 20 M 的毛细管色谱柱和氢火焰离子化检测器，对试样中的扑草净进行气相色谱分离和测定。也可使用填充柱气相色谱法，色谱条件参见附录 A。

4.3.2 **试剂和溶液**

三氯甲烷；

三唑酮：应不含有干扰分析的杂质，$w \geqslant 95\%$；

扑草净标样：已知扑草净质量分数，$w \geqslant 99.0\%$；

内标溶液：称取 8.6 g 三唑酮，置于 1 000 mL 容量瓶中，用三氯甲烷溶解并稀释至刻度，摇匀。

4.3.3 **仪器**

气相色谱仪：具有氢火焰离子化检测器；

色谱数据处理机或色谱工作站；

色谱柱：30 m×0.32 mm(i.d.)毛细管柱，内壁键合聚乙二醇 20 M，膜厚 0.25 μm；

微量进样器：10 μL。

4.3.4 **气相色谱操作条件**

温度(℃)：柱温 195、气化室 230、检测室 230；

气体流速(mL/min)：载气(氮气)2.0、氢气 30、空气 300；

进样体积(μL)：1.0；

保留时间(min)：扑草净约 4.2，内标物(三唑酮)约 5.6。

上述气相色谱操作条件，系典型操作参数。可根据不同仪器特点，对给定的操作参数作适当调整，以期获得最佳效果。典型的扑草净原药与内标物的气相色谱图见图 2。

1——扑草净；

2——内标物(三唑酮)。

图 2 扑草净原药与内标物的气相色谱图

4.3.5 **测定步骤**

4.3.5.1 **标样溶液的配制**

称取扑草净标样 0.1 g(精确至 0.000 2 g)，置于 15 mL 具塞玻璃瓶中，用移液管移入 10 mL 内标溶液，摇匀。

4.3.5.2 **试样溶液的配制**

称取约含扑草净 0.1 g 的试样（精确至 0.000 2 g），置于 15 mL 具塞玻璃瓶中，用 4.3.5.1 中使用的同一支移液管移入 10 mL 内标溶液，摇匀。

4.3.5.3 **测定**

在上述操作条件下，待仪器基线稳定后，连续注入数针标样溶液，计算各针扑草净与内标物峰面积之比的重复性，待相邻两针扑草净与内标物峰面积的比的相对变化小于1.2%时，按照标样溶液、试样溶液、试样溶液、标样溶液的顺序进行测定。

4.3.6 计算

将测得的两针试样溶液以及试样前后两针标样溶液中扑草净与内标物的峰面积比分别进行平均。试样中扑草净的质量分数 w_1(%)，按式(1)计算：

$$w_1 = \frac{r_2 \cdot m_1 \cdot w}{r_1 \cdot m_2} \quad \cdots\cdots(1)$$

式中：

r_1——标样溶液中，扑草净与内标物峰面积比的平均值；

r_2——试样溶液中，扑草净与内标物峰面积比的平均值；

m_1——标样的质量，单位为克(g)；

m_2——试样的质量，单位为克(g)；

w——扑草净标样的质量分数，以%表示。

4.3.7 允许差

两次平行测定结果之差应不大于1.5%，取其算术平均值作为测定结果。

4.4 干燥减量的测定

4.4.1 仪器

称量瓶：内径50 mm，高30 mm。

烘箱：90 ℃±2 ℃。

干燥器。

4.4.2 测定步骤

将称量瓶放入烘箱中烘1 h，取出放置于干燥器内冷却至室温，称量(精确至0.000 2 g)。重复上述步骤，直至称量瓶恒重为止。取5.0 g试样于已烘至恒重的称量瓶中，铺平，称量(精确至0.000 2 g)，将称量瓶和瓶盖分开置于烘箱中，烘1 h后，盖上盖，取出放入干燥器中冷却至室温后称量(精确至0.000 2 g)。

4.4.3 计算

干燥减量 w_2(%)按式(2)计算：

$$w_2 = \frac{m_1 - m_2}{m} \times 100 \quad \cdots\cdots(2)$$

式中：

m_1——烘干前试样和称量瓶的质量，单位为克(g)；

m_2——烘干后试样和称量瓶的质量，单位为克(g)；

m——试样的质量，单位为克(g)。

4.5 氯化钠质量分数的测定

4.5.1 试剂和溶液

丙酮；

硫酸溶液：$\phi(H_2SO_4)=50\%$；

盐酸标准溶液：$c(HCl)=0.1$ mol/L，按GB/T 601制备和标定；

硝酸银标准滴定溶液：$c(AgNO_3)=0.1$ mol/L，按GB/T 601制备和标定。

4.5.2 仪器

电位滴定仪；

电极：银-217型甘汞电极，带氯化钾盐桥。

4.5.3 分析步骤

称取5.0 g试样(精确至0.000 2 g)，于400 mL烧杯中，用50 mL丙酮溶解，加入200 mL水，用硫酸溶液将试样溶液酸化至 pH 值为 1～2，用移液管加 2 mL 盐酸标准溶液，用硝酸银标准滴定溶液进行电位滴定。

4.5.4 计算

试样中氯化钠的质量分数 w_3(%)，按式(3)计算：

$$w_3 = \frac{M(V_1c_1 - V_2c_2)}{1\,000m} \times 100 \quad \cdots\cdots\cdots\cdots(3)$$

式中：

c_1——硝酸银标准滴定溶液的实际浓度，单位为摩尔每升(mol/L)；

c_2——盐酸标准溶液的实际浓度，单位为摩尔每升(mol/L)；

V_1——滴定时，消耗硝酸银标准溶液的体积，单位为毫升(mL)；

V_2——加入试样溶液中的盐酸标准溶液的体积，单位为毫升(mL)；

m——试样的质量，单位为克(g)；

M——氯化钠摩尔质量的数值，单位为克每摩尔(g/mol)，[M=58.5 g/mol]。

4.6 二甲基甲酰胺不溶物的测定

按 GB/T 19138 进行。溶剂采用二甲基甲酰胺。

4.7 产品的检验与验收

应符合 GB/T 1604 的规定。极限数值的处理采用修约值比较法。

5 标志、标签、包装、贮运

5.1 扑草净原药的标志、标签和包装应符合 GB 3796 的规定。

5.2 扑草净原药应用干净、内衬塑料袋的编织袋包装，每袋净含量为 25 kg。也可根据用户要求或订货协议采用其他形式的包装，但要符合 GB 3796 的规定。

5.3 贮运时，严防潮湿和日晒，不得与食物、种子、饲料混放，避免与皮肤、眼睛接触，防止由口鼻吸入。

5.4 安全：扑草净属低毒除草剂。使用本品应带防护手套。防止口鼻吸入，皮肤或身体裸露部位接触本品后，应及时用肥皂和水洗净。万一发生中毒现象应及时请医生诊治。

5.5 验收期：扑草净原药的验收期为一个月。从交货之日起，在一个月内完成产品质量验收，各项指标应符合本标准要求。

附 录 A
（资料性附录）
扑草净质量分数填充柱气相色谱测定方法

A.1 方法提要

试样用三氯甲烷溶解，以三唑酮为内标物，使用聚乙二醇 20 M/Gas ChromQ 填充色谱柱和氢火焰离子化检测器，对试样中的扑草净进行气相色谱分离和测定。

A.2 试剂和溶液

三氯甲烷；

三唑酮：应不含有干扰分析的杂质，$w \geqslant 95\%$；

扑草净标样：已知扑草净质量分数，$w \geqslant 99.0\%$；

内标溶液：称取 10.0 g 的三唑酮，置于 1000 mL 容量瓶中，用三氯甲烷溶解并稀释至刻度，摇匀。

A.3 仪器

气相色谱仪：具有氢火焰离子化检测器；

色谱数据处理机或色谱工作站；

色谱柱：3%聚乙二醇 20 M/Gas ChromQ(80 目～100 目)不锈钢柱(或玻璃柱)；

微量进样器：10 μL。

A.4 气相色谱操作条件

温度(℃)：柱温 200，气化室 230，检测器室 230；

气体流量(mL/min)：载气(N_2)80、氢气 40、空气 400；

进样量(μL)：1.0；

保留时间(min)：扑草净 5.2，内标物约 7.0。

上述气相色谱操作条件，系典型操作参数。可根据不同仪器特点，对给定的操作参数作适当调整，以期获得最佳效果。典型的扑草净原药与内标物填充柱气相色谱图见图 A.1。

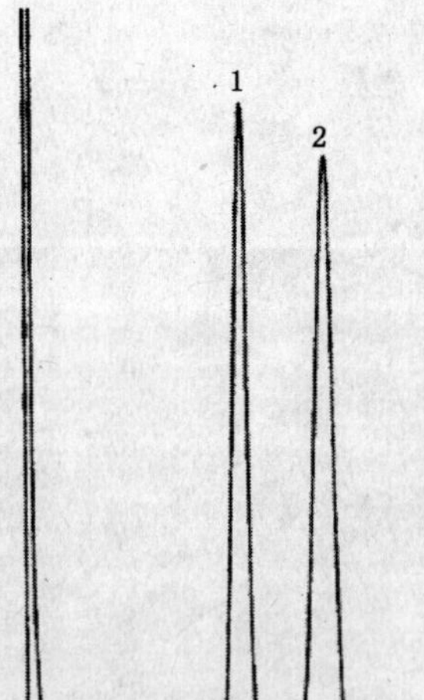

1——扑草净；
2——内标物(三唑酮)。

图 A.1 扑草净原药与内标物填充柱气相色谱图

A.5 测定步骤

A.5.1 标样溶液的配制

称取扑草净标样 0.1 g(精确至 0.000 2 g),置于 15 mL 具塞玻璃瓶中,用移液管准确移入 10 mL 内标溶液,摇匀。

A.5.2 试样溶液的配制

称取约含扑草净 0.1 g 的试样 (精确至 0.000 2 g),置于 15 mL 具塞玻璃瓶中,用 A.5.1 中使用的同一支移液管准确移入 10 mL 内标溶液,摇匀。

A.5.3 测定

在上述操作条件下,待仪器基线稳定后,连续注入数针标样溶液,计算各针扑草净与内标物峰面积之比的重复性,待相邻两针扑草净与内标物峰面积的比的相对变化小于 1.2%时,按照标样溶液、试样溶液、试样溶液、标样溶液的顺序进行测定。

A.6 计算

将测得的两针试样溶液以及试样前后两针标样溶液中扑草净和内标物的峰面积比分别进行平均。试样中扑草净的质量分数 w_1(%)按式(A.1)计算:

$$w_1 = \frac{r_2 \cdot m_1 \cdot w}{r_1 \cdot m_2} \qquad \cdots\cdots (A.1)$$

式中:

r_1——标样溶液中,扑草净与内标物峰面积比的平均值;

r_2——试样溶液中,扑草净与内标物峰面积比的平均值;

m_1——标样的质量,单位为克(g);

m_2——试样的质量,单位为克(g);

w——扑草净标样的质量分数,以%表示。

A.7 允许差

两次平行测定结果之差应不大于 1.5%,取其算术平均值作为测定结果。

ICS 65.100.30
G 25

中华人民共和国国家标准

GB 24755—2009

甲基硫菌灵原药

Thiophanate-methyl technical

2009-11-30 发布　　2010-07-01 实施

中华人民共和国国家质量监督检验检疫总局
中国国家标准化管理委员会　发布

前　言

本标准的第3章、第5章为强制性的，其余为推荐性的。

本标准使用重新起草法修改采用FAO规格262/TC/S/F(1993)《甲基硫菌灵原药》。

本标准与FAO规格262/TC/S/F(1993)的主要技术差异如下：

——本标准规定DAP(2,3-二氨基吩嗪)质量分数不大于5.0 mg/kg，FAO规格规定DAP(2,3-二氨基吩嗪)质量分数不大于0.5 mg/kg；

——本标准规定pH值范围指标，FAO规格相应规定的是酸度指标；

——本标准规定干燥减量指标，FAO规格未控制该项指标。

本标准自实施之日起，原化工行业标准HG 2462.1—1993《甲基硫菌灵原药》作废。

本标准由中国石油和化学工业协会提出。

本标准由全国农药标准化技术委员会(SAC/TC 133)归口。

本标准负责起草单位：沈阳化工研究院。

本标准参加起草单位：江苏蓝丰生物化工股份有限公司、海利贵溪化工农药有限公司、江苏龙灯化学有限公司。

本标准主要起草人：梅宝贵、邢红、谢印刚、黄新华、冯秀珍、马林。

甲基硫菌灵原药

该产品有效成分甲基硫菌灵的其他名称、结构式和基本物化参数如下：

ISO 通用名称：Thiophanate-methyl

CIPAC 数字代码：262

化学名称：4,4′-(1,2-亚苯基)双(3-硫代脲基甲酸甲酯)

结构式：

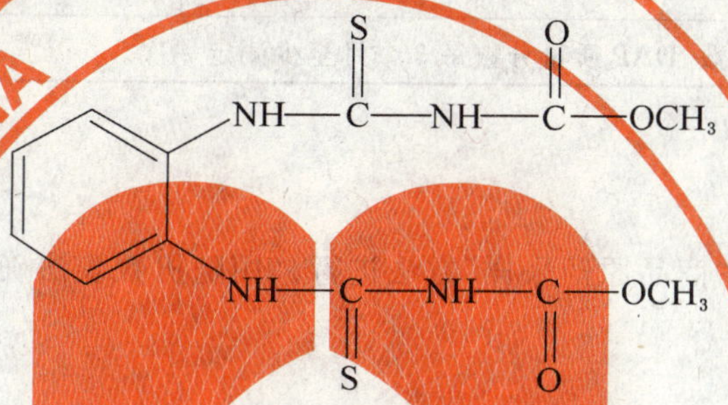

实验式：$C_{12}H_{14}N_4O_4S_2$

相对分子质量：342.40(按 2005 国际相对原子质量计)

生物活性：杀菌剂

沸点：172 ℃(分解)

蒸汽压(25 ℃)：0.009 5 mPa

溶解性(23 ℃)：水 26.6 mg/L，丙酮 58 g/kg，三氯甲烷 26 g/kg，环已酮 43 g/kg，甲醇 29 g/kg，乙腈 24 g/kg，乙酸乙酯 11.9 g/kg；微溶于正已烷

稳定性：在室温、中性水溶液中稳定；对空气和阳光稳定；在室温、弱酸性溶液中非常稳定；可与铜盐形成络合物，在植物组织及悬浮液中长期贮存时可形成多菌灵

1 范围

本标准规定了甲基硫菌灵原药的要求、试验方法以及标志、标签、包装、贮运。

本标准适用于由甲基硫菌灵及其生产中产生的杂质组成的甲基硫菌灵原药。

2 规范性引用文件

下列文件中的条款通过本标准的引用而成为本标准的条款。凡是注日期的引用文件，其随后所有的修改单(不包括勘误的内容)或修订版均不适用于本标准，然而，鼓励根据本标准达成协议的各方研究是否可使用这些文件的最新版本。凡是不注日期的引用文件，其最新版本适用于本标准。

GB/T 1601　农药 pH 值的测定方法

GB/T 1604　商品农药验收规则

GB/T 1605—2001　商品农药采样方法

GB 3796　农药包装通则

3 要求

3.1 外观

白色至灰色粉末。

3.2 技术指标

甲基硫菌灵原药还应符合表1要求。

表1 甲基硫菌灵原药控制项目指标

项目		指标
甲基硫菌灵质量分数/%	≥	95.0
HAP(2-氨基-3-羟基吩嗪)[a] 质量分数/(mg/kg)	≤	0.5
DAP(2,3-二氨基吩嗪)[a] 质量分数/(mg/kg)	≤	5.0
pH值范围		5.0～8.0
干燥减量/%	≤	0.5

[a] 正常生产时，HAP质量分数、DAP质量分数每3个月至少测定一次。

4 试验方法

4.1 抽样

按GB/T 1605—2001中"商品原药采样"方法进行。用随机数表法确定抽样的包装件，最终抽样量应不少于100 g。

4.2 鉴别试验

高效液相色谱法——本鉴别试验可与甲基硫菌灵含量的测定同时进行。在相同的色谱操作条件下，试样溶液中某色谱峰的保留时间与标样溶液中甲基硫菌灵的保留时间，其相对差值应在1.5%以内。

红外光谱法——试样与甲基硫菌灵标样在4 000 cm^{-1}～400 cm^{-1}范围内的红外吸收光谱图应无明显差异。甲基硫菌灵标样红外光谱图见图1。

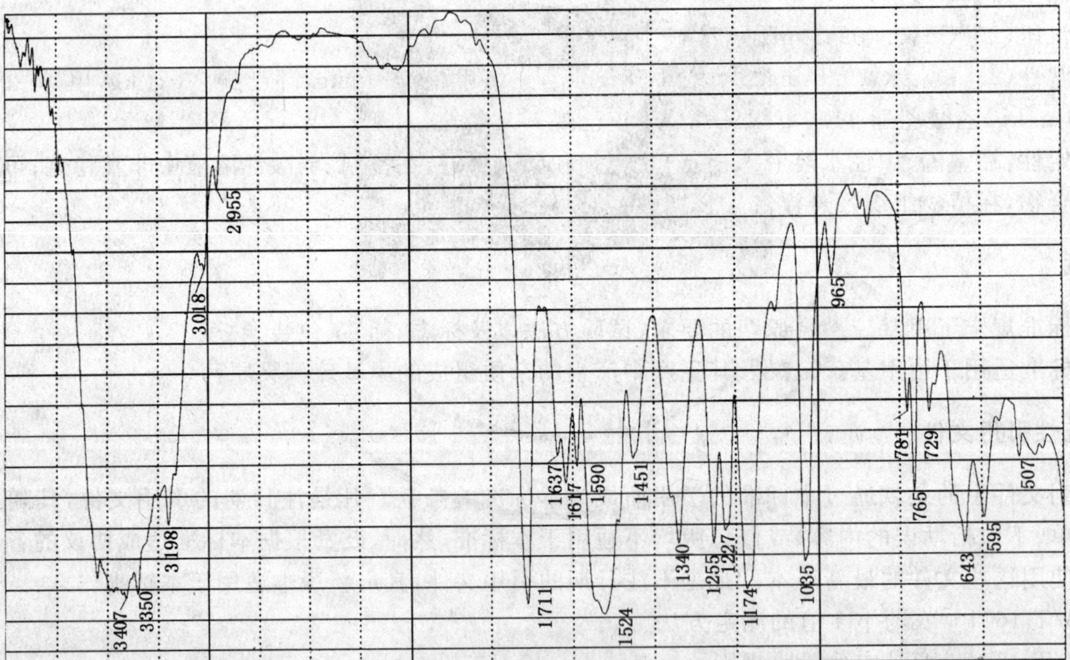

图1 甲基硫菌灵标样的红外光谱图

4.3 甲基硫菌灵质量分数的测定

4.3.1 方法提要

试样用甲醇溶解，以甲醇＋水为流动相，使用以Hypersil-ODS为填料的不锈钢柱和紫外检测器(269 nm)，对试样中的甲基硫菌灵进行高效液相色谱分离，外标法定量。

4.3.2 试剂和溶液

甲醇：色谱纯；

水：新蒸二次蒸馏水；

甲基硫菌灵标样：已知甲基硫菌灵质量分数，$w\geqslant 98.0\%$。

4.3.3 仪器

高效液相色谱仪：具有紫外可变波长检测器；

色谱数据处理机；

色谱柱：200 mm ×4.6 mm(i.d.)不锈钢柱，内装 Hypersil-ODS、5 μm 填充物；

过滤器：滤膜孔径约 0.45 μm；

微量进样器：50 μL；

定量进样管：10 μL；

超声波清洗器。

4.3.4 高效液相色谱操作条件

流动相：Ψ(甲醇：水)＝60：40，经滤膜过滤，并进行脱气；

流速：1.0 mL/min；

柱温：室温；

检测波长：269 nm；

进样体积：10 μL；

保留时间：甲基硫菌灵 约 4.8 min。

上述操作参数是典型的，可根据不同仪器特点，对给定的操作参数作适当调整，以期获得最佳效果。典型的甲基硫菌灵原药高效液相色谱图见图 2。

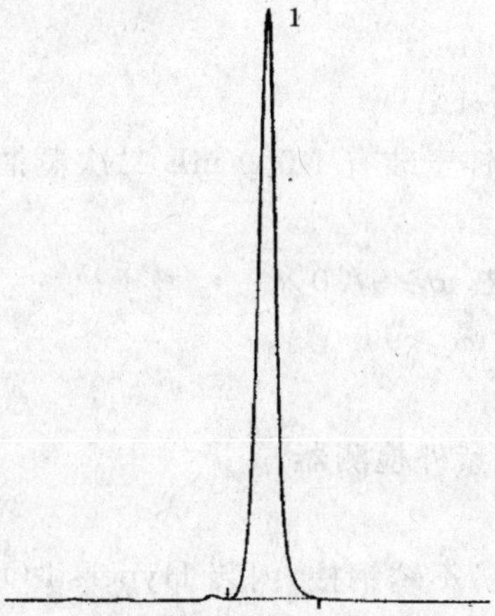

1——甲基硫菌灵。

图 2 甲基硫菌灵原药的高效液相色谱图

4.3.5 测定步骤

4.3.5.1 标样溶液的制备

称取甲基硫菌灵标样 0.1 g(精确至 0.000 2 g)，置于 50 mL 容量瓶中，用甲醇溶解并稀释至刻度，摇匀。用移液管吸取 5 mL 上述溶液于另一 50 mL 容量瓶中用甲醇稀释至刻度，摇匀。

4.3.5.2 试样溶液的制备

称取含甲基硫菌灵 0.1 g 的试样(精确至 0.000 2 g)，置于 50 mL 容量瓶中，用甲醇溶解并稀释至刻度，摇匀。用移液管吸取 5 mL 上述试液于另一 50 mL 容量瓶中用甲醇稀释至刻度，摇匀。

4.3.5.3 测定

在上述操作条件下，待仪器稳定后，连续注入数针标样溶液，直至相邻两针甲基硫菌灵峰面积相对变化小于 1.2%后，按照标样溶液、试样溶液、试样溶液、标样溶液的顺序进行测定。

4.3.6 计算

将测得的两针试样溶液以及试样前后两针标样溶液中甲基硫菌灵峰面积分别进行平均。试样中甲基硫菌灵的质量分数 w_1(%)，按式(1)计算：

$$w_1 = \frac{A_2 \cdot m_1 \cdot w}{A_1 \cdot m_2} \qquad \cdots\cdots(1)$$

式中：

A_1——标样溶液中，甲基硫菌灵峰面积的平均值；

A_2——试样溶液中，甲基硫菌灵峰面积的平均值；

m_1——标样的质量，单位为克(g)；

m_2——试样的质量，单位为克(g)；

w——标样中甲基硫菌灵的质量分数，以%表示。

4.3.7 允许差

甲基硫菌灵质量分数的两次平行测定结果之差应不大于 1.2%，取其算术平均值作为测定结果。

4.4 HAP 和 DAP 质量分数的测定

4.4.1 方法提要

试样用流动相溶解，以 pH 8.0 的磷酸二氢钾缓冲溶液＋甲醇＋水为流动相，使用以 Hypersil ODS 为填料的不锈钢柱和紫外-可见检测器(453 nm)，对试样中的 HAP 和 DAP 进行反相高效液相色谱分离，外标法定量。(HAP、DAP 的检出限为 2×10^{-9} g，相当于 0.2 mg/kg)。

4.4.2 试剂和溶液

甲醇：色谱级；

磷酸二氢钾；

水：新蒸二次蒸馏水；

氢氧化钠溶液：$\rho(NaOH)=40$ g/L；

缓冲溶液：称取 6.8 g 磷酸二氢钾于装有 1 000 mL 二次蒸馏水的试剂瓶中，超声振荡使其完全溶解，用氢氧化钠溶液调 pH 至 8.0；

HAP 标样：已知 HAP 质量分数，$w\geqslant 97.0\%$；

DAP 标样：已知 DAP 质量分数，$w\geqslant 99.0\%$。

4.4.3 仪器

高效液相色谱仪：具有可变波长紫外检测器；

色谱数据处理机；

色谱柱：200 mm×4.6 mm(i.d.)不锈钢柱，内装 Hypersil-ODS、5 μm 填充物；

过滤器：滤膜孔径约 0.45 μm；

微量进样器：250 μL；

定量进样管：50 μL；

超声波清洗器；

离心机。

4.4.4 高效液相色谱操作条件

流动相：Ψ(甲醇：水：缓冲溶液)=45：25：30；

流量：1.0 mL/min；

柱温：室温(温差变化应不大于 2 ℃)；

检测波长：453 nm；

进样体积：50 μL；

保留时间：HAP 约 3.6 min；DAP 约 10.6 min。

上述操作参数是典型的，可根据不同仪器特点，对给定的操作参数作适当调整，以期获得最佳效果。HAP、DAP 标样的高效液相色谱图见图 3，甲基硫菌灵原药测定 HAP、DAP 的高效液相色谱图见图 4。

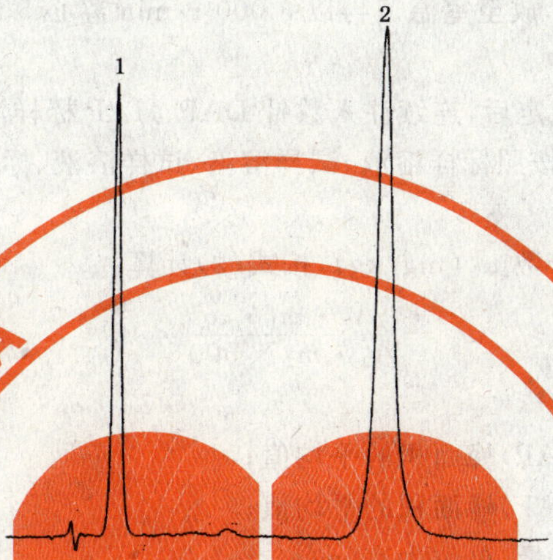

1——HAP；

2——DAP。

图 3　HAP 和 DAP 标样的液相色谱图

1——HAP；

2——DAP。

图 4　甲基硫菌灵原药中 HAP 和 DAP 测定的高效液相色谱图

4.4.5　测定步骤

4.4.5.1　标样溶液的制备

4.4.5.1.1　HAP 标样溶液的制备（A 溶液）

准确称取 HAP 标样 0.025 g（精确至 0.000 2 g）于 50 mL 棕色容量瓶中，用甲醇定容至刻度，在超声波下振荡 10 min 使其溶解，摇匀，放至室温，备用。（该溶液在 4 ℃避光条件下 2 个月内稳定。）

4.4.5.1.2　DAP 标样溶液的制备（B 溶液）

准确称取 DAP 标样 0.025 g（精确至 0.000 2 g）于 50 mL 棕色容量瓶中，用甲醇定容至刻度，在超声波下振荡 10 min 使其溶解，摇匀，放至室温，备用。（该溶液在 4℃避光条件下 2 个月内稳定。）

4.4.5.1.3　DAP、HAP 标样溶液的制备

移取 50 μL A 溶液、50 μL B 溶液于一 25 mL 棕色容量瓶中，用流动相稀释至刻度，摇匀。（该标准溶液必须使用前制备。）

4.4.5.2 **试样溶液的制备**

准确称取 10.0 g（精确至 0.000 2 g）试样于 100 mL 棕色容量瓶中，用移液管加入 50 mL 流动相溶液，在超声波下振荡 20 min，摇匀，放至室温。再以 3 000 r/min 离心 5 min，取上清液过滤。

4.4.5.3 **测定**

在上述操作条件下，待仪器稳定后，连续注入数针 DAP、HAP 标样溶液，直至相邻两针 HAP、DAP 峰面积相对变化均小于 20%后，按照标样溶液、试样溶液、试样溶液、标样溶液的顺序进行测定。

4.4.6 **计算**

试样中 HAP(DAP)的质量分数 w_2(mg/kg)，按式(2)计算：

$$w_2 = \frac{A_2 \cdot m_1 \cdot w}{A_1 \cdot m_2 \times 500} \times 10^4 \qquad \cdots\cdots(2)$$

式中：

A_1——标样溶液中，HAP(DAP)峰面积的平均值；

A_2——试样溶液中，HAP(DAP)峰面积的平均值；

m_1——HAP(DAP)标样的质量，单位为克(g)；

m_2——试样的质量，单位为克(g)；

w——标样中 HAP(DAP)的质量分数，以%表示；

500——标样稀释倍数。

4.4.7 **允许差**

两次平行测定结果的相对偏差应不大于 30%，取其算术平均值作为测定结果。

4.5 **pH 值的测定**

按 GB/T 1601 进行。

4.6 **干燥减量的测定**

4.6.1 **仪器**

烘箱：105 ℃±2 ℃；

称量瓶：内径 70 mm，高 40 mm；

干燥器。

4.6.2 **测定步骤**

将称量瓶放入烘箱中烘 1 h，取出置于干燥器内冷却至室温，称量（精确至 0.000 2 g）。重复上述步骤，直至称量瓶恒重为止。在瓶内放置 2 g 试样，铺平，称量（精确至 0.01 g），将称量瓶放入烘箱，不加盖，烘 1 h 后，取出并放入干燥器中冷却至室温，称量（精确至 0.000 2 g）。

4.6.3 **计算**

试样中干燥减量的质量分数 w_3(%)，按式(3)计算：

$$w_3 = \frac{m_1 - m_2}{m} \times 100 \qquad \cdots\cdots(3)$$

式中：

m_1——试样和称量瓶烘干前的质量，单位为克(g)；

m_2——试样和称量瓶烘干后的质量，单位为克(g)；

m——试样的质量，单位为克(g)。

4.6.4 **允许差**

两次平行测定结果之相对偏差应不大于 30%；取其算术平均值作为测定结果。

4.7 **产品的检验与验收**

应符合 GB/T 1604 的规定。极限数值的处理采用修约值比较法。

5 标志、标签、包装、贮运

5.1 甲基硫菌灵原药的标志、标签、包装应符合GB 3796的规定。

5.2 甲基硫菌灵原药的包装应用清洁、干燥的聚氨酯桶包装，每桶净含量应不大于200 kg。也可根据用户要求或订货协议采用其他形式的包装，但需符合GB 3796的规定。

5.3 甲基硫菌灵原药包装件应贮存在通风、干燥的库房中。

5.4 贮运时，严防潮湿和日晒，不得与食物、种子、饲料混放，避免与皮肤、眼睛接触，防止由口鼻吸入。

5.5 安全：甲基硫菌灵为低毒杀菌剂，对植物安全。使用本品时应穿戴防护用品，施药后应用肥皂洗净。本品一般不易发生中毒事故。如发生中毒，可在医生指导下使用阿托品解毒。

5.6 验收期：甲基硫菌灵原药验收期为1个月。从交货之日起一个月内完成产品质量验收，其各项指标均应符合本标准要求。

ICS 65.100.10
G 25

中华人民共和国国家标准

GB 24756—2009

噻嗪酮原药

Buprofezin technical

2009-11-30 发布　　2010-07-01 实施

中华人民共和国国家质量监督检验检疫总局
中国国家标准化管理委员会　发布

前言

本标准的第3章、第5章是强制性的，其余是推荐性的。

本标准自实施之日起，HG 2463.1—1993《噻嗪酮原药》废止。

本标准的附录A为资料性附录。

本标准由中国石油和化学工业协会提出。

本标准由全国农药标准化技术委员会(SAC/TC 133)归口。

本标准负责起草单位:沈阳化工研究院。

本标准参加起草单位:江苏安邦电化有限公司、江苏常隆化工有限公司、上海悦联化工有限公司、江苏龙灯化学有限公司。

本标准主要起草人:张丕龙、昝艳坤、姜育田、芮燕春、虞祥发、冯秀珍、李茂青。

噻嗪酮原药

该产品有效成分　噻嗪酮的其他名称、结构式和基本物化参数如下：

ISO通用名称：buprofezin

化学名称：2-特-丁基亚氨基-3-异丙基-5-苯基-1，3，5-噻二嗪-4-酮

结构式：

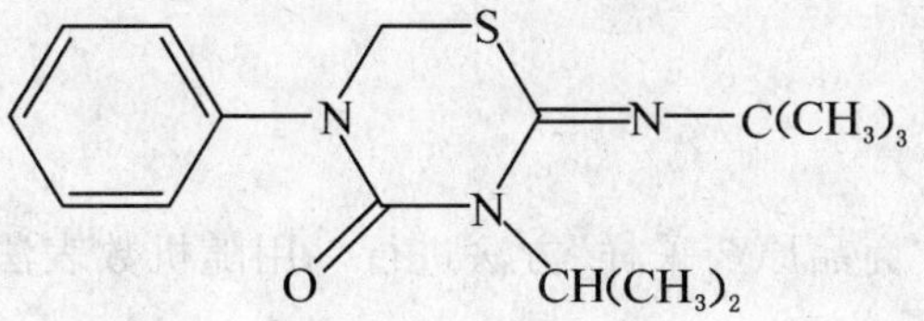

实验式：$C_{16}H_{23}N_{3}OS$

相对分子质量：305.4（按2005年国际相对原子质量计）

生物活性：杀虫

熔点：104.5 ℃～105.5 ℃

蒸气压（25 ℃）：1.25 mPa

密度（20 ℃）：1.18

溶解度（25 ℃，g/L）：水中0.9 mg/L（20 ℃），三氯甲烷520、苯370、甲苯320、丙酮240、乙醇80、正己烷20

稳定性：对酸或碱稳定，对光或热稳定

1　范围

本标准规定了噻嗪酮原药的要求、试验方法以及标志、标签、包装、贮运。

本标准适用于由噻嗪酮和生产中产生的杂质组成的噻嗪酮原药。

2　规范性引用文件

下列文件中的条款通过本标准的引用而成为本标准的条款。凡是注日期的引用文件，其随后所有的修改单（不包括勘误的内容）或修订版均不适用于本标准，然而，鼓励根据本标准达成协议的各方研究是否可使用这些文件的最新版本。凡是不注日期的引用文件，其最新版本适用于本标准。

GB/T 601　化学试剂　标准滴定溶液的制备

GB/T 603　化学试剂　试验方法中所用制剂及制品的制备

GB/T 1604　商品农药验收规则

GB/T 1605—2001　商品农药采样方法

GB 3796　农药包装通则

GB/T 19138　农药丙酮不溶物测定方法

3　要求

3.1　外观：应为淡黄色或灰白色至白色结晶粉末，无可见的外来物。

3.2　噻嗪酮原药应符合表1要求。

表 1　噻嗪酮原药质量控制项目指标

项　　目		指　　标
噻嗪酮质量分数/%	≥	97.0
干燥减量/%	≤	0.3
酸度(以 H_2SO_4 计)或碱度(以 NaOH 计)/%	≤	0.1
丙酮不溶物[a]/%	≤	0.2
[a] 丙酮不溶物在正常生产情况下,每 3 个月至少测定一次。		

4　试验方法

4.1　抽样

按 GB/T 1605—2001 中"商品原药采样"方法进行。用随机数表法确定抽样的包装件;最终抽样量应不少于 100 g。

4.2　鉴别试验

红外光谱法——试样与标样在 4 000 cm^{-1}～400 cm^{-1}范围内的红外吸收光谱图应无明显差异。噻嗪酮标样的红外光谱图见图 1。

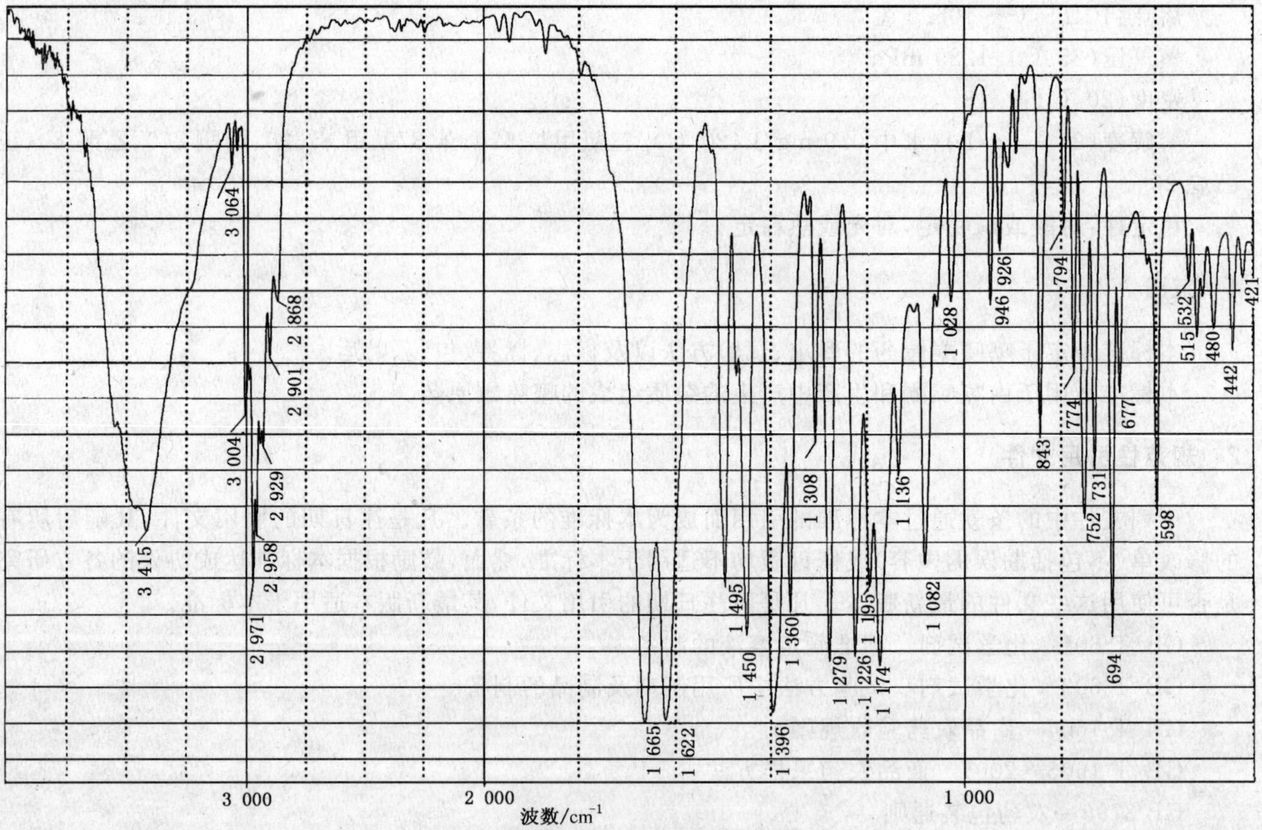

图 1　噻嗪酮标样的红外光谱图

气相色谱法——本鉴别试验可与噻嗪酮含量的测定同时进行。在相同的色谱操作条件下,试样溶液中某色谱峰的保留时间与标样溶液中噻嗪酮的色谱峰的保留时间,其相对差值应在 1.5%以内。

4.3　噻嗪酮质量分数的测定

4.3.1　方法提要

试样用三氯甲烷溶解,以邻苯二甲酸二环己酯为内标物,使用 5%HP-5 涂壁的毛细管色谱柱和氢火焰离子化检测器,对试样中的噻嗪酮进行气相色谱分离和测定。也可使用填充柱气相色谱法,色谱条件参见附录A。

4.3.2 **试剂和溶液**

三氯甲烷；

噻嗪酮标样：已知质量分数，$w \geqslant 98.0\%$；

邻苯二甲酸二环己酯：不应含有干扰分析的杂质；

内标溶液：称取4.0 g的邻苯二甲酸二环己酯，置于500 mL容量瓶中，用三氯甲烷溶解并稀释至刻度，摇匀。

4.3.3 **仪器**

气相色谱仪：具有氢火焰离子化检测器；

色谱数据处理机或色谱工作站；

色谱柱：30 m×0.32 mm(i.d.)毛细管柱，内壁涂HP-5(5%二苯基+95%二甲基聚硅酮)，膜厚0.25 μm；

微量进样器：10 μL。

4.3.4 **气相色谱操作条件**

温度(℃)：柱温230，气化室270，检测器室280；

气体流量(mL/min)：载气(N_2)2.0、氢气30、空气300、补偿气(N_2)25；

分流比：20∶1；

进样量(μL)：1.0；

保留时间(min)：噻嗪酮3.8，内标物7.0。

上述气相色谱操作条件，系典型操作参数。可根据不同仪器特点，对给定的操作参数作适当调整，以期获得最佳效果。典型的噻嗪酮原药的毛细管柱气相色谱图见图2。

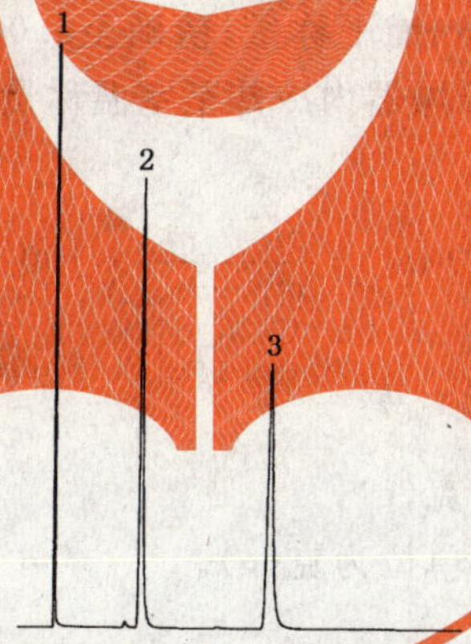

1——溶剂；

2——噻嗪酮；

3——内标物(邻苯二甲酸二环己酯)。

图2 噻嗪酮原药与内标物的毛细管柱气相色谱图

4.3.5 **测定步骤**

4.3.5.1 **标样溶液的配制**

称取噻嗪酮标样0.08 g(精确至0.000 2 g)于15 mL具塞玻璃瓶中，用移液管准确加入10 mL内标溶液，摇匀。

4.3.5.2 **试样溶液的配制**

称取含噻嗪酮0.08 g(精确至0.000 2 g)的试样于15 mL具塞玻璃瓶中，用与4.3.5.1同一支移液管准确加入10 mL内标溶液，摇匀。

4.3.5.3 **测定**

在上述操作条件下，待仪器基线稳定后，连续注入数针标样溶液，直至相邻两针噻嗪酮与内标物峰面积比的变化小于1.2%时，按照标样溶液、试样溶液、试样溶液、标样溶液的顺序进行测定。

4.3.6 **计算**

将测得的两针试样溶液以及试样前后两针标样溶液中噻嗪酮与内标物峰面积比分别进行平均。试样中噻嗪酮的质量分数 w_1(%)按式(1)计算：

$$w_1 = \frac{r_2 \cdot m_1 \cdot w}{r_1 \cdot m_2} \quad \cdots\cdots(1)$$

式中：

r_1——标样溶液中，噻嗪酮与内标物峰面积比的平均值；

r_2——试样溶液中，噻嗪酮与内标物峰面积比的平均值；

m_1——噻嗪酮标样的质量，单位为克(g)；

m_2——试样的质量，单位为克(g)；

w——标样中噻嗪酮的质量分数，以%表示。

4.3.7 **允许差**

噻嗪酮质量分数的两次平行测定结果之差，应不大于1.2%，取其算术平均值作为测定结果。

4.4 **干燥减量的测定**

4.4.1 **仪器**

称量瓶：内径50 mm，高20 mm；

烘箱：100 ℃±2 ℃；

干燥器。

4.4.2 **测定步骤**

将称量瓶放入100 ℃±2 ℃的烘箱中烘30 min，然后放入干燥器中冷却至室温称量(精确至0.000 2 g)。在称量瓶中称入10 g试样(铺平称量，精确至0.000 2 g)。将称量瓶放入烘箱中，不加盖在100 ℃±2 ℃下烘1.5 h，取出放入干燥器内冷却至室温称量直至恒重(精确至0.000 2 g)。

干燥减量 w_2(%)按式(2)计算：

$$w_2 = \frac{m_1 - m_2}{m_1 - m_0} \times 100 \quad \cdots\cdots(2)$$

式中：

m_0——称量瓶质量，单位为克(g)；

m_1——试样和称量瓶质量，单位为克(g)；

m_2——试样和称量瓶烘干后质量，单位为克(g)。

4.5 **酸度或碱度的测定**

4.5.1 **试剂和溶液**

丙酮；

氢氧化钠标准滴定溶液：$c(NaOH)=0.02$ mol/L，按GB/T 601配制和标定；

盐酸标准滴定溶液：$c(HCl)=0.02$ mol/L，按GB/T 601配制和标定；

甲基红溶液：1 g/L乙醇溶液，按GB/T 603配制；

溴甲酚绿溶液：1 g/L乙醇溶液，按GB/T 603配制；

混合指示液：甲基红溶液＋溴甲酚绿溶液＝2＋10。

4.5.2 **测定步骤**

称取2 g试样(精确至0.000 2 g)于250 mL锥形瓶中，加入50 mL丙酮，滴加混合指示液5滴～6滴，用氢氧化钠标准滴定溶液滴定至绿色为终点，同时做一空白测定。若试液呈碱性，需用盐酸标准滴定溶液滴定至粉红色为终点，同时做一空白测定。试样的酸度 w_3(%)按式(3)计算或碱度 w_4(%)按式(4)计算。

$$w_3 = \frac{c \cdot (V_1 - V_0) \cdot M}{m \times 1\ 000} \times 100 \qquad \cdots\cdots\cdots\cdots (3)$$

式中：

c——氢氧化钠标准滴定溶液的实际浓度，单位为摩尔每升(mol/L)；

V_0——滴定空白溶液，消耗氢氧化钠标准滴定溶液的体积，单位为毫升(mL)；

V_1——滴定试样溶液，消耗氢氧化钠标准滴定溶液的体积，单位为毫升(mL)；

m——试样质量，单位为克(g)；

M——硫酸的摩尔质量数值，单位为克每摩尔(g/mol)[$M(\frac{1}{2}H_2SO_4)=49$]。

$$w_4 = \frac{c' \cdot (V'_1 - V'_0) \cdot M}{m' \times 1\ 000} \times 100 \qquad \cdots\cdots\cdots\cdots (4)$$

式中：

c'——盐酸标准滴定溶液的实际浓度，单位为摩尔每升(mol/L)；

V'_0——滴定空白溶液，消耗盐酸标准滴定溶液的体积，单位为毫升(mL)；

V'_1——滴定试样溶液，消耗盐酸标准滴定溶液的体积，单位为毫升(mL)；

m'——试样质量，单位为克(g)；

M——氢氧化钠的摩尔质量数值，单位为克每摩尔(g/mol)[$M(NaOH)=40$]。

4.6　丙酮不溶物的测定

按 GB/T 19138 进行。

4.7　产品的检验与验收

产品的检验与验收，应符合 GB/T 1604 的规定。极限数值的处理，采用修约值比较法。

5　标志、标签、包装、贮运

5.1　噻嗪酮原药的标志、标签和包装应符合 GB 3796 的规定。

5.2　噻嗪酮原药应用清洁的塑料桶(袋)包装，每桶(袋)净含量一般为 25 kg、50 kg 或 200 kg。

5.3　也可根据用户要求或订货协议，采用其他形式的包装，但需符合 GB 3796 的规定。

5.4　噻嗪酮原药包装件应贮存在通风、干燥的库房中。

5.5　贮运时，严防潮湿和日晒，不得与食物、种子、饲料混放，避免与皮肤、眼睛接触，防止由口鼻吸入。

5.6　安全：本品属低毒杀虫剂，吞噬和吸入均有毒，可经皮肤渗入。使用本品时要戴护镜和胶皮手套以及其他必要的防护衣物。如皮肤、眼睛不慎沾上本品，应立即用大量清水冲洗。误服者立即送医院急救。

5.7　验收期：噻嗪酮原药的验收期为 1 个月。从交货之日起，在 1 个月内完成产品的质量验收，其各项指标均应符合本标准要求。

附　录　A
（资料性附录）
噻嗪酮质量分数填充柱气相色谱测定方法

A.1　方法提要

试样用三氯甲烷溶解，以邻苯二甲酸二环己酯为内标物，使用5%OV-101/Gas chrom Q填充物的色谱柱和氢火焰离子化检测器，对试样中的噻嗪酮进行气相色谱分离和测定。

A.2　试剂和溶液

三氯甲烷；

固定液：OV-101；

载体：Gas chrom Q粒径180 μm～250 μm；

邻苯二甲酸二环己酯：不得含有干扰分析的杂质；

内标溶液：称取4.0 g邻苯二甲酸二环己酯，于500 mL容量瓶中，用三氯甲烷溶解并稀释至刻度，摇匀；

噻嗪酮标样：已知质量分数，$w \geqslant 98.0\%$。

A.3　仪器

气相色谱仪：具有氢火焰离子化检测器；

色谱数据处理机或色谱工作站；

色谱柱：1 m×3 mm（i.d.）玻璃柱，内装5%OV-101/Gas Chrom Q粒径180 μm～250 μm填充物（或具有相同柱效的其他色谱柱）；

微量进样器：10 μL。

A.4　气相色谱操作条件

温度(℃)：柱温200，气化室250，检测器室250；

气体流量(mL/min)：载气(N_2)30、氢气40、空气400；

保留时间(min)：噻嗪酮5；邻苯二甲酸二环己酯10；

上述气相色谱操作条件，系典型操作参数。可根据不同仪器特点，对给定的操作参数作适当调整，以期获得最佳效果。典型的噻嗪酮原药的填充柱气相色谱图见图A.1。

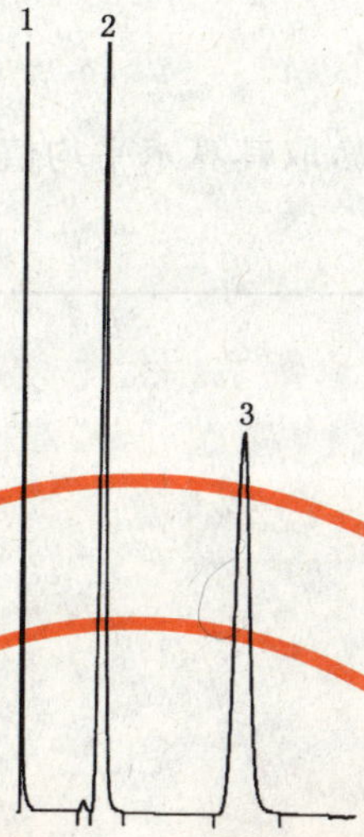

1——溶剂；

2——噻嗪酮；

3——内标物(邻苯二甲酸二环己酯)。

图 A.1　噻嗪酮原药与内标物的填充柱气相色谱图

A.5　测定步骤

A.5.1　标样溶液的配制

称取噻嗪酮标样 0.08 g(精确至 0.000 2 g)于 15 mL 具塞玻璃瓶中，用移液管准确移入 10 mL 内标液，摇匀。

A.5.2　试样溶液的配制

称取约含噻嗪酮 0.08 g 的试样（精确至 0.000 2 g)于 15 mL 具塞玻璃瓶中，用 A.5.1 中使用的同一支移液管准确移入 10 mL 内标液，摇匀。

A.5.3　测定

在上述操作条件下，待仪器基线稳定后，连续注入数针标样溶液，计算各针噻嗪酮与内标物峰面积之比的重复性。待相邻两针噻嗪酮与内标物峰面积比的相对变化小于 1.2%时，按照标样溶液、试样溶液、试样溶液、标样溶液的顺序进行测定。

A.6　计算

将测得的两针试样溶液以及试样前后两针标样溶液中噻嗪酮和内标物的峰面积比分别进行平均。试样中噻嗪酮的质量分数 w_1(%)按式(A.1)计算：

$$w_1 = \frac{r_2 \cdot m_1 \cdot w}{r_1 \cdot m_2} \qquad \cdots\cdots(A.1)$$

式中：

r_1——标样溶液中，噻嗪酮与内标物峰面积比的平均值；

r_2——试样溶液中，噻嗪酮与内标物峰面积比的平均值；

m_1——标样的质量，单位为克(g)；

m_2——试样的质量，单位为克(g)；

w——标样中噻嗪酮的质量分数，以%表示。

A.7 允许差

两次平行测定结果之差应不大于1.2%,取其算术平均值作为测定结果。

ICS 65.100.20
G 25

中华人民共和国国家标准

GB 24757—2009

苄嘧磺隆原药

Bensulfuron-methyl technical

2009-11-30 发布　　2010-07-01 实施

中华人民共和国国家质量监督检验检疫总局
中国国家标准化管理委员会　发布

前言

本标准的第3章、第5章是强制性的，其余是推荐性的。

本标准修改采用FAO规格502/TC(2002)《苄嘧磺隆原药》。

本标准修改采用国外先进标准的方法为重新起草法。

本标准与FAO规格502/TC(2002)《苄嘧磺隆原药》的主要技术差异：

——本标准规定苄嘧磺隆质量分数≥96.0%，FAO规定苄嘧磺隆质量分数≥975 g/kg。

——本标准规定干燥减量指标，FAO规格未控制该项指标。

——本标准规定pH值范围指标，FAO规格未控制该项指标。

本标准由中国石油和化学工业协会提出。

本标准由全国农药标准化技术委员会(SAC/TC 133)归口。

本标准负责起草单位：沈阳化工研究院。

本标准参加起草单位：江苏快达农化股份有限公司、江苏省激素研究所有限公司。

本标准主要起草人：姜敏怡、邢君、陈杰、孔繁蕾。

苄嘧磺隆原药

该产品有效成分苄嘧磺隆的其他名称、结构式和基本物化参数如下：

ISO通用名称：Bensulfuron-methyl

CAS登录号：83055-99-6

CIPAC数字代码：502

化学名称：3-(4,6-二甲氧基嘧啶-2-基)-1-(2-甲氧基甲酰基苄基)磺酰脲

结构式：

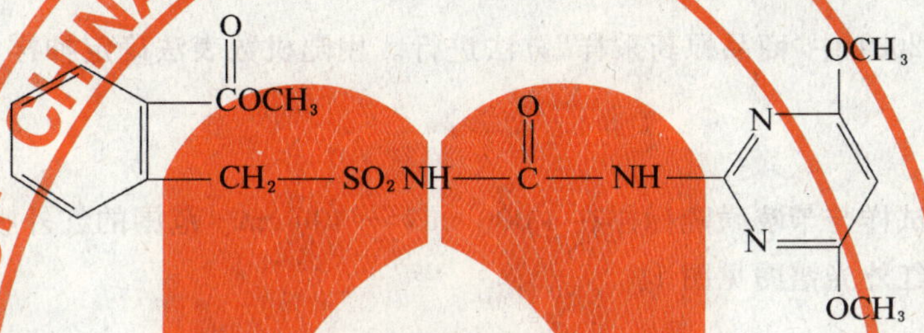

实验式：$C_{16}H_{18}N_4O_7S$

相对分子质量：410.4（按2005年国际相对原子质量计）

生物活性：除草

熔点：约185 ℃～188 ℃

蒸气压(25 ℃)：2.8 mPa

溶解度(20 ℃,g/L)：丙酮1.38；乙腈5.38；二氯甲烷11.7；乙酸乙酯1.66；己烷0.31；二甲苯0.28；水中2.9 mg/L(25 ℃,pH5)、120 mg/L(25 ℃,pH7)

稳定性：在微碱性(pH 8)水溶液中稳定，在微酸性水溶液中缓慢分解，DT_{50} 11d(pH 5)，143d(pH 7)

1 范围

本标准规定了苄嘧磺隆原药的要求、试验方法以及标志、标签、包装、贮运。

本标准适用于由苄嘧磺隆和生产中产生的杂质组成的苄嘧磺隆原药。

2 规范性引用文件

下列文件中的条款通过本标准的引用而成为本标准的条款。凡是注日期的引用文件，其随后所有的修改单（不包括勘误的内容）或修订版均不适用于本标准，然而，鼓励根据本标准达成协议的各方研究是否可使用这些文件的最新版本。凡是不注日期的引用文件，其最新版本适用于本标准。

GB/T 1601 农药pH值的测定方法

GB/T 1604 商品农药验收规则

GB/T 1605—2001 商品农药采样方法

GB 3796 农药包装通则

3 要求

3.1 外观

白色至浅黄色粉末。

3.2 苄嘧磺隆原药应符合表 1 要求。

表 1 苄嘧磺隆原药质量控制项目指标

项　　目		指　　标
苄嘧磺隆质量分数/%	≥	96.0
干燥减量/%	≤	0.5
pH 值范围		4～7

4 试验方法

4.1 抽样

按 GB/T 1605—2001 中“商品原药采样”方法进行。用随机数表法确定抽样的包装件，最终抽样量应不少于 100 g。

4.2 鉴别试验

红外光谱法——试样与苄嘧磺隆标样在 4 000 cm^{-1}～400 cm^{-1} 范围的红外吸收光谱图应没有明显区别。苄嘧磺隆标样红外光谱图见图 1。

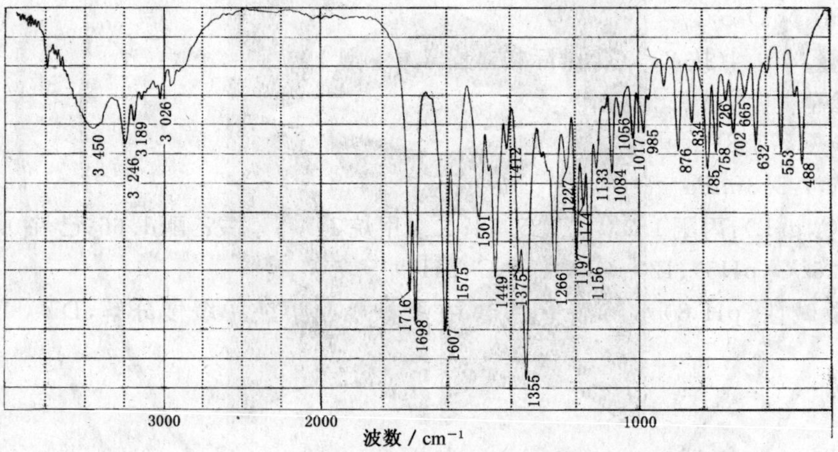

图 1 苄嘧磺隆标样红外光谱图

液相色谱法——本鉴别试验可与苄嘧磺隆质量分数的测定同时进行。在相同的色谱操作条件下，试样溶液中某个色谱峰的保留时间与标样溶液中苄嘧磺隆的色谱峰的保留时间，其相对差值应在 1.5% 以内。

4.3 苄嘧磺隆质量分数的测定

4.3.1 方法提要

试样用氨水甲醇溶液溶解，以乙腈＋水＋冰乙酸为流动相，使用以 μBondapak C_{18} 为填料的不锈钢柱和紫外检测器(235 nm)，对试样中的苄嘧磺隆进行高效液相色谱分离和测定。

4.3.2 试剂和溶液

乙酸；

乙腈：色谱纯；

水：新蒸二次蒸馏水；

氨水：$w(NH_3)$＝26%～30%；

氨水溶液：Ψ(氨水∶水)＝1∶300；

氨水甲醇溶液：Ψ(氨水溶液∶甲醇)＝1∶4；

苄嘧磺隆标样：已知苄嘧磺隆质量分数，$w \geqslant 98.0\%$。

4.3.3 仪器

高效液相色谱仪：具有可变波长紫外检测器；

色谱数据处理机或工作站；

色谱柱：150 mm×4.6 mm(i.d.)不锈钢柱，内装 μBondapak C_{18} 5 μm 填充物(或同等效果的色谱柱)；

过滤器：滤膜孔径约 0.45 μm；

微量进样器：50 μL；

定量进样管：5 μL；

超声波清洗器。

4.3.4 高效液相色谱操作条件

流动相：Ψ(乙腈∶水∶冰乙酸)＝50∶50∶0.16；

流速：1.0 mL/min；

柱温：室温(温差变化应不大于 2 ℃)；

检测波长：235 nm；

进样体积：5 μL；

保留时间：苄嘧磺隆约 4.6 min。

上述操作参数是典型的，可根据不同仪器特点，对给定的操作参数作适当调整，以期获得最佳效果。典型的苄嘧磺隆原药高效液相色谱图见图 2。

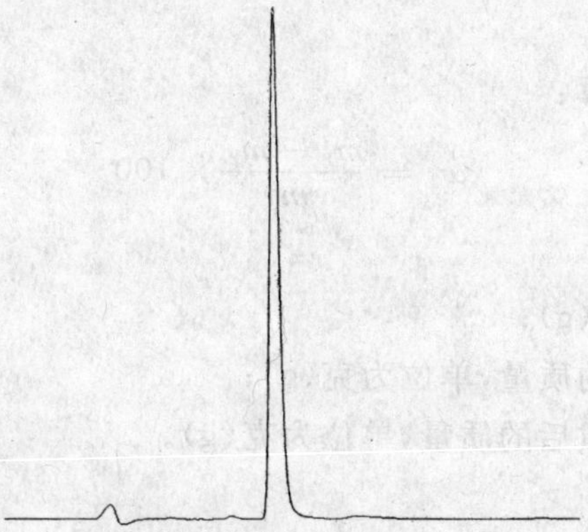

1——苄嘧磺隆。

图 2 苄嘧磺隆原药的高效液相色谱图

4.3.5 测定步骤

4.3.5.1 标样溶液的制备

称取 0.05 g 苄嘧磺隆标样(精确至 0.000 2 g)，置于 100 mL 容量瓶中，用氨水甲醇溶液稀释至刻度，超声波振荡 5 min 使试样溶解，冷却至室温，摇匀。

4.3.5.2 试样溶液的制备

称取含苄嘧磺隆 0.05 g 的试样(精确至 0.000 2 g)，置于 100 mL 容量瓶中，用氨水甲醇溶液稀释至刻度，超声波振荡 5 min 使试样溶解，冷却至室温，摇匀。

4.3.5.3 测定

在上述操作条件下，待仪器稳定后，连续注入数针标样溶液，直至相邻两针苄嘧磺隆峰面积相对变化小于 1.2%后，按照标样溶液、试样溶液、试样溶液、标样溶液的顺序进行测定。

4.3.6 计算

试样中苄嘧磺隆的质量分数 w_1(%),按式(1)计算:

$$w_1 = \frac{A_2 \cdot m_1 \cdot w}{A_1 \cdot m_2} \quad \cdots\cdots(1)$$

式中:

A_1——标样溶液中,苄嘧磺隆峰面积的平均值;

A_2——试样溶液中,苄嘧磺隆峰面积的平均值;

m_1——标样的质量,单位为克(g);

m_2——试样的质量,单位为克(g);

w——苄嘧磺隆标样的质量分数,以%表示。

4.3.7 允许差

苄嘧磺隆质量分数两次平行测定结果之差,应不大于1.2%,取其算术平均值作为测定结果。

4.4 干燥减量的测定

4.4.1 仪器

恒温烘箱:105 ℃±2 ℃;

称量瓶:内径 50 mm,高 20 mm;

干燥器。

4.4.2 测定步骤

将称量瓶放入恒温烘箱中烘1.0 h,然后放入干燥器内冷却至室温称量(精确至0.000 2 g)。重复上述步骤,直至称量瓶恒重为止。称取5 g试样(精确至0.0002 g),在瓶内放置,铺平。将称量瓶放回烘箱,不加盖烘1 h后,盖上盖,取出放入干燥器内冷却至室温后称量(精确至0.000 2 g)。重复上述步骤,直至称量瓶和试样恒重为止。

干燥减量 w_2(%)按式(2)计算:

$$w_2 = \frac{m_1 - m_2}{m} \times 100 \quad \cdots\cdots(2)$$

式中:

m——试样的质量,单位为克(g);

m_1——试样和称量瓶烘干前的质量,单位为克(g);

m_2——试样和称量瓶烘干恒重后的质量,单位为克(g)。

4.4.3 允许差

两次平行测定结果之相对差应不大于20%,取其算术平均值作为测定结果。

4.5 pH值的测定

按GB/T 1601进行。

4.6 产品的检验与验收

产品的检验与验收应符合GB/T 1604的规定。极限数值的处理,采用修约值比较法。

5 标志、标签、包装、贮运

5.1 苄嘧磺隆原药的标志、标签和包装,应符合GB 3796的规定。

5.2 苄嘧磺隆原药应用编织袋内衬清洁的塑料袋或纸板桶内衬清洁的塑料袋包装,每袋、每桶净含量一般为25 kg或50 kg。也可根据用户要求或订货协议采用其他形式的包装,但需符合GB 3796的规定。

5.3 苄嘧磺隆原药包装件应贮存在通风、干燥的库房中。

5.4 贮运时，严防潮湿和日晒，不得与食物、种子、饲料混放，避免与皮肤、眼睛接触，防止由口鼻吸入。

5.5 **安全：本品属低毒类除草剂。吞噬和吸入均有毒，可经皮肤渗入。使用本品时要避免与皮肤接触，施药后应用肥皂和清水冲洗。中毒者应立即送医院对症治疗。**

5.6 验收期：苄嘧磺隆原药的验收期为1个月。从交货之日起，在1个月内完成产品的质量验收，其各项指标均应符合本标准要求。

ICS 65.100.20
G 25

中华人民共和国国家标准

GB 24758—2009

噻吩磺隆原药

Thifensulfuron-methyl technical

2009-11-30 发布　　　　2010-07-01 实施

中华人民共和国国家质量监督检验检疫总局
中国国家标准化管理委员会　发布

前　言

本标准的第3章、第5章为强制性的，其余为推荐性的。

本标准修改采用FAO规格452.201/TC/S(2000)《噻吩磺隆原药》。

本标准修改采用国外先进标准的方法为重新起草法。

本标准与FAO规格452.201/TC/S(2000)《噻吩磺隆原药》的主要技术差异：

——本标准规定噻吩磺隆质量分数≥95.0%，FAO规格规定噻吩磺隆质量分数≥960 g/kg；

——本标准规定噻吩磺隆原药水分≤0.5%，FAO规格没有规定；

——本标准规定噻吩磺隆原药pH值范围3.0～7.0，FAO规格没有规定；

——本标准规定噻吩磺隆原药*N*,*N*-二甲基甲酰胺不溶物≤0.3%，FAO规格没有规定。

本标准由中国石油和化学工业协会提出。

本标准由全国农药标准化技术委员会(SAC/TC 133)归口。

本标准负责起草单位：农业部农药检定所。

本标准参加起草单位：安徽丰乐农化有限公司、江苏省激素研究所有限公司。

本标准主要起草人：吴进龙、胡琴、陈铁春、金劲松、孔繁蕾、于荣、李国平。

噻吩磺隆原药

本产品有效成分噻吩磺隆的其他名称、结构式和基本物化参数如下：

ISO通用名称：thifensulfuron-methyl

CIPAC数字代号：452

CA登记号：79277-27-3

化学名称：3-(4-甲氧基-6-甲基-1,3,5-三嗪-2-基)-1-(2-甲氧基甲酰基噻吩-3-基)-磺酰脲

结构式：

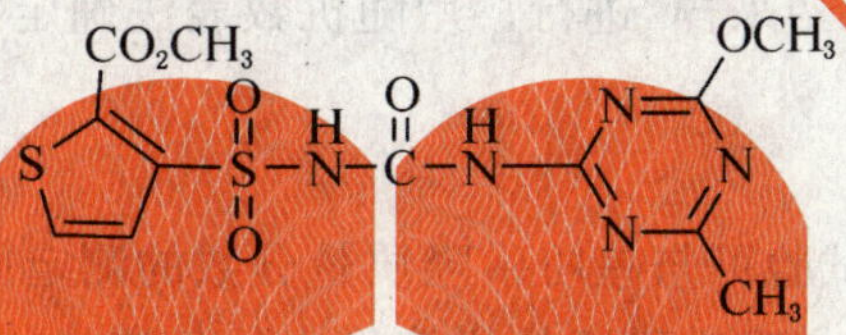

实验式：$C_{12}H_{13}N_5O_6S_2$

相对分子质量：387.4(按2005年国际相对原子质量计)

生物活性：除草

熔点：176 ℃(原药171 ℃)

蒸气压(25 ℃)：1.7×10^{-8} Pa

溶解度(g/L,25 ℃)：水中0.223(pH 5),2.240(pH 7),8.830(pH 9);正己烷＜0.1,邻二甲苯0.212,乙酸乙酯3.3,甲醇2.8,乙腈7.7,丙酮10.3,二氯甲烷23.8

稳定性：在中性、弱碱性水溶液中较稳定，在偏酸性水溶液中水解加速 DT_{50} 4～6 d(pH 5)

1 范围

本标准规定了噻吩磺隆原药的要求、试验方法以及标志、标签、包装、贮运。

本标准适用于由噻吩磺隆及其生产中产生的杂质组成的噻吩磺隆原药。

2 规范性引用文件

下列文件中的条款通过本标准的引用而成为本标准的条款。凡是注日期的引用文件，其随后所有的修改单(不包括勘误的内容)或修订版均不适用于本标准，然而，鼓励根据本标准达成协议的各方研究是否可使用这些文件的最新版本。凡是不注日期的引用文件，其最新版本适用于本标准。

GB/T 1600　农药水分测定方法

GB/T 1601　农药pH值的测定方法

GB/T 1604　商品农药验收规则

GB/T 1605—2001　商品农药采样方法

GB 3796　农药包装通则

3 要求

3.1　外观：本品应为类白色至淡黄色疏松粉末，无可见外来杂质。

3.2　噻吩磺隆原药还应符合表1要求。

表 1　噻吩磺隆原药控制项目指标

项　　目		指　　标
噻吩磺隆质量分数/%	≥	95.0
水分/%	≤	0.5
pH 值范围		3.0～7.0
N,*N*-二甲基甲酰胺不溶物[a]/%	≤	0.3
[a] 正常生产时,*N*,*N*-二甲基甲酰胺不溶物每 3 个月至少进行 1 次。		

4　试验方法

4.1　抽样

按 GB/T 1605—2001“商品原药采样”进行。用随机数表法确定抽样的包装件,最终抽样量不少于 100 g。

4.2　鉴别试验

高效液相色谱法——本鉴别试验可与噻吩磺隆质量分数的测定同时进行。在相同的色谱操作条件下,试样溶液某色谱峰的保留时间与噻吩磺隆标样溶液中的色谱峰的保留时间,其相对差值应在 1.5% 以内。

红外光谱法——试样与标样在 4 000 cm^{-1}～400 cm^{-1} 范围内的红外吸收光谱图,应没有明显的差异。噻吩磺隆标样的红外光谱图见图 1。

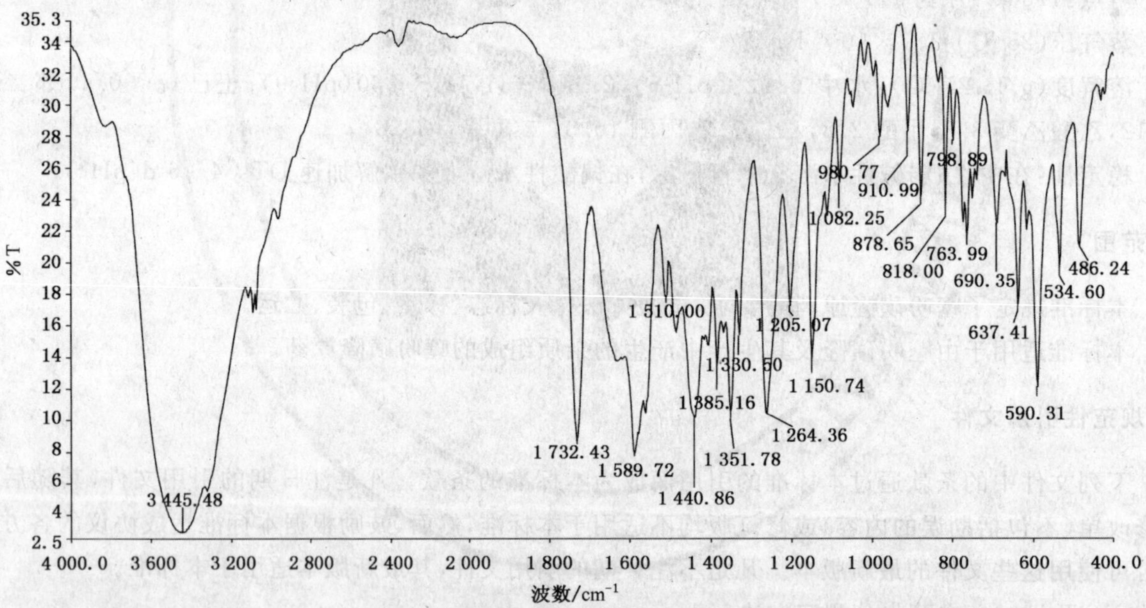

图 1　噻吩磺隆标样的红外光谱图

4.3　噻吩磺隆质量分数的测定

4.3.1　方法提要

试样用乙腈溶解,以甲醇+水为流动相,使用以 C_{18} 为填料的不锈钢柱和紫外检测器(250 nm),以外标法对试样中的噻吩磺隆进行反相高效液相色谱分离和测定,外标法定量。

4.3.2　试剂和溶液

甲醇:色谱级;

乙腈:色谱级;

磷酸:分析纯;

水:新蒸二次蒸馏水;

噻吩磺隆标样:已知质量分数,$w \geq 98.0\%$。

4.3.3 仪器

高效液相色谱仪:具有紫外可变波长检测器;

色谱数据处理机或色谱工作站;

色谱柱:250 mm×4.6 mm(i.d.)不锈钢柱,内装 ZORBAX SB-C_{18}、5 μm 填充物(或其他同等效果色谱柱);

过滤器:滤膜孔径约 0.45 μm;

微量进样器:50 μL;

定量进样管:5 μL;

超声波清洗器。

4.3.4 高效液相色谱操作条件

流动相:Ψ(甲醇∶水)=65∶35,其中水用磷酸调 pH=3,经滤膜过滤,并进行脱气;

流动相流量:1.0 mL/min;

柱温:30 ℃;

检测波长:250 nm;

进样体积:5.0 μL;

保留时间:噻吩磺隆约 4.0 min。

上述操作参数是典型的,可根据不同仪器及色谱柱特点,对给定操作参数作适当调整,以期获得最佳效果。典型的噻吩磺隆原药高效液相色谱图见图 2。

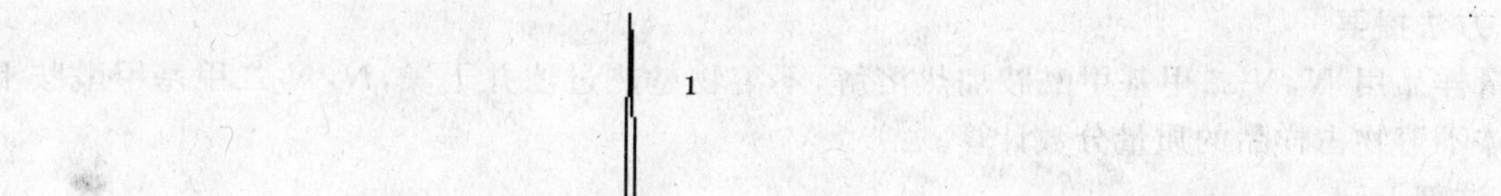

1——噻吩磺隆。

图 2 噻吩磺隆原药的高效液相色谱图

4.3.5 测定步骤

4.3.5.1 标样溶液的制备

称取噻吩磺隆标样 0.05 g(精确至 0.000 2 g),置于 100 mL 容量瓶中,用乙腈溶解并稀释至刻度,摇匀。

4.3.5.2 试样溶液的制备

称取含噻吩磺隆 0.05 g 的试样(精确至 0.000 2 g),置于 100 mL 容量瓶中,用乙腈溶解并稀释至刻度,摇匀。

4.3.5.3 测定

在上述操作条件下，待仪器稳定后，连续注入数针标样溶液，直至相邻两针噻吩磺隆峰面积相对变化小于1.2%后，按照标样溶液、试样溶液、试样溶液、标样溶液的顺序进行测定。

4.3.6 计算

将测得的两针试样溶液以及试样前后两针标样溶液中噻吩磺隆峰面积分别进行平均。试样中噻吩磺隆的质量分数 w_1(%)，按式(1)计算：

$$w_1 = \frac{A_2 \times m_1 \times w}{A_1 \times m_2} \quad \cdots\cdots(1)$$

式中：

A_1——标样溶液中，噻吩磺隆峰面积的平均值；

A_2——试样溶液中，噻吩磺隆峰面积的平均值；

m_1——标样的质量，单位为克(g)；

m_2——试样的质量，单位为克(g)；

w——标样中噻吩磺隆的质量分数，以%表示。

4.3.7 允许差

两次平行测定结果之差应不大于1.2%，取其算术平均值作为测定结果。

4.4 水分的测定

按 GB/T 1600 中的"卡尔·费休"法进行。

4.5 pH 值的测定

按 GB/T 1601 进行。

4.6 ***N*,*N*-二甲基甲酰胺不溶物的测定**

4.6.1 方法提要

适量样品用 *N*,*N*-二甲基甲酰胺加热溶解，不溶物趁热过滤并干燥，*N*,*N*-二甲基甲酰胺不溶物含量以固体不溶物占样品的质量分数计算。

4.6.2 试剂

N,*N*-二甲基甲酰胺。

4.6.3 仪器

标准具塞磨口锥形瓶：250 mL；回流冷凝管；玻璃砂心坩埚漏斗 G_3 型；锥形抽滤瓶：500 mL；烘箱；玻璃干燥器；油浴锅。

4.6.4 测定步骤

将玻璃砂心坩埚漏斗烘干(110 ℃，约 1 h)至恒重(精确至 0.000 2 g)，放入干燥器中冷却待用。称取 10 g 样品(精确至 0.000 2 g)，置于锥形瓶中，加入 150 mL *N*,*N*-二甲基甲酰胺并摇振，尽量使样品溶解。然后装上回流冷凝器，在油浴中加热至 120 ℃左右，保持 5 min 后停止加热。装配砂心坩埚漏斗抽滤装置，在减压条件下尽快使热溶液快速通过漏斗。用 60 mL 热 *N*,*N*-二甲基甲酰胺分 3 次洗涤，抽干后取下玻璃砂心坩埚漏斗，将其放入 160 ℃烘箱中干燥 30 min(使达到恒重)，取出放入干燥器中，冷却后称重(精确至 0.000 2 g)。

4.6.5 计算

N,*N*-二甲基甲酰胺不溶物的质量分数 w_2(%)，按式(2)计算：

$$w_2 = \frac{m_1 - m_0}{m} \times 100 \quad \cdots\cdots(2)$$

式中：

m_0——恒重后玻璃砂心坩埚漏斗的质量，单位为克(g)；

m_1——干燥后玻璃砂心坩埚漏斗与 *N*,*N*-二甲基甲酰胺不溶物的总质量，单位为克(g)；

m——试样的质量，单位为克(g)。

4.7 产品的检验与验收

应符合 GB/T 1604 的规定。极限数值的处理采用修约值比较法。

5 标志、标签、包装、贮运

5.1 噻吩磺隆原药的标志、标签、包装，应符合 GB 3796 的规定。

5.2 噻吩磺隆原药应用清洁、干燥的内衬塑料袋的铁桶、纸板桶、塑料桶或塑料袋包装，每件净含量一般为 25 kg。也可根据用户要求或订货协议，采用其他形式的包装，但要符合 GB 3796 的规定。

5.3 噻吩磺隆原药包装件应贮存在通风、干燥的库房中。

5.4 贮运时，严防潮湿和日晒，不得与食物、种子、饲料混放，避免与皮肤、眼睛接触，防止由口鼻吸入。

5.5 安全：本品属低毒除草剂农药。中毒症状对眼睛、皮肤有刺激作用，一般不会引起全身中毒。使用本品应戴防护手套、口罩和护目镜，穿干净的防护服，施药后立即用肥皂水洗净，避免皮肤和眼睛接触药液。如果误服，应立即催吐、洗胃，也可用活性炭与轻泻剂，对症治疗。

5.6 验收期：噻吩磺隆原药验收期为 1 个月。从交货之日起，在 1 个月内，完成产品质量验收，其各项指标应符合本标准要求。

ICS 17.040.30
J 42

中华人民共和国国家标准

GB/T 24759—2009

柱坐标测量机

Cylindrical coordinate measuring machines

2009-12-15 发布　　　　2010-09-01 实施

中华人民共和国国家质量监督检验检疫总局
中国国家标准化管理委员会　发布

前言

本标准由中国机械工业联合会提出。

本标准由全国量具量仪标准化技术委员会(SAC/TC 132)归口。

本标准负责起草单位:中国测试技术研究院。

本标准参加起草单位:成都工具研究所。

本标准主要起草人:徐海卫、李卫春、冉庆、黄朝胜、李德维、姜志刚、吴堂贵、王伟、覃欣。

柱坐标测量机

1 范围

本标准规定了柱坐标测量机的术语和定义、型式与基本参数、要求、试验方法、检验方法、标志与包装等。

本标准适用于测量范围为 r:50 mm～6 000 mm、φ:0°～360°、z:0～2 000 mm 的手动型柱坐标测量机。

2 规范性引用文件

下列文件中的条款通过本标准的引用而成为本标准的条款。凡是注日期的引用文件,其随后所有的修改单(不包括勘误的内容)或修订版均不适用于本标准,然而,鼓励根据本标准达成协议的各方研究是否可使用这些文件的最新版本。凡是不注日期的引用文件,其最新版本适用于本标准。

GB/T 191 包装储运图示标志(GB/T 191—2008,ISO 780:1997,MOD)

GB 4208 外壳防护等级(IP 代码)(GB 4208—2008,IEC 60529:2001,IDT)

GB/T 4879 防锈包装

GB/T 5048 防潮包装

GB/T 6388 运输包装收发货标志

GB/T 9969 工业产品使用说明书 总则

GB/T 14436 工业产品保证文件 总则

GB/T 17163 几何量测量器具术语 基本术语

GB/T 17626.2—2006 电磁兼容 试验和测量技术 静电放电抗扰度试验(IEC 61000-4-2:2001,IDT)

3 术语和定义

GB/T 17163 中确立的以及下列术语和定义适用于本标准。

3.1

标准柱坐标系 standard cylindrical coordinate system

图 1 所示为柱坐标系,在直角坐标系下,空间任意一点 M 的位置用坐标(x,y,z)表示,而在柱坐标系下,空间一点 M 的位置用坐标(r,φ,z)表示。各变量的变化范围是:

$$0\leqslant r<+\infty,0\leqslant\varphi\leqslant 2\pi,-\infty<z<+\infty$$

直角坐标与柱坐标的关系为:

$x=r\cos\varphi$,

$y=r\sin\varphi$,

$z=z$

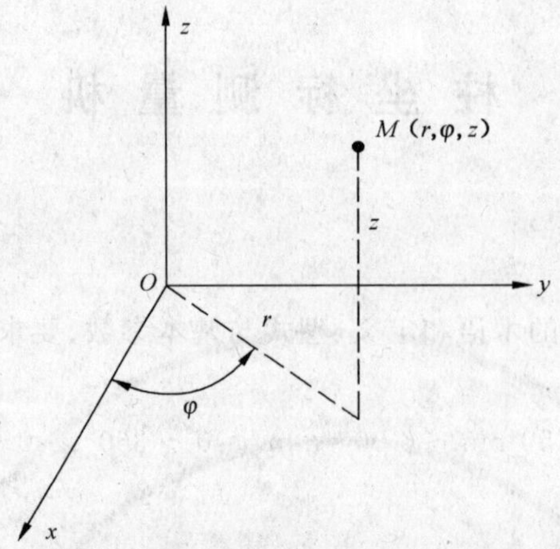

图 1 柱坐标系

实例：

典型的被测物体：螺旋桨（如图 2 所示）。

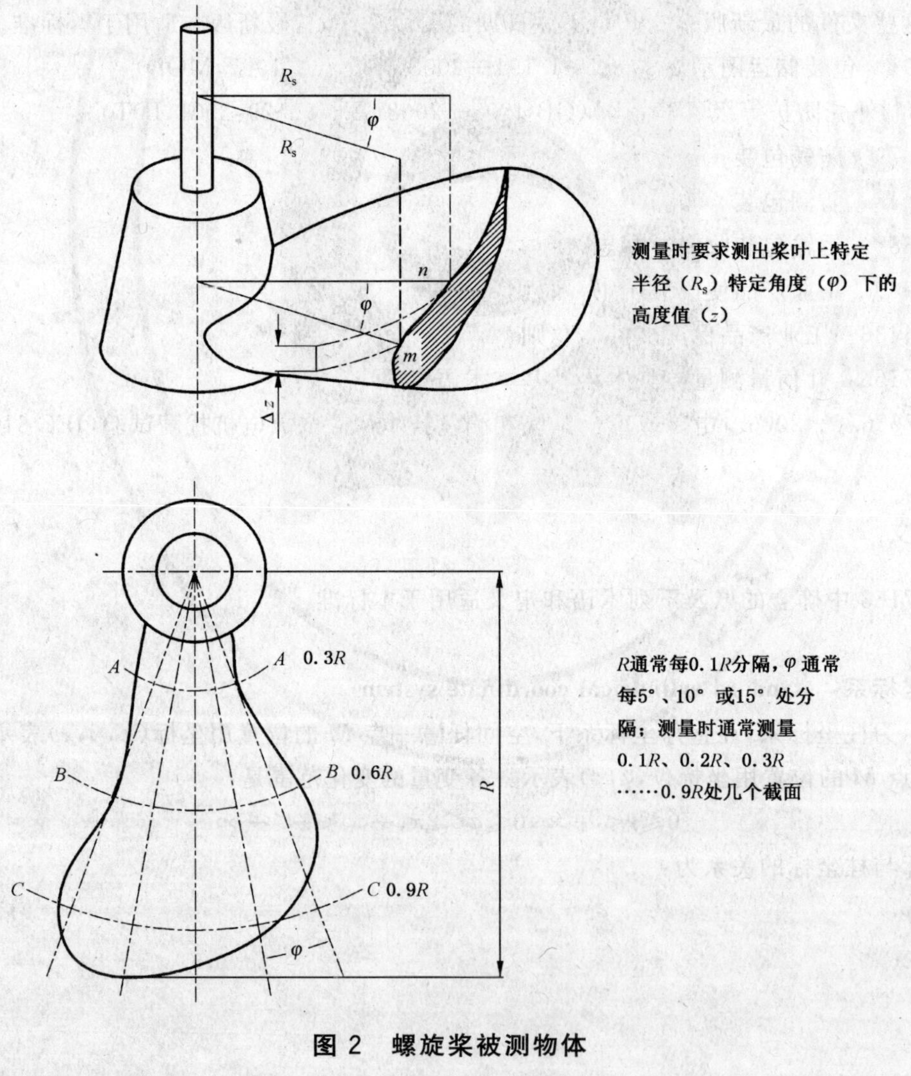

图 2 螺旋桨被测物体

3.2

柱坐标测量机 cylindrical coordinate measuring machines

柱坐标测量机（以下简称测量机）是利用传感器技术和电子技术对物体进行坐标测量的数字化几何

量测量仪器，用来测量物体表面点的坐标(r、φ、z)，从而确定物体的相关参数。例如用于对船用螺旋桨进行半径、螺距、角度等参数检测的仪器。

4 型式与基本参数

4.1 测量机的结构型式如图 3 所示

图 3 仅为测量机结构简明示意图，不表示详细结构。

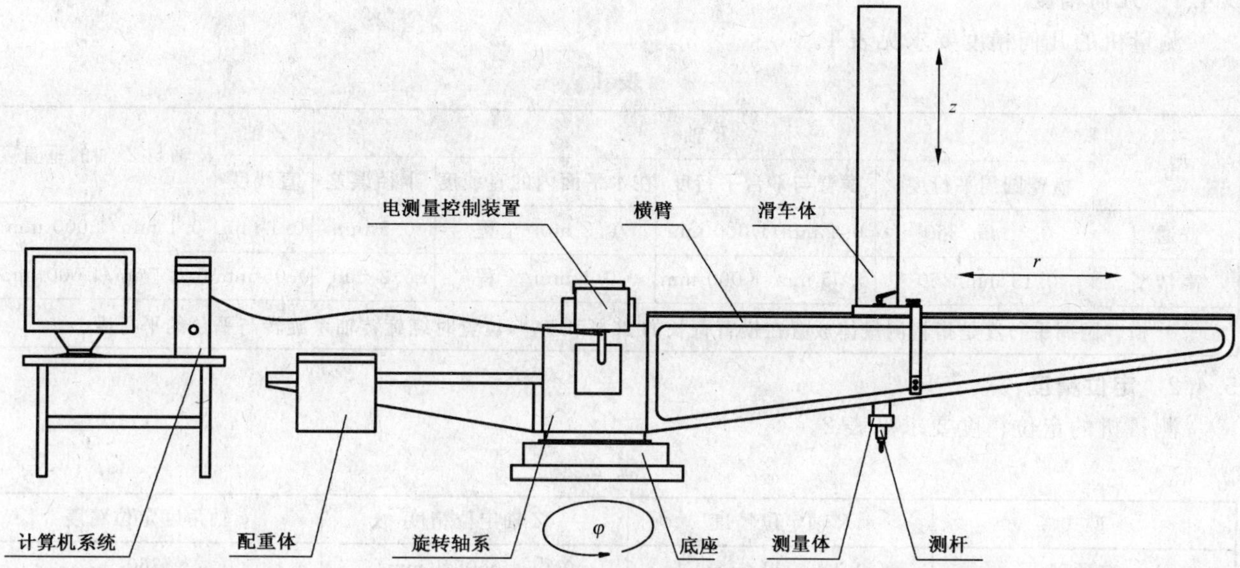

图 3 测量机结构示意图

4.2 测量机测量范围

测量机测量范围应符合如下规定：r：50 mm～6 000 mm、φ：0°～360°、z：0～2 000 mm。

5 要求

5.1 外观

测量机不应有锈迹、碰伤、划痕以及其他影响使用性能的外部缺陷。

5.2 相互作用

5.2.1 测量机在正常使用状态下，横臂绕轴系做圆周运动，滑车体沿横臂水平方向做直线运动，测杆在垂直平面内做上下直线运动，要求所有运动平稳，无阻滞，可在量程内任意位置上稳定测量。

5.2.2 对于有圆周制动及两个直线位移方向制动的测量机，制动后应定位可靠。

5.3 电测量控制装置

5.3.1 功能键

测量机电测量控制装置的功能键应灵活、可靠；符号及图文标注应清晰且含义准确。

5.3.2 数字显示屏

测量机电测量控制装置数字显示屏的数字显示应清晰、完整，无闪跳现象。

5.3.3 数值漂移

测量机电测量控制装置数字显示屏的数值漂移 1 h 内应不大于 0.01 mm。

5.3.4 通讯接口

测量机电测量控制装置要求设置通讯接口；制造商应提供控制器与其他设备之间的通讯电缆。

5.3.5 防护等级(IP)

测量机电测量控制装置应具有防水、防尘能力，其防护等级不得低于 IP40(见 GB 4208)。

5.3.6 工作环境

测量机电测量控制装置应能在环境温度－5 ℃～40 ℃，相对湿度不大于80%的条件下，能够正常工作。

5.3.7 静电放电抗扰度

测量机电测量控制装置抗静电放电干扰能力应不低于1级(见GB/T 17626.2—2006)。

5.4 测量精度

5.4.1 几何精度

测量机的几何精度要求见表1。

表1

型式	R轴				Z轴	R轴与Z轴的垂直度
	横臂圆周平行度[a]	横臂与平台平行度	在水平面内的直线度	半径误差	直线度	
普通型	0.3 mm/360°	0.1 mm/1 000 mm	0.2 mm/全程	0.5 mm	0.1 mm	0.1 mm/1 000 mm
高精型	0.15 mm/360°	0.05 mm/1 000 mm	0.1 mm/全程	0.2 mm	0.05 mm	0.05 mm/1 000 mm

[a] 横臂圆周平行度是指将测量体放置在横臂臂长的20%和70%位置时绕旋转轴系旋转与平台的平行度。

5.4.2 定位精度

测量机的定位精度要求见表2。

表2

型式	R轴定位精度	Z轴定位精度	φ轴角度定位精度
普通型	0.1+0.1L(mm)	0.05+0.05L(mm)	2′/360°
高精型	0.05+0.05L(mm)	0.03+0.03L(mm)	1′/360°

注：L是指测量长度，单位为m。

5.5 重复性

测量机各项几何精度的重复性应不大于表1规定值的1/3。φ轴定位精度的重复性应不大于表2规定值的1/3，R轴和Z轴定位精度的重复性应不大于表2规定值的前半部分，比如：对于高精型的测量机R轴定位精度的重复性应不大于0.05 mm，Z轴定位精度的重复性应不大于0.03 mm。

5.6 最大响应速度

测量机R、Z向的传感器响应速度应不小于300 mm/s，φ向的响应速度应不小于3 r/min。

6 试验方法

6.1 防水、防尘试验

测量机电测量控制装置的防水、防尘试验应符合GB 4208的规定。

6.2 静电放电抗扰度试验

测量机电测量控制装置的抗静电放电干扰试验应符合GB/T 17626.2的规定。

7 检验方法

7.1 外观

目力观察。

7.2 相互作用

7.2.1 圆周旋转、水平及上下移动，要求顺畅无阻滞，并能停稳在任意位置，保持平衡。

7.2.2 检查电气部分的开关、按键，要求灵敏可靠；电测量控制装置应工作正常。

7.3 **数值漂移**

在各轴自由停止的状态下，观察电测量控制装置显示屏的显示值在 1 h 内的变化量不大于 0.01 mm。

7.4 **横臂圆周平行度**

测量机置于精度为1级的平台上，以测量机底座地面延伸平面为理想平台平面。

将测量体放置在横臂臂长的 20%和 70%位置，将百分表安装在测量体下方，百分表测头与平台表面接触；推动横臂（R 轴）绕 φ 轴旋转，百分表的最大示值与最小示值之差即为横臂圆周平行度。

7.5 **R 轴（横臂）与平台平行度**

用分度值/分辨力为 0.01 mm 的指示表进行检测。

将测量体放置在尽量靠近轴心的位置，指示表安装在测量体下方，指示表测头与平台表面接触，锁定 φ 轴旋转，沿 R 轴移动，指示表的最大示值与最小示值之差即为横臂与平台平行度。

7.6 **R 轴在水平面内的直线度**

用分度值/分辨力为 0.01 mm 的指示表进行检测。

将指示表安装在测量体上；精度为0级的平尺侧放在平台上，其工作表面与平台垂直，且平行于 R 轴，指示表测头与平尺工作表面相接触；将滑车从 R 轴的示值小端推向示值大端，指示表的最大示值与最小示值之差即为 R 轴在水平面内的直线度。

7.7 **Z 轴直线度**

用自准直仪或激光干涉仪等仪器进行检测

7.8 **Z 轴的垂直度**

本项垂直度分 x-z 平面和 y-z 平面的垂直度；检测可在两个或两个以上平面内进行，在 R 轴行程的 30%和 60%两处进行（本条中的 x-z 平面和 y-z 平面为直角坐标系下的平面）。

检测与 x-z 平面的垂直度：将分度值/分辨力为 0.01 mm 的指示表安装在测量体下端上，角度尺放置在平台上，指示表测头垂直指向角度尺工作面且与工作面接触，测量体沿 Z 向由上至下或由下至上移动，百分表指针示值的最大与最小值之差即为本项垂直度误差；

检测与 y-z 平面的垂直度：将指示表和角度尺转动 90°位置后按上述方法测试。

7.9 **R 轴半径误差**

采用划针（笔）与钢板尺（侧面直线度在 0.1 mm 范围内）进行检测。

将划针（笔）安装在测量体下方，针（笔）尖指向平台，打一点，清零圆周计数，推动横臂绕轴旋转 60°，每隔 60°，打一点，共计 6 点。用钢板尺测量相邻点的距离，其最大最小值之差在规定范围内；6 次测量值的最大值与最小值之差即为 r 轴半径误差。

7.10 **R 轴定位误差**

用激光干涉仪进行检测。

将激光干涉仪的光柱沿 R 轴轴线方向找正，在仪器规定范围内，进行间距不大于 1/20 行程的逐点数据比较（激光干涉仪的标准长度与电测量控制装置上显示的数值进行比对），其最大差值即为 R 轴定位误差。

7.11 **Z 轴定位误差**

用激光干涉仪进行检测。

将激光干涉仪的光柱沿 Z 轴轴线方向找正，在仪器规定范围内，进行间距不大于 1/10 行程的逐点数据比较（激光干涉仪的标准长度与电测量控制装置上显示的数值进行比对），其最大差值即为 Z 轴定位误差。

7.12 **φ 轴角度定位误差**

用多面棱体（$n \geqslant 4$）和自准直仪进行检测。

将多面棱体安装在测量机 φ 轴中心上方，将自准直仪安装在横臂（R 轴）上，且光靶沿 R 轴轴线方向指向多面棱体；找准标准零位后，将 φ 轴清零，将横臂绕 φ 轴转动$(360/n)^\circ$后，读数显 φ 轴示值，比较其与标准角度的差值即为 φ 轴角度定位误差。

7.13 重复性

按 7.4～7.9 的检测方法，重复测量同一参数 3 次，所得的最大值与最小值之差为测量重复性。

7.14 最大响应速度

移动 R、Z 轴，在速度≤300 mm/s 的情况下，测量机的 R、Z 轴能正常计数；旋转 φ 轴，在速度≤3 r/min的情况下，测量机的 φ 轴能正常计数。

8 标志与包装

8.1 标志

8.1.1 测量机上应标志：

a) 制造厂厂名或注册商标；

b) 测量范围(r、φ、z)；

c) 产品制造日期及产品序号；

d) 防护等级高于 IP40 时，宜标有防护等级标志。

8.1.2 测量机外包装的标志应符合 GB/T 191 和 GB/T 6388 的规定。

8.2 包装

8.2.1 测量机的包装应符合 GB/T 4879 和 GB/T 5048 的规定。

8.2.2 测量机经检验符合本标准要求的应具有符合 GB/T 14436 规定的产品合格证，产品合格证上应标有本标准的标准号、产品序号和出厂日期；以及符合 GB/T 9969 规定的使用说明书，标准附件及装箱单。

参 考 文 献

［1］ GB/T 12916—1991 船用金属螺旋桨技术条件.

［2］ ISO 484-1:1981 Shipbuilding—Ship screw propellers—Manufacturing tolerances—Part 1: Propellers of diameter greater than 2.50 m(造船 船舶螺旋桨 制造公差 第1部分:螺旋桨直径>2.50 m).

［3］ ISO 484-2:1981 Shipbuilding—Ship screw propellers—Manufacturing tolerances—Part 2: Propellers of diameter between 0.80 and 2.50 m inclusive(造船 船舶螺旋桨 制造公差 第2部分:螺旋桨直径0.80 m～2.50 m).

ICS 17.040.30
J 42

GB

中华人民共和国国家标准

GB/T 24760—2009

铸铁平尺

Cast iron straight edges

2009-12-15 发布　　　　2010-09-01 实施

中华人民共和国国家质量监督检验检疫总局
中国国家标准化管理委员会　发布

前　言

本标准的附录 A 为资料性附录。

本标准由中国机械工业联合会提出。

本标准由全国量具量仪标准化技术委员会(SAC/TC 132)归口。

本标准负责起草单位:中国计量学院。

本标准参加起草单位:泊头市泰山精密量仪厂、河南省计量科学研究院、河北省计量科学研究所。

本标准主要起草人:赵军、刘维、张博、黄玉珠、王少平、邱建、孔明。

铸 铁 平 尺

1 范围

本标准规定了铸铁平尺的术语和定义、型式与基本参数、要求、检验方法、标志与包装等。

本标准适用于规格为 400 mm～6 300 mm、准确度等级为 00、0、1 和 2 级的铸铁平尺(以下简称“平尺”)。

2 规范性引用文件

下列文件中的条款通过本标准的引用而成为本标准的条款。凡是注日期的引用文件，其随后所有的修改单(不包括勘误的内容)或修订版均不适用于本标准，然而，鼓励根据本标准达成协议的各方研究是否可使用这些文件的最新版本。凡是不注日期的引用文件，其最新版本适用于本标准。

GB/T 17163 几何量测量器具术语 基本术语

GB/T 17164 几何量测量器具术语 产品术语

3 术语和定义

GB/T 17163、GB/T 17164 中确立的术语和定义适用于本标准。

4 型式与基本参数

4.1 平尺的型式见图 1、图 2 所示，图中 $E=2/9\times L$ 为最佳支承距离，由此确定平尺被检验时的标准支承位置。图示仅供图解说明，不表示详细结构。

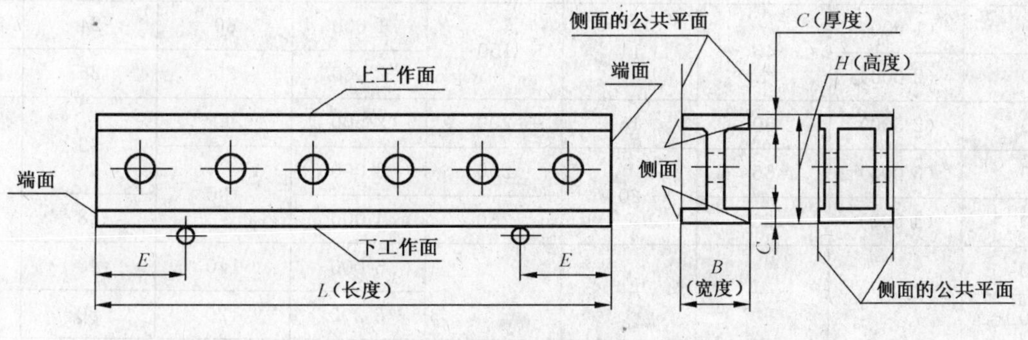

图 1 Ⅰ字形、Ⅱ字形平尺的型式示意图

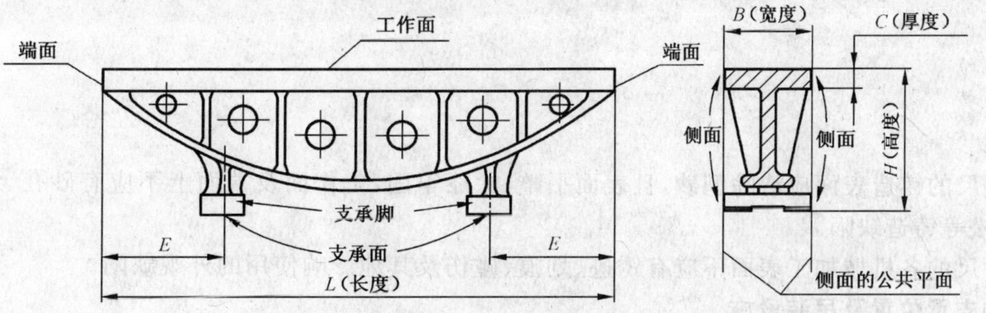

图 2 桥形平尺的型式示意图

4.2　桥形平尺两支承脚的型式见图3所示。图示仅供图解说明，不表示详细结构。

a) 一端支承脚(侧视局部)　　　　b) 另一端支承脚(侧视局部)

图3　桥形平尺支承脚的型式示意图

4.3　平尺的基本参数见表1。

表1

单位为毫米

规格	Ⅰ字形、Ⅱ字形平尺				桥形平尺			
	L	B	C (≥)	H (≥)	L	B	C (≥)	H (≥)
400	400	30	8	75	—	—	—	—
500	500							
630	630	35	10	80				
800	800							
1 000	1 000	40	12	100	1 000	50	16	180
1 250	1 250				1 250			
1 600	(1 600)	45	14	150	1 600	60	24	300
2 000	(2 000)				2 000	80	26	350
2 500	(2 500)	50	16	200	2 500	90	32	400
3 000	(3 000)	55	20	250	3 000	100		
4 000	(4 000)	60		280	4 000		38	500
5 000	—	—	—	—	5 000	110	40	550
6 300					6 300	120	50	600

注：括号()内的长度L尺寸，表示其型式建议制成Ⅱ字形截面的结构。

4.4　工作面四周的棱边应修钝，倒角不应大于$0.1B\times45°$或圆角半径不应大于$0.1B$，但最大均不应超过2 mm。

5　要求

5.1　外观

5.1.1　平尺的铸造表面应清除型砂，且表面平整，涂漆牢固，工作面及端面上不应有砂孔、气孔、裂纹、夹渣及缩松等铸造缺陷。

5.1.2　平尺的各机械加工表面不应有锈迹、划痕、碰伤及其他影响使用的外观缺陷。

5.2　标准支承位置及吊装设施

在Ⅰ字形、Ⅱ字形平尺的侧面上，应标刻标准支承位置的标记。在平尺靠近端部的适当位置上设置吊装设施，而这些设施应尽量远离标准支承位置。

5.3 材料和硬度

平尺应采用优质灰口铸铁、合金铸铁或优于它们的材料制造，其工作面及侧面的硬度应为 170 HB～220 HB。

5.4 工作面和侧面的表面粗糙度

平尺工作面及侧面应采用刮削或能达到同等效果的其他机械加工工艺。准确度等级为 1、2 级的平尺侧面允许采用其他机械加工工艺，其表面粗糙度 Ra 的最大值不应超过 2.5 μm。

5.5 工作面的直线度

平尺分为 00、0、1、2 四种准确度等级，其工作面的直线度、工作面上任意 200 mm 的直线度见表 2 的规定。

表 2

规格/mm	工作面的直线度[a]/μm			
	00 级	0 级	1 级	2 级
400	1.6	2.6	5	
500	1.8	3.0	6	
630	2.1	3.5	7	—
800	2.5	4.2	8	
1 000	3.0	5.0	10	20
1 250	3.6	6.0	12	24
1 600	4.4	7.4	15	30
2 000	5.4	9.0	18	36
2 500	6.6	11.0	22	44
3 000	7.8	13.0	26	52
4 000		17.0	34	68
5 000	—	21.0	42	84
6 300		—	52	105
任意 200 mm	1.1	1.8	4	7

a 直线度均按标准温度 20 ℃的条件给定的，其计算公式参见附录 A。距平尺工作面边缘 0.01L 范围内（不应大于 10 mm）的直线度不计，但此范围内的任意点均不应高于平尺工作面。

5.6 接触点面积比率

刮削平尺应进行涂色对研检验，对研后显示出的接触点面积的比率不应小于表 3 的规定。

也允许按 25 mm×25 mm 正方形面积中的接触点数进行验收，其接触点数不应小于表 3 的规定；此时应考核任意 25 mm×25 mm 范围内接触点数之差不应大于 5 点。

若采用接触点数法验收发生分歧时，则以接触点面积的比率为最终的评定依据。

表 3

准确度等级	25 mm×25 mm 单位面积内接触点面积的比率	25 mm×25 mm 面积内接触点数
00、0	20%	25
1	16%	
2	10%	20

注：距工作面边缘 0.01L（最大为 10 mm）范围内接触点面积的比率或接触点数不计，且任意一点都不得高于工作面。

5.7 平行度及垂直度

5.7.1 Ⅰ字形、Ⅱ字形平尺的上工作面相对于下工作面、桥形平尺的工作面相对于支承脚支承面的平行度见表4的规定。

5.7.2 平尺的侧面相对于工作面的垂直度见表4的规定。

表 4

规格/mm	平行度[a]/μm				垂直度[b]/μm			
	00级	0级	1级	2级	00级	0级	1级	2级
400	2.4	3.9	8	—	8.0	13.0	25	—
500	2.7	4.5	9	—	9.0	15.0	30	—
630	3.2	5.3	11	—	10.5	18.0	35	—
800	3.8	6.3	12	—	12.5	21.0	40	—
1 000	4.5	7.5	15	30	15.0	25.0	50	100
1 250	5.4	9.0	18	36	18.0	30.0	60	120
1 600	6.6	11.1	23	45	22.0	37.0	75	150
2 000	8.1	13.5	27	54	27.0	45.0	90	180
2 500	9.9	16.5	33	66	33.0	55.0	110	220
3 000	11.7	19.5	39	78	39.0	65.0	130	260
4 000	—	25.5	51	102	—	85.0	170	340
5 000	—	31.5	63	126	—	105.0	210	420
6 300	—	—	78	158	—	—	260	525

a 平行度为工作面直线度的1.5倍。

b 垂直度为工作面直线度的5倍。

5.8 自然挠度

Ⅰ字形、Ⅱ字形平尺在支承点由标准支承位置移到最大的支承距离的位置时，自然挠度不应大于表5的规定。

表 5

规格/mm	自然挠度/μm
400	4
500	5
630	6
800	8
1 000	10
1 250	12
1 600	16
2 000	20
2 500	25
3 000	30
4 000	40

6 检验方法

6.1 外观

目力观察。

6.2 标准支承位置及吊装设施

目力观察。

6.3 材料和硬度

平尺工作面及侧面的硬度可用硬度计检验。

6.4 工作面和侧面的表面粗糙度

工作面和侧面的表面粗糙度用表面粗糙度测量仪或用表面粗糙度比较样块比较进行检验。

6.5 工作面的直线度

00 级平尺工作面直线度用分度值为 0.2″或 0.001 mm/m 的电子水平仪或自准直仪进行检验。0 级平尺用分度值为 1″或 0.005 mm/m 的电子水平仪或自准直仪进行检验。对于尺寸大于 500 mm 的 1 级平尺可采用分度值为 0.01 mm/m 的合像水平仪进行检验；2 级平尺可采用 0.02 mm/m 的框式水平仪进行检验。

检验时将平尺用等高块支承在距平尺两端 $2/9 \times L$ 的标准支承标志处，先后检验两个工作面的直线度误差。

按平尺长度 L 选用适当跨距的桥板(通常按 8～10 个跨步，跨距在 50 mm～500 mm 范围内选择)。然后将桥板置于平尺的一端，把反射镜或水平仪固定在桥板上，依次将桥板按跨距逐步地从平尺的一端移向另一端。每移动一个跨距后，从自准直仪或水平仪上记录该位置上的读数，最后按直线度误差的定义求得工作面直线度误差。

为控制平尺工作面的扭曲误差，对于工作面宽度大于 60 mm 的平尺，应按平面度进行检测，其误差不应大于表 2 的规定。可用水平仪在平尺工作面上按四条封闭的轨迹（见图 4）检测出各点的读数，按平面度误差定义求出工作面形状误差数值，其误差不应大于平尺工作面直线度。

平尺任意 200 mm 上的直线度误差，可用 50 mm 或 100 mm 的桥板，在任意 200 mm 长度范围内按上述检测直线度误差的方法进行检验。

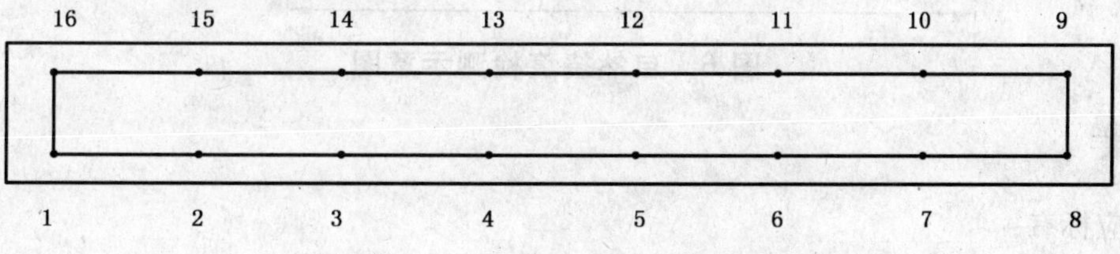

图 4　平面度检测示意图

6.6 接触点面积比率

将被检平尺工作面涂上显示剂，在不低于其准确度的平板或平尺上研合，在被检平尺工作面上显示出明显的接触点。然后用一个在 50 mm×25 mm 范围内刻划有 2.5 mm×2.5 mm 的 200 个小方格的透明薄板(如有机玻璃)，置于被检平尺工作面的任意位置上，依次观察每个方格内包含接触点所占面积的比例(以 1/10 为单位)。求上述比例数之和，除以 2 即为所检测部位的接触点面积的比率。

6.7 平行度及垂直度

6.7.1 平尺的上工作面相对于下工作面的平行度

将平尺置于精密平板上，以 $2/9 \times L$ 处支撑，以平尺上工作面作为基准平面，将测量表座置于其上，用分度值为 0.001 mm 的指示表或电感测微仪测量其相对平面，从头到尾连续测量，最大与最小值之差即为平尺的上工作面相对于下工作面的平行度。

6.7.2 平尺的侧面相对于工作面的垂直度

将平尺放置在平板上，使装有分度值为 0.001 mm 指示表的表座通过标准圆棒，在标准直角尺上对零。然后以同样的方式使表座靠紧平尺的一个侧面，此时指示表的读数即为该侧面的垂直度误差。同理，检测另一侧面的垂直度误差，取最大误差值，见图 5。

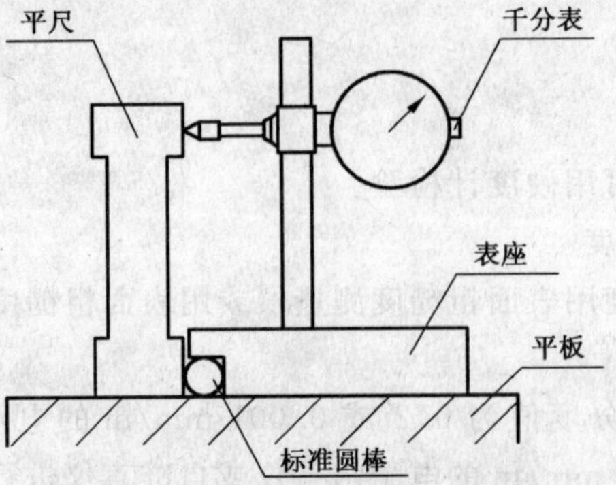

图 5 垂直度检测示意图

6.8 自然挠度

将被检平尺与测微仪按图 6 安置于基准平面(1 级平板)上，当千分表或比较仪读数稳定后，记取该数值。然后，将支承点分别移向两端稳定 10 min 以上，再由千分表或比较仪读数，两次读数之差即为被检平尺的自然挠度。

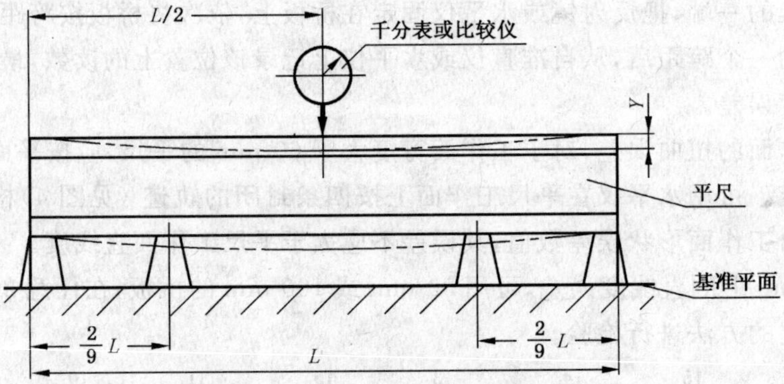

图 6 自然挠度检测示意图

7 标志与包装

7.1 平尺上应标有：

a) 制造企业名称或注册商标；

b) 产品名称；

c) 规格；

d) 准确度等级；

e) 产品序号。

7.2 平尺包装箱上应标有：

a) 制造企业名称或注册商标；

b) 产品名称；

c) 规格；

d) 准确度等级；

e) 防震、防水、防潮等标记。

7.3 平尺在包装前应经防锈处理，并妥善包装。不得因包装不善而在运输过程中损坏产品。

7.4 平尺经检验符合本标准要求的，应附有产品合格证。产品合格证上应标有本标准的标准号和产品序号。

7.5 平尺包装箱内应附有产品合格证和使用说明书。

附 录 A
（资料性附录）
工作面的直线度误差计算

表2中工作面的直线度是按公式(A.1)～(A.4)进行计算，并经圆整后得出的。准确度为00级和0级的直线度误差有效数值圆整到小数点后一位；准确度为1级和2级的直线度误差有效数值圆整到个位。

$$00\text{级}:0.6\times(1+L/250);\mu m \qquad (A.1)$$

$$0\text{级}:1\times(1+L/250);\mu m \qquad (A.2)$$

$$1\text{级}:2\times(1+L/250);\mu m \qquad (A.3)$$

$$2\text{级}:4\times(1+L/250);\mu m \qquad (A.4)$$

式中：

L——平尺工作面长度(见图1、图2和表1)，单位为毫米(mm)。

ICS 17.040.30
J 42

中华人民共和国国家标准

GB/T 24761—2009

钢平尺和岩石平尺

Steel and granite straight edges

2009-12-15 发布

2010-09-01 实施

中华人民共和国国家质量监督检验检疫总局
中国国家标准化管理委员会 发布

前　言

本标准的附录 A、附录 B 为资料性附录。

本标准由中国机械工业联合会提出。

本标准由全国量具量仪标准化技术委员会(SAC/TC 132)归口。

本标准负责起草单位:中国计量学院。

本标准参加起草单位:青岛前哨精密仪器有限公司、河南省计量科学研究院、浙江省计量科学研究院。

本标准主要起草人:孔明、周洋、张五庭、贾晓杰、茅振华、郑永军、赵军。

钢平尺和岩石平尺

1 范围

本标准规定了钢平尺和岩石平尺的术语和定义、型式与基本参数、要求、检验方法、标志与包装等。

本标准适用于规格为 400 mm～2 500 mm、准确度等级为 00、0、1 和 2 级的钢平尺和岩石平尺（以下简称“平尺”）。

2 规范性引用文件

下列文件中的条款通过本标准的引用而成为本标准的条款。凡是注日期的引用文件，其随后所有的修改单（不包括勘误的内容）或修订版均不适用于本标准，然而，鼓励根据本标准达成协议的各方研究是否可使用这些文件的最新版本。凡是不注日期的引用文件，其最新版本适用于本标准。

GB/T 17163　几何量测量器具术语　基本术语

GB/T 17164　几何量测量器具术语　产品术语

3 术语和定义

GB/T 17163、GB/T 17164 中确立的术语和定义适用于本标准。

4 型式与基本参数

4.1　平尺的型式见图 1、图 2 所示，图中 $E=2/9\times L$ 为最佳支承距离，由此确定平尺被检验时的标准支承位置。图示仅供图解说明，不表示详细结构。

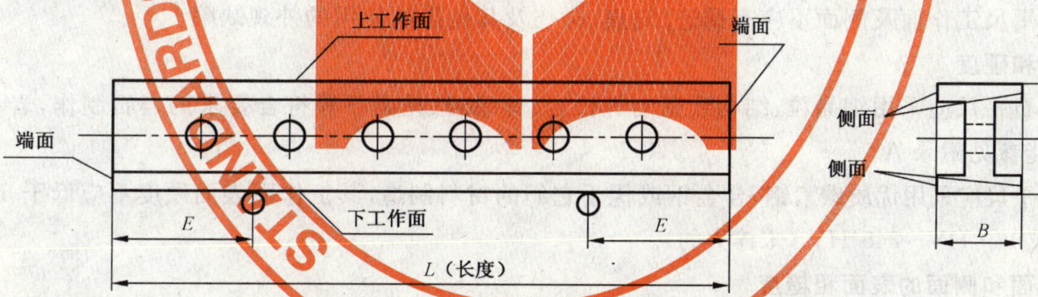

图 1　工字形平尺的型式示意图

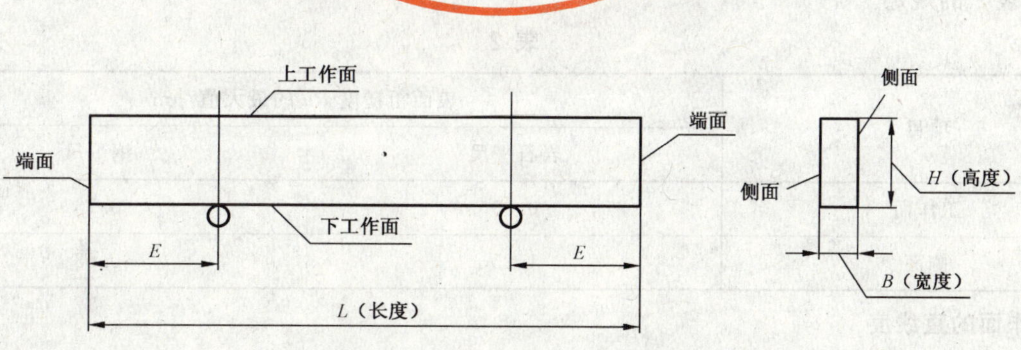

图 2　矩形平尺的型式示意图

4.2 平尺的基本参数见表1。

表 1

单位为毫米

规格	岩石平尺			钢平尺				
	L	H	B	L	00级和0级		1级和2级	
					H	B	H	B
400	400	60	25	400	45	8	40	6
500	500	80	30	500	50		45	8
630	630	100	35	630	60		50	
800	800	120	40	800	70	10	60	
1 000	1 000	160	50	1 000	75		70	10
1 250	1 250	200	60	1 250	85		75	
1 600	1 600	250	80	1 600	100	12	80	
2 000	2 000	300	100	2 000	125		100	12
2 500	2 500	360	120	2 500	150	14	120	

4.3 工作面四周的棱边应修钝，钢平尺的倒角不应大于 $0.1B\times45°$ 或圆角半径不应大于 $0.1B$，岩石平尺的倒角不应大于 $2\times45°$ 或圆角半径不应大于 2 mm。

5 要求

5.1 外观

5.1.1 岩石平尺工作面与侧面上不应有裂纹、凹陷及组织疏松现象；以及磨痕、擦伤、烧伤及其他影响使用的外观缺陷。允许在工作面或侧面上出现天然的彩色条纹和色斑。

5.1.2 钢平尺工作面及侧面不应有锈迹、划痕、碰伤及其他影响使用的外观缺陷。

5.2 材料和硬度

5.2.1 岩石平尺应采用细晶粒、结构致密的辉长岩、辉绿岩、花岗石等符合要求的岩石制作，岩石材料的物理性能参见附录A。

5.2.2 钢平尺应采用优质碳素钢、合金钢或优于它们的材料制造，其工作面表面硬度不应低于 500 HV（淬火的）或 170 HV～245 HV（未淬火的）。

5.3 工作面和侧面的表面粗糙度

平尺工作面及侧面应采用磨削、研磨或能达到同等效果的其他机械加工工艺，其表面粗糙度 Ra 的最大值见表2的规定。

表 2

项目	表面粗糙度 Ra 的最大值/μm	
	岩石平尺	钢平尺
工作面	0.63	0.16
侧面	1.25	0.63

5.4 工作面的直线度

平尺分为00、0、1、2四种准确度等级，其工作面的直线度、工作面上任意 200 mm 的直线度见表3的规定。

表 3

规格/mm	工作面的直线度[a]/μm			
	00 级	0 级	1 级	2 级
400	1.6	2.6	5	—
500	1.8	3.0	6	—
630	2.1	3.5	7	—
800	2.5	4.2	8	—
1 000	3.0	5.0	10	20
1 250	3.6	6.0	12	24
1 600	4.4	7.4	15	30
2 000	5.4	9.0	18	36
2 500	6.6	11.0	22	44
任意 200 mm	1.1	1.8	4	7

a 直线度均按标准温度 20 ℃的条件给定的，其计算公式参见附录 B。距平尺工作面边缘 0.01L 范围内(不应大于 10 mm)的直线度不计，但此范围内的任意点均不应高于平尺工作面。

5.5 平行度及垂直度

5.5.1 平尺的上工作面相对于下工作面的平行度见表 4 的规定。

5.5.2 平尺的侧面相对于工作面的垂直度见表 4 的规定。

表 4

规格/mm	平行度[a]/μm				垂直度[b]/μm			
	00 级	0 级	1 级	2 级	00 级	0 级	1 级	2 级
400	2.4	3.9	8		8.0	13.0	25	
500	2.7	4.5	9		9.0	15.0	30	
630	3.2	5.3	11		10.5	18.0	35	
800	3.8	6.3	12		12.5	21.0	40	
1 000	4.5	7.5	15	30	15.0	25.0	50	100
1 250	5.4	9.0	18	36	18.0	30.0	60	120
1 600	6.6	11.1	23	45	22.0	37.0	75	150
2 000	8.1	13.5	27	54	27.0	45.0	90	180
2 500	9.9	16.5	33	66	33.0	55.0	110	220

a 平行度为工作面直线度的 1.5 倍。

b 垂直度为工作面直线度的 5 倍。

5.6 自然挠度

平尺在支承点由标准支承位置移到最大的支承距离的位置时，自然挠度不应大于表 5 的规定。

表 5

规格/mm	自然挠度/μm
400	4
500	5
630	6
800	8
1 000	10
1 250	12
1 600	16
2 000	20
2 500	25

6 检验方法

6.1 外观

目力观察。

6.2 材料和硬度

6.2.1 岩石材料的物理性能可以由生产企业提供数据。

6.2.2 钢平尺工作面的硬度可用硬度计检验。

6.3 工作面和侧面的表面粗糙度

工作面和侧面的表面粗糙度用表面粗糙度测量仪或用表面粗糙度比较样块比较进行检验。

6.4 工作面的直线度

00 级平尺工作面直线度用分度值为 0.2″或 0.001 mm/m 的电子水平仪或自准直仪进行检验。0 级平尺用分度值为 1″或 0.005 mm/m 的电子水平仪或自准直仪进行检验。对于尺寸大于 500 mm 的 1 级平尺可采用分度值为 0.01 mm/m 的合像水平仪进行检验；2 级平尺可采用 0.02 mm/m 的框式水平仪进行检验。

检验时将平尺用等高块支承在距平尺两端 $2/9 \times L$ 的标准支承标志处，先后检验两个工作面的直线度误差。

按平尺长度 L 选用适当跨距的桥板(通常按 8～10 个跨步，跨距在 50 mm～500 mm 范围内选择)。然后将桥板置于平尺的一端，把反射镜或水平仪固定在桥板上，依次将桥板按跨距逐步地从平尺的一端移向另一端。每移动一个跨距后，从自准直仪或水平仪上记录该位置上的读数，最后按直线度的定义求得工作面直线度误差。

为控制平尺工作面的扭曲误差，对于工作面宽度大于 60 mm 的平尺，应按平面度进行检测，其误差不应大于表 3 的规定。可用水平仪在平尺工作面上按四条封闭的轨迹（见图 3)检测出各点的读数，按平面度误差定义求出工作面形状误差数值，其误差不应大于平尺工作面直线度。

平尺任意 200 mm 上的直线度，可用 50 mm 或 100 mm 的桥板，在任意 200 mm 长度范围内按上述检测直线度误差的方法进行检验。

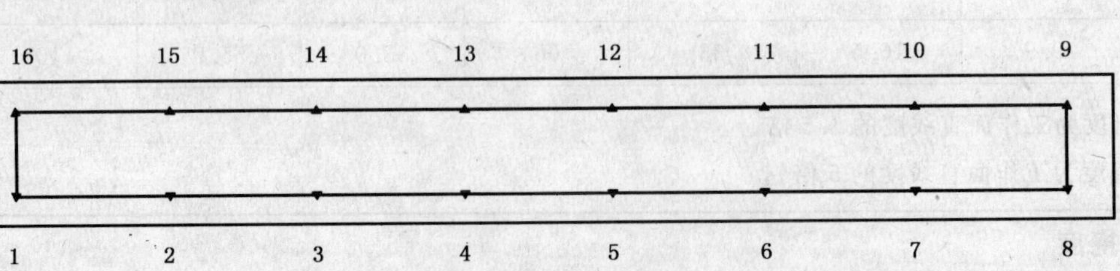

图 3 平面度误差检测示意图

6.5 平行度及垂直度

6.5.1 平尺的上工作面相对于下工作面的平行度

将平尺置于精密平板上，以 2/9×L 处支撑，以平尺上工作面作为基准平面，将测量表座置于其上，用分度值为 0.001 mm 的指示表或电感测微仪测量其相对平面，从头到尾连续测量，最大与最小值之差即为平尺的上工作面相对于下工作面的平行度误差。

6.5.2 平尺的侧面相对于工作面的垂直度

将平尺放置在平板上，使装有分度值为 0.001 mm 指示表的表座通过标准圆棒，在标准直角尺上对零。然后以同样的方式使表座靠紧平尺的一个侧面，此时指示表的读数即为该侧面的垂直度。同理，检测另一侧面的垂直度，取最大误差值，见图 4。

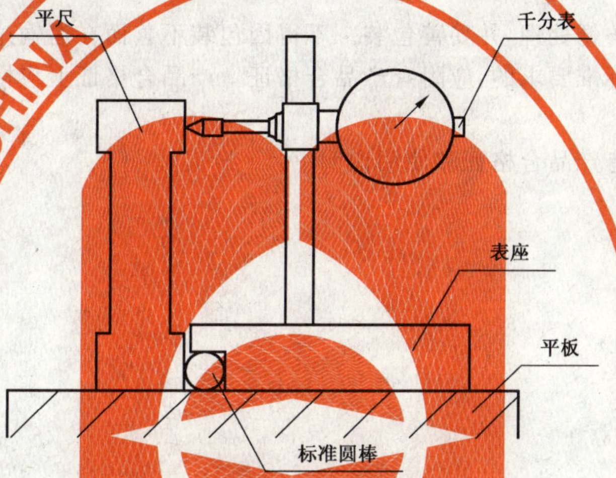

图 4 垂直度检测示意图

6.6 自然挠度

将被检平尺与测微仪按图 5 安置于基准平面(1 级平板)上，当千分表或比较仪读数稳定后，记取该数值。然后，将支承点分别移向两端稳定 10 min 以上，再由千分表或比较仪读数，两次读数之差即为被检平尺的自然挠度。

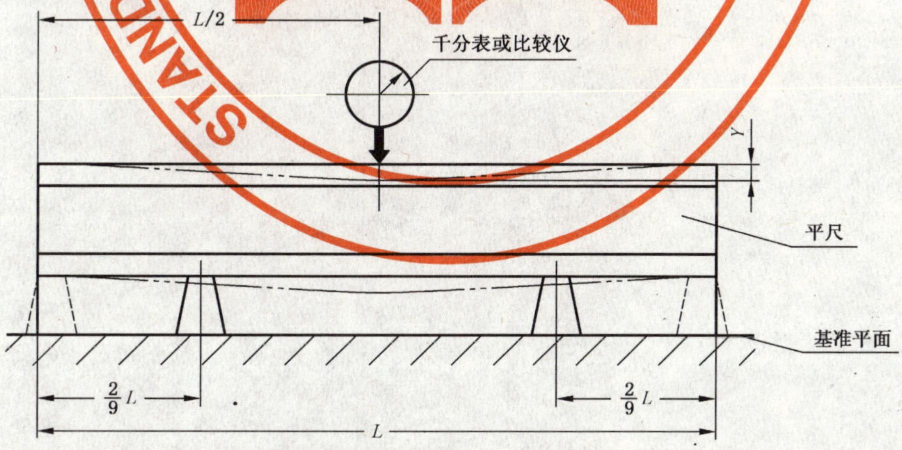

图 5 自然挠度检测示意图

7 标志与包装

7.1 平尺上应标有：

a) 制造企业名称或注册商标；

b） 产品名称；

c） 规格；

d） 准确度等级；

e） 产品序号。

7.2 平尺包装箱上应标有：

a） 制造企业名称或注册商标；

b） 产品名称；

c） 规格；

d） 准确度等级；

e） 防震、防水、防潮等标记。

7.3 平尺在包装前应经防锈处理，并妥善包装。不得因包装不善而在运输过程中损坏产品。

7.4 平尺经检验符合本标准要求的，应附有产品合格证。产品合格证上应标有本标准的标准号和产品序号。

7.5 平尺包装箱内应附有产品合格证和使用说明书。

附 录 A
（资料性附录）
岩石材料的物理性能

制作岩石平尺的岩石应具有下列物理性能：

——密度：$(2.5\times10^{3}\sim3.1\times10^{3})$ kg/m^{3}；

——肖氏硬度：≥70 HS；

——抗拉强度：(15～20)MPa；

——抗压强度：(200～300)MPa；

——吸水率：≤0.25%；

——线膨胀系数：$(2\sim6)\times10^{-6}$ K^{-1}；

——弹性模量：$(6\sim12)\times10^{-4}$ MPa。

附　录　B
（资料性附录）
工作面的直线度误差计算

表 3 中工作面的直线度是按公式(B.1)～(B.4)进行计算，并经圆整后得出的。准确度为 00 级和 0 级的直线度误差的有效数值圆整到小数点后一位；准确度为 1 级和 2 级的直线度误差的有效数值圆整到个位。

00 级：　$0.6\times(1+L/250)$；μm　…………（B.1）

0 级：　$1\times(1+L/250)$；μm　…………（B.2）

1 级：　$2\times(1+L/250)$；μm　…………（B.3）

2 级：　$4\times(1+L/250)$；μm　…………（B.4）

式中：

L——平尺工作面长度(见图 1、图 2 和表 1)，单位为毫米(mm)。

ICS 17.040.30
J 42

GB

中华人民共和国国家标准

GB/T 24762—2009

产品几何技术规范(GPS) 影像测量仪的验收检测和复检检测

Geometrical Product Specifications (GPS)—Acceptance test and reverification test for video measuring machine

2009-12-15 发布　　　　2010-09-01 实施

中华人民共和国国家质量监督检验检疫总局
中国国家标准化管理委员会　发布

前　言

本标准的附录A为规范性附录，附录B、附录C、附录D、附录E和附录F为资料性附录。

本标准由中国机械工业联合会提出。

本标准由全国量具量仪标准化技术委员会(SAC/TC 132)归口。

本标准负责起草单位：深圳市计量质量检测研究院、深圳赛克数码科技开发有限公司。

本标准参加起草单位：海克斯康测量技术(青岛)有限公司、成都工具研究所、广陆数字测控股份有限公司、上海交通大学、深圳市中图仪器科技有限公司、奥智品光学仪器(上海)有限公司、机械科学研究院中机生产力促进中心。

本标准主要起草人：于冀平、汤宁、王晋、姜志刚、吴纪岳、缪华清、姜雅彦、赵辉、陆国征、马俊杰、吕蓉、李晓沛。

产品几何技术规范(GPS) 影像测量仪的验收检测和复检检测

1 范围

本标准规定了用已校准长度的标准器(以下简称“标准器”)验证影像测量仪性能的验收检测,以及用户定期再验证影像测量仪性能的复检检测。

本标准规定的验收检测和复检检测适用于 XY 平面直角坐标系的影像测量仪,包括在垂直于平面直角坐标系 Z 方向上具有定位或测量功能的影像测量仪。

本标准规定的验收检测和复检检测不适用于带视频探测系统的三坐标测量机和带三维触发测头的影像测量仪。

本标准规定了证实影像测量仪性能要求的验收检测和复检检测的完成方法、判定合格的规则和验收检测和复检检测的应用。

2 规范性引用文件

下列文件中的条款通过本标准的引用而成为本标准的条款。凡是注日期的引用文件,其随后所有的修改单(不包括勘误的内容)或修订版均不适用于本标准,然而,鼓励根据本标准达成协议的各方研究是否可使用这些引用文件的最新版本。凡是不注日期的引用文件,其最新版本适用于本标准。

GB/T 17163 几何量测量器具术语 基本术语

GB/T 17164 几何量测量器具术语 产品术语

GB/T 18779.1—2002 产品几何量技术规范(GPS) 工件与测量设备的测量检验 第1部分:按规范检验合格或不合格的判定规则(ISO 14253-1:1998,IDT)

3 术语和定义

GB/T 17163 和 GB/T 17164 确立的以及下列术语和定义适用于本标准。

3.1

影像测量仪 video measuring machine

基于成像在光电耦合器件上的光学影像系统(简称影像系统),通过光电耦合器件采集,经过软件处理成像,显示在计算机屏幕上,利用测量软件进行几何运算得出最终结果的非接触式测量仪器。

3.2

长度测量示值误差 length measurement error

E_L

影像测量仪对已校准长度的标准器测量,测量值与标准器实际值的差值。

3.3

聚焦平面长度测量示值误差 length measurement error of focal plane

E_{XY}

在平行于聚焦平面方向上的长度测量示值误差。

注1:在本标准中,XY 平面默认为平行于聚焦平面,若不然,则须作相应标注(例如 E_{XZ} 或 E_{YZ})。

注2:若仅沿平行于 X 轴方向或仅沿平行于 Y 轴方向得到的示值误差,可表示为 E_X 或 E_Y。

3.4

光轴方向长度测量示值误差　length measurement error of optical axis

E_Z

在平行于影像系统光轴方向上的长度测量示值误差。

注：在本标准中，Z 轴默认为平行于影像系统光轴，若不然，则须作相应标注(例如 E_X 或 E_Y)。

3.5

截面原点一致性误差　consistency error of origin in different sections

E_O

影像测量仪在不同截面上测量时，各截面坐标原点投影于 XY 平面的一致程度。

3.6

视窗长度测量示值误差　length measurement error of field of view

E_{LV}

在影像测量仪运动平台不做任何移动的情况下，影像系统视场范围内的任何位置上对已校准长度的标准器进行视窗测量，测量值与标准器实际值的差值。

3.7

探测误差　probing error

E_{P2D}

在影像测量仪运动平台按序移动并且采集了分布在可用视场内的点的情况下，影像系统用离散点的方法对圆形实物标准器进行测量，通过最小二乘法拟合处理所测数据得到的半径范围。

注：检测圆名义上应平行于影像系统的聚焦平面。

3.8

成像误差　imaging error of video system

E_I

在影像测量仪运动平台不做任何移动的情况下，影像系统用离散点的方法对圆形实物标准器进行测量，通过最小二乘法拟合处理所测数据得到的半径范围。

注：检测圆名义上应平行于影像系统的聚焦平面。

3.9

影像分辨力　resolution of video system

R

对成像在影像系统视场范围内的线纹间距的分辨能力。

4　计量学特性要求

4.1　环境条件

4.1.1　仪器验收和使用时，至少应对下列影响影像测量仪准确度的环境条件参数加以控制：

——仪器测量室的温度、单位时间内的温度变化及相对湿度；

——仪器在测量室平衡温度的时间；

——仪器与标准器具的温度差等。

上述条件参数：验收检测由制造商规定；复检检测由用户规定。用户可在给定的范围内随意选择环境条件。

4.1.2　仪器测量室内应无影响测量的灰尘、噪音、震动、腐蚀性气体和较强磁场。

注：当检测条件不满足供应商给定的条件时，供应商可能给出更大的允许误差。

4.2　操作条件

当进行本标准第5章规定的检测时，应严格按照制造商所提供的仪器使用说明书操作，以下方面应特别注意：

a) 仪器启动/预热循环；

b) 测量系统标定；

c) 影像系统放大倍数；

d) 照明。

4.3 影像测量仪性能要求

本标准允许各种影像测量仪有其自己的功能定义，因此也允许在检测参数的选择上有某些灵活性。各项性能要求：

——验收检测由制造商规定；

——复检检测由用户规定。

4.3.1 长度测量示值误差、截面原点一致性误差

4.3.1.1 对在垂直于平面直角坐标系 Z 方向上具有测量功能的影像测量仪，下列性能要求不应超过其最大允许误差：

——E_{XY}；

——E_Z；

——E_{LV}；

——E_O。

4.3.1.2 对在垂直于平面直角坐标系 Z 方向上具有定位功能的影像测量仪和只能在任何二维平面内作测量的影像测量仪，下列性能要求不应超过其最大允许误差：

——E_{XY}；

——E_{LV}；

——E_O。

4.3.1.3 上述性能要求的误差及其最大允许误差用微米表示。

4.3.2 探测误差

探测误差 E_{P2D} 的检测应当包括机器运动和视场的整个可用部分；探测误差 E_{P2D} 不应超过探测误差的最大允许误差，探测误差和其最大允许误差用微米表示。

4.3.3 成像误差

成像误差 E_I 的检测应当包括视场的全部有效区域；成像误差 E_I 不应超过其最大允许误差，成像误差和其最大允许误差用微米表示。

4.3.4 影像分辨力应满足说明书规格中给出的指标。

4.4 测量系统配置

对于给定的最大允许误差，影像系统配置（放大倍数、变焦水平、照明、物镜等）的限制条件：

——验收检测由制造商规定；

——复检检测由用户规定。

用户可在限定的范围内随意选择探测系统的配置。

5 验收检测与复检检测

5.1 概述

——按制造商提供的技术资料和程序完成验收检测；

——按用户的作业指导书和制造商的程序完成复检检测。

5.2 检测长度测量示值误差 E_Z，E_{XY} 和 E_{LV} 的通用要求

5.2.1 长度测量示值误差的评定方法为，用影像测量仪测量标准器的长度，通过比较测量值和标准值的差值来确认示值误差不超过最大允许误差。此标准器的值溯源到国际单位米。

5.2.2 评定各长度测量示值误差的检测位置、检测间隔和检测次数应按如下要求选择：

评定 E_Z 的检测位置——在影像测量仪的光轴位置上；

评定聚焦平面长度测量示值误差 E_{XY} 的检测位置——在垂直于平面直角坐标系 Z 方向上，选择工作台面和不小于 50% Z 轴运动范围的两个平面(平行于聚焦平面)。在工作台面上选四个位置进行测量，两个位置应当是 XY 测量范围对角线方向，另两个应分别平行于 X 轴和 Y 轴；在另一平面选择平行于 X 轴和 Y 轴方向的两个位置进行测量。

评定屏幕长度测量示值误差 E_{LV} 的检测位置——在影像测量仪的视场范围内，选择以视场中心为圆点，向视场四周任意方向的一个位置。

检测间隔——每个测量位置检测三个间隔(大致等间距)，最小检测间隔不大于测量行程的 10%，最大检测间隔不小于测量行程的 66%。

检测次数——每个测量间隔检测三次。

5.2.3 采用单点测量，通过测量点到点的距离然后投影到找正方向得到测量值。不允许应用整个窗口的点或用大量的点的平均值的方法。

5.2.4 若标准器的一端为"A"，另一端为"B"，则三次重复测量的每一次均按 A_1-B_1、A_2-B_2、A_3-B_3，或 A_1-B_1、B_2-A_2、A_3-B_3 的测量顺序进行，不允许采用如 $A_1A_2A_3$，$B_1B_2B_3$ 等其他顺序。

注 1：三次重复测量的每一个点应当有它独有的位置，即 $B_1 \neq B_2$。

注 2：检测长度的测量顺序一经开始，除了要用来测量长度的点外，不允许有附加的测点，也就是在测 A_1 和 B_3 之间不允许加找正用的测点。

5.2.5 如制造商未特别说明测量示值误差时影像系统瞄准点(以下简称瞄准点)的逼近方向，则默认为双向逼近，即对每一个被测量的标准器，测量其点到点的距离时，影像测量仪的运动方向要求是相对的。有关瞄准点单向逼近和双向逼近以及单向和双向测量的详细说明参见附录 D。

5.2.6 对标准器的要求如下：

——标准器的最大长度至少为影像测量仪沿此方向行程的 66%；

——标准器的最小长度至多为影像测量仪沿此方向行程的 10%；

——制造商应当说明随仪器配备的标准器的热膨胀系数的范围；

——制造商亦可以对随仪器配备的标准器的热膨胀系数作校准并给出不确定度。

注 1：对于 E_{LV}，最大行程就是影像系统视场长度；

注 2：若影像测量仪不具备工件热膨胀补偿功能，那么由影像测量仪和标准器热膨胀系数差而导致的测量误差是明显的，因此本标准要求给出随仪器配备的标准器的热膨胀系数。带有工件热膨胀补偿的影像测量仪可以大大减少热量导致的测量误差，对这样的测量机而言，由热量导致的测量误差很大部分是由于标准器热膨胀系数的不确定度引起的(也就是不完善的温度修正造成的)，因此本标准要求给出随仪器配备的标准器的热膨胀系数不确定度。

注 3：假如制造商没有规定影像系统的配置，用户有权自由选择影像测量仪可能提供的任何配置。

5.2.7 测量结果修正

当满足 4.1 的环境条件时，具备工件温度补偿功能的影像测量仪不允许进行人工温度修正，其结果应不超过最大允许误差。

5.3 光轴方向长度测量示值误差 E_Z 的检测

5.3.1 测量方法

5.3.1.1 按制造商给定的常规程序设置并标定影像系统。

5.3.1.2 选择量块或台阶规作标准器，按 5.2.2 的要求设置检测间隔，每一个检测间隔测量三次。

5.3.2 检测结果处理

测量值与标准器实际值的差值为示值误差，当满足 4.1 的环境条件时，9 个示值误差均应不超过 E_Z 的最大允许误差。

5.4 聚焦平面长度测量示值误差 E_{XY} 的检测

5.4.1 测量方法

5.4.1.1 按制造商给定的常规程序设置并标定影像系统。

5.4.1.2 选择线纹尺作标准器，按 5.2.2 的要求设置检测间隔，检测线纹中心距，每一个检测间隔测量三次。

5.4.2 检测结果处理

测量值与标准器实际值的差值为示值误差，当满足 4.1 的环境条件时，54 个示值误差均应不超过对应的最大允许误差。

5.5 屏幕长度测量误差 E_{LV} 的检测

5.5.1 测量方法

5.5.1.1 按制造商给定的常规程序设置并标定影像系统。

5.5.1.2 选择线纹尺、掩模板作标准器，按 5.2.2 的要求设置检测间隔，每一个检测间隔测量三次。

5.5.2 检测结果处理

实测值与标准器实际值的差值为示值误差，当满足 4.1 的环境条件时，9 个示值误差均应不超过 E_V 的最大允许误差。

5.6 截面原点一致性误差 E_O 的检测

5.6.1 检测设备

专用台阶规（技术规格见附录 A）。

5.6.2 测量位置和测量间隔

依次将专用台阶规沿四个空间对角线方向摆放在工作台面上（如图 1 所示）。每个位置测量一个间隔。

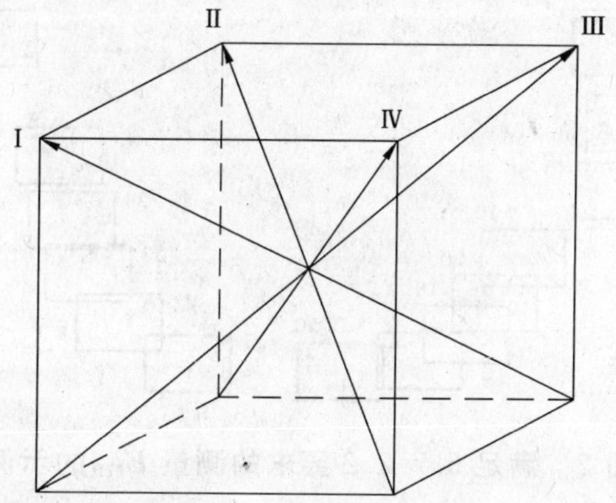

图 1 检测 E_O 时专用台阶规摆放位置

5.6.3 测量方法

选取测量范围内可见的距离最大的两个孔，对其孔心距进行测量。

5.6.4 测量结果处理

比较四个位置测得的孔心距值，最大值与最小值之差即为截面原点一致性误差，当满足 4.1 的环境条件时，误差应不超过 E_O 的最大允许误差。

5.7 探测误差 E_{P2D} 的检测

5.7.1 测量设备

标称直径不小于视场 50%而又不大于 50 mm 的标准圆（如标准环规、标准半球），其圆度误差应不大于探测误差最大允许值的 1/4。

5.7.2 测量方法

5.7.2.1 标准圆应平行于影像系统的聚焦平面放置。

5.7.2.2　应对整个圆上大致均匀分布(大约每隔14.4度)的25个点进行测量，采用单点测量的方法，不得一次采取测量窗口的所有点，图2给出了测量示例。采点的位置由用户决定，采点时需要注意如下事项：

a)　影像测量仪要在25个视场间移动；

b)　某些视场重叠是允许的，但视场内的测量窗口不允许重叠；

c)　25个测量窗口应当分布在全部视场内；

d)　允许在点间调节聚焦。

5.7.2.3　测量结果处理

用所有25个测量点拟合最小二乘圆，对25点的每一点计算最小二乘半径 R 并给出范围 $R_{max}-R_{min}$，其值应不大于探测误差的最大允许误差。

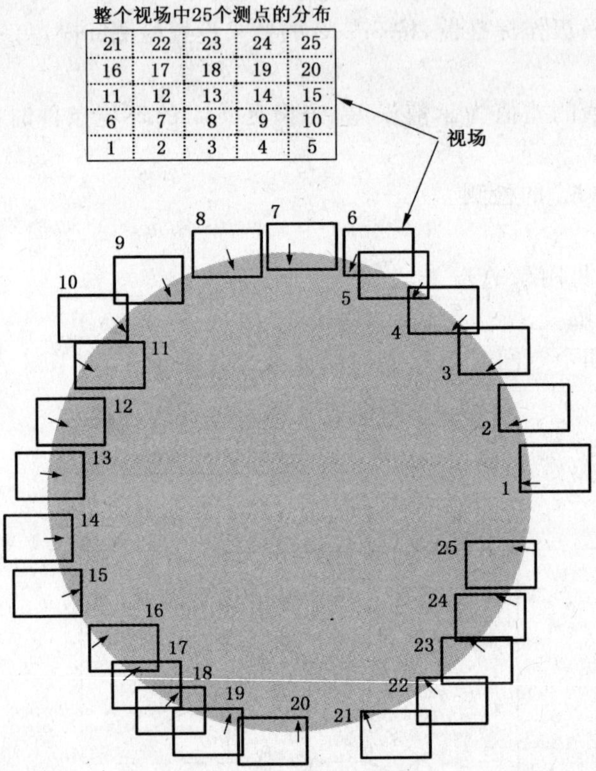

图2　满足5.7.2.2要求的测量 E_{P2D} 的示例

5.8　成像误差 E_I 的检测

5.8.1　测量设备

名义直径在视场10%～30%之间的标准圆(如掩模板上的标准圆)，其圆度误差应不大于成像误差最大允许值的1/4。

5.8.2　测量方法

5.8.2.1　标准圆应平行于影像系统的聚焦平面放置。

5.8.2.2　应对整个圆上大致均匀分布的不少于25个点进行测量，图3给出了测量示例。采点的位置由用户决定，采点时需要注意如下事项：

a)　在影像系统的视场内，由用户选定检测圆的位置(只选一个位置)；

b)　视场内的测量窗口不允许重叠；

c)　应用25个不同的测量窗口；

d)　影像测量仪工作平台不允许移动。

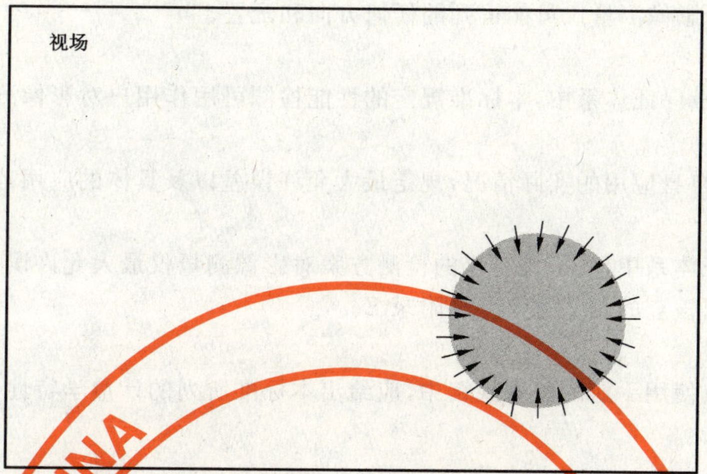

图 3　满足 5.8.2.2 要求的测量 E_I 的示例

5.8.2.3　测量结果处理

用所有 25 个测量点计算最小二乘圆，对 25 点的每一点计算最小二乘半径 R 并给出范围 $R_{max}-R_{min}$，其值应不大于成像误差的最大允许误差。

5.9　影像分辨力 *R* 的检测

5.9.1　测量设备

与影像测量仪标称分辨力相对应的分辨力板或其他设备。

5.9.2　测量方法

将分辨力板放置在仪器工作台上，调节影像系统使其聚焦于分辨力板，由人眼观察成像于视场内的影像，能分辨的最小线纹间距即为分辨力，必要时使用辅助放大镜观察。

注 1：分辨力与放大倍数的匹配关系参见附录 C。

注 2：全视觉提取的影像测量仪不检此项。

6　按标准检测合格

6.1　验收检测和复检检测需按 GB/T 18779.1—2002 计算测量不确定度。

6.2　验收检测时，如同时满足下列条件，影像测量仪的性能被检测通过：

a)　长度测量误差 E_{XY}、E_Z 和 E_{LV} 值，不大于由制造商规定的最大允许误差；

b)　截面原点一致性误差 E_O 值，不大于由制造商规定的最大允许误差；

c)　成像误差 E_I 值，不大于由制造商规定的成像误差最大允许误差；

d)　影像分辨力 R，满足由制造商规定的指标。

7　应用

7.1　验收检测

7.1.1　在供应商和用户签订了下列合同的情况下可进行验收检测：

——购货合同；

——维护合同；

——修理合同；

——改造合同；

——升级合同。

7.1.2　本标准规定的验收检测可用来验证任意配置的影像测量仪性能指标。

7.1.3　允许供应商对最大允许误差的适用范围作限定（如环境、配置、方向等）。如未给出这样的限定，则最大允许误差适用于影像测量仪可能得到的任何方向和配置。

7.2 复检检测

7.2.1 在企业内部质量保证体系中，本标准规定的性能检测可用作用户对影像测量仪各项计量特性的复检检测。

7.2.2 允许用户根据自身应用的实际情况，规定最大允许误差以及具体的应用范围。

7.3 中间核查

企业内部质量保证体系中，可采用简化的检测方案对影像测量仪最大允许误差作中间核查，简化程序应作预先规定。中间核查的相关建议参见附录E。

7.4 说明书

制造商在说明书或使用手册的技术规格中，应给出本标准所列的计量学特性要求。

附　录　A
（规范性附录）
专用台阶规技术规格

A.1　专用台阶规视图见图 A.1。

单位为毫米

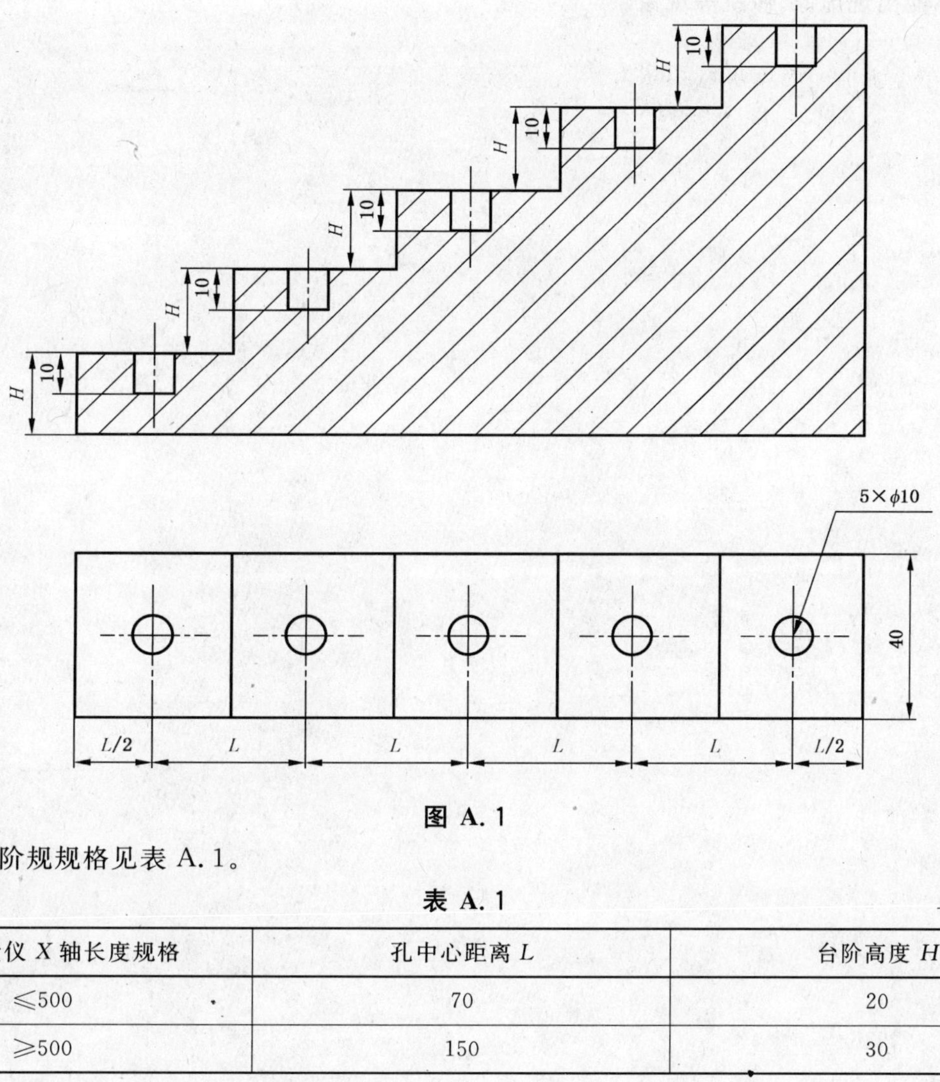

图 A.1

A.2　专用台阶规规格见表 A.1。

表 A.1

单位为毫米

影像测量仪 X 轴长度规格	孔中心距离 L	台阶高度 H
≤500	70	20
≥500	150	30

附 录 B
（资料性附录）
镜头齐焦

镜头的齐焦是指将实物标准器（建议选用平面实物）置于影像测量仪聚焦平面内，在仪器最大放大倍率下调整清晰，向下变换物镜放大倍率时不做二次调焦，镜头始终保持成像清晰的能力。要求变化过程中，成像不能出现虚像、像跳等现象。

附　录　C
（资料性附录）
影像测量仪分辨力与放大倍数的匹配关系

C.1　视窗放大倍数

视窗放大倍数可由式(C.1)表示：

$$\beta = L_V / L \qquad \cdots\cdots (C.1)$$

式中：

β——视窗放大倍数；

L_V——视窗内影像尺寸；

L——被测物体实际尺寸。

C.2　仪器分辨力

将公式(C.1)中的 L_V 用人眼的极限分辨力(100 μm) R_M 代入，就可推算出仪器能有效辨别的最小的示值差，即分辨力与视窗放大倍数的关系式见式(C.2)：

$$\beta = R_M / R \qquad \cdots\cdots (C.2)$$

式中：

β——视窗放大倍数；

R——仪器的分辨力；

R_M——人眼极限分辨力。

C.3　仪器分辨力与视窗放大倍数匹配

见表 C.1。

表 C.1　仪器分辨力与视窗放大倍数匹配一览表

仪器分辨力 R/μm	视窗最小放大倍数 β
1	×100
2	×50
5	×20
注：因考虑景深对示值误差的影响，建议视窗最小放大倍数在 36 倍以上。	

附　录　D
（资料性附录）
单、双向逼近和单、双向及对中测量

D.1　单、双向逼近

D.1.1　单向逼近

用影像测量仪做多点测量时，始终保持影像系统从同一方向逼近、瞄准测量目标。

D.1.2　双向逼近

用影像测量仪做多点测量时，影像系统从不同方向逼近、瞄准测量目标。

注：双向逼近可能会将影像测量仪导轨运动的回程误差带入示值误差。

D.2　单、双向及对中测量

D.2.1　单向测量

D.2.1.1　适宜做单向测量的标准器

步距规、台阶规、孔板等。

D.2.1.2　（双向逼近）单向测量

对单向标准器或与单向标准器类似的被测物进行的测量。如对步距规的同侧步距、台阶规、孔板的同侧边缘等的测量。

注：以图 D.1 所示的箭头方向为工作台移动方向。

图 D.1

D.2.2　（双向逼近）双向测量

D.2.2.1　适宜做双向测量的标准器

量块、步距规、球棒等。

D.2.2.2　双向测量

对双向标准器或与双向标准器类似的被测物进行的测量。如对量块、步距规的异侧步距的测量。见图 D.2 所示。

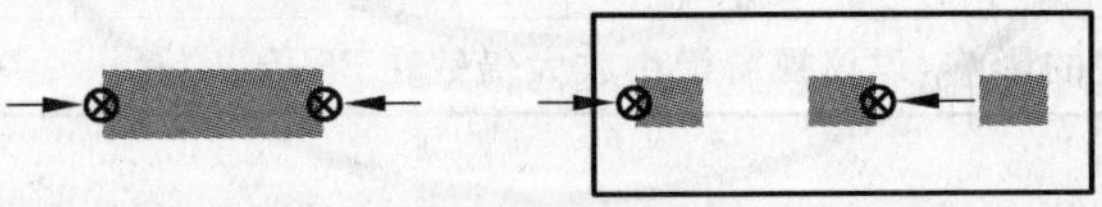

图 D.2

D.2.3　（双向逼近）对中测量

D.2.3.1　适宜做对中测量的标准器

线纹尺等。

D.2.3.2　对中测量

影像测量仪通常采用双标线进行对中测量。如对线纹尺的测量。见图 D.3 所示。

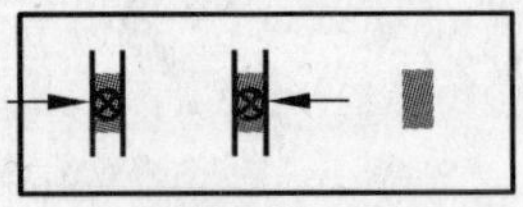

图 D.3

附 录 E
（资料性附录）
中间核查

E.1 建议在两次周期复检之间定期安排影像测量仪的中间核查。核查的时间间隔应视环境条件和测量准确度要求来确定。

E.2 在影响影像测量仪性能的任一重大事件发生后，应立即对影像测量仪进行核查。

E.3 建议选择计量特性稳定的长度实物标准器作为核查标准（如附录D中列出的实物标准器），在影像测量仪验收检测和复检检测后立即对选定的核查标准进行测量，并应详细记录测量的位置和方向，以便能在以后的中间核查时复现。

E.4 亦可根据影像测量仪面对的测量任务，挑选最适宜的核查标准，如能体现典型几何形状要素的特制检测件。该检测件应尺寸稳定、机械结构坚固，而具有不显著影响测量不确定度的表面粗糙度。

E.5 建议核查标准的材料具有接近于在影像测量仪上测量的典型工件材料的热膨胀系数。

附　录　F
（资料性附录）
在GPS矩阵模式中的位置

GPS矩阵的全部详情参见GB/Z 20308—2006。

F.1　本标准的信息及其应用

本标准规定了用已校准长度的标准器验证一台由制造商给出性能指标的影像测量仪的验收检测，以及用户定期再验证影像测量仪性能的复检检测。

F.2　在GPS矩阵中的位置

本标准是GPS通用标准，它影响GPS通用矩阵中尺寸、距离、半径、角度、形状、方向、位置的标准链的链环5，如图F.1所示。

GPS基础标准

GPS综合标准

GPS通用标准						
链环号	1	2	3	4	5	6
尺寸						
距离						
半径						
角度						
与基准无关的线形状						
与基准相关的线形状						
与基准无关的面形状						
与基准相关的面形状						
方向						
位置						
圆跳动						
全跳动						
基准						
粗糙度轮廓						
波纹度轮廓						
原始轮廓						
表面缺陷						
棱边						

图F.1　本标准在矩阵中的位置

F.3　相关的标准

相关的标准为图F.1所示标准链涉及的标准。

参 考 文 献

［1］ ISO/TC 213/WG 10 N 611 ISO_WD_10360-7：2005_Draft_4e Geometrical Product Specifications（GPS）—Acceptance test and reverification test for coordinate measuring machines（CMMs）—Part 7：CMMs equipped with video probing systems.

ICS 77.140.99
H 54

中华人民共和国国家标准

GB/T 24763—2009

泡沫混凝土砌块用钢渣

Steel slag for foamed concrete blocks

2009-12-15 发布　　　　2010-07-01 实施

中华人民共和国国家质量监督检验检疫总局
中国国家标准化管理委员会　发布

前言

本标准的附录A为规范性附录。

本标准由中国钢铁工业协会提出。

本标准由全国钢标准化技术委员会归口。

本标准负责起草单位：北京首钢资源综合利用科技开发公司、冶金工业信息标准研究院。

本标准参加起草单位：建筑材料工业技术监督研究中心、北京中科筑城建材科技有限公司、北京建筑材料科学研究院、北京建筑工程学院、北京建筑材料质量监督检验站、湖南华菱湘潭钢铁有限公司、马鞍山钢铁股份有限公司、重钢产业公司源丰公司。

本标准主要起草人：霍兰平、孟立滨、李应权、闫振甲、张增寿、陈家珑、赵宏贵、宋作宝、周文娟、陈蓓、李成宜、仇金辉。

泡沫混凝土砌块用钢渣

1 范围

本标准规定了泡沫混凝土砌块用钢渣的术语和定义、规格、技术要求、试验方法、验收规则、包装、标志、储存、运输和质量证明书。

本标准适用于建筑围护结构泡沫混凝土砌块用钢渣粉、钢渣砂。

2 规范性引用文件

下列文件中的条款通过本标准的引用而成为本标准的条款。凡是注日期的引用文件，其随后所有的修改单(不包括勘误的内容)或修订版均不适用于本标准，然而，鼓励根据本标准达成协议的各方研究是否可使用这些文件的最新版本。凡是不注日期的引用文件，其最新版本适用于本标准。

GB/T 750—1992 水泥压蒸安定性试验方法

GB/T 1346 水泥标准稠度用水量、凝结时间、安定性检验方法(GB/T 1346—2001，eqv ISO 9597：1989)

GB/T 2419 水泥胶砂流动度测定方法

GB 6566 建筑材料放射性核素限量

GB/T 8074 水泥比表面积测定方法(勃氏法)

GB 8076 混凝土外加剂

GB/T 8170 数字修约规则与极限数值的表示和判定

GB 9774 水泥包装袋

GB/T 14684—2001 建筑用砂

GB/T 18046—2008 用于水泥和混凝土中的粒化高炉矿渣粉

GB/T 20491—2006 用于水泥和混凝土中的钢渣粉

GB/T 24765—2009 耐磨沥青路面用钢渣

JC/T 603 水泥胶砂干缩试验方法

JC/T 681 行星式水泥胶砂搅拌机

JGJ 52 普通混凝土用砂、石质量及检验方法标准

YB/T 804 钢铁渣及处理利用术语

3 术语和定义

YB/T 804 中确立的术语和定义适用于本标准。

4 规格

钢渣砂：钢渣砂按细度模数分为粗、中、细三种规格，其细度模数分别为：

——粗砂：3.7～3.1；

——中砂：3.0～2.3；

——细砂：2.2～1.6。

钢渣砂细度模数的计算按 GB/T 14684—2001 的规定进行。

5 技术要求

5.1 钢渣粉

钢渣粉技术要求应符合表1的规定。

表1 钢渣粉技术要求

项目		一级	二级
比表面积/(m^2/kg)		≥400	
含水量/%		≤1.0	
硫化物及硫酸盐含量(折算成 SO_3 按质量计)/%		≤1.0	
活性指数/%	7 d	≥65	≥55
	28 d	≥80	≥65
流动度比/%		≥90	
压蒸安定性		合格	

5.2 钢渣砂

钢渣砂技术要求应符合表2的规定。

表2 钢渣砂技术要求

项目	指标
颗粒级配	符合 GB/T 14684—2001
硫化物及硫酸盐含量(折算成 SO_3 按质量计)/%	≤1.0
金属铁含量/%	≤1.0
压蒸安定性/%	试件表面无鼓包,无裂痕,无脱落、无粉化且膨胀率≤0.80
放射性	内照射≤1.0
	外照射≤1.0

6 试验方法

6.1 比表面积的检验按 GB/T 8074 的规定进行。

6.2 含水量的检验按 GB/T 18046—2008 附录 B 的规定进行。

6.3 硫化物及硫酸盐含量的检验按 JGJ 52 的规定进行。

6.4 活性指数与流动度比的检验按 GB/T 20491—2006 附录 A 的规定进行。

6.5 钢渣粉安定性的检测按 GB/T 750 的规定进行。

6.6 取样方法、试样处理、试验环境和试验用筛按 GB/T 14684—2001 的规定进行。

6.7 颗粒级配按 GB/T 14684—2001 的规定进行。

6.8 金属铁的检验按 GB/T 24765—2009 中附录 B 的规定进行。

6.9 钢渣砂压蒸安定性的检验按附录 A 的规定进行。

6.10 放射性的检验按 GB 6566 的规定进行。

7 验收规则

7.1 钢渣粉

按 GB/T 20491—2006 的规定进行验收。

7.2 钢渣砂

7.2.1 出厂检验

泡沫混凝土砌块用钢渣砂的出厂检验项目为:颗粒级配、压蒸安定性。

7.2.2 型式检验

型式检验项目:本标准中规定的技术要求全部进行检验。

有下列情况之一时,应进行型式检验:

a) 原料或生产工艺发生变化时;

b) 停产一个月或更长时间,恢复生产时;

c) 出厂检验结果与上次型式检验有较大差异时;

d) 正常生产,每半年进行一次;

e) 国家质量监督机构提出要求检验时。

7.2.3 组批规则

按相同厂家、相同规格每 600 t 为一批,不足 600 t 亦为一批。

7.2.4 判定规则

7.2.4.1 各项性能指标检验结果,应符合第 4 章、第 5 章的要求。

7.2.4.2 检验结果中若有一项性能指标不符合本标准要求时,则应从同一批产品中加倍取样,对不符合要求的项目进行复检。复检后,该项指标符合本标准要求时,可判该批产品合格,仍然不符合本标准要求时,则该批产品判为不合格。

8 产品的储存、包装、标志、运输和质量证明书

8.1 钢渣粉

按 GB/T 20491—2006 的规定进行。

8.2 钢渣砂

8.2.1 包装

8.2.1.1 钢渣砂可袋装或散装。每袋净含量不应少于其标志质量的 98%,随机抽取 20 袋总质量不应少于标志质量总和。

8.2.1.2 钢渣砂包装袋应符合 GB 9774 的规定。

8.2.2 标志

袋装钢渣砂包装上应有标志标明产品名称、标记、规格、净含量,生产日期或批号、生产单位、联系方式。若采用小包装应附有产品使用说明书。

8.2.3 储存

钢渣砂应按厂家、规格分别堆放,防止人为碾压及混料。

8.2.4 运输

运输时,应清扫运输设备,采取措施防止杂物混入,应有必要的防遗洒措施,严禁污染环境。

8.2.5 质量证明书

主要内容包括:

a) 产品名称、规格;

b) 生产日期或批号、供货数量、生产单位及联系方式;

c) 出厂检验结果及执行标准编号;

d) 质量证明书编号及发放日期;

e) 检验部门及检验人员签章。

附 录 A
（规范性附录）
泡沫混凝土砌块用钢渣砂压蒸安定性测定方法

A.1 范围

本附录规定了泡沫混凝土砌块用钢渣砂压蒸安定性测定方法。

A.2 仪器设备

A.2.1 25 mm×25 mm×280 mm 试模、钉头、捣棒和比长仪应符合 JC/T 603 的要求。

A.2.2 水泥胶砂搅拌机应符合 JC/T 681 的要求。

A.2.3 沸煮箱应符合 GB/T 1346 的要求。

A.2.4 压蒸釜应符合 GB/T 750 的要求。

A.3 试样

A.3.1 水泥应符合 GB 8076 规定的基准水泥。

A.3.2 钢渣砂

A.3.2.1 钢渣砂取样按 6.6 的规定进行。

A.3.2.2 将钢渣砂样品烘干后经 4.75 mm、2.36 mm、1.18 mm、600 μm、300 μm、150 μm 的方孔筛筛分，筛分方法按 GB/T 14684—2001 的规定进行。

A.3.2.3 将筛分后的各粒级钢渣颗粒按表 A.1 中的粒度分布进行调整。若钢渣砂样品最大粒度小于 2.36 mm，粒度分布应满足表 A.1 中钢渣砂试样最大粒径以下粒度分布的要求。

A.3.2.4 称取满足表 A.1 颗粒级配要求的试样约 1 500 g。

表 A.1 钢渣砂颗粒级配

方筛孔	4.75 mm	2.36 mm	1.18 mm	600 μm	300 μm	150 μm
累计筛余/%	0	10	35	60	85	100

A.4 试验条件

成型试验室温度应保持 20 ℃±2 ℃，相对湿度应不低于 50%。湿气养护箱应保持 20 ℃±1 ℃，相对湿度应不低于 90%。

试件长度测量应在成型试验室里进行，比长仪和校正杆都应与试验室的温度一致。

A.5 试验步骤

A.5.1 试件的成型

A.5.1.1 试模的准备：试验前在试模内涂上一薄层机油，并将钉头装入模槽两端的圆孔内，注意钉头外露部分不要沾染机油。

A.5.1.2 制作试件用的砂浆配合比应符合下列规定：

A.5.1.2.1 水泥与钢渣砂质量比为 1∶2.25。每组三条试件，共需水泥 440 g，钢渣砂 990 g；

A.5.1.2.2 砂浆用水量按 GB/T 2419 确定，跳桌跳动次数为 10 次，流动度应控制在 105 mm～120 mm。

A.5.1.3 试件的制作

成型前 24 h，将试验所用材料（基准水泥、钢渣砂、拌合用水等）放入成型试验室中。

A.5.1.3.1 钢渣砂浆制备：先将称好的水泥、钢渣倒入搅拌锅内，开动搅拌机。拌合5 s后，徐徐加水，20 s～30 s加完，自动开机器搅拌120 s。将粘在叶片上的料刮下，取下搅拌锅。

A.5.1.3.2 砂浆分二层装入试模内，每层捣40次，测头周围应捣实，浇捣完毕后用镘刀刮去多余砂浆，抹平表面。

A.5.1.3.3 试件放入湿气养护箱中养护至成型后24 h脱模，并标明测定方向及编号。

A.5.2 试件的沸煮

A.5.2.1 试件初长的测量：试件脱模后即测其初长。测量前要用校正杆校正比长仪百分表零读数，测量完毕也要核对零读数，如有变动，试件应重新测量。

试件在测长前应将钉头擦干净，为减少误差，试件在比长仪中的上下位置在每次测量时应保持一致，读数前应左右旋转，待百分表指针稳定时读数（L_0），读数记录精确至0.01 mm。

A.5.2.2 调整好沸煮箱内的水位，使能保证在整个沸煮过程中都超过试件，不需中途添补试验用水，同时又能保证在30 min±5 min内升至沸腾。

A.5.2.3 将测完初长的试件平放在沸煮箱的试架上，在30 min±5 min内加热至沸并恒沸180 min±5 min。

A.5.2.4 沸煮结束后，立即放掉沸煮箱中的热水，打开箱盖，待箱体冷却至室温，取出试件。

A.5.3 试件的压蒸

A.5.3.1 沸煮后的试件应在四天内完成压蒸。试件在沸煮后压蒸前这段时间里应放在20 ℃±2 ℃的水中养护。

压蒸前将试件在室温下放在试件支架上。试件间应留有间隙。为了保证压蒸时压蒸釜内始终保持饱和水蒸气压，应加入足量的蒸馏水，加入量一般为锅容积的7%～10%，但试件应不接触水面。

A.5.3.2 在加热初期应打开放汽阀，让釜内空气排出直至看见有蒸汽放出后关闭，接着升高釜内温度，使其从加热开始经45 min～75 min达到表压2.0 MPa±0.05 MPa，在该压力下保持3 h后切断电源，让压蒸釜在90 min内冷却至釜内压力低于0.1 MPa。然后微开放汽阀排出釜内剩余蒸汽。压蒸釜内的操作应严格按GB/T 750—1992中附录B的规定进行。

A.5.3.3 打开压蒸釜，取出试件立即置于90 ℃以上的热水中，然后在热水中均匀地注入冷水，在15 min内使水温降至20 ℃±2 ℃，注入水时不要直接冲向试件表面。再经15 min取出试件擦净，按A.5.2.1的方法测长（L_1）。如发现试件表面鼓包、裂痕、脱落、粉化应作记录。

A.6 结果计算与评定

结果计算

试件压蒸膨胀率按式（A.1）计算：

$$L_A = \frac{L_1 - L_0}{L} \times 100 \qquad \cdots\cdots\cdots\cdots (A.1)$$

式中：

L_A——试件压蒸膨胀率，用百分数表示（%）；

L——试件有效长度，250 mm；

L_0——试件脱模后的初长读数，单位为毫米（mm）；

L_1——试件压蒸后长度读数，单位为毫米（mm）。

钢渣砂浆试件的膨胀率以百分数表示，压蒸膨胀率取3个试件的平均值作为试验结果，试验结果精确至0.01%，数值按GB/T 8170修约；当有一个或一个以上压蒸膨胀率值超过0.80%时，取最大值作为试验结果。

ICS 77.140.99
H 54

中华人民共和国国家标准

GB/T 24764—2009

外墙外保温抹面砂浆和粘结砂浆用钢渣砂

Steel slag sand for polymer modified mortar for external thermal insulation on outer-walls

2009-12-15 发布　　2010-07-01 实施

中华人民共和国国家质量监督检验检疫总局
中国国家标准化管理委员会　发布

前　言

本标准的附录A为规范性附录、附录B为资料性附录。

本标准由中国钢铁工业协会提出。

本标准由全国钢标准化技术委员会归口。

本标准负责起草单位：北京首钢资源综合利用科技开发公司、冶金工业信息标准研究院。

本标准参加起草单位：北京建筑材料科学研究院、北京建筑工程学院、北京市建筑材料质量监督检验站、汕头经济特区龙湖科技有限公司、湖南华菱湘潭钢铁有限公司、马鞍山钢铁股份有限公司。

本标准主要起草人：霍兰平、孟立滨、张增寿、陈家珑、张琳、宋作宝、于宪章、周文娟、李成宜、纪秋博、仇金辉。

外墙外保温抹面砂浆和粘结砂浆用钢渣砂

1 范围

本标准规定了用于外墙外保温抹面砂浆和粘结砂浆用钢渣砂的术语和定义、规格、技术要求、试验方法、验收规则、包装、标志、储存、运输和质量证明书。

本标准适用于膨胀聚苯板薄抹灰外墙外保温系统中抹面胶浆和胶粘剂使用的钢渣砂。

2 规范性引用文件

下列文件中的条款通过本标准的引用而成为本标准的条款。凡是注日期的引用文件，其随后所有的修改单(不包括勘误的内容)或修订版均不适用于本标准，然而，鼓励根据本标准达成协议的各方研究是否可使用这些文件的最新版本。凡是不注日期的引用文件，其最新版本适用于本标准。

GB/T 750—1992 水泥压蒸安定性试验方法

GB/T 1346 水泥标准稠度用水量、凝结时间、安定性检验方法

GB/T 2419 水泥胶砂流动度测定方法

GB 6566 建筑材料放射性核素限量

GB 8076 混凝土外加剂

GB/T 8170 数字修约规则与极限数值的表示和判定

GB 9774 水泥包装袋

GB/T 14684—2001 建筑用砂

GB/T 24765—2009 耐磨沥青路面用钢渣

JC/T 603 水泥胶砂干缩试验方法

JC/T 681 行星式水泥胶砂搅拌机

JGJ 52 普通混凝土用砂、石质量及检验方法标准

YB/T 804 钢铁渣及处理利用术语

3 术语和定义

YB/T 804 中确立的术语和定义适用于本标准。

4 技术要求

4.1 规格、颗粒级配

钢渣砂规格、颗粒级配参照附录 B 的规定。

4.2 技术指标

表 1 外墙外保温抹面砂浆和粘结砂浆用钢渣砂的技术指标

项目	指标
最大粒径/mm	2.36
硫化物及硫酸盐含量(折算成 SO_3 按质量计)/%	≤1.0
金属铁含量/%	≤1.0
含水率/%	<0.5

表 1（续）

项目		指标
表观密度/(kg/m³)		≤3 600
放射性		外照射≤1.0
		内照射≤1.0
压蒸安定性/%		试件表面无鼓包、无裂痕、无脱落、无粉化且膨胀率≤0.80

4.3 小于 75 μm 颗粒含量，供需双方合同确定。

5 试验方法

5.1 取样方法、试样处理、试验环境和试验用筛

按 GB/T 14684—2001 的规定进行。

5.2 颗粒级配、表观密度

按 GB/T 14684—2001 的规定进行。

5.3 小于 75 μm 颗粒含量

按 GB/T 14684—2001 中 6.4 含泥量检测的规定进行。

5.4 硫化物及硫酸盐含量

按 JGJ 52 的规定进行。

5.5 金属铁

按 GB/T 24765—2009 中附录 B 的规定进行。

5.6 含水率

按 JGJ 52 的规定进行。

5.7 放射性

按 GB 6566 的规定进行。

5.8 压蒸安定性

按附录 A 的规定进行。

6 验收规则

6.1 出厂检验

外墙外保温抹面砂浆和粘结砂浆用钢渣砂的出厂检验项目为：颗粒级配、小于 75 μm 颗粒含量、含水率、压蒸安定性。

6.2 型式检验

型式检验项目：按 4.1、4.2 的规定全部进行检验。

有下列情况之一时，应进行型式检验：

a) 原料或生产工艺发生变化时；

b) 停产一个月或更长时间，恢复生产时；

c) 出厂检验结果与上次型式检验有较大差异时；

d) 正常生产，每半年进行一次；

e) 国家质量监督机构提出要求检验时。

6.3 组批规则

按相同生产厂家、同规格日产量 200 t 为一批，不足 200 t 为一批。

6.4 判定规则

6.4.1 各项性能指标检验结果，应符合第 4 章的要求。

6.4.2 检验结果中若有一项性能指标不符合本标准要求时，则应从同一批产品中加倍取样，对不符合要求的项目进行复检。复检后，该项指标符合本标准要求时，可判该批产品合格，仍然不符合本标准要求时，则该批产品判为不合格。

7 产品的包装、标志、储存、运输和质量证明书

7.1 包装

7.1.1 钢渣砂可袋装或散装。袋装每袋净含量不应少于其标志质量的98%，随机抽取20袋总质量不应少于标志质量总和。

7.1.2 钢渣砂包装袋应符合GB 9774的规定。

7.2 标志

袋装钢渣砂包装上应有标志产品名称、标记、规格、净含量，生产日期或批号、生产单位、联系方式。若采用小包装应附有产品使用说明书。

7.3 储存

钢渣砂应按厂家、规格分别堆放，防止人为碾压及混料，应有防潮措施。

7.4 运输

运输时，应清扫运输设备，采取措施防止杂物混入，应有必要的防遗洒措施，严禁污染环境，应有防雨措施。

7.5 质量证明书

内容包括：

a) 产品名称、规格；

b) 生产日期或批号、供货数量、小于75 μm颗粒含量，生产单位及联系方式；

c) 出厂检验结果及执行标准编号；

d) 质量证明书编号及发放日期；

e) 检验部门及检验人员签章。

附 录 A
（规范性附录）
外墙外保温抹面砂浆和粘结砂浆用钢渣砂压蒸安定性测定方法

A.1 范围

本附录规定了外墙外保温抹面砂浆和粘结砂浆用钢渣砂压蒸安定性测定方法。

A.2 仪器设备

A.2.1 25 mm×25 mm×280 mm 试模、钉头、捣棒和比长仪

符合 JC/T 603 的要求。

A.2.2 水泥胶砂搅拌机

符合 JC/T 681 的要求。

A.2.3 沸煮箱

符合 GB/T 1346 的要求。

A.2.4 压蒸釜

符合 GB/T 750 的要求。

A.3 试样

A.3.1 水泥

符合 GB 8076 规定的基准水泥。

A.3.2 钢渣砂

A.3.2.1 钢渣砂取样按 5.1 进行。

A.3.2.2 将钢渣砂样品烘干后经 2.36 mm、1.18 mm、600 μm、300 μm、150 μm 的方孔筛筛分，筛分方法按 GB/T 14684—2001 的规定进行。

A.3.2.3 将筛分后的各粒级钢渣颗粒按表 A.1 中的粒度分布进行调整。

A.3.2.4 称取满足表 A.1 颗粒级配要求的试样约 1 500 g。

表 A.1 钢渣砂颗粒级配

方筛孔	2.36 mm	1.18 mm	600 μm	300 μm	150 μm
累计筛余/%	0	35	60	85	100

A.4 试验条件

成型试验室温度应保持 20 ℃±2 ℃，相对湿度应不低于 50%。湿气养护箱应保持 20 ℃±1 ℃，相对湿度应不低于 90%。

试件长度测量应在成型试验室进行，比长仪和校正杆都应与试验室的温度一致。

A.5 试验步骤

A.5.1 试件的成型

A.5.1.1 试模的准备：试验前在试模内涂上一薄层机油，并将钉头装入模槽两端的圆孔内，注意钉头外露部分不要沾染机油。

A.5.1.2 制作试件用的砂浆配合比应符合下列规定：

A.5.1.2.1 水泥与钢渣砂质量比为 1∶2.25。每组三条试件，共需水泥 440 g，钢渣砂 990 g；

A.5.1.2.2 砂浆用水量按 GB/T 2419 确定，跳桌跳动次数为 10 次，流动度应控制在 105 mm～120 mm。

A.5.1.3 试件的制作

成型前 24 h，将试验所用材料（基准水泥、钢渣砂、拌合用水等）放入成型试验室中。

A.5.1.3.1 钢渣砂浆制备：先将称好的水泥、钢渣倒入搅拌锅内，开动搅拌机。拌合 5 s 后，徐徐加水，20 s～30 s 加完，自动开机器搅拌 120 s。将粘在叶片上的料刮下，取下搅拌锅。

A.5.1.3.2 砂浆分二层装入试模内，每层捣 40 次，测头周围应捣实，浇捣完毕后用镘刀刮去多余砂浆，抹平表面。

A.5.1.3.3 试件放入湿气养护箱中养护至成型后 24 h 脱模，并标明测定方向及编号。

A.5.2 试件的沸煮

A.5.2.1 试件初长的测量：试件脱模后即测其初长。测量前要用校正杆校正比长仪百分表零读数，测量完毕也要核对零读数，如有变动，试件应重新测量。

试件在测长前应将钉头擦干净，为减少误差，试件在比长仪中的上下位置在每次测量时应保持一致，读数前应左右旋转，待百分表指针稳定时读数（L_0），读数记录精确至 0.01 mm。

A.5.2.2 调整好沸煮箱内的水位，使能保证在整个沸煮过程中都超过试件，不需中途添补试验用水，同时又能保证在 30 min±5 min 内升至沸腾。

A.5.2.3 将测完初长的试件平放在沸煮箱的试架上，在 30 min±5 min 内加热至沸并恒沸 180 min±5 min。

A.5.2.4 沸煮结束后，立即放掉沸煮箱中的热水，打开箱盖，待箱体冷却至室温，取出试件。

A.5.3 试件的压蒸

A.5.3.1 沸煮后的试件应在四天内完成压蒸。试件在沸煮后压蒸前这段时间里应放在 20 ℃±2 ℃的水中养护。

压蒸前将试件在室温下放在试件支架上。试件间应留有间隙。为了保证压蒸时压蒸釜内始终保持饱和水蒸气压，必须加入足量的蒸馏水，加入量一般为锅容积的 7%～10%，但试件应不接触水面。

A.5.3.2 在加热初期应打开放汽阀，让釜内空气排出直至看见有蒸汽放出后关闭，接着提高釜内温度，使其从加热开始经 45 min～75 min 达到表压 2.0 MPa±0.05 MPa，在该压力下保持 3 h 后切断电源，让压蒸釜在 90 min 内冷却至釜内压力低于 0.1 MPa。然后微开放汽阀排出釜内剩余蒸汽。压蒸釜内的操作应严格按 GB/T 750—1992 中附录 B 进行。

A.5.3.3 打开压蒸釜，取出试件立即置于 90 ℃以上的热水中，然后在热水中均匀地注入冷水，在 15 min 内使水温降至 20 ℃±2 ℃，注入水时不要直接冲向试件表面。再经 15 min 取出试件擦净，按 A.5.2.1 的方法测长（L_1）。如发现试件表面鼓包、裂痕、脱落、粉化应作记录。

A.6 结果计算

试件压蒸膨胀率按式（A.1）计算：

$$L_A = \frac{L_1 - L_0}{L} \times 100 \qquad \cdots\cdots\cdots\cdots (A.1)$$

式中：

L_A——试件压蒸膨胀率，以百分数表示（%）；

L——试件有效长度，250 mm；

L_0——试件脱模后的初长读数，单位为毫米（mm）；

L_1——试件压蒸后长度读数，单位为毫米（mm）。

钢渣砂浆试件的膨胀率以百分数表示，压蒸膨胀率取 3 个试件的平均值作为试验结果，试验结果精确至 0.01%，数值按 GB/T 8170 修约；当有一个或一个以上压蒸膨胀率值超过 0.80%时，取最大值作为试验结果。

附 录 B
（资料性附录）
外墙外保温抹面砂浆和粘结砂浆用钢渣砂规格和颗粒级配

B.1 规格

B.1.1 外墙外保温抹面砂浆和粘结砂浆用钢渣砂按细度模数分为粗、中、细三种规格，其细度模数分别为：

——粗砂：3.7～3.1；

——中砂：3.0～2.3；

——细砂：2.2～1.6。

B.1.2 钢渣砂细度模数的计算按 GB/T 14684—2001 的规定进行。

B.2 颗粒级配

颗粒级配应符合表 B.1 的规定。供需双方参考执行。

表 B.1 颗粒级配

方筛孔	累计筛余/%		
	Ⅰ区[b]	Ⅱ区[b]	Ⅲ区[b]
2.36 mm	0	0	0
1.18 mm	65～35	50～10	25～0
600 μm[a]	85～71	70～41	40～16
300 μm	95～80	92～70	85～55
150 μm	100～90	100～90	100～90

[a] 钢渣砂的实际颗粒级配与表中所列数字相比，除 600 μm 筛档外，可以略有超出，但超出量应小于 5%。

[b] Ⅰ区中 150 μm 筛孔的累计筛余可以放宽到 100～85，Ⅱ区中 150 μm 筛孔的累计筛余可以放宽到 100～80，Ⅲ区中 150 μm 筛孔的累计筛余可以放宽到 100～75。

ICS 77.140.99
H 54

中华人民共和国国家标准

GB/T 24765—2009

耐磨沥青路面用钢渣

Steel slag for wearing asphalt pave

2009-12-15 发布

2010-07-01 实施

中华人民共和国国家质量监督检验检疫总局
中国国家标准化管理委员会 发布

前言

本标准的附录A、附录B为规范性附录。

本标准由中国钢铁工业协会提出。

本标准由全国钢标准化技术委员会归口。

本标准负责起草单位：首钢资源综合利用科技开发公司、冶金工业信息标准研究院。

本标准参加起草单位：北京市政工程研究院、湖南华菱湘潭钢铁有限公司、马鞍山钢铁股份有限公司、宝钢发展有限公司新型材料公司。

本标准主要起草人：孟立滨、崔丽、吴冰、于宪章、李成宜、朱红、仇金辉。

耐磨沥青路面用钢渣

1 范围

本标准规定了耐磨沥青路面用钢渣的术语和定义、规格、技术要求、试验方法、检验规则、储存、运输和质量证明书等。

本标准适用于道路工程中具有较高耐磨要求的沥青路面。

2 规范性引用文件

下列文件中的条款通过本标准的引用而成为本标准的条款。凡是注日期的引用文件，其随后所有的修改单(不包括勘误的内容)或修订版均不适用于本标准，然而，鼓励根据本标准达成协议的各方研究是否可使用这些文件的最新版本。凡是不注日期的引用文件，其最新版本适用于本标准。

GB/T 6003.1 金属丝编织网试验筛

GB 6566 建筑材料放射性核素限量

GB/T 8170 数值修约规则与极限数值的表示和判定

JTG E40 公路土工试验规程

JTG E42—2005 公路工程集料试验规程

JTG F40 公路沥青路面施工技术规范

JTJ 052—2000 公路工程沥青及沥青混合料试验规程

YB/T 140 水泥用钢渣化学分析方法

YB/T 804 钢铁渣及处理利用术语

3 术语和定义

YB/T 804 中确立的以及下列术语和定义适用于本标准：

3.1

浸水膨胀率 immersion expansion ratio

钢渣在规定试验条件下，浸水后的体积变化率。

4 规格

钢渣的规格名称应符合 JTG F40 的规定。

钢渣粗集料的粒径规格应符合表 1 的规定，钢渣细集料的粒径规格应符合表 2 的规定。

表 1 钢渣粗集料的粒径规格

规格名称	公称粒径 mm	通过下列筛孔(mm)的质量分数/%					
		19	13.2	9.5	4.75	2.36	0.6
S10	10～15	100	90～100	0～15	0～5	—	—
S11	5～15	100	90～100	40～70	0～15	0～5	—
S12	5～10	—	100	90～100	0～15	0～5	—
S13	3～10	—	100	90～100	40～70	0～20	0～5
S14	3～5	—	—	100	90～100	0～15	0～3

表 2 钢渣细集料的粒径规格

规格	公称粒径 mm	通过下列筛孔(mm)的质量分数/%							
		9.5	4.75	2.36	1.18	0.6	0.3	0.15	0.075
S15	0～5	100	90～100	60～90	40～75	20～55	7～40	2～20	0～10
S16	0～3	—	100	80～100	50～80	25～60	8～45	0～25	0～15

5 技术要求

5.1 一般要求

钢渣集料应为经稳定化处理的转炉或电炉钢渣,颗粒洁净、干燥、无杂质。

5.2 钢渣集料技术要求

钢渣集料技术要求应符合表 3 规定。

表 3 钢渣集料技术要求

项目	技术指标
浸水膨胀率/%	≤2.0
金属铁含量/%	≤2.0
放射性	内照射指数≤1.0
	外照射指数≤1.0

5.2.1 钢渣粗集料技术要求

钢渣粗集料技术要求应符合表 4 的规定。

表 4 钢渣粗集料技术要求

项目	技术指标
压碎值/%	≤26
洛杉矶磨耗损失/%	≤26
表观相对密度	≥2.90
吸水率/%	≤3.0
坚固性/%	≤12
针片状颗粒含量/%	≤12
小于 0.075 mm 颗粒含量/%	≤1
软弱颗粒含量/%	≤3
磨光值/PSV	≥45
与沥青的粘附性/级	≥4

5.2.2 钢渣细集料技术要求

钢渣细集料技术要求应符合表 5 的规定。

表 5 钢渣细集料技术要求

项目	技术指标
表观相对密度	≥2.90
坚固性(>0.3 mm 部分)/%	≤12
小于 0.075 mm 颗粒含量/%	≤3
棱角性(流动时间)/s	≥40

6 试验方法

6.1 筛分方法

粗集料按照 JTG E42—2005 中 T302 的规定进行，细集料按照 JTG E42—2005 中 T0327 的规定进行。

6.2 浸水膨胀率

按照附录 A 规定进行。

6.3 金属铁含量

按照附录 B 的规定进行。

6.4 放射性

按照 GB 6566 规定进行。

6.5 压碎值

按照 JTG E42—2005 中 T0316 的规定进行。

6.6 洛杉矶磨耗损失

按照 JTG E42—2005 中 T0317 的规定进行。

6.7 表观相对密度

粗集料按照 JTG E42—2005 中 T0304 的规定进行，细集料按照 JTG E42—2005 中 T0328 的规定进行。

6.8 吸水率

按照 JTG E42—2005 中 T0304 的规定进行。

6.9 坚固性

粗集料按照 JTG E42—2005 中 T0314 的规定进行，细集料按照 JTG E42—2005 中 T0340 的规定进行。

6.10 针片状颗粒含量

按照 JTG E42—2005 中 T0312 的规定进行。

6.11 软弱颗粒含量

按照 JTG E42—2005 中 T0320 的规定进行。

6.12 磨光值

按照 JTG E42—2005 中 T0321 的规定进行。

6.13 与沥青的粘附性

按照 JTJ 052—2005 中 T0616 的规定进行。

6.14 小于 0.075 mm 细粉含量

按照 JTG E42—2005 中 T0333 的规定进行。

6.15 棱角性

按照 JTG E42—2005 中 T0345 的规定进行。

7 检验规则

7.1 检验分类

7.1.1 出厂检验项目：规格，浸水膨胀率。

7.1.2 型式检验项目：对本标准中规定的技术要求全部进行检验。

有下列情况之一时，应进行型式检验：

a) 生产工艺发生变化时；

b) 停产两个月或更长时间，恢复生产时；

c) 出厂检验结果与上次型式检验有较大差异时；

d) 正常生产，每半年进行一次；

e) 国家质量监督机构提出要求检验时。

7.2 组批规则

每批钢渣应为相同厂家、相同处理工艺，每 5 000 t 为一批，不足 5 000 t 亦为一批。

7.3 取样

在进行质量检验时，按随机抽样法，从每批钢渣堆放料堆内部 1 m 处取足够数量（满足所做试验的量）的钢渣样品，从 3 处以上取样混合后按分料器法或四分法进行处理，要注意钢渣的破碎、表面空隙等特点，尽量使所抽取的试样具有代表性。

7.4 判定规则

7.4.1 各项指标检验结果，应符合第 4 章、第 5 章的要求。

7.4.2 检验结果中若有一项性能指标不符合本标准要求时，则应从同一批产品中加倍取样，对不符合标准要求的项目进行复检。复检后，该项指标符合本标准要求时，可判该批产品合格，仍然不符合本标准要求时，则该批产品判为不合格。

8 储存、运输和质量证明书

8.1 储存

钢渣应按不同产地、不同规格、不同处理工艺分别堆放，防止混料。

8.2 运输

运输时，应认真清扫运输设备并采取措施防止杂物混入。

8.3 质量证明书

钢渣出厂时，生产厂应提供产品质量证明书，其内容包括：

a) 产品名称、标记、商标；

b) 钢渣规格；

c) 生产日期或批号、供货数量、生产单位及联系方式；

d) 出厂检验结果及执行标准编号；

e) 质量证明书编号及发放日期；

f) 检验部门及检验人员签章。

附 录 A
（规范性附录）
钢渣浸水膨胀率的测定方法

A.1 范围

本附录规定了沥青混合料用钢渣浸水膨胀率的测定方法。

A.2 仪器设备

A.2.1 台秤：称量 10 kg，感量 5 g。

A.2.2 天平：称量 2 kg，感量 1 g。

A.2.3 烘箱及干燥器。

A.2.4 方孔筛：筛孔 31.5 mm、26.5 mm、19 mm、13.2 mm、4.75 mm、2.36 mm、0.3 mm 及 0.075 mm 的各一个。

A.2.5 标准击实仪：包括：试筒，内径 152 mm、高 170 mm；套筒；垫板，高 50 mm；底板等。击实锤底面直径 50 mm，总质量 4.5 kg，落高 450 mm。

A.2.6 多孔底座：两侧带支架，中间多孔板布满 2 mm 的圆孔。

A.2.7 多孔顶板：直径 148 mm，布满 2 mm 的圆孔，黄铜制，中心有百分表触点，供测定变形用。

A.2.8 百分表及百分表架：百分表精度为 0.01 mm。

A.2.9 恒温水浴：能同时放置 150 mm 试件不少于 3 个，持续保持水温(90±3)℃ 6 h 以上。

A.2.10 拌和工具：400 mm×600 mm×70 mm 的金属盘、土铲。

A.2.11 其他：滤纸（直径 152 mm）、修土刀、平直尺、推土器、量筒、盛土盘等。

A.3 试验步骤

A.3.1 试样的准备

A.3.1.1 选取具有代表性的样品 100 kg，烘干，全部通过 31.5 mm 方孔筛备用，取样方法按 7.3 的规定进行。

A.3.1.2 将样品经过 26.5 mm、19 mm、13.2 mm、4.75 mm、2.36 mm、0.3 mm 及 0.075 mm 的方孔筛，将套筛置于振筛机上，摇 10 min，取下套筛，按筛孔大小顺序再逐个用手筛，筛至每分钟通过量小于筛样总量 0.1% 为止。通过的试样并入下一号筛中，并和下一号筛中的试样一起过筛。以这样顺序进行，直至各号筛全部筛完为止。

A.3.1.3 将筛分后的各粒级钢渣颗粒按表 A.1 中的粒度分布进行调整。若钢渣样品最大自然粒度小于 26.5 mm，粒度分布应满足表 A.1 中钢渣最大自然粒径以下粒度分布的要求。

表 A.1 粒度分布

筛孔尺寸/mm	31.5	26.5	13.2	4.75	2.36	0.3	0.075
累计筛余/%	0	2.5	30	52.7	65	80	94

A.3.2 试验步骤

A.3.2.1 按照 JTG E40 中的击实试验方法进行重型击实试验，确定最佳含水率和最大干密度。

A.3.2.2 按表 A.1 粒度分布要求称取 3 份钢渣，每份 7 kg，按最佳含水率加水，充分拌和均匀。

A.3.2.3 在试模内装入垫块，铺上滤纸，按照 JTG E40 中的击实试验方法进行重型击实成型，击实完成后取下套筒，用刮刀刮出多余钢渣，用细料补齐找平试件表面，铺上滤纸，盖上多孔底座。将试模连同多孔底座一起倒置，取走垫块。再次垫上滤纸，装上多孔顶板，擦净试模外部。

A.3.2.4 在多孔顶板上压4块半圆形荷载板，共重5 kg。装置测定浸水膨胀率用的百分表架及百分表。百分表应准确对准中央触点并保持竖直状态。

A.3.2.5 将试模放进恒温水浴槽中，试模应全部浸没水中。立即读取百分表的初读数 d_0，精确至0.01 mm。

A.3.2.6 水浴加热，水浴槽内温度达到(90±3)℃后保持6 h，停止加热，自然冷却。以后每天按第一日的步骤进行，并在每天升温前记录百分表读数，如此持续进行10 d。

A.3.2.7 加热10 d后读取百分表终读数 d_{10}。结束试验，拆除检测装置。

A.3.3 结果计算

钢渣的浸水膨胀率按式(A.1)计算：

$$\gamma = \frac{d_{10} - d_0}{120} \times 100\% \qquad \text{(A.1)}$$

式中：

γ——浸水膨胀率，单位为百分数(%)；

d_{10}——百分表的终读数，单位为毫米(mm)；

d_0——百分表的初读数，单位为毫米(mm)。

浸水膨胀率取3个平行试验的平均值作为试验结果，试验结果精确至0.1%，数值修约按GB/T 8170的规定进行；当试验中有一个单值超过2%时，取最大值作为试验结果。

单位为毫米

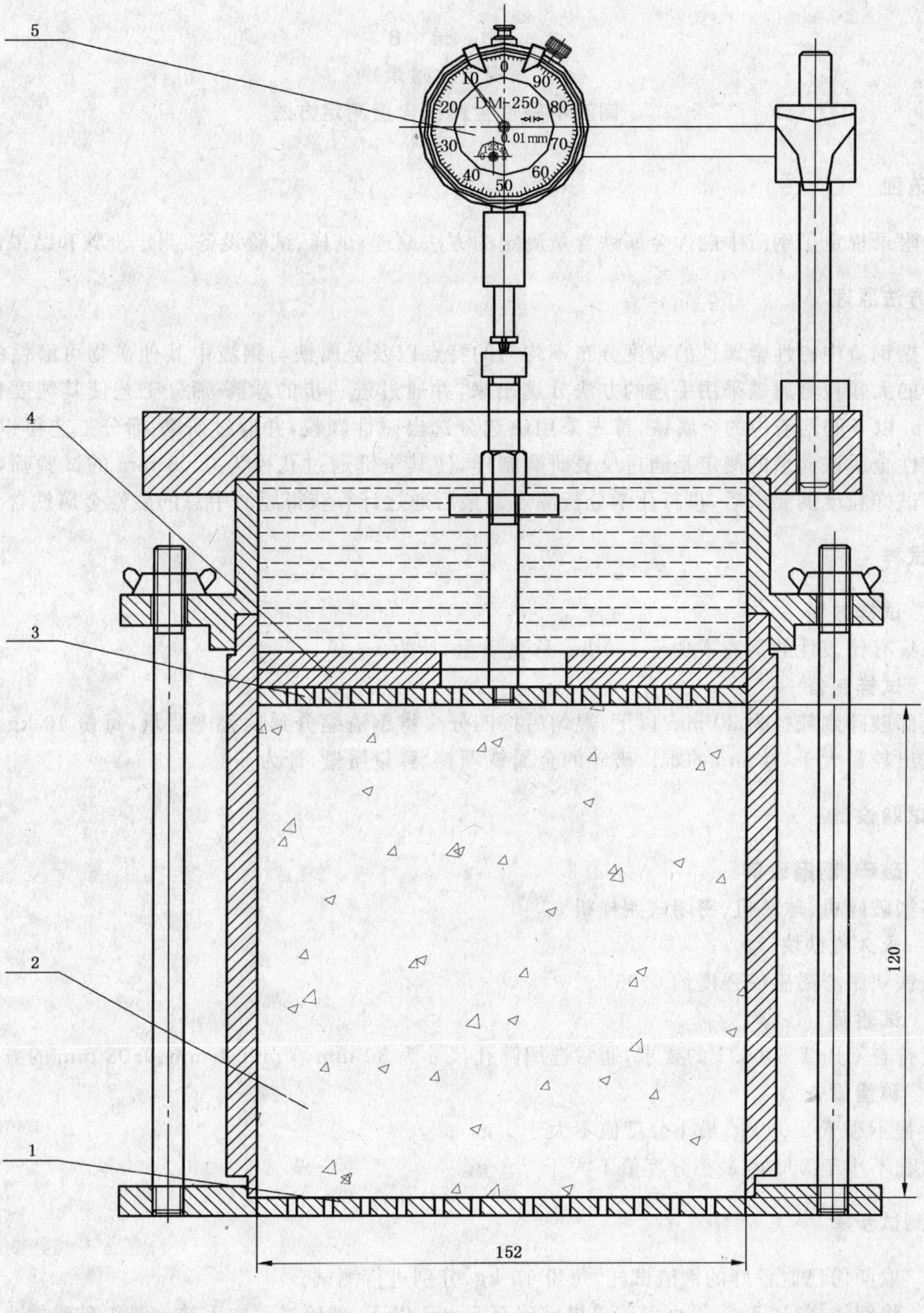

1——多孔底座；

2——钢渣；

3——多孔顶板；

4——半圆形荷载板；

5——百分表。

图 A.1 浸水膨胀率测定装置示意图

附 录 B
（规范性附录）
钢渣中磁性金属铁含量测定方法

B.1 范围

本附录规定了钢渣中磁性金属铁含量测定的方法原理、试样、试验设备、测定步骤和结果计算。

B.2 方法原理

依据钢渣中磁性金属铁的粒度分布不均匀的特点以及金属铁与钢渣中其他矿物可磨性的差异，难以破碎的大颗粒金属铁采用手选的办法分选出来，并通过进一步的球磨-筛分工艺使其纯度提高；破碎至 5 mm 以下的钢渣中的金属铁，首先采用磁选分选出磁性颗粒，并通过研磨-筛分工艺得以提纯。尾渣中磁性金属铁含量的测定是通过反复研磨制样，使其全部通过孔径为 0.08 mm 的试验筛，满足化学分析对试样粒度的要求后，进行化学分析测定。最后通过计算获得原渣中总的磁性金属铁含量。

B.3 试样

B.3.1 试样数量

采集有代表性的钢渣不少于 100 kg，称量质量，计为 m_0。

B.3.2 试样制备

全部破碎到粒径为 30 mm 以下，混匀后按四分法将钢渣缩分到试验需要量，每份 10 kg，破碎过程中手选出粒径大于 30 mm 的难以破碎的金属铁颗粒，称量质量，计为 m_1。

B.4 试验设备

B.4.1 破碎、粉磨设备

小型破碎机、球磨机、密闭式制样机。

B.4.2 永久磁铁块

磁铁块中心磁感应强度约 0.06T。

B.4.3 试验筛

应符合 GB/T 6003.1 的要求，通常选用筛孔尺寸为 30 mm、5 mm、1 mm、0.08 mm 的方孔筛。

B.4.4 称量设备

量程不小于 2 000 g，最小分度值不大于 1 g。

量程不小于 200 g，最小分度值不大于 0.1 g。

B.5 测试步骤

B.5.1 取两份已制备好的钢渣试样，每份 10 kg，分别进行测试。

B.5.2 将钢渣样(B.5.1)用小型破碎机破碎至 5 mm 以下，破碎过程中手选出难以破碎的小铁块。

B.5.3 将按 B.5.2 挑出来的铁块放入球磨机中研磨 20 min，取出后过 1 mm 方孔筛，称量筛上物质量 m_2(kg)及筛下物质量 m_3(kg)，并将筛下物放入密闭式制样机中研磨，直到全部通过筛孔尺寸 0.08 mm 方孔筛，按 YB/T 140 中规定测定筛下物中金属铁含量 w_1(%)。

B.5.4 破碎到 5 mm 以下的钢渣按四分法缩分出 1 kg 渣样。

B.5.5 将按 B.5.4 缩分好的 1 kg 钢渣样摊开，用纸包裹磁铁块在渣粉中吸取磁性颗粒。吸附后将纸从磁铁块上脱下，用毛刷把磁性颗粒刷下，直至磁性颗粒吸取完全。吸除磁性颗粒后的渣粉为尾渣。

B.5.6 将按 B.5.5 磁选出的磁性颗粒放入密闭式制样机中研磨 1 min，取出后过 1 mm 方孔筛，称量筛上物质量 m_4(kg)。

B.5.7 将 B.5.5 中的尾渣放入密闭式制样机中研磨至 1 mm 以下与 B.5.6 中的筛下物合并，缩分出代表性试样 100 g，放入密闭式制样机中研磨直到全部通过 0.08 mm 方孔筛，按 YB/T 140 中规定测定其中金属铁含量 w_2(%)。

B.6 结果计算

B.6.1 钢渣中磁性金属铁含量(质量分数)按式(B.1)计算：

$$W_{\mathrm{MFe}}=\frac{m_0-m_1}{m_0}\times\frac{m_2+m_3\times w_1+[(1-m_4)w_2+m_4]\times(10-m_2-m_3)}{10}\times 100+\frac{m_1}{m_0}\times 100 \quad \cdots\cdots(\text{B.1})$$

式中：

W_{MFe}——钢渣中金属铁含量，%；

m_0——钢渣原样质量，单位为千克(kg)；

m_1——手选粒径大于 30 mm 的金属铁质量，单位为千克(kg)；

m_2——手选筛上物质量，单位为千克(kg)；

m_3——手选筛下物质量，单位为千克(kg)；

m_4——磁选筛上物质量，单位为千克(kg)；

w_1——手选筛下物金属铁含量，%；

w_2——磁选尾渣金属铁含量，%。

B.6.2 如果两次试验结果相差 2%以上时，应重新取样试验。两次试验结果的平均值作为样品的磁性金属铁含量测定值。

B.7 试验报告

试验报告应包括以下内容：

a) 样品名称；

b) 送样单位；

c) 送样日期；

d) 使用的标准；

e) 金属铁含量；

f) 与规定的分析步骤的差异；

g) 在试验中观察到的异常现象；

h) 试验日期。

ICS 77.140.99
H 54

中华人民共和国国家标准

GB/T 24766—2009

透水沥青路面用钢渣

Steel slag for pervious asphalt pave

2009-12-15 发布 2010-07-01 实施

中华人民共和国国家质量监督检验检疫总局
中国国家标准化管理委员会 发布

前 言

本标准的附录 A 为规范性附录。

本标准由中国钢铁工业协会提出。

本标准由全国钢标准化技术委员会归口。

本标准负责起草单位:北京首钢资源综合利用科技开发公司、冶金工业信息标准研究院。

本标准参加起草单位:北京市政工程研究院、湖南华菱湘潭钢铁有限公司、马鞍山钢铁股份有限公司、宝钢发展有限公司新型材料公司。

本标准主要起草人:孟立滨、霍兰平、崔丽、赵宏贵、于宪章、邹阳、李成宜、仇金辉。

透水沥青路面用钢渣

1 范围

本标准规定了用于透水式沥青路面开级配沥青混合料用钢渣的术语和定义、规格、技术要求、试验方法、检验规则、储存、运输和质量证明书等。

本标准适用于道路工程中具有排水、降噪、防滑等功能要求的沥青路面。

2 规范性引用文件

下列文件中的条款通过本标准的引用而成为本标准的条款。凡是注日期的引用文件，其随后所有的修改单(不包括勘误的内容)或修订版均不适用于本标准，然而，鼓励根据本标准达成协议的各方研究是否可使用这些文件的最新版本。凡是不注日期的引用文件，其最新版本适用于本标准。

GB 6566 建筑材料放射性核素限量

GB/T 8170 数值修约规则与极限数值的表示和判定

GB/T 24765—2009 耐磨沥青路面用钢渣

JTG E40 公路土工试验规程

JTG E42—2005 公路工程集料试验规程

JTG F40 公路沥青路面施工技术规范

JTJ 052—2000 公路工程沥青及沥青混合料试验规程

YB/T 804 钢铁渣及处理利用术语

3 术语和定义

YB/T 804 中确立的以及下列术语和定义适用于本标准：

3.1

浸水膨胀率 immersion expansion ratio

钢渣在规定试验条件下，浸水后的体积变化率。

4 规格

钢渣的规格名称应符合 JTG F40 的规定。

钢渣粗集料的粒径规格应符合表 1 的规定，钢渣细集料的粒径规格应符合表 2 的规定。

表 1 钢渣粗集料的粒径规格

规格名称	公称粒径 mm	通过下列筛孔(mm)的质量分数/%							
		31.5	26.5	19	13.2	9.5	4.75	2.36	0.6
S8	10～25	100	90～100	—	0～15	—	0～5	—	—
S9	10～20	—	100	90～100	—	0～15	0～5	—	—
S10	10～15	—	—	100	90～100	0～15	0～5	—	—
S11	5～15	—	—	100	90～100	40～70	0～15	0～5	—
S12	5～10	—	—	—	100	90～100	0～15	0～5	—
S13	3～10	—	—	—	100	90～100	40～70	0～20	0～5
S14	3～5	—	—	—	—	100	90～100	0～15	0～3

表 2　钢渣细集料的粒径规格

规　格	公称粒径 mm	通过下列筛孔(mm)的质量分数/%							
		9.5	4.75	2.36	1.18	0.6	0.3	0.15	0.075
S15	0～5	100	90～100	60～90	40～75	20～55	7～40	2～20	0～10
S16	0～3	—	100	80～100	50～80	25～60	8～45	0～25	0～15

5　技术要求

5.1　一般要求

钢渣集料应为经稳定化处理的转炉或电炉钢渣，颗粒洁净、干燥、无杂质。

5.2　钢渣集料技术要求

钢渣集料技术要求应符合表 3 规定。

表 3　钢渣集料技术要求

项　　目	技　术　指　标
浸水膨胀率/%	≤2.0
金属铁含量/%	≤2.0
放射性	内照射指数≤1.0
	外照射指数≤1.0

5.2.1　钢渣粗集料技术要求

钢渣粗集料技术要求应符合表 4 的规定。

表 4　钢渣粗集料技术要求

项　　目	技　术　指　标
压碎值/%	≤26
洛杉矶磨耗损失/%	≤26
表观相对密度	≥2.90
吸水率/%	≤3.0
坚固性/%	≤12
针片状颗粒含量(混合料)/%	≤12
小于 0.075 mm 颗粒含量/%	≤1
软弱颗粒含量/%	≤3
磨光值/PSV	≥42
与沥青的粘附性/级	≥4

5.2.2　钢渣细集料技术要求

钢渣细集料技术要求应符合表 5 的规定。

表 5　钢渣细集料技术要求

项　　目	技　术　指　标
表观相对密度	≥2.90
坚固性(>0.3 mm 部分)/%	≤12
小于 0.075 mm 颗粒含量/%	≤3
棱角性[a](流动时间)/s	≥40

[a] 棱角性(流动时间)试验可根据需要进行。

6 试验方法

6.1 筛分方法

粗集料按照JTG E42—2005中T302的规定进行，细集料按照JTG E42—2005中T0327的规定进行。

6.2 浸水膨胀率

按照附录A规定进行。

6.3 金属铁含量

按照GB/T 24765—2009中附录B的规定进行。

6.4 放射性

按照GB 6566的规定进行。

6.5 压碎值

按照JTG E42—2005中T0316的规定进行。

6.6 洛杉矶磨耗损失

按照JTG E42—2005中T0317的规定进行。

6.7 表观相对密度

粗集料按照JTG E42—2005中T0304的规定进行，细集料按照JTG E42—2005中T0328的规定进行。

6.8 吸水率

按照JTG E42—2005中T0304规定的进行。

6.9 坚固性

粗集料按照JTG E42—2005中T0314的规定进行，细集料按照JTG E42—2005中T 0340的规定进行。

6.10 针片状颗粒含量

按照JTG E42—2005中T0312的规定进行。

6.11 软弱颗粒含量

按照JTG E42—2005中T0320的规定进行。

6.12 磨光值

按照JTG E42—2005中T0321的规定进行。

6.13 与沥青的粘附性

按照JTJ 052—2000中T0616的规定进行。

6.14 小于0.075 mm细粉含量

按照JTG E42—2005中T0333的规定进行。

6.15 棱角性

按照JTG E42—2005中T0345的规定进行。

7 检验规则

7.1 检验分类

7.1.1 出厂检验项目：规格，浸水膨胀率。

7.1.2 型式检验项目：对本标准中规定的规格、技术要求全部进行检验。

有下列情况之一时，应进行型式检验：

a) 生产工艺发生变化时；

b) 停产两个月或更长时间，恢复生产时；

c) 出厂检验结果与上次型式检验有较大差异时；

d) 正常生产，每半年进行一次；

e) 国家质量监督机构提出要求检验时。

7.2 组批规则

每批钢渣应为相同厂家、相同处理工艺，每 5 000 t 为一批，不足 5 000 t 亦为一批。

7.3 抽样

在进行质量检验时，按随机抽样法，从每批钢渣堆放料堆内部 1 m 处取足够数量（满足所做试验的用量）的钢渣样品，从 3 处以上取样混合后按分料器法或四分法进行处理，要注意钢渣的破碎、外观特点，尽量使所抽取的试样具有代表性。

7.4 判定规则

7.4.1 各项指标检验结果，应符合第 4 章、第 5 章的要求。

7.4.2 检验结果中若有一项性能指标不符合本标准要求时，则应从同一批产品中加倍取样，对不符合标准要求的项目进行复检。复检后，该项指标符合本标准要求时，可判该类产品合格；仍然不符合本标准要求时，则该批产品判为不合格。

8 储存、运输和质量证明书

8.1 储存

钢渣应按不同产地、不同规格、不同处理工艺分别堆放，防止混料。

8.2 运输

运输时，应认真清扫运输设备并采取措施防止杂物混入。

8.3 质量证明书

钢渣出厂时，生产厂应提供产品质量证明书，其内容包括：

a) 产品名称、标记、商标；

b) 钢渣规格；

c) 生产日期或批号、供货数量、生产单位及联系方式；

d) 出厂检验结果执行标准编号；

e) 质量证明书编号及发放日期；

f) 检验部门及检验人员签章。

附 录 A
（规范性附录）
钢渣浸水膨胀率的测定方法

A.1 范围

本附录规定了沥青混合料用钢渣浸水膨胀率的测定方法。

A.2 仪器设备

A.2.1 台秤：量程 10 kg，感量 5 g。

A.2.2 天平：称量 2 kg，感量 1 g。

A.2.3 烘箱及干燥器。

A.2.4 方孔筛：筛孔 31.5 mm、26.5 mm、19 mm、13.2 mm、4.75 mm、2.36 mm、0.3 mm 及 0.075 mm 的各一个。

A.2.5 标准击实仪：包括：试筒，内径 152 mm、高 170 mm；套筒：高 50 mm 垫板；底板等。击实锤底面直径 50 mm，总质量 4.5 kg，落高 450 mm。

A.2.6 多孔底座：两侧带支架，中间多孔板布满 2 mm 的圆孔。

A.2.7 多孔顶板：直径 148 mm，布满 2 mm 的圆孔，黄铜制，中心有百分表触点，供测定变形用。

A.2.8 百分表及百分表架：百分表精度为 0.01 mm。

A.2.9 恒温水浴：能同时放置 150 mm 试件不少于 3 个，持续保持水温(90±3)℃ 6 h 以上。

A.2.10 拌和工具：400 mm×600 mm×70 mm 的金属盘、土铲。

A.2.11 其他：滤纸(直径 152 mm)、修土刀、平直尺、推土器、量筒、盛土盘等。

A.3 试验步骤

A.3.1 试样的准备

A.3.1.1 选取具有代表性的样品 100 kg，烘干，全部通过 31.5 mm 方孔筛备用，取样方法按 7.3 的规定进行。

A.3.1.2 将样品经过 26.5 mm、19 mm、13.2 mm、4.75 mm、2.36 mm、0.3 mm 及 0.075 mm 的方孔筛，将套筛置于振筛机上，摇 10 min，取下套筛，按筛孔大小顺序再逐个用手筛，筛至每分钟通过量小于筛样总量 0.1%为止。通过的试样并入下一号筛中，并和下一号筛中的试样一起过筛，以这样顺序进行，直至各号筛全部筛完为止。

A.3.1.3 将筛分后的各粒级钢渣颗粒按表 A.1 中的粒度分布进行调整。若钢渣样品最大自然粒度小于 26.5mm，粒度分布应满足表 A.1 中钢渣最大自然粒径以下粒度分布的要求。

表 A.1 粒度分布

筛孔尺寸/mm	31.5	26.5	13.2	4.75	2.36	0.3	0.075
累计筛余/%	0	2.5	30	52.7	65	80	94

A.3.2 试验步骤

A.3.2.1 按照 JTG E40 中的击实试验方法进行重型击实试验，确定最佳含水率和最大干密度。

A.3.2.2 按表 A.1 粒度分布要求称取 3 份钢渣，每份 7 kg，按最佳含水率加水，充分拌和均匀，配制 3 个钢渣试样放在密闭的容器内保存 24 h。

A.3.2.3 在试模内装入垫块，铺上滤纸，按照 JTG E40 中的击实试验方法进行重型击实成型，击实完成后取下套筒，用刮刀刮出多余钢渣，用细料补齐找平试件表面，铺上滤纸，盖上多孔底座。将试模连同多孔底座一起倒置，取走垫块。再次垫上滤纸，装上多孔顶板，擦净试模外部。

A.3.2.4　在多孔顶板上压4块半圆形荷载板，共重5 kg。装置测定浸水膨胀率用的百分表架及百分表。百分表应准确对准中央触点并保持竖直状态。

A.3.2.5　将试模放进恒温水浴槽中，试模应全部浸没水中。立即读取百分表的初读数 d_0，精确至0.01 mm。

A.3.2.6　水浴加热，水浴槽内温度达到(90±3)℃后保持6 h，停止加热，自然冷却。以后每天按第一日的步骤进行，并在每天升温前记录百分表读数，如此持续进行10 d。

A.3.2.7　加热10 d后读取百分表终读数 d_{10}。结束试验，拆除检测装置。

A.3.3　结果计算

钢渣的浸水膨胀率按式(A.1)计算：

$$\gamma = \frac{d_{10} - d_0}{120} \times 100\% \qquad \cdots\cdots\cdots\cdots\cdots\cdots(\text{A.1})$$

式中：

γ——浸水膨胀率，单位为百分数(%)；

d_{10}——百分表的终读数，单位为毫米(mm)；

d_0——百分表的初读数，单位为毫米(mm)。

浸水膨胀率取3个平行试验的平均值作为试验结果，计算结果精确至0.1%，数值修约按GB/T 8170的规定进行；当试验中有一个单值超过2%时，取最大值作为试验结果。

单位为毫米

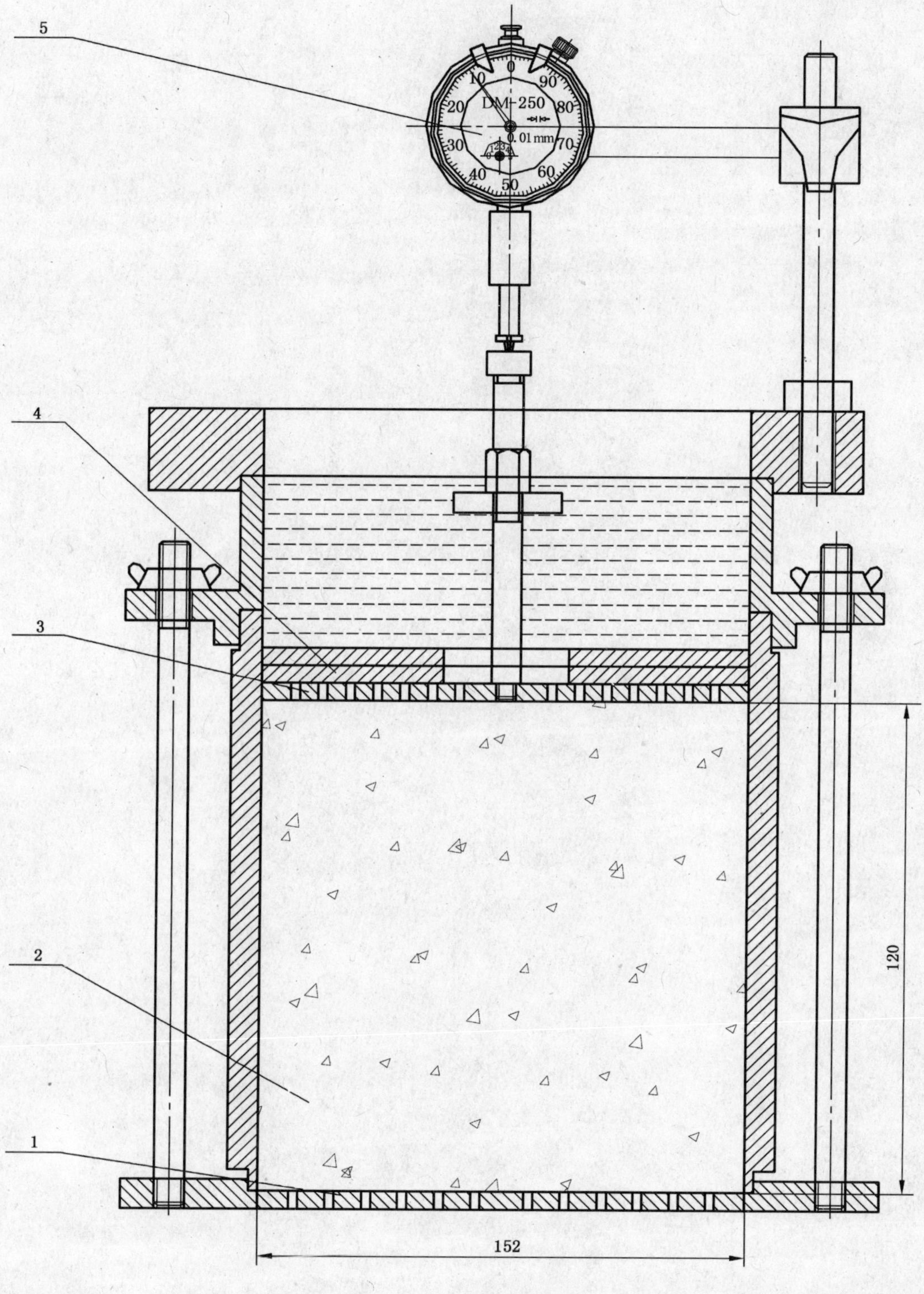

1——多孔底座；

2——钢渣；

3——多孔顶板；

4——半圆形荷载板；

5——百分表。

图 A.1　浸水膨胀率测定装置示意图

ICS 27.160;77.140.75
H 48

中华人民共和国国家标准

GB/T 24767—2009

太阳能重力热管

The gravity heat pipe for solar application

2009-12-15 发布　　　　2010-07-01 实施

中华人民共和国国家质量监督检验检疫总局
中国国家标准化管理委员会　发布

前　言

本标准由中国钢铁工业协会提出。

本标准由全国钢标准化技术委员会归口。

本标准起草单位：山东力诺新材料有限公司、冶金工业信息标准研究院、国家太阳能检测中心（北京）、江苏太阳雨太阳能有限公司、山东力诺瑞特新能源有限公司、德州传茂热能科技有限公司、济南力诺嘉祥光热科技有限公司、北京市太阳能研究所有限公司、国际铜业协会（中国）。

本标准主要起草人：李业博、王晓虎、董莉、张昕宇、徐新建、刘希杰、王西磊、马光柏、魏崎峰、周平、张召水、黄俊鹏。

太阳能重力热管

1 范围

本标准规定了太阳能重力热管产品的术语和定义、产品分类、材料要求、技术要求、试验方法、检验规则以及标志、包装、运输和贮存。

本标准适用于接受并传递热量的太阳能用重力热管。

2 规范性引用文件

下列文件中的条款通过本标准的引用而成为本标准的条款。凡是注日期的引用文件，其随后所有的修改单(不包括勘误的内容)或修订版均不适用于本标准，然而，鼓励根据本标准达成协议的各方研究是否可使用这些文件的最新版本。凡是不注日期的引用文件，其最新版本适用于本标准。

GB/T 191 包装贮运图示标志(GB/T 191—2008，ISO 780:1997，MOD)

GB/T 1527 铜及铜合金拉制管

GB 5310 高压锅炉用无缝钢管

GB/T 13384 机电产品包装通用技术条件

GB/T l4811 热管术语

GB/T 17791 空调与制冷设备用无缝铜管

3 术语和定义

GB/T 14811 确立的以及下列术语和定义适用于本标准。

3.1

太阳能铜重力热管 the gravity cooper heat pipe for solar application

以铜作为管壳的太阳能用重力热管。

3.2

太阳能不锈钢重力热管 the gravity stainless steel heat pipe for solar application

以不锈钢作为管壳的太阳能用重力热管。

3.3

启动时间 starting time

热管从开始加热至达到工作状态所需的时间。

3.4

启动温度 starting temperature

热管工作所需的最低温度。

3.5

有效冷凝长度 the length of the effective condenser section

冷凝段去除加工造型外的直线部分的长度。

4 产品分类

4.1 产品结构

太阳能重力热管是由管壳、工质等构成。其结构及组成部件见图 1。

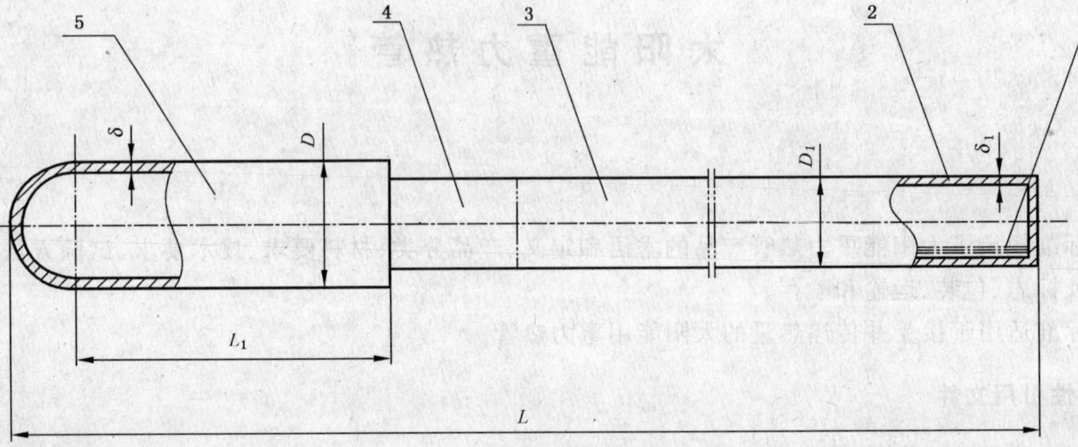

1——工质；
2——管壳；
3——蒸发段；
4——绝热段；
5——冷凝段；
D——冷凝段直径；
D_1——蒸发段直径；
δ——冷凝段壁厚；
δ_1——蒸发段壁厚；
L——热管总长度；
L_1——有效冷凝长度。

图 1 太阳能重力热管结构及组成部件

4.2 结构尺寸

太阳能重力热管结构尺寸按表 1 选取。

表 1 太阳能重力热管结构尺寸

单位为毫米

材质	蒸发段直径 D_1	蒸发段壁厚 δ_1	热管总长度 L	冷凝段直径 D	冷凝段壁厚 δ	有效冷凝长度 L_1
紫铜	8	≥0.65	800～2 100	8、10、12、14、16	≥0.80	40～150
				18、20、22、24	≥1.0	
紫铜	10	≥0.65	1 200～2 100	10、12、14、16	≥0.80	
				18、20、22、24	≥1.0	
紫铜	12	≥0.80	1 500～2 100	12、14、16	≥0.80	
				18、20、22、24	≥1.0	
不锈钢	8	≥0.70	800～2 100	8	≥0.70	
不锈钢	10	≥1.0	1 200～2 100	10	≥1.0	
不锈钢	12	≥1.0	1 500～2 100	12	≥1.0	

4.3 产品命名

4.3.1 命名内容

铜、不锈钢重力热管产品标记由如下 7 部分组成：

第一部分　第二部分　第三部分　第四部分　第五部分　第六部分　第七部分

- 第七部分——产品改进代号
- 第六部分——热管长度
- 第五部分——蒸发段壁厚
- 第四部分——蒸发段直径
- 第三部分——有效冷凝长度
- 第二部分——冷凝段直径
- 第一部分——重力热管/管壳材质

4.3.2　命名标记

第一部分用大写汉语拼音字母 ZT、ZB 分别表示太阳能铜重力热管、太阳能不锈钢重力热管。

第二部分用阿拉伯数字表示冷凝段直径，单位为毫米(mm)。

第三部分用阿拉伯数字表示冷凝段有效长度，单位为毫米(mm)。如热管冷凝段与蒸发段过渡不明显时采用大写汉语拼音字母 A 表示。

第四部分用阿拉伯数字表示蒸发段直径，单位为毫米(mm)。

第五部分用阿拉伯数字表示蒸发段壁厚，单位为毫米(mm)。

第六部分用阿拉伯数字表示热管长度，单位为毫米(mm)。

第七部分用大写汉语拼音字母和阿拉伯数字表示产品改进代号。

4.3.3　标记示例

以长度为 1 500 mm 的铜重力热管产品为例：

ZT-14/65-8/0.65-1 500-A1

- A1——第一代、第一款产品
- 1 500——热管长度 1 500 mm
- 0.65——蒸发段壁厚 0.65 mm
- 8——蒸发段直径 8 mm
- 65——有效冷凝长度 65 mm
- 14——冷凝段直径 14 mm
- ZT——太阳能铜重力热管

5　材料要求

5.1　铜材

管壳宜采用无缝紫铜管，其性能应符合 GB/T 17791 或 GB/T 1527 要求。

5.2　不锈钢

管壳宜采用无缝不锈钢管，其性能应符合 GB 5310 要求。

6　技术要求

6.1　外观与尺寸

6.1.1　外观

热管表面不得有砂眼、裂纹、凹陷、锈蚀等影响使用的缺陷。

6.1.2 长度公差

热管长度公差带不大于其公称尺寸的0.5%。

6.1.3 直径公差

热管直径公差带不大于其公称尺寸的1.5%。

6.2 性能要求

6.2.1 启动温度

热管启动温度应不大于30 ℃。

6.2.2 老化

热管在(180±5)℃温度下连续工作2 h后,应能满足6.1的要求。

6.2.3 抗冻

热管在温度为-25 ℃的环境中无冻损现象,应能满足6.1.1要求。

6.2.4 温差

将热管置于温度为(90±0.5)℃的恒温水浴中,所测得冷凝段的温度与水浴温度的温差应不大于12 ℃。

6.2.5 最大传热热流量

太阳能重力热管最大传热热流量应符合表2要求。

表2 太阳能重力热管最大传热热流量

热管蒸发段直径 D_1/mm	最大传热热流量/W
8	≥120
10	≥180
12	≥260

6.2.6 安全性能

热管在(250±5)℃试验环境下,应无开裂、破损、明显变形或其他损坏。

7 试验方法

下列试验方法的试验结果及分析判断可参照附录A。

7.1 试验顺序

太阳能重力热管产品的全性能检测或两项以上性能检测应按表3中的顺序进行。

在各方均同意或实验室认为必要的情况下而不按表3中的顺序时,试验顺序的改变应该在检测结果中给出。

表3 太阳能重力热管试验项目试验顺序

试验顺序	试验项目	试验方法
1	外观	7.2
2	长度公差	7.3
3	直径公差	7.4
4	启动温度	7.5
5	老化	7.6
6	外观	7.2
7	长度公差	7.3
8	直径公差	7.4

表 3（续）

试验顺序	试验项目	试验方法
9	抗冻	7.7
10	外观	7.2
11	温差	7.8
12	最大传热热流量	7.9
13	安全性能	7.10

7.2 外观检查

7.2.1 试验条件

在常温下进行。

7.2.2 试验方法

由专业技术人员目视产品外观情况并进行判定。

7.3 长度公差检测

7.3.1 试验条件

在常温下进行。

7.3.2 试验方法

采用精度为 1 mm 的钢卷尺或直尺测量热管长度。

7.4 直径公差检测

7.4.1 试验条件

在常温下进行。

7.4.2 试验方法

采用精度为 0.02 mm 的游标卡尺或外径千分尺测量热管直径。

7.5 启动温度试验[2]

7.5.1 试验装置和仪器

启动温度试验装置主要由恒温水浴及测温系统组成。温度测量宜采用数字温度计，温度测量准确度应为±0.2 ℃。计时器宜采用数字计时器，误差应不大于 1 min/d。

7.5.2 试验条件

a) 试验环境：室内；

b) 环境温度：20 ℃±1 ℃；

c) 恒温水浴温度：30 ℃±1 ℃。

7.5.3 试验方法

将热管总长度的 1/6 竖直放入恒温水浴中。测量冷凝段顶端向下 18 mm～22 mm 处的温度。在 20 min 内，所测得热管冷凝段温度应不小于 23 ℃。

7.5.4 试验结果

将试验温度记入试验报告。

7.6 老化试验

7.6.1 试验装置和仪器

老化试验装置主要由加热舱和测温系统组成。温度测量宜采用数字温度计，温度测量准确度应为±0.5 ℃。计时器宜采用数字计时器，误差应不大于 1 min/d。

7.6.2 试验条件

a) 实验环境：室内；

b) 环境温度：15 ℃～35 ℃；

c) 加热舱内部温度：180 ℃±5 ℃。

7.6.3 试验方法

将热管整体放入加热舱中，然后由加热系统缓慢增温至试验温度，维持试验温度，持续时间 2 h。试验后热管应能满足 6.1 的要求。

7.7 抗冻试验[2]

7.7.1 试验装置和仪器

抗冻性能试验装置由冷冻舱及测温系统组成。温度测量宜采用数字温度计，温度测量准确度应为±0.5 ℃。

7.7.2 试验条件

a) 实验环境：室内；

b) 环境温度：15 ℃～35 ℃；

c) 恒温水浴温度：60 ℃±1 ℃；

d) 冷冻温度不高于－25 ℃。

7.7.3 试验方法

将热管以倾角大于 30°放入不高于－25 ℃的冷冻设备内 1 h，而后将其取出并放置在温度不低于 60 ℃、深度不小于 200 mm 的水中，待热管启动 5 min 后，再将其放入不大于－25 ℃的冷冻设备内，如此反复 10 次，热管应无冻损现象且应能满足 6.1.1 的要求。

7.7.4 试验结果

检查热管外观是否满足要求，并记录试验温度及持续时间。

7.8 温差试验

7.8.1 试验装置和仪器

采用启动温度试验装置。

7.8.2 试验条件

a) 实验环境：室内；

b) 环境温度：15 ℃～35 ℃；

c) 恒温水浴温度：90 ℃±0.5 ℃。

7.8.3 试验方法

将热管总长度的 2/3～3/5 置于恒温水浴中，热管的放置角度为 60°～90°。测量冷凝段顶端以下 18 mm～22 mm 处的温度。在 60 s 内，所测得温度与水浴温度的温差应不大于 12 ℃。

7.9 最大传热热流量试验[1]

7.9.1 试验装置和仪器

最大传热热流量试验装置主要由热管安装支架、恒温恒压水源、水套（或喷淋管、冷板）、流量计、电源调控器及测温系统等组成。冷却水进口温度波动应不大于 1 ℃/h。热管安装支架可以具备倾斜角度的功能，调节精度应满足测试要求。

7.9.1.1 测量加热电功率的仪表可用电流表、电压表或功率表，精度等级应不低于 0.5 级。

7.9.1.2 温度测量宜采用数字温度计。温度测量分辨力一般优于 0.1 ℃，准确度应为±0.2 ℃。

7.9.1.3 水或其他冷却介质流量的测量可用流量计或用称量法，流量测量精度一般应优于±5%。

7.9.1.4 计时器采用数字计时器，误差应不大于 1 min/d。

7.9.2 试验条件

a) 实验环境：室内；

b) 环境温度：25 ℃～35 ℃；

c) 相对湿度：不大于 80%；

d) 压力为当地大气压。

7.9.3 试验方法

7.9.3.1 试验状态

试验过程中,热管应处于竖直或倾斜状态,热管蒸发段在下,冷凝段在上;当处于倾斜状态时,热管倾斜角度根据产品特点及使用要求确定。

7.9.3.2 蒸发段加热方法

试验时,蒸发段一般用电加热的方法加热,要求加热均匀。

7.9.3.3 冷凝段冷却方法

冷凝段采用水冷方法,要求冷凝段均匀冷却。

7.9.3.4 调节工作温度

7.9.3.4.1 根据产品的技术条件,确定热管的试验工作温度。

7.9.3.4.2 通过改变冷却介质流量及温度的方法调节热管的试验工作温度。

7.9.3.5 确定最大传热热流量

在设定的试验状态下,逐步增加加热功率,如蒸发段出现局部温度明显上升或温度出现明显震荡和不稳定现象时,即视此热管已达到该试验状态及工作温度下的传热极限,出现上述现象前的冷却介质得到的热流量,即为此热管在对应试验状态及工作温度下的最大传热热流量。

7.9.4 试验结果

热管的最大传热热流量按式(1)计算:

$$Q_{max} = Q_1 - Q_2 \qquad \cdots\cdots(1)$$

式中:

Q_{max}——最大传热热流量,单位为瓦特(W);

Q_1——冷却介质得到的热流量,单位为瓦特(W);

Q_2——环境向冷却水套或装置的漏热热流量,单位为瓦特(W);一般情况下可以忽略不计。

冷却介质得到的热流量按式(2)计算:

$$Q_1 = G \times c_p(t_2 - t_1) \qquad \cdots\cdots(2)$$

式中:

G——冷却介质的质量流量,单位为千克每秒(kg/s);

c_p——冷却介质的比热,单位为焦耳每千克摄氏度[J/(kg·℃)];

t_1——冷却介质进口温度,单位为摄氏度(℃);

t_2——冷却介质出口温度,单位为摄氏度(℃);

将热管的最大传热热流量记入试验报告。

7.10 安全性能试验

7.10.1 实验装置和仪器

采用老化试验装置。

7.10.2 试验条件

a) 环境温度:15 ℃~35 ℃;

b) 加热舱内部温度:(250±5)℃。

7.10.3 试验方法

将热管放入加热舱中,然后由加热系统缓慢增温至试验温度。维持试验温度,持续时间 20 h。

7.10.4 试验结果

检查热管破损和变形情况。将检查结果和试验温度、持续时间记入试验报告。

8 检验规则

太阳能重力热管分出厂检验和型式检验。

8.1 出厂检验

8.1.1 重力热管出厂前应逐支进行检验。

8.1.2 出厂检验包括以下内容：

a) 外观，按6.1.1检验；

b) 长度公差，按6.1.2检验；

c) 直径公差，按6.1.3检验；

d) 老化，按6.2.2检验；

e) 温差，按6.2.4检验。

8.1.3 出厂检验判定规则

出厂检验中凡各项全部合格者，判为合格品。出厂检验凡有一项不合格者，即为不合格产品。

8.2 型式检验

8.2.1 在正常情况下，每年至少进行一次型式检验。

8.2.2 在产品有下列情况之一时，应随时进行型式检验：

a) 新产品定型时；

b) 改变产品结构、材料、工艺而影响产品性能时；

c) 停产超过半年，恢复生产时；

d) 国家质量监督检查机构提出进行型式检验要求时。

8.2.3 型式检验样品是在出厂检验合格的产品中随机抽取，抽取的样品不少于2支。

8.2.4 型式检验项目按第6章各项进行，结果应符合本标准要求。

8.2.5 型式检验判定规则

型式检验中各项检验全部合格者，判为合格产品。有一项不合格者即为不合格品。

9 标志、包装、运输和贮存

9.1 标志

包装箱上应设有安全方面警示标志，其符号应符合GB/T 191的规定，内容至少应包括“禁止翻滚”、“向上”、“怕雨”、“堆码层数极限”等标志。

9.2 包装

9.2.1 重力热管产品全部采用箱装，包装箱应符合GB/T 13384的规定。

9.2.2 包装箱应保证产品在一般运输和保管条件下不被损坏。

9.2.3 包装箱内应附有检验合格证。

9.2.4 包装箱上还应包括以下内容：

a) 制造厂的名称和地址；

b) 产品名称、生产批号和商标；

c) 产品的型号、规格；

d) 制造日期；

e) 包装箱外型尺寸；

f) 整箱重量。

9.3 运输

产品在装卸和运输过程中，不得使产品遭受强烈颠簸、震动，不得受潮、雨淋、机械损坏。

9.4 贮存

9.4.1 产品应存放在通风、干燥的的仓库内。

9.4.2 产品不得和易燃物品及化学腐蚀物品混放。

附 录 A
（资料性附录）
检测记录格式

表 A.1 检测记录表

序号	检测项目	技术要求	检测结果	分析判断
1	外观	不得有砂眼、裂纹、锈蚀		
2	长度公差	长度公差带不大于其公称尺寸的0.5%		
3	直径公差	直径公差带不大于其公称尺寸的1.5%		
4	启动温度	不小于23 ℃		
5	老化	应无明显变形且能满足6.1的要求		
6	抗冻性能	应无冻损现象且能满足6.1.1的要求		
7	温差	不大于12 ℃		
8	最大传热热流量	应能满足6.2.5的要求		
9	安全性能	应无开裂、破损、无明显变形或其他损坏		

参 考 文 献

[1] GB/T 14812 热管传热性能试验方法
[2] GB/T 19775 玻璃-金属封接式热管真空太阳集热管

ICS 71.080.60
G 17

中华人民共和国国家标准

GB/T 24768—2009

工业用1,4-丁二醇

1,4-Butanediol for industrial use

2009-12-15发布　　　　2010-07-01实施

中华人民共和国国家质量监督检验检疫总局
中国国家标准化管理委员会　发布

前言

本标准的附录 A 为规范性附录。

本标准由中国石油和化学工业协会提出。

本标准由全国化学标准化技术委员会有机分会(SAC/TC 63/SC 2)归口。

本标准负责起草单位:山西三维集团股份有限公司。

本标准参加起草单位:四川天华富邦化工有限责任公司、东营胜利中亚化工有限公司、新疆美克化工有限责任公司、南京蓝星化工新材料有限公司。

本标准主要起草人:孙自瑾、张建平、梁小元、杨玉梅、马秀东、贾亚丽、徐良辉、杜海燕。

工业用 1,4-丁二醇

1 范围

本标准规定了工业用 1,4-丁二醇的要求、试验方法、检验规则以及标志、包装、运输和贮存等。

本标准适用于工业用 1,4-丁二醇的生产、检验和销售。

化学式：$C_4H_{10}O_2$

相对分子质量：90.15(按 2007 年国际相对原子质量)

2 规范性引用文件

下列文件中的条款通过本标准的引用而成为本标准的条款。凡是注日期的引用文件，其随后所有的修改单(不包括勘误的内容)或修订版均不适用于本标准，然而，鼓励根据本标准达成协议的各方研究是否可使用这些文件的最新版本。凡是不注日期的引用文件，其最新版本适用于本标准。

GB/T 325.1 包装容器 钢桶 第 1 部分：通用技术要求

GB/T 3143 液体化学产品颜色测定法(Hazen 单位——铂-钴色号)

GB/T 6283 化工产品中水分含量的测定 卡尔·费休法(通用方法)(ISO 760—1978,NEQ)

GB/T 6678 化工产品采样总则

GB/T 6680 液体化工产品采样通则

GB/T 6682—2008 分析实验室用水规格和试验方法(ISO 3696:1987,MOD)

GB/T 8170 数值修约规则与极限数值的表示和判定

GB/T 9722—2006 化学试剂 气相色谱法通则

3 要求

3.1 外观：无色透明液体，无可见杂质。

3.2 工业用 1,4-丁二醇应符合表 1 所示的技术要求。

表 1 技术要求

项 目		指 标	
		优等品	合格品
1,4-丁二醇,w/%	≥	99.70	99.50
色度/Hazen 单位(铂-钴色号)	≤	10	10
水,w/%	≤	0.03	0.05

4 试验方法

4.1 警示

试验方法规定的一些试验过程可能导致危险情况，操作者应采取适当的安全和防护措施。

4.2 一般规定

除非另有说明，在分析中仅使用确认为分析纯的试剂和符合 GB/T 6682—2008 中规定的三级水。

4.3 外观

取适量实验室样品于比色管中，在自然光下目视观察。

4.4 1,4-丁二醇含量的测定

4.4.1 方法提要

在选定的色谱操作条件下，使样品汽化后经色谱柱分离，用火焰离子化检测器(FID)检测，校正面积归一化法定量。

4.4.2 试剂

4.4.2.1 氮气：体积分数大于99.999%。

4.4.2.2 氢气：体积分数大于99.999%。

4.4.2.3 空气：经活性炭、蓝色硅胶和5A分子筛净化、干燥。

4.4.2.4 甲醇：色谱纯。

4.4.2.5 四氢呋喃：色谱纯。

4.4.2.6 γ-丁内酯：色谱纯。

4.4.2.7 琥珀酸二甲酯：色谱纯。

4.4.2.8 1,4-戊二醇：色谱纯。

4.2.2.9 2-甲基-1,4-丁二醇：色谱纯。

4.4.2.10 1,6-己二醇：色谱纯。

4.4.2.11 正丁醇：色谱纯。

4.4.2.12 2-甲基-四氢呋喃：色谱纯。

4.4.2.13 3-羟基-四氢呋喃：色谱纯。

4.4.2.14 二甲苯：色谱纯。

4.4.2.15 1,4-丁二醇：质量分数不小于99.8%。

4.4.3 仪器

4.4.3.1 气相色谱仪：配有火焰离子化检测器(FID)，整机灵敏度和稳定性应符合GB/T 9722—2006中有关规定。

4.4.3.2 数据处理系统：色谱数据处理机或色谱工作站。

4.4.3.3 进样器：10 μL微量注射器或自动进样器。

4.4.4 色谱分析条件

本标准推荐的色谱柱和色谱操作条件见表2。典型色谱图及各组分保留时间见附录A。其他能达到同等分离程度的色谱柱及色谱操作条件也可使用。

表2 推荐的色谱柱和色谱操作条件

毛细管色谱柱	50 m×0.32 mm×1.0 μm，(柱长×柱内径×液膜厚度)
固定相	5%二苯基，95%二甲基聚硅氧烷
柱温	初始100 ℃，保持5 min；升温速度10 ℃/min，升温至160 ℃，保持1 min；升温速度10 ℃/min，升温到280 ℃，保持3 min。
气化室温度/℃	250
检测器温度/℃	300
载气(N_2或He)流量/(mL/min)	1.4(N_2)
氢气流量/(mL/min)	30
空气流量/(mL/min)	300
尾吹气(N_2)流量/(mL/min)	28
进样量/μL	0.2
分流比	30：1

4.4.5 分析步骤

4.4.5.1 校正因子的测定

4.4.5.1.1 标准溶液的配制

用称量法配制 1,4-丁二醇加欲测杂质的标准溶液,各组分的称量精确至 0.000 1 g,组分含量的质量分数计算精确至 0.001%。所配制的标准溶液中杂质含量应与待测试样相近。

4.4.5.1.2 相对校正因子的测定

根据仪器说明书,调节仪器至表 2 所示的操作条件,将未加欲测杂质的 1,4-丁二醇和配制的标准溶液依次注入气相色谱仪,各平行测定 3 次,取 3 次测定的峰面积的算术平均值为测定结果。依据所得的峰面积及杂质组分含量,计算各组分的相对校正因子 f_i。

试样中未知组分或得不到标准物质的组分的相对校正因子取值为 1。

4.4.5.1.3 相对校正因子的计算

组分 i 相对 1,4-丁二醇的相对校正因子 f_i,按式(1)计算:

$$f_i = \frac{A_B w_i}{(A'_i - A_i) w_B} \qquad (1)$$

式中:

A_B——标准溶液中 1,4-丁二醇的峰面积;

A_i——1,4-丁二醇未加入欲测杂质时组分 i 的峰面积;

A'_i——标准溶液中组分 i 的峰面积;

w_B——标准溶液中 1,4-丁二醇的质量分数的数值;

w_i——标准溶液中组分 i 的质量分数的数值。

4.4.5.2 试样的测定

根据表 2 所示的仪器操作条件测定样品,采用校正面积归一化法定量。

4.4.5.3 结果计算

1,4-丁二醇的质量分数 w_1,数值以%表示,按式(2)计算:

$$w_1 = (100 - w_{水}) \times \frac{A_B}{\sum f_i A_i} \qquad (2)$$

式中:

$w_{水}$——根据 4.5 测得 1,4-丁二醇中的水的质量分数的数值;

A_B——试样中 1,4-丁二醇的色谱峰面积;

f_i——组分 i 的相对校正因子;

A_i——组分 i 的色谱峰面积。

取两次平行测定结果的算术平均值为报告结果。两次平行测定结果的绝对差值不大于 0.03%。

4.5 水分的测定

按 GB/T 6283 的规定进行测定。

取两次平行测定结果的算术平均值为报告结果。两次平行测定结果的绝对差值不大于 0.003%。

4.6 色度的测定

按 GB/T 3143 的规定进行测定。

5 检验规则

5.1 第 3 章要求中外观和表 1 规定的所有项目均为出厂检验项目。出厂检验应逐批进行。

5.2 工业用 1,4-丁二醇以一贮槽或槽车(船)的量为一批,或以同等质量的产品为一批。

5.3 工业用 1,4-丁二醇的采样按 GB/T 6678、GB/T 6680 中的规定进行。采取具有代表性的样品,采样量不少于 400 mL,分装在两个清洁、干燥的玻璃瓶中,密封。贴上标签,注明产品名称、生产企业名称、批号或生产日期、取样日期、取样地点、取样人姓名等，一瓶供检验用，一瓶备查。

5.4 工业用1,4-丁二醇应由生产企业的质量监督检验部门进行检验。生产厂应保证每批出厂产品都符合本标准的要求，并附有一定格式的质量证明书，内容包括：生产厂名称和厂址、产品名称、产品等级、生产日期或批号、净含量和本标准编号等。

5.5 检验结果的判定按GB/T 8170中修约值比较法进行。检验结果中如有一项指标不符合本标准要求时，应重新自两倍量的包装单元中采样进行检验。重新检验的结果即使只有一项指标不符合本标准要求，则整批产品应作不合格处理。

6 标志、包装、运输和贮存

6.1 标志

工业用1,4-丁二醇的包装容器上应有明显牢固的标志，内容包括：产品名称、生产厂名称和地址、生产批号或日期、净含量、合格证明、产品标准号等，并随运输工具携带安全技术说明书。

6.2 包装

工业用1,4-丁二醇应采用符合GB/T 325.1要求的钢桶或专用槽车(船)包装。钢桶包装的每桶净含量200 kg，或在符合安全要求的条件下，根据用户要求包装。工业用1,4-丁二醇遇空气易吸潮，应充入干燥氮气密封。

6.3 运输

工业用1,4-丁二醇运输过程中应确保容器不泄漏、不倒塌、不坠落、不损坏。槽车(船)装产品应保持温度不低于20 ℃，利于装卸。搬运时应轻装轻卸，防止包装容器损坏。禁止与有毒、腐蚀性物品混运。运输过程中应防止日晒雨淋，远离火种、热源、高温区域。

6.4 贮存

工业用1,4-丁二醇贮存温度不低于20 ℃，以免结晶，应充入干燥氮气密封贮存。钢桶包装的产品应在干燥、通风的环境中贮存。

6.5 保质期

在符合本标准包装、运输和贮存的条件下，自出厂之日起，工业用1,4-丁二醇保质期至少6个月。

附 录 A
（规范性附录）
1,4-丁二醇含量测定的典型色谱图、相对保留值、相对校正因子

A.1 1,4-丁二醇含量测定的典型色谱图。

典型色谱图见图 A.1。

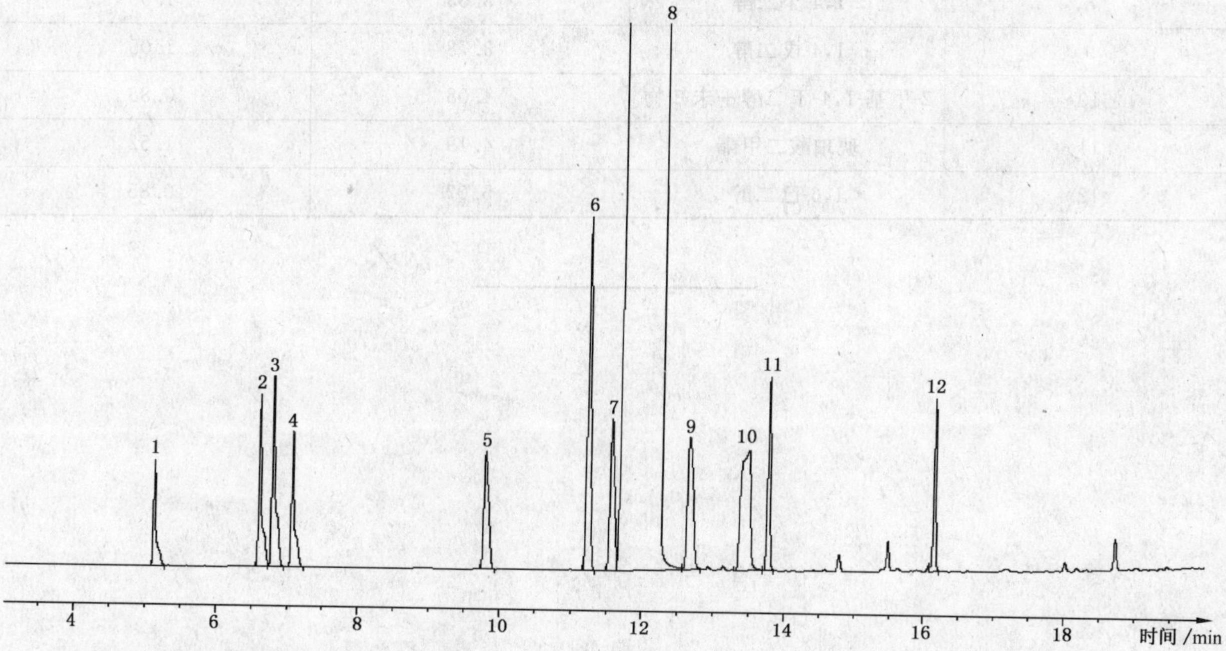

1——甲醇；
2——四氢呋喃；
3——正丁醇；
4——2-甲基四氢呋喃；
5——3-羟基四氢呋喃；
6——二甲苯；
7——γ-丁内酯；
8——1,4-丁二醇；
9——1,4-戊二醇；
10——2-甲基-1,4-丁二醇＋未知物；
11——琥珀酸二甲酯；
12——1,6-己二醇。

图 A.1　1,4-丁二醇毛细管柱典型色谱图

A.2 各组分相对保留值和相对校正因子

各组分相对保留值和相对校正因子见表 A.1。

表 A.1 各组分相对保留值和相对校正因子

序　号	组分名称	相对保留值	相对校正因子
1	甲醇	1.00	—
2	四氢呋喃	1.55	—
3	正丁醇	1.61	—
4	2-甲基四氢呋喃	1.72	—
5	3-羟基四氢呋喃	2.72	—
6	二甲苯	3.25	—
7	γ-丁内酯	3.38	1.12
8	1,4-丁二醇	3.63	1.00
9	1,4-戊二醇	3.78	1.05
10	2-甲基-1,4-丁二醇＋未知物	4.08	0.88
11	琥珀酸二甲酯	4.19	1.52
12	1,6-己二醇	5.07	0.85

ICS 71.080.30
G 17

中华人民共和国国家标准

GB/T 24769—2009

工业用丙烯酰胺

Acrylamide for industrial use

2009-12-15 发布　　　　2010-07-01 实施

中华人民共和国国家质量监督检验检疫总局
中国国家标准化管理委员会　发布

前　言

本标准的附录 A 为规范性附录。

本标准由中国石油和化学工业协会提出。

本标准由全国化学标准化技术委员会有机分会(SAC/TC 63/SC 2)归口。

本标准由江西昌九农科化工有限公司负责起草。

本标准主要起草人:黎常宏、赵开珍、陈雪梅。

工业用丙烯酰胺

1 范围

本标准规定了工业用丙烯酰胺的要求、试验方法、检验规则、标志、包装、运输、贮存和安全等。

本标准适用于以丙烯腈为原料制得的工业用丙烯酰胺的生产、检验和销售。

化学名称：3-酰胺丙烯

分子式：C_3H_5ON

结构式：$CH_2=CH-\underset{\underset{\displaystyle O}{\|}}{C}-NH_2$

相对分子质量：71.08(按2007年国际相对原子质量)

2 规范性引用文件

下列文件中的条款通过本标准的引用而成为本标准的条款。凡是注日期的引用文件，其随后所有的修改单(不包括勘误的内容)或修订版均不适用于本标准，然而，鼓励根据本标准达成协议的各方研究是否可使用这些文件的最新版本。凡是不注日期的引用文件，其最新版本适用于本标准。

GB 190　危险货物包装标志

GB/T 601—2002　化学试剂　标准滴定溶液的制备

GB/T 603—2002　化学试剂　试验方法中所用制剂及制品的制备(ISO 6353-1:1982,NEQ)

GB/T 3049—2006　工业用化工产品　铁含量测定的通用方法　1,10-菲啰啉分光光度法(ISO 6685:1982,IDT)

GB/T 3143　液体化学产品颜色测定法(Hazen单位——铂-钴色号)

GB/T 3723　工业用化学品采样安全通则(GB/T 3723—1999,idt ISO 3165:1976)

GB/T 6283—2008　化工产品中水分含量的测定　卡尔·费休法(通用方法)(ISO 760:1978,NEQ)

GB/T 6678　化工产品采样总则

GB/T 6679　固体化工产品采样通则

GB/T 6682—2008　分析实验室用水规格和试验方法(ISO 3696:1987,MOD)

GB/T 7717.11—2008　工业用丙烯腈　第11部分：铁、铜含量的测定　分光光度法

GB/T 8170　数值修约规则与极限数值的表示和判定

GB/T 9722—2006　化学试剂　气相色谱法通则

3 外观

白色结晶体。

4 要求

工业用丙烯酰胺应符合表1所示的技术要求。

表 1 技术要求

项 目		指 标	
		一等品	合格品
丙烯酰胺，w/%	≥	98.5	97.8
水，w/%	≤	0.4	0.8
色度(200 g/L 水溶液)/Hazen单位(铂-钴色号)	≤	10	20
阻聚剂，w/%		0.000 3～0.000 7	0.000 3～0.001
电导率(400 g/L 水溶液)/(μS/cm)	≤	10	30
铁，w/%	≤	0.000 1	0.000 1
铜，w/%	≤	0.000 1	0.000 2

5 试验方法

5.1 警示

试验方法规定的一些试验过程可能导致危险情况。操作者应采取适当的安全和防护措施。

5.2 一般规定

除非另有说明，在分析中仅使用确认为分析纯的试剂和GB/T 6682—2008规定的三级水。

分析中所用标准滴定溶液、制剂及制品，在没有注明其他要求时，均按GB/T 601—2002、GB/T 603—2002的规定制备。

5.3 丙烯酰胺含量的测定

5.3.1 方法提要

用气相色谱法，在选定的工作条件下，样品经气化通过毛细管色谱柱，使其中各组分分离，用氢火焰离子化检测器检测，用内标法定量。

5.3.2 试剂

5.3.2.1 丙烯酰胺(标准样品)：质量分数不低于98.5%。

5.3.2.2 乙酰胺(内标物)：质量分数不低于98.0%。

5.3.2.3 氢气：体积分数不低于99.9%，经硅胶与分子筛干燥、净化。

5.3.2.4 氮气：体积分数不低于99.99%，经硅胶与分子筛干燥、净化。

5.3.2.5 空气：经硅胶与分子筛干燥、净化。

5.3.3 仪器

5.3.3.1 气相色谱仪：配有火焰离子化检测器，整机灵敏度和稳定性符合GB/T 9722—2006中的有关规定。

5.3.3.2 记录仪：色谱数据处理机或色谱工作站。

5.3.3.3 微量进样器：0.5 μL或1 μL。

5.3.4 色谱柱及典型色谱操作条件

推荐的毛细管色谱柱和典型色谱操作条件见表1。典型的毛细管柱色谱图见附录A图A.1，相对保留值见附录A表A.1。其他能达到同等分离程度的色谱柱和色谱操作条件也可使用。

表 2　推荐的毛细管色谱柱和典型色谱操作条件

色谱柱	固定相为(50%氰丙基)甲基聚硅氧烷的熔融石英毛细管柱
柱长/柱内径/液膜厚度固定相	15 m×0.53 mm×3.0 μm
载气(N_2)流量/(mL/min)	5.0
氢气(H_2)流量/(mL/min)	30
空气流量/(mL/min)	300
汽化室温度/℃	240
检测室温度/℃	240
柱温温度/℃	215
进样量/μL	0.1

5.3.5　分析步骤

5.3.5.1　内标溶液的制备

称取乙酰胺 10 g,精确至 0.000 2 g,置于 200 mL 容量瓶中,用水稀释至刻度,摇匀。

5.3.5.2　标样溶液的制备

称取相当于纯品 0.1 g 的丙烯酰胺标准样品,精确至 0.000 2 g,置于小瓶中,加入(1±0.02)mL 内标溶液,摇匀。

5.3.5.3　试样溶液的制备

称取 0.1 g 实验室样品,精确至 0.000 2 g,置于小瓶中,加入(1±0.02)mL 内标溶液,摇匀。

5.3.5.4　测定

启动气相色谱仪,参照表 1 所列色谱操作条件调试仪器,待仪器基线稳定后,连续注入数针标样溶液,计算各针相对响应的重复性,待相邻两针的相对响应值变化小于 1.5%后,按标样溶液、试样溶液、试样溶液、标样溶液顺序进行测定。

5.3.6　结果计算

丙烯酰胺的质量分数 w_1,数值以%表示,按式(1)、式(2)计算:

$$w_1 = \frac{A f_i m_s}{A_s m} \times 100 \quad \cdots\cdots(1)$$

$$f_i = \frac{A_s m_i}{A_i m_s} \quad \cdots\cdots(2)$$

式中:

A——试样溶液中丙烯酰胺的峰面积;

f_i——被测组分的相对质量校正因子;

m_s——内标物的质量的数值,单位为克(g);

A_s——内标物的峰面积;

m——试样的质量的数值,单位为克(g);

A_s——内标物的峰面积;

m_i——相当于纯品的丙烯酰胺标准样品的质量的数值,单位为克(g);

A_i——标样溶液中丙烯酰胺的峰面积。

取两次平行测定结果的算术平均值为报告结果,两次平行测定结果的绝对差值不大于 0.5%。

5.4　水分的测定

按 GB/T 6283—2008 的规定进行。

取两次平行测定结果的算术平均值为测定结果,两次平行测定结果的绝对差值不大于这两个测定值的算术平均值的 25%。

5.5 色度(200 g/L 水溶液)的测定

按 GB/T 3143 的规定进行。测定时,称取 10 g 实验室样品,精确至 0.01 g,加水溶解并稀释至 50 mL。

5.6 阻聚剂含量的测定

5.6.1 方法提要

阻聚剂(对羟基苯甲醚)与硝酸显色,在分光光度计最大吸收波长 400 nm 处测定其吸光度。

5.6.2 试剂

5.6.2.1 硝酸。

5.6.2.2 对羟基苯甲醚标准样品,质量分数≥98.5%。

5.6.3 仪器

可见分光光度计,带有光程为 3 cm 的比色皿。

5.6.4 分析步骤

5.6.4.1 标样溶液的制备

称取相当于纯品 0.1 g 的对羟基苯甲醚标准样品,精确至 0.000 2 g,置于烧杯中,加适量水溶解,移入 100 mL 容量瓶中,稀释至刻度,摇匀。取此溶液(10±0.05)mL 移入 100 mL 容量瓶中,稀释至刻度,摇匀。即得 100 μg/mL 对羟基苯甲醚标准溶液。

5.6.4.2 标准曲线的制定

向 100 mL 具塞三角瓶中分别移入 10.0 mL、7.5 mL、5.0 mL、2.5 mL、1.0 mL 标样溶液,并对应加入 30.0 mL、32.5 mL、35.0 mL、37.5 mL、39.0 mL 水,同时向另一 100 mL 具塞三角瓶中加入40 mL 水做参比,100 mL 具塞三角瓶中各加入 20.0 mL 硝酸,塞紧瓶塞,摇匀 1 min 后,用 3 cm 比色皿,在波长 400 nm 处比色。以每个标准溶液净吸光度(扣除空白溶液的吸光度)和对羟基苯甲醚的质量浓度(mg/L)绘制标准曲线。

5.6.4.3 测定

称取 40.0 g 实验室样品,精确至 0.01 g,置于烧杯中,加适量水溶解,移入 100 mL 容量瓶中,稀释至刻度,摇匀。取 40.0 mL 上述溶液移入 100 mL 具塞三角瓶中,塞紧瓶塞,摇匀 1 min 后,用 3 cm 比色皿,在波长 400 nm 处比色,测出试样的吸光度 A。

5.6.4.4 在测定的同时,按与测定相同的步骤,对不加试料而使用相同数量的试剂做空白试验。

5.6.5 结果表示

由试样的吸光度减去空白试验的吸光度,得到试样试验的净吸光度。从标准曲线中查得对羟基苯甲醚的含量,以毫克每升(mg/L)表示,乘以试样的稀释倍数,得到试样中对羟基苯甲醚的含量。

取两次平行测定结果的算术平均值为测定结果,两次平行测定结果的绝对差值不大于这两个测定值的算术平均值的 20 %。

5.7 电导率(400 g/L 水溶液)的测定

5.7.1 仪器

5.7.1.1 电导率仪:(0～2)μS/cm,分辨率为 0.001 μS/cm;(2～20)μS/cm,分辨率为 0.01 μS/cm;(20～200)μS/cm,分辨率为 0.1 μS/cm。

5.7.1.2 恒温水浴。

5.7.2 测定分析步骤

称取 20 g 实验室样品,精确至 0.01 g,加适量水溶解,移入 50 mL 容量瓶中,稀释至刻度,摇匀。移入 100 mL 烧杯中,置于恒温水浴中,恒温至 25 ℃,用电导率仪测定电导率。

5.8 铁含量的测定

按 GB/T 3049—2006 的规定进行。测定时称取约 5 g 实验室样品。

取两次平行测定结果的算术平均值为报告结果。两次平行测定结果的绝对差值不大于 0.000 5%。

5.9 铜含量的测定

称取约 5.0 g 实验室样品，精确至 0.01 g，加适量水溶解，移入 250 mL 烧杯中，用玻璃表面目皿盖住，置于加热板上，加热蒸干。其余按 GB/T 7717.11—2008 第 7 章的规定进行。

取两次平行测定结果的算术平均值为报告结果，两次平行测定结果的绝对差值不大于这两个测定值的算术平均值的 30%。

6 检验规则

6.1 检验分为出厂检验和型式检验。

6.1.1 出厂检验项目为表 1 中的丙烯酰胺含量、水分含量、阻聚剂含量、电导率，应逐批进行检验。

6.1.2 型式检验项目为表 1 中的全部项目，在正常生产情况下，每月至少进行一次型式检验。有下列情况之一时，也应进行型式检验。

a) 更新关键生产工艺；

b) 主要原料有变化；

c) 停产又恢复生产；

d) 出厂检验结果与上次型式检验有较大差异；

e) 合同规定。

6.2 以连续生产的产品为一批，每批产品不超过 3 000 kg。

6.3 采样按 GB/T 3723、GB/T 6678 和 GB/T 6679 的规定进行。所采样品总量不得少于 250 g。将样品分装于两个清洁、干燥的磨口瓶中，贴好标签，注明产品名称、批号、采取日期。一瓶供检验用，一瓶留样，保存三个月备查。

6.4 工业用丙烯酰胺由生产厂的质量检验部门进行检验。每批出厂的产品都应附有一定格式的质量书，其内容包括：生产日期、生产厂名称、产品名称、各项指标的检验数据，产品等级、批号。

6.5 检验结果的判定按 GB/T 8170 中规定的修约值比较法进行。检验结果如有任何一项指标不符合本标准的要求时，则应重新自两倍数量的包装单元中采样进行检验。重新检验的结果即使只有一项指标不符合本标准的要求，则整批产品为不合格。

7 包装、标志、运输和贮存

7.1 标志

产品包装上应有牢固清晰的标志，内容包括：产品名称、生产厂厂名、厂址、产品规格、净含量、批号或生产日期、商标及本标准编号，并符合 GB 190 中规定的"有毒品"标志。

7.2 包装

产品内包装用聚乙烯塑料袋，外包装为三合一复合袋（布/膜/纸），每袋净含量 25 kg。可在满足包装安全的条件下根据用户的要求包装。

7.3 运输和贮存

产品应贮存在干燥、阴凉、通风处，不得靠近热源和受阳光直接照射，不能与其他化学物品混放。产品贮运时温度控制在 35 ℃以下，严禁暴晒或与有热源的物体接触。

7.4 保质期

在符合本标准包装、运输和贮存的条件下，自生产之日起，本产品保质期至少为 6 个月。

8 安全

8.1 安全特性

丙烯酰胺属于中等有毒化学物质。在遇高热、明火或与氧化剂接触有引起燃烧的危险，若遇高热，可能发生聚合反应。该物质刺激眼睛、皮肤和呼吸道。该物质可能对神经系统有影响，导致末梢神经损害。

8.2 安全措施

应避免丙烯酰胺与皮肤接触，如果接触，应脱去污染的衣服，用肥皂水及流动清水彻底冲洗皮肤或淋浴；如果溅到眼睛里，应立即提起眼睑，用流动清水冲洗。如食入，应大量饮水，催吐，立即就医；生产过程密闭操作，局部排分。如果泄漏，污染区周围设警告标志，不要直接接触泄漏物，收集于干燥洁净有盖的容器中，进行控制焚烧。如大量泄漏，收集回收或无害化处理。工作场所人员均应戴防毒面具、安全防护眼镜，穿相应工作服，戴防护手套。

附　录　A
（规范性附录）
丙烯酰胺含量测定的典型色谱图及相对保留值

A.1　典型色谱图

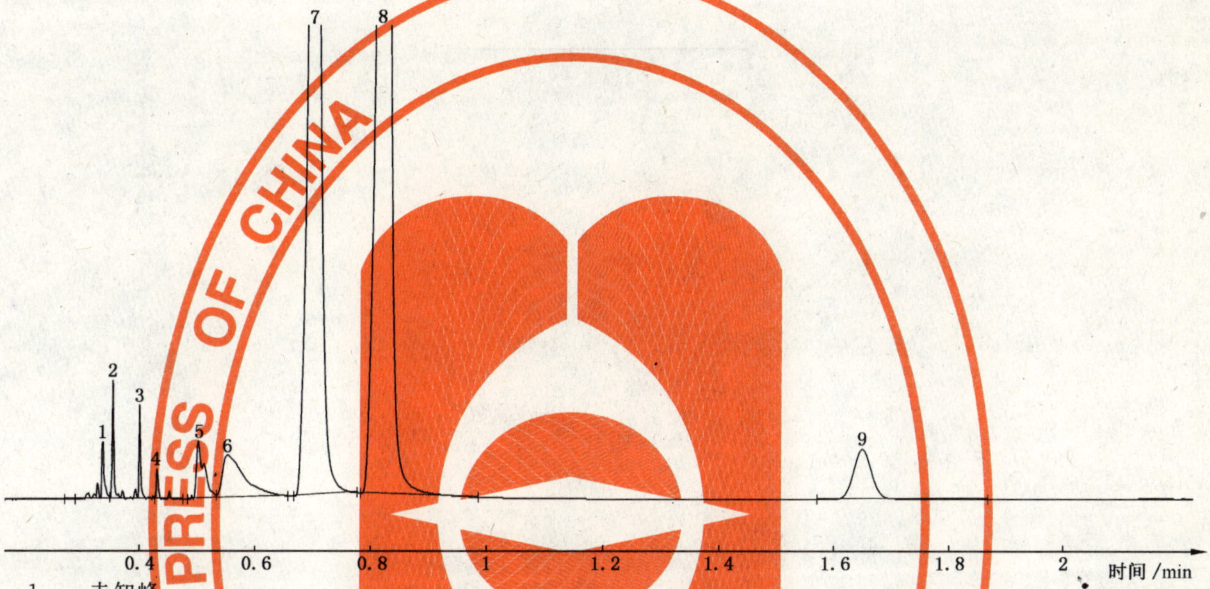

1——未知峰；
2——水；
3——未知峰；
4——未知峰；
5——丙烯腈；
6——丙烯酸；
7——乙酰胺；
8——丙烯酰胺；
9——对羟基苯甲醚。

图 A.1　典型色谱图

A.2　相对保留值

丙烯酰胺含量测定各组分的保留值见表 A.1。

表 A.1　丙烯酰胺含量测定各组分的相对保留值

峰号	峰名	相对保留值
1	未知峰	0.476
2	水	0.508
3	未知峰	0.569
4	未知峰	0.607
5	丙烯腈	0.718

表 A.1（续）

峰号	峰名	相对保留值
6	丙烯酸	0.801
7	乙酰胺	1.000
8	丙烯酰胺	1.177
9	对羟基苯甲醚	2.322

ICS 71.080.30
G 17

中华人民共和国国家标准

GB/T 24770—2009

工业用三甲胺

Trimethyl amine for industrial use

2009-12-15 发布

2010-07-01 实施

中华人民共和国国家质量监督检验检疫总局
中国国家标准化管理委员会 发布

前言

本标准的附录A为规范性附录。

本标准由中国石油和化学工业协会提出。

本标准由全国化学标准化技术委员会有机分会(SAC/TC 63/SC 2)归口。

本标准负责起草单位:山东华鲁恒升化工股份有限公司。

本标准参加起草单位:浙江江山化工股份有限公司。

本标准主要起草人:刘忠发、李发林、赵秀英、张艳丽、何天余、胡延风。

工 业 用 三 甲 胺

1 范围

本标准规定了工业用三甲胺的技术要求、试验方法、检验规则、标志、包装、运输、贮存和安全等。

本标准适用于由甲醇连续气相催化氨化法生产的工业三甲胺的生产、检验和销售。

分子式：C_3H_9N

结构式：$CH_3—N—CH_3$
　　　　　　　|
　　　　　　CH_3

相对分子质量：59.11（按 2007 年国际相对原子质量）

2 规范性引用文件

下列文件中的条款通过本标准的引用而成为本标准的条款。凡是注日期的引用文件，其随后所有的修改单（不包括勘误的内容）或修订版均不适用于本标准，然而，鼓励根据本标准达成协议的各方研究是否可使用这些文件的最新版本。凡是不注日期的引用文件，其最新版本适用于本标准。

GB 190　危险货物包装标志

GB/T 601—2002　化学试剂　标准溶液的制备

GB/T 603—2002　化学试剂　试验方法中所用制剂及制品的制备（ISO 6353-1：1982，NEQ）

GB/T 3723　工业用化学产品采样安全通则

GB/T 6283—2008　化工产品中水分含量的测定　卡尔·费休法（通用方法）（GB/T 6283—1986，eqv ISO 760：1978）

GB/T 6678　化工产品采样总则

GB/T 6681　气体化工产品采样通则

GB/T 6682—2008　分析实验室用水规格和试验方法（ISO 3696：1987，NEQ）

GB/T 8170　数值修约规则与极限数值的表示和判定

GB/T 9722—2006　化学试剂　气相色谱法通则

JB/T 6897—2000　低温液体槽车

JB/T 6898—1997　低温液体贮运设备使用安全规则

气瓶安全监察规程

压力容器安全监察规程

3 性状

常温下为无色有鱼腥味的气体。

4 要求

工业用三甲胺质量应符合表 1 所示的技术要求。

表 1 技术要求

项目	指标		
	优等品	一等品	合格品
三甲胺，w/% ≥	99.5	99.0	98.0
一甲胺，w/% ≤	0.02	0.10	0.20
二甲胺，w/% ≤	0.05	0.15	0.25
氨，w/% ≤	0.01	0.03	0.10
水，w/% ≤	0.5	1.0	1.5
N,*N*-二甲基乙胺（以二乙胺计），w/%	供需双方协商		

5 试验方法

5.1 警示

试验方法规定的一些试验过程可能导致危险情况，操作者应采取适当的安全和防护措施。

5.2 一般规定

除非另有说明，在分析中仅使用确认为分析纯的试剂和符合 GB/T 6682—2008 中规定的三级水。

分析中所用标准滴定溶液、制剂和制品，在没有注明其他要求时，均按 GB/T 601—2002、GB/T 603—2002的规定制备。

5.3 试样的制备

量取约 200 mL 优级纯异丙醇，称量，精确至 0.01 g，质量为 m_1。吸收适量三甲胺样品后再次称量，精确至 0.01 g，质量为 m_2。两次称量之差为三甲胺试样的质量。吸收液含三甲胺的质量分数约为 30%。

5.4 三甲胺含量和氨、一甲胺、二甲胺、*N*,*N*-二甲基乙胺含量的测定

5.4.1 方法提要

采用气相色谱法。三甲胺样品经异丙醇吸收，在选定的色谱工作条件下，注入试样，组分通过色谱柱分离后，用热导检测器（TCD）或火焰离子化检测器（FID）检测，采用校正面积归一化法定量，得到各组分含量，根据卡尔·费休容量法测得的水分，对校正面积归一化法定量得出的各组分含量进行校正。

5.4.2 试剂

5.4.2.1 氮气：体积分数大于 99.99%。

5.4.2.2 氢气：体积分数大于 99.99%。

5.4.2.3 空气：经 5A 分子筛干燥和净化。

5.4.3 仪器

5.4.3.1 气相色谱仪：配有火焰离子化检测器或热导检测器，灵敏度及稳定性应符合 GB/T 9722—2006 的规定的任何型号的气相色谱仪；

5.4.3.2 色谱数据处理机或积分仪；

5.4.3.3 微量注射器：1 μL 或 10 μL。

5.4.4 色谱操作条件

本标准推荐的色谱柱和色谱操作条件见表 2。典型色谱图和各组分保留时间见附录 A。其他能达到同等分离程度的色谱柱及色谱操作条件也可使用。

表 2 推荐的色谱柱和色谱操作条件

	热导检测器	火焰离子化检测器
毛细管色谱柱	改性的高惰性甲基苯基硅氧烷毛细管柱，30 m×0.32 mm×0.45 μm	
柱箱温度/℃	50	60
汽化室温度/℃	180	180
检测器温度/℃	150	200
桥流/mA	75	—
载气平均线速/(cm/s)	25(H_2)	30(N_2)
补充气/(mL/min)	10(H_2)	40(N_2)
燃气流量/(mL/min)	—	40(H_2)
助燃气流量/(mL/min)	—	400(Air)
分流比	1∶10	1∶10
进样量/μL(异丙醇吸收)	2.0	0.6

5.4.5 分析步骤

根据仪器说明书，调节仪器至表 2 所示的操作条件，待仪器稳定后即可开始测定。根据组分出峰情况，注入适量试样。用校正面积归一化法定量。

相对校正因子的测定参见附录 A 中的 A.3。

5.4.6 结果计算

5.4.6.1 当采用火焰离子化检测器时，各组分的质量分数 w_1，数值以%表示，按式(1)计算：

$$w_1 = (100 - w_3 - w_4)\frac{f_iA_i}{\sum(f_iA_i)} \qquad (1)$$

式中：

f_i——某组分的相对质量校正因子(未知组分的相对质量校正因子 f_i 采用各杂质组分中最大的相对质量校正因子)；

A_i——某组分的色谱峰面积；

w_3——5.5 测定的试样中氨的质量分数的数值；

w_4——5.6 测定的试样中水的质量分数的数值。

5.4.6.2 当采用热导检测器时，各组分的质量分数 w_2，数值以%表示，按式(2)计算：

$$w_2 = (100 - w_4)\frac{f_iA_i}{\sum(f_iA_i)} \qquad (2)$$

式中：

i——除水以外的其他各组分；

f_i——某组分的相对质量校正因子(未知组分的相对质量校正因子 f_i 采用各杂质组分中最大的相对质量校正因子)；

A_i——某组分的色谱峰面积；

w_4——5.6 测得的试样中水的质量分数的数值。

5.4.7 允许差

取两次平行测定结果的算术平均值为测定结果。两次平行测定结果的绝对差值见表 3。

表 3　色谱测定结果允许差

项　目		火焰离子化检测器 绝对差值/%	热导池检测器 绝对差值/%
氨	≤	—	0.005
一甲胺	≤	0.002	0.008
二甲胺	≤	0.003	0.008
三甲胺	≤	0.02	0.02
N,*N*-二甲基乙胺	≤	0.004	0.008

5.4.8　以火焰离子化检测器的测定方法为仲裁法。

5.5　氨含量的测定

5.5.1　方法提要

采用气相色谱法。样品经异丙醇吸收，在选定的色谱工作条件下，注入试样，通过色谱柱使氨和各组分分离，用热导检测器(TCD)检测，采用外标法定量，得到氨的含量。

5.5.2　试剂

5.5.2.1　氨水。

5.5.2.2　其他试剂同5.4.2。

5.5.3　分析步骤

5.5.3.1　校准用氨标准溶液的配制见附录A的A.3。

5.5.3.2　根据仪器使用说明书开启仪器，并试漏，调节仪器至表2中热导检测器所示的操作条件，待仪器稳定后即可开始测定。用微量注射器注入2 μL校准用氨标准溶液(5.5.3.1)，进行色谱分析。在同样的色谱操作条件下，用微量注射器注入2 μL试样进行分析。

5.5.4　结果计算

氨的含量以质量分数 w_3 计，数值以%表示，按式(3)计算：

$$w_3 = \frac{w_s A}{A_s} \times \frac{m_2}{m_2 - m_1} \qquad \cdots\cdots(3)$$

式中：

A_s——校准用氨标准溶液中氨的峰面积；

A——试样中氨组分的峰面积；

w_s——校准用氨标准溶液浓度的准确数值，以质量分数表示(%)；

m_1——异丙醇的质量数值，单位为克(g)；

m_2——三甲胺试料和异丙醇的质量数值，单位为克(g)。

取两次平行测定结果的算术平均值为测定结果。两次平行测定结果的绝对差值不大于0.005%。

5.6　水分的测定

5.6.1　试剂

异丙醇：优级纯。

5.6.2　分析步骤

用5.3制备的试样按GB/T 6283—2008的规定进行。分别测定异丙醇和用异丙醇吸收的三甲胺试样的水分含量。

5.6.3　结果计算

水的质量分数 w_4，数值以%表示，按式(4)计算：

$$w_4 = \frac{w_{y2} m_2 - w_{y1} m_1}{m_2 - m_1} \qquad \cdots\cdots(4)$$

式中：

w_{y1}——异丙醇中水含量的质量分数的数值(%)；

w_{y2}——吸收三甲胺试样后异丙醇试样溶液中水含量的质量分数的数值(%)；

m_1——异丙醇的质量的数值，单位为克(g)；

m_2——三甲胺试料和异丙醇的质量数值，单位为克(g)。

取两次平行测定结果的算术平均值为测定结果。两次平行测定结果的绝对差值不大于0.04%。

6 检验规则

6.1 第4章要求中表1规定的所有项目中一甲胺、二甲胺、三甲胺、氨、水分为出厂检验项目，*N*,*N*-二甲基乙胺供需双方要求时进行检验。出厂检验项目每批进行一次。

6.2 工业用三甲胺产品按批实施出厂检验，以工艺条件不变的、产品连续生产的实际批为一组批；但若干个生产批构成一个检验批的时间不超过3 d。

6.3 工业用三甲胺采样中的安全事项应符合GB/T 3723的规定。采样原则及采样一般规定应符合GB/T 6678和GB/T 6681规定。

6.4 异丙醇吸收样品时，应开启阀门(1～2)min放空后再吸收样品。采样时将取样嘴连接取样管，取样管插入吸收液异丙醇底部，阀门开启不宜过大，防止样品溅出。用约200 mL优级纯异丙醇吸收至三甲胺浓度约30%左右。

6.5 采样总量应保证检验的需要。所采样品等量分装入两个清洁、干燥、密封良好的细口瓶中，贴上标签，注明产品名称、批号、取样日期、取样地点、取样者姓名。一瓶供检验用，另一瓶保留一个月备查。

6.6 工业用三甲胺应由生产厂质量监督检验部门进行检验。生产厂应保证出厂产品符合本标准的要求。每批出厂的产品都应附有一定格式的质量证明书，内容包括：生产厂名称、产品名称、生产日期或者批号、产品等级和本标准编号等。

6.7 使用单位自出厂日起一个月内对未破坏包装密封的产品，按照本标准的规定进行验收。

6.8 检验结果的判定按GB/T 8170修约值比较法进行。检验结果中如有一项不符合本标准要求时，应重新自两倍量的包装单元中采样进行复验，重新检验的结果既使只有一项指标不符合本标准要求时，则整批产品应做不合格处理。

7 标志、包装、运输和贮存

7.1 标志

工业用三甲胺的包装容器上应有牢固、明显的标志，内容包括：生产厂名称、厂址、产品名称、批号或生产日期、净含量、本标准编号及GB 190中规定的“易燃液化气体”和“有毒品”标志。

7.2 包装

工业用三甲胺应用符合JB/T 6897—2000、《气瓶安全监察规程》的钢瓶或槽车包装，使用中符合JB/T 6898—1997、《压力容器安全监察规程》等相关规定。

7.3 运输

7.3.1 工业用三甲胺的运输应按相关危险货物运输管理规则执行。

7.3.2 工业用三甲胺运输时应远离火种、热源；应与氧化剂、酸类物质等分开运输；起运时包装要完整，装载应稳妥。

7.4 贮存

工业用三甲胺应贮存于阴凉、干燥、通风良好的地方；远离火种、热源；储存于密闭容器中；应与氧化剂、酸类物质等分开存放；采用防爆型照明、通风设施；禁止使用易产生火花的机械设备和工具；储区应有泄漏应急处理设备。

8 安全

8.1 工业用三甲胺的安全使用应符合 JB/T 6898—1997、《压力容器安全监察规程》及危险货物运输规则等相关规定。

8.2 工业用三甲胺与空气混合能形成爆炸性混合物；遇明火高热能引起燃烧爆炸；避免高温曝晒和与明火接触。

8.3 当工业用三甲胺发生泄漏时，迅速撤离污染区人员至上风处，隔离泄漏污染区。应急处理人员建议戴正压式呼吸器，穿消防防护服，尽可能切断泄漏源，用喷雾状水稀释、溶解。漏气容器不能再用，且要经过技术处理以清除可能剩下的气体。

8.4 工业用三甲胺有毒，有腐蚀性，对眼、黏膜、皮肤有刺激性，有烧伤危险，使用时防止接触眼睛和皮肤，应佩戴安全护具。皮肤接触时立即脱去污染衣着，用流动清水冲洗；若有灼伤，就医治疗。眼睛接触时立即提起眼睑，用流动清水或生理盐水冲洗至少 15 min，就医。

附 录 A
（规范性附录）
三甲胺含量测定的典型色谱图、各组分相对保留值和相对校正因子的测定方法

A.1 三甲胺含量测定的典型色谱图

A.1.1 采用火焰离子化检测器测定三甲胺的典型色谱图见图 A.1。

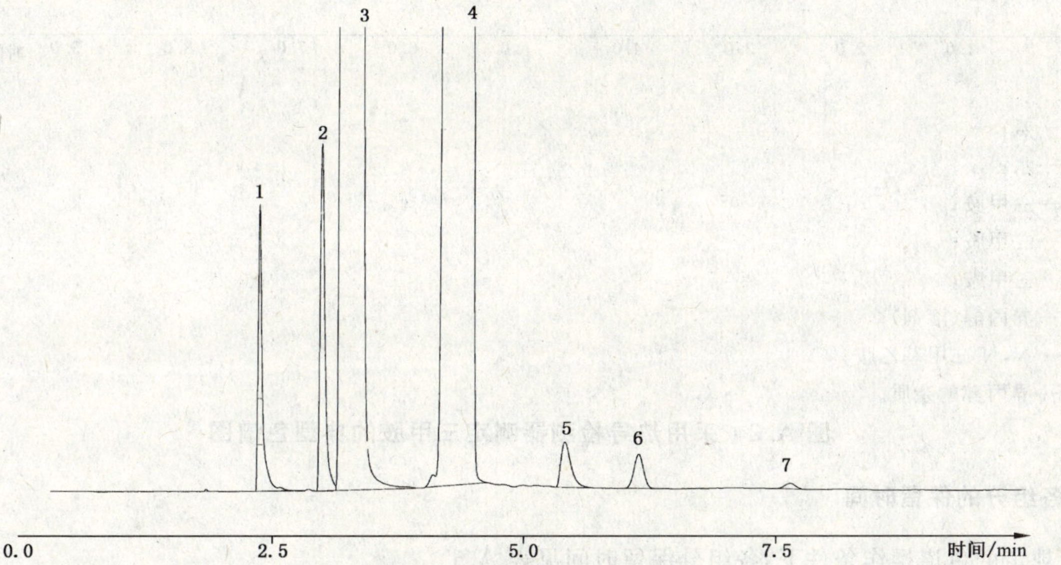

1——一甲胺；
2——二甲胺；
3——三甲胺；
4——异丙醇（溶剂）；
5——*N*,*N*-二甲基乙胺；
6——异丙醇的杂质；
7——异丙醇的杂质。

图 A.1 采用火焰离子化检测器测定三甲胺的典型色谱图

A.1.2 采用热导检测器测定三甲胺的典型色谱图见图 A.2。

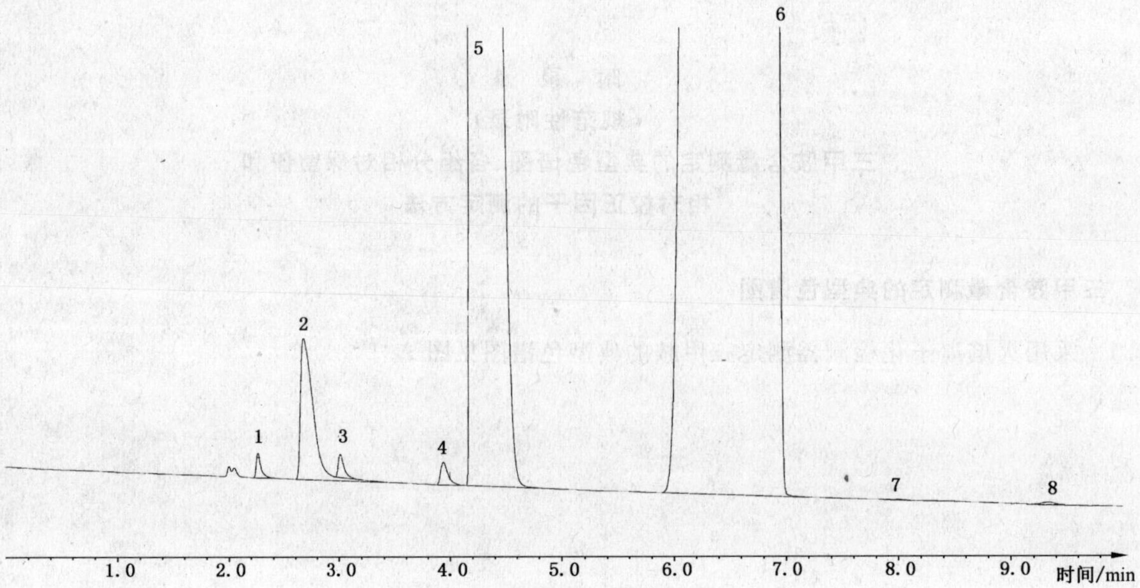

1——氨；
2——水；
3——一甲胺；
4——二甲胺；
5——三甲胺；
6——异丙醇(溶剂)；
7——*N*,*N*-二甲基乙胺；
8——异丙醇的杂质。

图 A.2 采用热导检测器测定三甲胺的典型色谱图

A.2 各组分的保留时间

在规定的色谱操作条件下，各组分保留时间见表 A.1。

表 A.1 各组分的保留时间

组　分	氢火焰离子化检测器的保留时间/min	热导检测器的保留时间/min
氨	—	2.2
水	—	2.6
一甲胺	2.4	3.0
二甲胺	3.0	3.9
三甲胺	3.2	4.1
异丙醇(溶剂)	4.4	6.8
N,*N*-二甲基乙胺	5.4	7.8
异丙醇中杂质	6.2	9.2

A.3 相对校正因子的测定

A.3.1 试剂

A.3.1.1 三甲胺：质量分数大于 99.8%。

A.3.1.2　异丙醇：优级纯。

A.3.1.3　一甲胺：已知质量分数。

A.3.1.4　二甲胺：已知质量分数。

A.3.1.5　氨水：已知质量分数。

A.3.1.6　*N*,*N*-二甲基乙胺。

A.3.2　分析步骤

量取200 mL异丙醇，称量，精确至0.01 g，吸收三甲胺至其含量的质量分数约30%。用称量法配制校准用标准溶液，加入一甲胺、二甲胺、氨、*N*,*N*-二甲基乙胺等欲测杂质于三甲胺异丙醇吸收液中，各组分的称量精确至0.000 1 g，各组分含量的质量分数计算精确至0.001%。所配制的校准用标准溶液杂质含量应与待测试样相近。

用于配制校准用标准溶液的三甲胺中被测杂质组分含量大于0.001%时，校准用标准溶液中的被测杂质组分含量应予以修正。

在与测定样品相同的色谱操作条件下，将配制的校准用标准溶液注入色谱仪，采用热导检测器进样量2 μL，采用火焰离子化检测器进样量0.6 μL。平行测定3次，取3次测定的峰面积的算术平均值为测定结果。依据所得的峰面积及杂质组分含量，计算各组分的相对校正因子 f_i。

A.3.3　相对校正因子的计算

各组分相对异丙醇的校正因子 f_i 按式(A.1)计算：

$$f_i = \frac{A_1 w_i}{A_i w_1} \qquad \cdots\cdots(A.1)$$

式中：

A_1——三甲胺的峰面积；

A_i——组分 i 的峰面积；

w_1——校准用标准溶液中三甲胺的质量分数的数值(%)；

w_i——校准用标准溶液中组分 i 的质量分数的数值(%)。

ICS 71.080.30
G 17

中华人民共和国国家标准

GB/T 24771—2009

工业用叔丁胺

Tert-Butylamine for industrial use

2009-12-15 发布 2010-07-01 实施

中华人民共和国国家质量监督检验检疫总局
中国国家标准化管理委员会 发布

前言

本标准的附录A为规范性附录。

本标准由中国石油和化学工业协会提出。

本标准由全国化学标准化技术委员会有机分会(SAC/TC 63/SC 2)归口。

本标准负责起草单位:山东富丰化工股份有限公司、山东省化工研究院。

本标准主要起草人:卢国强、崔爱红、邹本莲、浦为民、李世慧、陈菊、郑福国。

工 业 用 叔 丁 胺

1 范围

本标准规定了工业用叔丁胺的要求、试验方法、检验规则、标志、包装、运输、贮存及安全。

本标准适用于叔丁胺的生产、检验和销售。

分子式：$C_4H_{11}N$

结构式：

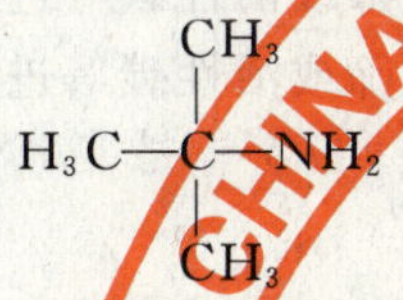

相对分子质量：70.14（按 2007 年国际相对原子质量）

2 规范性引用文件

下列文件中的条款通过本标准的引用而成为本标准的条款。凡是注日期的引用文件，其随后所有的修改单（不包括勘误的内容）或修订版均不适用于本标准，然而，鼓励根据本标准达成协议的各方研究是否可使用这些文件的最新版本。凡是不注日期的引用文件，其最新版本适用于本标准。

GB 190 危险货物包装标志

GB/T 191—2008 包装储运图示标志(ISO 780:1997,MOD)

GB/T 3143 液体化学产品颜色测定法(Hazen 单位——铂-钴色号)

GB/T 6678 化工产品采样总则

GB/T 6680—2003 液体化工产品采样通则

GB/T 6682—2008 分析实验室用水规格和试验方法(ISO 3696:1987,MOD)

GB/T 8170 数值修约规则与极限数值的表示和判定

GB/T 9722 化学试剂 气相色谱法通则

3 要求

3.1 外观：透明液体，无悬浮物、无机械杂质。

3.2 工业用叔丁胺应符合表 1 所示的技术要求。

表 1 技术要求

项 目		指 标	
		优等品	合格品
叔丁胺，w/%	≥	99.5	98.5
色度/Hazen 单位(铂-钴色号)	≤	15	25
水分，w/%	≤	0.10	0.50

4 试验方法

4.1 警示

试验方法规定的试验过程可能导致危险情况，操作者应采取适当的安全和防护措施。

4.2 一般规定

除非另有说明，在分析中使用确认为分析纯的试剂和GB/T 6682—2008中规定的三级水。

4.3 外观

取25 mL实验室样品于比色管中，在自然光线下目视观察。

4.4 叔丁胺含量的测定

4.4.1 方法提要

在选定的色谱操作条件下，样品汽化后通过色谱柱，使试样中各组分分离，用火焰离子化检测器(FID)检测，以面积归一化法定量，扣除试样中水分，得到叔丁胺的含量。

4.4.2 试剂

4.4.2.1 氮气：体积分数大于99.9%，使用前需用脱水装置、硅胶、分子筛或活性碳等进行净化处理。

4.4.2.2 氢气：体积分数大于99.9%，使用前需用脱水装置、硅胶、分子筛或活性碳等进行净化处理。

4.4.2.3 空气：经硅胶或5A分子筛干燥和净化。

4.4.3 仪器

4.4.3.1 气相色谱仪：带有火焰离子化检测器(FID)灵敏度和稳定性符合GB/T 9722中有关规定的任何气相色谱仪，可进行毛细管色谱分析；

4.4.3.2 记录仪：色谱数据处理机或积分仪；

4.4.3.3 进样器：1 μL微量注射器，或自动进样器。

4.4.4 色谱柱及典型操作条件

本标准推荐的色谱柱和色谱操作条件见表2。典型色谱图和相对保留值见附录A。其他能达到同等分离程度的色谱柱和色谱操作条件均可以使用。

表2 推荐的色谱柱和色谱操作条件

毛细管色谱柱	30 m×0.32 mm×1.0 μm(柱长×柱内径×液膜厚度)
固定相	100%甲基聚硅氧烷
柱箱温度/℃	初始温度35 ℃，保持4 min。以升温速度20 ℃/min升温至180 ℃，保持2 min
汽化室温度/℃	200
检测器温度/℃	200
载气(N_2)平均线速度/(cm/s)	41
空气流量/(mL/min)	350
氢气流量/(mL/min)	35
分流比	30∶1
进样量/μL	0.2

4.4.5 分析步骤

根据仪器说明书，调节仪器至表2所示的操作条件，待仪器稳定后即可开始测定。用1 μL微量注射器注入0.2 μL试样，以面积归一化法定量。

4.4.6 结果计算

叔丁胺的质量分数w_1，数值以%表示，按式(1)计算：

$$w_1 = \frac{A}{\sum A_i} \times (100 - w_2) \quad \cdots\cdots(1)$$

式中：

A——叔丁胺的色谱峰面积；

A_i——组分i的色谱峰面积；

w_2——4.6 测得的试样中水的质量分数的数值。

取两次平行测定结果的算术平均值为报告结果。两次平行测定结果的绝对差值不大于 0.1%。

4.5 色度的测定

按 GB/T 3143 规定的方法进行。

4.6 水分的测定

4.6.1 方法提要

试样中的水分与电解液中的碘进行定量反应，反应式为：

$$H_2O + I_2 + SO_2 \rightarrow 2HI + SO_3$$

$$2I^- - 2e \rightarrow I_2$$

参加反应的碘的分子数等于水的分子数，而电解生成的碘与所消耗的电量成正比，依据法拉第定律，在仪器上直接读出被测试样中的水含量。

4.6.2 仪器

4.6.2.1 库仑电量水分测定仪：检测灵敏度 0.1 μg 水。或其他能满足分析要求的微量水分测定仪也可使用；

4.6.2.2 天平：分度值为 0.000 1 g；

4.6.2.3 注射器：2 mL。

4.6.3 试剂

与库仑电量水分测定仪配套的电解液（市售试剂）。

4.6.4 分析步骤

向库仑电量水分测定仪电解池中加入电解液，按仪器说明书调节仪器，使滴定池内达到平衡状态。当仪器进入工作状态后，按仪器说明书要求进行标定。

用注射器吸取约 0.1 mL 实验室样品（或根据实验室样品中的水含量调整），称量，精确至 0.000 1 g，加入到库仑电量水分测定仪中，再次称量注射器，精确至 0.000 1 g，并立即进行电量滴定。在库仑电量水分测定仪显示屏上直接读取水的质量，根据试料的质量，计算水含量。

4.6.5 结果计算

水的质量分数 w_2，数值以%表示，按式（2）计算：

$$w_2 = \frac{m_1}{m} \times 100 \qquad \cdots\cdots\cdots\cdots\cdots\cdots（2）$$

式中：

m_1——由水分测定仪读取的水的质量的数值，单位为克（g）；

m——试料的质量的数值，单位为克（g）。

取两次平行测定结果的算术平均值为报告结果。两次平行测定结果的绝对差值不大于 0.03%。

5 检验规则

5.1 第 3 章要求中外观和表 1 规定的所有项目均为出厂检验项目。出厂检验应逐批检验。

5.2 工业用叔丁胺以同等质量的均匀产品为一批。桶装产品以不大于 100 t 为一批，或以一贮槽（罐）的产品质量为一批。

5.3 工业用叔丁胺的采样按 GB/T 6680—2003 中的 7.1 的规定进行。桶装产品采样单元数按 GB/T 6678 中的规定进行。采样总量应保证检验的需要。样品分装于两个清洁干燥的玻璃瓶中，粘贴标签，注明产品名称、批号、采样日期、采样地点、采样者姓名。密封避光保存。一瓶供检验用，一瓶备查。

5.4 工业用叔丁胺应由生产厂的质量检验部门进行检验。每批出厂的产品都应附有质量证明书，内容包括：产品名称、产品等级、生产厂厂名、厂址、批号或生产日期及本标准编号。

5.5 检验结果的判定按GB/T 8170中的修约值比较法进行。检验结果如果有一项指标不符合本标准要求时，桶装产品应重新自两倍数量的包装单元中采样进行检验，贮槽(罐)装产品应重新采样进行检验。重新检验的结果即使只有一项指标不符合本标准要求，则整批产品为不合格。

6 标志、包装、运输和贮存

6.1 工业用叔丁胺包装容器上应有牢固清晰的标志，内容包括：产品名称、生产厂厂名、厂址、净含量、批号、产品等级、本标准编号、GB 190规定的“易燃液体”、“有毒品”标志、GB/T 191—2008规定的“怕晒”、“怕雨”标志。

6.2 工业用叔丁胺应使用专用铁桶或槽车密闭包装。铁桶包装每桶净含量140 kg，或在满足包装安全的条件下根据用户要求包装。包装应达到Ⅱ类包装要求。

6.3 铁桶或槽车的装入量应根据铁桶或槽车的容积和叔丁胺在运输路途上允许的温度及其他因素变化，而引起的体积膨胀加以考虑。

6.4 工业用叔丁胺应贮存在阴凉、干燥、通风的地方，远离火源、热源，避免曝晒雨淋。

6.5 工业用叔丁胺的贮存和运输应符合中华人民共和国铁路、公路和水路对危险货物贮存和运输的有关规定。

6.6 工业用叔丁胺在运输和装卸时不得撞击，应轻装轻卸，以免损伤包装容器致使产品泄漏。

6.7 在符合本标准规定的贮存和运输条件下，工业用叔丁胺的保质期为自出厂之日起至少3个月。

7 安全

7.1 叔丁胺为易燃液体，闪点-8.8 ℃，具有燃烧、爆炸性质。其蒸气与空气形成爆炸性混合物，爆炸极限1.7%～8.9%(体积分数)，遇明火、高热能引起燃烧爆炸，其蒸气比空气重，能在较低处扩散到相当远的地方，遇火源引着回燃。

7.2 叔丁胺有毒，具腐蚀性。侵入途径为皮肤接触、鼻口吸入。接触或使用叔丁胺时，应佩戴防毒面具或空气呼吸器并穿戴胶皮手套和防护服。如不慎皮肤接触，应立即脱去污染的衣着，用大量流动的水冲洗，就医；如不慎吸入，应迅速脱离现场至空气新鲜处，保持呼吸道畅通，如呼吸困难，给输氧，迅速就医；如误服，应立即漱口，就医。

7.3 叔丁胺遇强酸、氧化剂发生激烈反应。溢出的叔丁胺可用沙土、干燥石灰或苏打灰混合，然后使用无火花工具收集运至废物处理场处置；也可用大量水冲洗，并排入废水处理系统；所有处理和清除步骤应在通风条件下戴上防毒面具进行。消防器材应用泡沫、二氧化碳、干粉灭火器、沙土等。

附 录 A
（规范性附录）
叔丁胺含量测定的典型色谱图和各组分相对保留值

A.1 叔丁胺含量测定的典型色谱图

典型色谱图见图 A.1。

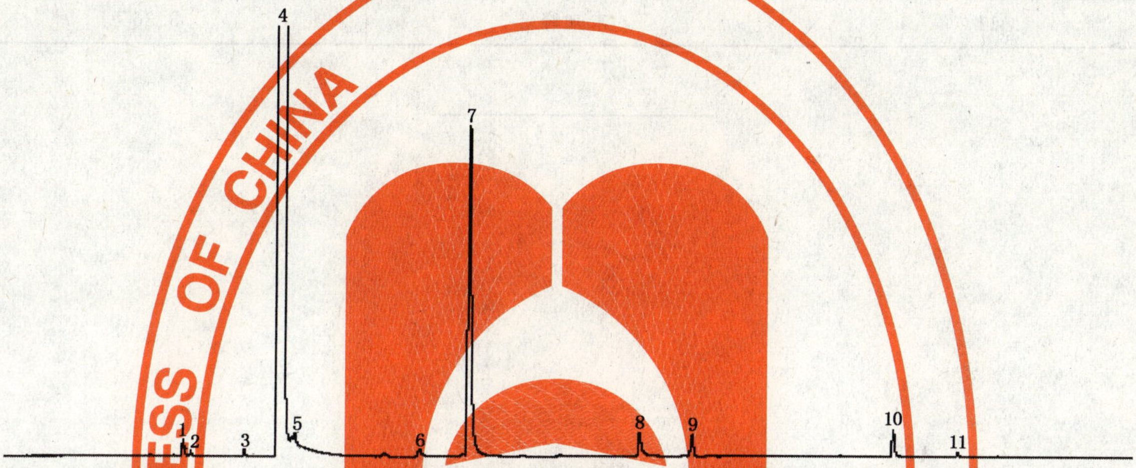

1——甲醇；
2——丁烯；
3——甲酸甲酯；
4——叔丁胺；
5——叔丁醇；
6——甲基叔丁基醚；
7——甲基叔丁胺；
8——二甲基叔丁胺；
9——未知峰；
10——未知峰；
11——未知峰。

图 A.1 叔丁胺的典型色谱图

A.2 各组分相对保留值

各组分相对保留值见表 A.1。

表 A.1 各组分相对保留值

序 号	组 分	相对保留值
1	甲醇	0.66
2	丁烯	0.69
3	甲酸甲酯	0.88
4	叔丁胺	1.00
5	叔丁醇	1.05

表 A.1(续)

序　　号	组　　分	相对保留值
6	甲基叔丁基醚	1.48
7	甲基叔丁胺	1.66
8	二甲基叔丁胺	2.25
9	未知峰	2.43
10	未知峰	3.13
11	未知峰	3.36

ICS 71.100.99
G 17

中华人民共和国国家标准

GB/T 24772—2009

工业用四氢呋喃

Tetrahydrofuran for industrial use

2009-12-15 发布

2010-07-01 实施

中华人民共和国国家质量监督检验检疫总局
中国国家标准化管理委员会 发布

前言

本标准的附录A为规范性附录，附录B为资料性附录。

本标准由中国石油和化学工业协会提出。

本标准由全国化学标准化技术委员会有机分会(SAC/TC 63/SC 2)归口。

本标准负责起草单位：山西三维集团股份有限公司。

本标准参加起草单位：东营胜利中亚化工有限公司。

本标准主要起草人：张建平、孙自瑾、马秀东、梁小元、杨玉梅、贾亚丽、陈荣欣、许红萍。

工业用四氢呋喃

1 范围

本标准规定了工业用四氢呋喃的要求、试验方法、检验规则以及标志、包装、运输和贮存等。

本标准适用于工业用四氢呋喃的生产、检验和销售。

化学式：C_4H_8O

结构式：

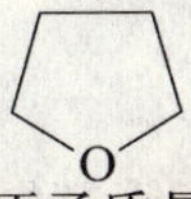

相对分子质量：72.13(按2007年国际相对原子质量)

2 规范性引用文件

下列文件中的条款通过本标准的引用而成为本标准的条款。凡是注日期的引用文件，其随后所有的修改单(不包括勘误的内容)或修订版均不适用于本标准，然而，鼓励根据本标准达成协议的各方研究是否可使用这些文件的最新版本。凡是不注日期的引用文件，其最新版本适用于本标准。

GB 190 危险货物包装标志

GB/T 325.1 包装容器 钢桶 第1部分：通用技术要求

GB/T 3143 液体化学产品颜色测定法(Hazen单位——铂-钴色号)

GB/T 6283—2008 化工产品中水分含量的测定 卡尔·费休法(通用方法)(ISO 760:1978，NEQ)

GB/T 6678 化工产品采样总则

GB/T 6680 液体化工产品采样通则

GB/T 6682—2008 分析实验室用水规格和试验方法(ISO 3696:1987，MOD)

GB/T 8170 数值修约规则与极限数值的表示和判定

GB/T 9722—2006 化学试剂 气相色谱法通则

3 要求

3.1 外观：无色透明液体，无可见杂质。

3.2 工业用四氢呋喃应符合表1所示的技术要求。

表1 技术要求

项目		指标	
		优等品	合格品
四氢呋喃，w/%	≥	99.95	99.80
色度/Hazen单位(铂-钴色号)	≤	5	10
水，w/%	≤	0.02	0.05

4 试验方法

4.1 警示

试验方法规定的一些试验过程可能导致危险情况，操作者应采取适当的安全和防护措施。

4.2 一般规定

除非另有说明,在分析中仅使用确认为分析纯的试剂和符合 GB/T 6682—2008 中规定的三级水。

4.3 外观

取适量实验室样品于比色管中,在自然光或荧光灯光照下,目视观察。

4.4 四氢呋喃含量的测定

4.4.1 方法提要

在选定的色谱工作条件下,样品经汽化通过色谱柱,使其中的各组分分离,用火焰离子化检测器(FID)检测,校正面积归一化法定量。产品中加入的稳定剂 2,6-二叔丁基-4-甲基苯酚(BHT)不参与计算。

4.4.2 试剂

4.4.2.1 氮气:体积分数大于 99.999%。

4.4.2.2 氢气:体积分数大于 99.999%。

4.4.2.3 空气:经活性炭、蓝色硅胶和(5A)分子筛净化、干燥。

4.4.2.4 四氢呋喃:质量分数不小于 99.95%。

4.4.2.5 γ-丁内酯:色谱纯。

4.4.2.6 甲醇:色谱纯。

4.4.2.7 2-甲基四氢呋喃:色谱纯。

4.4.2.8 3-甲基四氢呋喃:色谱纯。

4.4.2.9 2,3-二氢呋喃:色谱纯。

4.4.2.10 2,5-二氢呋喃:色谱纯。

4.4.3 仪器

4.4.3.1 气相色谱仪:配有火焰离子化检测器(FID),整机灵敏度和稳定性应符合 GB/T 9722—2006 中有关规定。

4.4.3.2 数据处理系统:色谱数据处理机或色谱工作站。

4.4.3.3 进样器:10 μL 微量注射器或自动进样器。

4.4.4 色谱柱及典型操作条件

本标准推荐的色谱柱和色谱操作条件见表 2。典型色谱图及各组分相对保留值见附录 A。其他能达到同等分离程度的色谱柱及色谱操作条件也可使用。

表 2 推荐的色谱柱和色谱操作条件

毛细管色谱柱	30 m×0.32 mm×0.25 μm,(柱长×柱内径×液膜厚度)
固定相	14%腈丙基苯基,86%二甲基聚硅氧烷
柱温	初始 60 ℃,保持 5 min;升温速度 8.0 ℃/min,升温至 250 ℃,保持 10 min
气化室温度/℃	250
检测器温度/℃	250
载气(N_2)流量/(mL/min)	1.8
氢气流量/(mL/min)	30
空气流量/(mL/min)	300
尾吹气(N_2)流量/(mL/min)	28
进样量/μL	0.2
分流比	60:1

4.4.5 分析步骤

4.4.5.1 校正因子的测定

4.4.5.1.1 标准溶液的配制

用称量法配制四氢呋喃加欲测杂质的标准溶液，各组分的称量精确至 0.000 1 g，组分含量的质量分数计算精确至 0.001%。所配制的标准溶液中杂质含量应与待测试样相近。

4.4.5.1.2 相对校正因子的测定

根据仪器说明书，调节仪器至表 2 所示的操作条件，将未加欲测杂质的四氢呋喃和配制的标准溶液依次注入气相色谱仪，各平行测定 3 次，取 3 次测定的峰面积的算术平均值为测定结果。依据所得的峰面积及杂质组分含量，计算各组分的相对校正因子 f_i。

试样中未知组分或得不到标准物质的组分的相对校正因子，可使用保留时间最为接近的组分的相对校正因子进行计算。

4.4.5.1.3 校正因子的测定

各组分相对四氢呋喃的相对校正因子 f_i，按式(1)计算：

$$f_i = \frac{A_T w_i}{(A'_i - A_i) w_T} \quad \cdots\cdots\cdots\cdots(1)$$

式中：

A_T——标准溶液中四氢呋喃的峰面积；

A_i——四氢呋喃未加入欲测杂质时组分 i 的峰面积；

A'_i——标准溶液中组分 i 的峰面积；

w_T——标准溶液中四氢呋喃的质量分数的数值；

w_i——标准溶液中组分 i 的质量分数的数值。

4.4.5.2 试样的测定

根据表 2 所示的仪器操作条件测定样品，采用校正面积归一化法定量。

4.4.5.3 结果计算

四氢呋喃的质量分数 w_1，数值以%表示，按式(2)计算：

$$w_1 = (100 - w_{水}) \times \frac{A_T}{\sum f_i A_i} \quad \cdots\cdots\cdots\cdots(2)$$

式中：

$w_{水}$——根据 4.5 测得四氢呋喃中水的质量分数的数值；

A_T——四氢呋喃的色谱峰面积；

f_i——组分 i 的定量校正因子；

A_i——组分 i 的色谱峰面积。

取两次平行测定结果的算术平均值为报告结果。两次平行测定结果的绝对差值不大于 0.01%。

4.5 水分的测定

按 GB/T 6283—2008 的规定进行测定。

取两次平行测定结果的算术平均值为报告结果。两次平行测定结果的绝对差值不大于 0.002%。

4.6 色度的测定

4.6.1 目视比色法

按 GB/T 3143 的规定进行。

4.6.2 色度计法(仲裁法)

4.6.2.1 方法提要

将样品置于预先校准好的色度计中，进行自动测定，从仪器上直接读出样品色号，以 Hazen 单位(铂-钴色号)表示。

4.6.2.2 仪器

4.6.2.2.1 色度计:满足 Lovibond 色标,可进行 Pt-Co 色系的测定;配有接近样品色度的一套标准比色片。

4.6.2.2.2 比色皿:5 cm。

4.6.2.3 分析步骤

按照仪器使用说明书用标准比色片校正仪器。

用实验室样品充分置换比色皿后,盛入适量实验室样品(液面低于比色皿上沿 3 mm),比色皿中不应有气泡。将比色皿置于色度计的比色架上测定,直接从仪器上读数,三次测定结果的算术平均值取整数为样品色号。

5 检验规则

5.1 第 3 章要求中外观和表 1 规定的所有项目均为出厂检验项目。出厂检验应逐批进行。

5.2 工业用四氢呋喃以一贮槽或槽车的量为一批,或以同等质量的产品为一批。

5.3 工业用四氢呋喃的采样按 GB/T 6678、GB/T 6680 中的规定进行。采取具有代表性的样品,采样量不少于 500 mL,分装在两个清洁、干燥的玻璃瓶中,密封。贴上标签,注明产品名称、生产企业名称、批号或生产日期、取样日期、取样地点、取样人姓名等,一瓶供检验用,一瓶备查。

5.4 工业用四氢呋喃应由生产企业的质量监督检验部门进行检验。生产厂应保证每批出厂产品都符合本标准的要求,并附有一定格式的质量证明书,内容包括:生产厂名称和厂址、产品名称、产品等级、生产日期或批号、净含量和本标准编号等。

5.5 检验结果的判定按 GB/T 8170 中修约值比较法进行。检验结果中如有一项指标不符合本标准要求时,应重新自两倍量的包装单元中采样进行检验。重新检验的结果即使只有一项指标不符合本标准要求,则整批产品应作不合格处理。

6 标志、包装、运输和贮存

6.1 标志

工业用四氢呋喃的包装容器上应有明显牢固的标志,内容包括:产品名称、生产厂名称和地址、生产批号或日期、净含量、合格证明、产品标准号及 GB 190 规定的“易燃液体”标志等,并随运输工具携带安全技术说明书。

6.2 包装

工业用四氢呋喃应采用符合 GB/T 325.1 要求的钢桶或专用槽车包装。应充入干燥氮气密封,保持正压,避免泄漏。每桶净含量 170 kg,或在符合安全要求的条件下,根据用户要求包装。

6.3 运输

工业用四氢呋喃运输过程中应确保容器不泄露、不倒塌、不坠落、不损坏。运输过程中应防止日晒雨淋,远离火种、热源、高温区域。搬运时应轻装轻卸,防止包装容器损坏。为防止静电,运输容器应接地。

6.4 贮存

6.4.1 工业用四氢呋喃用钢桶包装时,应贮存在干燥、通风的环境中。

6.4.2 工业用四氢呋喃包装容器中应充入干燥氮气保持正压,防止太阳暴晒或高温烧烤。禁止与强氧化剂、有毒化学品一起贮存。

6.4.3 在贮存和运输过程中,可根据用户要求添加适量的稳定剂 2,6-二叔丁基-4-甲基苯酚(BHT)。2,6-二叔丁基-4-甲基苯酚(BHT)的测定参见附录 B。

6.5 保质期

在符合本标准包装、运输和贮存的条件下,自出厂之日起,工业用四氢呋喃保质期至少 6 个月。

7 安全

7.1 工业用四氢呋喃遇氧气易生成爆炸性过氧化物，禁止将产品暴露于空气中。

7.2 工业用四氢呋喃属易挥发、易燃液体，接触人员应配带防护眼镜、胶皮手套，穿着防静电服装等劳动保护用具。

7.3 为保证安全，返程槽车应氮封。

附 录 A
（规范性附录）
四氢呋喃含量测定的典型色谱图、各组分相对保留值、相对校正因子

A.1 四氢呋喃含量测定的典型色谱图

典型色谱图见图 A.1。

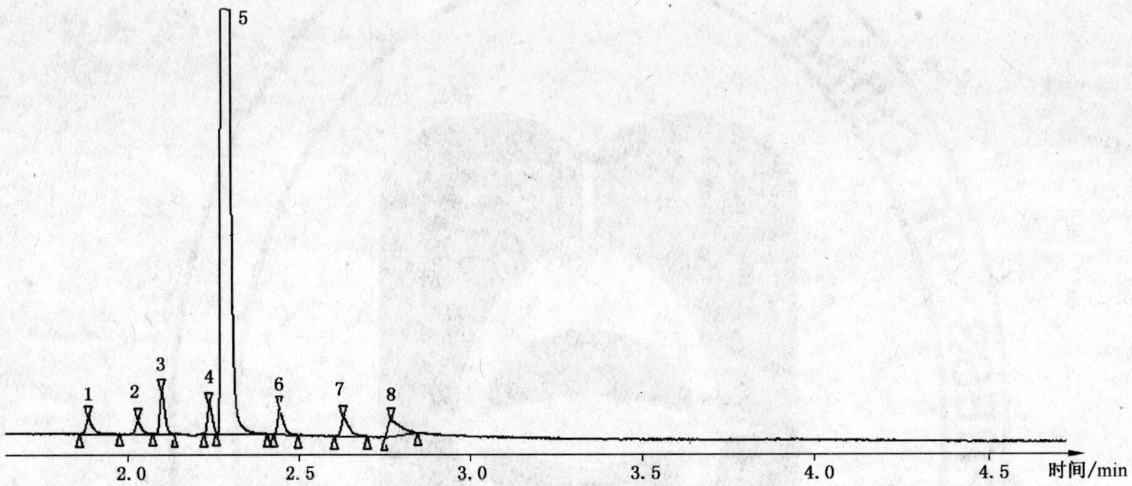

1——甲醇；
2——乙酸甲酯；
3——2,3-二氢呋喃；
4——2,5-二氢呋喃；
5——四氢呋喃；
6——2-甲基四氢呋喃；
7——3-甲基四氢呋喃；
8——未知。

图 A.1 四氢呋喃典型色谱图

A.2 各组分相对保留值和相对校正因子

各组分相对保留值和相对校正因子见表 A.1。

表 A.1 各组分相对保留值和相对校正因子

序 号	组分名称	相对保留值	相对校正因子
1	甲醇	1.00	0.547 0
2	乙酸甲酯	1.38	0.465 6
3	2,3-二氢呋喃	1.57	1.276 9
4	2,5-二氢呋喃	1.95	0.795 7
5	四氢呋喃	2.06	1.000 0

表 A.1（续）

序　　号	组分名称	相对保留值	相对校正因子
6	2-甲基四氢呋喃	2.50	0.978 4
7	3-甲基四氢呋喃	3.02	0.702 8
8	未知	3.39	—

附 录 B
（资料性附录）
2,6-二叔丁基-4-甲基苯酚(BHT)含量的测定

B.1 方法提要

在选定的色谱工作条件下，样品经汽化通过色谱柱，使其中的各组分与稳定剂 2,6-二叔丁基-4-甲基苯酚(BHT)分离，用火焰离子化检测器(FID)检测，外标法定量。

B.2 试剂

B.2.1 氮气：体积分数大于 99.99%；

B.2.2 氢气：体积分数大于 99.99%；

B.2.3 空气：经活性炭、蓝色硅胶和 5A 分子筛净化、干燥；

B.2.4 四氢呋喃：质量分数不小于 99.95%；

B.2.5 2,6-二叔丁基-4-甲基苯酚(BHT)：质量分数不小于 99.9%。

B.3 仪器

B.3.1 气相色谱仪：配有火焰离子化检测器(FID)，整机灵敏度和稳定性应符合 GB/T 9722—2006 中有关规定；

B.3.2 数据处理系统：色谱数据处理机或色谱工作站；

B.3.3 进样器：10 μL 微量注射器或自动进样器。

B.4 色谱柱及典型操作条件

测定 2,6-二叔丁基-4-甲基苯酚(BHT)的色谱柱和色谱操作条件见表 2。

B.5 分析步骤

B.5.1 校正因子的测定

B.5.1.1 标准溶液的配制

用称量法配制四氢呋喃加 2,6-二叔丁基-4-甲基苯酚的标准溶液，校准混合物杂质含量应与待测试样相近。

B.5.1.2 校正因子的测定

根据仪器说明书，调节仪器至表 2 所示的操作条件，将配制的标准溶液注入气相色谱仪，平行测定 3 次，取 3 次测定的峰面积的算术平均值为测定结果，得到标准溶液中 2,6-二叔丁基-4-甲基苯酚的峰面积。

B.5.2 试样的测定

根据表 2 所示的仪器操作条件测定样品，采用外标法定量。

B.5.3 结果计算

2,6-二叔丁基-4-甲基苯酚的质量分数 w，数值以%表示，按式(B.1)计算：

$$w = \frac{w_B A_2}{A_1} \qquad \text{(B.1)}$$

式中：

A_1——标准溶液中 2,6-二叔丁基-4-甲基苯酚的峰面积平均值；

A_2——试样中 2,6-二叔丁基-4-甲基苯酚的色谱峰面积；

w_B——标准溶液中 2,6-二叔丁基-4-甲基苯酚的质量分数的数值。

B.6　2,6-二叔丁基-4-甲基苯酚(BHT)的典型色谱图

典型色谱图见图 B.1。

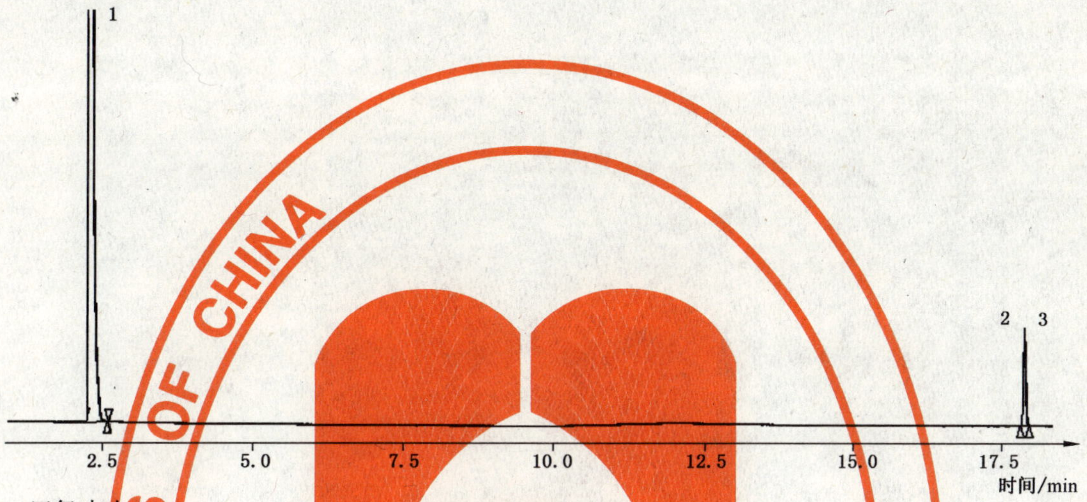

1——四氢呋喃；

2——未知；

3——2,6-二叔丁基-4-甲基苯酚(BHT)。

图 B.1　2,6-二叔丁基-4-甲基苯酚(BHT)典型色谱图

ICS 71.080.40
G 15

中华人民共和国国家标准

GB/T 24773—2009

乌索酸纯度的测定 高效液相色谱法

Determination of purity for ursolic acid—High performance liquid chromatographic method

2009-12-15 发布

2010-07-01 实施

中华人民共和国国家质量监督检验检疫总局
中国国家标准化管理委员会 发布

前言

本标准的附录 A 为资料性附录。

本标准由中国石油和化学工业协会提出。

本标准由全国化学标准化技术委员会有机化工分技术委员会(SAC/TC 63/SC 2)归口。

本标准负责起草单位:宜春学院。

本标准参加起草单位:北京天宝物华生物技术有限公司。

本标准主要起草人:李开泉、叶文峰、曾晓敏、邹盛勤、钱渊华、韩笑、余国平、彭军平。

乌索酸纯度的测定
高效液相色谱法

1 范围

本标准规定了用高效液相色谱法测定乌索酸纯度的试验方法。

本标准适用于从枇杷叶、迷迭香等植物中提取的乌索酸产品中乌索酸质量分数的测定。

2 规范性引用文件

下列文件中的条款通过本标准的引用而构成本标准的条款。凡是注日期的引用文件，其随后所有的修改单(不包括勘误的内容)或修订版均不适用于本标准，然而，鼓励根据本标准达成协议的各方研究是否可使用这些文件的最新版本。凡是不注日期的引用文件，其最新版本适用于本标准。

GB/T 6682—2008 分析实验室用水规格和试验方法(ISO 3696:1987,MOD)

3 试验方法

3.1 警示

试验方法规定的一些试验过程可能导致危险情况，操作者应采取适当的安全和防护措施。

3.2 方法提要

用高效液相色谱法，在选定的工作条件下，通过色谱柱使样品溶液中目标化合物与杂质分离，用紫外吸收检测器检测，用外标法定量，计算样品中乌索酸的质量分数。

3.3 试剂

3.3.1 水，GB/T 6682—2008，二级：经 0.45 μm 滤膜过滤并超声脱气。

3.3.2 甲醇(色谱纯)。

3.3.3 乌索酸标准样品：国家有证标准样品，乌索酸的质量分数≥99.8%。

3.4 仪器

3.4.1 高效液相色谱系统

3.4.1.1 高压泵：无脉冲，能将流量保持在 0.1 mL/min～10.0 mL/min。

3.4.1.2 定量环：10 μL。

3.4.1.3 紫外吸收检测器：可变波长。

3.4.1.4 数据处理系统：色谱工作站或数据处理机。

3.4.2 抽滤系统

抽滤系统使用孔径为 0.45 μm 的纤维素酯滤膜(用于流动相的预处理)。

3.4.3 过滤系统

过滤系统使用孔径为 0.45 μm 的纤维素酯滤膜(用于样品的预处理)。

3.4.4 进样器

自动进样器，或微量进样针(HPLC 专用)：50 μL。

3.5 色谱分析条件

推荐的色谱柱及典型色谱操作条件见表 1，乌索酸含量的测定典型高效液相色谱图参见附录 A 图 A.1，各组分的保留时间参见附录 A 表 A.1。其他能达到同等分离程度的色谱柱和色谱操作条件均可使用。

表 1 色谱柱和典型色谱操作条件

色谱柱	5 μm 多孔球形，以硅胶为基质，表面键合 C_{18} 的反相色谱柱，柱长 250 mm，柱内径 4.6 mm
柱温	室温
流动相	甲醇：水＝88：12（体积比）
流动相流量/（mL/min）	1.0
UV 检测波长/nm	210
进样量/μL	10

3.6 分析步骤

3.6.1 乌索酸标准样品溶液的制备

称取 0.010 g 乌索酸标准样品，精确至 0.000 01 g，用甲醇溶解，转移至 10 mL 容量瓶，用甲醇稀释至刻度。

3.6.2 样品溶液的制备

称取 0.010 g 实验室样品，精确至 0.000 01 g，用甲醇溶解，经 0.45 μm 滤膜过滤后置于 10 mL 容量瓶，用甲醇稀释至刻度，作为样品溶液。

3.7 测定

按高效液相色谱操作规程开机预热，调节温度及流量，达到分析条件并基线平稳后，用微量进样针（HPLC 专用）取标准样品溶液（3.6.1）10 μL，进样（或自动进样），记录标准样品溶液乌索酸峰面积 A_2；用微量进样针（HPLC 专用）取样品溶液（3.6.2）10 μL，进样（或自动进样），记录样品溶液乌索酸峰面积 A_1。

3.8 结果计算

乌索酸的质量分数 w，数值以%表示，按式(1)计算：

$$w=\frac{A_1 m_s w_s}{A_2 m}\times 100 \qquad \cdots\cdots(1)$$

式中：

A_1——样品溶液乌索酸峰面积；

A_2——标准样品溶液乌索酸峰面积；

m_s——标准样品溶液中乌索酸标准样品的质量的数值，单位为克(g)；

m——试样的质量的数值，单位为克(g)；

w_s——乌索酸标准样品中乌索酸的质量分数，%。

4 重复性

取两次平行测定结果的算术平均值作为测定结果，两次平行测定结果的绝对差值或相对差值符合产品标准的规定。

5 试验报告

试验报告应包括下列内容：

a） 样品名称、批号、采样地点、采样日期及时间等；

b） 本标准代号；

c） 分析结果；

d） 测定中观察到的任何异常现象和任何的细节及其说明；

e） 分析人员姓名及分析日期。

附 录 A
（资料性附录）
乌索酸纯度的测定典型高效液相色谱图和保留时间

A.1 图 A.1 给出了乌索酸典型高效液相色谱图。

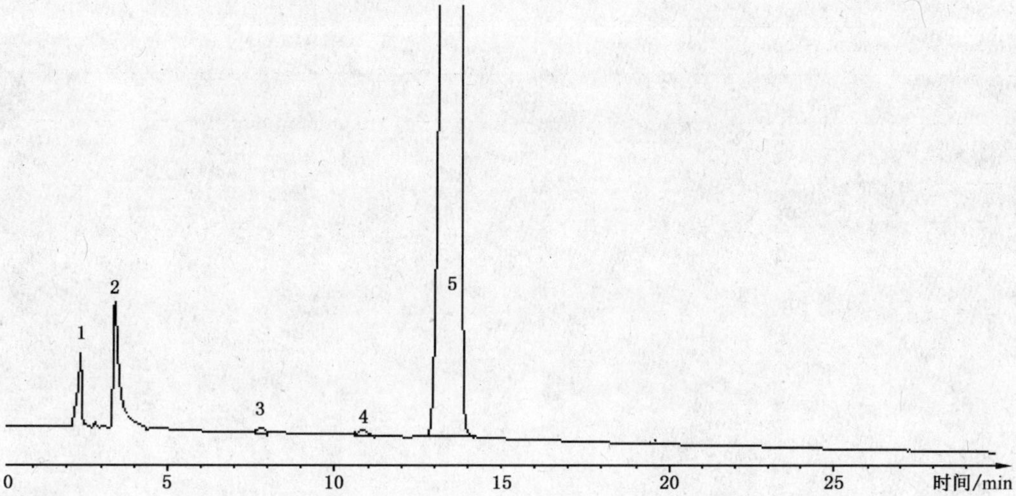

1、2——溶剂；
3、4——未知；
5——乌索酸。

图 A.1 乌索酸纯度的测定典型高效液相色谱图

A.2 表 A.1 给出了各组分的保留时间。

表 A.1 各组分的保留时间

峰序	组分名称	保留时间/min
3	未知	7.817
4	未知	10.860
5	乌索酸	13.575

ICS 13.300
A 80

中华人民共和国国家标准

GB/T 24774—2009

化学品分类和危险性象形图标识　通则

Classification and hazard pictograms for chemicals—General specification

2009-12-15 发布　　2010-07-01 实施

中华人民共和国国家质量监督检验检疫总局
中国国家标准化管理委员会　发布

前言

本标准参考了《全球化学品分类和标签协调系统》(GHS)(第二修订版)。

本标准的附录 A 为规范性附录。

本标准由全国危险化学品管理标准化技术委员会(SAC/TC 251)提出并归口。

本标准负责起草单位:国家质量监督检验检疫总局危险品中心实验室。

本标准参加起草单位:中化化工标准化研究所、湖南出入境检验检疫局。

本标准主要起草人:李宁涛、王利兵、王晓兵、于艳军、张园、李学洋、张君玺。

化学品分类和危险性象形图标识　通则

1　范围

本标准规定了化学品的物理危害、健康危害和环境危害分类及各类中使用的危险性象形图标识。

本标准适用于化学品的物理危害、健康危害和环境危害的分类以及确定化学品危险性象形图标识。

2　规范性引用文件

下列文件中的条款通过本标准的引用而成为本标准的条款。凡是注日期的引用文件，其随后所有的修改单(不包括勘误的内容)或修订版均不适用于本标准，然而，鼓励根据本标准达成协议的各方研究是否可使用这些文件的最新版本。凡是不注日期的引用文件，其最新版本适用于本标准。

GB 20576　化学品分类、警示标签和警示性说明安全规范　爆炸物
GB 20577　化学品分类、警示标签和警示性说明安全规范　易燃气体
GB 20578　化学品分类、警示标签和警示性说明安全规范　易燃气溶胶
GB 20579　化学品分类、警示标签和警示性说明安全规范　氧化性气体
GB 20580　化学品分类、警示标签和警示性说明安全规范　压力下气体
GB 20581　化学品分类、警示标签和警示性说明安全规范　易燃液体
GB 20582　化学品分类、警示标签和警示性说明安全规范　易燃固体
GB 20583　化学品分类、警示标签和警示性说明安全规范　自反应物质
GB 20584　化学品分类、警示标签和警示性说明安全规范　自热物质
GB 20585　化学品分类、警示标签和警示性说明安全规范　自燃液体
GB 20586　化学品分类、警示标签和警示性说明安全规范　自燃固体
GB 20587　化学品分类、警示标签和警示性说明安全规范　遇水放出易燃气体的物质
GB 20588　化学品分类、警示标签和警示性说明安全规范　金属腐蚀物
GB 20589　化学品分类、警示标签和警示性说明安全规范　氧化性液体
GB 20590　化学品分类、警示标签和警示性说明安全规范　氧化性固体
GB 20591　化学品分类、警示标签和警示性说明安全规范　有机过氧化物
GB 20592　化学品分类、警示标签和警示性说明安全规范　急性毒性
GB 20593　化学品分类、警示标签和警示性说明安全规范　皮肤腐蚀/刺激
GB 20594　化学品分类、警示标签和警示性说明安全规范　严重眼睛损伤/眼睛刺激性
GB 20595　化学品分类、警示标签和警示性说明安全规范　呼吸或皮肤过敏
GB 20596　化学品分类、警示标签和警示性说明安全规范　生殖细胞突变性
GB 20597　化学品分类、警示标签和警示性说明安全规范　致癌性
GB 20598　化学品分类、警示标签和警示性说明安全规范　生殖毒性
GB 20599　化学品分类、警示标签和警示性说明安全规范　特异性靶器官系统毒性　一次接触
GB 20601　化学品分类、警示标签和警示性说明安全规范　特异性靶器官系统毒性　反复接触
GB 20602　化学品分类、警示标签和警示性说明安全规范　对水环境的危害

3　术语和定义

GB 20576～GB 20599、GB 20601 和 GB 20602 确立的以及下列术语和定义适用于本标准。

3.1

爆炸物 explosive

通过化学反应在内部产生具有一定温度、压力和速度的气体而导致对周围环境造成破坏的固体或液体物质。烟火物质即使不产生气体，也属于爆炸物。

3.2

易燃气体 flammable gas

在 20 ℃和 101.3 KPa 标准压力下与空气接触具有一定可燃范围的气体。

3.3

易燃气溶胶 flammable aerosols

喷雾剂，即喷雾分配器。指任何由金属、玻璃或塑料制成的不可重复充灌的容器，装有压缩气体、液化气体或加压溶解气体，伴有液体、糊状物或粉末，配有一个释放装置，以悬浮在气体中的固体颗粒或液体颗粒状态，或者以泡沫、糊状物或粉末状态，或者以液体状态或气体状态喷射出内装物。喷雾剂中含有易燃组分，则被归类为易燃气溶胶。

3.4

氧化性气体 oxidizing gas

通常以提供氧的方式比空气更能导致或帮助其他物质燃烧的气体。

3.5

压力下气体 gas under pressure

在 20 ℃以不小于 280 kPa 的压力装入容器中的气体或冷冻液化的气体。

3.6

易燃液体 flammable liquid

闪点小于或等于 93 ℃的液体。

3.7

易燃固体 flammable solid

易于燃烧或可以通过摩擦造成着火或传播着火的固体。

3.8

自反应物质 self-reactive substance

热不稳定液体或固体，即使没有氧(空气)的参与，也易于发生强烈的放热分解反应。

3.9

自燃液体 pyrophoric liquid

即使以很少的量，与空气接触 5 min 内易于燃烧的液体。

3.10

自燃固体 pyrophoric solid

即使以很少的量，与空气接触 5 min 内易于燃烧的固体。

3.11

自热物质 self-heating substance

不是自燃液体或固体，可以与空气发生反应，并在无外加能量的情况下易于自热；与自燃液体或固体的区别在于，自热物质只有在大量存在(数千克)并经过较长一段时间后(数小时或数天)才会燃烧。

3.12

遇水放出易燃气体 substance which, in contact with water, emit flammable gas

遇水放出易燃气体的物质或混合物可以通过与水相互反应，易于自发燃烧，或者释放出危险数量的易燃气体。

3.13

氧化性液体 oxidizing liquid

液体本身并非必须易燃，但是可以通过让出氧的方式导致或帮助其他物质燃烧。

3.14

氧化性固体 oxidizing solid

固体本身并非必须易燃，但是可以通过让出氧的方式导致或帮助其他物质燃烧。

3.15

有机过氧化物 organic peroxide

含有二价—O—O—结构的液体或固体，可以看作是过氧化氢的衍生物，其中一个或两个氢原子被有机原子团代替。该术语也包括有机过氧化公式(混合物)。有机过氧化物是热不稳定物质，可以发生放热的自加速分解反应。

3.16

金属腐蚀物 corrosive to metals

金属腐蚀物或混合物可以通过化学反应实质性地破坏甚至损坏金属。

3.17

急性毒性 acute toxicity

经口、经皮肤一次接触或 24 h 内多次接触，或吸入接触化学物 4 h 后，短期内出现的毒性效应。

3.18

皮肤腐蚀性/刺激性 skin corrosion/irritation

皮肤腐蚀性是指接触化学品 4 h 以上引起的由表皮至真皮的坏死性损伤，具不可逆性。

皮肤刺激性是指接触化学品 4 h 以上出现的可逆性皮肤损伤。

3.19

严重眼睛损伤/眼睛刺激性 serious eye damage/eye irritation

严重眼损伤是指化学品接触眼睛前部表面后引起的眼部组织损伤或严重的视力减退，在接触后 21 d 内不完全可逆。

眼刺激症状指化学品接触眼睛前部表面后引起的眼部反应，在接触后 21 d 内具可逆性。

3.20

呼吸或皮肤过敏 respiratory or skin sensitisation

呼吸过敏指吸入后引起呼吸道过敏反应。

皮肤过敏是指接触皮肤后可引起过敏反应。

3.21

生殖细胞致突变性 germ cell mutagenicity

可引起人类生殖细胞突变并可遗传给下代的危害。在化学品和混合物分类时包括体外致突变性/基因毒性实验和体内实验中哺乳动物体细胞。

3.22

致癌性 carcinogenicity

可诱发癌症或增加癌症发病率的化学物质或化学物质的混合物。

3.23

生殖毒性 toxic to reproduction

生殖毒性包括对成年男性或女性的性功能和生育能力造成的不利影响及对后代的发育毒性。

3.24

对水生环境的急性危害　acute hazardous to the aquatic environment

某种物质的内在特性，水生生物体短期接触即可造成伤害。

3.25

对水生环境的慢性危害　chronic hazardous to the aquatic environment

某物质的潜在或实际特性，水生生物体接触后造成不利效应，与生物体的周期有关。

3.26

危险性象形图　hazard pictograms

一种图形构成，它包括一个符号加上其他图形要素，如边界、背景图样或颜色，意在传达具体的信息。

4　分类

化学品按照其物理危害、健康危害及环境危害分为 27 类。

4.1　爆炸物

——1.1 项；
——1.2 项；
——1.3 项；
——1.4 项；
——1.5 项；
——1.6 项。

爆炸物分类方法见 GB 20576，爆炸物危险性象形图见附录 A 中的图 A.1。

4.2　易燃气体

——第 1 类；
——第 2 类；

易燃气体分类方法见 GB 20577，易燃气体危险性象形图见附录 A 中的图 A.2。

4.3　易燃气溶胶

——第 1 类；
——第 2 类；

易燃气溶胶分类方法 GB 20578，易燃气溶胶危险性象形图见附录 A 中的图 A.3。

4.4　氧化性气体

——第 1 类。

氧化性气体分类方法 GB 20579，氧化性气体危险性象形图见附录 A 中的图 A.4。

4.5　压力下气体

——压缩气体；
——液化气体；
——冷冻液化气体；
——溶解气体。

加压气力分类方法参见 GB 20580，加压气力危险性象形图见附录 A 中的图 A.5。

4.6　易燃液体

——第 1 类；
——第 2 类；
——第 3 类；
——第 4 类。

易燃液体分类方法参见 GB 20581，易燃液体危险性象形图见附录 A 中的图 A.6。

4.7 易燃固体

——第 1 类；

——第 2 类。

易燃固体分类方法参见 GB 20582，易燃固体危险性象形图见附录 A 中的图 A.7。

4.8 自反应物质和混合物

——A 型；

——B 型；

——C 型；

——D 型；

——E 型；

——F 型；

——G 型。

自反应物质和混合物分类方法参见 GB 20583，自反应物质和混合物危险性象形图见附录 A 中的图 A.8。

4.9 可自燃液体

——第 1 类。

可自燃液体分类方法参见 GB 20585，可自燃液体危险性象形图见附录 A 中的图 A.9。

4.10 可自燃固体

——第 1 类。

可自燃固体分类方法见 GB 20586，可自燃固体危险性象形图见附录 A 中的图 A.10。

4.11 自热物质和混合物

——第 1 类；

——第 2 类。

自热物质分类方法见 GB 20584，自热物质危险性象形图见附录 A 中的图 A.11。

4.12 遇水放出易燃气体的物质

——第 1 类；

——第 2 类；

——第 3 类。

遇水放出易燃气体物质分类方法见 GB 20587，遇水放出易燃气体物质危险性象形图见附录 A 中的图 A.12。

4.13 氧化性液体

——第 1 类；

——第 2 类；

——第 3 类。

氧化性液体分类方法参见 GB 20589，氧化性液体危险性象形图见附录 A 中的图 A.13。

4.14 氧化性固体

——第 1 类；

——第 2 类；

——第 3 类。

氧化性固体分类方法见 GB 20590，氧化性固体危险性象形图见附录 A 中的图 A.14。

4.15 有机过氧化物

——A 型；

——B 型；

——C 型；

——D 型；

——E 型；

——F 型；

——G 型。

有机过氧化物分类方法见 GB 20591，有机过氧化物危险性象形图见附录 A 中的图 A.15。

4.16 金属腐蚀物

——第 1 类。

金属腐蚀物分类方法见 GB 20588，金属腐蚀物危险性象形图见附录 A 中的图 A.16。

4.17 急性毒性

——第 1 类；

——第 2 类；

——第 3 类；

——第 4 类；

——第 5 类。

急性毒性分类方法见 GB 20592，急性毒性危险性象形图见附录 A 中的图 A.17、A18、A.19。

4.18 皮肤腐蚀/刺激

——第 1 类：

1A 类；

1B 类；

1C 类；

——第 2 类；

——第 3 类。

皮肤腐蚀/刺激分类方法见 GB 20593，皮肤腐蚀/刺激危险性象形图见附录 A 中的图 A.20。

4.19 严重眼部损伤/眼部刺激

——第 1 类；

——第 2 类：

2A 类；

2B 类。

严重眼睛损伤/眼睛刺激性分类方法见 GB 20594，严重眼睛损伤/眼睛刺激性危险性象形图见附录 A 中的图 A.21。

4.20 呼吸或皮肤致敏

4.20.1 呼吸过敏

——第 1 类。

呼吸过敏性物质分类方法参见 GB 20595，呼吸过敏性物质危险性象形图见附录 A 中的图 A.22。

4.20.2 皮肤过敏

——第 1 类。

皮肤过敏性物质分类方法参见 GB 20595，皮肤过敏性物质危险性象形图见附录 A 中的图 A.23。

4.21 生殖细胞突变性

——第 1 类：

1A 类；

1B 类；

——第 2 类。

生殖细胞突变性分类方法参见 GB 20596，生殖细胞突变性危险性象形图见附录 A 中的图 A.24。

4.22 致癌性

——第 1 类：

1A 类；

1B 类；

——第 2 类。

致癌性分类方法见 GB 20597，致癌性危险性象形图见附录 A 中的图 A.25。

4.23 生殖毒性

——第 1 类：

1A 类；

1B 类；

——第 2 类；

——影响哺乳期或通过哺乳期产生影响的附加类别。

生殖毒性分类方法见 GB 20598，生殖毒性危险性象形图见附录 A 中的图 A.26。

4.24 特异性靶器官系统毒性——单次接触

——第 1 类；

——第 2 类；

——第 3 类。

由单一暴露造成的靶器官系统毒性分类方法见 GB 20599，特异性靶器官系统毒性——单次接触危险性象形图见附录 A 中的图 A.27。

4.25 特异性靶器官系统毒性——反复接触

——第 1 类；

——第 2 类。

反复接触造成特异性靶器官系统毒性分类方法见 GB 20601，特异性靶器官系统毒性——反复接触危险性象形图见附录 A 中的图 A.28。

4.26 吸入危害

——第 1 类；

——第 2 类。

吸入危害分类方法参见联合国《全球化学品分类和标签协调系统》(GHS)，吸入危害危险性象形图见附录 A 中的图 A.29。

4.27 环境危害

4.27.1 对水生环境的急性危害

——第 1 类；

——第 2 类；

——第 3 类。

对水环境的急性危害分类方法见 GB 20602，对水环境的急性危害危险性象形图见附录 A 中的图 A.30。

4.27.2 对水生环境的慢性危害

——第 1 类；

——第 2 类；

——第 3 类；

——第 4 类。

对水环境的慢性危害分类方法见 GB 20602，对水环境的慢性危害危险性象形图见附录 A 中的图 A.31。

5 危险性象形图

5.1 危险性象形图的分类

化学品危险性象形图分类见附录 A。

5.2 危险性象形图的形状

危险性象形图的形状呈 45°角菱形，运输危险性象形图一般最小尺寸为 100 mm×100 mm，但非常小的包装和高压气瓶可以例外。应使用黑色符号加白色背景，菱形红框要足够宽，以便醒目。

附 录 A
（规范性附录）
危险性象形图

A.1 爆炸物

爆炸物危险性象形图见图 A.1。

不稳定爆炸物	1.1 项	1.2 项	1.3 项	1.4 项	1.5 项	1.6 项
					无象形图	无象形图
危险 不稳定 爆炸物	危险 爆炸物:整体 爆炸危险	危险 爆炸物:严重 迸射危险	危险 爆炸物:起火、 爆炸或迸射危险	警告 起火或 迸射危险	警告 起火可 整体爆炸	无信号词 无危险说明

图 A.1

A.2 易燃气体

易燃气体危险性象形图见图 A.2。

第 1 类	第 2 类
	无象形图
危险 极度易燃气体	警告 易燃气体

图 A.2

A.3 易燃气溶胶

易燃气溶胶危险性象形图见图 A.3。

第 1 类	第 2 类

危险 极度易燃气溶胶	警告 易燃气溶胶

图 A.3

A.4 氧化性气体

氧化性气体危险性象形图见图 A.4。

第 1 类
 危险 会导致或加强燃烧;氧化剂

图 A.4

A.5 压力下气体

压力下气体危险性象形图见图 A.5。

压缩气体	液化气体	冷冻液化气体	溶解气体
 警告 内含高压气体; 遇热可能爆炸	 警告 内含高压气体; 遇热可能爆炸	 警告 内含冷冻气体; 可能造成低温烧伤或损伤	 警告 内含压缩气体; 遇热可能爆炸

图 A.5

A.6 易燃液体

易燃液体危险性象形图见图 A.6。

第 1 类	第 2 类	第 3 类	第 4 类
 危险 极易燃烧的液体 和蒸气	 危险 高度易燃液体 和蒸气	 警告 易燃液体 和蒸气	无象形图 警告 可燃液体

图 A.6

A.7 易燃固体

易燃固体危险性象形图见图 A.7。

第 1 类	第 2 类
 危险 易燃固体	 警告 易燃固体

图 A.7

A.8 自反应物质和混合物

自反应物质和混合物危险性象形图见图 A.8。

A 型	B 型	C 型和 D 型	E 型和 F 型	G 型
 危险 遇热可能爆炸	  危险 遇热可能起火或爆炸	 危险 遇热可能起火	 警告 遇热可能起火	此类危险类型无指定标签元素

图 A.8

A.9 可自燃液体

可自燃液体危险性象形图见图 A.9。

第 1 类
 危险 如暴露空气中会自发燃烧

图 A.9

A.10 自燃固体

自燃固体危险性象形图见图 A.10。

第 1 类
 危险 如暴露空气中会自发燃烧

图 A.10

A.11 自热物质

自热物质危险性象形图见图 A.11。

第 1 类	第 2 类
 危险 自热； 可能燃烧	 警告 数量大时自热； 可能燃烧

图 A.11

A.12 遇水放出易燃气体物质

遇水放出易燃气体物质危险性象形图见图 A.12。

第 1 类	第 2 类	第 3 类
 危险 遇水放出可自燃 的易燃气体	 危险 遇水放出 易燃气体	 警告 遇水放出 易燃气体

图 A.12

A.13 氧化性液体

氧化性液体危险性象形图见图 A.13。

第 1 类	第 2 类	第 3 类
 危险 强氧化剂；可能 引起燃烧或爆炸	 危险 强氧化剂； 可能加剧燃烧	 警告 氧化剂；可能 加剧燃烧

图 A.13

A.14　氧化性固体

氧化性固体危险性象形图见图 A.14。

第 1 类	第 2 类	第 3 类
 危险 强氧化剂；可能 引起燃烧或爆炸	 危险 强氧化剂；可能 加剧燃烧	 警告 氧化剂；可能 加剧燃烧

图 A.14

A.15　有机过氧化物

有机过氧化物危险性象形图见图 A.15。

A 型	B 型	C 型和 D 型	E 型和 F 型	G 型
	 			此危险类别 未分配标签要素
危险 遇热可能引起 爆炸	危险 遇热可能引起 燃烧或爆炸	危险 遇热可能引起 燃烧	警告 遇热可能引起 燃烧	

图 A.15

A.16　金属腐蚀物

金属腐蚀物危险性象形图见图 A.16。

第 1 类
 警告 可能腐蚀金属

图 A.16

A.17 急性毒性

A.17.1 经口急性毒性

经口急性毒性危险性象形图见图 A.17。

第 1 类	第 2 类	第 3 类	第 4 类	第 5 类
				无象形图
危险	危险	危险	警告	警告
吞咽致命	吞咽致命	吞咽会中毒	吞咽有害	吞咽可能有害

图 A.17

A.17.2 经皮肤急性毒性

经皮肤急性毒性危险性象形图见图 A.18。

第 1 类	第 2 类	第 3 类	第 4 类	第 5 类
				无象形图
危险	危险	危险	警告	警告
与皮肤接触会致命	与皮肤接触会致命	与皮肤接触会中毒	与皮肤接触会有害	皮肤接触可能有害

图 A.18

A.17.3 吸入急性毒性

吸入急性毒性危险性象形图见图 A.19。

第 1 类	第 2 类	第 3 类	第 4 类	第 5 类
				无象形图
危险	危险	危险	警告	警告
吸入致命	吸入致命	吸入中毒	吸入有害	吸入有害

图 A.19

A.18 皮肤腐蚀/刺激

皮肤腐蚀/刺激危险性象形图见图 A.20。

第1A类	第1B类	第1C类	第2类	第3类
				无象形图
危险 造成严重皮肤 灼伤和眼伤害	危险 造成严重皮肤 灼伤和眼伤害	危险 造成严重皮肤 灼伤和眼伤害	警告 造成皮肤刺激	警告 造成微弱皮肤刺激

图 A.20

A.19 严重眼部损伤/眼部刺激

严重眼部损伤/眼部刺激危险性象形图见图 A.21。

第1类	第2A类	第2B类
		无象形图
危险 造成严重眼部损伤	警告 造成严重眼部刺激	警告 造成眼部刺激

图 A.21

A.20 呼吸或皮肤致敏

A.20.1 呼吸系统致敏性

呼吸系统致敏性危险性象形图见图 A.22。

第1类

危险 吸入可能导致过敏或 哮喘症状或呼吸困难

图 A.22

A.20.2 皮肤致敏性

皮肤致敏性危险性象形图见图 A.23。

第1类

警告 可能导致皮肤 过敏反应

图 A.23

A.21 生殖细胞致突变性

生殖细胞致突变性危险性象形图见图 A.24。

第 1A 类	第 1B 类	第 2 类
 危险 可能导致遗传缺陷 (如果最终证明没有其他接触途径会产生这一危险,应说明会产生这一危险的接触途径)	 危险 可能导致遗传缺陷 (如果最终证明没有其他接触途径会产生这一危险,应说明会产生这一危险的接触途径)	 警告 怀疑会导致遗传缺陷 (如果最终证明没有其他接触途径会产生这一危险,应说明会产生这一危险的接触途径)

图 A.24

A.22 致癌性

致癌性危险性象形图见图 A.25。

第 1A 类	第 1B 类	第 2 类
 危险 可能导致癌症 (如果最终证明没有其他接触途径会产生这一危险,应说明会产生这一危险的接触途径)	 危险 可能导致癌症 (如果最终证明没有其他接触途径会产生这一危险,应说明会产生这一危险的接触途径)	 警告 怀疑导致癌症 (如果最终证明没有其他接触途径会产生这一危险,应说明会产生这一危险的接触途径)

图 A.25

A.23 生殖毒性

生殖毒性危险性象形图见图 A.26。

第 1A 类	第 1B 类	第 2 类	影响哺乳期或通过哺乳期产生影响的附加类型
 危险 可能对生育能力或未出生儿童造成伤害 (如已知特定效应,应予以说明) (如果最终证明没有其他接触途径会产生这一危险,应说明会产生这一危险的接触途径)	 危险 可能对生育能力或未出生儿童造成伤害 (如已知特定效应,应予以说明) (如果最终证明没有其他接触途径会产生这一危险,应说明会产生这一危险的接触途径)	 警告 怀疑对生育能力或未出生儿童造成伤害 (如已知特定效应,应予以说明) (如果最终证明没有其他接触途径会产生这一危险,应说明会产生这一危险的接触途径)	无象形图 无信号词 可能对母乳喂养的儿童造成伤害

图 A.26

A.24 特异性靶器官系统毒性——单次接触

特异性靶器官系统毒性——单次接触危险性象形图见图 A.27。

第 1 类	第 2 类	第 3 类
 危险 对器官造成损伤 (或说明已知的所有受影响器官)(说明接触途径,如果已明确的证明没有其他接触途径引起这一危险)	 警告 可能对器官造成损伤 (或说明已知的所有受影响器官)(说明接触途径,如果已明确的证明没有其他接触途径引起这一危险)	 警告 可能引起呼吸道刺激或可能引起昏昏欲睡和眩晕

图 A.27

A.25 特异性靶器官系统毒性——反复接触

特异性靶器官系统毒性——反复接触危险性象形图见图 A.28。

第 1 类	第 2 类
 危险 长时间或重复接触(说明接触途径,如果已明确证明没有其他接触途径引起这一危险)对器官造成损害(或说明已知的所有受影响器官)	 警告 长时间或重复接触(说明接触途径,如果已明确证明没有其他接触途径引起这一危险)可能对器官造成损害(或说明已知的所有受影响器官)

图 A.28

A.26 吸入危险

吸入危险危险性象形图见图 A.29。

第 1 类	第 2 类
 危险 吞咽或进入呼吸道 可能致死	 警告 吞咽或进入呼吸道 可能有害

图 A.29

A.27 环境危险

A.27.1 对水生环境的急性危害

对水生环境的急性危害危险性象形图见图 A.30。

第1类	第2类	第3类
 警告 对水生生物毒性极大	无象形图 无标记字符 对水生生物有毒	无象形图 无标记字符 对水生生物有害

图 A.30

A.27.2 对水生环境的慢性危害

对水生环境的慢性危害危险性象形图见图 A.31。

第1类	第2类	第3类	第4类
 警告 对水生生物具有毒性极大，且具有长期持续影响	 无标记字符 对水生生物有毒，并具有长期持续影响	无象形图 无标记字符 对水生生物有害，且具有长期持续影响	无象形图 无标记字符 可对水生生物造成长期持续有害影响

图 A.31

参 考 文 献

[1] 联合国《全球化学品分类和标签协调系统》(GHS)[M/OL]. ST/SG/AC. 10/30/Rev. 2. New York and Geneva，2007. http://www. unece. org/trans/danger/publi/ghs/ghs_welcome_e. html.

ICS 13.300
A 80

中华人民共和国国家标准

GB/T 24775—2009

化学品安全评定规程

Procedure of chemical safety assessment

2009-12-15 发布 2010-07-01 实施

中华人民共和国国家质量监督检验检疫总局
中国国家标准化管理委员会 发布

前　言

本标准参考 REACH(化学品的注册、评估、授权和限制)法规附件Ⅰ:《评定物质和准备化学品安全报告的一般规定》,其有关的技术内容与上述文件完全一致,在标准文本格式上按 GB/T 1.1—2000 做了编辑性修改。

本标准由全国危险化学品管理标准化技术委员会提出并归口。

本标准负责起草单位:国家质检总局进出口化学品安全研究中心。

本标准参加起草单位:中国检验检疫科学研究院、中化化工标准化研究所、江苏出入境检验检疫局、山东出入境检验检疫局、江西出入境检验检疫局。

本标准主要起草人:孙鑫、陈会明、王晓兵、梅建、李晞、张静、李蕾。

本标准系首次发布。

引　言

欧盟于2007年6月1日立法通过化学品的注册、评估、授权和限制法规(以下简称REACH法规),并于2008年6月1日正式实施。该法规实施以后对进入欧盟市场上的化学品进行统一管理。我国为应对欧盟REACH法规,制定了化学品安全系列标准,等同转化了欧盟REACH法规的相关技术内容。本标准参考了欧盟REACH法规附件Ⅰ:《评定物质和准备化学品安全报告的一般规定》(英文版),其有关的技术内容与上述文件完全一致,建立了化学品安全评定的规程框架。

化学品安全评定规程

1 范围

本标准规定了化学品安全评定的评定步骤和评定要求。

本标准适用于制造、进出口、投放市场的物质本身和配制品或物品中的化学品。

2 术语和定义

下列术语和定义适用于本标准。

2.1

物质 substance

自然状态下存在的或通过生产过程获得的化学元素及其化合物，包括保持其稳定性所需的添加剂和加工过程中产生的杂质，但不包括不会影响物质稳定性或不会改变其成分的可分离的溶剂。

2.2

配制品 preparation

两种或两种以上物质组成的混合物或溶液。

2.3

制造商 manufacturer

任何在本国定居并在本国内制造物质的自然人或法人。

2.4

进口商 importer

任何在本国定居且对进口负有责任的自然人或法人。

2.5

下游用户 downstream user

制造商或进口商之外的、在本国定居的、在其制造或专业活动中利用物质自身或在配制品中的物质的任何自然人或法人。分销商或消费者不是下游用户。

2.6

暴露场景 exposure scenario

描述包括操作条件和风险管理措施在内的，物质在其生命周期中如何制造或使用的一系列条件，以及制造商或进口商如何控制或建议下游用户如何控制人类或环境中的暴露。这些暴露场景可以包括适当情况下特殊的制造工艺或用途或若干制造工艺和用途。

2.7

用途 use

物品的任何加工、配制、消费、储存、保管、处置、充入容器、在容器间转移、混合，物品的生产或任何其他应用。

2.8

用途和暴露种类 use and exposure category

涵盖大范围工艺或用途的暴露场景，这里的工艺或用途是相互联系的，最起码在用途的简要描述方面如此。

3 评定步骤

3.1 化学品安全评定应包括以下步骤：

a) 人类健康危害评定；

b) 物理化学特性危害评定；

c) 环境危害评定；

d) 持久性、生物累积性和毒性(PBT)及高持久性和高生物累积性(vPvB)评定。

如果在完成a)~d)后得出的结论是物质或配制品满足国家有关危险物质分类的相关规定，或被评定为PBT或vPvB物质，化学品安全评定仍需进行以下步骤：

e) 暴露评定：

1) 暴露场景的产生或相关用途的产生和适当时的暴露种类；

2) 暴露预测。

f) 风险特性描述。

3.2 对于某些特殊的影响效应，例如臭氧消耗、光化学臭氧合成和刺激性气味污染等，不适用上述步骤，与这种影响效应相关的风险应当基于个案进行评定。

3.3 当评定由一种或多种物质融合成的特殊的配制品(例如合金)的风险时，应认真考虑组成物质进入化学结构中的方式。

4 人类健康危害评定

4.1 人类健康危害评定目标是：

a) 根据国家有关危险物质分类的相关规定，确定物质的分类和标识；

b) 推导出某种物质可与人体暴露接触的允许程度，这一暴露水平被称为“推导无影响程度”(DNEL)。

4.2 人类健康危害评定应当考虑物质的毒性动力学特性(也就是吸收、新陈代谢、分配、排除等)和以下几组影响：

a) 急性影响(急性中毒、刺激和腐蚀性)；

b) 致敏性；

c) 累计剂量中毒；

d) CMR影响(致癌、致畸和生殖毒性)。

基于所有可利用的信息，必要时应考虑其他影响。

4.3 人类健康危害评定由以下4个步骤组成：

a) 第1步 非人体信息的评定；

非人体信息的评定包括：

1) 以所有可利用的非人体信息为基础，对某种影响进行危害鉴定；

2) 确定定量剂量(浓度)与反应(影响)之间的关系。

当不可能确定定量剂量(浓度)与反应(影响)之间的关系时，应对这种不可能性进行论证，同时应做出半定量的或者定性的分析。例如，对于急性影响，按照规定的试验方法通常不可能确定定量剂量(浓度)与反应(影响)之间的关系。在这种情况下，应充分断定该物质能否以及在何种程度上具有引发急性影响的内在能力。

b) 第2步 人体信息的评定；

c) 第3步 分类和标识；

依照国家有关危险物质分类的相关规定，对已制定的适当的分类和标识进行描述和判断。

d) 第4步 得出“推导无影响程度”(DNELs)。

“推导无影响程度”(DNELs)的确认：

根据第1步和第2步的结论，就可以得出某种物质的“推导无影响程度”，反映出可能的暴露途径、持续时间和频度。对于某些类别，特别是致畸性和致癌性来说，可用的信息不能确定一个阈值,因而不能确定出该物质的"推导无影响程度"(DNELs)。如果经过暴露场景的证明,则某个单独的"推导无影响程度"就可以是充分有效的。然而,考虑到可利用的信息和暴露场景,有必要针对每一类相关人群(例如,工人、消费者和通过环境易于间接暴露的人员)和可能受影响的特定人群(例如,儿童和妇女)及不同的暴露途径,确认不同的"推导无影响程度"。应提供充分的理由详细说明"推导无影响程度",尤其是所用信息的选择、暴露途径(食入、皮肤接触和吸入)及与某种物质接触的持续时间和频度等因素对"推导无影响程度"是有效的。如果与某种物质可能有一种以上的暴露途径,则就应针对每一种单独的暴露途径和综合所有的暴露途径分别确认不同的"推导无影响程度"。在确定某种物质的"推导无影响程度"时,连同其他因素,应考虑下列因素:

1) 在其他的因素中,由于试验数据的可变性和来自样本内部和相互间的差异产生的不确定度;

2) 影响的性质和严重性;

3) 人群(亚人群)对暴露适用的定量和/或定性信息的敏感度。

5 物理化学特性危害评定

5.1 对物理化学特性危害评定,其目的是根据国家有关危险物质分类的相关规定确定某种物质的分类和标识。

5.2 至少对以下物理化学特性对人类健康的潜在影响进行评定:

a) 爆炸性;

b) 可燃性;

c) 潜在氧化性。

如果信息不够充分,不足以判断某种物质是否属于某个特定类别时,应指明,并且对最终采取的措施或决定加以证明。

5.3 对于每一种物理化学特性,评定应对该种物质源自制造和确定用途所引发这种影响的固有能力进行详细评价。

6 环境危害评定

6.1 环境危害评定的目的是根据国家有关危险物质分类的相关规定确定某物质的分类和标识,并确定该物质在相关的环境氛围之内不会产生不利影响的浓度。这种浓度被称为"预期无影响浓度"(PNEC)。

6.2 环境危害评定应考虑对环境的潜在影响,包括:

a) 水生的(包括沉积物);

b) 陆生的;

c) 大气的;

d) 通过食物链积累产生的潜在影响;

e) 污水处理系统的微生物活动的潜在影响。

6.3 环境危害评定由以下3个步骤组成:

a) 第1步:信息的评定;

所有可利用的信息的评定应包括:

1) 以所有可利用信息为基础的危害确认;

2) 确定定量剂量(浓度)与响应(影响)关系。

当不能确定定量剂量(浓度)与响应(影响)关系时,应对这种不可能性进行论证,同时应包括半定量或定性的分析。

b) 第 2 步:分类和标识;

应对依照国家有关危险物质分类的相关规定中的标准已制定的适当的分类和标记加以说明并给出正当理由。

c) 第 3 步:得出“预期无影响浓度”(PNEC)。

“预期无影响浓度”的确定:应基于可用的信息,确定每一环境氛围的“预期无影响浓度”。“预期无影响浓度”可以通过计算影响因子(例如,LC_{50}或者 NOEC)得出。不同影响因子反映出试验室有限样本的试验得出的有效值与环境氛围确定的“预期无影响浓度”二者之间的差异。

注:总体上说,进行试验的范围越广泛、试验持续的时间越长,则评定因子和不确定度就会越小。将评定因子 1 000 典型的应用于 3 个短期 $L(E)C_{50}$ 值中的最小值,这三个短期 $L(E)C_{50}$ 值是由代表不同营养水平的样本得出的,就仅需要 10 个典型的影响因素。将评定因子 10 应用于 3 个长期 NOEC 值中的最小值,这 3 个长期 NOEC 值也是由代表不同营养水平的样本得出的。

7 PBT 和 vPvB 评定

7.1 PBT 和 vPvB 评定的目的是确定某种物质是否满足判断持久性、生物累积性和毒性物质及高持久性和高生物累积性物质的标准,如果满足的话,描述该物质的潜在排放的特征。依据本标准第 4 章和第 6 章指出的所有长期人类健康和环境影响而进行的危害性评定,依据第 8 章(暴露评定)、步骤 2(暴露估计)而进行的对与人和环境的长期暴露的毒性估计,都不能为物质满足 PBT 和 vPvB 标准提供充分的可靠性,为此,有必要进行单独的 PBT 和 vPvB 评定。

7.2 PBT 和 vPvB 评定应包括下面两个步骤:

a) 第 1 步:与判断 PBT 和 vPvB 的标准进行比较。

PBT 和 vPvB 评定的这一部分需要详细描述可利用的信息同判断持久性、生物累积性和毒性物质及高持久性和高生物累积性物质的标准的比较结果,并且声明该物质是否满足标准的要求。

如果可利用的信息不足以判定该物质是否满足判断持久性、生物累积性和毒性物质及高持久性和高生物累积性物质的标准,则对可用的监控信息这样的证据和引起同等关注程度的其他证据应基于个案予以考虑。

b) 第 2 步:排放特性描述。

如果物质满足标准,应进行排放特性描述与第 8 章所述的暴露评定中相关部分的比较。特别应包括,在制造商或者进口商所进行的所有活动中该物质释放到不同环境中总量的估算,并确定人和环境受到物质可能的暴露途径。

8 暴露评定

8.1 暴露评定的目的是,对已经或可能暴露于人和环境的物质剂量/浓度进行定量的或定性的估计。评定应该包括源自制造的物质生命周期的所有阶段和确定的用途,并应涵盖与第 4 章和第 7 章确认的危害相关的任何暴露。

8.2 暴露评定必须有下面 2 个步骤:

a) 第 1 步:暴露场景的生成或相关用途和暴露种类的生成。

1) 暴露场景是用以描述物质如何被制造或整个生命周期中如何被使用以及制造商或进口商如何控制风险,或建议下游用户如何控制风险,人类和环境的暴露的一系列条件。这一系列的条件既包括对制造商或进口商已经实施的和推荐给下游用户实施的风险管理措施的描述也包括对操作环境的描述。

2) 描述暴露场景所要求的详细程度可能依据场合的不同而大不相同,这主要取决于某种物质的用途、该物质的危害特性及制造商或者进口商可获得的信息总量。暴露场景可描述用于物质若干单独工艺或用途的适当风险管理措施。因此，一个暴露场景说明可以包括较大范围的工艺和用途。包括较大范围工艺和用途的暴露场景就被认为是“暴露集”。

3) 应生成如 8.1a)1)和 8.1a)2)所述的暴露场景。暴露场景是完成化学品安全评定过程的核心。化学品安全评定过程可能是反复的。首次评定应基于所要求的最低和所有可得的危害信息，并基于与关于操作环境和风险管理措施的初始假设(初始暴露场景)相对应的暴露估计。如果初始假设带来的风险特性描述表明，对人类健康和环境的风险没有充分控制，则就需要对危害或暴露评定中的一个或多个因素进行修订后重复进行这一过程，直到证明风险能够完全控制。危害评定的精练可能要求生成附加危害信息。暴露评定的精练可能涉及对暴露场景中的操作环境或风险管理措施的适当改变或更精确的暴露估计。最后一轮反复得出的暴露场景(最终暴露场景)。

只要有关，暴露场景应特别包括对下列内容的描述：

(a) 操作环境：

(1) 所涉及的制造工艺，包括物质在制造、加工和/或使用时的物理形态；

(2) 与加工过程有关的工人的活动以及他们暴露于该物质的持续时间和频度；

(3) 消费者的行为以及他们暴露于该物质的持续时间和频度；

(4) 该物质向不同的环境和污水处理系统中排放的持续时间和频度，及其在接收环境中的稀释效果。

(b) 风险管理措施：

(1) 制造商或进口商为减少或避免该物质暴露于人(包括工人和消费者)和环境所采取的风险管理措施；

(2) 在废物处置和/或在利用过程中，制造商或进口商为减少或者避免该物质暴露于人(包括工人和消费者)和环境所采取的废物风险管理措施。

只要制造商、进口商或下游用户为某项特殊用途申请授权，只需要为该用途和生命周期中的后续步骤制定暴露场景。

b) 第 2 步：暴露估计。

对每一个制定出的暴露场景都应做暴露估计。暴露估计需有以下三个要素：

1) 排放估计；

2) 化学灾祸和路径的评定；

3) 暴露水平的估计。

排放估计应考虑在源自制造和每一确定用途的物质的生命周期中所有相关部分中的排放。只要相关，源自制造的物质生命周期中的各个阶段应涵盖废物阶段。对物质进行排放估计时，应在认为暴露场景中描述的操作环境和风险管理措施已经实施的前提下进行。

应对某种物质降解可能性、转化或反应过程的特性进行描述，并对它的环境分布及后果进行估计。

应对某种物质与所有人群(工人、消费者和易于通过环境间接暴露的人)和环境氛围的已知的暴露水平或可合理预见的暴露水平进行估计。应指明每一种与人类暴露相关的途径(吸入、食入、皮肤接触和所有相关途径及暴露源的组合)。这样的估计应充分考虑暴露模型在空间上和时间上的变化。暴露估计特别应考虑：

(a) 充分测量的、有代表性的暴露数据；

(b) 物质中的任何杂质和添加物；

(c) 物质制造和/或进口的量值；

(d) 每种确定用途的量值；

(e) 实施的或推荐的风险控制措施，包括防暴露的级别；

(f) 在操作环境中，暴露持续的时间和频度；

(g) 与加工过程有关的工人的活动，他们暴露于该物质的持续时间和频度；

(h) 消费者的行为和他们暴露于该物质的持续时间和频度；

(i) 该物质的物理化学特性；

(j) 产品的转化和/或降解；

(k) 暴露于人的可能途径和潜在的被人吸收的可能；

(l) 进入环境和环境分布以及降解和/或转化的途径（参见6.3a）第1步）；

(m) 暴露的（地理学）等级；

(n) 物质依赖于发源地的释放和迁移。

只要已充分测量的有代表性的暴露数据可得，在进行暴露评定时就应给予特别的考虑。适当的模式可用于暴露水平的估计。同样也应考虑对来自某种物质相似用途或相似特性的相关监控数据。

9 风险特性描述

9.1 对于每一个暴露场景都应进行风险特性描述。

9.2 假设第8章中提及的暴露场景描述的风险管理措施已经实施，风险特性应对已知的或可预见的人群（被暴露的工人，消费者，或通过环境间接暴露的人以及相关情况的组合）和环境氛围进行描述。此外，应通过分析物质可能通过释放、排放和遗失等途径进入环境的结果，综合得出物质对整体环境的风险。

9.3 风险特性描述由以下内容构成：

a) 已知或可能被暴露的每一类人群与适当的"推导无影响程度"（DNEL）的对比；

b) 每一环境氛围内预知的环境浓度和"预期无影响浓度"（PNEC）的对比；

c) 由某种物质的物理化学特性引发重大事件的可能性和严重性的评定。

9.4 如果任何暴露场景出现下列情况，就可以认为，贯穿源自制造的物质的生命周期或确定的用途，对与人和环境的暴露已得到充分控制：

a) 在9.2中对暴露水平的估计没有超过第3章和第6章中分别确定的适当的DNEL或PNEC；

b) 由第4章确定的物质的物理化学特性引发的事件，其可能性和严重性都可忽略不计。

9.5 在对人影响的DNEL或PNEC和环境氛围的DNEL或PNEC不能确定的情况下，在编写暴露场景时，应对采取暴露场景的相关措施后，对避免产生影响的可能性进行定量评定。

对那些满足PBT和vPvB标准的物质，当在现场采用这些措施时，制造商或进口商应适用自8.2b）第2步获得的相关信息，并向下游用户推荐在贯穿源自制造的物质的生命周期或确定的用途中最小暴露于人类和环境的风险管理措施。

ICS 13.300
A 80

中华人民共和国国家标准

GB/T 24776—2009

化学物质分组和交叉参照法

Grouping and read-across methods of chemicals

2009-12-15 发布　　2010-07-01 实施

中华人民共和国国家质量监督检验检疫总局
中国国家标准化管理委员会　发布

前　言

本标准参考了联合国《全球化学品分类和标记制度》(GHS)第一修订版和欧盟《化学品注册、评估、授权和限制法规》(REACH)指南文件 3.2《化学品安全评估和信息要求》(英文版)，相关技术内容与上述文件完全一致。

本标准附录 A、附录 B 为资料性附录。

本标准由全国危险化学品管理标准化技术委员会(SAC/TC 251)提出并归口。

本标准负责起草单位：国家质检总局进出口化学品安全研究中心。

本标准参加起草单位：中国检验检疫科学研究院、中化化工标准化研究所、江苏出入境检验检疫局、山东出入境检验检疫局、江西出入境检验检疫局。

本标准主要起草人：王立峰、陈会明、于文莲、王晓兵、梅建、周新、孙鑫、王琤。

本标准为首次发布。

引　言

欧盟于2007年6月1日立法通过化学品的注册、评估、授权和限制法规（以下简称REACH法规），并于2008年6月1日正式实施。该法规实施以后对进入欧盟市场上的化学品进行统一管理。我国为应对欧盟REACH法规，制定了化学品安全系列标准，等同转化了欧盟REACH法规的相关技术内容。本标准参考了联合国《全球化学品分类和标记制度》(GHS)第一修订版和欧盟《化学品注册、评估、授权和限制法规》(REACH)指南文件3.2《化学品安全评估和信息要求》(英文版)，其有关的技术内容与上述文件完全一致，建立了化学物质分组和交叉参照的指南。

化学物质分组和交叉参照法

1 范围

本标准给出了化学物质试验数据空缺时使用分组和交叉参照法预测化学物质终点数据的指南。

本标准适用于利用分组和交叉参照法预测化学物质缺失的终点数据。

2 术语和定义

以下术语和定义适用于本标准。

2.1

交叉参照法 read-across

根据源化学物质的终点信息预测另外一种结构相似的化学物质相同终点信息的方法。

2.2

化学物质类别 chemical category

一个化学物质类包含一组具有相似的结构或结构特征的化学物质，由于结构的相似性，它们的理化特征、健康毒性特征或环境毒性特征也具有一定的相似性，或按一定规律变化。

2.3

(定量)构效关系 (quantitative) structure-activity relationships;(Q)SARs

物质效应和分子描述符之间的(定量)关系。

2.4

相似物 analogue

满足结构相似性特征，用于交叉参照目标化学物质的化学物质。

2.5

目标化学物质 target chemical

缺少终点数据，需要被预测的化学物质。

2.6

源化学物质 source chemical

对目标化学物质进行预测时，所参照的化学物质。

3 化学物质的分组

3.1 分组原理

对化学物质分组的过程，就是将具有相似化学结构，同时由于具有相似的化学结构而具有相似的或按一定规律变化的理化特征、健康毒性特征或环境毒性特征的物质归为一个化学物质类别的过程。将化学物质分为一组之后，便可在此基础上进行交叉参照。

3.2 结构相似性

结构相似性表现在以下几个方面：

a) 各化学物质具有相同的官能团(如醛类、环氧化物、酯类、特殊金属离子物质)；

b) 各化学物质具有相同的组分或被归为相同的危害级别，具有相似的碳链长度。本条主要是指未知或可变组分物质、复杂反应产物或生物材料物质(UVCB)；

c) 各化学物质在结构上(如碳链长度)呈现递增或保持不变的特征，这种特征可以通过观察各化学物质的理化特性(如沸程)得到；

d) 各化学物质由于结构的相似性，通过化学物质或生物作用后，具有相同的前驱体或降解产物可能性（如代谢途径法研究相关的化学物质，如酸、脂、盐等）。

4 交叉参照法

4.1 交叉参照法的应用范围和用途

4.1.1 应用范围

交叉参照法能够用于预测化学物质的理化特性、健康毒性及环境毒性，但是由于化学物质的基本理化特性比较容易通过试验测得，而且不涉及到动物试验，因此在实际应用中不建议对化学物质的基本理化特性进行预测。

4.1.2 用途

原则上，交叉参照法可应用于以下用途：

a) 为设定化学物质研究的优先权提供数据；

b) 为化学物质试验设计提供数据；

c) 提高对化学物质现有数据的评估；

d) 提供化学物质的机理信息（例如，可用来支持化学物质分组的信息）；

e) 填补危险性和风险评估所需的数据空缺；

f) 填补化学物质分类和标签所需的数据空缺；

g) 填补化学物质持久性、生物累积性和毒性评估及高持久性、高生物累积性评估所需的数据空缺。

4.2 分析内容

使用交叉参照法预测化学物质的终点时，应对涉及到的化学物质做以下分析：

a) 判断是否存在能够影响化学物质特性的其他官能团或取代基；

b) 理化特性的相似度，如摩尔质量、$\log K_{ow}$值和水溶性等；

c) 毒性及生态毒性数据的相似度；

d) 应对化学物质的毒代动力学特性进行分析，包括可能出现的不同的代谢途径分析；

e) 分析由有效的(Q)SARs 预测得到的信息，判断是否需要进一步试验，以及试验的范围和类型；

f) 分析源化学物质的终点数据是否与交叉参照目的相关；

g) 分析源化学物质和目标化学物质是否为多功能复合组分，这些功能是否因此能够影响交叉参照的可靠性；

h) 分析目标化学物质和源化学物质的纯度和杂质。对可能影响源化学物质整体毒性的杂质进行分析，并对这些杂质会对源化学物质的稳定性以及可能对交叉参照法造成的后果进行分析。如果所有的化学物质都含有相同的杂质，即可认为它们对交叉参照不会造成任何相关的影响。如果部分化学物质含有生物活性杂质（如致癌、致畸、毒性物质），而其他化学物质中不含生物活性杂质，则这种情况不适合采用交叉参照法；

i) 对目标化学物质与源化学物质的物理-化学性质进行比较，特别是物理状态、相对分子质量、水溶性、颗粒度、结构、分配系数和蒸气压进行比较，得到其相似性的有用信息。

4.3 交叉参照法的种类

4.3.1 交叉参照法可以分为定性交叉参照法和定量交叉参照法

4.3.1.1 定性交叉参照法

定性交叉参照法预测的是目标化学物质是否具有某种特性，无法预测其具体的数值，该方法主要应用于危险性鉴定。

4.3.1.2 定量交叉参照法

定量交叉参照法预测的是目标化学物质某一终点的具体数值，定量交叉参照法有以下4种情况：

a) 直接使用源化学物质的终点数据作为目标化学物质的终点数据，例如直接使用最接近的相似物的终点数据作为目标化学物质的相应的终点数据。

b) 根据两个或多个已知相似物的试验数据，利用内部构效法(internal QASR)预测目标化学物质的相应终点数据。

c) 对两个或多个源化学物质的终点信息进行综合计算，得到目标化学物质的相应终点信息，例如求出平均值或采用最具代表性的数值等。

d) 根据多个最接近的相似物终点数据的变化趋势(如恒定不变、线形递增等)，或根据目标化学物质所属类别的终点数据的变化趋势预测目标化学物质的相应终点数据。

4.3.2 根据源化学物质和目标化学物质的数量分为以下几种：

4.3.2.1 一对一

当选用的源化学物质只有一个，目标化学物质也只有一个时，称为一对一交叉参照。

4.3.2.2 多对一

当选用多个源化学物质，而目标化学物质只有一个时，称为多对一交叉参照。

4.3.2.3 一对多

当选用一个源化学物质来预测多个目标化学物质时，称为一对多交叉参照。

4.3.2.4 多对多

当选用多个源化学物质来预测多个目标化学物质时，称为多对多交叉参照。

4.4 交叉参照的步骤

4.4.1 查找目标化学物质的相似物

为了对目标化学物质缺失的终点信息进行预测，查找目标化学物质的相似物是交叉参照法的第一步。在所有查找得到的相似物中，如果存在一个或多个能够满足交叉参照条件的源化学物质，则在此基础上对目标化学物质进行预测，如果不存在能够满足交叉参照条件的源化学物质，则应扩大搜索范围继续查找相似物，直至找到满足条件的源化学物质为止。

4.4.2 判断目标化学物质是否属于已有化学物质类别

查找目标化学物质相似物的一个简单方法就是判断目标化学物质是否属于已有的化学物质类别，因为化学物质类别是按化学物质的物理-化学特性和毒理性质的相似性或因结构相似物质特性符合特定规律变化而划分的，因此如果目标化学物质属于某一化学物质类别，则该化学物质类别中的其他化学物质就是其相似物。特殊情况下，即使目标化学物质没有被明确列入某一化学物质类别中，也可以利用专家知识将目标化学物质与已有的化学物质类别联系起来。

4.4.3 相似性评估

如果目标化学物质与已有的化学物质类别都不相关，可以通过相似性评估(按相似性成对划分或按相似性分组)查找相似物。

即使按照4.4.2的要求判断目标化学物质属于某一已有化学物质类别，也可以继续对相似物进行搜索查找，因为在这个过程中可以获得新的有价值信息。在查找相似物的过程中，有可能发现能够形成新化学物质类别的多个相似物。

4.4.4 将查找到的相似物分组

搜索到的相似物分组有如下两种情况：

a) 第一类是基于描述符的分组。这种情况下，相似物的结构相似性可以利用主成分分析法(PCA)或模式识别法(如Kohonen神经图)等统计方法进行分析。首先将各个相似物的组成、拓扑、几何描述符、分子连接性指标、物理-化学性质等内容排列出来，其次将上述指标作图(如PCA图表)描绘出相似性、趋势及异常情况等。

b) 第二类是基于终点的分组。这类分组可以使用不同的定量构效关系预测模型预测所有的相似物和相关终点。这些信息还可以用来预测相似物的趋势以及趋势中的断点，还有可能从中产生出新的化学物质子类别。应尽量将定量构效关系法的预测结果和趋势与试验数据进行比较,检验预测结果和趋势的准确性。

4.4.5　收集相似物信息并制作工作表格

根据需要收集有关相似物的实验数据,保存在工作表格内,供此后的交叉参照法使用。相似物的毒性信息可以从(定量)构效关系预测数据库等现有的数据库得到,也可以使用试验数据等。

4.4.6　进行交叉参照并更新工作表格

目标化学物质的终点信息可以利用相似物的相应终点信息预测获得。工作表格利用来自交叉参照的结果进行更新,而相似物的适合性应以报告的形式记录。如果交叉参照法不能为目标化学物质提供可靠的估计值,则需扩大相似物的搜索范围。相似物的搜索可以利用相同的目标化学物质进行搜索,也可以选择新的化学物质扩大搜索范围。

4.4.7　得出结论

目标化学物质及源化学物质的相关终点数据列入工作表格之后,根据目标化学物质及源化学物质的结构相似性关系以及终点变化的规律,选择合适的交叉参照方法对目标化学物质的未知终点数据进行预测,得出结论,预测方法的示意图见表1。

表1　预测方法示意图

	化学物质1	化学物质2	化学物质3	化学物质4	
结构	×××××××××	×××××××××	×××××××××	×××××××××	
性质1	● →	○	● →	○	交叉参照/构效预测
性质2	● →	○	○	← ●	内推
性质3	○	← ●	● →	○	外推
活性1	● →	○	● →	○	交叉参照/构效预测
活性2	● →	○	○	← ●	内推
活性3	○	← ●	● →	○	外推
注:● 已知数据;○ 缺失数据。					

附 录 A
（资料性附录）
用于检索目标化学物质相似物的工具

以下软件和数据库可用于检索目标化学物质的相似物：

a) AIM（模拟识别法）；

b) AMBIT；

c) 丹麦（定量）构效关系数据库；

d) ChemFinder；

e) ChemID Plus Advanced；

f) Leadscope；

g) Superfragment；

h) Toxmatch。

附　录　B
（资料性附录）
能够使用交叉参照法进行预测的终点

能够使用交叉参照法进行预测的终点见表B.1。

表 B.1　能够使用交叉参照法进行预测的终点

1　理化特性		3.11	沉淀物中微生物毒性
1.1	熔点	3.12	土壤无脊椎动物毒性
1.2	沸点	3.13	鸟类毒性
1.3	水溶解度	4　人体健康影响	
1.4	蒸气压	4.1	急性经口毒性
1.5	表面张力	4.2	急性经皮毒性
1.6	正辛醇/水分配系数(K_{ow})	4.3	皮肤刺激
1.7	正辛醇/水分布系数(D)	4.4	皮肤腐蚀
1.8	正辛醇/空气分配系数(K_{oa})	4.5	急性光刺激
1.9	空气/水分配系数(亨利常数,H)	4.6	皮肤致敏
1.10	离解常数	4.7	呼吸致敏
2　环境归宿参数		4.8	光致敏
2.1	持久性:水中非生物降解(水解,氧化,降解)	4.9	眼睛刺激/腐蚀
2.2	持久性:空气中非生物降解(光转化)	4.10	致畸性
2.3	持久性:生物降解	4.11	光致畸性
2.4	生物蓄积性:生物浓度	4.12	致癌性
2.5	生物蓄积性:生物富集	4.13	光致癌性
2.6	土壤中吸附/解吸附	4.14	重复剂量毒性
2.7	植被/水分配系数	4.15	发育毒性
2.8	植被/空气分配系数	4.16	生殖
2.9	植被/土壤分配系数	4.17	内分泌干扰物:受体结合
2.10	土壤吸附系数(有机碳;K_{oc})	4.18	内分泌干扰物:基因表达
3　环境毒性影响		5　毒代动力学	
3.1	水蚤急性毒性	5.1	皮肤渗透
3.2	藻类急性毒性	5.2	眼膜渗透
3.3	鱼类急性毒性	5.3	肠胃吸收
3.4	水蚤长期毒性	5.4	血-脑屏障渗透
3.5	鱼类长期毒性	5.5	胎盘屏障渗透
3.6	水蚤生殖毒性	5.6	血睾屏障渗透
3.7	微生物抑制(活性淤泥呼吸抑制)	5.7	血肺屏障渗透
3.8	土壤微生物毒性	5.8	代谢(包括代谢清除)
3.9	蚯蚓毒性	5.9	蛋白质结合
3.10	植物毒性	6　其他	

ICS 13.300
A 80

中华人民共和国国家标准

GB/T 24777—2009

化学品理化及其危险性检测实验室安全要求

Safety specification for physico-chemical and dangerous properties testing laboratory of chemicals

2009-12-15 发布　　　　2010-07-01 实施

中华人民共和国国家质量监督检验检疫总局
中国国家标准化管理委员会　发布

前　言

本标准由全国危险化学品管理标准化技术委员会(SAC/TC 251)提出并归口。

本标准负责起草单位:国家质检总局进出口化学品安全研究中心。

本标准参加起草单位:中国检验检疫科学研究院、中化化工标准化研究所、江苏出入境检验检疫局、山东出入境检验检疫局、江西出入境检验检疫局。

本标准主要起草人:王立峰、陈会明、于文莲、王晓兵、梅建、周新、孙鑫、王琤。

本标准为首次发布。

引　言

欧盟于2007年6月1日立法通过化学品的注册、评估、授权和限制法规(以下简称REACH法规)，并于2008年6月1日正式实施。该法规实施以后对进入欧盟市场上的化学品进行统一管理。我国为应对欧盟REACH法规，制定了化学品安全系列标准，等同转化了欧盟REACH法规的相关技术内容。本标准结合欧盟REACH法规和我国国家标准的相关要求，建立了化学品理化及其危险性检测实验室的安全要求。

化学品理化及其危险性检测实验室安全要求

1 范围

本标准规定了化学品理化及其危险性检测实验室的安全要求。

本标准适用于化学品理化及其危险性检测实验室。

2 规范性引用文件

下列文件中的条款，通过本标准的引用而成为本标准的条款。凡是注日期的引用文件，其随后所有的修改单(不包括勘误的内容)或修订版均不适用于本标准，然而，鼓励根据本标准达成协议的各方研究是否可使用这些文件的最新版本。凡是不注日期的引用文件，其最新版本适用于本标准。

GB 3836 爆炸性气体环境用电气设备

GB 4793 测量、控制和实验室用电气设备的安全要求

GB 13690 化学品分类和危险性公示 通则

GB 15258 化学品安全标签编写规定

GB 15603 常用化学危险品贮存通则

GB 50016 建筑设计防火规范

GB 50057 建筑物防雷设计规范

GB 50089 民用爆破器材工程设计安全规范

3 安全管理要求

3.1 一般要求

3.1.1 为保证实验室的安全运行，实验室应制订详细的、可操作的安全管理制度，责任落实到人，做到防火、防爆、防毒和防盗。

3.1.2 根据不同实验室的工作性质，遵照国家安全防范标准，做好声、光、电、磁、微波、射线等设备的管理，严格执行操作规范，防止各种意外泄露。

3.1.3 实验室建筑应为一、二级耐火等级，防火间距、安全出口等应符合 GB 50016 的要求，涉及爆炸品检测的实验室应符合 GB 50089 的要求。

3.1.4 有易燃、易爆、蒸气和气体散逸的实验室，电气设备应符合防爆要求。测量、控制和实验室用电气设备的安全要求应符合 GB 4793 的相关规定，爆炸性气体环境用电气设备应符合 GB 3836 的要求。

3.1.5 实验室的防雷设计应符合 GB 50057 的要求。

3.1.6 涉及爆炸物、易燃液体、易燃气体等易燃易爆物质的仪器设备、操作台等应采取接地、惰性气体保护、安装人体静电导除装置等防静电措施。

3.1.7 实验室应在适当的位置加贴明显的危险标识(如国际通用的有毒、有害、危险等标识)。

3.1.8 实验室应对工作人员进行上岗前的安全教育，并每年进行化学安全防护知识培训。

3.1.9 实验室应根据可能出现的实验室事故，制订实验室事故应急处理程序或预案，如放射性、有毒、有害气体及腐蚀性物质泄露；检出的重大有毒有害物质、样品的处理等。

3.1.10 实验室应根据可能出现的火灾类型配备合适的灭火器材，并组织相关人员定期演练。

3.2 危险化学品安全管理

3.2.1 危险化学品包括爆炸物、易燃气溶胶、氧化性气体、压力下气体、易燃液体、易燃固体、自反应物

质、自燃液体、遇水放出易燃气体的物质、金属腐蚀物、氧化性液体、氧化性固体、有机过氧化物、有毒有害物质等，各类危险化学品的分类和危险性公示应符合 GB 13690 的要求。

3.2.2 实验室应根据化学品的性质，结合其使用、存储、废弃的特点进行管理。

3.2.2.1 设立化学品管理人员，建立相关化学品的管理程序和取用记录，并做好化学品存储的安全总量控制。

3.2.2.2 实验室应向相关人员介绍实验室内的化学试剂，并为他们提供每一种化学试剂的安全数据单(SDS)。实验室工作人员应能方便的获得这些化学试剂的安全数据单，并熟悉每种化学试剂的特性。

3.2.2.3 在使用化学试剂前，试验人员应熟悉该试剂的安全使用规则、废弃处理原则以及意外情况发生后正确的处理措施等。使用有腐蚀性、毒性、易燃和不稳定的化学试剂之前，应遵守相应的管理规定。

3.2.2.4 化学试剂应按照其类别(如自燃性、氧化性、腐蚀性、易燃性和毒性等)存放，化学品的存放可参照 GB 15603 执行。有危害的液体试剂应使用有边缘保护的托盘存放。所有盛装危险化学试剂的容器都应有清晰的标签，标签应符合 GB 15258 的要求。试剂在使用后应放回原来的位置。

3.2.2.5 剧毒化学品、爆炸品要双人、双锁保管。领用时要实行专人审批、限量发放、双人监督配制等。称量和使用时要有安全防护措施。

3.2.2.6 遇火、遇热、遇潮能引起燃烧、爆炸或发生化学反应，产生有毒气体的化学品应注意防火、防热、防潮、防水。

3.2.2.7 受日光照射能发生化学反应引起燃烧、爆炸、分解、化合或能产生有毒气体的化学品应注意避光。

3.2.2.8 爆炸物在试验时应轻拿轻放，避免由于摩擦、振动、撞击发生爆炸。爆炸品应单独隔离限量贮存，实验室的存放量不宜过大，如果存放量较大，应存放于独立的仓库之内。仓库的选址、安全距离应符合 GB 50089 的要求。

3.2.2.9 压缩气体和液化气体应与爆炸品、氧化剂、易燃物、自燃物、腐蚀物隔离贮存。易燃气体应与助燃气体、剧毒气体隔离贮存；氧气应与油脂隔离贮存，盛装液化气体的容器属压力容器的，必须有压力表、安全阀、紧急切断装置，并定期检查，不得超装。

3.2.2.10 易燃液体、遇湿易燃物品、易燃固体不得与氧化剂混合贮存，具有还原性的氧化剂应单独存放。

3.2.2.11 有毒物品应贮存在阴凉、通风、干燥的场所，不宜露天存放，不宜接近酸类物质。

3.2.2.12 腐蚀性物品，应严密包装，避免泄漏，严禁与液化气体和其他物品共存。

3.2.2.13 实验室如果使用放射性试剂，应制定放射性试剂操作程序，该程序应包括对以下内容的详细说明：

a) 使用放射性试剂的地方应有显著的标识(包括提示、警告和禁止)；
b) 出现放射性事故时应采取的行动和处理措施；
c) 使用放射性试剂区域和未使用放射性试剂区域的划分；
d) 未使用放射性试剂区域被放射性试剂污染的处理措施；
e) 放射性试剂使用区域日常清洁和消毒的程序和方法。

3.2.2.14 所有与放射性试剂相关的人员都应接受放射性技术、放射性保护方面的指导和培训，遵守放射性试剂操作程序。

3.2.2.15 适宜时，实验室应任命至少一名放射性物质保护员和多名放射性物质保护监督员。放射性物质保护员负责设计、执行和维护放射性物质保护规划；放射性物质保护监督员负责监督日常工作，保证良好的放射性物质使用行为。实验室应明确规定放射性物质保护员和放射性物质保护监督员的任命、作用和职责。

3.2.2.16 在使用放射性试剂前，实验室应对使用目的、范围和地点进行评价。

3.3 **废弃物处理**

3.3.1 废弃物的管理原则是：

a) 将获取、收集、运输和处理废弃物的风险减至最小；

b) 将废弃物对人体和环境的危害影响减至最小。

3.3.2 危险性废弃物的管理应符合相关法律法规的要求。

3.3.3 实验室应建立管理废弃物的制度和程序，该制度和程序应满足国家或地方的相关法律法规要求，还应包括废弃物的堆放和处置等方面的管理。

3.3.4 废液、废气、废渣等废弃物应分类收集、存放和集中处理，确保不扩大污染，避免交叉污染。存放废弃物的容器、冰箱等，应加贴通用的危险标识。

3.3.5 实验室应制定专人协调和负责处理废弃物。应确保废弃物只能由经过培训的人员处理，同时应采用适当的人员防护设备。无法在实验室妥善处理的剧毒品、致癌性废弃物应交环保部门或其他有资质的单位统一处理，并做好处理记录。

ICS 13.300
A 80

中华人民共和国国家标准

GB/T 24778—2009

化学品鉴别指南

Guidance of chemical identification

2009-12-15 发布　　2010-07-01 实施

中华人民共和国国家质量监督检验检疫总局
中国国家标准化管理委员会　发布

前 言

本标准参考欧盟 REACH（化学品的注册、评估、授权和限制）法规技术指南文件 RIP 3.10:2007《物质的鉴别与命名指南》（英文版），其有关的技术内容与上述文件完全一致，在标准文本格式上按 GB/T 1.1—2000 做了编辑性修改。

本标准由全国危险化学品管理标准化技术委员会（SAC/TC 251）提出并归口。

本标准负责起草单位：国家质检总局进出口化学品安全研究中心。

本标准参加起草单位：中国检验检疫科学研究院、中化化工标准化研究所、江苏出入境检验检疫局、山东出入境检验检疫局、江西出入境检验检疫局。

本标准主要起草人：孙鑫、陈会明、王晓兵、梅建、李晞、张静、李蕾。

本标准系首次发布。

引　言

欧盟于2007年6月1日立法通过化学品的注册、评估、授权和限制法规(以下简称REACH法规),并于2008年6月1日正式实施。该法规实施以后对进入欧盟市场上的化学品进行统一管理。我国为应对欧盟REACH法规,制定了化学品安全系列标准,等同转化了欧盟REACH法规的相关技术内容。本标准参考了欧盟REACH法规技术指南文件RIP 3.10:2007《物质的鉴别与命名指南》(英文版),其有关的技术内容与上述文件完全一致,建立了化学品的鉴别指南。

化学品鉴别指南

1 范围

本标准规定了单成分物质、多成分物质和未知或可变组分物质、复杂反应产物或生物材料物质的身份鉴别要求。

本标准适用于单成分物质、多成分物质和未知或可变组分物质、复杂反应产物或生物材料物质。

2 术语和定义

下列术语和定义适用于本标准。

2.1

添加剂 additive

为了使物质稳定而有意加入的物质。

注：在其他的领域，添加剂也可能有其他的作用，比如，pH-调节剂或着色剂。

2.2

组分 component

为组成配制品而有意加入的物质。

2.3

成分 constituent

存在于物质中具有独特化学特性的任何单一个体。

2.4

EC 目录 EC inventory

欧盟前化学品法规框架的三个物质目录，EINECS(欧洲现有商业化学品目录)、ELINCS(欧洲已通报化学品目录)和 NLP(不再定义为聚合物目录)的合称。该 EC 目录作为物质标识的 EC 编号的来源。

2.5

杂质 impurity

在生产时不希望出现在物质中的成分。可能来自原材料或者是生产过程中副反应或不完全反应的结果。尽管不是有意加入的，但存在于最终的物质中。

2.6

主要成分 main constituent

不是添加剂也不是杂质，在物质中作为该物质的有效部分的成分。

2.7

单成分物质 mono-constituent substance

通常按物质的成分而定，其主要成分质量分数至少为 80％的物质。

2.8

多成分物质 multi-constituent substance

通常按物质的成分而定，不止一种主要成分质量分数大于或等于 10％且小于 80％的物质。

2.9

配制品 preparation

两种或两种以上物质组成的混合物或溶液。

2.10

物质　substance

自然状态下存在的或通过生产过程获得的化学元素及其化合物，包括保持其稳定性所需的添加剂和加工过程中产生的杂质，但不包括不会影响物质稳定性或不会改变其成分的可分离的溶剂。

3　概要

3.1　不同物质鉴别法不同。物质的鉴别至少应使用表1中列出的物质鉴别参数。因此任何物质都需要一套适当的鉴别参数来鉴别：

a）IUPAC（国际纯化学与应用化学联合会）和/或其他命名法以及其他鉴别标识，如：CAS编号，EC编号；

b）分子和结构信息；

c）化学组成。

表1　物质鉴别参数

序　号	物质的鉴别 对于每个物质，给出的信息应能足够用来鉴别物质。如果它们在技术上不可行，或是以下给出的信息没有科学必要，则应给出清晰的理由
1	每个物质的名称或其他鉴别标识
1.1	根据IUPAC命名法命名或其他国际通用化学名称
1.2	其他名称（俗称、商业名称、缩写）
1.3	EINECS或ELINCS号（如果有且适当）
1.4	CAS名称和CAS编号（如果有）
1.5	其他身份编码（如果有）
2	每个物质分子式和结构式之间的相关信息
2.1	分子式和结构式（包括SMILES码，如果有）
2.2	关于光学活性和典型比例（立体）异构体的信息（如果有且适当）
2.3	相对分子质量和相对分子质量范围
3	每个物质的组成
3.1	纯度（%）
3.2	杂质种类，包括异构体和副产物
3.3	（重要）主要杂质的质量分数
3.4	添加剂（例如稳定剂或抑制剂）的种类和数量级（μg/g，%）
3.5	光谱数据（紫外、红外、核磁共振或质谱）
3.6	高效液相色谱、气相色谱
3.7	用于物质的鉴别，同时在适当的时候，也可用于杂质和添加剂的鉴别的分析方法的描述或适当的参考书目。此信息应能用该方法重现

3.2　物质由其化学组成，化学性质及每种成分含量所决定。虽然这个简明的定义对大多数物质适用，但在有些情况下，还需要其他的物质鉴别信息。

3.3　物质主要分为两类：

a）有准确定义的物质：可完整的用定性定量的组分定义的物质；

b）未知或可变组分物质、复杂反应产物或生物材料物质（以下简称UVCB物质），这些物质无法用上述参数完整的定义。

3.4 最基本的原则是,物质应尽可能的用化学组分定义用其成分鉴别。只有当技术上不可行时才用其他方式鉴别,如指定为不同类型的UVCB物质。

3.5 对物质的鉴别以及对其杂质、添加剂的鉴别需要给出分析方法的概要和/或相应的文献。该信息应确保方法可重复。

4 有准确定义组成的物质的介绍

4.1 有准确定义化学组成的物质根据其主要成分鉴别。对于有些类型的物质,单有其化学组成是不够用来描述的。这时应在物质鉴别中引入其他的有关化学结构的物理参数。

4.2 通常应涵盖化学组成达100%,并且每种组分需给出完整的化学描述,包括结构信息。对于由化学组分鉴别的物质来说,有如下不同的几部分:

a) 主要成分:物质中非添加剂或杂质的一种成分,作为最主要的物质组成部分,因此用做详细的物质鉴别依据。

b) 杂质:物质中不是有意产生的成分。它可能来自原材料或是生产过程中副反应或不完全反应的结果。杂质并不是有意加入到终产物中的。

c) 添加物:有意添加的增强物质稳定性的物质。

4.3 单成分物质或多成分物质中不是主要成分的成分(除添加剂外)可被视为杂质。尽管在有些地方普遍使用"痕量物质"这个词,但在本标准中仅使用"杂质"这个词。

4.4 不同的成分有不同的鉴别要求:

a) 主要成分决定了物质的命名,每种主要成分应用所有相关标识完整地说明。

b) 杂质对物质的命名没有作用,杂质只需要用名称、CAS编号、EC编号和/或分子式指出;添加剂作为物质的一种组成(但对命名没有作用),一般应完整的指出。

4.5 单成分和多成分物质依下述规则区分:

a) 单成分物质是指一种成分质量分数至少为80%,杂质质量分数不到20%的物质。单成分物质根据其主要成分命名。

b) 多成分物质是指由多个质量分数介于10%到80%之间的主要成分组成的物质。

4.6 多成分物质被命名为两个或多个主要成分的反应混合物。

4.7 通常应指出浓度≥1%的杂质。总的原则是,给出信息的各组分质量分数总合应是100%。

4.8 本标准所指的添加剂是维持物质稳定性所需的稳定剂。因此在做质量结算时,应将添加剂作为物质的必要成分。然而在本标准范围外,"添加剂"一词还可指有其他功能的有意添加物,如pH-调节剂或调色剂。这些有意添加物并不是物质的一部分,因此在做质量结算时不予考虑。

4.9 在本标准的定义中,配置品是物质的有意混合,因此不是多成分物质。

5 有准确定义组成的物质的鉴别

5.1 单成分物质的鉴别

5.1.1 单成分物质通过其主要成分的化学名称及其他标识(包括分子式和结构式)、其杂质和/或添加剂的化学特性、由分光镜和分析信息得出的典型浓度和浓度范围来鉴别。单成分物质鉴别的例子见表2。

表2 单成分物质鉴别的例子

主要成分		杂质		物质身份
名称	含量/%	名称	含量/%	
间-二甲苯	91	邻-二甲苯	5	间-二甲苯
邻-二甲苯	87	间-二甲苯	10	邻-二甲苯

5.1.2 通常,浓度大于80%的主要成分应全部由以上参数说明。浓度大于1%的杂质至少由下列标识之一说明:化学名称(IUPAC和/或CAS名称),CAS编号和/或EC编号或分子式。当杂质与分类和/或与PBT评估相关时不管其浓度都要由相同标识指出。

注:为正确应用80%规则。一些有意添加剂如pH-调节剂和染色剂等不应记入物量守恒中。

5.1.3 本"80%规则"已经被用于新物质的通报。它是种简洁明了的判定方法。然而这个80%规则有其偏差且应加以判定。可接受的偏差举例如下:

a) 成分质量分数<80%但却与单组分符合80%规则的物质具有类似的理化性能和同样的危险性特征的物质。

b) 主成分和杂质成分浓度在80%界限上交替,主成分浓度仅有时≤80%的物质。

分析信息:

5.1.4 在很多情况下波谱数据提供了单成分物质的成分信息,这个信息应该给出。许多波谱法都适用,尤其是紫外和可见吸收光谱(UV/VIS),红外光谱(IR)核磁共振光谱(NMR)和质谱(MS)。对于无机物质,使用X射线衍射(XRD)或X射线荧光(XRF)或原子吸收光谱(AAS)可能更适用。色谱分析法的使用,如确定物质的结构需要气相色谱(GC)或高效液相色谱(HPLC)。如果适当,也可使用其他有效的成分分离技术。

5.2 多成分物质的鉴别

5.2.1 多成分物质由其化学名称和鉴别标识,以及定性和定量的化学组分(化学属性,包括分子式和结构式)来鉴别,并需由分析信息证实。多成分物质鉴别的例子见表3和表4。

表3 多成分物质鉴别的例子1

主要成分		杂质		物质身份
名称	含量/%	名称	含量/%	
间-二甲苯 邻-二甲苯	50 45	对-二甲苯	5	间-二甲苯和 邻-二甲苯的混合物

表4 多成分物质鉴别的例子2

主要成分				杂质				物质身份
名称	含量上限/%	典型含量/%	含量下限/%	名称	含量上限/%	典型含量/%	含量下限/%	
苯胺 萘	90 35	75 20	65 10	菲	5	4	1	苯胺和萘的混合物

5.2.2 对于多成分物质,其化学成分已知,多种组分与该物质的定义有关。此外,其化学成分的典型值及范围可预知。主要成分应由各相关参数完全说明。主要成分(≥10%)和杂质(<10%)的典型浓度总和等于100%。

5.2.3 含量≥1%的杂质至少由下列之一的鉴别标识指出:化学名称、CAS编号和EC编号或分子式。与分类和/或PBT评估相关的杂质也由相同标识指出,与其浓度无关。

5.2.4 根据本标准的规则,这个物质是多成分物质。虽然一种成分的质量分数>80%,但这仅是偶然的,典型的成分质量分数是<80%的。

5.2.5 有时甚至一种组分质量分数≥80%的物质也适宜将其归为多组分物。例如,一种物质含两组分,一种浓度占85%,另一种10%,剩下的是杂质。对这个物质在技术层面上来说,这两种组分共同起作用且都是必须。在这种情况下,尽管一种组分成分大于80%,此物质仍然被描述为多成分物质。

5.2.6 分析信息:

在很多情况下波谱数据提供了多成分物质的成分信息,这个信息应该给出。许多波谱法都适用,尤其是紫外和可见吸收光谱(UV/VIS),红外光谱(IR)核磁共振光谱(NMR)和质谱(MS)。对于无机物质,使用X射线衍射(XRD)或X射线荧光(XRF)或原子吸收光谱(AAS)可能更适用。色谱分析法的使用,如确定物质的结构需要气相色谱(GC)或高效液相色谱(HPLC)。如果适当,也可使用其他有效的成分分离技术。

5.3 有准确定义化学组成的物质和其他主要鉴别标识

5.3.1 有些由化学组成所鉴别的物质(如无机矿物材料)等还需要额外的鉴别标识才能获取它们的物质身份。这些物质可是单组分的,也可是多组分的,但是不同的是它们不仅仅需要以上各节的鉴别参数,它们还需要其他的鉴别标识来明确鉴别。

5.3.2 例如一些非金属材料(天然或人工)有着独特的结构,它们需要形态学及无机成分信息来明确鉴别。譬如:高岭土(CAS编号1332-58-7)由高岭石、铝土矿、长石和石英组成。

5.3.3 将来掌握物质其他鉴别信息需要当前发展的微技术及识破相关风险的影响。当前的发展阶段还不够成熟,本标准不包含物质鉴别的指导。

5.3.4 此类物质由单成分物质(5.1)和多成分物质(5.2)规则鉴别。其他特殊的鉴别参数根据不同物质的需要添加。主要的鉴别标识可是波谱数据的元素组成、由X-光散射(XRD)揭示的晶体结构、红外吸收峰、溶胀系数、阳离子交换度以及其他的理化性质。

5.3.5 对于矿物质,重要的是把元素分析结果和波谱数据联合起来鉴别矿物的组成和晶体结构,接着由特征理化性质譬如晶相结构(X-光散射揭示)、形状、硬度、融胀性、密度和/或表面性质等证实。

5.3.6 通过特殊的矿物,得出特殊添加的主要鉴别标识。这是因为矿物有特殊的理化性质,如:滑石硬度很低、斑脱土的融胀性、硅藻土的形状、重晶石的高密度以及表面区域(氮气吸附)。

5.3.7 分析信息:

应给出与单成分物质(5.1)和多成分物质(5.2)同样的分析信息。对于那些由气相色谱、液相色谱不能获取足够信息的物质,应采用其他的分析方法鉴别,如对矿物用X-光散射法、元素分析法等。标准是应给出足够的信息去证实物质的结构。

6 UVCB物质的介绍

6.1 未知或可变组分物质、复杂反应产物或生物材料物质,也称UVCB物质,不能充分用其化学组分确定,因为:

a) 组分数量相对很大;

b) 相当一部分组成未知;

c) 组成的可变性相对很大或难以预知。

6.2 不同的UVCB物质中主要鉴别标识与物质的来源及加工过程有关;或者它们属于"其他的主要标识"组(如"色谱或其他特征")。对于化学成分一定的,如复杂反应产物和生物来源的物质,物质鉴别应遵循相应的单成分物质和多成分物质的原则。当来源或加工方法改变的时候,对UVCB物质的鉴别应重新进行。如果一种反应混合物被鉴别为"多成分物质",只要它的最终组成在一定范围内,它可由不同的来源或不同的加工过程获得。

7 UVCB物质的鉴别

7.1 UVCB物质的鉴别通则

7.1.1 化学成分的信息

7.1.1.1 UVCB物质不能仅由成分的IUPAC名称鉴别,而且并不是所有的成分都能被鉴别;即使可能一般性的鉴别出来,也会由于准确组成的可变性缺少专一性。由于成分和杂质之间没什么区别,因此UVCB物质并不使用术语"主要成分"和"杂质"。

7.1.1.2 还是要尽可能给出已知的化学组成及成分的身份。成分的描述通常可用比较普通的方式给出，例如“链式脂肪酸 $C_8 \sim C_{16}$”或者“脂肪醇乙氧基化物，有 $C_{10} \sim C_{14}$ 醇和 4～10 个乙氧化合物单位”。另外，化学成分的信息也能以确知的参考样品和标准品给出；并且在很多情况下，可附标记和现有编号。成分的其他一般性信息包括所谓的“图谱”，例如色谱或光谱图显示特征峰分布。

7.1.1.3 对于一个 UVCB 物质，浓度≥10%的所有已知组成应至少用英文 IUPAC 名称鉴别并且最好有 CAS 编号；还应给出已知成分的典型浓度和浓度范围。和物质分类和/或 PBT 评估相关的成分通常应用相同标识鉴别，与其浓度无关。

7.1.1.4 未知成分尽可能用它们化学性质的一般性描述来鉴别。添加剂应按与有准确定义物质的描述类似的方法全面鉴别。

7.1.2 主要鉴别参数——名称、来源和加工程序

单化学组成不足以鉴别物质，物质一般用其名称、来源或加工过程和在加工程序中的主要步骤来鉴别。其他的物质鉴别参数也可是重要的标识、一般的标识（如沸点）或特殊种类物质的关键性标识（如酶的催化活性）。

7.1.2.1 来源

来源分为两组：

a) 生物类来源

生物来源的物质要用属、种和科来定义。如瑞士石松，属是松，种是瑞士石松，科是松科，如果有关的话还有株或基因类型。在有可能的情况下还应说明物质提取的器官组织或部分，如骨髓、胰腺、茎、种子或根。

b) 化学品或矿物来源

化学反应的产物的原料应该用 IUPAC 的英文名称描述。矿物原料应该用通用术语描述，如磷矿，铝矾土，瓷土，金属煤气，煤，泥炭。

7.1.2.2 加工程序

7.1.2.2.1 如果涉及新分子的合成加工程序用化学反应类型或是提炼的步骤类型定义，如提取，分离，浓缩或是提炼的剩余产物。

7.1.2.2.2 对于某些物质如衍生化学物质，加工程序应用提炼和合成一起来描述。

a) 合成

在原料中发生特定的化学或生物学反应产生某种物质。例如格利雅反应、磺化反应、蛋白酶或脂肪酶的酶分解反应等。许多衍生反应也属于这种类型。

对于合成的新物质，无法得到其化学成分，原料和化学反应的种类是其主要标识。化学反应的种类预示了物质中会存在的分子。最终的化学反应有：水解，酯化，烷基化，氯化等。由于这里只有合成物质的一般性信息，在很多情况下物质的完整表征和鉴别还需要用到色谱。

b) 提炼

提炼可用于很多自然来源或矿物来源的物质，提炼过程中其化学成分不变，只是它的某成分的浓度发生变化，如冷加工植物组织，然后用酒精萃取。

7.1.2.2.3 提炼可有更进一步明确的程序比如萃取。物质的鉴别取决于加工程序的类型：

a) 对于通过物理方法如精炼或分馏得到的物质，应指出其分离范围和分馏参数（如分子尺寸、链长、沸点、挥发性范围等）；

b) 对于通过提取浓缩得到的物质，如冶炼制得产品、离心沉淀物、过滤残留物等，应说明提取浓缩步骤，并将原料和剩余物质的一般组成对比列出；

c) 对于特殊反应的残留物，如熔渣、焦油和重物，应描述加工程序及剩余物质的一般组成；

d) 对于提取，应给出提取的方法、提取所用的溶液，及其他的相关条件如温度/温度范围。

7.1.2.2.4 对于合成程序，在每个来源信息后面应加上程序步骤。化学合成的物质尤其要有合成程序。

7.1.2.2.5 由于提取后得到的化学物质和提取前的母体含不同的成分，所以它们应被视为不同的物质。

7.1.2.3 其他物质鉴别参数

除了化学名称、来源和详细的程序，一个 UVCB 物质应包括任何其他相关信息。尤其对于特殊类型的 UVCB 物质会用到其他鉴别参数。附加的其他标识包括：

a) 化学组成的一般描述；

b) 色谱图或其他类型谱图；

c) 参考资料(例如 ISO)；

d) 物理化学参数(例如沸点)；

e) 彩色索引号；

f) AISE 号。

7.1.3 分析信息

7.1.3.1 当光谱数据提供 UVCB 物质成分的信息时，这些信息应该给出。几种光谱方法用于提供光谱图(紫外可见，红外，核磁和质谱)。

7.1.3.2 色谱图可被用作鉴别标识，给出物质的组成。也可能会用到其他有效的成分分离技术。

7.2 特殊类型的 UVCB 物质

包括碳链长度不定的物质、从油或类油来源中获得的物质和酶。

7.2.1 碳链长度不定的物质的鉴别

7.2.1.1 这类 UVCB 物质包括不定碳链长度的长链烷基物质，如烷烃和烯烃。这些物质从天然脂肪、油类中提取或通过合成得到。天然脂肪来源于植物或动物。通常从植物中得到的长碳链物质的碳链长度是偶数，而从动物中得到的长碳链物质的碳链长度还会有奇数。合成的长碳链物质的碳链长度奇数和偶数都有。

7.2.1.2 这类物质的成分有一个共同结构特征：一个或多个长链烷基带有一个官能团。不同一个或多个的烷基的特征其成分也会彼此不同，不同的烷基特征包括：

a) 碳链长度(碳原子数目)；

b) 饱和度；

c) 结构(直链型或支链型)；

d) 官能团的位置。

7.2.1.3 各成分的化学名称可用下述三个指标充分描述：

a) 烷基指标，描述烷基的碳链中的碳原子数目；

烷基指标如下：

1) 通常，烷基指标 $C_{x\sim y}$ 指饱和的烷基，直链烷基包括从 x 到 y 的所有链长，如 $C_{8\sim12}$ 表示 C_8、C_9、C_{10}、C_{11} 和 C_{12}；

2) 如果烷基指标仅指偶数或奇数个碳原子的烷基链，应指出，如 $C_{8\sim12(\text{偶数})}$；

3) 如果烷基指标仅指支链的烷基，应指出，如 $C_{8\sim12(\text{支链})}$ 或 $C_{8\sim12(\text{直链和支链})}$；

4) 如果烷基指标仅指不饱和的烷基，应指出，如 $C_{12\sim22(\text{C18不饱和})}$；

5) 短链烷基不涵盖长链的，反之亦然，如 $C_{10\sim14}$ 与 $C_{8\sim18}$ 不一致；

6) 烷基指标还可指出烷基链的来源，如可可或油脂。然而碳链长度的分布应和来源一致。

b) 官能团指标，确定物质中的官能团，如胺基、铵、羧酸。

c) 盐指标，盐的正/负离子，如钠(Na^+)、碳酸根(CO_3^{2-})、氯离子(Cl^-)。

7.2.1.4 上述系统用来描述碳链长度不同的物质。这个系统不适用于有准确定义的物质，有准确定义的物质应用明确的化学结构来鉴别。

7.2.1.5 烷基指标、官能团指标和盐指标信息是 UVCB 类型物质命名的基础。此外来源和加工程序信息可更好的用于更准确的鉴别物质。

7.2.2 取自油或油类来源的物质的鉴别

7.2.2.1 取自油(石油物质)或油类来源(如煤)的物质是组分复杂、可变或部分组分不明确的物质。此处用石油物质做为例子解释如何鉴别这种类型的UVCB物质。同样的方法也适用于其他取自油类来源的物质,比如说煤。

7.2.2.2 石油加工工业用的原料可能是原油,或经过一道或多道工序精馏而得的油。最终产物的组分取决于生产使用的原油(原油的组分取决于原产地)及后续的精炼程序。因此自然地,加工程序对石油物质的组分有单独的影响。

7.2.2.3 鉴别石油物质的术语和定义一般包括流出的来源、精炼的过程、一般组成、碳分子数目、沸腾范围或其他适当物理参数及主要的碳氢化合物类型。

7.2.2.4 一般认为石油物质是按照性能规范而非成分规范生产的。因此为了尽可能地鉴别石油类物质,如名称、碳链长度范围、沸点、黏度、溶解度和其他物理性质通常比成分信息更加有用。

7.2.2.5 虽然化学成分不是这类UVCB物质的首要鉴别标识,还是应给出已知的主要组分(质量分数≥10%),并且成分用通用术语描述,如分子量范围、脂肪族或芳香族、氢化程度和其他必要的信息。另外,应使用名称和典型浓度鉴别浓度低但影响危险分类的其他成分。

7.2.3 酶的鉴别

7.2.3.1 酶通常是通过微生物发酵生产的,有时也来自植物或动物体。液相酶的浓度取决于发酵或提取及后续提纯、除水的程序、活性酶蛋白质和其他发酵后剩余的成分,即蛋白质、缩氨酸、氨基酸、糖类、脂类和无机盐。

7.2.3.2 酶物质一般含质量分数为10%~80%的酶蛋白质。其他成分含量各不相同,取决于所用的生物体产品、发酵中间体、发酵程序的操作参数、还有所用的下游提纯,表5中列出了典型的组分。

表5 酶物质典型的组分

典型组分	质量分数
活性酶蛋白质	10%~80%
其他蛋白质+缩氨酸和氨基酸	5%~55%
糖类	3%~40%
脂类	0%~5%
无机盐	1%~45%
总量	100%

7.2.3.3 由于酶的可变和部分未知组分,它应被视为一种“UVCB物质”。酶蛋白质应被视为UVCB物质的一种成分。高纯酶可被认作有准确定义组分(单成分或多成分)的物质,应按有准确定义物质鉴别。

7.2.3.4 酶类物质是用所含酶蛋白(IUBMB命名法)和发酵中产生的其他成分来鉴别的。除了酶蛋白以外,每种特定成分一般含量不超过1%。如果这些特定成分的身份未知,可用分组的方法鉴别它们(即蛋白质、缩氨酸、氨基酸、糖类、脂类和无机盐)。然而,如果成分的身份已知应指明,并且如果这些成分的含量超过了10%或它们涉及分类和标识和/或PBT的评估应予以鉴别。

7.2.3.5 酶蛋白质:

在提取浓缩中酶蛋白被鉴别为:

a) IUBMB号;

b) 由(IUBMB)给出的名称(系统名称、酶名称、同义名称);

c) 由IUBMB给出的注释;

d) 反应和反应类型；

e) EC 编号和名称，如果恰当；

f) CAS 编号和名称，如果有。

7.2.3.6 应列出酶引发的反应。这个反应用 IUBMB 鉴别。

7.2.3.7 根据酶的分类，需要指定反应的类型。是氧化、还原、消除、加成还是人名反应。

7.2.3.8 酶蛋白的其他成分：

所有质量分数大于或等于 10%或涉及分类和标签和/或 PBT 评估的成分都需要鉴别。少于 10%的成分身份可作为化学组分指出。要给出它们的典型浓度或浓度范围，即：

a) (甘油)蛋白质；

b) 缩氨酸和氨基酸；

c) 糖类；

d) 脂类；

e) 无机盐(如氯化钠或其他无机盐)。

7.2.3.9 如果酶的其他成分浓度不完全确定，有机产品(如果和基因、应变或遗传类型相关)的名称应该按其他生物来源的 UVCB 物质给出名称。

7.2.3.10 如果适当，可给出附加参数，如功能参数(即 pH 值或最适温度和温度范围)、动力学参数(即特定行为或旋转数)、配体、基体、产品和共同因素。

ICS 13.300
A 80

中华人民共和国国家标准

GB/T 24779—2009

化学品性质(Q)SAR模型的验证指南 卫生毒理性质

Guidance on the validation of (Q)SAR models for chemicals properties—Health effects

2009-12-15 发布 2010-07-01 实施

中华人民共和国国家质量监督检验检疫总局
中国国家标准化管理委员会 发布

前　言

本标准参考采用经济合作与发展组织(OECD)指南文件 ENV/JM/MONO(2007)2《(定量)结构-活性关系[(Q)SAR]模型的验证的指南文件》(英文版),其有关的技术内容与上述文件完全一致。

本标准附录 A 为资料性附录。

本标准由全国危险化学品管理标准化技术委员会(SAC/TC 251)提出并归口。

本标准负责起草单位:国家质检总局进出口化学品安全研究中心。

本标准参加起草单位:中国检验检疫科学研究院、湖北出入境检验检疫局、中化化工标准化研究所、江苏出入境检验检疫局。

本标准主要起草人:程艳、陈会明、李晞、宋乃宁、周新、崔海容、郭坚。

本标准系首次发布。

引　言

欧盟于 2007 年 6 月 1 日立法通过《化学品的注册、评估、授权和限制法规》(以下简称 REACH 法规),并于 2008 年 6 月 1 日正式实施。该法规实施以后对进入欧盟市场上的化学品进行统一管理。我国为应对欧盟 REACH 法规,制定了化学品安全系列标准,等同转化了欧盟 REACH 法规的相关技术内容。

欧盟 REACH 法规和联合国《全球化学品统一分类和标签制度》(GHS)为了减少动物试验,明确规定了(Q)SAR 模型预测方法在特定情况下可用于化学品性质的预测。

本标准是为了应对欧盟 REACH 法规,在技术指标上参考采用了 OECD 指南文件 ENV/JM/MONO(2007)2《(定量)结构-活性关系[(Q)SAR]模型的验证的指南文件》(英文版)和 REACH 技术法规 EUR 21866 EN 2005《(定量)结构-活性关系的特征:初步指南》(英文版),并且其有关的技术内容与上述文件完全一致,建立了化学品卫生毒理性质(Q)SAR 模型的验证指南。

化学品性质(Q)SAR模型的验证指南 卫生毒理性质

1 范围

本标准规定了化学品卫生毒理性质(Q)SAR模型的验证指南。

本标准适用于现有的以及将来开发的各种(Q)SAR模型。

2 术语和定义

下列术语和定义适用于本标准。

2.1

分子描述符 molecular descriptor

分子的结构或物理化学性质,或者能够代表分子特殊性质的分子结构的一部分,被用作(Q)SAR模型的独立变量。

2.2

终点 endpoint

能被测量因而能被模型化的任何物理化学的、生物的或者环境的效应。

2.3

应用范围(AD) applicability domain

模型在给定的可靠性条件下,对化学品性质进行预测时的响应和化学结构的空间范围。

2.4

运算算法 algorithm

从化学品的结构和/或物理化学性质的信息来预测终点的方法和过程。

2.5

建模集 training set

用来建立(Q)SAR模型的化合物,能从中得到有关化合物的测量性质或效应。

2.6

测试集 test set

测试集与建模集相对应,是指不包含在建模集中的一系列化合物,被用于对(Q)SAR模型的预测能力进行评价。

3 验证原则

3.1 确定的终点;

3.2 明确的运算算法;

3.3 确定的应用范围;

3.4 对符合度、适用度和预测能力的合适的评价;

3.5 如果可能,提供机制解释。

4 验证原则阐述

4.1 确定的终点

4.1.1 在采用(Q)SAR模型对化学品卫生毒理性质进行预测时,常用的终点为卫生毒理学参数,包括半数致死剂量(LD_{50})。无可见有害作用水平(NOAEL)、急性毒性、皮肤刺激性、皮肤腐蚀性、眼刺激性、眼腐蚀性、皮肤过敏性、染色体型畸变、神经毒性、细胞存活率、光毒性等。

4.1.2 在采用(Q)SAR模型对化学品卫生毒理性质进行预测时,常用的分子描述符包括正辛醇/水分配系数、疏水性、亲电性、电荷性、拓扑结构等。

4.1.3 一个确定的终点至少包含以下因素:

a) 产生建模集数据的详细信息;
b) 测试方案的不同不会导致终点数值的明显不同;
c) 测试方案内部因素的不同不会导致结果的不同;
d) (Q)SAR预测的化学品对象的范围包含在测试方案的化学品对象范围内;
e) (Q)SAR预测的终点与测试方案的终点相同;
f) 科学定义的终点能够反映化学品结构间的不同。

4.2 明确的运算算法

当评价(Q)SAR预测模型的运算算法时,需要考虑下列因素:

a) 终点数值和描述符数值的数据集;
b) 对描述符的来源和测量的说明;
c) 对测试集和建模集的描述,并对异常点的剔除说明理由;
d) 对数学模型进行描述;
e) 对模型运行进行描述的统计学参数;
f) 构成(Q)SAR预测模型的参数以及参数数值。

4.3 确定的应用范围

4.3.1 在(Q)SAR预测模型的适用广度和预测结果的可靠性之间存在着平衡:模型的适用范围越广泛,预测结果的整体可靠性越低。

4.3.2 (Q)SAR模型的应用范围需要考虑以下因素:

a) 建立与应用范围相关联的可信度范围;
b) 建立对应用范围的限制方法;
c) 评价应用范围的限制方法,以更好地理解其长处、局限性和适用性;
d) 将应用范围限制方法与传统的统计学方法联合应用。

4.4 对符合度、适用度和预测能力的合适的评价

4.4.1 模型应具有统计学意义,许多统计学方法都能用来评价(Q)SAR模型的符合度、适用度和预测能力,并对模型运行进行评价。

4.4.2 一个具有高度统计学可执行意义的模型包括以下一个或几个特征:

a) 当采用最少数量的变量时,具有最高的可能的预测能力;
b) 预测变量之间的关联很小。

4.4.3 一个具有低的统计学可执行意义的模型包括以下一个或几个特征:

a) 缺乏一个或多个相关变量,如:没有足够的拟合能力;
b) 在拟合度和预测能力之间具有显著差别;
c) 一个或多个(噪声)变量偶尔会与响应相关;
d) 预测变量之间有高度的相关性。

4.5 如果可能,提供机制解释

鼓励在对(Q)SAR模型验证过程中寻找出机制解释,能够增加对于统计有效性和应用范围的理解。

5 验证的报告格式

5.1 (Q)SAR模型验证的报告格式是构建和总结模型重要信息的框架,包括:

a) 模型的来源；

b) 模型的类型；

c) 模型的验证；

d) 可能的模型应用，等。

5.2 附录A给出了化学品卫生毒理性质的(Q)SAR模型的验证指南示例。

附　录　A
（资料性附录）
化学品卫生毒理性质的(Q)SAR 模型的验证指南示例

A.1　模型说明

采用 Derek Version No 9 模型预测化学物质的皮肤过敏性。

A.2　模型验证报告(见表 A.1)

表 A.1　采用 Derek Version No 9 模型预测化学物质的皮肤过敏性的验证报告总结

验证原则	模型信息	是/否
a)　确定的终点	1)　模型预测目标明确，针对化学品的理化、毒性或生态毒性终点有明确要求	是
	2)　模型预测目标与特定的测试方法或技术对应	是
	3)　影响试验以及预测的重要因素，如性别、种群、温度、暴露时间、测试方案等	否
	4)　终点测试单位	否(这里是定性预测)
b)　明确的运算算法	1)　对物质结构的明确描述，尤其是取代基团	是
	2)　涉及到定量预测时，对于物料平衡的明确描述	不适用
c)　确定的应用范围	1)　对于应用的限制性，如考虑到化学物质的结构时，需要包括在内和/或排除在外的化学物质的说明	是
	2)　对化学物质结构与性质相关规则的描述	是
	3)　涉及到定量预测时，分别针对描述型变量或响应型变量的、包括在内或者排除在外的规则	不适用
	4)　针对模型预测的终点数值，化学品描述符数值在建模集中分布的说明	不适用
d)　对符合度、适用度和预测能力的合适的评价	1)　对于给定的建模集的详细描述，包括：建模集中分子结构的数目、化学名称、分子结构、CAS 号、描述型或者响应型变量的数据、建模集数据质量分析	是
	2)　用来建立模型的数据是否来自于经过处理的原始测试数据(如平行样的平均值)。如果是，则需要提供原始数据以及处理过程	不适用
	3)　对用来选择描述符的方法的解释，包括用来选择原始描述符的方法，考虑的原始描述符的数目，从较大范围的原始描述符选集中筛选出较小范围的最终描述符的方法，包含在模型中的最终描述符的数目	是
	4)　对用来建立模型的统计学方法的描述，包括使用的软件包的细节，以及在此统计学方法下，模型是否已经独立的被确认过	部分适用
	5)　基于建模集的对模型的符合度的基本统计，例如标准偏差的计算等	部分适用
	6)　有否进行交叉验证或者重组，如果已有进行，那么所采用的具体方法的描述	不适用
	7)　针对建模集质量和/或已知的响应型变量，对模型的内部运行性的评价	不适用
	8)　模型是否已经采用独立于建模集的测试集验证过	不适用

表 A.1(续)

验证原则		模型信息	是/否
d) 对符合度、适用度和预测能力的合适的评价	9)	如果已经对模型进行了测试集的外部验证,那么需要提供对于测试集的详细描述,包括:测试集中分子结构的数目、化学名称、分子结构、CAS号、所有描述型变量的数据、所有响应型变量的数据、测试数据的质量等	部分适用
	10)	如果已经对模型进行了测试集的外部验证,那么需要提供用来选择测试结构的方法的解释,包括测试集所代表的模型的应用范围的界定,外部集是否足够大能够代表建模集数据集,用来评估模型的预测能力的统计学方法的说明(包括使用的软件包),模型的预测能力的统计学分析,考虑到建模集和测试集的质量和/或已知的响应型变量时模型的预测能力的评价,模型的预测能力与以往确认的定量原则的比较	是,但未与以往确认的定量原则进行比较
e) 可能的机制解释	1)	针对分子结构的特性描述(例如分子的亲核性或亲电性的描述,或者受体结合区域的描述)	是
	2)	涉及到定量时,与已知的(生物)活性机制相关的描述符的物理化学性质解释	不适用
	3)	支持机制解释的参考文献	是
	4)	模型机制的优先性(例如在建模前,保证原始建模集结构和/或描述符选自符合预先定义的作用机制)或者从属性(例如在建模后,再解释建模集结构和/或描述符)的说明	是

A.3 模型验证结论

根据以上验证报告总结,Derek 模型能用来预测筛选可能具有皮肤过敏性的化学物质,以及用来解释化学物质潜在过敏性的可能机制。

ICS 13.300
A 80

中华人民共和国国家标准

GB/T 24780—2009

化学品性质(Q)SAR 模型的验证指南 理化性质

Guidance on the validation of (Q)SAR models for chemicals properties—Physicochemical properties

2009-12-15 发布　　　　2010-07-01 实施

中华人民共和国国家质量监督检验检疫总局
中国国家标准化管理委员会　发布

前　言

本标准参考采用经济合作与发展组织(OECD)指南文件ENV/JM/MONO(2007)2《(定量)结构-活性关系[(Q)SAR]模型的验证的指南文件》(英文版),其有关的技术内容与上述文件完全一致。

本标准附录A为资料性附录。

本标准由全国危险化学品管理标准化技术委员会(SAC/TC 251)提出并归口。

本标准负责起草单位:国家质检总局进出口化学品安全研究中心。

本标准参加起草单位:中国检验检疫科学研究院、湖北出入境检验检疫局、中化化工标准化研究所、山东出入境检验检疫局。

本标准主要起草人:程艳、陈会明、李晞、宋乃宁、周新、崔海容、郭坚。

本标准系首次发布。

引　言

欧盟于2007年6月1日立法通过《化学品的注册、评估、授权和限制法规》(以下简称REACH法规),并于2008年6月1日正式实施。该法规实施以后对进入欧盟市场上的化学品进行统一管理。我国为应对欧盟REACH法规,制定了化学品安全系列标准,等同转化了欧盟REACH法规的相关技术内容。

欧盟REACH法规和联合国《全球化学品统一分类和标签制度》(GHS)为了减少动物试验,明确规定了(Q)SAR模型预测方法在特定情况下可用于化学品性质的预测。

本标准是为了应对欧盟REACH法规,在技术指标上参考采用了OECD指南文件ENV/JM/MONO(2007)2《(定量)结构-活性关系[(Q)SAR]模型的验证的指南文件》(英文版)和REACH技术法规EUR 21866 EN 2005《(定量)结构-活性关系的特征:初步指南》(英文版),并且其有关的技术内容与上述文件完全一致,建立了化学品理化性质(Q)SAR模型的验证指南。

化学品性质(Q)SAR模型的验证指南 理化性质

1 范围

本标准规定了化学品理化性质(Q)SAR模型的验证指南。

本标准适用于现有的以及将来开发的各种(Q)SAR模型。

2 术语和定义

下列术语和定义适用于本标准。

2.1

符合度 goodness-of-fit

对模型运行进行评价的信息量的最小绝对量,表达了在建模集中模型描述符估算变量的程度。

2.2

适用度 robustness

当对建模集实施干扰以及当模型从受干扰的建模集中重新建立时,模型参数的稳定性以及因此而导致的预测结果的稳定性,提供了模型参数对建模集变化的敏感性的指示。

2.3

预测能力 predictivity

对所建模型预测化学物质性质的能力的评价,采用对测试集中的化学物质性质的预测来进行评价。

3 验证原则

3.1 确定的终点。

3.2 明确的运算算法。

3.3 确定的应用范围。

3.4 对符合度、适用度和预测能力的合适的评价

3.5 如果可能,提供机制解释。

4 验证原则阐述

4.1 确定的终点

4.1.1 在采用(Q)SAR模型对化学品理化性质进行预测时,常用的终点为物理化学参数,包括熔点/凝点、沸点、蒸汽压、水溶解度、正辛醇/水分配系数(K_{ow})、相对密度、表面张力、闪点等。

4.1.2 在采用(Q)SAR模型对化学品理化性质进行预测时,常用的描述符包括正辛醇/水分配系数(K_{ow})、水溶解度、分子质量、分子体积等。

4.1.3 一个确定的终点至少包含以下因素:

a) 产生建模集数据的详细信息;

b) 测试方案的不同不会导致终点数值的明显不同;

c) 测试方案内部因素的不同不会导致结果的不同;

d) (Q)SAR预测的化学品对象的范围包含在测试方案的化学品对象范围内;

e) (Q)SAR预测的终点与测试方案的终点相同;

f) 科学定义的终点能够反映化学品结构间的不同。

4.2 明确的运算算法

当评价(Q)SAR 预测模型的运算算法时,需要考虑下列因素:

a) 终点数值和描述符数值的数据集;

b) 对描述符的来源和测量的说明;

c) 对测试集和建模集的描述,并对异常点的剔除说明理由;

d) 对数学模型进行描述;

e) 对模型运行进行描述的统计学参数;

f) 构成(Q)SAR 预测模型的参数以及参数数值。

4.3 确定的应用范围

4.3.1 (Q)SAR 的应用范围是多维空间中的一个理论区域,在这个区域中(Q)SAR 模型的预测具有一定的可靠性。

4.3.2 (Q)SAR 模型的应用范围需要考虑以下因素:

a) 建立与应用范围相关联的可信度范围;

b) 建立对应用范围的限制方法;

c) 评价应用范围的限制方法,以更好地理解其长处、局限性和适用性;

d) 将应用范围限制方法与传统的统计学方法联合应用。

4.4 对符合度、适用度和预测能力的合适的评价

4.4.1 包含两类信息:

a) 模型的内部运行的评价,包括符合度和适用度,主要是应用建模集来确定;

b) 模型的外部评价,包括预测能力,主要是采用合适的测试集来确定。

4.4.2 模型应具有统计学意义,一个具有高度统计学可执行意义的模型包括以下一个或几个特征:

a) 当采用最少数量的变量时,具有最高的可能的预测能力;

b) 预测变量之间的关联很小。

4.4.3 一个具有低的统计学可执行意义的模型包括以下一个或几个特征:

a) 缺乏一个或多个相关变量,如:没有足够的拟合能力;

b) 在拟合度和预测能力之间具有显著差别;

c) 一个或多个(噪声)变量偶尔会与响应相关;

d) 预测变量之间有高度的相关性。

4.5 如果可能,提供机制解释

4.5.1 鼓励在对(Q)SAR 模型验证过程中寻找出机制解释,能够增加对于统计有效性和应用范围的理解。

4.5.2 当机制解释是可能的时候,将在前述原则的基础上更增进了(Q)SAR 模型预测的可靠性。

5 验证的报告格式

5.1 (Q)SAR 模型验证的报告格式是构建和总结模型重要信息的框架,包括:

a) 模型的来源;

b) 模型的类型;

c) 模型的验证;

d) 可能的模型应用,等。

5.2 附录 A 给出了化学品理化性质的(Q)SAR 模型的验证指南示例。

附 录 A
（资料性附录）
化学品理化性质的(Q)SAR模型的验证指南示例

A.1 模型说明

采用 MultiCASE MC4PC Release 2003 模型预测化学物质的正辛醇/水分配系数(K_{ow})。

A.2 模型验证报告(见表 A.1)

表 A.1 采用 MultiCASE MC4PC Release 2003 模型预测化学物质的 K_{ow} 的验证报告总结

验证原则	模型信息	是/否
a) 确定的终点	1) 模型预测目标明确，针对化学品的理化、毒性或生态毒性终点有明确要求	是
	2) 模型预测目标与特定的测试方法或技术对应	是
	3) 影响试验以及预测的重要因素，如性别、种群、温度、暴露时间、测试方案等	否
	4) 终点测试单位	否
b) 明确的运算算法	1) 对物质结构的明确描述，尤其是取代基团	是
	2) 涉及到定量预测时，对于物料平衡的明确描述	是
c) 确定的应用范围	1) 对于应用的限制性，如考虑到化学物质的结构时，需要包括在内和/或排除在外的化学物质的说明	是
	2) 对化学物质结构与性质相关规则的描述	是
	3) 涉及到定量预测时，分别针对描述型变量或响应型变量的、包括在内或者排除在外的规则	是
	4) 针对模型预测的终点数值，化学品描述符数值在建模集中分布的说明	是
d) 对符合度、适用度和预测能力的合适的评价	1) 对于给定的建模集的详细描述，包括：建模集中分子结构的数目、化学名称、分子结构、CAS 号、描述型或者响应型变量的数据、建模集数据质量分析	是
	2) 用来建立模型的数据是否来自于经过处理的原始测试数据(如平行样的平均值)。如果是，则需要提供原始数据以及处理过程	是
	3) 对用来选择描述符的方法的解释，包括用来选择原始描述符的方法，考虑的原始描述符的数目，从较大范围的原始描述符选集中筛选出较小范围的最终描述符的方法，包含在模型中的最终描述符的数目	是
	4) 对用来建立模型的统计学方法的描述，包括使用的软件包的细节，以及在此统计学方法下，模型是否已经独立的被确认过	是
	5) 基于建模集的对模型的符合度的基本统计，例如标准偏差的计算等	是
	6) 有否进行交叉验证或者重组，如果已有进行，那么所采用的具体方法的描述	否
	7) 针对建模集质量和/或已知的响应型变量，对模型的内部运行性的评价	是

表 A.1(续)

验证原则	模型信息	是/否
d) 对符合度、适用度和预测能力的合适的评价	8) 模型是否已经采用独立于建模集的测试集验证过	是
	9) 如果已经对模型进行了测试集的外部验证,那么需要提供对于测试集的详细描述,包括:测试集中分子结构的数目、化学名称、分子结构、CAS号、所有描述型变量的数据、所有响应型变量的数据、测试数据的质量等	是
	10) 如果已经对模型进行了测试集的外部验证,那么需要提供用来选择测试结构的方法的解释,包括测试集所代表的模型的应用范围的界定,外部集是否足够大能够代表建模集数据集,用来评估模型的预测能力的统计学方法的说明(包括使用的软件包),模型的预测能力的统计学分析,考虑到建模集和测试集的质量和/或已知的响应型变量时模型的预测能力的评价,模型的预测能力与以往确认的定量原则的比较	是
e) 可能的机制解释	1) 针对分子结构的特性描述(例如分子的亲核性或亲电性的描述,或者受体结合区域的描述)	是
	2) 涉及到定量时,与已知的(生物)活性机制相关的描述符的物理化学性质解释	否
	3) 支持机制解释的参考文献	是
	4) 模型机制的优先性(例如在建模前,保证原始建模集结构和/或描述符选自符合预先定义的作用机制)或者从属性(例如在建模后,再解释建模集结构和/或描述符)的说明	是

A.3 模型验证结论

根据以上验证报告总结,MultiCASE 模型能用来预测化学物质的 K_{ow}。

ICS 13.300
A 80

中华人民共和国国家标准

GB/T 24781—2009

化学品性质(Q)SAR模型的验证指南 生态毒理性质

Guidance on the validation of (Q)SAR models for chemicals properties—Ecological effects

2009-12-15 发布　　2010-07-01 实施

中华人民共和国国家质量监督检验检疫总局
中国国家标准化管理委员会　发布

前　言

本标准参考采用经济合作与发展组织(OECD)指南文件 ENV/JM/MONO(2007)2《(定量)结构-活性关系[(Q)SAR]模型的验证的指南文件》(英文版),其有关的技术内容与上述文件完全一致。

本标准附录 A 为资料性附录。

本标准由全国危险化学品管理标准化技术委员会提出并归口。

本标准负责起草单位:国家质检总局进出口化学品安全研究中心。

本标准参加起草单位:中国检验检疫科学研究院、湖北出入境检验检疫局、中化化工标准化研究所、江西出入境检验检疫局。

本标准主要起草人:程艳、陈会明、李晞、宋乃宁、周新、崔海容、郭坚。

本标准系首次发布。

引 言

欧盟于2007年6月1日立法通过《化学品的注册、评估、授权和限制法规》(以下简称REACH法规),并于2008年6月1日正式实施。该法规实施以后对进入欧盟市场上的化学品进行统一管理。我国为应对欧盟REACH法规,制定了化学品安全系列标准,等同转化了欧盟REACH法规的相关技术内容。

欧盟REACH法规和联合国《全球化学品统一分类和标签制度》(GHS)为了减少动物试验,明确规定了(Q)SAR模型预测方法在特定情况下可用于化学品性质的预测。

本标准是为了应对欧盟REACH法规,在技术指标上参考采用了OECD指南文件ENV/JM/MONO(2007)2《(定量)结构-活性关系[(Q)SAR]模型的验证的指南文件》(英文版)和REACH技术法规EUR 21866 EN 2005《(定量)结构-活性关系的特征:初步指南》(英文版),并且其有关的技术内容与上述文件完全一致,建立了化学品生态毒理性质(Q)SAR模型的验证指南。

化学品性质(Q)SAR模型的验证指南 生态毒理性质

1 范围

本标准规定了化学品生态毒理性质(Q)SAR模型的验证指南。

本标准适用于现有的以及将来开发的各种(Q)SAR模型。

2 术语和定义

下列术语和定义适用于本标准。

2.1

(定量)结构-活性关系[(Q)SAR]　(quantitative) structure-activity relationship

物质效应和分子描述符之间的(定量)关系。

2.2

(Q)SAR的验证　(Q)SAR validation

依据(Q)SAR描述的终点和应用范围,对(Q)SAR模型运算的符合度、适用度和预测能力,以及机制解释的可靠性和相关性进行评价的过程。

3 验证原则

3.1　确定的终点。

3.2　明确的运算算法。

3.3　确定的应用范围。

3.4　对符合度、适用度和预测能力的合适的评价。

3.5　如果可能,提供机制解释。

4 验证原则阐述

4.1 确定的终点

4.1.1　不同的(Q)SAR预测模块针对不同的终点。在采用(Q)SAR模型对化学品生态毒理性质进行预测时,常用的终点为生态毒理学参数,包括半数致死浓度(LC_{50})、半数效应浓度(EC_{50})、最低可观测效应浓度(LOEC)、无可观察效应浓度(NOEC)、生物需氧量(BOD)、化学需氧量(COD)、水解性、生物降解性、生物富积系数(BCF)、正辛醇/水分配系数(K_{ow})、吸收速率常数、清除速率常数、分配系数、吸附系数等。

4.1.2　在采用(Q)SAR模型对化学品生态毒理性质进行预测时,常用的描述符包括正辛醇/水分配系数(K_{ow})、水溶解度、降解常数、氢键、分子表面积等。

4.1.3　一个确定的终点至少包含以下因素:

a)　产生建模集数据的详细信息;

b)　测试方案的不同不会导致终点数值的明显不同;

c)　测试方案内部因素的不同不会导致结果的不同;

d)　(Q)SAR预测的化学品对象的范围包含在测试方案的化学品对象范围内;

e)　(Q)SAR预测的终点与测试方案的终点相同;

f) 科学定义的终点能够反映化学品结构间的不同。

4.2 明确的运算算法

当评价(Q)SAR预测模型的运算算法时，需要考虑下列因素：

a) 终点数值和描述符数值的数据集；

b) 对描述符的来源和测量的说明；

c) 对测试集和建模集的描述，并对异常点的剔除说明理由；

d) 对数学模型进行描述；

e) 对模型运行进行描述的统计学参数；

f) 构成(Q)SAR预测模型的参数以及参数数值。

4.3 确定的应用范围

4.3.1 (Q)SAR的应用范围是多维空间中的一个理论区域，在这个区域中(Q)SAR模型的预测具有一定的可靠性。

4.3.2 (Q)SAR模型的应用范围需要考虑以下因素：

a) 建立与应用范围相关联的可信度范围；

b) 建立对应用范围的限制方法；

c) 评价应用范围的限制方法，以更好地理解其长处、局限性和适用性；

d) 将应用范围限制方法与传统的统计学方法联合应用。

4.4 对符合度、适用度和预测能力的合适的评价

4.4.1 包含两类信息：

a) 模型的内部运行的评价，包括符合度和适用度，主要是应用建模集来确定；

b) 模型的外部评价，包括预测能力，主要是采用合适的测试集来确定。

4.4.2 模型应具有统计学意义，一个具有高度统计学可执行意义的模型包括以下一个或几个特征：

a) 当采用最少数量的变量时，具有最高的可能的预测能力；

b) 预测变量之间的关联很小。

4.4.3 一个具有低的统计学可执行意义的模型包括以下一个或几个特征：

a) 缺乏一个或多个相关变量，如：没有足够的拟合能力；

b) 在拟合度和预测能力之间具有显著差别；

c) 一个或多个(噪声)变量偶尔会与响应相关；

d) 预测变量之间有高度的相关性。

4.5 如果可能，提供机制解释

鼓励在对(Q)SAR模型验证过程中寻找出机制解释，能够增加对于统计有效性和应用范围的理解。

5 验证的报告格式

5.1 (Q)SAR模型验证的报告格式是构建和总结模型重要信息的框架，包括：

a) 模型的来源；

b) 模型的类型；

c) 模型的验证；

d) 可能的模型应用，等。

5.2 附录A给出了化学品生态毒理性质的(Q)SAR模型的验证指南示例。

附 录 A
（资料性附录）
化学品生态毒理性质的(Q)SAR模型的验证指南示例

A.1 模型说明

采用 BIOWIN v4.02 模型预测有机化学物质的生物降解性。

A.2 模型验证报告(见表 A.1)

表 A.1 采用 BIOWIN v4.02 模型预测有机化学物质的生物降解性的验证报告总结

验证原则	模型信息	是/否
a) 确定的终点	1) 模型预测目标明确，针对化学品的理化、毒性或生态毒性终点有明确要求	是
	2) 模型预测目标与特定的测试方法或技术对应	是
	3) 影响试验以及预测的重要因素，如性别、种群、温度、暴露时间、测试方案等	否
	4) 终点测试单位	是
b) 明确的运算算法	1) 对物质结构的明确描述，尤其是取代基团	是
	2) 涉及到定量预测时，对于物料平衡的明确描述	是
c) 确定的应用范围	1) 对于应用的限制性，如考虑到化学物质的结构时，需要包括在内和/或排除在外的化学物质的说明	是
	2) 对化学物质结构与性质相关规则的描述	否
	3) 涉及到定量预测时，分别针对描述型变量或响应型变量的、包括在内或者排除在外的规则	是
	4) 针对模型预测的终点数值，化学品描述符数值在建模集中分布的说明	是
d) 对符合度、适用度和预测能力的合适的评价	1) 对于给定的建模集的详细描述，包括：建模集中分子结构的数目、化学名称、分子结构、CAS 号、描述型或者响应型变量的数据、建模集数据质量分析	否
	2) 用来建立模型的数据是否来自于经过处理的原始测试数据(如平行样的平均值)。如果是，则需要提供原始数据以及处理过程	是
	3) 对用来选择描述符的方法的解释，包括用来选择原始描述符的方法，考虑的原始描述符的数目，从较大范围的原始描述符选集中筛选出较小范围的最终描述符的方法，包含在模型中的最终描述符的数目	是
	4) 对用来建立模型的统计学方法的描述，包括使用的软件包的细节，以及在此统计学方法下，模型是否已经独立的被确认过	是
	5) 基于建模集的对模型的符合度的基本统计，例如标准偏差的计算等	是
	6) 有否进行交叉验证或者重组，如果已有进行，那么所采用的具体方法的描述	是
	7) 针对建模集质量和/或已知的响应型变量，对模型的内部运行性的评价	是

表 A.1（续）

验证原则	模型信息	是/否
d) 对符合度、适用度和预测能力的合适的评价	8) 模型是否已经采用独立于建模集的测试集验证过	是
	9) 如果已经对模型进行了测试集的外部验证，那么需要提供对于测试集的详细描述，包括：测试集中分子结构的数目、化学名称、分子结构、CAS 号、所有描述型变量的数据、所有响应型变量的数据、测试数据的质量等	是
	10) 如果已经对模型进行了测试集的外部验证，那么需要提供用来选择测试结构的方法的解释，包括测试集所代表的模型的应用范围的界定，外部集是否足够大能够代表建模集数据集，用来评估模型的预测能力的统计学方法的说明（包括使用的软件包），模型的预测能力的统计学分析，考虑到建模集和测试集的质量和/或已知的响应型变量时模型的预测能力的评价，模型的预测能力与以往确认的定量原则的比较	是
e) 可能的机制解释	1) 针对分子结构的特性描述（例如分子的亲核性或亲电性的描述，或者受体结合区域的描述）	否
	2) 涉及到定量时，与已知的（生物）活性机制相关的描述符的物理化学性质解释	否
	3) 支持机制解释的参考文献	是
	4) 模型机制的优先性（例如在建模前，保证原始建模集结构和/或描述符选自符合预先定义的作用机制）或者从属性（例如在建模后，再解释建模集结构和/或描述符）的说明	是

A.3 模型验证结论

根据以上验证报告总结，BIOWIN 模型能用来预测筛选快速生物降解的有机化合物。

ICS 13.300
A 80

中华人民共和国国家标准

GB/T 24782—2009

持久性、生物累积性和毒性物质及高持久性和高生物累积性物质的判定方法

Decision method of persistent, bioaccumulative and toxic substances, and very persistent and very bioaccumulative substances

2009-12-15 发布　　2010-07-01 实施

中华人民共和国国家质量监督检验检疫总局
中国国家标准化管理委员会　发布

前　言

本标准参考 REACH(化学品的注册、评估、授权和限制)法规附件 XⅢ《确认持久性、生物累积性和毒性物质及高持久性、高生物累积性物质的标准》,REACH 法规指南《准备化学品安全评定的技术指南文件》R.11 章:《持久性、生物累积性和毒性物质及高持久性和高生物累积性评定》,欧盟指令 67/548/EEC《危险物质的分类、包装、标示指令》,其有关的技术内容与上述文件完全一致,在标准文本格式上按 GB/T 1.1—2000 做了编辑性修改。

本标准由全国危险化学品管理标准化技术委员会(SAC/TC 251)提出并归口。

本标准负责起草单位:国家质检总局进出口化学品安全研究中心。

本标准参加起草单位:中国检验检疫科学研究院、中化化工标准化研究所、江苏出入境检验检疫局、山东出入境检验检疫局、江西出入境检验检疫局。

本标准主要起草人:孙鑫、陈会明、王晓兵、梅建、李晞、张静、李蕾。

本标准系首次制定。

引　言

欧盟于2007年6月1日立法通过化学品的注册、评估、授权和限制法规(以下简称REACH法规),并于2008年6月1日正式实施。该法规实施以后对进入欧盟市场上的化学品进行统一管理。我国为应对欧盟REACH法规,制定了化学品安全系列标准,等同转化了欧盟REACH法规的相关技术内容。本标准参考了欧盟REACH法规附件XIII《确认持久性、生物累积性和毒性物质及高持久性、高生物累积性物质的标准》,REACH法规指南《准备化学品安全评定的技术指南文件》R.11章:《持久性、生物累积性和毒性物质及高持久性和高生物累积性评定》,及欧盟指令67/548/EEC《危险物质的分类、包装、标示指令》,其有关的技术内容与上述文件完全一致,建立了持久性、生物累积性和毒性物质及高持久性和高生物累积性物质的判定方法。

持久性、生物累积性和毒性物质及高持久性和高生物累积性物质的判定方法

1 范围

本标准规定了持久性、生物累积性和毒性物质及高持久性和高生物累积性物质的判定标准。

本标准第3章和第4章仅适用于有机金属化合物。

2 术语和定义

以下术语和定义适用于本标准。

2.1

持久性、生物累积性和毒性物质或高持久性和高生物累积性物质 PBT or vPvB substance

含有具持久性、生物累积性和毒性特征或高持久性和高生物累积性特征的成分，且该成分的含量达到80%或以上的物质。

2.2

含持久性、生物累积性和毒性物质或高持久性和高生物累积性物质最大量是*X*%（或*X*%～*Y*%）的物质 Substance containing maximum *X*% (or *X*%～*Y*%) PBTs or vPvBs

含一种或多种具有持久性、生物累积性和毒性特征或高持久性和高生物累积性特征的成分或杂质，单个成分或杂质的含量大于或等于0.1%（但小于80%）的物质。含量可以是最大含量（*X*%），也可以是含量范围（*X*%～*Y*%），视情况而定。

2.3

形成持久性、生物累积性和毒性或高持久性和高生物累积性的物质 substance forming PBTs or vPvBs

物质的成分或者杂质能降解或转变成具有持久性、生物累积性和毒性特征或高持久性和高生物累积性特征的物质，并且形成的转变或降解产物单个的含量超过0.1%（占初始物质的量）。降解或转变产物的质量分数可以适当用具有持久性、生物累积性和毒性特征或高持久性和高生物累积性特征的杂质或成分的含量表示。

3 持久性、生物累积性和毒性物质的判定

满足3.1、3.2和3.3的物质是持久性、生物累积性和毒性物质。

3.1 持久性

物质满足持久性的标准是当其满足下列任意一条：

a) 在海水里的半衰期长于60 d；

b) 在淡水或河水里的半衰期长于40 d；

c) 在海洋沉积物中的半衰期长于180 d；

d) 在淡水或河水沉积物里的半衰期长于120 d；

e) 在土壤里的半衰期长于120 d。

在环境中持久性的评估将基于适当条件下收集的可用的半衰期数据。

3.2 生物累积性

物质满足生物累积性的标准是当其：

生物富集因子(BCF)高于2 000。

生物累积性的评估将基于水生生物的生物富集测定数据。来自淡水生物和海水生物物种的数据均可使用。

3.3 **毒性**

物质满足毒性的标准是当其满足下列任意一条：

3.3.1 对于海水和淡水生物，其长期无观察效应浓度(Noec)低于0.01 mg/L。

3.3.2 被分类为致癌物质

3.3.2.1 已知对人有致癌作用的物质。

有足够的证据确定人体暴露于某物质和癌症的产生之间有关系。

3.3.2.2 被认为可能会对人有致癌作用的物质。

有足够的证据证明人体暴露于某物质会引起癌症的产生的有力假设，一般是基于：

a) 适当的长期动物研究；

b) 其他相关信息。

3.3.3 被分类为致畸物质

3.3.3.1 已知对人有致畸作用的物质。

有足够的证据确定人体暴露于某物质和遗传性基因受损之间有关系。

3.3.3.2 应被认为可能会对人有致畸作用的物质。

有足够的证据证明人体暴露于某物质会引起遗传性基因受损产生的有力假设，一般是基于：

a) 适当的动物研究；

b) 其他相关信息。

3.3.4 被分类为生殖毒性物质

3.3.4.1 已知对人体有生殖受损作用的物质。

有足够的证据确定人体暴露于某物质和生殖受损之间有关系。

3.3.4.2 已知对人体有发育毒性的物质。

有足够的证据确定人体暴露于某物质和子孙后代的发育毒性影响之间有关系。

3.3.4.3 应被认为可能会对人有生殖受损作用的物质。

有足够的证据证明人体暴露于某物质会引起生殖受损的有力假设是基于：

a) 在不含毒性作用生殖受损的动物研究中有明确证据，或大约与其他毒性作用剂量水平相同但不是其他毒性作用产生的次级非特异性结果的生殖受损证据；

b) 其他相关信息。

3.3.4.4 应被认为可能会引起人发育毒性的物质。

有足够的证据证明人体暴露于某物质会引起发育毒性的有力假设，一般是基于：

a) 在观察没有标记母性毒性的适当动物研究作用中有明确结果，或大约与其他毒性作用剂量水平相同但不是其他毒性作用产生的次级非特异性结果的证据；

b) 其他相关信息。

3.3.4.5 对人类生殖引起关注的物质

一般是基于：

a) 适当的动物研究结果能提供足够的证据证明不含毒性作用而有引起生殖受损的很大嫌疑，或大约与其他毒性作用剂量水平相同但不是其他毒性作用产生的次级非特异性结果的生殖受损证据，但是这些证据不足以将物质归为3.3.4.3和3.3.4.4中的物质；

b) 其他相关信息。

3.3.4.6 由于对人类可能有发育毒性作用而引起关注的物质。

一般是基于：

a) 适当的动物研究结果能提供足够的证据证明没有标记母性毒性而有引起发育毒性的很大嫌疑，或大约与其他毒性作用剂量水平相同但不是其他毒性作用产生的次级非特异性结果的证据，但是这些证据不足以将物质归为3.3.4.3和3.3.4.4中的物质；

b) 其他相关信息。

3.3.5 有其他慢性毒性迹象，包括：

3.3.5.1 毒性：经吸入、摄入或渗入皮肤会引起严重的、急性的或慢性健康风险甚至致死的物质及配制品。

长期暴露对健康有严重损害危险：通过一种适当途径重复或长期暴露引起的严重损害(有清楚毒理学意义的功能性紊乱或形态改变)。

3.3.5.2 有害性：经吸入、摄入或渗入皮肤会引起有限的健康风险的物质及配制品。

长期暴露对健康有严重损害危险：通过一种适当途径重复或长期暴露引起的严重损害(有清楚的毒理学意义的功能性紊乱或形态改变)。

物质和配制品被分类为有害性是当其可观察到的影响程度满足以下条件：

a) 大鼠经口≤50 mg/kg(bw/d)；

b) 大鼠或兔子皮肤≤100 mg/kg(bw/d)；

c) 大鼠吸入≤0.25 mg/L(6 h/d)。

4 高持久性和高生物累积性物质的判定

满足以下各节标准的物质是高持久性和高生物累积性物质。

4.1 持久性

物质满足高持久性的标准是当其满足下列任意一条：

a) 在海水、淡水或河水中的半衰期长于60 d；

b) 在海水、淡水或河水沉积物中的半衰期长于180 d；

c) 在土壤中的半衰期长于180 d。

4.2 高生物累积性

物质满足高生物累积性的标准是当其：

生物富集因子(BCF)高于5 000。

5 用筛选标准对持久性、生物累积性和毒性或高持久性和高生物累积性物质的判定

很多物质的现有数据不能判定其持久性、生物累积性和毒性特征或高持久性和高生物累积性特征。这时应使用所谓的筛选标准作为替代信息判定物质是否能满足持久性、生物累积性和毒性或高持久性和高生物累积性标准。

5.1 持久性、高持久性

5.1.1 快速生物降解性试验

如果物质能快速降解，则判定不是持久性和高持久性物质。

5.1.2 强化快速生物降解性试验

如果物质能快速降解，则判定不是持久性和高持久性物质。

5.1.3 固有生物降解性试验

a) 赞恩-惠伦斯试验

使用DOC消减法在7 d内矿化率≥70%，对数期不超过3 d，在降解发生前消减低于15%，无须预驯化接种，则判定不是持久性物质；

b) MITI Ⅱ试验

使用呼吸计量法(耗氧量)在14 d内矿化率≥70%，对数期不超过3 d，无须预驯化接种，则判定不是持久性物质。

5.1.4 预测模型

a) Biowin 2(非线性模型预测)和 Biowin 3(最终生物降解时间)

生物降解不快(概率<0.5)[1]并且最终生物降解时间范围预测≥数月(值<2.2),则判定是持久性物质;

b) Biowin 6(MITI 非线性模型预测)和 Biowin 3(最终生物降解时间)

生物降解不快(概率<0.5)[1]并且最终生物降解时间范围预测≥数月(值<2.2),则判定是持久性物质。

5.2 生物累积性、高生物累积性

5.2.1 物质在食物链中可生物放大的有力证据

如生物放大因数(BMF)>1,则判定是生物累积性或高生物累积性物质。

5.2.2 试验测定或有效的定量构效关系法(QSAR)估测的辛醇-水分配系数

Log K_{ow}≤4.5(K_{ow}是分子疏水常数[2]),则判定不是生物累积性或高生物累积性物质。

5.3 毒性

5.3.1 短期水生毒性(藻类、水蚤、鱼类)

a) 半抑制浓度(EC_{50})或半致死浓度(LC_{50})≥0.1 mg/L,则判定不是毒性物质;

b) 半抑制浓度(EC_{50})或半致死浓度(LC_{50})<0.1 mg/L,则判定是潜在毒性物质;

c) 半抑制浓度(EC_{50})或半致死浓度(LC_{50})<0.01 mg/L,则判定是毒性物质。

5.3.2 鸟类毒性(亚慢性或慢性毒性或生殖毒性)

长期无观察效应浓度(Noec)<30 mg/kg(食物),则判定是毒性物质。

---

1) 概率越低降解越快。

2) 正辛醇-水分配系数 P_{ow} 也可用高效液相色谱法测得的 K_{ow} 表示。

ICS 13.300
A 80

中华人民共和国国家标准化指导性技术文件

GB/Z 24783—2009

氰化钠安全规程

Safety regulation for sodium cyanide

2009-12-15 发布　　2010-07-01 实施

中华人民共和国国家质量监督检验检疫总局
中国国家标准化管理委员会　发布

前言

本指导性技术文件由全国危险化学品管理标准化技术委员会提出并归口。

本指导性技术文件起草单位：中海油天津化工研究设计院、河北诚信有限责任公司、安徽省安庆市曙光化工股份有限公司。

本指导性技术文件主要起草人：刘幽若、郭凤鑫、申银山、宋占京、陈长斌、程倪根、刘道斌、孙亚光。

氰化钠安全规程

1 范围

本指导性技术文件规定了氰化钠生产企业的生产工艺装置的火灾危险性类别及危害程度分级、选址和平面布置，建、构筑物结构，工艺装置及安全设施，管道敷设及其安全要求，储存设施和安全，安全标志，职业卫生，消防设施，供电、照明及电气安全，防雷、防静电，安全生产管理，安全作业，事故应急处理和环境保护。

本指导性技术文件适用于氰化钠生产企业新建、改建、扩建的设计，生产安全管理、控制，以及安全评价。

2 规范性引用文件

下列文件中的条款通过本指导性技术文件的引用而成为本指导性技术文件的条款。凡是注日期的引用文件，其随后所有的修改单(不包括勘误的内容)或修订版本均不适用于本指导性技术文件，然而，鼓励根据本指导性技术文件达成协议的各方研究是否可使用这些文件的最新版本。凡是不注日期的引用文件，其最新版本适用于本指导性技术文件。

GB 150　钢制压力容器

GB 2894　安全标志

GB 4053.1　固定式钢直梯安全技术条件

GB 4053.2　固定式钢斜梯安全技术条件

GB 4053.3　固定式工业防护栏杆安全技术条件

GB 4053.4　固定式工业钢平台

GB 7231　工业管道的基本识别色、识别符号和安全标识

GB 12348　工业企业厂界噪声排放标准

GB 16297　大气污染物综合排放标准

GB 17914　易燃、易爆性商品储藏养护技术条件

GB 17916　毒害性商品储藏养护技术条件

GB/T 20801.2　压力管道规范　工业管道　第2部分:材料

GB 50016　建筑设计防火规范

GB 50054　低压配电设计规范

GB 50057　建筑物防雷设计规范

GB 50058　爆炸和火灾危险环境电力装置设计规范

GB 50140　建筑灭火器配置设计规范

GB 50160　石油化工企业设计防火规范

AQ/T 9002　生产经营单位安全生产事故应急预案编制导则

HG/T 20649　化工企业总图运输设计规范

SH 3012　石油化工管道布置设计通则

SH 3032　石油化工企业总体布置设计规范

SH 3053　石油化工企业厂区总平面布置设计规范

SH 3063　石油化工企业可燃气体和有毒气体检测报警设计规范

SH 3097　石油化工静电接地设计规范

3 生产工艺装置的火灾危险性类别及危害程度分级

生产工艺装置火灾危险性类别的分类见表1,化学物质危险程度分级见表2。

表1 工艺装置及生产场所火灾危险性分类表

工艺装置名称	危险性类别
裂解联合装置	甲类
独立氢氰酸吸收装置	甲类
固体氰化钠制备装置	丙类
轻油(或天然气)储罐	甲类
液氨储罐	乙类
液体氰化钠储罐	丙类
固体氰化钠库	丙类
注1:裂解联合装置指轻油或天然气为原料,由裂解至液体氰化钠制备的全过程。 注2:独立氢氰酸吸收装置指丙烯腈副产氢氰酸吸收装置。 注3:固体氰化钠制备装置包括蒸发、结晶、离心、干燥、包装工艺。	

表2 化学物质危害程度分级

化学物质名称	危害程度分级
氰化氢气体	Ⅰ
氢氰酸	Ⅰ
氰化钠	Ⅰ
氢氧化钠	Ⅳ
液氨	Ⅳ
轻油	Ⅳ
天然气	Ⅱ

4 选址和平面布置

4.1 选址

4.1.1 氰化钠生产企业的选址应符合 HG/T 20649 的规定;丙烯腈副产氰化钠装置可执行 SH 3032 的规定。

4.1.2 氰化钠生产企业应布置在人员集中场所或一般工业区的全年最小频率风向的上风侧。不宜布置在窝风地带。

4.1.3 氰化钠生产企业选址应符合当地城市(镇)规划、区域规划、工业区规划的要求;其生产、储存区与下列场所、区域安全距离不应少于 1 000 m:

a) 居民区、商业中心、公园等人口密集区域;

b) 学校、医院、影剧院、体育场(馆)等公共设施;

c) 水厂、水源保护区及食品加工厂;

d) 车站、码头(按国家规定,经批准,专门从事危险化学品装卸作业的除外)、机场以及公路、铁路、水路交通干线、地铁风亭及出入口;

e) 基本农田保护区、畜牧区、渔业水域和种子、种畜、水产苗种生产基地;

f） 河流、湖泊、风景名胜区和自然保护区；

g） 军事禁区、军事管理区；

h） 法律、行政法规规定予以保护的其他区域。

4.2 平面布置

4.2.1 氰化钠生产企业的平面布置应按本指导性技术文件执行；本指导性技术文件未作规定的应符合 HG/T 20649 的要求。丙烯腈副产氰化钠装置可符合 SH 3053 的规定。

4.2.2 生产区应与办公区、辅助生产区、生活区隔离布置。

4.2.3 在生产区内除值班室、更衣室、盥洗室外，不应设置非生产用房，不应建员工宿舍。

4.2.4 有毒气体的发生源宜布置在厂区全年最大频率风向的下风侧，如布置在多层建筑物内时，放散有害气体的生产过程应布置在建筑物的上层。如布置在下层时，应采取有效措施防止污染上层的空气。

4.2.5 轻油储存区、液氨储存区、裂解联合装置区应独立设置。

4.2.6 氢氰酸吸收装置、氰化钠结晶装置应布置在宽敞通风场所；包装装置应布置在宽敞的厂房内，采取防尘防毒措施控制有毒物质的扩散，并使工作场所保持良好的通风。

4.2.7 配电室应独立设置。配电室的结构、基础应根据水文地理状况进行建设，并符合 GB 50160 的有关规定。

4.2.8 厂区布置和主要车间的工艺布置，应设有安全通道，供消防车和救护车在异常情况或紧急抢救情况下使用。

4.2.9 厂区内的仪表控制室、工人操作值班室、分析化验室应独立设置，室内应设有电话等通讯装置。

4.2.10 生产装置作业区内道路应符合 HG/T 20649 有关规定。

4.2.11 在生产装置附近应建设急救站。

4.2.12 氰化钠生产厂区内总平面布置的安全间距不应小于表 3 的规定。本指导性技术文件规定的安全间距适用于新建和改建项目。在本指导性技术文件执行前已建成的企业，安全间距应符合 GB 50160 的规定。

表 3 总平面布置的安全间距表

单位为米

项目	裂解联合装置	独立氢氰酸吸收装置	固体氰化钠制备装置	轻油（或天然气）储罐	液氨储罐	液体氰化钠储罐	固体氰化钠库
裂解联合装置		35	25	35	30	25	25
独立氢氰酸吸收装置	35		25	35	30	25	25
固体氰化钠制备装置	25	25		25	20	20	20
轻油（或天然气）	35	35	25		25	30	30
液氨储罐	30	30	20	25		20	20
液体氰化钠	25	25	20	30	20		15
固体氰化钠库	25	25	20	30	20	15	

4.2.13 轻油裂解工艺特点决定裂解炉变压器与裂解炉间距不应过大，轻油裂解炉与为其配套的变压器应隔墙设置，电缆穿过墙体与变压器上铜排连接。

4.2.14 氰化钠生产企业与相邻工厂的防火间距应符合 GB 50160 的规定。

5 建、构筑物结构

5.1 地震烈度按高于当地地震烈度 1 度设防。

5.2 根据火灾危险性等级和防火、防爆要求，建筑物耐火等级应符合 GB 50016 的设计要求。

5.3 氰化钠生产装置场所的墙壁、顶棚和地面等内部结构和表面，应采用不吸收、不吸附毒物的材料，必要时加设保护层，以便清洗。

5.4 吸收、结晶和浓缩装置的构建筑物应进行防腐处理。

5.5 车间地面应平整防滑，易于清扫。经常有积液或需冲洗的地面应坡向排水系统，并作防渗透处理和设置防渗透围堰。

5.6 易燃易爆作业的封闭式厂房应按 GB 50016 的要求设置足够的泄压面积。

5.7 厂区的出入口应符合 GB 50160 的要求。

5.8 依据当地自然气候条件，氰化氢发生装置、吸收、结晶、干燥的厂房宜采用敞开式或半敞开式结构，应采用墙不承重的框架结构。

5.9 氰化氢发生装置、吸收、结晶、干燥厂房的耐火等级不低于二级。

6 工艺装置及安全设施

6.1 工艺装置和控制

6.1.1 生产氰化钠应选择先进的生产工艺技术，宜符合节能降耗、清洁生产的要求。氰化钠生产的工艺路线有丙烯腈副产法、轻油裂解法和安氏法。

6.1.2 轻油裂解法的裂解装置应采用微负压生产。裂解炉变压器进线应装设电流互感器，同时对电源取电压、电流信号。

6.1.3 裂解炉电极与炉体应进行有效密封。

6.1.4 裂解炉的石油焦粒加料口及除尘灰斗应设置锁气隔离装置。

6.1.5 氰化钠生产宜采用 DCS 集中控制，设置集中控制室，与工艺生产设备隔离。操作人员在控制室内对生产过程实行集中检测、显示、连锁、控制和报警操作，对安全生产密切相关的参数进行自动调节和自动报警。

6.1.6 自动控制装置应安设接地装置。自动控制系统的气动阀门及仪表应设专门气源供气，并配备在停电状态下使用的临时供气贮气罐，要求供气时间至少保持 30 min。

6.1.7 氰化氢发生装置、炉气净化装置、吸收、结晶、干燥装置均应采用密闭设备和管道。

6.1.8 压力容器的设计、制造和适用，应符合国家现行压力容器的有关规定，并应设有安全阀、放空阀、液位计、压力表等装置。

6.2 报警及联锁装置

6.2.1 报警器的选择和安装原则上应符合 SH 3063 的要求。

6.2.2 氰化钠的生产、储存和使用场所应设置通讯、报警装置，并保证在任何情况下处于正常适用状态。

6.2.3 裂解联合装置应安装微负压监控报警装置和联锁装置，在出现异常时能同时进行报警和自动切断物料的输入。

6.2.4 裂解联合装置、独立氢氰酸吸收装置的场所（指因氰化氢气体泄漏造成中毒和火灾危险的场所）应安装有毒气体报警器和安全联锁装置；对于还需检测其他易燃气体的场所，应针对实际情况增加可燃气体报警器。

6.2.5 液体氢氰酸输送管道的法兰处或可能发生泄漏的地点应安装有毒气体报警和截止阀自动关闭的联动装置。

6.2.6 独立氢氰酸吸收装置应安装超温、超压信号报警装置。

6.2.7 应随时监控尾气中氧气含量,并应安装氧气含量超标报警装置。

6.2.8 液体储罐应装有液位计和液位超限报警装置。

6.3 通风装置

6.3.1 氰化钠生产企业不应使用循环通风系统。在环境条件允许下,裂解、吸收、结晶、干燥场所及控制室、化验室应充分利用自然通风条件换气。对于封闭结构的构建筑物,不能采用自然通风的场所,应采用通风换气措施,其通风换气次数不小于12次/h。事故排风装置的排出口,应避免对人员的影响。

6.3.2 通风装置进风口位置应设于室外空气比较洁净的地方,进气和排气装置应合理布置,避免气流短路。

6.3.3 经常有人来往的通道(地道、通廊),应有自然通风或机械通风。

6.3.4 高温车间应尽量利用自然通风排除余热或进行换气,若自然通风达不到要求,应采取机械通风。

6.4 安全防护设备

6.4.1 走梯、栏杆和平台(含检修平台)应符合GB 4053.1、GB 4053.2、GB 4053.3、GB 4053.4的规定。

6.4.2 井、沟、池应设置围栏或盖板。

6.4.3 设备外露的运转部分或危机人身安全的部位,应设置防护罩、安全护栏或防护挡板,防止无关人员靠近。

6.4.4 有氰化钠、液体氢氰酸和氢氧化钠存在的场所应配备洗眼器、喷淋装置,并应采取防冻措施。

6.4.5 生产车间和作业场所应配备相应滤毒器材、空气呼吸器、防尘器材、防溅面罩、防护眼镜和耐酸碱的胶皮手套等防护用品。

6.4.6 生产车间和作业场所工作地点的噪声符合GB 12348的要求,噪声超过标准要求的场所应采取噪声防护措施。

6.5 放空装置

6.5.1 尾气和局部排气装置的排气筒高度不应低于25 m。

6.5.2 放空装置应选用金属材料,采取防静电接地装置。管口上应有挡雨、防雷装置。同时安装蒸汽灭火系统。

7 管道敷设及其安全要求

7.1 管道敷设应符合SH 3012的规定。

7.2 输送液体氢氰酸的管道应符合GB/T 20801.2的相关规定,材质应选用不低于304的不锈钢。其连接口应采用焊接,焊缝应100%探伤检测。输送温度不宜超过25 ℃,管道外套冷却水保温装置。

7.3 输送液体氢氰酸和液体氰化钠管道不应靠近热源敷设。

7.4 输送液体氢氰酸和液体氰化钠管道宜采用架空敷设,必要时亦可近地面敷设,但不宜埋地敷设。架空敷设时,应遵守下列规定:

a) 在非燃烧体的支架或栈桥上,在已敷设的管道下面,不应修建与管道无关的建筑物和堆放易爆、易燃物品。
b) 不应敷设在经常有人员往来的窄小通道(地道、通廊等)。
c) 物料管道不应穿过非生产使用的建筑物。

7.5 设备、管道和附件的连接可采用法兰,其他部分应采用焊接,应保持有效的密封效果,防止物料跑、冒、滴、漏,杜绝无组织排放。

7.6 液体氰化钠输送管道需安装扫线装置,该装置宜采用半固定吹扫接头,在输送完毕后应用惰性气体将液体返吹回储罐,排液口应设废液回收装置。

8 储存设施和安全

8.1 储存区应根据储量和储罐容量设计基础，要求基础牢固。液体储存区设置围堰，地面进行防渗透处理，并配备倒装罐或储液池。

8.2 氰化钠储存应符合 GB 17916 规定的要求。

8.3 氰化钠应储存在专用仓库，实行“五双”制度。氰化钠产品的出入库，应进行核查登记。库存量应定期检查。必要时在储存场所安装监控装置。

8.4 氰化钠液体储罐应采用耐碱性材质，设有夹套，夏日能进行冷却，保持氰化钠溶液储罐在 25 ℃以下，防止其聚合。

8.5 轻油储罐宜选择在地势较低的地带，避免阳光直射、远离火源、热源、电源。气温高于 30 ℃时宜采取降温措施。轻油储罐的其他要求应符合 GB 17914 的规定。

8.6 轻油储罐区应设置不燃材料建造的防火堤，或其他能够防止液体流散的设施。

8.7 液氨储罐属三类压力容器，应使用具有国家特定机构颁发的压力容器制造资质的企业生产的储罐。液氨储罐的设计应符合 GB 150 的规定。

9 安全标志

9.1 危险场所、要害部位、道路的平交道口及路口等，均应设清晰醒目的安全标志。安全标志应符合 GB 2894 的规定。

9.2 各类管道应有明显标志，不同介质管道的涂色应符合 GB 7231 的规定。

9.3 作业现场物料输送的管道，应在阀门位置确切标识物料名称和走向，以及阀门的开启方向，并设置安全警示标志。安全标志应符合 GB 2894 的规定。

9.4 高温设备和高温管道应设立隔离栏，并有警示标志。

9.5 厂内交通应加强管理，划出专用车辆行驶路线、限速标志。

9.6 生产车间、控制室、分析化验室、办公室和库房等的紧急疏散出口应设置明显标志。

10 职业卫生

10.1 通风除尘管道内应保证达到最低经济流速。为便于除尘系统的测试，设计中应在除尘器的进出口处及气体净化系统中同时设置连续自动检测装置。

10.2 生产区、储存区地面应保持清洁，被污染后应立即将污染物收集进行集中处置；再用清水冲洗地面，冲洗水进入污水处理池统一处理达标后排放。

10.3 作业场所（裂解、吸收、结晶、离心、干燥、包装、控制室、变电室和分析化验室等岗位）的有毒有害物浓度应定期测定，并及时公布于现场。空气中氰化氢最高容许浓度不应高于 1.0 mg/m^3。

11 消防设施

11.1 氰化钠生产企业应按 GB 50140 的要求设置相应的消防器材。

11.2 厂区内应设置消防车通道、消防给水和固定灭火装置。

11.3 氰化钠生产车间和贮存场所不应使用酸碱灭火器和二氧化碳灭火器，可使用雾状水、干粉和砂土。

11.4 变压器油量超过 5 t 时，应安装自动干粉灭火装置。

12 供电、照明及电气安全

12.1 厂区内低压配电系统的设置应符合 GB 50054 的要求。厂区内宜采用一级负荷供电，整个系统采用 TN-S 系统。

12.2 有火灾爆炸危险场所的电气系统的设置应符合 GB 50058 的要求。

12.3 应有备用电源或柴油发电机作为补充电源，维持照明系统、动力和仪表控制系统、裂解炉冷却水循环及真空系统正常运行。

12.4 轻油储罐（或液氨储罐）、轻油裂解装置区域的电机、按钮、仪表、照明灯等电气设备应采用防爆型。

12.5 厂房的自然采光和人工照明，应能保证安全作业和人员行走的安全。

12.6 生产车间和作业场所的最低照度值，不应低于国家标准的1.5倍。

13 防雷、防静电

13.1 防雷装置布置应符合GB 50057的规定。

13.2 裂解联合装置的尾气排放烟囱设置避雷装置，并应进行良好接地。

13.3 厂（车间）内的设备、管道应按SH 3097的要求采取防静电措施，并在避雷保护范围之内。

14 安全生产管理

14.1 一般要求

14.1.1 氰化钠生产企业应设置安全生产管理机构，配备专职安全生产管理人员。各生产单元（轻油裂解炉、浓缩和结晶装置、包装系统等）应该配备专职或兼职的安全生产管理人员。

14.1.2 氰化钠生产企业主要负责人、安全生产管理人员应接受专门的安全培训。经安全生产监督管理部门对其安全生产知识和管理能力考核合格，取得由安全生产监管管理部门颁发的安全资格证书后，方可任职。

14.1.3 氰化钠生产企业应制定完善、健全的各项安全管理制度和岗位安全责任制。

14.1.4 氰化钠生产企业应定期进行安全评价。对新建、改建、扩建生产厂（车间）应按有关规定进行安全评价和环境评价。

14.1.5 从业人员上岗前应进行专业安全生产教育和培训，保证从业人员具备必要的安全生产知识。未经安全生产教育和培训合格的从业人员，不应上岗作业。

14.1.6 从业人员上岗前应进行体检，每年应进行一次职业病体检。体检结果记入职工健康监护卡，不符合健康要求的人员不应从事有关作业。从业人员离岗前应进行离岗体检。

14.1.7 特种设备作业人员应按国家有关规定经特种设备安全监督管理部门考核合格，取得国家统一格式的特种作业人员证书，方可上岗作业。

14.1.8 生产岗位内不应进食、饮水和吸烟。

14.1.9 进入厂区工作人员应穿戴好个人安全防护用品，如安全帽等。工作人员应穿领口、袖口、脚踝处收紧的工作服，女职工的长发应束在安全帽内。

14.1.10 操作人员进入生产区应换工作服，离岗前应进行淋浴。接触氰化物的车间应设车间浴室；其他车间宜在厂区设置集中浴室。浴室宜由更衣间、浴间和管理室组成。因生产事故可能发生化学性灼伤及经皮肤吸收引起急性中毒的工作地点或车间，应设事故淋浴，并应设置不断水的供水设备。

14.1.11 工作人员从生产区进入办公区应换鞋，或在生产区与办公区之间安装洗鞋设备。

14.1.12 氰化钠生产企业应在工作地点附近设置紧急救护站（点）或有毒气体防护站，其使用面积应符合表4的规定。要求配备必要的救护药品和救护器材，并配备专职救护人员24 h值班。救护站内应设置专线电话，保证能及时与协议合作的医疗机构取得联系。

表4 紧急救护站使用面积

职工人数/人	使用面积/m^2
<300	≥20
300～1 000	30～60
1 001～2 000	60～100

14.1.13 生产企业应对氰化钠的产量、流向、储存量和用途如实记录，并采取必要的保安措施。

14.1.14 分析化验室人员采样时应双人进行，穿戴必要的防护用品，按管理规定取样。氰化钠样品保存应实行双人保管、双人领取、双人使用、双把锁、双本账制度。

14.1.15 轻油储存数量构成重大危险源的应登记建档，进行定期检测、评估、监控，并制定应急预案，告知从业人员和相关人员在紧急情况下应采取的应急措施。

14.1.16 不应封闭、堵塞生产、储存场所的出口。

14.2 个人防护

14.2.1 操作电气设备的电工应穿绝缘鞋、戴绝缘手套，并有人员监护。

14.2.2 作业人员应采取个人防护措施，主要操作人员应配备有效的防毒口罩、防毒面具、防护眼镜。在进行液体氰化钠的采样、装卸时应配戴防溅面罩。

14.2.3 生产、使用、贮存岗位应配备两套以上的自给式氧气呼吸器、长管呼吸器。

14.2.4 进入设备内作业的人员应穿戴适用的个人防护用品，系好安全带，并将安全绳系于容器外监护人员旁边。作业人员应戴好安全帽，容器外应备有长管式面具和其他急救器材。

15 安全作业

15.1 在产生有毒、有害气体等危险场所作业时，应有两人以上的操作人员，并有专人监护。

15.2 氰化氢制备装置应设置氮气保护装置。在开、停车及检验过程中，应用氮气置换炉气。

15.3 对裂解炉电极清理积灰时应按停止供电、停止供油、停止供氨的先后顺序操作。将炉气用氮气置换后，再打开清灰孔进行清灰操作。

15.4 变压器与铜板的连接处应保持清洁无灰尘，清扫时应在断电情况下进行。

15.5 进入裂解炉、储罐等窄小空间内部作业前，应先置换容器内残留有毒气体或易燃易爆气体，容器内有氰化氢气体浓度小于 0.3 mg/m^3、含氧量(体积分数)不低于 19.5%后方可进入作业。并定期检测，至少每隔 2 h 测定一次，同时要保证作业人员在作业时间内，氧气含量达到标准。

16 事故应急处理

16.1 裂解炉遇事故停电时，炉内气体可通过放空管采取紧急放空，放空管与尾气放空装置通过气闭式阀门相连。应使炉内压力与外界压力达到平衡时才能进行放空作业。

16.2 氰化钠生产企业应按 AQ/T 9002 的要求编制火灾爆炸、泄漏中毒等事故的应急救援预案。定期进行应急预案的演练，并建立演练记录和台账。

16.3 氰化钠生产单位应建立应急救援组织。并配备应急救援人员和必要的应急救援器材、设备。

17 环境保护

17.1 含氰废水不应直接排放。氰化钠生产企业应专门设立容量足够的废(污)水处理系统，生产废水、初期雨水、消防污水应进入污水处理系统，水质达到国家的排放标准方可排放。

17.2 生产过程中产生的有毒废渣应进行集中存放，并进行无害化处理，达到排放要求后方可排放。

17.3 散发有毒有害气体设备的尾气和局部排气装置排出的高浓度有害气体应直接引入有害气体回收净化处理设备中，经净化达到 GB 16297 的要求后排放。

ICS 13.300
A 80

GB

中华人民共和国国家标准化指导性技术文件

GB/Z 24784—2009

黄磷安全规程

Safety regulation for yellow phosphorus

2009-12-15 发布　　　　2010-07-01 实施

中华人民共和国国家质量监督检验检疫总局
中国国家标准化管理委员会　发布

前　言

本指导性技术文件的附录A、附录B为资料性附录。

本指导性技术文件由全国危险化学品管理标准化技术委员会提出。

本指导性技术文件由全国危险化学品管理标准化技术委员会归口。

本指导性技术文件起草单位：中海油天津化工研究设计院、湖北兴发化工集团股份有限公司、云南马龙产业集团股份有限公司、瓮福(集团)有限总公司、云南省化工研究院。

本指导性技术文件主要起草人：刘幽若、陆思伟、王慰慈、明兵、杨亚斌、李成林、甄云军、杨光明、谭唯。

黄 磷 安 全 规 程

1 范围

本指导性技术文件规定了黄磷安全生产企业的选址和总体布置、建、构筑物结构、生产装置和设备、安全装置和设施、安全标识、消防设施、照明与电气安全、起重设备、防雷防静电、安全生产管理、安全作业、设备维修、黄磷的贮存与运输、职业卫生和事故应急处理的要求。

本指导性技术文件主要适用于电炉法生产黄磷生产企业的新建、改建、扩建的设计，生产过程安全管理和控制以及安全评价。

2 规范性引用文件

下列文件中的条款通过本指导性技术文件的引用而成为本指导性技术文件的条款。凡是注日期的引用文件，其随后所有的修改单(不包括勘误的内容)或修订版均不适用于本指导性技术文件，然而，鼓励根据本指导性技术文件达成协议的各方研究是否可使用这些文件的最新版本。凡是不注日期的引用文件，其最新版本适用于本指导性技术文件。

GB 2893　安全色

GB 2894　安全标志

GB 4053.1　固定式钢直梯安全技术条件

GB 4053.2　固定式钢斜梯安全技术条件

GB 4053.3　固定式工业防护栏杆安全技术条件

GB 4053.4　固定式工业钢平台

GB 4387　工业企业厂内铁路、道路运输安全规程

GB 6067　起重机械安全规程

GB 6222　工业企业煤气安全规程

GB 7231　工业管道的基本识别色、识别符号和安全标识

GB 50016　建筑设计防火规范

GB 50057　建筑物防雷设计规范

GB 50058　爆炸和火灾危险环境电力装置设计规范

GB 50140　建筑灭火器配置设计规范

GB 50160—1992　石油化工企业设计防火规范

GB 50187　工业企业总平面设计规范

GB 19358　黄磷包装安全规范　使用鉴定

AQ/T 9002　生产经营单位安全生产事故应急预案编制导则

HG/T 20649　化工企业总图运输设计规范

HG/T 20675　化工企业静电接地设计规程

3 术语和定义

下列术语和定义适用于本指导性技术文件。

3.1

磷蒸气　phosphorus steam

磷矿混以硅石、焦炭或无烟煤在电炉中高温加热，产生的大量含元素磷的气体。

3.2

磷炉尾气　tail gas in phosphorus furnace

生产黄磷时磷蒸气回收元素磷后所产生的废气(尾气),主要成分是CO,一般CO含量在85%～90%。

3.3

磷铁　ferro phosphorus

磷矿中的氧化铁被还原生成金属铁,熔融的铁与磷反应生成磷铁。

3.4

清槽作业　slot cleaning up

在清理受磷槽、预沉槽、精制槽、磷储槽、磷泥槽中的磷泥或其他杂质的作业。

4　一般要求

4.1　黄磷生产企业新建、改建、扩建工程项目的设计、生产过程安全管理和控制以及安全评价、职业卫生评价应按本指导性技术文件执行;本指导性技术文件未作规定的,应执行相应的现行国家标准及规范的要求或规定。

4.2　新建、改建、扩建工程项目的安全设施,应与主体工程同时设计、同时施工、同时投入生产和使用。安全设施的投资应纳入建设项目概算。

4.3　建设项目的初步设计文件应有职业安全健康专篇。安全设计应贯穿于各专业设计之中。

4.4　黄磷生产应选择先进的生产工艺方法或从生产装置上积极采取行之有效的综合防护措施,防止有害因素对工作场所的污染,对于生产过程中尚不能完全消除的有害因素,亦应采取综合预防、治理措施。

4.5　建设项目施工应按设计进行。变更安全设施,应经设计单位书面同意。工程的隐蔽部分,应经设计单位、建设单位、监理单位和施工单位共同检查合格签字后,方可进行隐蔽。施工完毕,施工单位应将竣工说明书及竣工图交付建设单位。

4.6　工程筹建时应建立安全技术档案,包括各种技术图纸、安全操作规程、安全规章制度、设备运行档案、特种设备档案、电气设施检测数据、安全部件检测记录等。

4.7　建设项目的安全设施竣工后,应经验收合格方可投入生产。

5　选址和总体布置

5.1　新建黄磷厂的厂址选择应符合GB 50187、HG/T 20649等相关规定的要求。

5.2　黄磷厂应建在城郊或重工业区,并位于当地生活饮用水水源的下游。

5.3　劳动条件较差的主要生产车间,设备应单排布置。高温操作岗位,应布置在热源的上风侧。

5.4　建在重工业区内的黄磷厂,宜位于常年最小频率风向的上风侧。

5.5　新建厂厂区边缘与居住区的卫生防护距离不应小于表1要求,在卫生防护距离内,应设卫生防护带。

表1　黄磷厂卫生防护距离

近5年平均风速/(m/s)	卫生防护距离/m
<2	1 000
2～4	800
>4	600

5.6　在总图布置中应考虑各建筑物的防火间距,安全疏散以及自然条件等方面的问题,确保其符合国家的有关规定。装置区设环形道路,和界区外道路相连,以利于事故状态下人员疏散和抢救。

5.7　厂区布置和主要车间的工艺布置,应设有安全通道,供消防车和救护车在异常情况或紧急抢救情况下使用。

5.8 遵循厂区规划办公生活区与生产区严格区分的原则，生产区不应在设置职工宿舍等生活设施(即使是临时性质)。生产用房、仓库内不应有职工宿舍。

5.9 在总图布置中应设置高位安全水池或水塔。

5.10 黄磷生产企业应有专用渣场，并进行规范设计和防渗透处理。

6 建、构筑物结构

6.1 地震烈度按当地最高等级设防。

6.2 具有易燃、易爆介质的生产厂房应遵守防火、防爆等安全规范、标准的规定，建筑物按 GB 50016 的规定进行设计，对易泄漏有害介质的管道及设备尽量露天布置。

6.3 根据火灾危险性等级和防火、防爆要求，建筑物按一、二级耐火等级设计，满足建筑防火要求。主要生产场所的火灾危险性分类见表 2。

表 2 主要生产场所火灾危险性分类

车间、建筑物名称	火灾危险性类别
产品储存区域	甲类
泥磷回收装置厂房	
受磷槽、预沉槽、精制槽、泥磷池	
原料烘干	乙类
配电室	
办公用房及生活设施	
废水处理系统	戊类
消防水池、清水池	

6.4 电炉制磷厂房应充分利用自然通风条件换气，在环境、气候条件允许下，可采用敞开式或半敞开式结构。应采用框架结构，必要时局部砖墙采用耐火极限不低于 3.5 h 的非燃烧体墙。不宜采用自然通风或采用自然通风有困难的场所应采取通风换气措施。

6.5 黄磷厂的火灾爆炸危险场所的安全出口及安全疏散距离应符合 GB 50016 的要求。

6.6 配电室的结构、基础应根据水文地理状况进行建设，预防遭大水淹没或山体滑坡、泥石流的影响，引起电器短路事故。在电气操作现场应配置经检验合格的电气安全防护用品，操作实行监护制度，以防发生人身电气安全事故。

6.7 应根据建构筑物不同的火灾危险性类别设置相应的消防设施。其中设置小型灭火装置的数量，应符合 GB 50140 的规定。

7 生产装置和设备

7.1 黄磷电炉应采用微正压生产。黄磷生产应选择先进的生产工艺方法或从生产装置上采取措施使工厂车间的卫生和环境条件符合相关标准的规定。

7.2 磷炉变压器短网在电极上闭合，固定部分铜排保持安全间距，铜管通水冷却，可绕部分电缆用绝缘材料保护，通冷水冷却。动力电缆和控制电缆采用电缆桥架和穿管敷设。

7.3 冷凝塔用 0.3 MPa～0.4 MPa、20 ℃～60 ℃工艺水喷淋，塔体材料内壁采用防腐钢板制作或作防腐处理，外壁涂防腐涂料。

7.4 压力容器使用单位购买压力容器或进行压力容器工程招标时，应选择具有相应制造资格的压力容器设计、制造(或组焊)单位。使用单位技术负责人，应对压力容器的安全管理负责，并指定具有压力容器专业知识，熟悉国家相关法规标准的工程技术人员负责压力容器的安全管理工作。

7.5 黄磷储罐应设置安全围堰，并配备相应安全设施，黄磷储罐应定期进行壁厚检测。

8 安全装置、设施

8.1 报警装置

8.1.1 在生产中可能突然逸出大量有害物质或易造成急性中毒或易燃易爆的化学物质的作业场所，应设计自动报警装置、事故通风设施。黄磷生产过程中危险有害因素参见附录A。

8.1.2 原料制备、电炉制磷、制磷主厂房顶层、尾气处理等主要生产岗位应设置可燃气体、防火自动报警装置。

8.1.3 产生黄磷尾气作业场所，如原料制备、电炉制磷、制磷主厂房顶层、尾气处理等岗位的CO浓度应定期测定。

8.2 通风设施

8.2.1 磷蒸气、黄磷尾气外逸场所，应根据不同的外逸、污染情况配置相应的通风装置。

8.2.2 生产装置要求密闭，整个磷炉周围应保持空气流通。

8.2.3 料柜与磷炉连接部少量的CO顺着料管从料柜上逸出，应保持良好的通风。

8.2.4 清槽作业时人员进入槽内的人孔前，应进行强制通风，操作人员应带防毒面具。

8.2.5 根据生产工艺和粉尘、毒物特性，采取防尘防毒通风措施控制其扩散，工作场所空气中有毒物质不应超过容许浓度。

8.3 尾气设施与设备

8.3.1 尾气设施与设备的计划、制造、施工安装、生产和检修应遵守GB 6222的规定。

8.3.2 尾气管道应设压力自动调节和事故紧急切断装置，尾气管道上的防爆孔、闸阀、放散管，应与其他管道保持一定距离，并应设有冲洗管内残存尾气的设施。

8.3.3 从电炉引出的尾气管道，应设有隔断装置，并保持完好。

8.3.4 尾气管道下面，不应堆放易燃易爆物品和设置供人停留和操作的建筑物。

8.3.5 点火口装有紧急事故切断阀，在尾气调节操作地点，应设有一氧化碳检测报警装置。

8.3.6 尾气从磷炉输送到烘干系统应采取微正压(0.1 kPa～0.35 kPa)操作。

8.3.7 压力容器的设计、制造和适用，应符合国家现行压力容器的有关规定，并应设有安全阀、放空阀、液位计、压力表等装置。

8.4 防护设施

8.4.1 走梯、栏杆和平台(含检修平台)应符合GB 4053.1、GB 4053.2、GB 4053.3、GB 4053.4的规定。

8.4.2 坑、沟、井、池应设有防护围栏或盖板。

8.4.3 设备外露的运转部分和有危及人身安全的部位，均应设防护罩、防护栏杆或防护挡板。

8.4.4 易泄漏磷蒸气、磷炉尾气等有毒气体的处所，应采取必要的防范措施。

9 安全标识

9.1 危险场所、要害部位、铁路与道路的平交道口，以及道路路口等，均应设清晰醒目的安全体志。安全色和安全标志应分别符合GB 2893和GB 2894的规定。

9.2 电缆走向、管道等，应有明显标志，不同介质管线的外壁颜色标志应执行GB 7231的规定。管道应标明介质流向，反扣(向)阀门应指示旋向。

9.3 高温设备和高温管道应设立隔离栏，并有警示标志。

9.4 厂内应划出专用车辆行使路线，设置限速标志。

9.5 生产、储存场所的紧急疏散出口应当设置明显标志。

9.6 凡有不安全因素的部位应设置醒目的安全标志并采取必要的防护措施。

9.7 黄磷贮罐区围堰上应设置明显标志，注明名称、黄磷中毒的急救方法、发生泄漏和燃烧时的处置措施、应急管理部门的电话和联系人。

10 消防设施

10.1 黄磷生产、黄磷尾气装置防火应按 GB 50016 的规定设置消防车通道、消防给水和固定灭火装置,应根据火源及着火物质性质配备适当种类、足够数量的消防器材。

10.2 根据建构筑物不同的火灾危险性类别,设置相应的消防设施。其中设置小型灭火装置的数量和种类,应符合表 3 的规定。

表 3 设置小型灭火装置的数量和种类

类　　别	设置数量/(个/m^2)	灭火器种类
泥磷回收装置厂房 受磷槽、预沉槽、精制槽、泥磷池 办公用房及生活设施、配电室、原料烘干	1/50	水型灭火器、 磷酸铵盐干粉灭火器、 泡沫灭火器
废水处理系统	1/100～1/150	磷酸铵盐干粉灭火器、 泡沫灭火器
产品储存区域	1/80	
建、构物面积不足 50 m^2 的,至少设置一个灭火器。		

10.3 根据 GB 50016、GB 50140 等规范要求,定期对消防器材进行检测与更换,确保其状态完好。

10.4 黄磷仓库按 GB 50016 设置相应的消防器材。

10.5 黄磷贮罐区应配置喷淋装置、安全桶、消防栓等安全设施。灭火时应采用雾状(开花)水。

10.6 根据生产过程中消防用水量及消防污水的产生量,厂方应设计足够池容的污水事故池,防止消防污水直接外排。

11 照明与电气安全

11.1 电炉制磷系统的电气设备和线路的设计、安装、运行应符合 GB 50058 的要求。尾气回收、加工系统按Ⅰ级区域场所要求选用防爆型电器。

11.2 电炉制磷系统的动力、仪表、照明和冷却水系统等应有备用电源,并应具备防止停电的安全措施。

11.3 生产装置的临时电缆、仪表线应加强管理,生产现场不应使用临时线,并结合检修对不符合要求的电缆、仪表线及时进行更新,定期进行维护保养。

11.4 厂房的自然采光和照明,应能保证安全作业和人员行走的安全。

11.5 生产车间和作业场所的最低照度值,不应低于国家标准的 1.5 倍。

11.6 车间的配电及电气控制盘均应设在单独的房间内。

12 起重设备

12.1 通廊坡度为 8°～12°时,检修道及人行道均应设防滑条,超过 12°时应设踏步。

12.2 胶带输送机应设有下列装置:

a) 安全绳等胶带事故停车装置;

b) 倾斜胶带的逆止装置;

c) 启动信号装置;

d) 头、尾轮清扫器;

e) 密封罩。

12.3 同一轨道上相向运行的两台桥式起重机,间距不应小于 2 m。

12.4 起重机应设有符合 GB 6067 的安全防护装置。

12.5 吊具必须在容许的安全系数范围内使用,并应定期检查。钢丝绳和链条的安全系数应分别符合 GB 6067 的规定。

13 防雷防静电

13.1 厂(车间)内各类建构、筑物、露天装置、贮罐应按 GB 50057 的规定设置防雷设施。干燥窑、磷矿烧结机、尾气净化、三级冷却塔系按第二类防雷建筑物设置防雷设施。

13.2 厂(车间)内的尾气回收设备、管道应按 HG/T 20675 要求采取防静电措施,并在避雷保护范围之内。

13.3 防雷接地线与防静电接地线应分别设置,单独接地。防雷的接地电阻值不大于 10 Ω,防静电的接地电阻值不大于 100 Ω。

14 安全生产管理

14.1 黄磷生产厂(部)车间、工段应配备专职的安全管理人员,熟练掌握工艺过程设备性能和安全技术,并指挥事故处理。主要操作室和岗位之间,应设有电话或对讲机。

14.2 黄磷生产企业应结合黄磷生产的特点,建立健全安全生产岗位责任制和岗位安全技术操作规程,严格执行值班制和交接班制。

14.3 黄磷生产企业应定期对职工进行安全生产和劳动保护教育,普及安全知识和安全法规,加强业务技术培训。职工经考核合格方可上岗。

14.3.1 新职工应接受厂、车间、班组三级安全教育,经考试合格后由熟练工人带领工作至少三个月,熟悉本工种操作技术并经考核合格方可独立工作。

14.3.2 调换工种和脱岗三个月以上重新上岗的人员,应事先进行岗位安全培训,并经考核合格方可上岗。

14.3.3 外来参观或学习的人员,应接受相应的安全教育,并应由专人带领。

14.4 特种作业人员和要害岗位、重要设备与设施的作业人员,应经过专门的安全教育和培训,并经考核合格、取得操作资格证,方可上岗,并保持生产装置特种作业人员的相对稳定性。

14.5 采用新工艺、新技术、新设备,应制定相应的安全技术措施;对有关生产人员,应进行专门的安全技术培训,并经考核合格方可上岗。

14.6 黄磷生产企业应为职工提供符合国家标准或行业标准的劳动防护用品,职工应正确佩戴和使用劳动防护用品。

14.7 黄磷生产企业应建立对厂房、机电设备进行定期检查、维修和清扫制度。要害岗位及电气、机械等设备,应实行操作牌制度。

14.8 按时对设备管道进行巡回检查及时消除安全隐患。黄磷生产企业应认真执行安全检查制度,对发现的问题应提出整改措施,并限期整改。

14.9 安全装置和防护设施,不应擅自拆除。

14.10 黄磷生产企业发生伤亡或其他重大事故时,应立即启动事故应急救援预案。厂长(经理)或其代理人和各岗位负责人应立即到现场组织指挥抢救,并采取有效措施,防止事故扩大。

14.10.1 发生伤亡事故,应按国家有关规定报告和处理。

14.10.2 事故发生后,应及时调查分析,查清事故原因,并提出防止同类事故发生的措施。

14.11 加强动火、起重、登高、设备内作业、抽堵盲板、动土、电气等检修作业的安全管理。

14.11.1 严格执行动火审批制度,动火前应进行检测,必要时专人监护,并准备消防器材。

14.11.2 起重作业人员作业时应遵守 GB 6067 等有关规定、要求。起重机操作期间,运行区域内地面不应有人员操作或通行。划定警戒线,并有专人监护。

14.11.3 登高大于 2 m 的高处作业应办理相应等级的高处安全作业票。

14.11.4 进入有毒有害气(汽)体、液体、固体和可能伤害人身安全的塔、罐、槽、炉、地沟(坑)、管道等容器内的作业应办理进入设备内安全作业票,应按以下要求进行:

a) 申请、办证，并得到批准；

b) 进行安全隔绝；

c) 切断动力电，并使用安全灯具；

d) 进行置换、通风；

e) 按时间要求进行安全分析；

f) 佩戴规定的防护用具；

g) 有人在器外监护，并坚守岗位；

h) 具备抢救后备措施。

14.11.5 凡生产装置所属气(汽)体、液体管网(含总管、支管)上所有盲板的抽插作业应办理抽插盲板安全作业票。

14.11.6 凡在生产区域内进行与装置设备、生产系统、地下工艺管线、电缆地沟、生产、生活建构物、厂区道路、交通、有直接影响的动土、断路、爆破作业深度超过 0.5 m，应办理相应许可证。

14.11.7 电气作业严格执行作业票制度。电工作业人员应定期进行安全技术培训，非电工作业人员不应从事任何电工作业。

14.12 重大危险源的黄磷贮存区(库房、储罐区)，应制定重大危险源目标安全管理与监控方案。

15 安全作业

15.1 原料岗位的干燥机点火时，应有专人负责。

15.2 严格控制袋除尘器温度在 60 ℃～100 ℃。

15.3 配料与吊料人员应经常保持联系，吊料时料桶下不应有人员停留。

15.4 炉壁、炉底及水冷口出现烧红现象应立即停电，水冷夹套漏水应立即更换。出渣前检查渣水泵、渣槽是否完好，出渣时渣槽两侧不应站人、不应跨越渣道。

15.5 受磷槽溢流管应保持通畅，避免堵塞而引发火灾。

15.6 精制黄磷时应保证蒸汽压力不超过 0.4 MPa，控制阀门应视精制槽内磷的位置变化进行适当调节。

15.7 应有专人定期对产生的磷泥进行回收，避免槽内磷泥积存过多造成溢流管堵塞。

15.8 与磷或磷泥有接触的管道，使用前应认真检查管道是否畅通，每次作业完毕后应对管道进行疏通。

15.9 蒸气管道突然停气时，应立即将与磷直接接触的管道拉出，并及时疏通排空。若发生管道堵塞现象，不应用蒸汽或热水对管道口直接进行加热，应采取间接加热的方法使其均匀熔化进而疏通。

15.10 回收泥磷装置管道应定期清理，保持畅通，泥磷回收设备的锥底阀门应完好，无泄漏。

15.11 烘干作业时不应使用明火，引风系统应确保畅通。操作过程中应随时观察火焰燃烧情况，防止火焰突然熄灭，同时记录供气和排空压力(即保证供气正压，排气为负压，均为 0.05 kPa～0.10 kPa)，若火焰熄灭应立即关闭阀门，切断气源，待引风继续运转 15 min 后停机。

15.12 每次排放磷渣(磷铁)前都应清理疏通渣槽，铺牢渣槽(磷铁槽)，防止沟槽产生泄漏等以保证磷渣能顺利地进入渣池水淬，杜绝磷铁流入水淬池。

15.13 在撬渣(取磷铁)过程中应严格按作业规程进行。

15.14 应保证其磷铁冷却时间，要待磷铁完全冷却后才能实施撬渣。不应采取用水强制降温的办法冷却磷铁。

15.15 磷炉尾气回收和尾气加工系统应保证正压操作。

15.16 磷炉尾气放空应点燃。

15.17 尾气点火前应吹扫管道并进行空气转换、气体分析，合格后进行点火作业。

15.18 使用尾气时应严格按操作规程进行，即送气、点火、引风等遵循开关的顺序。

15.19 抽堵盲板的设备管道内温度应在60 ℃以下，凡有毒有害气体的设备管道，应泄压后抽堵盲板，抽堵盲板时最大压力不应超过9.8 kPa。

16 设备维修

16.1 设备检修应停机进行，悬挂检修标志。

16.2 进入尾气系统检修，应按以下要求进行：

a) 用蒸汽或惰性气置换尾气管道；

b) 保持良好通风；

c) 取样分析合格；

d) 戴好防毒面具；

e) 现场周围不应有明火作业；

f) 作业时不应少于两人，并有专人监护。

16.3 厂区路面和铁路专用线的施工，应经有关部门批准，施工时应设安全围栏的标记，夜间应设红灯。

16.4 车间的厂房，应根据厂房的实际情况及时进行维护。

16.5 电炉的修筑应按以下要求进行：

a) 电炉基础应一次完成；

b) 检修工作地点有良好的照明与通风；

c) 同一点多工种交叉作业和高处多层交叉作业，采取相应的安全措施，并由专人统一指挥；

d) 在炉内、地沟或坑井内工作时，设专人监护；

e) 作业人员穿戴全副防护用品。

16.6 在受磷槽、磷储槽、精制槽、预沉槽、磷泥槽或密闭设备检修前，应监测作业环境空气中易燃易爆、有毒有害气体，如磷化氢浓度和一氧化碳(CO)浓度的变化，在检修过程中至少每隔2 h检测一次。

注：车间(作业场所)环境空气中可接受的磷化氢气体最大浓度值为0.3 mg/m^3，一氧化碳(CO)气体最大浓度值为30 mg/m^3。

16.7 在全部停电或部分停电的电气设备上作业，应按以下要求进行：

a) 办理动电气检修工作票；

b) 停电并采取开关加锁等防止突然来电措施；

c) 验电和放电；

d) 装设接地线，各相短路接地；

e) 悬挂"禁止合闸、有人工作"的标示牌和装设遮栏。

17 黄磷贮存与运输

17.1 贮存黄磷的库房与铁路、道路的防火间距应符合GB 50016要求。

17.2 黄磷应贮存在冬暖夏凉的一、二级防火建筑的库房，库温在1 ℃～30 ℃，单独贮存，与酸，碱，氧化剂，还原剂，易燃物，爆炸品等分库存放。库房内不应设置办公室、休息室。

17.3 黄磷贮存的养护：

a) 入库验收：检查包装是否完整无损，不应沾污稳定剂，水位应高于产品。

b) 堆码苫垫：码垛时下垫石条或水泥条，垛高1.5 m，垛距80 cm～90 cm，墙距、柱距30 cm。

c) 在库检查：仓库管理人员应定期进行安全检查，按比例抽查，发现问题扩大抽查，做好记录。

d) 温湿度管理：密封库房，通风降温，应防止稳定剂结冰。

17.4 黄磷贮罐材质应为碳钢，设有保温层，罐内设有加热盘管，黄磷表面有约1 m高的水封以隔绝空气，必要时以氮气封保护液封水，延缓液封水酸化的时间。

17.5 贮罐根据GB 50160—1992的5.3.7规定，设置贮罐围堰和防火堤，堤内有效容积应符合要求。

17.6 围堰容积应满足可以容纳贮罐内全部黄磷和黄磷面上保留 1 m 高度液封水的要求。

17.7 黄磷包装桶应由定点生产单位提供并符合 GB 19358 的规定，并附由国家授权的检验单位出具包装检验合格证书或出口危险货物包装性能检验结果单。

17.8 罐装黄磷的罐车应有合格质量标准，并进行严格的进厂和出厂检验。

17.9 黄磷装车时，装卸人员应轻装轻放。

17.10 火车和机动车辆在厂区内的行驶速度应遵照 GB 4387 的规定。

17.11 运输黄磷的车辆应有危险化学品运输资质证书。

18 职业卫生

18.1 黄磷厂应对尘毒进行综合治理，建立和健全车间和工段的工业卫生管理体制和监测体制。

18.2 作业场所空气中的有害物质的最高允许浓度，应符合国家标准的规定。

18.3 直接从事生产作业的人员应采取个人防护措施，危险岗位操作人员应备有一套有效的防毒面具及有效的防护用品，如：阻燃工作服、耐酸碱长筒胶鞋等。

18.4 黄磷、黄磷尾气生产、使用、贮存岗位应配备两套以上的长管式面具和空气呼吸器。

18.5 有黄磷、泥磷存在的部位应配备安全水桶、洗眼器、喷淋装置等。

18.6 黄磷生产岗位或车间应配有应急用药品柜。

18.7 装卸、搬运、使用黄磷及含有黄磷制品的作业人员，应穿戴全副防护用品；工作完毕，作业人员应对身体及防护用品进行清洗。

18.8 经常性进行黄磷作业的现场，应设置事故应急池，并有淋浴装置。

18.9 装卸、搬运及使用黄磷时，应提前将黄磷特性及注意事项向工人说明，检查防护用品的佩戴情况。并在专职安全员的监督管理下进行工作。

18.10 皮肤病患者、结膜疾患者，以及对黄磷过敏的人员，不应从事黄磷工作。

18.11 使用黄磷，应按以下要求进行：

a) 熔磷操作岗位应位于上风侧。
b) 应采用人与黄磷不直接接触的生产工艺。
c) 黄磷的加工过程应密闭。
d) 产生黄磷烟气的作业场所，应设通风净化设施。
e) 在产生有毒、有害气体等危险场所作业，应有两人以上在现场，并有人监护。
f) 大量散发粉尘的场所，应设吸尘装置。
g) 高温车间应尽量利用自然通风排除余热或进行换气，若自然通风达不到要求，应采取机械通风。
h) 生产车间和作业场所工作地点的噪声不应超过 85 dB(A)。现有企业经努力暂时达不到标准时，可适当放宽，但不应超过 90 dB(A)。
i) 接触黄磷、有毒物质、粉尘和高温作业的人员，应建立定期体检制度和定期疗养制度。
j) 对新入厂的职工，应进行体检，建立健康档案。尘肺、气管炎、皮炎、骨质类疾病等患者，不应从事黄磷生产。离岗人员进行体检。
k) 设置工作场所有毒有害物质的告知提醒信息。

19 事故应急处理

19.1 黄磷生产企业应按照 AQ/T 9002 的要求编制火灾爆炸、触电和毒物逸散等重大事故的应急救援预案，并配备必要的器材与设施，定期演练，并建立演练记录和台账。

19.2 对应急救援预案不断进行修订和完善，并及时报当地安全生产监督部门备案。同时定期组织演练，使每个职工都会使用消防器材，有效地扑救初期火灾，防止事故的发生。

19.3 黄磷生产企业发生安全生产事故后，事故现场有关人员应当立即向本单位负责人报告；单位负责人接到报告后，应当于1 h内向事故发生地县级以上人民政府安全生产监督管理部门和负有安全生产监督管理职责的有关部门报告。

情况紧急时，事故现场有关人员可以直接向事故发生地县级以上人民政府安全生产监督管理部门和负有安全生产监督管理职责的有关部门报告。

19.4 大、中型黄磷厂应设救护站，并备有救护车。对要害部门的人员应进行事故紧急抢救和人员急救知识的培训，黄磷灼伤应及时进行专业救护。黄磷烧伤的现场急救和创面处理参见附录B。

19.5 发生事故时，现场人员应及时按应急救援预案规定的流程进行事故报告。

附 录 A
（资料性附录）
黄磷生产过程中危险有害因素

黄磷生产过程中危险有害因素主要存在的场所及主要危险特性见表 A.1。

表 A.1 黄磷生产过程中危险有害因素主要存在的场所及主要危险特性

名 称	主要存在的场所	主要危险特性
黄磷、泥磷	受磷槽、预沉槽、精制槽、泥磷池、成品贮罐	黄磷接触空气引起自燃并引起燃烧和爆炸。在潮湿空气中的自燃点低于在干燥空气中的自燃点。与氯酸盐等氧化剂混合发生爆炸，其碎片相碎屑接触皮肤干燥后即着火，可引起严重的皮肤灼伤
磷炉、尾气	电炉、水封、烘干机、喷淋塔、尾气管道	磷炉尾气含一氧化碳（CO）80％～90％，CO 是一种无色无味气体，有剧毒，与空气混合能形成爆炸性混合物，遇明火高热能引起燃烧爆炸（爆炸极限 12.5％～74.2％），空气中 CO 质量分数 10 mg/kg 会使人中毒，100 mg/kg 立即使人头痛恶心。生产车间空气中 CO 最高容许质量浓度控制在≤1 mg/m^3
含氟气体	电炉、喷淋塔、水封、尾气管道	生产过程中的含氟气体主要为氟化氢（HF），HF 可使人体中毒，主要表现为四肢疼痛、皮肤病等，重者骨质疏松、增殖和变形。生产车间空气中 HF 最高容许质量浓度控制在≤1 mg/m^3
磷铁	电炉、渣道	熔融的磷铁温度较高，遇水会发生猛烈爆炸，严重时造成物毁人亡
电炉炉渣	电炉、渣道	电炉定期排出的熔融炉渣，温度通常在 1 400 ℃左右，稍有不慎极易烧伤人体
焦碳	原料工段、料柜	属高燃值燃料，在储运过程中易产生粉尘危害，燃烧后产生烟尘，其中含有多种有毒金属和致癌物质，长期吸入可导致尘肺病和呼吸道疾病
磷化氢	电炉、污水工段、泥磷池	极易燃，具有强还原性，与氧接触会发生爆炸，与卤素、氧化剂接触能发生激烈反应，磷化氢作用于细胞，会影响细胞代谢，其主要损害人体神经系统、呼吸系统、心脏、肾脏及肝脏

附 录 B
（资料性附录）
黄磷烧伤的现场急救和创面处理

黄磷烧伤是热及化学物质的复合烧伤，一般较深，可达骨骼。黄磷在空气中燃烧时能发出烟雾和大蒜样的臭味，在黑暗的环境中能见到蓝绿色的莹光。

黄磷烧伤的致伤机理主要是黄磷烧伤后可由创面和黏膜吸收，引起肝肾等主要脏器的损害，甚至导致死亡。黄磷暴露在空气中能自燃，发生热烧伤，遇水后形成磷酸和次磷酸引起化学烧伤，使创面损伤继续加深。黄磷是强烈的胞质毒，能迅速从创面或黏膜吸收，由血液带至各脏器，引起损害及中毒。磷蒸气经气道黏膜吸收，引起中毒。

黄磷烧伤的现场急救处理：磷烧伤后，应立即扑灭火焰，脱去污染的衣服，用大量清水冲洗创面及其周围的正常皮肤。冲洗水量应足够大。若仅用少量清水冲洗，不仅不能使磷和其化合物冲掉，反而使之向四周溢散，扩大烧伤面积。在现场缺水的情况下，应用浸透的湿布包扎或掩盖创面，以隔绝黄磷与空气接触，防止其继续燃烧。转送途中切勿让创面暴露于空气中，以免复燃。

创面处理：清创前，将伤部浸入水中浸浴，进一步清创可用1%～2%硫酸铜溶液清洗创面，最后用清水将创面洗净。然后用镊子将磷化铜颗粒清除干净，创面一般采用包扎疗法，以免残余磷与空气接触燃烧。包扎的内层不应含有任何油质药物或纱布，以免磷被吸收。

为了减少磷及磷化合物的吸收及防止其向深层破坏，对深度磷烧伤，应争取早期进行切痂手术。切痂时应包括已侵入的较深层的组织，以免磷继续吸收而破坏深部组织。

ICS 13.300
A 80

中华人民共和国国家标准化指导性技术文件

GB/Z 24785—2009

化学品限制的社会经济分析指南

Guidance on socio-economic analysis of chemicals-restrictions

2009-12-15 发布

2010-07-01 实施

中华人民共和国国家质量监督检验检疫总局
中国国家标准化管理委员会 发布

前　言

本指导性技术文件参考欧盟《关于化学品注册、评估、授权和限制的法规》[欧洲议会和欧盟理事会第1907/2006(EC)号法规]的指南文件:《社会经济分析指南》的技术内容制定。

本指导性技术文件的附录A、附录B、附录C、附录D、附录E、附录F、附录G为资料性附录。

本指导性技术文件由全国危险化学品管理标准化技术委员会(SAC/TC 251)提出并归口。

本指导性技术文件负责起草单位:国家质检总局进出口化学品安全研究中心。

本指导性技术文件参加起草单位:中国检验检疫科学研究院、中化化工标准化研究所、江苏出入境检验检疫局、山东出入境检验检疫局、江西出入境检验检疫局。

本指导性技术文件主要起草人:于文莲、陈会明、梅建、王晓兵、周新、王立峰、孙鑫。

本指导性技术文件为首次发布。

化学品限制的社会经济分析指南

1 范围

本指导性技术文件规定了化学品限制的社会经济分析的影响的确认和评估、说明并作出结论以及说明结果的要求。

本指导性技术文件适用于化学品的社会经济分析。

2 指导性技术文件性引用文件

下列文件中的条款通过本指导性技术文件的引用而成为本指导性技术文件的条款。凡是注日期的引用文件，其随后所有的修改单(不包括勘误的内容)或修订版均不适用于本指导性技术文件，但是鼓励根据本指导性技术文件达成协议的各方研究是否可使用这些文件的最新版本。凡是不注日期的引用文件，其最新版本适用于本指导性技术文件。

GB/T 22225 化学品危险性评价通则

GB/T 24778 化学品鉴别指南

GB/T 24782 持久性、生物累积性和毒性物质及高持久性和高生物累积性物质的判定方法

3 术语和定义

GB/T 22225、GB/T 24778 和 GB/T 24782 确立的以及下列术语和定义适用于本指导性技术文件。

3.1

供应链中参与者 actors in the supply chain

供应链上的所有制造商、进口商、下游用户。在本指导性技术文件范围内使用的术语还包括分销商、消费者和货物供应链。另外可能还涉及到替代化学品以及替代技术供应链中的参与者。

3.2

替代 alternative

一种化学品的替代物，也可是替代原化学品的功能。替代可是另一种化学品(或另几种化学品)，也可是另一种技术(例如一个过程、程序、装置或改装的产品)，或者替代技术和替代化学品的结合。

3.3

成本效益分析(CBA) cost benefit analysis (CBA)

通过比较项目的全部成本和效益来评估项目价值的一种方法，成本效益分析作为一种经济决策方法，将成本费用分析法运用于政府部门的计划决策之中，以寻求在投资决策上如何以最小的成本获得最大的收益。常用于评估需要量化社会效益的公共事业项目的价值。更详尽的信息，参见附录 F。

3.4

成本效率分析(CEA) cost effectiveness analysis (CEA)

广泛应用于确定实现预定的目标或目的的最低成本。成本效率分析的目的是确定实现目标各替代方案中的最低成本方案。如果情况比较复杂，可利用成本效率分析来确定实现特定目标的组合性措施。

3.5

损害成本 damage costs

环境影响(如污染物的排放和暴露所产生的效应)的反应(作用)。这可包括土壤退化或人造结构的

变质和对健康的影响。在环境计算中，这是经济活动带来的成本的一部分。

3.6

分布影响　distributional impacts

显示的是一项提案对供应链中的不同地区、工人、消费者和行业可能产生怎样的影响。

3.7

经济可行性　economic feasibility

使用替代化学品或替代技术对经济影响的分析。经济可行性的通常影响是经济效益超过经济成本的状况。

3.8

经济影响　economic impacts

制造商、进口商、下游用户、经销商、消费者和社会总体的成本和效益。原则上社会和环境影响应包括在实际的经济影响中。

3.9

环境影响　environmental impacts

对所有环境要素的影响，包含受影响的环境要素的所有利用价值或非利用价值。

3.10

存在价值　existence value

人类为造福于目前或未来的几代人持续保留资源所愿付出的代价。在后一种情况下，存在价值有时是指遗产价值。

3.11

期望值　expected value

对风险的所有可能结果的一个加权平均，权重为概率，反映事件变化的总体趋势。

3.12

外部效应　externalities

在实际经济活动中，生产者或者消费者的活动对其他生产者或消费者带来的非市场性影响。

3.13

财政影响　financial impacts

相关供应链中确定的参与者发生的成本和效益。财政影响通常将包括税金、补贴、折旧、资本支出和其他转拨款项。

3.14

健康影响　health impacts

对人体健康的影响，包括发病率和死亡率效应。包括与健康相关的福利效应、因工人生病和医疗保健费用引起的生产损失。

3.15

影响　impacts

可能的所有正面和负面的效应，包括对经济、人体健康、环境、社会的影响以及对贸易、竞争和经济发展的更广泛影响。

3.16

有关替代的信息　information on alternatives

——有关替代的制造和使用对人体健康和环境造成风险的信息；

——替代的可用性，包括时间比例；

——使用替代的技术和经济可行性。

3.17

蒙特卡罗分析法(随机抽样法)　Monte Carlo analysis

可用来评估关键性信息同时存在不确定性后果的一种技术方法,这种方法考虑到了这些信息间的相互关系。

3.18

多准则分析(MCA)　multi-criteria analysis (MCA)

一种技术方法,包含赋予准则加权值,再根据这些加权准则的实施程度得出各种方案。然后将加权结果相加,用来对各个方案进行分级。

3.19

无阈化学品　non-threshold substance

不能确定效应范围的化学品(推导出的无效应剂量或预计无效应浓度)。

3.20

"提议限制"情景　"proposed restriction" scenario

对所提议的一项限制的可能反应和结果。

注:如果风险管理方案(RMO)比限制更适合于某种化学品的特定使用,则这种使用不应包括在"提议限制"情景。

3.21

生产转移　relocation of production

用一般形式来描述生产单位停业而在国外一个新单位开业或一个国外供应商增加生产从而减少/或排挤了国内生产的情况。

3.22

反应　response

相关供应链中参与者或市场对每项风险管理方案(RMO)情景的行为反应。

3.23

限制　restriction

对一种化学品的制造、使用或投放市场所设定的任何条件或禁止要求。

3.24

风险管理措施(RMM)和操作条件(OCs)　risk management measure (RMM) and operational Conditions (OCs)

这些术语用于工业对所述化学品暴露的控制所采取的具体风险管理措施和操作条件。风险管理包括,如过程控制、局部排气通风,手套、废水处理、排气过滤。更为常见的风险管理措施包括任何活动、工具的使用、在一种化学品的制造或使用过程中输入的参数状态的变化(纯态或在备制中),从而防止、控制或降低人体和/或环境受危害的基础。操作条件包括,如配制品的物理外观、使用/暴露的持续时间和频率、化学品的量、工作间的尺寸和通风率。更为常见的操作条件包括任何活动、工具的使用或在一种化学品的制造或使用过程中存在的参数状态(纯态或在配制品中),其副作用可能对人体和/或环境产生暴露影响。

3.25

风险管理方案(RMO)　risk management option (RMO)

用于对控制确认风险的立法或其他行业要求(例如授权)的任何可能的变更。风险管理方案还可包括经济手段和企业自律承诺。

3.26

社会经济分析(SEA)　socio-economic analysis (SEA)

分析一种情景相对于另一种情景的所有相关影响(即包括正负两方面变化)的方法。相关的影响包括:人体健康、环境、经济、社会和广泛的经济影响。

3.27

社会影响　social impacts

所有的相关影响可能对工人、消费者和一般公众造成影响,且不包括在健康、环境或经济影响(例如就业、工作条件、工作满意度、工人的受教育程度和社会安全)之内。

3.28

合适的替代　suitable alternative

从技术和经济上认为替代一种化学品是可行的替代,将其转为替代可降低对人体健康和环境的总体风险,并考虑到风险管理措施。它还应有足够的量(即有足够的数量和合格的质量)进行替代使用。

3.29

供应链　supply chain

将一种化学品从供应商到消费者,即从制造商或进口商到下游用户和消费者,包括含有受限制/替代化学品的物品在使用期间的组织、人员、活动、信息和资源体系。它也指替代技术的供应链。

3.30

技术可行性　technical feasibility

有关一种替代,可能在不损害一种化学品功能的情况下进行替代并用于最终产品。

3.31

不确定性　uncertainty

标志着相关参数不明或不固定或不确定的一种状态。它产生于信息的缺乏、科学知识的欠缺或无知,是所有预测评估的特征之一。不确定性可能对社会经济分析中收集的证据类型和数量具有重要的作用,并考虑到结果的交流问题。

3.32

更广泛的经济影响　wider economic impacts

具有宏观经济影响的影响。这种影响可包括贸易、竞争、经济增长、通货膨胀、税收和其他宏观经济效应。

4　社会经济分析的全过程

社会经济分析报告的主要目的是支持对限制某种化学品使用作决策的依据。制定社会经济分析报告时的关键要求是能够利用有用的信息,确认(如果可能还应进行定量分析)由于提议的限制导致可能出现的影响。全过程分为5个阶段,流程见图1。

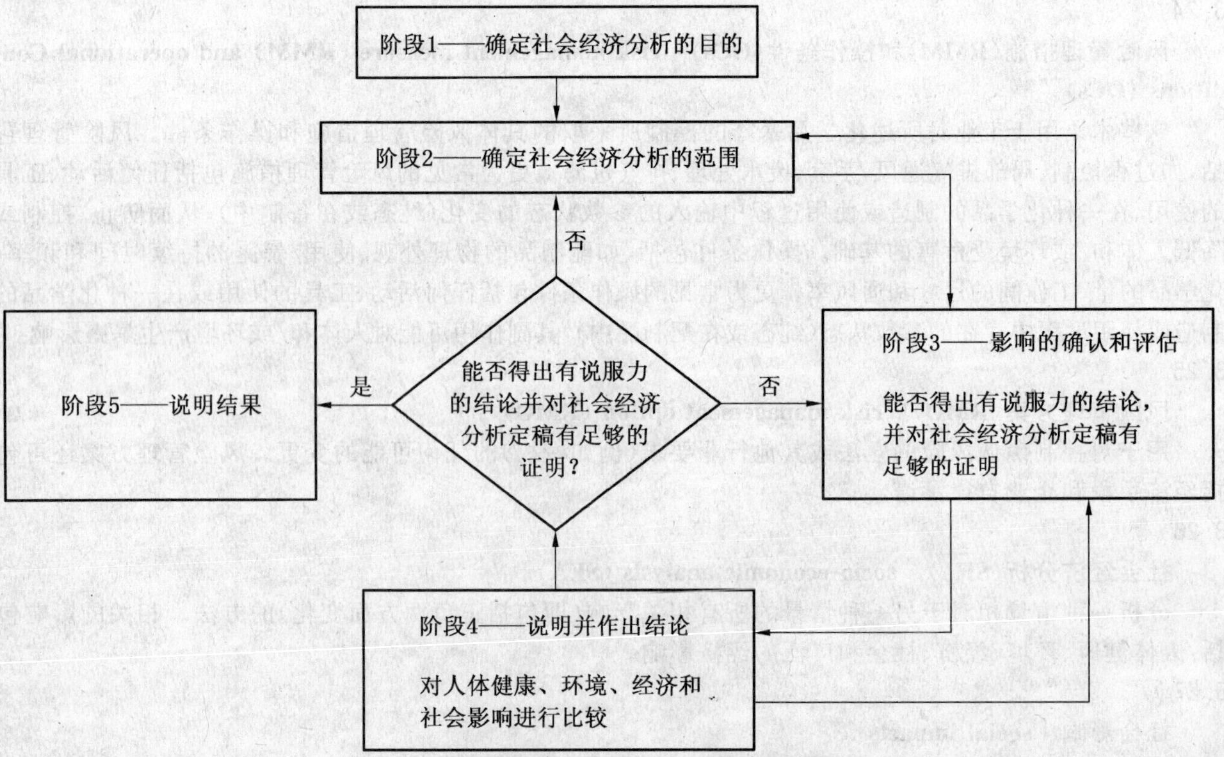

图1　进行社会经济分析的过程简要流程图

4.1 第一阶段:确定社会经济分析的目的

4.1.1 论证是否是全国范围内应采取的行动

4.1.2 证明在全国范围基础上的行动是减少已确认风险最合适的行动

a) 有效性:限制的目标应是造成已确认风险的影响或者暴露,应能在合理的时限内将这些风险降低到可接受的程度;

b) 实用性:限制应是可实施、能强化和可管理的;

c) 可监控性:应能对提议的限制实施结果进行监控。

4.1.3 精炼表达提议限制的使用范围

a) 应用该限制的时间线;

b) 限制使用的最高浓度限制;

c) 定义不适用该限制的情况(减弱限制)。

4.1.4 评估

根据人体健康和环境的净效益、制造商、进口商、下游用户、经销商、消费者和社会总体的净成本对提议的限制进行评估。

4.2 第二阶段:确定社会经济分析的范围

本阶段应定义社会经济分析的相关情景和界限,包括供应链和其他可能参与者的预期行为以及限制造成的影响。进行社会经济分析的总体方法是迭代法,主管部门应采用与进行社会经济分析迭代法相适应的详细程度进行本阶段的工作。并且应考虑到数据和分析中出现的不确定性,其影响应在结果的说明中给予考虑并确认。确定社会经济分析的范围的流程见图2。

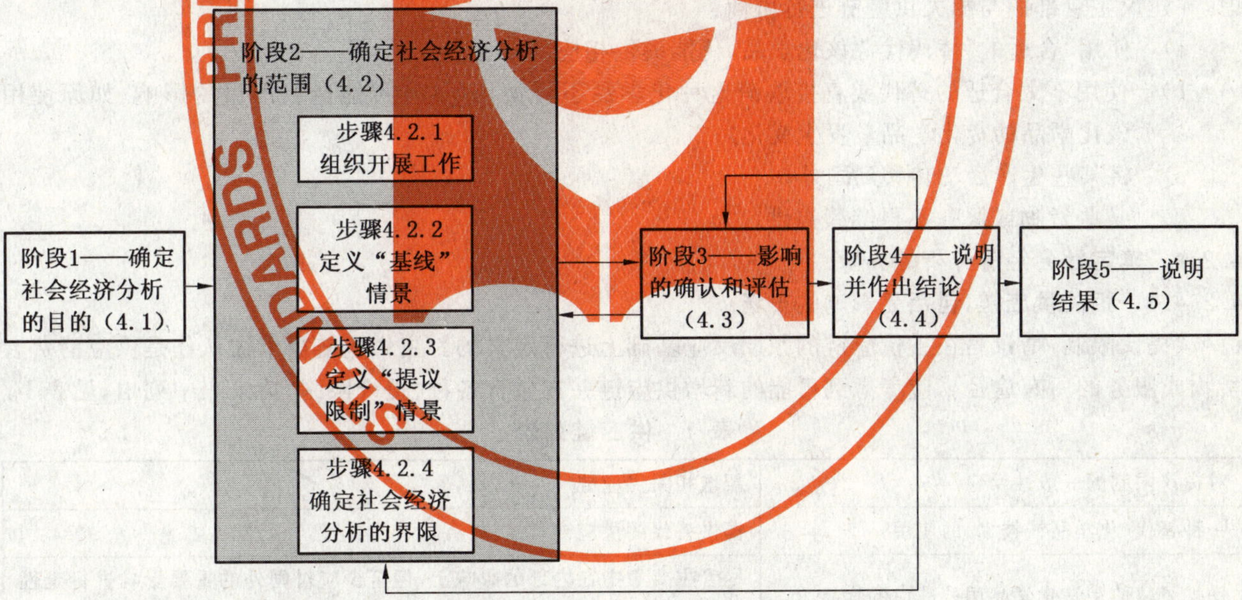

图2 确定社会经济分析的范围的流程图

4.2.1 组织开展工作

进行社会经济分析通常将利用来自主管部门以及通过与有关行业和相关各方协商得到的不同专家意见和信息源。如何制定协商计划指南参见附录A。在组织社会经济分析工作中可能包含的某些关键因素有:

a) 在准备进行社会经济分析的主管部门内部工作的组织;

b) 确认内部专家意见;

c) 组织启动会议或简要介绍情况;

d) 考虑外部支持的需要;

e） 根据规定的阶段和步骤制定工作计划；

f） 制定与相关各方进行协商的计划；

g） 确认提议被限制使用的相关供应链和个人；

h） 与其他主管部门进行协商共同参与。

4.2.2 定义“基线”情景

“基线”情景是以没有任何进一步的风险管理方案的情况下，当前和预计未来使用的化学品为基础的。基线的定义应包括如下信息：

a） 当前正在使用的提议限制的化学品；

b） 在缺少提议限制的情况下，当前使用的数量和预期将来使用的数量（如果可能，应包括正在提议限制化学品的每种用途的使用数量）；

c） 预期改变其他相关的法律法规，可能会影响到正在拟议的限制用途；

d） 制造、进口和使用化学品的趋势；

e） 当前和未来正在使用提议限制化学品用途的公司位置和数量的趋势。

4.2.3 定义“提议限制”情景

“提议限制”情景包含提议限制化学品的所有用途。如果认为用其他风险管理方案替代特定用途的化学品限制更合适，那么这种用途则不应包括在“提议限制”情景中。完成“提议限制”情景的设定之后，需要确定相关参与者的行为反应（即上游供应商、制造商和下游用户）。如果从现有的数据或在供应链范围内以及与其他专家进行协商还无法弄清楚，主管部门应请专家判断，预计最可能出现的反应。相关供应链中参与者对提议限制的行为反应特征是社会经济分析中的重要因素。对下列行为反应应进行考虑，并建议主管部门与相关供应链进行协商：

a） 使用“合适的”替代代替该化学品，仍能提供相应的功能；

b） 使用不太合适的替代或直接取消这种化学品不再使用（这样可能造成严重的影响，如原使用该化学品的货化学品量发生变化）；

c） 将某些生产活动转移到国外；

d） 某些货物或服务不再继续提供。

4.2.4 确定社会经济分析的界限

4.2.4.1 相关供应链，包括受影响的市场

“提议限制”情景是在主供应链的预期反应基础上进行定义的。主供应链需求被认作是供应消费者货物或服务的所有途径。应考虑到可能的新增供应链并在包含各种“提议限制”情景表中列出，见表1。

表1 供应链列表

对提议限制的一般性反应	新增相关供应链
一种替代（化学品或技术）的使用	提供替代的供应链
增加了从使用该化学品国外进口的物品	尽管主要集中在内部的影响上，但至少应对国外的重要影响进行定性确认也是很重要的
质量较差的下游物品	在这种情况下，如果低质量的下游物品导致该物品的消费者选用不同的替代或改用其他产品，可能就会产生新增供应链
某些物品不再生产	应包括对这些更下游的供应链（包括直接用户/消费者）的影响。一种物品不再生产的结果可能是由另一种物品取代，那么就应包括那种物品的供应链

4.2.4.2 分析的时限

确定合适的时限最重要方面是确认所有的有关影响，不管它们发生的时间如何都应包括在内。但是困难在于所有的影响都是潜在的长时间因果关系的结果，不论在分析中使用的时限有多长，都可能会

在选择的时限之外发生影响，尤其是环境和健康影响可能出现在排放很久以后。长期影响经常是只能进行定性描述。

a) 确定合适的时限是与相关影响的确定相互关联的。

b) 选择了分析的时限之后，重要的是要考虑到选定的时限之外的影响。如果影响以定性方式考虑，描述中就应包括未来影响的范围。进行量化(4.3.6.3)包含如何通过一致的方式计算未来影响的指南。

c) 考虑与引进限制的时间有关的时限。这点应在"提议限制"情景的描述中已经进行了定义。供应链中相关的参与者的"过渡"时间越短，符合的可能成本就越高，但早期活动的效益也越高。

4.2.4.3 社会经济分析覆盖的地理区域

主管部门应对提议限制的可能影响进行过描述。这种反应可能会引起变化并且可能在国家外部以及内部造成影响。

4.3 第三阶段：影响的确认和评估

分析影响的进一步指南(参见附录B，包含对影响更深入的量化和货币化指南，但并非对所有社会经济分析都有可能或都需要)，本阶段流程见图3。

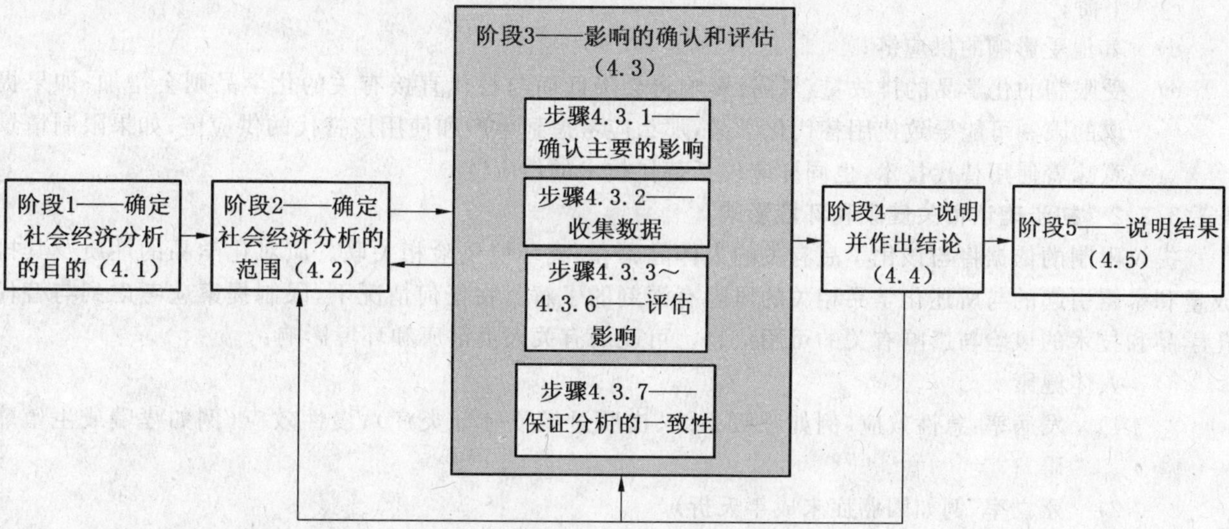

图3 影响的确认和评估流程图

4.3.1 确认主要的影响

下列各步骤略述了确认情景之间影响的主要差别的建议方法，有助于影响确认问题的非详细检查列表(参见附录G)：

a) 建立详细影响列表，有助于影响确认问题。进行协商也可对相关的影响进行确认；

b) 屏蔽影响(只考虑主要影响)；

所有主要影响应进行更深入的考虑，但如果不可能确定某些影响是否应进行更深入的考虑，可借助以下方法：

c) 收集更多的信息；

d) 获得专家的意见；这可包括与专家(或行业代表和贸易协会)的专门书面协商或车间事件，有助于确定这些影响是否应进行更详细的分析。

4.3.2 收集和评估影响时需要考虑的重要事项

应用以下原则可使影响的收集和评估更有效：

a) 利用分阶段法进行影响的分析；阶段分为：定量评估、确定评估、概率性评估；

b) 重点集中在每个情景之间的影响差别上；应考虑到下列原则：如果"基线"情景与"提议限制"情景之间有差别，应把这个影响包括在社会经济分析中；描述或量化差别；

c) 尽力减少分析(可进行时)过程中出现的重要不确定性;

d) 避免对供应链的影响重复进行计算。

4.3.3 人体健康和环境影响

4.3.3.1 人体健康和环境影响介绍

确认与评估健康和环境影响的依据是对限制引起的变化做出正确的了解:

a) 限制化学品的制造、使用或投放市场;

b) 替代化学品、工艺或技术的制造、使用和投放市场;

c) 有关受限制化学品和替代化学品、工艺或技术的其他受影响的任何上游或下游工艺。

4.3.3.2 相关供应链中化学品和替代的制造、进口和使用的变化以及相关影响的初步确认

4.3.3.2.1 相关供应链

要考虑的相关供应链是与限制和基线情景之间将有差别的所有供应链;考虑实施的限制是否将会引起更多或更少的排放量/暴露/影响:

a) 上游;

b) 制造;

c) 下游;

d) 其他受影响的供应链;

e) 受限制的化学品的排放量/暴露/影响将会降低而与替代直接有关的化学品则会增加;如果提议的限制可能导致使用替代化学品,那么应考虑到生产和使用该替代的供应链;如果限制情景意味着使用替代技术,也同样应包括替代技术的供应链。

4.3.3.2.2 初步确认相关健康和环境影响

提议限制的依据将与该化学品有关的人体健康和/或环境风险相关联。应对化学品的性质及其排放量和暴露引起的与所述化学品相关的风险有深刻的了解。在任何情况下,限制提案应考虑到与替代化学品和技术的风险与影响有关的可用信息。可能的有关人类健康和环境影响:

a) 人体健康

1) 发病率:急性效应(例如呼吸系统、皮肤过敏或肺部炎症);慢性效应(例如哮喘或生殖障碍);

2) 死亡率(例如因癌症未成年夭折)。

b) 环境

1) 生态恶化,例如生物多样性和功能;

2) 生境破坏;

3) 水质恶化;

4) 空气质量恶化;

5) 土质恶化;

6) 其他影响,如气候变化(如二氧化碳排放量);水消耗/吸收;风景/环境的美学质量;

7) 对环境影响的恢复力和脆弱性。

4.3.3.2.3 确定重要性

被限制化学品的毒性和生态毒性影响在确定提议限制的效益中是至关重要的,时刻都应考虑到这些。关于其他健康和环境影响,将进行相关的判断并进行更详细的研究。

4.3.3.2.4 结果

根据以上分析得出哪些健康和环境影响与所述供应链相关,哪些健康和环境影响可能是最重要的结果。

4.3.3.3 排放量和暴露的变化

了解人体和环境受到各种暴露的程度,确定因限制对供应链在相关健康和环境影响方面造成的变

化所发生的后果。“暴露”可能包括直接和间接的化学品暴露和物理变化的暴露（如温度、噪声、资源利用、废物产生等）。这种可能变化程度的特征概况如下：

a) 相关的排放量/暴露是对空气、水和土壤的所有类型的排放量，可能导致对人体健康或环境暴露和影响；
b) 资源的消耗；
c) 人体健康影响是根据以下得出的：
   1) 工人受到的暴露（通过在工作场所吸入、皮肤或摄入）；
   2) 消费者受到的暴露（通过使用消费产品吸入、皮肤接触或口服）；
   3) 人体通过环境被暴露（例如通过吸入环境空气、污染食品和饮用水的消耗）；
   4) 人体可能还受到与化学品的物理化学性质（包括易燃性、爆炸性等）和（替代）工艺/技术性质（例如事故风险、振动、噪声的）有关的物理影响的暴露。
d) 环境影响根据可能会造成不同污染（例如空气、水、土壤、沉积物）并最终对生物机体造成影响的环境排放中得出的。环境影响也可根据生物环境的物理变化（例如温度、资源利用、废物产生）中得出。

4.3.3.3.1 排放量和暴露的数据收集

通过文献、相关风险评估报告以及相关法律法规，收集所有可利用的已有数据。来自各种供应链的排放量和暴露可根据材料的使用以及能源、水和原材料等的输入数据进行评估。

4.3.3.3.2 排放量和暴露的变化特性

本阶段的排放量、暴露和影响的特征是定性或定量的（或者是两者的混合）。将从定性确认“基线”与“提议限制”情景之间排放量的差别开始。排放量有可能可进行量化，这在确定影响的重要性中将是一个重要的因素，所以如果实用则应进行量化。

对排放量和暴露应考虑的重要方面有：

a) 持续时间：即排放/暴露持续多长时间，应考虑暴露是持续性的还是间断性的；
b) 频率：即排放/暴露多长时间发生一次；
c) 受到暴露的人口和区划：对于暴露的人口可包括特定人群（其中儿童或病人可能需要个别考虑），可计算被暴露的人数；对于环境应考虑被暴露的是哪些环境区划、化学品的空间分布和特别易受影响的部分（敏感物种或受保护生物环境等）；
d) 暴露模式：对于人体健康可用来确定个体的暴露；同样环境机体的暴露程度将取决于居住和行为的环境区划。

4.3.3.4 健康和环境影响的变化

4.3.3.4.1 排放量/暴露的有关影响

确认了排放量/暴露的差别之后，就可对来自排放/暴露的可能影响进行确认。以下是应考虑的问题：

a) 排放物可能会造成几种不同的影响，并引发富营养化和酸雨；
b) 几种排放物可能会引发同一种影响（例如不同的化学品可能造成相同的中毒反应）；
c) 影响可在原因和影响之间各个不同阶段进行描述，然后进行量化。

4.3.3.4.2 有关影响的评定数据

向有关领域的相关专家进行协商，了解来自每次暴露的可能影响，需要有毒性和生态毒性以及其他健康和环境影响方面的专家意见。如果需要对与生态毒性无关的几种排放进行确认，可采用寿命周期影响评估法获得可能影响的理想结果。

4.3.3.4.3 影响的定性评估

a) 毒性对人体健康的影响

如果定量法不可行，可采用定性准则确定影响的特征。人体健康和物理影响可利用潜能（有害）和

暴露准则判断其特征。可考虑利用下列准则(其他准则也可适用)对可能的影响进行定性描述:

1) 有关内在性质的潜能(例如无效应剂量或其他剂量效应指标,即中等或其他比例的效应剂量);潜能可进行描述性说明(例如,低、中和高);

2) 作用的严重程度(即效应的类型和是否会导致发病和/或死亡);

3) 暴露特性,包括受暴露的人群、暴露程度/等级(浓度/剂量)、次数(频率)、时间长度(持续时间)还可考虑风险管理措施失败的可能性(不同性能、不适用的可能性)。

作为安全性/风险评估的组成部分评定出风险表征度,其值可用作暴露是否超过推论或预测无效应剂量值的指标。有关内在性质的潜能将用无效应剂量表示,用来计算风险表征度。任何情况下,风险表征度都不能作为唯一的准则使用。只有在定义了剂量效应后才能对风险表征度进行定量说明。然后可得出预期严重程度和影响程度的定性结论。这种方法将为每一种相关的暴露情况和终点重复使用。

b) 物理化学性质造成的健康影响

通常与化学品有关的物理化学性质和与替代技术有关的引起的影响只能进行定性描述。可从强制性限制中得出的影响类型应以特殊的方式进行描述,包括易燃性、爆炸性、振动、噪声和有关受影响工人、消费者人数等的可能性升高或降低。

c) 环境影响

与人体健康的准则相似来描述对环境的预期影响。概括地说生态毒性和环境影响通常做法是利用大小和重要程度准则判断其特征。其中大小是指潜在作用的强度,而重要程度则是指受体(人口、社团、生态体系和自然资源)可预见的破坏。可包含下列内容的准则:

1) 影响频率;

2) 持续时间(即影响将是临时性的还是永久性的);

3) 程度,例如可能失去的生态环境比例、暴露的地理比例;

4) 受影响受体的敏感性/脆弱性;

5) 受影响受体的恢复能力;

6) 受影响受体的生态、经济或文化相关性。

在本阶段,可对预期环境影响的可能大小和程度进行描述。为了便于说明,假若进行了透明的设定而且作决定的过程可跟踪,那么可根据设定的准则对影响的大小和重要程度进行分级(如高、中或低)。

4.3.3.4.4 影响的定量评估

尽可能对人体健康和环境影响量化到可能、实用和成比例的程度,应对与量化有关的不确定性加以考虑并写入报告。

a) 人体健康的毒性影响

为了对全部健康影响进行定量分析,主管部门需要有暴露人口的预估值(例如人数)并考虑到可能发生的健康受损的严重程度(例如平均寿命的缩短或健康受损程度),这类数据通常不作为风险/安全性评估的一部分予以报告。因此,强烈建议尽早收集这类数据并与限制提案一起在评估中给出报告。为了能够对人体健康的影响进行量化,可能需要很多种数据:

1) 定义健康影响的个人暴露和入射(例如皮肤过敏、呼吸道疾病、癌症)与出现影响的概率差之间的关系(即剂量反应关系)的定量评定;

2) 暴露的评估,包括,例如暴露的频率和持续时间,通过相关途径吸收化学品的速率(例如吸入、口服或皮肤吸收)。从而能评定出剂量或剂量范围并得出平均值;

3) 健康效应实际影响的计算(例如因患癌症损失的寿命年数);

4) 被暴露的估计人口总数(如果可能,还有这些人口中受暴露的分布情况)。

b) 环境影响

环境影响可包括对生态体系影响(包括对生态体系结构和功能的毒理性影响)和影响人类使用这些资源(例如应用和休闲)的土壤、空气和水质量下降的影响。可采用国际国内通行的方法评估,使用定量或半定量方法。

4.3.3.5 影响的评价

4.3.3.5.1 评价方法与内容

人体健康影响的评定是以预测总健康损失，即可能受一定健康效应影响的人数，从发病率到死亡率为基础的。已进行过的这种量化程度(4.3.3.4.4)，可将健康影响进行累计。对于环境的影响，成本和效益可作为自然环境向社会提供服务的变化价值进行描述。影响的评价应在可能和成比例时进行。评价有助于在不同类型的影响之间进行比较，将影响按大小顺序排列便于比较。与对化学品使用限制相关的其他影响进行分析时一样，影响的评价有附带的不确定性。因此所有的假想和数值源都需要透明地给出报告。如果没有数值可使用，可进行特定的评价研究。应注意这些研究需要多学科专家的意见，需要相当数量的资源。

4.3.3.5.2 数据收集

在许多情况下主管部门没有足够的信息，如有关它们本身价值的信息和有关环境影响的量化信息。缺乏这种信息妨碍了对影响的环境效益进行货币化的可能性，但有包含生态体系服务值的估价研究。这些可采用称为“效益转移”的技术，在这种技术中，环境资产的价值可从现有的研究中转移到相同的范围内。这样在所述的限制情况下可推导出效益的价值。另外还有基于市场的方法，直接描述商业和财政收益和损失。更详细的数据计算方法参见附录 B 中 B.1。

4.3.3.5.3 报告结果

评估健康和环境影响变化的结果可能不是一个总数，但最好是关于提议限制影响的定性、半定量和定量信息的混合值。因此建议，人体健康和环境影响的评估结果报告总是包含有关下列内容的所有预见影响变化的综合性记叙描述，至少应是定性描述，并包含生成和可用的新增量化/货币化信息：

——受定性和定量影响的人体健康和环境终点；

——使用的与环境和人体健康终点有关的可能值和货币化影响的估计值；

——影响的重要程度；

——影响描述的确定性和可信度；

——有关包含内容、测量、数据源等的所有相关的假想与决定和估计的不确定性。

4.3.4 经济影响

经济影响涉及的是“提议限制”情景与“基线”情景比较的成本和成本节约。经济影响包括制造商、进口商、下游用户、经销商、消费者和社会总体的净成本。净成本应考虑到因限制给参与者带来的成本和转用替代而可能节约的成本。经济影响可能包括：

a) 为了符合提议限制所需要的新设备和生产工艺成本或停止使用未到寿命的设备/设施的成本；

b) 运行和维护费用(劳务费用、能源费用等)；

c) 因不同的生产成本和化学品购买价格引起的不同化学品成本的差别；

d) 因两个情景不同(例如因效率降低或提高)引起的成本差别；

e) 运输费用的变化；

f) 设计、监控、培训和管理成本。

经济影响可在以下基础上进行：

g) 效率：资源使用的变化(等于生产因素的使用变化，如原材料、能源、劳动力或资本)；

h) 公平性：经济影响在不同行业或社会群体中的分布。

4.3.4.1 企业成本和社会成本之间的区分

在对提案的任何评估中，重要的区别是在企业成本和社会总成本(通常称为“社会成本)的区别。为了对“基线”情景与“提议限制”情景进行比较，需要知道每个方案的社会总成本。一个方案总成本的部分是由企业成本组成的，但只有这些成本中的一部分用于经济分析，用来分析社会的观点。在进行经济分析时应避免使用包括税金和补贴的成本，应清楚地说明包括的成本种类(例如什么税金和补贴可能包括在成本中)。

4.3.4.2 **确认经济影响**

确认和屏蔽影响的一种实用方法是使用检查列表,将所检查项目列表,指导并保证在分析过程中考虑到特别相关的影响和问题。

4.3.4.3 **数据收集过程**

经济影响的数据可从各种数据源获得;但无论什么数据源,都应考虑数据的有效性。文献中的估计值可能高估也可能低估,可能是为特定目的得出的而不是通用的成本指标。数据还将有自己的"保存期限",而成本和物价可随着时间发生变化。利用下列各种来源可收集有关经济影响的数据:

a) 与生产和使用化学品的行业(协会和个体公司)进行协商;

b) 与生产和使用替代的行业(协会和个体公司)进行协商;

c) 与了解该行业的其他独立行业专家进行协商;

d) 公布的信息,如报告、杂志、网站;

e) 研究机构;

f) 类似行业或部门的文献源中找到的相似成本估计值;

g) 专家估计值;

h) 国家统计局、海关等统计服务部门;

i) 公司财务报告。

4.3.4.4 **评估经济影响**

确认主要的经济影响之后,经济影响的分析应从基于所有可用信息(定性和定量)的评估开始。基于收集的数据,如果认为需要分析可量化和货币化。

4.3.4.4.1 **应尽可能对成本单项成分之间的成本数据进行分解**

某些成本成分对评估是最有用的。检查项目包括投资和已支付费用、运行和维修费用、营业收入、管理费用和下游及消费者成本。这些检查项目不是详细清单,其他部分在个例中可能是重要的。确认了主要的经济影响之后,只需要对这些检查项目中相关选择的确认影响进行分析。

4.3.4.4.2 **确认和评估经济影响的系统方法应避免成本和效益计算一次以上**

经济影响评估的输出是受影响供应链和消费者成本或效益任何变化的清晰说明。也是对成本分配的评估显示谁将承担成本或收益。在经济影响下,货币化数据或是可用的(通过协商或其他形式的研究)或是因保密原因难以得到。如果是后一种情况,那么重要的是进行更多的定性评估。

4.3.5 **社会影响**

社会影响应理解为所有相关影响。这些影响可能影响的对象是:工人、消费者和普通公众,而且没有对人体健康和环境风险以及经济影响进行分析。对于更多的社会经济分析,主要是对就业的影响和任何造成就业变化后果的严重影响(例如工作条件、工作满意度、教育或工人和社会安全性的变化)以及生活质量的变化(消费品可用性和质量的变化)。

4.3.5.1 **社会影响的确认**

应考虑社会经济分析中的就业影响;还应考虑的另一个重要社会影响是消费者"福利"的变化,经济学家利用这一术语描述个人或社会的福祉。附录C提供了某些非市场估价技术(在市场上没有标价的货物/服务)的更详细信息。

4.3.5.2 **数据收集过程**

起点是利用已经收集作为经济影响分析一部分的信息(如工人人数和工厂位置),来估计就业的影响。关于就业的影响,考虑的某些普遍问题都以大纲模式列出。

4.3.5.2.1 下面不是最终确定的列表,是从制造商/进口商的观点考虑的,但相同的想法同样适用于下游用户:

a) 化学品的生产商/进口商有多少；

b) 职员数量；

c) 这些公司需要的主要工种/技能；

d) 为什么替代而雇佣这些人(即,如果使用替代工序,需要更多的是资本而不是劳动强度)；

e) 问题:上述问题会因提议限制而发生任何变化吗?

4.3.5.2.2 用于行业/部门详细评估的主要信息源：

a) 与生产或使用化学品的行业(协会和私人公司)进行协商；

b) 与生产或使用化学品替代的行业(协会和私人公司)进行协商；

c) 与相关的工会协商；

d) 相关公司网站和出版物(例如公司向利益相关方的报告)。

4.3.5.2.3 另外对于就业的更广泛的评估,通常都是地区级的(例如主要公司所在地),可使用几个公开可获得数据来源,可能包括：

a) 全国人口普查/统计局数据——例如,可能确定该地区工人的资质程度、失业率、位于该地区的行业类型粗分类等；

b) 地方当局/地区政府报告和网站；

c) 统计服务,如国家统计局；

d) 出版的信息。

确认了主要的社会影响之后,唯一需要的就是对在检查列表中确认并进行相关选择的影响进行分析,以及没有包含在检查列表内的其他确认的任何影响。

4.3.5.3 评估社会影响

评估就业效果的简单方法如下所述：

a) 估计就业方面的变化；

b) 估计相关地区内的工作种类和技能水平；

c) 估计对这些工作位置的影响。

4.3.6 贸易和经济发展影响

4.3.6.1 确认贸易、竞争和经济发展的影响

这些确认的影响可能对工人、消费者和普通公众产生相应的影响,而且没有对人体健康确认对贸易、竞争和经济发展的可能影响,其起点是经济影响的估计值。如果"基线"情景与"提议限制"情景之间的成本差别很大,可能会导致更广泛的重要经济效应。

4.3.6.2 数据收集过程

收集需要的信息,其起点是确认在评定经济影响过程中没有收集并与分析对贸易、竞争和更广泛经济影响相关的信息。这些数据可能包括：

a) 市场的地理范围(对收集有关进出口统计信息,确定哪里是最重要市场可能有用)；

b) 竞争者有多少(以及他们位于何处)；

c) 产品需求的物价敏感性如何。

公司在市场上的盈利能力发生变化时,也应考虑到这一点。关于这些方面的信息可从以下方面提供,例如通过供应链、贸易统计、财务统计(个体公司或行业部门的盈利能力)或市场回顾等。

4.3.6.3 评估更广泛的经济影响

这些影响大多数都只能进行定性分析和在可能的情况下用定量数据给予支持。以下是对贸易、经济和更广泛经济影响进行分析建议的过程,分析方法参见附录 B.4：

a) 分析市场,确定新增成本的消化能力；

b) 如果可能通过财务比率确定行业承受经济发展主要变化的承受力(恢复力)有多大。

c) 评估的结果可能是一张定性描述的可能影响列表。

4.3.7 保证分析的一致性

本节包括如何保证一致性分析的指南，适用于所有类型的影响（环境、人体健康、经济、社会和更广泛的经济影响）。为了提高有效性，主管部门应在可能的条件下从大量的独立数据源收集数据。应记录下所有的数据源及数据来源。建议以相似的术语描述成本和效益：

a) 货币化估计：这些估计值应以货币表示，并在同一年度的物价水平上。

b) 定量估计：这些估计值都应以物理术语表示，如节省的人工小时，用 kW·h（千瓦小时）表示节省的能量。

c) 定性估计：在可能的情况下，这些估计值应尽可能与定量估计值相似，如定性描述节省的人工小时和能量的变化情况。

主管部门应尽力确认和使用最近可用的有效数据。应说明成本数据适用的年度和货币兑换率适用的年度。这样才能保证透明性，需要时其他用户才能复制（确认其有效性）该分析。这些方面将在下面讨论。

4.3.7.1 通货膨胀

经济学中商品和服务的一般物价水平和相对物价（例如投资设备的成本、原材料的市场物价）将因通货膨胀而随着时间的不同发生变化。所以总是需要利用文献资料源中的成本和效益估计值，这些都是以不同年度的调查结果为基础的，在这种情况下需要考虑到通货膨胀的因素。

4.3.7.2 贴现

贴现只有在下列情况下才相关：

a) 某些影响已经货币化；

b) 已知成本和效益的时间（在允许的不确定性内）或可用年度表示。

4.3.7.2.1 是否实行一项限制（或任何其他风险管理方案）的决定可能会有当前后果（即成本和效益）和未来后果。社会经济分析中应考虑到对受该决定影响的社会中的那些人的当前及未来的成本和效益（即包括不能通过市场立即确定出价格的影响）。因此要求有一个机制对不同时间发生的成本和效益进行比较。

4.3.7.2.2 在经济分析中，用来比较随时间变化的成本和效益最常用的方法称为贴现。利用贴现可计算出今天，或其他任何时间点的等量值，即“现值”。成本或效益发生的时间越久远，其现值就变得越低。现值的下降幅度取决于贴现率；使用较高贴现率的未来成本或效益，其现值将比较低。这一点将在附录D中进行进一步的讨论。贴现的方法如下：

a) 用贴现公式计算成本和效益的现值；

b) 如果有保证，对贴现率及具体成本和效益的时间进行敏感性分析。

4.4 第四阶段：说明并作出结论

本阶段主要目的是说明并对每一项风险管理方案情景的定性、定量和货币化成本和效益与“基线”情景进行比较（即说明情景之间的差别）：

a) 详细描述提议限制本阶段的社会经济分析情况。进行社会经济分析公认的总体方法应是迭代法，主管部门应采用与本阶段社会经济分析迭代法相适应的详细程度进行本阶段的工作。

b) 社会经济分析过程中的所有阶段一样，主管部门应考虑到数据和分析中出现的不确定性。不确定性的影响应在说明结果时给予考虑并予以确认。除了主要的社会经济分析结果外，还应说明分布成本和效益的社会经济分析。

c) 影响分布的分析应包含所有相关类型的影响，即不仅是不同参与者之间的成本和节省的分布，而且还有哪些工种的工人受到的暴露多，哪些工种的工人受到的暴露少，它们的地理分布情况如何，或暴露环境区划或暴露环境位置有什么变化。

本阶段流程见图4。

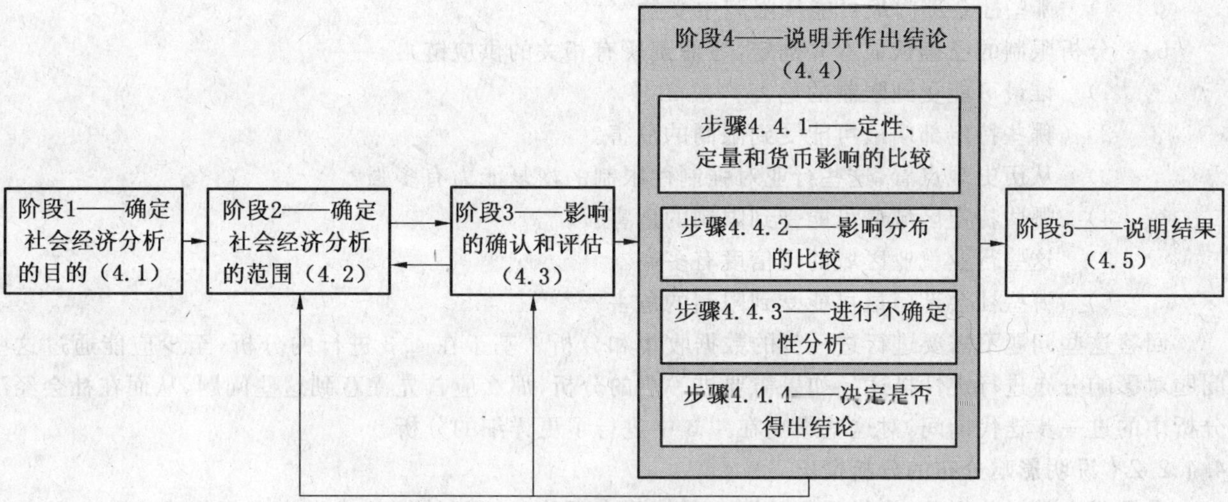

图4　说明并作出结论流程图

4.4.1　定性、定量和货币影响的比较

有几种社会经济分析工具和比较方法可用来评估提议限制对人体健康和环境的净效益以及对制造商、进口商、下游用户、经销商、消费者和社会作为一个整体的净成本：

a)　确定采用的量化程度是通过迭代过程实现目标的最佳方案。如果需要有足够的支持才能作出决定，那么就从影响的定性评估开始，在未来的迭代中再进行更深入的分析。在某些情况下，一次定性分析将足以得出有说服力的结论，在这种情况下，则不需要进行更深入的量化。而在另外一些情况下，量化会给作决定带来附加值。

b)　需要进行货币化时，比较量化和货币化影响的合适工具是成本效益分析（CBA）。成本效益分析使用的是货币化值。将所有的成本和效益换算成标准单位，这样才能进行直接比较。但实际上，不可能对所有影响进行货币化（例如社会和更广泛的经济影响）。另外，根据当前的知识体系，估计环境影响可能是困难的，有时也是不可能的。某些成本或效益也没有市场。附录F中提供的信息是有关成本效益分析以及其他几个社会经济分析工具。

4.4.2　影响分布的比较

除了主要的社会经济分析结果外，还应说明分布成本和效益的社会经济分析。影响分布的分析应包含所有相关类型的影响。应考虑到下列成本和效益是重要的：

a)　国内和国外的；
b)　对当前使用化学品的供应链——例如制造商、供应商、进口商和下游用户；
c)　对所有其他相关供应链——例如任何替代化学品或技术的制造商/进口商；
d)　对最终消费者和成品/服务——例如物价和质量；
e)　对相关供应链的不同社会经济团组——如高熟练工、半熟练工、体力劳动者和非技术工人；
f)　对不同地区。

4.4.2.1　方法

考虑影响分布的一种方法是利用提出的问题作为提示，考虑到供应链中不同部门、人员和地区受到“提议限制”情景影响的途径。下面问题提供一个可能考虑的问题的非详细列表，它们并非都与所有社会经济分析相关，这些问题可适用于每个风险管理方案情景：

a)　对限制的已确认效益进行分析并确定（考虑到所有相关的供应链）：
  1)　谁最可能从限制中受益？
  2)　哪些特定部门最可能从限制中受益？
  3)　哪些环境部分、哪些地理区域从限制中受益/最可能受限制的危害？

4） 哪些社会部门最可能从限制中受益？

b） 分析限制的已确认成本并确定（考虑到所有相关的供应链）：

1） 谁最可能受到限制的危害？

2） 哪些特定部门最可能受到限制的危害？

3） 从历史观点看，这些行业对强制性限制的恢复能力有多强？

4） 哪些特定区域最可能受到限制的危害？

5） 这些行业就业区域的可信度有多高？

6） 哪些社会部门最可能受到限制的危害？

回答这些问题不需要进行进一步的数据收集和分析。基于在4.3进行的分析，至少应能通过这些问题对影响分布进行定性描述。如果需要进一步的分析，那么应首先注意到这些问题，从而在社会经济分析中的进一步迭代期间，对这些影响在4.3中进行了更详细的分析。

4.4.2.2 说明影响分布的分析情况

采用成本效益分析法，将货币化的影响累加到净现值或按年计算的成本中。但需要在收集并分析附加数据之后进行，从而提供定量估计值（即通过后面的迭代）。净现值（NPV）是以合适的贴现率进行贴现的所有效益，减去以同样贴现率进行贴现的所有成本的现值。成本和效益不是应进行货币化的，也可采用一个定性程度取代。

4.4.3 考虑从分析中的不确定性是如何改变社会经济分析结果

在本指导性技术文件中一直强调，在社会经济分析的过程中应始终考虑到并记录下出现的不确定性，不论是否包含在相关供应链中参与者的反应行为或评估影响程度的估计值（或其他任何方面）中。主管部门应能证明他们的社会经济分析结果已考虑到了这些可能的不确定性。不确定性分析的目的是检验社会经济分析中的全部不确定性：

a） 返回到4.2，对特定的行为反应进行进一步的分析，如是否能缩小可能的行为反应范围，得出4.3中提议限制影响的最佳估计值。

b） 返回到4.3，对特定影响的评估进行进一步的分析，减少估计值中的可变性或不确定性。

c） 返回4.3，对主要影响的评估进行进一步的迭代——确定进行定量或货币化评估的需要，从而得出有关提议限制的有说服力的结论。

d） 确定提议限制对人体健康和环境的净效益，以及对制造商、进口商、下游用户、经销商、消费者和社会作为一个整体的净成本有足够的说服力，能够得出社会经济分析的结论。

4.4.3.1 方法

专用于不确定性分析的资源水平和进行的详细程度应与社会经济分析的范围成比例。建议采用逐步法对不确定性进行分析，从简单的定性评估开始，这样本身可能就足以确定不确定性是否会影响社会经济分析的结果，从而确定是否需要进行进一步的分析。如果出现的不确定性确实对社会经济分析的结果是重要的，那么可能需要利用一种确定法进行进一步的定量评估；然后如果有必要而且可行，再进行概率评估。附录E提供了有关几种不确定性分析方法和有助于减少影响可变性的方法。

4.4.3.2 说明不确定性分析

主管部门或有关一方应考虑到的问题，包括：

a） 不确定性总程度和对分析及其结论的置信度的评价；

b） 对不确定性重要源及其对分析的影响的了解；

c） 对临界假想及其对分析和结论的重要性的了解；应包括与分析人员主观判断有关的任何假想的详细情况；

d） 对不重要的假想的了解和认为它们不重要的原因；

e） 对影响任何结论的似乎合理替代假想程度的了解；

f） 对与评估有关的关键科学思考的了解和关于结论可能出现什么差别的理解。

4.4.4 决定是否得出结论

作为迭代过程的一部分，进行的分析程度以及限制的范围和条件可能需要进行精炼推敲，在提议限制对人体健康和环境的净效益和对制造商、进口商、下游用户、经销商、消费者和社会作为一个整体的净成本方面的影响基础上，做出有说服力的结论。

4.4.4.1 在每一步迭代结束时，主管部门应决定要做出什么样的结论，是否需要改变“提议限制”情景的范围和条件，收集更多的数据和/或进行更详细的分析。(在 4.4.3 中)进行的不确定性分析应提供做出这一决定的依据。

4.4.4.2 建议的迭代法意味着，初步的社会经济分析(第一次迭代)是利用立即可用的数据进行的(首先可能是属于定性的)。通过对影响的比较，主管部门应做出判断，是否可得出结论，是否从而需要对分析进行进一步的精炼推敲：

a) 返回进行更多的分析(社会经济分析过程的进一步迭代)；

b) 最后确定社会经济分析过程并报告限制提案的分析和结论；

c) 进行社会经济分析的下一步。

4.5 第 5 阶段：说明结果

本阶段流程见图 5。

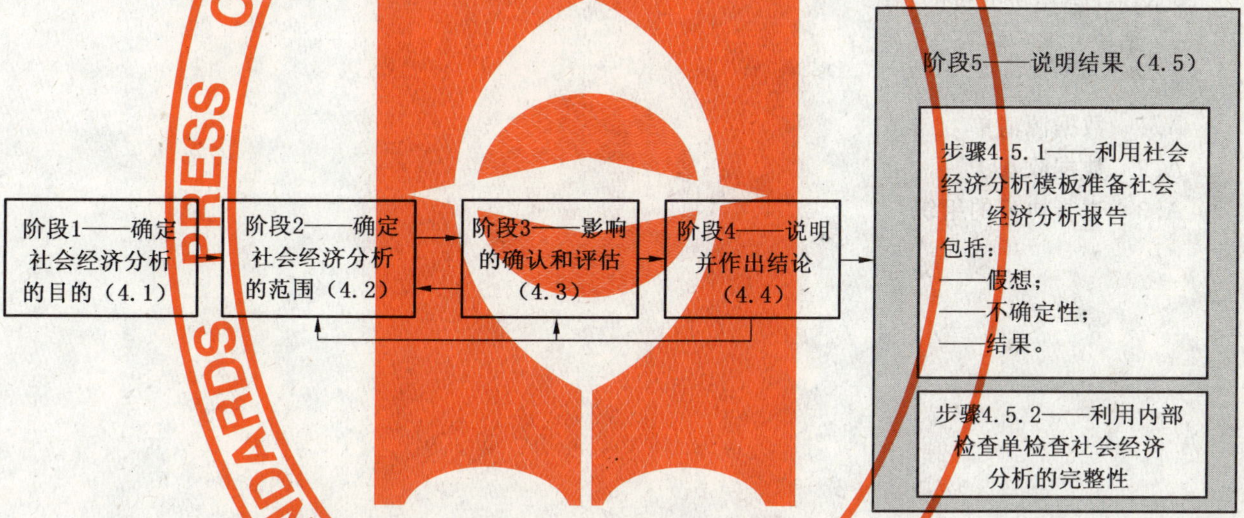

图 5 说明结果流程图

4.5.1 概述

第 5 阶段是社会经济分析过程的最后阶段。其主要目是强调社会经济分析的关键性结果，供相关部门在起草提案时和主管部门在做出决定时予以考虑。主管部门应记录下分析过程和在社会经济分析中包括(和排除)的任何影响。本节介绍的一些工具，有助于主管部门将其写入社会经济分析并进行说明。本节提供了应遵守的某些良好规程的原则。就这些总结如下：

a) 起草总结报告：总结不仅应包括主要的结果，还应包括对结果起重要作用的数据源、假想和方法；

b) 记住在最后的社会经济分析报告中标记出不确定性和假想，还需要说明对影响进行评估和比较所用的分析方法，如成本效益分析或多准则分析；

c) 保持简单性：理想的情况是，任何非专业人员应能遵守论据并理解社会经济分析中考虑的有关提议限制的正面和负面影响。

4.5.2 报告格式

主管部门和有关一方可用任何形式组织好他们的社会经济分析，使其能最好地说明其结果。以下的模板提供了一种建议的方法，可用来说明社会经济分析报告：

1 社会经济分析的总结
2 社会经济分析的目的和范围
2.1 社会经济分析的目的
2.2 “基线”情景的定义
2.3 “提议限制”情景的定义
2.4 确定社会经济分析的时间和地理界限
3 影响的分析
3.1 经济影响
3.2 环境风险
3.3 人体健康风险
3.4 社会影响
3.5 更广泛的经济影响
4 情景的比较
4.1 社会经济分析中使用的关键假想
4.2 不确定性分析的结果
4.3 社会经济分析的结果
5 结论
附录：
A.1 数据源清单
A.2 数据收集法
A.3 进行协商的组织

附 录 A
（资料性附录）
起草限制提案过程中的协商过程

A.1 介绍

不同部分的制定工作可能包括某些形式的协商或准备。尽可能将协商过程结合起来，包含收集替代和社会经济分析信息的各个相关方面。协商包括要求有限的和规定良好的信息、广泛的公开协商。协商的目的需要明确，协商应与问题成比例。进行协商时，重要的是保证使用的程序要与主管部门范围内已经建立的任何协商程序一致。有效的协商效益可包括：

a) 允许使用并非总是公开的信息；

b) 提高对受限制影响的部门/参与者以及他们是如何受影响的理解；

c) 通过与相关组织的广泛协商和广泛征求专家意见，提高社会经济分析结果的可信程度；

d) 尽可能减少后面阶段中对社会经济分析可能存在的对抗性挑战风险；

e) 提高分析的质量；

f) 利用专家意见和内部没有的技能。

A.2 制定协商计划的阶段

A.2.1 规定协商目标

对于参与起草社会经济分析的人和将要协商的利益相关方，计划都需要阐明协商的目标。协商可是社会经济分析过程的一个很重要的部分，包括多个目标，其中：

a) 帮助确认什么是有关各方对提议限制最可能的反应（这是确定范围阶段）。例如，下游用户可能使用替代品吗？

b) 帮助确认提议限制的主要影响。例如，如果下游用户使用替代物质，职业风险将会发生什么变化？转为使用这种替代品将会造成什么环境后果？

c) 提供实行提议限制时，有关所有相关各方的成本和效益的数据和信息。例如，与替代物质，需求的增加有关的影响是什么，如工作、能源消耗、产品价格以及在替代物质现有用户的任何供应限制方面；

d) 采纳专家意见，可帮助减少社会经济分析过程中发生的不确定性；

e) 提供社会经济分析和建议的反馈意见。

协商还有助于其他风险管理方案（RMO）的评估。但是起草社会经济分析的负责人应知道，企业或其他利益相关方没有提供信息的法律义务。特别重要的是要告诉利益相关方如何进行协商才适合社会经济分析的整个决策过程，以及利益相关方提供的信息是如何对社会经济分析的结果产生影响的。有时利益相关方参与对如何使用他们提供的信息作出决定时是合适的，尤其是他们提供了保密信息时。

A.2.2 制定协商计划的时间表

协商计划应包括保证计划有可用的时间和资源，以及提供和评估协商事项结果的措施。应提前向利益相关方提供协商期的开始和结束日期并给他们参与的足够时间。协商应按时进行，保证协商的结果有助于制定的社会经济分析作为限制过程的一部分：通常协商应在过程中尽早进行。需要的资源也应及早落实。

A.2.3 确定参加协商的人员

主管部门的目的应与受提议限制影响或能受影响的所有各方进行商讨，包括：

a) 内部与其他政府各部和执行机构；

b) 协会/工业团体(仔细考虑哪些行业受影响);

c) 该物质或替代品制造商/进口商(考虑包括那些即使没有受限制影响的制造商);

d) 下游用户(考虑包括下游用户,即使他们没有受到限制的影响,但提议限制的结果可能对他们的商务活动产生间接影响);

e) 上游供应商(也要考虑包括他们,即使他们没有受到限制的影响);

f) 相关联的供应链(可能受到提议限制结果的影响,即考虑物质的任何替代品/替代品有关的供应链/零售商和消费者团体,即使他们可能不是直接使用者);

g) 非政府组织(NGO),即消费者组织和环境组织;

h) 劳动和经贸协会。

考虑地区之间的可能差别,确认这些协商可提供有代表性观点。制作一个详细图表可能也很有用,标出什么人可能提供什么类型的信息(参见表 A.1 所示)。如果所有相关影响都已确认,这样可作为内部制定计划的有用工具,通过与利益相关方的协商得到各方面不同的信息(例如人体健康、环境和社会方面的信息)。从利益相关方那里收集的信息应有助于制定更完整的影响分析,对内部检验每种影响是否都有足够的利益相关方参与协商也是有用的。

协商可能还会因协商期间每个利益相关方能参加的时间受到阻碍,所以不要依赖于任何某一个利益相关方提供信息。需要的协商深度应与现有的信息质量成比例。现有信息的质量越高,就越容易理解主要的问题并通过协商收集对这些问题的意见,而不是通过协商理解什么是主要问题。

表 A.1 提供信息情况表

利益相关方	每个风险管理方案的确认	环境影响	健康影响	经济影响	贸易、竞争和经济发展	社会影响
A	√			√	√	√
B		√	√			
C			√			
D	√					
E				√		
F						√
主管部门	√	√	√	√		

A.2.4 选择合适的协商方法

建议主管部门能保证采用的协商方法适合参与利益相关方的专家意见水平并符合主管部门内现有的协商指南要求。合适的协商方法可能包括:

a) 背景信息介绍:可包括有关化学品的限制程序、为什么列出这种物质、这种物质现有的用途和协商的原因;

b) 利益相关方的讨论会:介绍性会议,向以上建议的人员(尽管将分散各地的利益相关方集合在一起显然存在问题,如特定地区内部存在的偏见)提供类似的信息;

c) 自由讨论会:利益相关方集合在一起,收集对社会经济分析过程中涉及的关键性问题的意见。例如在实行风险管理方案时所有受影响各方可能的反应情况和对每个风险管理方案的实施产生的主要影响是什么?

d) 电话或书面调查:这些可用作收集利益相关方对成本效益方面广泛信息的一种方法。也可用来收集对每个风险管理方案可能反应的信息。但是主管部门应小心,在提问时的措辞和被提问者可能选择的可能答案方面不要带偏见和使用模棱两可的言辞。在这一方面,用提示说明性反应的调查表可能比勾选选择框更有效。

A.2.4.1 考虑利益相关方可能需要什么信息

协商工作应以有参考价值的意见和信息为基础。这就是说，要向利益相关方提供高质量的信息帮助他们了解所需要的是什么。向利益相关方提供的信息类型应取决于参加会议的利益相关方是什么人，但一般的情况应以简单易懂的方式进行介绍。

A.2.4.2 考虑如何对结果进行比较、审查和报告

通过协商表达的意见应写成文件、进行评定并报告，这是证明社会经济分析透明性和稳健性过程的重要步骤。应向利益相关方提供反馈，表明他们的观点对社会经济分析的影响作用并证明他们的参与是值得的。表A.2的检查项目列表可用来对协商计划进行评定。

表 A.2 协商计划检查项目表

a) 解释协商过程
   1) 说明这次协商的目的了吗？
   2) 确定阐明协商的时间和关键性活动了吗？
   3) 说明协商对提高社会经济分析的作用了吗？

b) 考虑协商人员及其参与事项
   1) 确定了关键区域、相关利益相关方及其在社会经济分析中的作用了吗？
   2) 确定是否有难以接触到的利益相关方团组了吗？
   3) 制定了保证能听到这些利益相关方意见的联络计划了吗？
   4) 考虑到作为主人召开会议讨论研究结果的事宜了吗？

c) 考虑可能需要的利益相关方
   1) 向参加会议的人员提供了必要的信息了吗？
   2) 提供了保证他们表达有价值意见所需的足够信息了吗？
   3) 提供的信息易懂而有意义吗？
   4) 提供了足够的机会供与会者接受信息而不是说完了事么？

d) 考虑什么时候进行协商
   1) 得到所在部/主管部门关于进行公共协商的许可了吗？
   2) 考虑到分析过程中每个阶段什么时候进行协商了吗？
   3) 尽早协商有助于确认所有问题而不是只对已经确认的问题征求意见？
   4) 社会经济分析过程中尽早协商使参与者感觉到你是诚恳地征求他们的意见吗？
   5) 考虑到协商工作是否在这一年的合适的时间进行？

e) 记住向利益相关方提供反馈
   1) 明确地解释了决策过程和他们提供的信息将如何应用于所有利益相关方了吗？
   2) 计划提供的反馈包括某些信息没有被采纳的原因了吗？

f) 考虑便于协商所需要的资源
   1) 内部有足够的资源供协商使用吗？
   2) 研究了通过协商获得外部帮助的成本了吗？
   3) 考虑到与协商成员分担某些协商责任了吗？

附 录 B
（资料性附录）
影响的评估

B.1 人体健康和环境风险

B.1.1 “质量调整寿命年”(QALY)和残疾调整寿命年(DALY)

这些计算方法中最常用的是“质量调整寿命年”(QALY)。其他使用度逐步上升并建议采用计算有残疾调整寿命年(DALY)和健康年等值。这些概念中每一个都是用来计算生活在完全健康状态有价值的相等时间长度方面规定的“健康量表”(即以死亡结束的健康状态的时间路径)效用。比较主要的重点在于世界卫生组织近期制定的文件中使用这类计算方法，在此简单回顾如下：

B.1.1.1 质量调整寿命年(QALY)

一个质量调整寿命年(QALY)既考虑医疗保健干预产生的生命数量也考虑其质量。这是平均寿命的数学乘积，是剩余寿命年质量的计算方法。

一个质量调整寿命年给一个病患在不同的健康状态下度过的时间的加权数值。完全健康的一年相当于1；低于完全健康的平均寿命的1年相当于小于1。认为死亡相当于0，但某些死亡状态可能被视为比死亡还差，有一个负值。在健康状态度过的时间量通过一定的实用值给健康状态加权。需要有完全健康的一整年(实用值为1)才等于一个质量调整年，但是关于健康状态的一年评价为0.5时，则相当于半个质量调整年。

最近在健康经济学领域出现了某些争论，对质量调整年是否是计算产出的合适单位，给成本效益分析一个有限适用范围提出质疑。结果是，逐步扩大的研究领域正在研究和制定一些方法，打算在使用统计生命价值(VSL)和生命年价值(VOLY)的估算值基础上赋予质量调整寿命年一个货币价值。这就要求具备下列信息：

a） 质量调整寿命年值，应附于有意义的健康效应以及这些健康效应的持续时间；

b） 统计生命价值的货币价值和合适的贴现率，提供计算生命年价值的依据；

c） 用统计生命表示的质量调整寿命年数。

B.1.1.2 残疾调整寿命年(DALY)

B.1.1.2.1 残疾调整寿命年(DALY)是制定的一种社会健康的计算方法，已经应用于各国患病负担的计算。与质量调整寿命年相似，它们的区别在于加入了一个年龄加权因数，并根据理想的健康量表计算寿命和健康的损失。年龄加权因数代表的是这样一个判断：年轻的成年和中年时期对社会的贡献大于儿童或老年时期。换句话说就是非常年轻和非常老的人，其健康加权值较小。

B.1.1.2.2 残疾调整寿命年是损失寿命年(YLLS)与有残疾寿命年(YLD)之和。现在制定出了各种计算方法来计算因不同年龄死亡而损失的寿命流。这些计算方法可分为四类：

a） 潜在损失寿命年龄；

b） 同期预期损失寿命年龄；

c） 同龄组预期损失寿命年龄；

d） 标准预期损失寿命年龄。

B.1.1.2.3 残疾调整寿命年和质量调整寿命年不提供有关健康影响或影响评价程度的任何附加信息。它们只能累计不同的健康影响(不同的患病和死亡率效应)。在某些情况下可能是有用的，如果一种替代品具有不同的外形，那么与提议限制的物质相比会带来什么类型的健康影响。

B.1.2 死亡率和发病率的单位成本与各种污染物的外部成本

B.1.2.1 死亡率和发病率的单位成本

化学品暴露对死亡率影响和急性效应发病率影响的参考价值按照某年的物价水平计算的。

B.1.2.2 选择污染物的外部成本

另一种排放是来自制造商的副产品或者利用供应链中的活动产生的。这些可能是燃烧活动的副产品或聚集的新增废物或废水，并在基线情景与限制/非使用情景之间存在差别(例如，如果制造所述物质比可能的替代品消耗的能源更密集)。在很多情况下这种间接排放是有限的，不需要做进一步的分析。在这里提供了如何判断的指南：

a) 确认这些间接排放物中最重要的是什么(例如空气排放物、二氧化碳、附加废水的产生、固体或气体废物)；

b) 估算排放物的排放量；

c) 使用单位货币化价值估算总成本；

d) 决定成本是否可能影响总结果，如果影响总结果，继续进行分析。

注：应小心避免双重计算这些成本，因为其中有些可通过，例如排放费用进行(完全或部分)内在化，并包括在经济影响中作为营业或成本或间接成本。还有排放物或废物产生的可能费用可在经济标题下说明，例如，与废水和废物处理或处理服务有关的成本。

e) 对于二氧化碳，首先是所有的二氧化碳都没有作为使用的货币价值。二氧化碳和其他温室效应的损害成本价值难以估计，但建议使用基于消除有害事物的成本估计成本。

f) 对于发生的新增废水，还没有相关的单位成本可用。大量出现新增废水并对社会经济分析结果产生影响的情况未必很多。

B.2 经济影响

这些检查项目列表支持经济影响的分析(见4.3.4.4)。这些检查项目列表内使用的术语“变化”指的是收益或成本节省。这些检查项目列表应用于所有相关的供应链(即一种替代物质的供应链)，不仅是当前使用提议限制或另一种形式的风险管理方案提议限制的物质供应链。

B.2.1 投资和不能回收的成本

投资和不能回收成本是购买如工厂和机械等资本设备。“不能回收成本”是指已经支付且不能通过出卖投资收回的投资。这样，不能回收成本不再是公司决策过程的数字。例如，一旦一件非专利产品投入市场，研究和开发成本就成了不能回收成本。投资成本类型：

a) 革新和研究开发成本的变化；

b) 性能试验成本的变化；

c) 财产权成本的变化；

d) 设备成本的变化；

e) 改造成本的变化；

f) 一般场地和运营成本的变化；

g) 退出运营成本的变化。

B.2.2 运行和维护成本

这些成本经常与产出，如制造使用的原材料、成分、劳工和能源等的变化成正比的变化(即可变成本)，但也有固定运营成本。运营成本的类型：

a) 能源成本：

1) 电力成本的变化；

2) 天然气成本的变化；

3) 石油产品成本的变化；

4） 煤炭或其他固体燃料成本的变化。

b） 材料和服务成本：

1） 运输成本的变化；

2） 储存成本的变化；

3） 推销成本的变化；

4） 包装和标签标志成本的变化；

5） 更换件成本的变化；

6） 辅助成本，如化学品、水等成本的变化；

7） 环境服务，如废物处理和处理服务成本的变化。

c） 劳务成本：

1） 运营成本、监督成本和维护人员成本的变化；

2） 上述人员培训成本的变化。

d） 维护成本的类型

1） 取样、试验和监控成本的变化；

2） 保险费成本的变化；

3） 营销成本、许可证费用和其他法规符合性事项的变化；

4） 应急预案成本的变化；

5） 其他一般间接（如管理）成本的变化。

e） 后续（间接）成本：一项新技术的实施可引起生产过程的变化、成本增加，例如系统效能或产品质量下降。应对计算出的成本尽可能进行评估并在报告结果时进行明确的确认。

B.2.3 收益

收益是指市场上售出产品数量收到的价值，收益源：

a） 销售额的变化；

b） 生产效率/停工期的变化；

c） 营运资本利润的变化；

d） 设备剩余价值的变化。

B.2.4 监管调节成本

监管调节成本指的是主管部门（或“监管部门”）的调节成本称为监管调节成本，监管调节成本的类型：

a） 与许可一项活动有关的行政管理费用的变化；

b） 检验、监控成本（如进口、排放物等）的变化；

c） 任何科学建模、取样和试验成本的变化；

d） 执行成本的变化；

e） 因允许或已税活动的变化造成收益的变化；

f） 后续（间接）效益：实行限制可能引起监管部门要求的变化，造成成本下降，例如劳务成本的降低或再分配或专家意见。应对计算出的成本尽可能进行评估并在报告结果时进行明确的确认。

B.2.5 下游用户和消费者成本

下游用户和消费者成本指的是消费者成本是影响最终产品消费者的成本。上述某些成本与下游用户（即收益、规避成本和效益）以及以下所列有关：

a） 消费者成本的类型：

1） 最终产品使用寿命的变化；

2） 市场物价的变化；

3) 年度维护/修理成本的变化(即如果产品不耐用);
4) 最终产品效能的变化;
5) 可用性和选择的变化。

b) 下游用户成本的类型:
1) 供应商产品寿命的变化(即来自制造商/进口商);
2) 供应商产品市场价格的变化;
3) 供应商产品效能的变化;
4) 使用一件替代品的可用性和成本的变化。

B.3 社会影响

本检查项目列表支持社会影响的分析(见4.3.5.3)。本检查项目列表中使用的术语“变化”指的是增加或减小。本检查项目列表应用于所有相关的供应链(即一种替代物质的供应链),不仅是当前使用的提议限制的或另一种形式的风险管理方案提议限制的物质的供应链。

B.3.1 就业影响

就业影响指的不只是总就业情况的变化,而且也指工作类型和工作地点的变化。重要的是应考虑到近期使用和制造该物质的那些行业就业情况的变化,还应考虑到因一种替代产品或过程需求的变化所引起的就业情况的变化。

在多数情况下,要获得就业影响方面,尤其是具体问题,如不同职业组(尤其是没有与行业代表和贸易协会协商时)就业影响方面的定量信息是不可能的,但是一个“好的”社会经济分析至少应定性考虑提议限制产生影响的情况,例如对不同的职业组产生的影响(如什么工作和技能可能受提议限制的影响最大)。

a) 工作职位数:
1) 上游供应商(包括替代品的上游供应商)需要的劳务的变化;
2) 该物质/替代品制造商需要的劳务的变化;
3) 该物质/替代品运输需要的劳务的变化;
4) 该物质/替代品经销需要的劳务的变化;
5) 该物质/替代品储存需要的劳务的变化;
6) 下游用户需要的劳务的变化。

b) 职业组:
1) 非技术工人需求的变化;
2) 体力劳动工人需求的变化;
3) 熟练工、专业工人需求的变化(尤其是有关小型行业的);
4) 管理职位需求的变化。

c) 地理位置:
1) 每个地区就业情况的变化;
2) 国内整个就业情况的变化;
3) 国外整个就业情况的变化。

B.3.2 其他相关的社会影响

a) 工作环境
1) 工作质量的变化;
2) 现有培训的变化;
3) 工人权益和保护的变化;
4) 工作保障的变化;

5） 就业条件的变化；

6） 对家庭支持的变化。

b） 工人

1） 子女就业数量的变化；

2） 强迫劳动数量的变化；

3） 平均薪水和工资的变化；

4） 国际劳工组织良好劳动准则的变化；

5） 工作时间/模式的变化（例如更多的兼职工作或轮班工）；

6） 平等的变化：性别、种族、文化背景。

c） 消费者福利

1） 效用（满意度）的变化：产品效能的损失；

2） 效用（满意度）的变化：因产品耐久性损失；

3） 效用（满意度）的变化：因产品不再继续生产的损失；

4） 效用（满意度）的变化：因其他原因。

B.3.3 分析就业情况（见表 B.1）

以下的概述是分析就业情况的一种更详细的方法。只有在 4.3.5.3 介绍的简单的方法似乎还要求进行进一步分析时才能考虑使用。

表 B.1 就业分析表

任务 1	估算就业情况的变化
	根据最佳可用信息估算就业情况的变化。可利用有代表性的公司，然后再扩大到相关的地理区域，估算过程中要求的典型人数的变化。某些形式的敏感性分析应在提高结果质量时进行（不确定性分析方法将在附录 E 中进行探讨）
任务 2	估算外流效应
	在社会经济分析的地理范围以外发生的工作变化不应包括在就业变化中。社会经济分析的地理范围应在 4.2 进行确定（确定社会经济分析的范围）
任务 3	估算置换效应
	就业情况的变化应考虑社会经济分析地理范围内其他地方工作的任何再分配或变换工种问题。这样可能有助于考虑什么种类的工作可能丢失或产生。考虑这些工作需要的技能，从而确定当地地区范围内是否需要这些技能。如果行业规模减小或发生行业迁移，应考虑： a） 这些行业是否会保留某些雇员，即高熟练技术工人、长期服务工人，这些工人拥有丰富的经验并经过良好的培训。 b） 再分配：在当地区域内雇员能否很容易地找到工作（考虑现有的工作种类和这些工人的技能）。 c） 工种变换：例如从制造工作转换为经销、储存和服务工作。 同样如果一种替代产品的需求增大，应考虑： d） 是否会引起更多的劳务或更多的投资需求。 e） 资源的再分配：当前的雇员是否会改变工作时间/规程才能符合额外的要求（例如延长上班时间而不是增加工人）。 f） 地方经济的再分派：这些工作将由那些失业人员接替还是将由该地区内已经就业的人员接替（这是一种劳动转换，不应考虑新增社会效益）；考虑区域内失业人员的技能程度，是否胜任新的工作
任务 4	估算当地区域内的工作种类和技能程度
	估算行业所在地区人员的技能（或资质）和当地区域内的商务类型。全国人口普查数据中应有这一信息
任务 5	估算对这些工作区的影响

表 B.1（续）

	确定在该地区什么种类的工作可能失去/增加和它是如何与这些地区的商务种类有关的，从而确定这些工作在那些有关地区的重要程度。全国人口普查数据中可找到的某些有用的社会指标： a) 相对于当地地区工作年龄人口的就业人数； b) 当地地区有关就业部门的分布，例如制造、建筑、运输储存和通信业； c) 当地地区内工作的职业种类，例如经理和高级职员、工厂和机器的营运人； d) 当地地区内工作年龄人口的资历
任务 6	估算其他相关的社会影响
	确定对其他相关社会影响，如工作保障和工作时间的净就业率影响变化。在多数情况下，这些影响只能进行定量推断

B.4 贸易、竞争和更广泛的经济影响

本节支持 4.3.6.3 中的分析，特别是进行市场分析，确定消化新增成本的能力。

B.4.1 市场的范围

利用一个起始指向点可确认市场的大小。在确认相关的市场和地理界限时，4.2 中进行的分析应提供确定市场范围的良好依据（进一步的信息可成为收集经济影响数据的一部分使用）。

a) 市场的大小可从广义上定义为一个：
   1) “当地”市场：这是距离消费者很近的物品和服务需求，它可限于一个地区或单个成员国内的多个地区；
   2) “地区”市场：通常限于省级；
   3) “国内市场：这是指在国内而不是全球进行产品贸易；
   4) “全球“市场：这是公司与全世界竞争对象进行竞争的地方。

b) 有助于确定市场大小的有用信息：
   1) 制造商的位置及其相对大小；
   2) 主要供应商所处的位置；
   3) 找出材料流和市场大小的进出口贸易数据；
   4) 体现市场价值以及主要下游用户和最终消费者所处位置的销售数据；
   5) 产品的物理特征：这些物质易于运输并可长途运输。

B.4.2 价格弹性

B.4.2.1 非弹性的价格

可能有一种选择可将限制的任何新增成本（例如一种替代品的新增成本）转嫁给下游用户和最终产品消费者。价格弹性这个术语用来描述下游用户和最终产品消费者对制造商价格是多么敏感。对某些产品，下游用户和消费者可能不喜欢物价上涨，但是涨价不会对需求造成很大的影响，因此，这些产品的价格被描述为“非弹性的”。如果非弹性价格是那个行业部门的一个特征，那么要将成本转嫁给下游用户和最终产品消费者则相对比较容易。

B.4.2.2 弹性的价格

其他产品的价格变化可能对需求有非常大的影响，下游用户和最终产品消费者可能对价格的变化非常敏感。这些产品的价格被描述为“弹性的”。价格为弹性的时，就很难将成本转嫁给下游用户和最终产品消费者，从而制造商/进口商不得不承担成本任何增长的压力。重要的是要考虑到整个供应链产品的弹性及其对行业长期生存力有什么影响。

某些问题可能影响日用品价格的弹性，包括：部门内的竞争力、下游用户和买主的购买力、（上游）供应商的能力以及下游用户和最终产品消费者换用其他替代产品的难易程度。

B.4.2.3 评估价格弹性的信息

确定价格弹性是一个非常复杂的问题，建议与经济学家协商。主要的信息考虑在下面解释，这是可能与限制类型不相关但相当综合性的信息清单（虽然不是详细清单）：

a） 有关下游用户和最终产品消费者对制造商收取价格议价能力的信息

尽力搜索部门内有关竞争的信息，而经济学家典型的是极力利用集中度。集中度表示由四个最大公司持有的市场份额的百分比（虽然可在一个行业内找出 8 家、25 家和 50 家最大的公司）。全国人口普查和其他形式的统计报告经常报告大型标准工业分类的集中度。

b） 有关供应商支付制造商要求原材料价格议价能力的信息

这将影响制造商的运营成本。这些成本可由制造商吸收，也可以市场物价转嫁给下游用户。

c） 有关新竞争对手威胁的信息

新竞争对手的威胁可降低价格。如果制造商（或一般是行业）是在增加利润，可能会鼓励新公司“进入市场”，并极力争得所得利益的份额。影响一个潜在新竞争对手决定的因素有几个，通常大量的这类信息都可通过资料研究获得并利用部门/行业的专家。

d） 替代品的威胁

替代品的威胁可根据威胁的真实性降低价格。真实的威胁可能使物价变得有弹性，而替代品的威胁较低时，物价更可能是非弹性的。某些信息可通过部门/行业专家获得或与下游用户协商获得。

B.4.3 竞争强度

由大量制造商提供的产品之间差别不大或没有差别的部门内，那么竞争将是激烈的。这可能就是各个行业中的实际情况，如在金属、散装化学品和水泥行业内，个体制造商对定价或涨价灵活性不大。如果竞争威胁大，制造商向下游用户和最终产品消费者转嫁限制的任何新增成本的机会有限。

另外，如果部门具有更有特色的产品，并且有机会对一个制造商的产品与竞争的另一种产品进行区分，那么对价格可能有更大的灵活性。在这些情况下，经营者有更大的机会将成本转嫁给消费者。

由于一项限制是国内范围的行动，但是如果国外存在相当程度的竞争，这可能就是一个重要的问题。如果风险（例如人体健康风险）只与产品的制造有关，相对于内部产品相同、利用同一种替代品的制造商而言，不受限制条件影响（即不禁止成品的进口）的外部制造商可能更有竞争优势。

竞争力是一家公司、子部门或省、市在一定市场上销售和提供物品和/或服务的能力和业绩的一种比较性概念。可能有关收集的信息在以下列出。通常，某些这类信息可通过资料研究获得，虽然大多数这类信息只能从制造商或贸易公司才能得到。以下是可能对评估竞争力有用的信息：

a） 市场上竞争商家的家数；

b） 竞争商家的市场份额；

c） 行业内的增长率；

d） 退市的障碍——即离开行业的成本；

e） 竞争商家的差异——这是他们制造/销售的唯一物质吗？

f） 产品的差异；

g） 单位制造成本（或附加值成本）；

h） 广告费标准。

B.4.4 行业的恢复力

“恢复力”描述供应链吸收因提议限制造成的任何成本增加的能力，同时保证其仍然是短期、中期和长期可行的。为了保证这种生存力，部门内的制造商和下游用户将需要在进行中产生足够的财经回报，例如继续投资于过程的发展、产品的开发或安全和环境的改善。与提议限制有关的任何增加的成本（例如对于下游用户，这可能是使用替代品的成本或使用制造商改装产品的成本或进口的成本——如果这在限制的范围和条件下是可行的）都将需要在供应链中被（即由制造商或下游用户）吸收或转嫁给消费者。可能对评估恢复力有用的信息：

a) 可通过向利益相关方的信用报告和财务报告收集如下所列关于具体公司的信息：

1) 流动资产和流动负债；

2) 产权资本和总负债；

3) 营业利润和财务成本；

4) 利润和销售总额；

5) 税后净利润；

6) 股份资本、储蓄金和长期贷款。

b) 如果得不到本信息(可能因保密或因本信息不需要泄露)，可利用同一个源找到一个行业的盈利能力、清偿能力和偿付能力的平均值。另外可考虑进行资料研究，调查这些物品的需求低时和需求高时市场的不稳定性和行业的业绩。

B.4.5 主要的贸易、竞争和更广泛的经济影响源可能来自

a) 统计服务部门；

b) 特定贸易数据；

c) 向利益相关方的财务报告和公司的信用报告；

d) 公布的信息，即网站、杂志和报告；

e) 与生产或使用物质的行业(贸易协会和个体公司)协商；

f) 与生产或使用替代品的行业(贸易协会和个体公司)协商；

g) 研究团组；

h) 专家评估。

B.4.5.1 任务1:利用“波特的五力理论”分析市场

例如“波特的五力理论”分析市场的目的是了解提议限制对竞争和竞争力的影响，特别是可帮助确定:新增成本是否转嫁给下游用户和消费者。根据波特的观点，竞争的规则具体化为五种力，形成竞争的结构和强度：

a) 现有公司之间的竞争；

b) 供应商的议价能力(上游供应链)；

c) 买主的议价能力(下游用户和最终产品消费者)；

d) 替代产品或服务的威胁；

e) 新竞争对手的威胁。

这五种力的强度因行业的不同而各有差异，可在一个行业的发展时随时间而变化。在很多情况下，进行五力试验需要征求专业专家的意见，虽然不需要任何经济建模能力。

B.4.5.1.1 现有公司之间的竞争

部门内部强大的竞争力(即竞争制造商之间或每个下游用户市场中的竞争)可能会导致价格上的强大竞争，并可能限制了利润率，因而也限制了部门吸收或转嫁提议限制任何成本的能力。市场的集中或市场主体数量可说明部门内的竞争水平(集中度可给出部门内集中的指示)。如果存在生产能力过剩问题，那么将会限制获得市场份额的机会(这有时可能就是部门内产品销售到标准的原因，如水泥)。另外，如果有很高的退市障碍(即很高的停产成本)，那么这些因素可能也会导致部门内很激烈的竞争。

B.4.5.1.2 供应商(上游供应链)的议价能力

如果部门内大量的制造商/进口商或少量的下游用户和最终产品消费者，可能就会出现价格竞争。如果制造商/进口商受到高转换成本的制约(即重组或增加运输成本)，且不易更换上游供应商，那么上游供应商还可能处于强势地位。这一点较好的指示是市场的大小，即国际市场，它意味着需要的转换成本很低。如果一个部门对于上游供应商来说只是个很小的市场，那么供应商仍会处于强势地位，并可支配价格，从而降低了制造商降低成本的议价能力。

B.4.5.1.3　买主(下游用户和最终产品消费者)的议价能力

如果一个部门的特点是获得重要销售市场份额的买主(下游用户和最终产品消费者)较少,那么买主就容易处于强势地位并且能对价格产生影响。部门内现有的制造商转嫁任何限制成本就很可能因此而受到限制。但是,当产品是买主成本的一小部分时,要转嫁成本可能就有较大的灵活性。

如果转用替代品(即过程和物质)的成本很低,买主也可能对物价产生影响。同样,如果进行竞争的制造商使用比较昂贵的替代品(即过程/物质),则未必能支付较高的价格,因为买主的重大优势,迫使制造商不得不自己消化替代品的较高成本。

B.4.5.1.4　替代产品或服务的威胁

买主能够选择转用一种替代产品时,只会形成对部门的一种威胁(例如,用铝和塑料作为原材料钢的替代品,这在汽车生产中的应用越来越广泛),那么向买主转嫁增加成本的机会就受到限制。刚开始买主可能是勉强进行转换的,因为投资成本、改造工艺的成本从而适应这种转换,但是限制的成本增加,而且这些成本反映在产品价格中时,买主转用代替代产品的威胁可能就会变成一个大问题。

在限制过程中,问题可能不很重要,因为从社会的观点看,这只是"市场份额"从一个行业到另一个行业的转移(例如从钢转换到有色金属和化学品)。但在引起就业变化和国外的竞争对手的收益发生变化时,则变为一个重要问题。

B.4.5.1.5　新竞争对手的威胁

高利润的市场有利于吸引新竞争对手。但如果引进的障碍很大(新设备、进入分配渠道、转换成本的消费者,法律许可等),那么这种威胁将趋向于被制约。对于限制提案的一个重要考虑是增长的成本(即来自使用替代产品、过程中的变化),增长的成本使非国内公司在市场上更具竞争力,促使国内行业考虑转移到国外。

B.4.5.2　任务2:利用财务比率确定行业的恢复力

本节支持4.3.6.3中的分析,一个经济上可行的公司,应能适应变化的经济条件和行业内的波动并在此条件下不断增强。利用财务比率分析一个行业的生存能力将帮助确定行业新增成本是否会限制行业的继续发展或是行业是否会部分地退出经营。一个公司要经济上有存活力,就应保持足够的:

a)　清偿能力:是公司健康的一种短期措施并描述公司还请其流动负债的能力。本附录包括计算"流动比率"和"速动比率"的一种方法,用来例行描述清偿能力。

　　1)　流动比率:清偿能力比(流动比率)=流动资产/流动负债

这是考虑到对清偿能力的主要检验。这一比率没有确切的值,可用作公司健康的指南,因为它取决于行业和特定环境。建议采用约为1.5的通用数值,尽管更重要的还是趋向问题。等于或小于1.0的值表示关注(不符合短期债务),而大于2.0的值可能意味着有过多的财政资金投入到短期资产上。

　　2)　流动资产与流动负债的比率(速动比率)=(流动资产-库存)/流动负债

在速动比率中不包括库存,因为很多因素库存很难快速换算成现金,如受天气或法规约束。会计师建议速动比率应大约为1。

b)　偿付能力:描述公司偿付长期债务的能力。偿付能力是指一个公司的资产超过其外部债务(负债)时。因此,公司有良好的财务基础或稳定性,同样地,偿付能力是公司全面保持良好状态的一项好措施。如果外部债务大于资产价值,就会出现无力偿还状态。本附录中包括用来例行描述偿付能力的"负债与资产比率"和"利息偿付率"的计算方法。

债务/资产比率=公司总负债/公司总资产

债务/资产比率是企业偿付能力的通用计算方法。通常都偏好采用较小的债务/资产比值。如果面临不利的经济条件,较小的比值表示为企业保留了更好的偿付能力的机会。低债务/资产比率还能表示公司勉强利用债务资金获得盈利性的投资机会。小于1的比值表示企业有偿付能力。

c)　盈利能力:具有较高利润率和毛利润的公司将很容易吸收生产成本的增长(这是对社会最大的分配影响)。有偿付能力和清偿能力的生意未必就有盈利能力。利润的简单定义是减去成本后的收益。更多重要利润还可说明投资资本的收益率，即补偿资本所有人因任何其他可能用途而损失的资本。这一般是投资人相对于公司的偿付能力风险以及其他可选投资包括无风险投资，确定其投资收益是否将得到足够回报的良好基础。计算盈利能力有各种各样的方法。本附录将讨论“毛利润率”、“净利润率”和“投资资本回报率”的财务比率问题。

盈利能力的计算方法有几种。本节集中说明毛利润率和净利润率以及投入资本的回报率(ROCE)：

1) 毛利润率＝毛利润×100/销售额

毛利润率是在考虑其他支付费用前的销售收益。

2) 净利润率＝净(营业)利润×100/销售额

净毛利润率通常认为是更重要的，因为不同于毛利润率，是考虑到固定间接费用的。

3) 投入资本的回报率(ROCE)＝税前和利息前利润×100/投入资本

投入资本的回报率是公司对投入企业的长期资本所能产生回报的百分比。有时也用作计算效益的方法。一个公司的投入资本回报率使投资者可判断公司活动的财务效能，并可用于增长预测。投入资本的高回报率表示公司投资为利益相关方获得大比例的利润。以更高的回报率进行再投资的资本有助于产生更高的每股盈利增长率。因此，投入资本的高回报率是公司成功发展的一个标志。

如果投入资本的回报率低于无风险投资率，如定期存款，那么公司最好是停业并出售其资产，将资金存入定期存款账户。投资者也可利用投入资本的回报进行其他可能的投资，这要看哪种投资获得的回报更高。

一致性是业绩的一个关键性因素。投入资本的回报率突然变化可能表示市场竞争力的损失或更多的资产作为现金持有。公司就没有衡量标准，因为投入资本的回报率在经济不景气期间可能很低，但作为非常通用的经验法则，投入资本的回报率至少应双倍于现行利率。低于这个建议的投入资本的回报率说明公司没有充分利用其资本资源。

附　录　C
（资料性附录）
评 价 方 法

C.1　介绍

本附录概述了评价人体健康和环境影响货币价值的替代评价方法，并提供了这些方法的更详细说明，包括在社会经济分析中的应用。附录旨在介绍可用的不同方法，在进行影响评价之前，应找到更详细的信息和专门的专家意见。

本附录中描述的评价方法介绍了几种替代方法用于构建货币价值，适用于没有可用的市场价格的影响或变化。评价方法因此将首先与人体健康和环境影响相关，但在限制提案引起物品或服务质量发生变化时也可能相关。

在化学品风险管理中，传统的价值转换经常都是用于价值影响，如环境和人体健康影响。本附录中介绍的其他方法一般不会部分地使用，因为它们都难以应用于化学品的风险管理，也因为它们需要使用大量的资源收集数据。主管部门在规划资源和作预算时应考虑到这一点。

评价方法如避免成本以及在这些情况下没有对影响进行评价的资源成本，使用时应注意，并明确地阐明使用的目的。

有关评价方法的经济文献很多。比较新的两本书是：弗里曼·A·麦里克《环境和资源价值的计算：理论和方法》（未来资源出版社，2003）和卡森·理查德《临时评价：综合参考数目和历史记录》（埃德加·埃尔加出版，2008）。

C.2　价值转移

价值或利益转移是从一个范围（“研究现场”）得到有关货币价值（可是效益也可是成本）的信息并将其应用于其他范围（“策略现场”）的过程。

因时间和资源的限制，未必能在进行社会经济分析时适合进行新的评价研究。因此，估计值可从特征相似的前次研究中转移过来。在一个范围内进行的原评价研究经常被称为“研究现场”，而需要新价值评估值的地方则被称为“策略现场”。价值转移可在不同的现场之间使用（空间值转移）或在随时间变化的一个特定现场使用（临时值转移）。价值转移的主要假想是，一个现场的影响价值的估计值可提供一个合理的近似值，近似到条件相同的另一个现场值。

C.2.1　方法的使用

价值转移的典型步骤如下：

a)　确定需要价值的类型（例如与特定健康影响有关的成本）；

b)　查阅文献，确认相关的评价研究；

c)　进入研究现场将相关价值转移到所述的现场；

d)　获得研究现场高质量、一致性和稳健的数据；

e)　选择并总结研究现场的可用数据；

f)　考虑将研究现场的价值转移到策略现场，进行适当调整（例如因购买力）；

g)　确定如何对涉及所述现场的影响进行累加，如受影响的家产、影响的区域等。

C.2.2　关键步骤是从研究现场转移到策略现场

根据研究现场和策略现场的特征差别可采用不同的途径进行转移。可采用下列类型的转移方法：

a)　单值转移；

b)　边际点值转移；

c) 效益函数转移(转移包括几个属性、地区尺寸、物种数量、计算人口的收入,等);

d) 元值分析(通过大量的研究估算效益转移使用的值)。

C.2.3 方法难点

a) 现有研究的质量和可用性经常不足,价值转移只能像原始研究一样可靠;

b) 新项目或新政策的预期变化超出原有的经验范围;

c) 将离散变化(即环境质量的变化)换算为边际价值评估新政策时出现的问题;

d) 评价与损失有关(环境质量损失)时,尽力评价收益(即环境质量收益)出现的问题;

e) 研究现场和策略现场的差别不能或没有在转移模式或利用转移程序进行处理。

C.2.4 在社会经济分析过程中采用本方法的时间

利用典型可用的数据在典型的社会经济分析中估算所有的影响是不可行的。价值转移法在简单指出影响的时候可能对社会经济分析特别有用。时间和财务约束规则排除使用其他评价方法时也特别相关。

C.3 陈述偏好

估价没有通过市场赋予价值的典型影响采用的任何陈述偏好(SP)的方法,其基本思想是对人们承受财务成本的意愿进行量化,从而实现某些可能的(非财务的)改善或避免某些可能的损害。陈述偏好法是以假定的市场为基础并依赖于通过调查表征询人们的假定问题。通过这些问题可调查清楚人们对一定的物品和服务的经济价值的看法。对于利用调查表进行的任何研究,其评价的可靠性应能尽可能贴合提出的实际问题和使用的语言(即语言或可用方案的任何偏差都会影响结果的可用性)。

在陈述偏好的方法等级内有两组替代方法:临时评价法(CVM)和选择建模法(CM)。

C.3.1 临时评价法(CVM)

使用临时评价法时,检验人员建立一种情景或假定市场,然后设置人口随机抽样估计他们对改善的支付意愿(WTP)或他们对质量下降(例如,在环境质量方面)接受货币补偿的意愿(WTA)。检验人员根据调查答案进行估价,如对改善的平均和中等支付意愿或对质量下降接受货币补偿的意愿。

C.3.2 选择建模法(CM)

使用选择建模时,描述物品的属性(质量、价格等)以及这些属性的等级。回答问题者用一种物品的各种不同的替代品名称表示,按它们的属性及其属性的等级进行区分,并要求对他们偏好的替代品按属性进行归类、分级或选择。由于具有避免支付意愿本身显示性启发的优点,所以只要价格还是属性之一,支付意愿就可从人们的选择中间接进行恢复。

C.3.3 如何使用这种方法

在使用陈述偏好时,建议采用专家指导。进行成功的陈述偏好研究需要下列几个步骤:

a) 初始研究:回答什么问题?评价的对象或影响是什么?

b) 选择调查方法和估价方法:是否为面对面的调查?邮件?互联网?将是临时评价或选择建模?

c) 人口和抽样的选择:什么是目标人口,应选择什么样的抽样?

d) 调查表的设计:支付手段(税、价格、捐款等)?启发格式?问卷(避免可能引起读者误解的措辞问题)?

e) 试验调查表:焦点人群、试点调查和重新设计。

f) 进行主要调查:重新设计调查表和进行主要调查。

g) 计量经济学:建立一个结果数据库并交给计量经济学专家。

h) 有效性和可靠性试验:结果符合有效性和可靠性试验吗?

i) 累计和报告:将取样结果与目标人口相加。

C.3.4 在社会经济分析过程中采用本方法的时间

通常不期望社会经济分析包括初步的评价工作，但如果所述价值足够高，可能决定进行初步评价。这种评价研究可能与不同类型的影响相关。涉及环境和健康影响时，通常考虑采用货币化评价方法。这些方法还能用来评估一项限制/“非使用”情景是否能造成一件最终产品的质量变化。选择建模(CM)方法的原始设计是了解消费者对质量或消费者物品其他属性变化的支付意愿。通过设计一个包括最终产品不同质量的调查表，可估计因限制/禁用该物质对这些质量出现变化的支付意愿。

还可设计一项评价研究来专门分析两个情景之间的风险变化。这样可对减少风险的支付意愿进行分析，即使只有风险的定性描述。

C.3.5 使用这种方法时可能会遇到的困难

a) 回答问题者可能因不相信情景而没有给出真实的答案；

b) 获得的结果不是基于实际行为，因此可能失去市场上的真实因素；

c) 回答问题者可能没有适当考虑投标规模或其他意见的招标而同意了标书；

d) 如果回答问题者是在社会指导性技术文件方面按照对他们自己有利的原则回答提问的，那么就会出现社会愿望的偏离；

e) 数据的统计分析可能非常复杂，需要专家协助和专门的软件；

f) 使用的支付手段和问题的构想可能对结果有很大的影响；

g) 技术可能价值昂贵，耗时长。

C.4 显示性偏好

显示性偏好(RP)是通过个人在市场上进行的实际选择显示出的、享有市场信息和行为的共同特性，从而推断相关非市场影响的货币价值。在这一标题下有三种方法，分别介绍如下：

a) 环境评价的享乐价格法利用代理市场确定环境质量的价值。房地产市场是用于环境价值享乐价格的最通用代理市场。财产价格受不同污染物，如空气和噪音的影响，是对其价值的直接影响。通过对财产与其他类似特征的比较和对所有非环境因素的修正，可利用住宅市场的信息估算人们对环境质量的支付意愿。

b) 在旅行成本法下，非市场娱乐/旅游资产的需求曲线依赖于其环境条件，可从旅行到一个场地的访问率与成本之间的估算值推断。换句话说就是通过调查多少人希望支付到一个场地的旅行费用，可推断出他们对一个场地喜欢的价值。

c) 预防行为和防御费用法与前面两种方法相似，但在它们涉及的避免负面无形影响的个人行为方面程度不同。人们可能购买安全头盔等物品来减少事故风险，购买双层玻璃来减少交通噪声，同时也显示出对这些负面影响的评价。避免成本法在B.5说明。

在社会经济分析过程中采用本方法的时间：

基于显示性偏好的方法在社会经济分析过程中使用得较少。在工作场所或消费者使用过程中避免受化学品暴露的偏好方面，有一些例子可用来评估有风险的人口预期进行怎样的选择来避免或减少风险以及他们对此的支付意愿。进行显形偏好的研究可能需要确认工人或消费者的处境，他们可在受化学品暴露的不同程度之间进行选择，但选择对财务方面的影响，如对工资和产品价格的影响，像规定的偏好方法一样，需要有专业性信息。在使用这种方法时可能会遇到以下困难：

a) 从实际设定中估算的模式属性系数只能提供政策变化影响的有限预测；

b) 数据统计分析可能非常复杂，需要有专家的协助；

c) 多属性间的共线性在显示性偏好中是共同的，使其难以区分属性效应并建立难以置信的结果；

d) 显示性偏好法的实行和说明相对都比较复杂，需要高程度的统计学专家意见；

e) 这些方法要求收集和使用大量的数据，而因数据的获取难度使其价格昂贵；

f) 包括享乐价格的问题；

g) 可计算的影响范围仅限于与涉及代理市场相关的事物；

h) 该方法只考虑已认识到的影响，因此个人不了解的影响将被遗漏；

i) 包括 TCM 的问题；

1) 旅行本身可能也有价值；

2) 去一个以上的场地可能发生同样的成本；

3) 某些成本是无形的(例如时间的机会成本)。

j) 预防行为的困难是市场物品可能效益更高，降低了计算的负面无形影响。

C.5 资源成本法

可利用资源成本法对健康效应，如疾病进行货币化评价。疾病资源成本由两个部分组成。

C.5.1 第一部分：疾病的实际成本

其计算是很简单的。这些成本的估计值既可根据与治疗不同疾病相关的实际支出得出，也可根据不同疾病使用不同服务的预期频率与这些疾病的成本一起得出。评估直接成本的关键问题是收集与特定健康终点有关的数据，例如健康开业医生采用的计算方法不是通常使用的方法。

C.5.2 第二部分：损失的收入和/或时间的成本

通常是指间接生产率成本。损失的收入成本是以税后薪金比率(损失的工作时间)进行的典型评价和以休闲机会成本(休闲时间损失)评价的在家时间损失。但是，包括这些间接成本的基本缺点是，虽然建立完善，但在高失业率时期，这种方法未必能提供可靠的估计值。资源的总成本是利用以下几项之和估计的：

a) 每天的实际开支(例如药品、医生和医院发票)，即直接成本；

b) 每天损失的收入和休闲时间的价值，即间接成本；

然后用这些成本乘以生病天数和生病病例数。

需要承认，由于资源成本法只集中在比较实际的避免成本上，所以未必能反应出一个人避免疾病的全部支付意愿。支付意愿价值包括个人治疗疾病发生的成本时需要小心，避免重复进行计算。

C.5.3 在社会经济分析过程中采用本方法的时间

资源成本法与任何成本的评估方法相似，可在社会经济分析范围内进行相关的使用。如果健康影响已确认，且不适合使用效益转移，那么估计与健康影响相关的资源成本则是有用的。

C.5.4 在使用这种方法的难点

a) 这种方法仅限于涉及健康影响的特定情况，因此本方法的应用范围有限；

b) 这种方法未必能反应出个人避免疾病的全部支付意愿，因为它只集中在资源成本上，如与个人承受的病痛有关的效用损失；

c) 获得特定分析实际成本的数据可能难以给出健康服务部门通常采用的计算方法。

C.6 避免成本法

本方法用来评估为防止、避免或减轻，例如因使用无阈效应物质造成的损失所采取的措施引起的成本。这种方法假定避免对生态体系造成损失的成本或其服务提供各自价值的估计值，而不是根据人们对产品或服务的支付意愿提供严格的货币化价值措施。这是以这样的假想为基础的：如果避免生态体系服务损失造成的损害需要由人们承担，那么而后这些服务至少应值得人们为避免损害所支付的成本。

C.6.1 方法的使用

避免成本法的初始步骤包括环境服务或提供的其他服务的评估，并说明相关的服务，其中有它们的提供方式、提供对象以及服务水平。第二步是估计每年或随某些离散时间周期可能发生的损害。最后是计算可能损害的货币化价值或人们为避免损害而耗费的量。

C.6.2 使用这种方法的难点

a) 发生的成本通常不是得出的精确效益计算值,可能与本方法某种主要的假想相矛盾。因此,这种方法用作最后的手段,因为在缺少这些服务时没有考虑到生态体系服务或个人行为的社会偏好。

b) 这些方法可能不一致,因为有些环境活动和规定,尤其是全国级的,是完全以效益-成本的比较为基础的。因此,防护活动的成本即可能超过也可能低于对社会的效益。

c) 这些方法只能在以某种方式证明社会对投资的支付意愿之后才能使用(例如批准支付投资)。否则,并无证据证明生态资源向受影响的社团提供的物品或服务的价值大于投资的估计成本。

C.6.3 在社会经济分析过程中采用本方法的时间

利用避免成本法可评价目标说明物质的释放量增多或减少将通过其他部门的变化进行弥补时的影响。建议避免成本法用于二氧化碳和其他导致温室效应的气体的排放量几乎不可能得出有用损害的估计值时(见4.4.3)。避免成本还可用来考虑以废水处理成本使用有害物质的影响。排放到下水道系统的化学品可能需要有废水处理厂提高处理水平,才能使其达到一定的基线值。在这种情况下,物质被清除,所以不会对环境造成损害,但却引起处理成本的增加并且可能因有害物质的浓度很高而使污泥处理的成本也很高。

附 录 D
（资料性附录）
贴 现

本附录旨在提供 4.3.7.2 如何对社会经济分析中的成本效益贴现的支持指南。

D.1 贴现的原因："评价未来少于今天"

非排他性原因"为什么大多数的经济学家都主张应随时间对成本和效益进行贴现"，两个主要的原因是：

a) 时间偏好原因包括两个部分：

  1) 个人是"不耐心的"。虽然多数人可能（几乎）对在一年内某个时间收到一件礼物和一年或一天接收到一件礼物无所谓，但人们通常都很明确地希望今天，而不是明天得到礼物，即是两件礼物可能完全是一样的。经济学家称其为"单纯的时间偏好"。某些经济学家主张，社会作为一个整体不能或不应像个人那样有这种不耐心情绪。

  2) 个人是"必死的"。个人可能不能得到未来假想的利益，因此将更大的价值用于当前的消费（这并不是说他们不像很多人，例如有退休金，将遗产留给未来的亲属那样不考虑未来）。政府则需要考虑未来后代和人类/环境/社会灾难。这一点将在后面详细论述。

b) 资本是"生产性的"。生产资本就意味着当前的消费与未来的消费相比更昂贵。如果你省钱/投资，你将得到正的回报（利益），你就可在未来有更多的消费。这种现在不消费的保险金是一种还被称为"边际资本生产力"的观念。一个人可将资金投入储蓄账户得到"利息"。这对储蓄账户的"边际资本生产力"有利。

  同样，如果一个公司投资到更新现有机械，任何附加产出的价值都是那项投资的"边际资本生产力"。以此类推，如果我们继续这样下去，这种投资在所说的公共教育中可能使社会和劳动力都受到更好的教育。这里的"边际资本生产力"可能是不要求培训很多的更有生产能力的劳动力或储蓄。如果我们假定这种消费继续增长（如过去的一个世纪的历史趋势所显示的那样），那么减少消费的边际效用将意味着未来的消费价值低于今天的价值。

  风险经常被称为贴现的第三个原因。它关系到与特定成本和效益相关的不确定性（因特定团体引起），时常反应在获得财务手段需要的利率附加税上，从而在不同的时间点发生成本和效益。贴现隐式地假定这种扩散是可能的。在评价投资项目中，经常用到这种提高标价的风险。但是，对于社会经济分析，建议将这种成本作为独立的项目进行记录并且不使用贴现率，因为后者反应的是一般的等待价格，风险是只与特定的成本和效益有关的。

  正如上所述，贴现的后果是未来进一步发生的影响，与短期发生的影响相比，其现值会更低。因此主张贴现不应用于短期发生的影响，并进一步主张贴现不应用于一定的环境、健康和两代间的影响。提出的很多论据的特征，本质上都是道德上的；例如持续 5 年以上的灾难是比持续 2 年以上时间的灾难程度还轻的事？应禁止通过经济评价进行任何这类比较吗？

因此，这些考虑对评价和报告活动中的独立考虑是有效的和值得的。但实际上，人民、公司和政府都在每天的决定中进行着这种平等交易。隐式地进行这种限制决定，倒不如建议显示性地进行，从而得到有关（可能的）后果的洞察力和有关即将决定的平等交易。

D.2 选择贴现率

贴现率的选择可能会改变社会经济分析中各种影响之间的比较。例如如果一项提议限制的效益在未来主要是自然增长，那么仅使用高贴现率将会降低这些效益的现值。如果考虑的时限相当长，这将是特别重要的;相对较高的贴现率可有效的给更远未来的效应一个实际为零的加权值。

不幸的是,对贴现率还没有就一个统一可用的标准值得到大多数人同意的一致意见。在一定程度上,这也反应出不统一性:不同群组和不同的社会可能有不同的时间偏好;另外,合适的贴现率可能取决于特定评价实行的范围和运作的时间。例如,如果一种物质具有持久性、生物积蓄性和毒性的(PBT)或高持久性和高生物积蓄性的(vPvB)性质并在提议限制后停止生产,那么生产带来的环境影响仍然存在,可能还会继续存留30年以上。因此,对于敏感性,除4%的贴现率外,可能适合再使用递减贴现率。

另外,对于某些类型的问题,涉及的像市场行为表示的经济代理人的实际偏好是否作为一个偏好点或一项道德原则有关系;对于其他类型的问题,则没有关系。例如,如果提议一项限制(即全面禁用)的一个原因是保证受生产该物质不利影响的一个特定生物体系的存在价值,而且存在价值是一个非常重要的影响,那么再使用递减贴现率可能是合适的。

贴现率的设置,尤其是较长期的,增加了选择贴现率的复杂程度并因为经济学家之间还没有达成一致的意见,强烈建议与不同的贴现率比较,进行敏感性分析。

建议用户对替代品贴现率的效应进行敏感性分析。在当前一代和未来一代福利之间进行权衡是一个政治问题时,在专家之间未必能对贴现达成一致意见。通过对替代品贴现率影响的分析,以最透明的方式表示使用的证明,使社会经济分析的任何读者都可对这种权衡作出自己的判断。

继续讨论为什么要贴现的证明,下面包括确定贴现率的替代方法:

a) 基于"实际观察行为"的社会时间偏好通常都与偏好现在消费而非以后消费的人的"不耐心"论据结合在一起,单纯的时间偏好通常的估计值为1.5%左右,其中包括因经济的增长而未来消费额较高的预期(约为2%~3%),这样就可得出整个时间偏好,并从而得出3%~5%的典型贴现率范围。

b) 两代间的公平是以时间偏好比率为基础的另一个论证。两代间的公平论据建议,消费的机会应在各个时限都相等。因此,这个比率的依据期望是在经济方面每人的实际增长率。长时限的每人实际增长率是很难预测的,随历史和地区的不同变化很大。

c) 最后,贴现率可以资本的回报率为基础。这是机会成本论据,减少风险投资使用的货币可交替接收私人投资的平均回报。基于这种论据的贴现率按5%~8%的顺序排列。这里与选择贴现率,特别是与经济代理人随着时间引起的成本或效益的贴现率有关系。对于消费者,这可能是与市场利率相关;而对于行业,这可能就是(要求的)投资回报。这种方法不考虑在限制下是否可用,因此在本附录中不再进一步提及。

D.3 贴现率法

D.3.1 介绍

贴现的主要论据是现在消费到以后消费的时间偏好论据或私人投资资本的企业机会成本。从理论上可证明,在没有风险、税收或其他"扭曲"因素的经济中,这两个比率汇集到一个平衡比率,而这个平衡比率此后将为社会贴现率。

在实际的世界经济中,这两个可能因几个原因而不同,还有关于健康和环境影响具体特征的论据可能引起这两个理论上基于贴现率的任何一个发生偏差。

建议采用一种实用的方法将建议的贴现率应用于影响评估和进行敏感性分析。在贴现率的选择没有影响决定的情况下,不需要集中在贴现问题上。在其他情况下,成本和效益的时间意味着贴现对替代品结果的分级有影响,可能对进一步研究贴现问题有关。

本附录提供了如何进行更详细分析的更多指南。它不包含所有方面的详细理论范围。

D.3.2 贴现率法

有两种确定贴现率的主要竞争理论,是从以下总结而来的,包括:消费利率(CRI)或社会时间偏好率(STPR)、资本的企业机会成本(OCC)(本附录中不再作进一步的探讨)。

a) 消费利率(CRI)/社会时间偏好率(STPR)

正如前面所述,人们是不耐烦的。个人希望放弃现在消费而为未来消费的比率称为消费利率。它反应出一个消费者未来需要的收入,以抵偿放弃一个单位的收入。消费利率(CRI)这一术语有时用来表示个人的时间偏好率,而社会时间偏好率则称为社会时间偏好率(STPR)。这两个术语都是以相同的理论论据为基础的。社会率是个人率的累加。在社会经济分析中使用的相关社会贴现率是社会率,我们将使用术语"社会时间偏好率"描述基于时间偏好的比率。社会时间偏好率可细分为两个部分,如式(D.1)所示:

$$S = \delta + \mu g \quad \cdots\cdots\cdots\cdots (D.1)$$

式中:

S——社会时间偏好率;

δ——效用贴现率;

μ——边际效用的收入弹性;

g——每人消费长期平均增长率,等于收入的长期平均增长率(国内收入总值)。

变量δ是经贴现的未来效用。例如,已知$\delta=0$,就意味着对今天的效用的评价与遥远的未来的效用相同。同一些经济学家将在伦理的基础上主张效用不应降低,这是因为它们出现在未来。

某些研究对效用贴现率δ进一步细分为两部分:单纯时间偏好率元素和"寿命机会的变化"元素。确定这些元素有一些经验证明。

b) 确定基于贴现率的社会时间偏好率的方法,确定贴现率的理想方法是估计社会时间偏好率。可分为三个阶段:

1) 设计几个δ、μ和g值的情景;

2) 给这些情景赋予一个概率(预期产出);

3) 利用式(D.1)确定基于情景的预期贴现率(或求出平均值)。

不过,实际上要确定δ和μ的值特别困难(g的难度略轻),因为这些是社会偏好变量,不是个人的偏好。在个人级利用显示性偏好确定社会偏好需要进行完善的论证。

如果贴现问题对社会经济分析的结果是至关重要的,而且用户将进一步考虑贴现率的确定问题,那么建议查阅最新的文献作为起点。这些文献可提供有关δ和μ的更多经验数据。预期的增长率通过对每人消费增长的分析得到进一步的研究。尽管历史趋向可提供某些参考,但使用的变量是预期/预测增长率。这将要求先进的宏观经济模型进行新的预测,因此不一定将其用作社会经济分析的一部分。

D.4 其他关键性考虑

D.4.1 市场利率对社会时间偏好率(STPR)

社会时间偏好率是反应社会对未来贴现的比率,而无风险市场比率代表的是个人对未来贴现的比率。赫伯恩(2006)主张,对无风险市场利率使用社会时间偏好率至少有四个原因:

a) 市场的不完善性:市场物价可能没有真实的反应出资源的社会机会成本。市场物价可能因各种扭曲,如不对称信息、征税、市场支配力和外部效应等可能导致资源配置结果欠优。例如很多商品的价格中没有考虑到因使用和制造带来的环境"外部效应"。

b) 超级责任:市场比率只表示当前一代的偏好。虽然消费者可对当前的消费与未来的消费进行权衡,但政府原则上既要对当前一代也要对后代负责。

c) 双重作用:因信息不对称,不能确定是否当前一代人显示比后代对他们当前每天的市场活动更为关注。

d) 隔离:个人可能更希望通过集体合同为将来投资,尽管他们不希望独立投资过多。

但是可证明,最低的无风险市场比率,即长期政府公债的市场比率(经过通货膨胀修正的)符合以上第一和第四准则。这些公债的市场兴旺,流动性好,而且这些证券的发行者,即政府,其坏账风险真是微不足道，很多买主都有长期远景。例如，将要退休的人将会把他们的多数养老基金换成政府公债，保护他们的养老基金的价值，同时那些希望投资多样化的人也可能因这些债券有关的风险很小而把一定比例的财产投入政府公债。

其他的论证似乎也忽略了当前一代对下一代的偏好就像人们为了他们的孩子和子孙后代省钱并考虑他们的福利那样。重要的是要认识到，对长期尝试的贴现产生了两代间的短板效应，但不得已还是只能通过当前一代的偏好才能实现。

D.4.2 环境和健康问题

为了达到一致性，对可货币化的所有影响都应进行贴现，不论它们是不是健康、财务或环境影响。斯坦因和罗威尔(2005)主张，例如尽管人类的生活不能像资本那样投资，但挽救生命(或减少风险)使用的资源确实可以各种各样的方式进行投资。因此，没有理由不对这种影响进行贴现。某些经济学家曾主张，由于环境和健康影响不同，应以相对于经济影响比较低的比率进行贴现。

使用的论证实际上经常是关于评价环境和健康影响的，但不一定是关于它们的贴现率的。例如，经常争论的是环境物品是奢侈品，意味着人们的收入增加了，他们对环境保护的愿望提高了。因此，调整贴现率，反应收入的预期增长不是正确的反应。而应对生存期的评价进行调整，才能反应出收入增加的这段时间的价值(即对环境保护的支付意愿增加)。所以利用较低的贴现率补偿这些影响的不确定性和不同的两代间的评价是不合适的。

列举一个简单的例子，设备的新价格是要提议减少排放物的暴露强度，这将改善使用这种化学品的工人的健康。如果设备使用寿命期间的效益是以每年的贴现效益为基础的(基于使用净现值法)，社会的收入预期增加，后代对这些效益的评价比现代更多。要说明这一点，该方法不应减少贴现率而应增加这些效益未来的评价，与后代结合为一个整体。

D.4.3 两代间的问题

资本是“生产性的”的概念准确地意味着两代间的问题。不使用贴现率，今天挽救的生命的价值评价将会与 2050 年挽救的生命相同。但是贴现应考虑到，今天的投资将节省 X 元，到 2050 年将能挽救更多的生命。不过需要进行平衡或折衷，因为未来发生的效益不应因我们的不耐心而受到过度的影响。

处理长时限内发生的影响(尤其是与持久性、生物累积性和毒性以及高持久性和高生物累积性物质相关的影响)使贴现率的确定变得非常困难。主要原因是我们不知道后代人的偏好，收入与经济增长的比率也不确定。这就造成了降低贴现率赢得更多突出业绩的想法。

D.4.4 体现随时间递减的社会比率

a) 未来偏好的变化：个人和社会偏好可能在他们的整个寿命期间发生变化，而对后代和可能的人类灾难的态度也可能发生变化。

b) 关于未来经济条件的不确定性：很难预测未来，特别是 30 年以后的经济条件并且这样做也是有争议的。经济的最佳增长模式可适应引进“谨慎”效应，这将需要有对未来的几种假想。一个节约的社会是个人节约的社会，因为未来是不确定的应引起注意。由于未来很不确定，节约的社会应对未来更加关心，这是通过减少贴现率实现的，所以更多的投资(有利于未来)将变为有盈利的。利用一个最佳的增长模式并为该模式设计必要的假想，可能超出了多数社会经济分析的范围，同时还应利用各种更合适的不同递减贴现率进行某些形式的敏感性分析。

c) 两代间的公平：利用递减贴现率与在整个期间使用单个递减贴现率相比(如果递减率设定在单个恒定比率以下)，可能为后代造成一个较高的影响价值。

但是使用递减贴现率在实践中是有问题的，因为没有对以下问题普遍接受的指南：

d) 什么是开始使用递减贴现率的时间点。

e) 贴现率下降的速度(时间方面)。

大体上说，还没有处理社会经济分析范围内两代间效应的确定方法。真正理解对后代影响的最明确的方法是介绍没有按年贴现的成本或效益流，然后再利用两个默认的贴现率和降低贴现率进行敏感性分析。

D.4.5　后代健康和环境的评价

与使用长期健康和环境效应正贴现率有关的某些关注问题的处理方法就是对这些效应进行评价或货币化的方法。健康和环境效应的评价应以现代人的偏好为基础。但可能需要对这些评价随时间发生的变化进行修正。基于健康和环境质量被称为“奢侈”品的边际效用随收入增加的假想，如果收入预期增长，评价价值也应增加。这将要求使用专业性信息。

附 录 E
（资料性附录）
不确定性分析方法

E.1 介绍

本附录包含几种不确定性分析方法的纵观，这些方法支持4.4.3，其目的是确定在估计影响中不确定性是否对“提议限制”情景中有关净成本和效应的总结论产生影响。本附录中所述方法更精确地用来减少估计值的变化性或帮助检验不确定性是否影响社会经济分析的结论。唯一方法是通过更好的数据，更好地了解不确定性及其有关知识并通过进一步的分析才能精确地减少不确定性。但在多数情况下，剩余不确定性总是存在的。本附录旨在仅提供几种不同方法的介绍。在使用这些方法的任何一种之前，应找到更详细的信息和专业的专家意见。

本节包括下列方法：

a) 敏感性分析：用来检验不确定性是否影响得出的结论；

b) 情景分析：用来检验不确定性是否影响得出的结论；

c) 专家判断：用来减少估计值的可变性；和

d) 蒙特卡罗法模拟法：用来减少估计值的可变性。

E.2 风险、不确定性和可变性的定义

a) 风险：风险是结果的可能性与其程度的组合。因此，风险考虑的是出现一定状态或事件的频率或可能性（经常称为“危害”）以及可能后果的程度。

b) 不确定性：不确定性存在于缺少对有关结局的了解。不确定性可能来自于对风险的不精确了解，即危害和/或相关后果的可能性和程度的不确定。即使精确地了解这些情况，仍然会存在不确定性，因为结局只是概率性确定的。

c) 可变性：因不确定性，特定风险或影响估计值的范围尺寸（范围）。如蒙特卡罗分析这样的方法可用来减少估计值的可变性（已知有足够的数据运行蒙特卡罗模拟法）。

E.3 敏感性分析

敏感性分析是只采用社会经济分析范围内每一影响的最可能值（估计值或平均值），而不提供对围绕分析的不确定性等级进行分析的指示从而包含基于结论的任何决定的影响。但建议采用与给定选择不确定的结果有关的信息。

这种信息是通过使用敏感性分析制定的，是包含确认关键假想（或变量）的方法的通用术语，其不确定性可能严重影响该假想成本或效益的结论。敏感性分析因此可用来确认最有助于预测不确定性的变量。

E.3.1 方法的使用

敏感性分析的基本原理（是否有关行业的估计值、专家的判断或模型）：

a) 集中于关键性变量：并非所有的敏感性分析都是可行的（因事件或数据的限制），分析人员应限制对那些认为关键性假想的分析；

b) 确认关键性变量的不确定范围：分析人员应认真确定认为是关键性变量值的不确定范围是什么并将指定范围的基本原理和与该范围相关的确定性等级记入文件；

c) 利用每个变量的范围确定对总结论的影响：可了解总结果对每一种关键性变量差别的敏感性；

d) 确认转换点、收支平衡值或阈值：转换点、收支平衡值或阈值是社会经济分析的结果从选择一

个情景改变到另一个情景时的那些值(例如一个限制情景的效益减去成本从正变为负或一个情景的净效益变为大于/小于另一个情景的净效益);它们可经常提供选择一个场景替换另一个场景的稳健性指示;

e) 确认转换点与4.3环境和人体健康的影响中介绍的"逆向计算"相似。如果没有影响的货币化估计值,例如效益方面,逆向计算可用作一种敏感性分析,检验物理单位的什么效益需要超过成本;

f) 清楚地说明结果:敏感性分析的结果应附上说明性文字并叙述清楚。结果可用以下方式进行说明:1) 基本假想下的结论;2) 敏感性试验中变化的参数说明和对结论的影响。

E.3.2 使用本方法的难点

a) 通常这是一个很简单的过程,虽然仅依据一次考虑的变量数量可能变得更复杂。

b) 主要困难在于能够利用数据变量确认不确定的范围。这是可能出现的可能值的范围,例如制造商可通过较高的价格将一个情景中发生的新增成本的5%～10%转嫁给下游用户。

E.3.3 在社会经济分析过程中采用方法的时间

a) 确定范围阶段:这种方法在力图确定影响是否是重要影响时特别有用,并将对此进行更深入的分析。

b) 分析影响:对于主要影响的估计值,可进行敏感性分析,确定转换点。

E.3.4 利用这种方法可达到的目的

a) 确认转换点或阈值,检查影响是否会改变社会经济分析的结果。

b) 评估是否需要进行更详细的分析:敏感性分析还可用作屏蔽装置,确定是否需要进行更广泛的分析。

c) 理想的是,不确定性分析的最终结果应是模拟一个置信区间的概率性范围。

E.4 情景分析

情景分析是对于有不确定性特征的多数决定,将有一个以上的不确定变量对选择方案有影响。不需要分别检验与每个变量有关的不确定性(例如利用敏感性分析),而是可通过关键性不确定变量的同时变化,获得对特定的组合不确定性影响的较全面的画面。

情景分析是一种更有用、更简单的方法,用来评估基于社会经济分析的决定内在的不确定性。可帮助理解可能发生的情况而不需要说明可能性;可快速应用,不像概率性的方法有重要的数据要求。情景可用来表示定性和定量型不确定性。有大量情景需要考虑时,情景分析还经常是使用很多种更先进的不确定性分析方法——如特尔菲法或蒙特卡罗分析法——的起点。

情景分析包括根据围绕关键性变量的不确定性定义可能结果的范围。不确定信息值是选择性的(例如最好的和最坏的情况),从而得出结果。然后对其进行决定性的建模(即无需给这些输入信息的似然性赋予可能性),指示出可能结果的范围。

E.4.1 方法的使用

合适的情景类型包括:最坏情况;最好情况;正常情况;最好猜想;趋势分析;低、中和高;未来不同阶段;不同的影响程度等。

a) 集中于关键变量:全面情景分析经常是不可行的(因事件或数据限制),分析应限制对那些认为关键的假想进行的分析。

b) 通过改变关键性变量确认情景的估计成本和效益:用户应确认考虑的每个情景下每个关键性变量的合适值,然后确定每个情景的总成本和效益(以及任何相关的中间结果)。

c) 清楚地说明结果:情景分析的结果应附上说明性文字并叙述清楚。

E.4.2 使用这种方法的难点

通常这是一个很简单的过程,虽然仅根据一次考虑的变量数量可能变得更复杂。需要小心避免过多的情景试验,否则可能发生附加的不确定性(例如,如果没有得出认为是最可能发生的情景的结论)。还有与情景分析有关的其他问题,包括:

a) 说明情景时,保持一致性;

b) 防止把重点放在平均值上,保证考虑到足够大的范围。

E.4.3 在社会经济分析过程采用方法的时间

a) 确定范围阶段:这种方法在力图确定影响是否是重要影响时特别有用,并将对此进行更深入的分析。

b) 利用确定性方法分析影响(阶段4):对于主要影响的估计值,可进行低或高情景分析(即选择趋于得出一个情景的低结果输入信息参数值和另一个情景的高结果输入信息参数值),确定利用输入信息值不同的不确定假想,判断社会经济分析的结果是否不同。

E.4.4 利用这种方法的目的

低情景和高情景可用来确定各种输入参数在不确定的范围内发生变化时,社会经济分析的结果是否不同。如果在每个情景中的社会经济分析结果各不相同,可对不确定性分析进行论证,确定最可能出现的是那种情景。如果在所有情景中的社会经济分析结果都相同,那么,考虑的不确定性将不会改变社会经济分析结果的结论是合理的。

E.3 专家判断

由于限制的可能影响是很不确定的,可能需要征求专家意见,不但确定可能的影响,而且还要判断那些影响怎样与估计的影响相一致。这些专家可能包括:

a) 特定化学品;

b) 产品或部门的专业人员;

c) 经济分析人员;

d) 市场分析人员。

E.3.1 适合采用这一方法的时机

可通过专家制定出与未来事件或情景、模型参数的范围或可能性分布、可能的影响和这种影响相对重要性的更多定量看法有关的数据。专家判断对理解和调和与模型说明或其他结果的不一致意见也很重要。

E.3.2 使用这一方法可能遇到的困难

a) 时间限制:在分析过程中尽早与专家联系是重要的,保证在你预见需要他们服务时能找到他们。在制定社会经济分析的关键阶段,如在任何献计献策会/讨论会期间要考虑到专家。

b) 预算限制:考虑专家在社会经济分析中起什么作用。在最需要他们的专家意见方面应尽量充分利用他们的可用时间。

c) 专家可能不是独立的,而是代表某种利益。

E.3.3 在社会经济分析过程中采用方法的时间

利用专家判断就必然涉及到确认最适合的专家提供建议并将专家提供的信息输入社会经济分析的问题。这些专家可是内部的,也可是外部请来的专业人员。如果要利用内部的专家提供信息进行社会经济分析,就需要他们参加:

a) 献计献策会或讨论会;

b) 在确定范围阶段,在确定每个风险管理方案的主要影响以及行业和其他受影响的组织可能的反应时;

c) 在对社会经济分析报告的重要分析部分进行审查/输入信息时;

d) 数据收集和分析——这可能是需要专家意见的主要部分;

e) 协商过程。

E.3.4 利用这种方法可达到的目的

专家——根据定义——对特定主题比其他人理解更深。利用这些知识有助于减少认识的不确定性,对预期行为变化、关键性分析参数值和其他各种因数提供更现实的估计值。利用专家判断可大幅度减少数据收集和分析所需的时间。

E.3.5 使用这一方法需要得到的帮助

在分析过程中很重要的一点是要尽早确认进行社会经济分析需要什么方面的技能,然后再考虑需要什么程度的内部或外部专家意见。考虑在下列方面是否有足够的专家意见:

a) 化学品及相关产品和服务的市场情况,包括在没有该物质的情况下历史上的和未来可能的行为变化。

b) 利益相关方的约定——限制的重要信息源可是直接从行业内获得的成本数据。因此,有效的协商和约定对作出明智决定和减少不确定性可用的数据质量是至关重要的。

c) 影响的评估——应安排有影响评估指南专业技能的人进行社会经济分析。建议组织一个胜任对环境和人体健康影响以及社会和经济影响(包括更广泛的经济影响,如贸易、竞争、耐久性和盈利能力)进行评估的团队。

E.4 蒙特卡罗分析

蒙特卡罗分析是利用前面提到的各种方法进行不确定性分析后的进一步分析。这是一个特别有用的概率性工具,可利用概率密度函数(PDF)显示性表示输入信息参数的不确定性的特征。概率密度函数可提供一个指示,表示范围内各不同值的特定参数和概率的可能数值范围(例如均匀、正态、三角形分布)。因此,应具备使用本工具需要的某些种类的输入数据的不确定性信息。这些信息可能包括概率密度函数可能"形状"的定义(如"正态"分布或偏态分布),同时还有平均值和可能值的方差及范围的指示。

E.4.1 使用方法

a) 收集每个输入值的取样值并将其结合在一起,产生大量的可能输出值和出现这些值的可能性(例如可能包括估计一个特定参数的平均偏差值和标准偏差值)。参数或模型概率的分布可凭经验得出(例如从人口数据得出或直接通过其他统计模型的回归得出),或者根据可用数据或专家判断利用合适的假想得出。

b) 记录下所有假想和模型规格:整个分析的质量值只能像其各部分的质量一样;因此,所有假想或模型规格都应进行论证并记入文件。

c) 运行模拟软件:进行蒙特卡罗模拟的软件现在得到了广泛的应用,并有许多制作电子表格的附加系统。但是,认可这种分析需要不确定输入变量以及输入变量间相互依赖程度的概率分布函数的形状知识是很重要的(可随时用于分析)。分析本身通常是一个自动过程,由此根据概率密度函数中它们的概率选择每个有关参数的不同值;总结果是利用选择值计算的,过程是重复性的——经常利用几千次迭代。保证对每个概率密度函数都进行足够的取样的迭代次数是需要考虑的一个重要问题(有时在10 000次以上)。

d) 记录结果:进行足够的迭代之后,蒙特卡罗分析的结果是最终输出值的概率分布。因此,分析人员可确定,例如置信度(如置信区间),其结果将在一定的范围内,如最终结果的转换点以下,或最终结果的最可能值。

E.4.2 适合采用这一方法的时间

存在大量影响评估的不确定性时,超出情景分析并考虑可能值的概率分布是重要的。假如如此,那么蒙特卡罗分析可能是有价值的。

E.4.3 使用本方法的困难

a) 找出有关不确定性的足够数据。

b) 需要有合适的计算机软件。蒙特卡罗模拟法现在得到了广泛的应用,并有许多制作电子表格的附加系统。但是,认可这种分析需要不确定输入变量以及输入变量间相互依赖程度的概率分布函数的形状知识是很重要的(可随时用于分析)。

c) 对统计学和程序输出的正确理解,即需要概率密度函数(PDF),有针对性地对结果进行了解和说明。

E.4.4 在社会经济分析过程中采用本方法的时间

已知采用这一方法所需的专家意见和数据的程度,只有在敏感性结果或情景分析说明需要对不确定性及其如何影响社会经济分析进行更深入的分析时使用。如果社会经济分析是在迭代过程中进行的(即以进行到下一步评估更简单的低级定性评估开始),那么只有在需要高级评估时才需要进行蒙特卡罗分析。

E.4.5 利用这种方法可达到的目的

使用蒙特卡罗分析的主要效益是以概率密度函数表示的结果。因此,可用各种方式说明结果。

附 录 F
（资料性附录）
社会经济评估工具

F.1 介绍

本附录提供可能用来进行社会经济分析的主要社会经济评估工具的详细信息。社会经济评估工具可用来获取风险/成本和效益(缺点和优点),并可得出总体结论。本附录包括的工具有：

a) 成本效益分析；
b) 多准则分析；
c) 成本-效率分析；
d) 符合性成本分析；
e) 宏观经济建模。

F.2 成本效益分析(CBA)

成本效益分析是对每种风险管理方案(RMO)的成本和效益进行比较的一个框架。分析的性质范围可能从一个主要为定性分析到一个完全定量(和货币化)分析。传统的成本效益分析是用来确定一项投资从经济效益观点看是否值得。一般是指尽可能将货币价值的重点放在提议措施的影响上,并可对一种以上的措施的影响进行更透明的比较。但是,优先原则一般适用于根据经济机会成本对一种措施的效应进行的评价,从而可确定社会希望在竞争需求间的资源分布中进行的公平交易。

F.2.1 什么时候适合采用这一方法？

需要进行下列步骤,完成一次完整的成本效益分析：

a) 项目/政策和所关心的相关人口的定义；
b) 相关影响的确认；
c) 相关成本和效益的量化；
d) 在货币方面相关成本和效益的评价；
e) 通过贴现累加随时间变化的效益和成本；
f) 对贴现的总效益与贴现的总成本进行比较,得出一个净现值(NPV)；
g) 对重要的参数,如贴现率、投资寿命以及成本和效益估计值进行不确定分析。这些步骤与社会经济分析技术指南文件相似。

成本效益分析是加强这一指南的一种方法。根据其他指南文件,采用的是一种实用主义的方法,其中把成本效益分析理解为一种目标,但认为很多时常为重要的影响不进行量化。它们应与量化影响以相等的方式并列。得出结论并考虑所有影响时,不论是显示性还是隐示性加权都是必要的。从这一观点看,成本效益分析几乎变得与F.3多准则分析中描述的分析相似。

F.2.2 使用这种方法时可能会遇到什么困难？

主要解决的是不同的困难,影响的量化、影响的货币化、贴现和不确定性。

F.3 多准则分析(MCA)

多准则分析用来描述确定替代方案间总偏好的任何构造法,这些方案包含几种影响和/或实现几个目标。

在多准则分析中,规定了希望达成的目标并确定了相应的属性或指标。指标的实际计算经常是以大范围定性和定量影响类别和准则的定量分析为基础的(通过确定范围、分级和加权),这在货币方面则是不需要的。不同的环境和社会指标可与经济成本和效益并列制定，而多准则分析就提供了不同结果的比较和分级方法，即使用各种各样的指标。显示性认可指的是，各种货币和非货币目标可能会对政策的决策造成影响。

多准则分析的重要特性是确定准则，提供满足各种目标要求的计算方法，目标的相对加权将其价值判断直接应用于方案的评估。这与经济分析（特别是基于效能的成本效益分析和成本效率分析）形成对照，针对的是提供一个提议方案净价值（或社会价值）的客观计算法。

F.3.1 如何使用这一方法

a) 步骤1：确认进行影响评估的准则

准则和分则是判断影响性能的计算方法。建立一整套判断影响的准则，得出正态多准则过程的大比例“附加值”。利益团组的前景可能是重要的，加入这些内容的一种方法是直接把受影响的各方包括在多准则分析的某些阶段或全部阶段中。第二种方法是检验来自各利益团组的政策说明和二次信息源，并对其进行分析，得出反应其关注事项的准则。如果在决策团队有合适的经验，那么还有第三种方法，就是鼓励其一个或多个成员起到关键利益团组的作用，保证制定准则时不会高估这一观点。

b) 步骤2：准则的分组

这可能有助于将准则一起组合到主要类型的影响中：通常是社会经济分析的经济、环境、健康、社会和宏观经济的影响。如果新的决策结构包含相对大量的准则（比如8个或以上），如果给每个准则加权，那么这是很有帮助的。

c) 步骤3：准则的评估

在完成技术准则的选择之前，需要对临时准则集相对于质量范围进行评估：

——完整性：所有重要的准则都已包括在内；

——冗余和双重计算：取消不需要的任何准则并避免类似的准则存在；

——操作性：每一个方案可对照每一条准则进行判断，这一点很重要。关于某些经常通用的和理解的计算范围，像人体健康风险或成本，可进行客观的评估。也可是可判断的，反应出专家的主观评估；

——偏好的相互依赖性：在不了解其他影响的情况下应能给出影响的理由；

——尺寸：准则的数量过多可能引起输入数据评估中需要进行过多的分析，并造成分析通信困难。

d) 步骤4：设置评价系统

设置评价系统，从而使定性、定量和货币化影响可根据准则进行评价。评价工作经常都是用0～1的数值范围进行规格化的。但是，一个重要的方面就是，评价系统是透明的，是始终应用于所有情景的。社会经济分析委员会和相关各方利用透明、无偏见且合理的准则，可确切地说明社会经济分析的基本原理，并能很容易地作出社会经济效益是否超过成本的决定。

e) 步骤5：准则加权和情景比较

对每个影响加权是任选的。它时常包含主观看法，因而也时常能定位出多准则的缺点。如果采用权数系统，那么就需要明确地提出论证和基本理由。成本和效益指定了评价值（适当的时候进行加权）后，就应立即从效益总值中扣除成本总值。正值表示社会经济效益超过社会经济成本。

F.3.2 采用本方法的时机

多准则分析是一种决定分析工具。特别适用于重要的环境和社会影响不能指定稳健货币价值的情况。多数社会经济分析都包含进行过定性、定量和货币化影响的组合。因此可证明，虽然没用如上所述通过评价和加权的准则进行规格化，但多准则分析仍然可适用于任何社会经济分析。

F.3.3 使用本方法的难点

与成本效益分析的评估相似，各种影响都可能会遇到困难。与多准则分析有关的具体问题是选择每个影响的评价值和选择每项准则的权数。进行定性描述的影响评价值像加权的选择一样都是主观的。如果采用正态多准则分析，那么列出所有假想则是重要的，这样评价和加权的说明才能透明。

F.4 成本效率分析(CEA)

成本效率分析被广泛地用来确定实现预定目标的最低成本方法，这些目标是由政府指南或法规定义的。成本效率分析经常是根据找出满足规定物理结果的最小成本进行定义的。

a) 成本效益分析的目标可是在实现目标的替代方案中确认最低的方案。在比较复杂的情况下，成本效率分析用来确认实现规定目标的方法组合。

b) 与成本效益相比，成本效率分析的优点是，不需要对实现目标的效益进行货币化，但具体折扣程度没有/不能进行定义则是其缺点。

F.4.1 采用本方法的时机

需要确定限制是否是最合适的风险管理方案(RMO)，这就要求对限制(一项风险管理方案)与其他风险管理方案进行比较，这些方案包括，例如限量-贸易方案或遵守 BAT 要求。这时采用成本效率分析有助于与实现减少相同风险等级的风险管理方案相比较。同样，力图确定这些限制的合适条件时，成本效率分析也是一种非常有用的工具。

F.4.2 使用这种方法时可能会遇到的困难

a) 成本估计值不能反应这项措施计算的全部社会成本(即财务成本，而不是经济成本)时，可能无法以相等的方式对风险管理方案进行比较；

b) 提议的措施不能实现单位支出的连续效能级(例如提议措施的有限受益人数)，那么以相等的方式对这种措施与其他措施进行比较会变得很困难；

c) 不同的措施会导致减少风险等级的变化，某些满足目标和其他不满足，但涉及价格严重下降的措施时，严格坚持目标与发现经济上有效的方案可能会发生冲突；

d) 提议的措施有一个以上的目标，例如除挽救生命外实现健康效益，或通过一个以上环境终点实现环境效益时，这些措施将随着不同的目标发生成本-效率变化。

有一种优选的假想，就是实现目标的效益超过成本。这一假想对调节分析引起有关使用成本效率分析的一条关键限制：它不能显示性地提出调节效益是否超过成本的问题。

其他问题是在不能采用常用的或标准的方法进行成本效率分析时出现在医疗保健领域，从而对不同研究的结果进行比较。特别是，成本-效率分析小组在进行这种分析时强调了社会前景的重要性，保证估计值能反应出采用特定方案的全部资源成本。

F.5 符合性成本评估

多数的社会经济分析都是从评估符合性成本开始的。实质上这种分析的重点在于有关采取特殊措施的直接成本，虽然还应确认因过程的变化等造成的任何成本节省。这种评估将确认资本和运营成本(一次性成本和续生成本)，至少可使受措施直接影响的部门得到发展。它们还可检验预期影响严重的其他部门的间接成本(如落在下游用户头上的成本，例如因需要继续该过程或其他变化)。它们还可确认不容易量化的成本，如与产品质量的变化或产品性能有关的成本。

这些分析趋向于集中在财务成本而不是经济成本上。财务分析针对的是确定提议调节将对公司或部门及其现金流造成的影响。财务分析可提供成本效率分析(CBA)或成本效益分析(CBA)的起点，特别是符合性成本用作经济成本的代理。它与正式的成本效率和成本效益不同，但由于这些集中在与措施有关的经济或资源成本上，而不是简单的财务成本上。因此，财务分析将忽略因措施引起的健康、环境和其他社会成本和效益，因此将不对因采用不同措施引起的任何全部经济成本和效益进行比较。

F.6 宏观经济建模

宏观经济建模是针对描述经济学互相作用的数学模型。它们考虑的是所有经济效应，包括对不同市场包含的所有一致性反馈反应。各式各样的模型适合回答不同类型的问题。关于社会经济分析，与使用宏观经济建模的关系较小。只有在经济影响对经济部门发生严重影响时，使用宏观经济建模才有用。使用宏观经济法将要求使用合适的模型并假定开发宏观经济模型非常需要资源，那么在社会经济分析中使用则应以现有的模型为基础。因此需要使用什么模型的专家意见和进行分析的同样专家提供的信息。

附 录 G
（资料性附录）
检查项目列表——影响的确认

G.1 概述

本附录包含五个检查项目列表，帮助确定在评定阶段与"基线"情景相比"提议限制"的主要影响（一个更全面的检查项目列表在社会经济分析过程中较晚时使用）。检查项目列表用于：

a) 人体健康风险；

b) 环境风险；

c) 经济影响；

d) 社会影响；

e) 更广泛的经济影响。

检查项目列表旨在用作内部的决策工具，便于确定主要影响的过程，不构成全面的影响清单。填写完的检查项目列表可与社会经济分析一并提交，提高分析的透明度。

G.2 使用检查项目列表的方法

如果风险评估说明，特定终点的风险不重要（或可能无关），那么在检查项目列表中的回答应为"无影响"，这种不重要应在社会经济分析报告中予以确认，但不需要对这一影响进行更深入的分析，因为其未必能改变社会经济分析的结果。但是，应考虑到在风险评估中（在基线下）确认没有关系、但提议限制又引起了新的风险处的风险。

如果风险已确认，那么在检查项目列表中的回答应为"是"或"未知"。需要力求建立这是否是：

a) "是"：重要影响（主要影响）——在社会经济分析中应对这种影响进行更深入的分析；

b) "未知"：在社会经济分析过程的这个阶段有可用信息，但不能确定一种影响是否为重要影响。在这种情况下，需要更多信息才能确定风险的相关性。

在献计献策会或座谈会期间填写检查项目列表是有帮助的，这时的内、外专家和相关的利益相关方都应邀参加会议。在填写检查项目列表中适合使用信息源，指导读者保证这些影响和问题在4.3（影响的确认和评估）期间认为特别有关。注意这些问题（包括本附录表G.1～表G.4中的问题）既不是详细的也不是确定性的。它们有助于方便读者考虑提议限制造成的，在社会经济分析过程开始时可能被忽略的更大范围的可能影响。

这些检查项目列表的意图是帮助主管部门考虑到大范围的可能影响，这样，分析不能立即集中到在限制提案制定期间已经确认的少数几个影响上，这样应能得出提议限制下可能影响的一幅更全面的画面。

表 G.1 人体健康风险的初始检查项目列表

可能影响——"提议限制"与"基线"情景之间的变化	可能有需要进行更深入评估的重要影响吗？是/否/未知	如果是"否"，为什么没有包括在内的原因（如在本限制中无关）
有与使用该物质有关的工人健康风险的变化吗？（例如受暴露人数、暴露种类、暴露严重程度的变化等）		
有与使用该物质有关的消费者健康风险的变化吗？		
有公众健康和安全风险的变化吗？		
有与已知物质有关的工人健康风险的变化吗？		

表 G.1(续)

可能影响——"提议限制"与"基线"情景之间的变化	可能有需要进行更深入评估的重要影响吗?是/否/未知	如果是"否",为什么没有包括在内的原因(如在本限制中无关)
有与已知物质有关的消费者健康风险的变化吗?		
如果使用的工序有任何变化,这些变化对工人的健康和安全有影响吗?		
如果使用的工序有任何变化,这些变化对消费者的健康和安全有影响吗?		
向空气、水、土地的排放物有重大变化和/或原材料的用量有重大变化,对人体健康可能造成影响吗?		
有其他需要考虑的任何风险/影响吗?		

表 G.2 环境风险的初始检查项目列表

可能影响——"提议限制"与"基线"情景之间的变化	可能有需要进行更深入评估的重要影响吗?是/否/未知	如果是"否",为什么没有包括在内的原因(如在本限制中无关)
有空气质量的任何风险变化吗?(例如可能影响人体健康、损害庄稼或建筑物,或者造成环境恶化(污染土壤和河流等)的酸化、富营养化、光化学或有害气体污染物的任何排放效应)		
有水质和/或水及饮用水量的任何风险变化吗?		
有土质和/或可用土壤及有用土壤量的任何风险变化吗?		
有损耗物质的臭氧(CFC,HCFC等)和导致温室效应的气体(如二氧化碳、甲烷等)排放到空气中的任何风险变化吗?		
有再生资源(鱼、新鲜水)需求/使用的任何变化或非再生资源(地下水、矿产品等)需求/使用率的任何变化吗?		
有对生物多样性(例如物种和变种/种族数量)、植物群、动物群和/或风景(例如保护风景区的风景价值)的任何风险变化吗?		
对可能影响环境的土地使用存在任何风险变化吗?(例如影响城乡土地使用平衡、减少"绿地"地带等)		
废物生产(固态、城市、农业、工业、开矿、放射性或有毒废物)有任何变化,或如何处理、回收再利用废物?		
有防火、防爆、防故障、防事故和意外放射可能性的任何风险变化吗?有自然灾害可能性的风险变化吗?		
有流动性(运输方式)和能源利用的任何变化吗?(例如能源消耗和热产生、运输需求的变化和车辆排放量的变化)		
公司活动的环境后果有任何变化吗?(例如这会影响单位产出需要的自然资源的利用和过程将会使能源消耗量变得更大或更小吗?这会改变公司的操作性能,造成更多或更少的污染吗?)		
对动物和植物健康、食物和/或饲料安全有任何风险变化吗?		
有与物质有关的任何环境风险变化吗?		
使用的工序有对环境造成影响的任何变化吗?(例如替代工序使用不同的自然资源量或使用的能源量)		
向空气、水和土地的排放物或原材料的使用有任何重大变化,可能对环境造成影响吗?(例如需要从国外进口原材料的变化造成新增运输排放)		
有需要考虑的其他风险/影响吗?		

表 G.3 经济影响的初始检查项目列表

可能影响——"提议限制"与"基线"情景之间的变化	可能有需要进行更深入评估的重要影响吗？是/否/未知	如果是"否"，为什么没有包括在内的原因（如在本限制中无关）
运营成本会发生任何变化吗？		
投资成本会发生任何变化吗？（例如，避免人体健康风险，如废物和废水处理的成本）		
盈利能力可能会发生变化吗？（例如使用替代物质的成本无法通过供应链消化）		
销售量和营业额可能会发生变化吗？（例如导致需求下降的功能性损失）		
管理成本可能会发生变化吗？		
革新和研究可能会发生变化吗？		
市场物价可能会发生变化吗？		
最终产品质量可能会发生变化吗？		
就业可能会发生变化吗？		
监控、符合性和实施可能会发生变化吗？		
销售和生产趋向可能会发生变化吗？		
与物质有关的成本可能会发生变化吗？		
与物质有关的业绩和产品质量可能会发生变化吗？		
可能会出现对经济成本造成影响的任何工序变化吗？		
向空气、水、土地的排放物可能会发生任何变化/或有使用潜在经济成本的原材料可能会发生任何变化吗？		
有需要考虑的其他任何风险/影响吗？		

表 G.4 社会影响的初始检查项目列表

可能影响——"提议限制"与"基线"情景之间的变化	可能有需要进行更深入评估的重要影响吗？是/否/未知	如果是"否"，为什么没有包括在内的原因（如在本限制中无关）
在国内级可能会发生就业变化吗？		
在省级可能会发生就业变化吗？		
在国外可能会发生就业变化吗？		
工作职业种类可能会发生任何变化吗？		
工作环境可能会发生任何变化吗？（例如工作时间、工作满意度、可享有的培训等）		
对国内其他部门可能会发生任何就业变化吗？（即当地餐馆、零售店和其他服务业）		
有需要考虑的任何其他风险/影响吗？		

表 G.5　竞争、贸易和更广泛经济影响检查项目列表

可能影响——“提议限制”与“基线”情景之间的变化	可能有需要进行更深入评估的重要影响吗?是/否/未知	如果是“否”,为什么没有包括在内的原因(如在本限制中无关)
在国家范围内可能会发生竞争变化吗?(例如下游用户和消费者可用的产品数量的变化)		
在国家以外可能会发生任何竞争力的变化吗(例如限制条件会使国家以外的制造商占优势吗)?		
对国际贸易可能会发生变化吗?		
投资流可能会发生任何变化吗?(例如决定在国外设置营业)		
可能对国家的财政造成任何变化吗?(来自公司所得税税收的变化)		
可能对劳务市场造成任何变化吗?		
有需要考虑任何其他风险/影响吗?		

ICS 11.140;83.140.99
G 45

中华人民共和国国家标准

GB 24786—2009

一次性使用聚氯乙烯医用检查手套

Single-use medical poly (vinyl chloride) examination gloves

[ISO 11193-2:2006, Single-use medical examination gloves—Part 2: Specification for gloves made from ploy(vinyl chloride), MOD]

2009-12-15 发布　　2010-10-01 实施

中华人民共和国国家质量监督检验检疫总局
中国国家标准化管理委员会　发布

前言

本标准的第6章、8.2的内容为强制性的，其余为推荐性的。

本标准为修改采用ISO 11193-2:2006《一次性使用医用检查手套　第2部分:聚氯乙烯手套规范》(英文版)。

本标准根据ISO 11193-2:2006重新起草。

根据国内一次性使用聚氯乙烯医用检查手套生产技术现状，本标准进行了下列技术性修改:

——将一次性使用聚氯乙烯医用检查手套老化前后的扯断力指标由7.0 N(见ISO 11193-2:2006中6.3.2)改为4.8 N(见表3)。

为便于使用，本标准的结构与ISO 11193-2:2006相同，并进行了下列编辑性修改:

——删除了原国际标准中的前言;

——“本国际标准”一词改为“本标准”;

——用小数点“.”代替作为小数点的逗号“,”;

——删除了8.1中“用于标志的语言应征得相关方的一致同意”。

本标准的附录A为规范性附录。

本标准由中国石油和化学工业协会提出。

本标准由全国橡胶与橡胶制品标准化技术委员会胶乳制品分技术委员会(SAC/TC 35/SC 4)归口。

本标准起草单位:山东蓝帆塑胶股份有限公司、中橡集团株洲橡胶塑料工业研究设计院、北京市医疗器械检验所。

本标准起草人:刘文静、张永臣、邓一志、张肖莉。

一次性使用聚氯乙烯医用检查手套

警告：本标准使用者应熟悉一般实验室操作。本标准不涉及任何安全性问题，即使是与它有关的也不例外，使用者应建立相应的安全和健康规范，并使之符合国家的规定。

1 范围

本标准规定了非灭菌或灭菌包装的作为医用检查和诊断过程中防止病人和使用者之间交叉感染的聚氯乙烯手套要求或治疗病患时为防止交叉感染而使用的聚氯乙烯手套要求，也包括用于处理污染性医疗材料的聚氯乙烯手套。

本标准规定了一次性使用聚氯乙烯医用检查手套性能和安全性的要求，但检查手套的安全、正确使用和灭菌过程及随后的处理、包装和贮存过程不在本标准的范围之内。

本标准适用于医用检查、诊断或治疗病患以及处理污染性医疗材料的一次性使用聚氯乙烯医用检查手套。

2 规范性引用文件

下列文件中的条款通过本标准的引用而成为本标准的条款。凡是注日期的引用文件，其随后所有的修改单（不包括勘误的内容）或修订版均不适用于本标准，然而，鼓励根据本标准达成协议的各方研究是否可使用这些文件的最新版本。凡是不注日期的引用文件，其最新版本适用于本标准。

GB/T 528 硫化橡胶或热塑性橡胶拉伸应力应变性能的测定(GB/T 528—2009，ISO 37:2005，IDT)

GB/T 2828.1 计数抽样检验程序 第1部分：按接收质量限(AQL)检索逐批检验抽样计划(GB/T 2828.1—2003，ISO 2859-1:1999，IDT)

GB/T 2941—2006 橡胶物理试验方法试样制备和调节通用程序(ISO 23529:2004，IDT)

GB/T 3512 硫化橡胶或热塑性橡胶 热空气加速老化和耐热试验(GB/T 3512—2001，eqv ISO 188:1998)

GB/T 16886(所有部分) 医疗器械生物学评价[ISO 10993(所有部分)，IDT]

YY 0466—2003 医疗器械 用于医疗器械标签、标记和提供信息的符号(ISO 15223:2000，IDT)

3 分类

手套成品分为下列类型：

a) 部分或全麻面手套；

b) 光面手套；

c) 有粉手套；

d) 无粉手套。

注1：有粉手套是为便于穿戴在制造过程中添加了粉末；无粉手套是在制造过程中，没有有意识地添加粉末材料。

注2：手套袖口边可以是裁剪规整的直形边，也可以是卷起的圆形边。

4 材料

本标准所涉及到的手套应为聚氯乙烯材料制造，为便于穿戴，可使用表面处理剂、润滑剂、粉末或聚合涂料。

任一颜料、表面处理剂、润滑剂或粉末均应为无毒材料,并应要求公开。用于表面处理的可去除物质应是生物吸收的。

提供给用户的手套应符合 GB/T 16886 相关部分的要求。必要时制造商应使购买者易于获得符合这些要求的资料。

注:根据现有相关国家或行业试验方法标准,本标准以后的版本中可能规定手套中的可抽提增塑剂、残余化合物和残余粉末的限量。

5 抽样及选择试片

5.1 抽样

作为仲裁的目的,手套应按 GB/T 2828.1 的要求进行抽样和检查,检查水平和接收质量限(AQL)应符合表 1 中的规定。

当不能确定批量大小时,应假定批量为 35 001～150 000。

表 1 检查水平和接收质量限(AQL)

特　　性	检查水平	AQL
尺寸(宽度、长度、厚度)	S-2	4.0
不透水性	Ⅰ	2.5
扯断力和拉断伸长率	S-2	4.0

5.2 试片选取

试片应从手套的掌部或背部沿手指方向裁取。

6 要求

6.1 尺寸

按图 1 所示位置测量时,手套的长度和掌宽应符合表 2 的规定,检查水平和接收质量限(AQL)见表 1。

长度应是从中指的顶部到袖口边缘的最短距离。

注:长度测量可将手套悬挂于顶部半径为 5 mm 合适的圆棒上进行测量。

宽度的测量应从食指的根部至大拇指的根部中点位置测量。测量时,应将手套平放。

手套双层厚度的测量应按 GB/T 2941—2006 的规定,使用具有 22 kPa±5 kPa 的测足压力,在图 2 中所示的每一位置测量,即:距中指指端 13 mm±3 mm 处和大约手套掌心处。每一点所测得的双层厚度的一半记为单层厚度。尺寸应符合表 2 的规定,检查水平和接收质量限(AQL)应符合表 1 的规定。

如果视觉检查发现有薄点存在,单层厚度应在这些薄点部位进行测量。光面和麻面部分的单层厚度按该条款测量时,应分别不小于 0.08 mm 和 0.11 mm。

注:手套袖口边厚度按 GB/T 2941—2006 测定,最好不超过 2.50 mm。

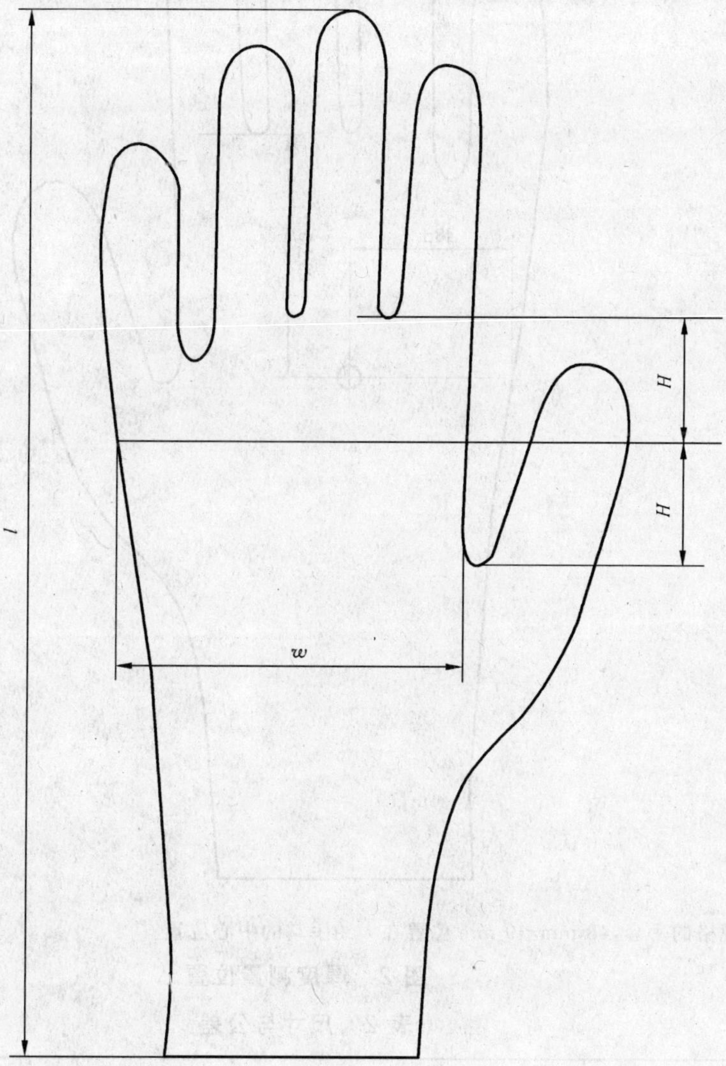

l——长度；

w——宽度。

图 1 长度和宽度测量位置

单位为毫米

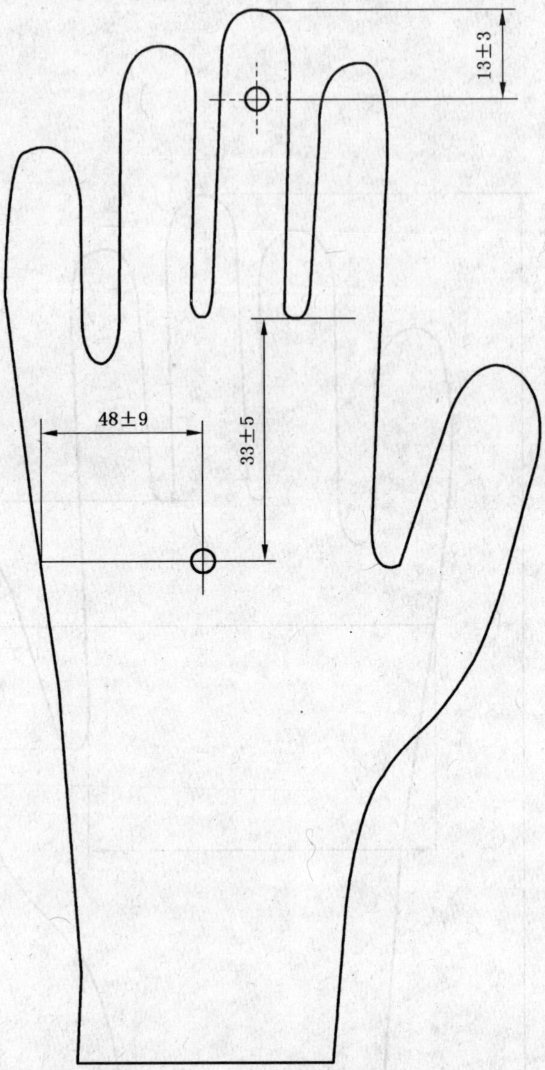

注:对于不同规格的手套,48 mm±9 mm 位置在大约手掌的中心位置。

图 2 厚度测量位置

表 2 尺寸与公差

规格	宽度 (尺寸 w,图 1) mm	规格 (小、中、大)	标称宽度 (尺寸 w,图 1) mm	最小长度 (尺寸 l,图 1) mm	最小厚度 (图 2) mm	最大厚度 (大约在手掌的中心) mm
6 及以下	≤82	特小(X-S)	≤80	220	光面区域:0.08 麻面区域:0.11	光面区域:0.22 麻面区域:0.23
6½	83±5	小(S)	80±10	220		
7	89±5	中(M)	95±10	230		
7½	95±5			230		
8	102±6	大(L)	110±10	230		
8½	109±6			230		
9 及以上	≥110	特大(X-L)	≥110	230		

6.2 不透水性

手套按附录A进行不透水性试验时，其样本量大小和允许不合格(渗漏)手套的数量，应根据表1中的检查水平和接收质量限(AQL)来确定。

6.3 拉伸性能

6.3.1 概述

拉伸性能应按GB/T 528进行测定，从每只手套中裁取3个试片，结果取中值。

6.3.2 老化前扯断力和拉断伸长率

按GB/T 528规定的试验方法进行测定时，用2型哑铃状试片，扯断力和拉断伸长率应符合表3的规定，检查水平和接收质量限(AQL)应符合表1的规定。

表3 拉伸性能

性能	要求
老化前扯断力的最小值/N	4.8
老化前拉断伸长率的最小值/%	350
老化后扯断力最小值/N	4.8
老化后拉断伸长率的最小值/%	350

6.3.3 老化后扯断力和拉断伸长率

老化试验应按GB/T 3512规定的方法进行。试样可从经过(70±2)℃，(168±2)h老化后手套上裁取，也可以从手套上裁取试片后，再在上述条件下老化，拉伸试验按6.3.2进行。

6.4 灭菌

灭菌手套应按要求标识手套灭菌处理的类型。

7 包装

如果手套是灭菌的，它们应单只包装或成对包装。

8 标志

8.1 概述

标志应按本标准规定的要求，YY 0466—2003中合适的符号可用在标签上。

8.2 单位包装

单只手套或者一副手套装入一个包装袋中即为单位包装。

8.2.1 灭菌包装

灭菌包装应清晰标明以下内容：

a) 制造商或供应商的名称或商标；

b) 所用的材料；

c) “麻面”、“光面”、“有粉”、“无粉”或对手套成品有这种作用的字样；

d) 规格；

e) 一旦手套使用任何表面材料处理过，应有警示并在使用之前应无菌地除去表面粉末；

f) 制造商识别的批号；

g) “生产日期”或类似字样，年份(四位数)，及制造月份；

h） “灭菌，除非包装被打开或破坏”的字样；

i） “检查手套”字样；

j） “一次性使用”的字样或相同意思的字样；

k） “产品中含有可能对使用者有害的增塑剂（应公开增塑剂的性质）”的字样。

8.2.2 非灭菌包装

非灭菌包装应清晰标明以下内容：

a） 制造商或供应商的名称或商标；

b） 所用的材料；

c） “麻面”、“光面”、“有粉”、“无粉”或对手套成品有这种作用的字样；

d） 规格；

e） 制造商识别的批号；

f） “一次性使用”或相同意思的字样；

g） “非灭菌”；

h） “检查手套”字样；

i） “生产日期”或类似字样，年份（四位数），及制造月份；

j） “产品中含有可能对使用者有害的增塑剂（应公开增塑剂的性质）”的字样。

8.3 多单位包装

多单位包装相当于一预先确定数量的同一尺寸手套（单位包装或未包装）的一箱产品，其目的是便于安全运输和贮存。多单位包装应按8.2.1和8.2.2加以标注，并应标明手套的数量并附加贮存说明。

附 录 A
（规范性附录）
不 透 水 性

A.1 装置

A.1.1 圆柱筒

直径最小为 60 mm，应能容纳 1 000 mL 的水，且具有足够长度用来固定手套，如图 A.1 所示。

注：圆柱筒最好是透明的。

A.1.2 固定装置

充水时应使手套保持垂直，如图 A.2 所示。

A.1.3 圆柱形的量具

容积至少 1 000 mL 或一次性转移 1 000 mL 水的装置。

A.2 步骤

用合适的装置，如 O 型圈，将手套固定在圆柱筒上，以使手套不超出圆柱筒 40 mm。

导入 1 000 mL±50 mL，不超过 36 ℃的水至装置中，擦去手套上任何溅上的水。如果水不能升至离袖边 40 mm 处，托起手套使整只手套距袖口 40 mm 以外的部分都充满水。立即注意任何明显的渗漏。如果手套没有立即渗漏，再观察 2 min～4 min。忽略距袖边 40 mm 以内的渗漏。为便于观察，可用水溶性染料进行染色。

单位为毫米

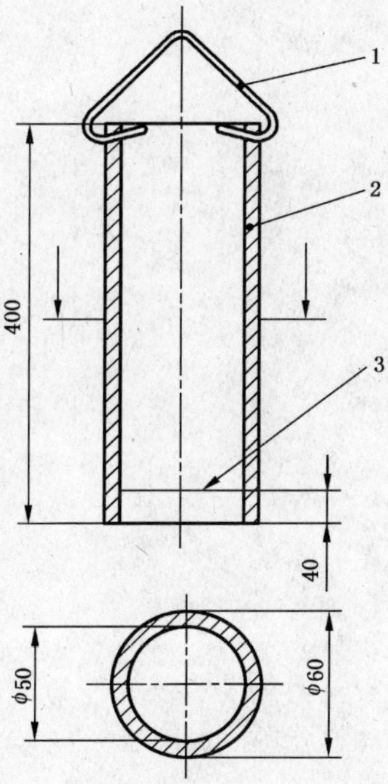

1——挂钩；

2——圆柱筒；

3——圆柱筒内侧表面的刻线。

图 A.1 圆柱筒

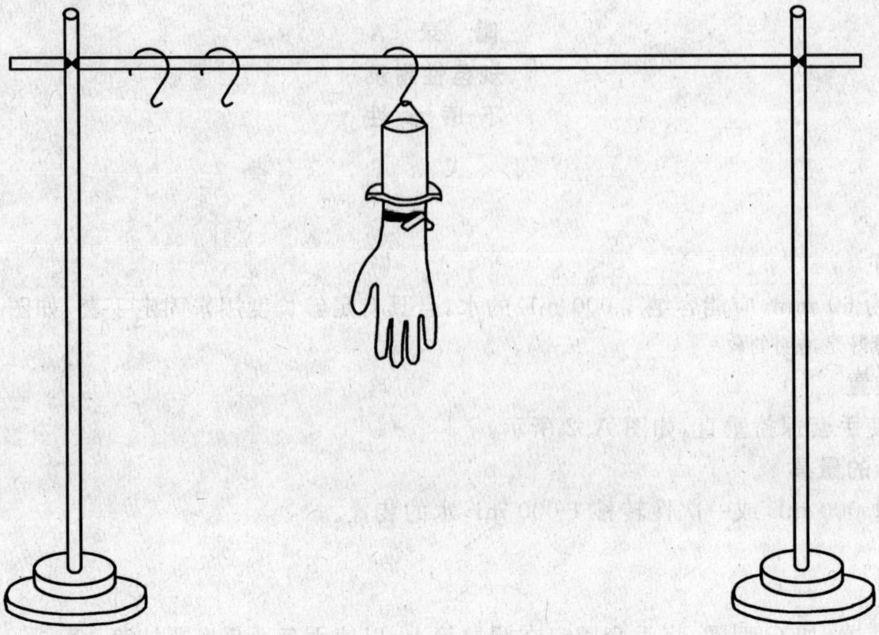

图 A.2 固定装置

ICS 11.140
G 45

GB

中华人民共和国国家标准

GB 24787—2009

一次性使用非灭菌橡胶外科手套

Single-use non-sterile rubber surgical gloves

2009-12-15 发布　　　　2010-10-01 实施

中华人民共和国国家质量监督检验检疫总局
中国国家标准化管理委员会　发布

前 言

本标准的6.1、6.2、6.3为强制性的，其余为推荐性的。

本标准的附录A为规范性附录。

本标准由中国石油和化学工业协会提出。

本标准由全国橡胶与橡胶制品标准化技术委员会胶乳制品分技术委员会（SAC/TC 35/SC 4）归口。

本标准主要起草单位：桂林乳胶厂、湛江出入境检验检疫局、中橡集团株洲橡胶塑料工业研究设计院、安思尔健康产品公司、青岛合力乳胶制品有限公司。

本标准主要起草人：刘斌、云俊、邓一志、肖丽安、赵金祥。

一次性使用非灭菌橡胶外科手套

1 范围

本标准规定了一次性使用非灭菌橡胶外科手套的性能、安全性和技术要求。

本标准适用于外科操作中以防止病人和使用者交叉感染的有包装的非灭菌橡胶外科手套。但手套的储存、安全、正确使用、灭菌和随后的处理过程都不适用于本标准。

2 规范性引用文件

下列文件中的条款通过本标准的引用而成为本标准的条款。凡是注日期的引用文件，其随后所有的修改单(不包括勘误的内容)或修订版均不适用于本标准，然而，鼓励根据本标准达成协议的各方研究是否可使用这些文件的最新版本。凡是不注日期的引用文件，其最新版本适用于本标准。

GB/T 528 硫化橡胶或热塑性橡胶拉伸应力应变性能的测定

GB/T 2941 橡胶物理试验方法试样制备和调节通用程序

GB/T 2828.1 计数抽样检验程序 第1部分：按接收质量限(AQL)检索逐批检验抽样计划

GB/T 3512 硫化橡胶或热塑性橡胶 热空气加速老化和耐热试验

GB/T 16886(所有部分) 医疗器械生物学评价

YY 0466—2003 医疗器械 用于医疗器械标签、标记和提供信息的符号

3 分类

3.1 总则

手套以类型、设计、表面型式、附着型式进行分类。

3.2 类型

可分为两种类型：

1型：由天然橡胶胶乳制造的手套。

2型：由氯丁橡胶胶乳、丁苯橡胶溶液或乳液、热塑性弹性体溶液或乳液制造的手套。

注：由1型和2型的材料混合或复合制造的手套为3型手套。

3.3 设计

按设计分为两种类型：

直型(R型)：手套手指全是直立的，除拇指外，其他四指与手掌基本在同一平面。

弯型(C型)：全部或部分手套手指是弯曲的，各手指与手掌不在同一个平面。

手套符合生理结构，即大拇指位于食指所在手掌面的前面而不是在同一平面，分左右手。大拇指和其他手指可以是平直的或是向手掌面弯曲的。

3.4 表面型式

按产品胶膜的表面型式分两种类型：

麻面(T型)：手套表面全部或部分有花纹或粗糙化。

光面(S型)：表面光滑。

3.5 附着型式

按产品内表面附着型式分三种类型：

有粉(P型)：手套内表面有涂粉的。

无粉(F型)：手套内表面采用氯化处理或其他方法至无粉的。

涂层(C型):表面涂覆高分子材料或其他非粉隔离剂及润滑剂的。

注1:有粉手套是在手套的加工制造过程中加入粉剂,通常是为了便于穿戴。无粉手套是在手套制造过程中没有另外加入粉末材料来便于穿戴。

注2:袖口端可以是剪切的或卷边的。

注3:例如,由天然胶乳制造的表面带花纹且手指为直伸形的无粉手套可表示为“1-RTF”。

4 材料

手套是由配合天然橡胶胶乳、配合氯丁橡胶胶乳,或配合丁苯橡胶或热塑性弹性体溶液或乳液,或配合丁苯橡胶乳液制成。为了便于手套穿戴,可使用任何符合 GB/T 16886 要求的润滑剂、粉末或聚合物涂覆物进行表面处理。

使用的任何颜料应是无毒的。用于表面处理的可移动的物质应是可生物吸收的。

提供给使用者的手套应符合 GB/T 16886 相关部分的要求。必要时制造者应使购买者易于获得符合这些要求的资料。

注1:其他合适的聚合物材料可能包括在本标准以后的版本中。

注2:手套中的可溶性蛋白质、致敏性蛋白质、残留的化学物质、内毒素和残余粉末的限量在本标准的以后版本中可能加以规定,并符合相关物质的限量标准。

5 抽样和试片选择

5.1 抽样

手套应按 GB/T 2828.1 进行抽样和检查。检查水平和接收质量限(AQL)应符合表1的规定。

当批量大小不能确定时,应假定批量为 35 001～150 000。

表1 检查水平和接收质量限(AQL)

特 性	检查水平	AQL
物理尺寸(长度、宽度、厚度)	S-2	4.0
不透水性	I	1.5
扯断力和拉断伸长率(老化前、后)和300%定伸负荷(老化前)	S-2	4.0

5.2 试片选择

试片应从手套的掌部或背部沿手套浸渍方向裁取。

6 要求

6.1 尺寸

按图1所示位置测量时,手套的长度和掌宽应符合表2的规定,检查水平和接收质量限(AQL)按表1的规定。

长度应是从中指的顶端到袖口边缘的最短距离。

注:长度测量也可将手套悬挂于半径为 5 mm 合适的圆棒上进行测量。

宽度的测量是在食指的根部到拇指的根部的中点位置测量。测量时,应将手套平放。

手套双层厚度的测量应符合 GB/T 2941 的规定,使用具有 22 kPa±5 kPa 的测足压力的厚度计,在图2中所示的每一位置测量,即:距中指顶端 13 mm±3 mm 处,大约掌心位置和距袖口边缘 25 mm±5 mm 处。所测得的双层厚度的一半计为单层厚度,且应符合表2的尺寸要求。检查水平和接收质量限(AQL)应符合表1的要求。

如果视觉检查发现有薄点存在,单层厚度应在这些薄点部位进行测量。光面部分和麻面部分的单层厚度按该条款测量时,应分别不小于 0.10 mm 和 0.13 mm。

注:按 GB/T 5723 测量袖口边缘的厚度最好不超过 2.50 mm。

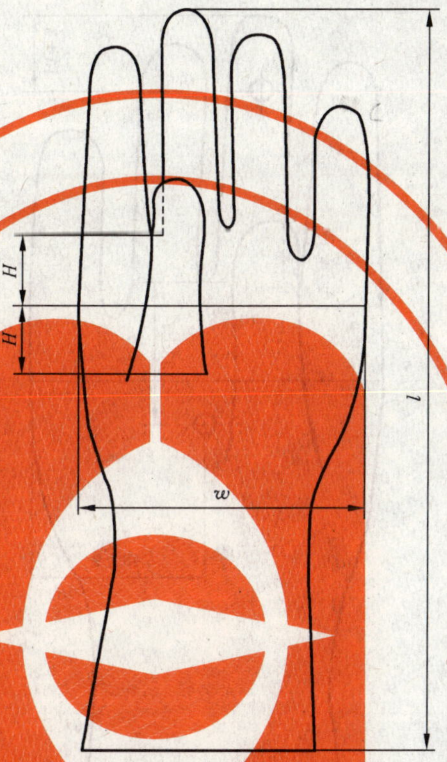

图 1　宽度和长度的测量位置

表 2　尺寸和公差

尺寸代码	宽度/mm （图 1 中尺寸 w）	最小长度/mm （图 1 中尺寸 l）	最小厚度/mm （图 2 中所示位置）
5	67±4	250	对于所有规格： 光面：0.10 麻面：0.13
5.5	72±4	250	
6	77±5	260	
6.5	83±5	260	
7	89±5	270	
7.5	95±5	270	
8	102±6	270	
8.5	108±6	280	
9	114±6	280	
9.5	121±6	280	

单位为毫米

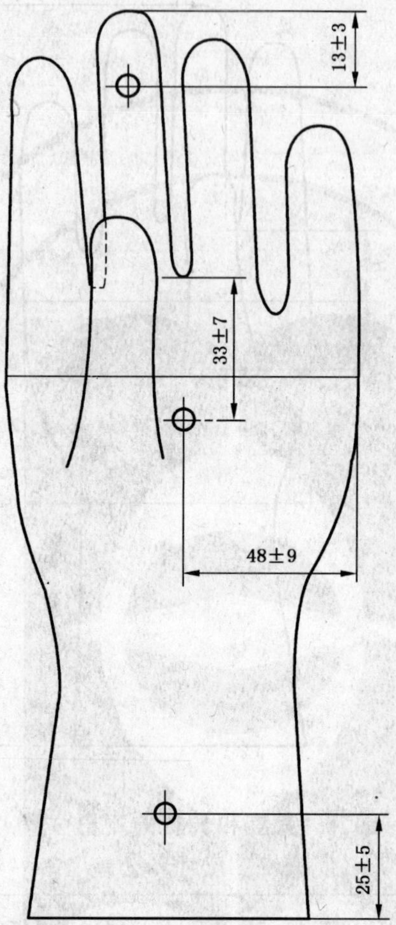

注：对于不同尺寸的手套，48 mm±9 mm 所处位置大约在手掌中心处。

图 2　厚度的测量位置

6.2　不透水性

手套按附录 A 进行不透水性试验时，其样本量大小和允许不合格（渗漏）手套的数量，应根据表 1 中的检查水平和接收质量限（AQL）来确定。

6.3　拉伸性能

6.3.1　概述

拉伸性能按 GB/T 528 进行测定。从每只手套中裁取三个试片，试验结果取中值。试片应从手套的掌部或背部沿手套浸渍方向裁取。

6.3.2　老化前的300%定伸负荷、扯断力和拉断伸长率

按 GB/T 528 规定的方法测定时，使用 2 型哑铃状试片，扯断力、300%定伸负荷和拉断伸长率应符合表 3 的要求。检查水平和接收质量限（AQL）应符合表 1 的规定。

6.3.3　老化后扯断力和拉断伸长率

老化试验按 GB/T 3512 规定的方法进行。从经过 70 ℃±2 ℃，168 h ±2 h 老化后的手套上裁取的试片，其扯断力和拉断伸长率应符合表 3 的要求，检查水平和接收质量限（AQL）应符合表 1 的规定。

表 3 拉伸性能

性能	要求	
	1 型	2 型
老化前扯断力的最小值/N	12.5	9.0
老化前拉断伸长率的最小值/%	700	600
老化前 300%定伸负荷最大值/N	2.0	3.0
老化后扯断力的最小值/N	9.5	9.0
老化后拉断伸长率的最小值/%	550	500
注：3 型手套参照 1 型手套。		

6.4 合格判定

试验结果不超过表 1 规定的接收质量限(AQL)时，可认为手套符合本标准要求；试验结果若有一项超过表 1 规定的接收质量限(AQL)时，可对不合格项目按 GB/T 2828.1 进行加严检查一次。如仍不合格，则判该批产品不合格。

7 包装

手套应放在合适的包装中。

8 标志

8.1 概述

标志应包括本标准中的条款，YY 0466—2003 中合适的符号可用在标签上。

用于标志的语言应征得相关方的一致同意。

8.2 单位包装

每一单位包装的外部包装应清楚标明以下内容：

a) 制造商或供应商的名称或商标；

b) 使用的材料；

c) “直型”或“弯型”，或表示手套设计内容的类似字样；

d) “麻面”或“光面”，“有粉”或“无粉”，或对手套型式有类似说明的字样；

e) 尺寸；

f) 用于制造者识别的批号；

g) “制造日期”或类似字样，年份(四位数)及制造月份；

h) “非灭菌”的字样；

i) “使用前应按医疗器械灭菌规程灭菌”的字样；

j) “一次性使用”的字样；

k) “橡胶外科手套”的字样；

l) 对 1 型手套，标注产品“由可能引起过敏反应的天然橡胶胶乳制造”的字样或类似说明的字样。

8.3 多单位包装

多单位包装即是预先确定数量的同一尺寸手套的单位包装的一箱产品，目的是便于安全运输和贮存。多单位包装按 8.2 a)～8.2 h)和 8.2 j)加以标注，并标明数量。

附　录　A
（规范性附录）
不透水试验

A.1　装置

A.1.1　圆柱筒

直径最小 60 mm，且具有足够长度来固定手套在上面，并能容纳 1 000 mL 的水，如图 A.1 所示。

注：圆柱筒最好是透明的。

A.1.2　充水装置

充水时能使手套保持垂直。如图 A.2 所示。

A.1.3　圆柱形量杯

容积至少 1 000 mL，或者其他一次性能转移 1 000 mL 水的装置。

A.2　步骤

用合适的装置，如 O 形圈，将手套固定在圆柱筒上，以便手套不超出圆柱筒 40 mm。

导入 1 000 mL±50 mL、不超过 36 ℃的水至装置中，擦去手套上任何溅上的水。如果水不能升至离袖边 40 mm 处，托起手套使整只手套距袖口 40 mm 以外的部分都能充满水。立即注意任何明显的渗漏。如果手套没有立即渗漏，再观察 2 min～4 min。忽略距袖边 40 mm 以内的渗漏。为便于观察，可用水溶性染料进行染色。

单位为毫米

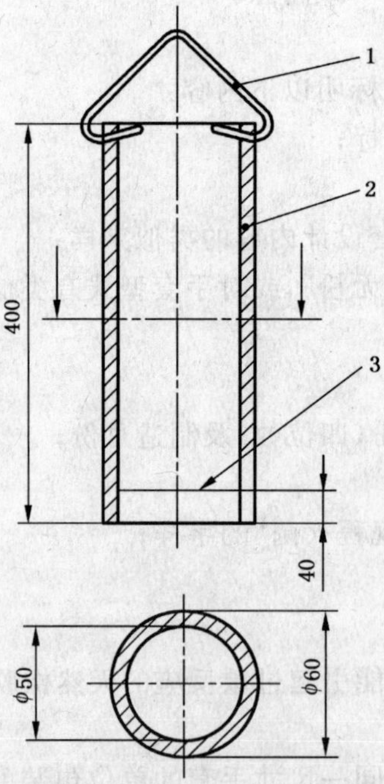

1——挂钩；

2——圆筒；

3——圆筒内侧表面的刻线。

图 A.1　圆柱筒

图 A.2 固定装置

ICS 83.140.99
G 45

中华人民共和国国家标准

GB 24788—2009

医用手套表面残余粉末、水抽提蛋白质限量

Limit for the removable surface powder and water-extractable protein of medical gloves

2009-12-15 发布　　2010-10-01 实施

中华人民共和国国家质量监督检验检疫总局
中国国家标准化管理委员会　发布

前　言

本标准第 4.1 条、第 4.2 条为强制性的，其余为推荐性的。

本标准由中国石油和化学工业协会提出。

本标准由全国橡胶与橡胶制品标准化技术委员会胶乳制品分技术委员会（SAC/TC 35/SC 4）归口。

本标准主要起草单位：中橡集团株洲橡胶塑料工业研究设计院、安思尔健康产品公司。

本标准主要起草人：郭平、肖丽安、李枚辉、王金英。

医用手套表面残余粉末、水抽提蛋白质限量

1 范围

本标准规定了医用手套表面残余粉末、水抽提蛋白质的限量。

本标准适用于一次性使用医用橡胶检查手套、一次性使用灭菌橡胶外科手套、一次性使用医用丁腈橡胶检查手套、一次性使用聚氯乙烯医用检查手套和一次性使用非灭菌橡胶外科手套。

2 规范性引用文件

下列文件中的条款通过本标准的引用而成为本标准的条款。凡是注日期的引用文件，其随后所有的修改单(不包括勘误的内容)或修订版均不适用于本标准，然而，鼓励根据本标准达成协议的各方研究是否可使用这些文件的最新版本。凡是不注日期的引用文件，其最新版本适用于本标准。

GB/T 21869—2008　医用手套表面残余粉末的测定(ISO 21171:2006,IDT)

GB/T 21870—2008　天然胶乳医用手套水抽提蛋白质的测定　改进 Lowry 法(ISO 12243:2003,IDT)

3 术语和定义

下列术语和定义适用于本标准。

3.1

粉末　powder

在试验条件下，医用手套表面上能用水清洗去除的所有水不溶性附着物。

3.2

有粉手套　powdered glove

为便于穿戴，通常在制造过程中采用涂粉工序所生产的手套。

3.3

无粉手套　powder-free glove

在手套生产过程中有意识不采用涂粉工序或虽采用涂粉工序但有意识去除粉而生产的手套。

3.4

水抽提蛋白质　water-extractable protein

存在于天然胶乳制品中并可用水进行抽提的蛋白质与蛋白质类似物质(如多肽)。

4 要求

4.1 水抽提蛋白质的限量

由天然橡胶胶乳制造的医用手套水抽提蛋白质含量不大于 200 $\mu g/dm^2$。

4.2 表面残余粉末的限量

有粉医用手套表面残余粉末含量不大于 10 mg/dm^2。无粉医用手套表面残余粉末含量不大于 2.0 mg/只。

5 检验方法

5.1 水抽提蛋白质含量的测定

天然胶乳医用手套水抽提蛋白质含量的测定按 GB/T 21870—2008 中方法 A 进行。

5.2 表面残余粉末含量的测定

医用手套表面残余粉末的测定按 GB/T 21869—2008 进行。

手套表面积按式(1)计算：

$$S = \frac{4 \times W \times L}{1\ 000} \qquad \cdots\cdots\cdots\cdots(1)$$

式中：

S——手套表面积，单位为平方分米(dm^2)；

W——手套宽度，在食指根部到拇指根部的中点位置测量，测量时，应将手套平放，单位为毫米(mm)；

L——手套长度，从手套中指顶端到袖口边缘的最短距离，单位为毫米(mm)。

注：手套表面积包括四个面：手背里、外两面，手心里、外两面。

根据计算出的总面积将测定的结果单位换算为 mg/dm^2。

ICS 13.060.25
F 04

中华人民共和国国家标准

GB 24789—2009

用水单位水计量器具配备和管理通则

General provisions on equipping and managing of the measuring instrument of water in organization of water using

2009-12-15 发布　　2010-07-01 实施

中华人民共和国国家质量监督检验检疫总局
中国国家标准化管理委员会　发布

前言

本标准的 4.4.1、4.4.2 是强制性的，其余是推荐性的。

本标准由全国工业节水标准化技术委员会提出并归口。

本标准起草单位：中国标准化研究院、中国计量科学研究院、北京市节约用水管理中心、国家排灌及节水设备产品质量监督检验中心、大唐国际发电股份有限公司、中国石化水处理技术服务中心。

本标准主要起草人：金明红、李爱仙、白雪、梁秀英、邢献军、孙静、李旭、祝宪、朱双四、祁鲁梁、潘时提、杨丽坤。

用水单位水计量器具配备和管理通则

1 范围

本标准规定了用水单位水计量器具配备和管理的基本要求。

本标准适用于独立核算的工业企业,其他用水单位参照使用。

2 规范性引用文件

下列文件中的条款通过本标准的引用而成为本标准的条款。凡是注日期的引用文件,其随后所有的修改单(不包括勘误的内容)或修订版均不适用于本标准,然而,鼓励根据本标准达成协议的各方研究是否可使用这些文件的最新版本。凡是不注日期的引用文件,其最新版本适用于本标准。

GB/T 12452 企业水平衡测试通则

GB 17167 用能单位能源计量器具配备和管理通则

GB/T 21534 工业用水节水 术语

JJG 162 冷水水表

3 术语和定义

GB/T 21534 确立的以及下列术语和定义适用于本标准。

3.1

水计量器具 water measuring instrument

用于测量水量的计量器具。

3.2

次级用水单位 sub-organization of water using

用水单位下属的用水核算单位。

3.3

水计量器具配备率 equipping ratio of water measuring instrument

用水单位、次级用水单位、用水设备(用水系统)实际安装配备的水计量器具数量占测量其对应级别的全部水量所需配备的水计量器具数量的百分比。

3.4

水计量率 water metering ratio

在一定的计量时间内,用水单位、次级用水单位、用水设备(用水系统)的水计量器具计量的水量与占其对应级别全部水量的百分比。

4 水计量器具配备

4.1 水计量器具的配备原则

4.1.1 应满足对各类供水进行分质计量,对取水量、用水量、重复利用水量、排水量等进行分项统计的需要。

4.1.2 公共供水与自建设施供水应分别计量。

4.1.3 生活用水与生产用水应分别计量。

4.1.4 开展企业水平衡测试的水计量器具配备应满足 GB/T 12452 的要求。

4.1.5 工业企业应满足工业用水分类计量的要求。

4.2 水计量器具的计量范围

4.2.1 用水单位的输入水量和输出水量，包括自建供水设施的供水量、公共供水系统供水量、其他外购水量、净水厂输出水量、外排水量、外供水量等。

4.2.2 次级用水单位的输入水量和输出水量。

4.2.3 用水设备(用水系统)需计量以下的有关水量：

——冷却水系统：补充水量；

——软化水、除盐水系统：输入水量、输出水量、排水量；

——锅炉系统：补充水量、排水量、冷凝水回用量；

——污水处理系统：输入水量、外排水量、回用水量；

——工艺用水系统：输入水量；

——其他用水系统：输入水量。

注 1：以上计量的水量如包括常规水资源和非常规水资源，宜分别计量。

注 2：以上计量的补充水量，如包括新水量，宜单独计量。

4.3 水计量器具的配备指标的计算

4.3.1 水计量器具配备率按式(1)计算：

$$R_p = \frac{N_S}{N_I} \times 100\% \qquad \cdots\cdots(1)$$

式中：

R_p——水计量器具配备率；

N_S——实际安装配备的水计量器具数量；

N_I——测量全部水量所需配备的水计量器具数量。

4.3.2 水计量率按式(2)计算：

$$K_m = \frac{V_{mi}}{V_i} \times 100\% \qquad \cdots\cdots(2)$$

式中：

K_m——水计量率；

V_{mi}——在一定计量时间内，水计量器具计量的水量，单位为立方米(m^3)；

V_i——在一定计量时间内，总水量，单位为立方米(m^3)。

4.4 水计量器具的配备要求

4.4.1 用水单位应按表 1 要求配备水计量器具。

表 1 水计量器具配备要求

考核项目	用水单位	次级用水单位	主要用水设备(用水系统)
水计量器具配备率/%	100	≥95	≥80
水计量率/%	100	≥95	≥85

注 1：次级用水单位、用水设备(用水系统)的水计量器具配备率、水计量率指标不考核排水量。

注 2：单台设备或单套用水系统用水量大于或等于 1 m^3/h 的为主要用水设备(用水系统)。

注 3：对于可单独进行用水计量考核的用水单元(系统、设备、工序、工段等)，如果用水单元已配备了水计量器具，用水单元中的主要用水设备(系统)可以不再单独配备水计量器具。

注 4：对于集中管理用水设备的用水单元，如果用水单元已配备了水计量器具，用水单元中的主要用水设备可以不再单独配备水计量器具。

注 5：对于可用水泵功率或流速等参数来折算循环用水量的密闭循环用水系统或设备、直流冷却系统，可以不再单独配备水计量器具。

4.4.2 水计量器具准确度等级应满足表 2 要求。冷水水表的准确度等级应符合 JJG162 的要求。

表 2 水计量器具准确度等级要求

计量项目	准确度等级要求
取水、用水的水量	优于或等于 2 级水表
废水排放	不确定度优于或等于 5%

4.4.3 蒸汽量、水温、蒸汽温度、蒸汽压力、水压力的计量应满足 GB 17167 的要求。

4.4.4 特殊生产工艺用水,其水计量器具精确度等级要求应满足相应的生产工艺要求。

4.4.5 水计量器具的性能应满足相应的生产工艺及使用环境(如温度、温度的变化率、湿度、照明、振动、噪声、电磁干扰、粉尘、腐蚀、结垢、粘泥、水中杂质等)要求。

5 水计量器具的管理要求

5.1 水计量制度

5.1.1 用水单位应建立水计量管理体系,形成文件,实施并保持和持续改进其有效性。

5.1.2 用水单位应建立、保持和使用文件化的程序来规范水计量人员行为、水计量器具管理和水计量数据的采集和处理。

5.2 水计量人员

5.2.1 用水单位应设专人负责水计量器具的管理,负责水计量器具的配备、使用、检定(校准)、维修、报废等管理工作。

5.2.2 用水单位应设专人负责主要次级用水单位和主要用水设备水计量器具的管理。

5.2.3 用水单位的水计量管理人员应通过相关部门的培训考核,持证上岗;用水单位应建立和保存水计量管理人员的技术档案。

5.2.4 水计量器具检定、校准和维修人员,应具有相应的资质。

5.3 水计量器具

5.3.1 用水单位应备有完整的水计量器具一览表。表中应列出计量器具的名称、型号规格、准确度等级、测量范围、生产厂家、出厂编号、用水单位管理编号、安装使用地点、状态(指合格、禁用、停用等)。主要次级用水单位和主要用水设备应备有独立的水计量器具一览表分表。

5.3.2 用水单位应建立水计量器具档案,内容包括:

a) 水计量器具使用说明书;

b) 水计量器具出厂合格证;

c) 水计量器具最近连续两个周期的检定(测试、校准)证书;

d) 水计量器具维修或更换记录;

e) 水计量器具其他相关信息。

5.3.3 用水单位应备有水计量器具量值传递或溯源图,其中作为用水单位内部标准计量器具使用的,要明确规定其准确度等级、测量范围、可溯源的上级传递标准。

5.3.4 用水单位的水计量器具,凡属自行校准且自行确定校准间隔的,应有现行有效的受控文件(即自校水计量器具的管理程序和自校规范)作为依据。

5.3.5 水计量器具应实行定期检定(校准)。凡经检定(校准)不符合要求的或超过检定周期的水计量器具一律不准使用。属强制检定的水计量器具,其检定周期、检定方式应遵守有关计量技术法规的规定。

5.3.6 在用的水计量器具应在明显位置粘贴与水计量器具一览表编号对应的标签,以备查验和管理。

5.4 水计量数据管理

5.4.1 用水单位应建立水统计报表制度，水统计报表数据应能追溯至计量测试记录。

5.4.2 水计量数据记录应采用规范的表格式样，计量测试记录表格应便于数据的汇总与分析，应说明被测量与记录数据之间的转换方法或关系。

5.4.3 用水单位可根据需要建立水计量数据中心，利用计算机技术实现水计量数据的网络化管理。

ICS 27.010
F 01

中华人民共和国国家标准

GB 24790—2009

电力变压器能效限定值及能效等级

Minimum allowable values of energy efficiency and the energy efficiency grades for power transformers

2009-12-15 发布　　　　2010-07-01 实施

中华人民共和国国家质量监督检验检疫总局
中国国家标准化管理委员会　发布

前　言

本标准的4.3和4.4为强制性的，其余为推荐性的。

本标准由全国能源基础与管理标准化技术委员会提出。

本标准由全国能源基础与管理标准化技术委员会归口。

本标准起草单位：中国标准化研究院、特变电工沈阳变压器集团有限公司、保定天威保变电气股份有限公司、国际铜业协会（中国）、特变电工股份有限公司新疆变压器厂、国网电力科学研究院、顺特电气有限公司、北京华泰变压器有限公司、烟台东源变压器有限公司。

本标准主要起草人：赵跃进、车力、刘东升、张凌宇、孟杰、易吉良、郭慧浩、孔非凡、王百升。

电力变压器能效限定值及能效等级

1 范围

本标准规定了电力变压器的能效限定值、目标能效限定值、节能评价值、能效等级和试验方法。

本标准适用于额定频率为 50 Hz、电压等级为 35 kV～220 kV、额定容量为 3 150 kV·A 及以上的三相油浸式电力变压器。

本标准不适用于干式变压器、高阻抗变压器和充气式变压器。

2 规范性引用文件

下列文件中的条款通过本标准的引用而成为本标准的条款。凡是注日期的引用文件，其随后所有的修改单(不包括勘误的内容)或修订版均不适用于本标准，然而，鼓励根据本标准达成协议的各方研究是否可使用这些文件的最新版本。凡是不注日期的引用文件，其最新版本适用于本标准。

GB 1094.1 电力变压器 第 1 部分:总则

GB/T 2900.15 电工术语 变压器、互感器、调压器和电抗器

GB /T 6451 油浸式电力变压器技术参数和要求

3 术语和定义

GB/T 2900.15 和 GB 1094.1 中确立的以及下列术语和定义适用于本标准。

3.1

电力变压器能效限定值 minimum allowable values of energy efficiency for power transformer

在规定测试条件下，电力变压器空载损耗和负载损耗允许的最高限值。

3.2

电力变压器目标能效限定值 target minimum allowable values of energy efficiency for power transformer

在规定测试条件下，在本标准规定的年限后，将实施的电力变压器空载损耗和负载损耗允许的最高限值。

注：该值实施后将替代本标准中原电力变压器能效限定值。

3.3

电力变压器节能评价值 evaluating values of energy conservation for power transformer

在规定测试条件下，节能电力变压器空载损耗和负载损耗的最高值。

4 技术要求

4.1 基本要求

电力变压器的技术要求应符合 GB 1094.1 的规定。油浸式电力变压器其他技术参数和技术要求应符合 GB/T 6451 的规定。

4.2 电力变压器的能效等级

电力变压器能效等级分为 3 级，其中 1 级能效最高，损耗最低。各电压等级电力变压器空载损耗和负载损耗限值均应不高于表 1～表 13 的规定。

4.3 电力变压器能效限定值

电力变压器的空载损耗和负载损耗限值均应不高于表1～表13中3级的规定。

4.4 电力变压器目标能效限定值(T)

电力变压器的空载损耗和负载损耗限值均应不高于表1～表13中T栏的规定，并应在本标准实施之日起4年后开始实施。

4.5 电力变压器节能评价值

电力变压器的空载损耗和负载损耗限值均应不高于表1～表13中2级的规定。

5 试验方法

油浸式变压器的空载损耗和负载损耗应按GB 1094.1中的要求进行测试。

表1 35 kV油浸式三相双绕组无励磁调压电力变压器能效等级

额定容量 kV·A	空载损耗 kW				负载损耗(75 ℃) kW				短路阻抗 %
	3级	T	2级	1级	3级	T	2级	1级	
3 150	4.3	3.7	3.3	3.0	26.5	25.0	24.5	24.3	7.0
4 000	5.1	4.4	3.9	3.6	31.4	29.6	29.0	28.8	
5 000	6.1	5.3	4.6	4.3	36.0	33.9	33.3	33.0	
6 300	7.4	6.4	5.6	5.2	40.3	37.9	37.2	36.8	7.5
8 000	10.1	8.8	7.7	7.1	44.2	41.6	40.8	40.4	
10 000	12.2	10.6	9.3	8.6	52.0	49.0	48.1	47.6	
12 500	14.1	12.3	10.7	10.0	61.8	58.2	57.1	56.6	8.0
16 000	17.1	14.8	12.9	12.0	75.6	71.1	69.8	69.2	
20 000	20.2	17.5	15.3	14.2	91.3	85.9	84.3	83.5	
25 000	23.9	20.7	18.1	16.8	107.9	101.6	99.7	98.8	
31 500	28.3	24.6	21.5	19.9	129.5	121.9	119.7	118.5	

表2 35 kV油浸式三相双绕组有载调压电力变压器能效等级

额定容量 kV·A	空载损耗 kW				负载损耗(75 ℃) kW				短路阻抗 %
	3级	T	2级	1级	3级	T	2级	1级	
3 150	4.6	4.0	3.5	3.2	28.4	26.7	26.2	26.0	7.0
4 000	5.5	4.7	4.1	3.8	33.5	31.5	30.9	30.7	
5 000	6.5	5.7	5.0	4.6	39.3	37.0	36.3	35.9	
6 300	7.9	6.9	6.0	5.6	42.2	39.7	39.0	38.6	7.5
8 000	11.1	9.6	8.4	7.8	46.6	43.9	43.1	42.7	
10 000	13.0	11.3	9.9	9.2	55.2	51.9	51.0	50.5	
12 500	15.4	13.3	11.6	10.8	65.3	61.4	60.3	59.7	8.0
16 000	18.5	16.0	14.0	13.0	80.7	76.0	74.6	73.9	
20 000	21.8	18.9	16.5	15.4	95.0	89.4	87.8	87.0	

表 3　66 kV 油浸式三相双绕组无励磁调压电力变压器能效等级

额定容量 kV·A	空载损耗 kW				负载损耗(75 ℃) kW				短路阻抗 %
	3 级	T	2 级	1 级	3 级	T	2 级	1 级	
3 150	5.7	5.0	4.4	4.1	26.5	25.0	24.5	24.3	8.0
4 000	6.8	5.9	5.1	4.8	31.4	29.6	29.0	28.8	
5 000	8.1	7.0	6.1	5.7	35.4	33.3	32.7	32.4	
6 300	10.3	9.0	7.8	7.3	39.3	37.0	36.3	35.9	9.0
8 000	12.6	10.9	9.5	8.9	46.6	43.9	43.0	42.6	
10 000	14.8	12.9	11.2	10.4	55.0	51.7	50.8	50.3	
12 500	17.5	15.2	13.3	12.3	65.2	61.4	60.3	59.7	
16 000	21.1	18.3	16.0	14.8	80.2	75.5	74.1	73.4	
20 000	24.7	21.4	18.7	17.4	97.2	91.5	89.8	88.9	
25 000	29.2	25.3	22.1	20.5	114.8	108.1	106.1	105.1	
31 500	34.5	30.0	26.2	24.3	138.4	130.2	127.8	126.6	
40 000	41.3	35.8	31.2	29.0	162.3	152.8	150.0	148.6	
50 000	49.3	42.8	37.3	34.7	201.1	189.3	185.8	184.1	
63 000	58.3	50.6	44.1	41.0	242.3	228.1	223.9	221.8	

表 4　66 kV 油浸式三相双绕组有载调压电力变压器能效等级

额定容量 kV·A	空载损耗 kW				负载损耗(75 ℃) kW				短路阻抗 %
	3 级	T	2 级	1 级	3 级	T	2 级	1 级	
6 300	11.2	9.8	8.5	7.9	39.3	37.0	36.3	35.9	9.0
8 000	13.5	11.7	10.2	9.5	46.6	43.9	43.0	42.6	
10 000	15.9	13.8	12.1	11.2	55.0	51.7	50.8	50.3	
12 500	18.9	16.4	14.3	13.3	65.2	61.4	60.3	59.7	
16 000	22.7	19.7	17.2	15.9	80.2	75.5	74.1	73.4	
20 000	26.9	23.4	20.4	18.9	97.2	91.5	89.8	88.9	
25 000	31.8	27.6	24.1	22.4	114.8	108.1	106.1	105.1	
31 500	37.8	32.8	28.6	26.6	138.4	130.2	127.8	126.5	
40 000	45.2	39.2	34.2	31.8	162.3	152.8	150.0	148.6	
50 000	53.3	46.3	40.4	37.5	201.1	189.3	185.8	184.1	
63 000	63.0	54.7	47.7	44.3	242.3	228.1	223.9	221.8	

表 5　110 kV 油浸式三相双绕组无励磁调压电力变压器能效等级

额定容量 kV·A	空载损耗 kW				负载损耗(75 ℃) kW				短路阻抗 %
	3 级	T	2 级	1 级	3 级	T	2 级	1 级	
6 300	10.5	9.1	7.9	7.4	39.3	37.0	36.3	35.9	10.5
8 000	12.6	10.9	9.5	8.9	49.1	46.2	45.4	44.9	
10 000	14.8	12.9	11.2	10.4	57.8	54.4	53.4	52.9	
12 500	17.5	15.2	13.3	12.3	68.7	64.7	63.5	62.9	
16 000	21.1	18.3	16.0	14.8	84.0	79.0	77.6	76.8	
20 000	24.7	21.4	18.7	17.4	101.4	95.5	93.7	92.8	
25 000	29.2	25.3	22.1	20.5	120.0	112.9	110.8	109.8	
31 500	34.5	30.0	26.2	24.3	145.0	136.5	134.0	132.7	
40 000	41.3	35.8	31.2	29.0	170.1	160.1	157.1	155.6	
50 000	49.3	42.8	37.3	34.7	211.5	199.1	195.4	193.6	
63 000	58.3	50.6	44.1	41.0	255.1	240.1	235.7	233.5	
75 000	66.1	57.4	50.1	46.5	303.1	285.3	280.0	277.3	12～14
90 000	76.2	66.1	57.7	53.6	348.8	328.4	322.3	319.2	
120 000	95.0	82.5	71.9	66.8	432.8	407.4	399.8	396.0	
150 000	112.3	97.4	85.0	78.9	514.5	484.3	475.3	470.9	
180 000	126.0	109.4	95.4	88.6	580.0	545.9	535.8	530.7	

表 6　110 kV 油浸式三相双绕组低压为 35kV 无励磁调压电力变压器能效等级

额定容量 kV·A	空载损耗 kW				负载损耗(75 ℃) kW				短路阻抗 %
	3 级	T	2 级	1 级	3 级	T	2 级	1 级	
6 300	11.2	9.8	8.5	7.9	42.5	40.1	39.4	39.0	10.5
8 000	13.5	11.7	10.2	9.5	51.3	48.3	47.4	47.0	
10 000	15.7	13.6	11.9	11.1	60.0	56.5	55.5	55.0	
12 500	18.4	16.0	13.9	13.0	72.0	67.8	66.5	65.9	
16 000	22.0	19.0	16.7	15.5	88.3	83.2	81.7	80.9	
20 000	26.0	22.6	19.8	18.3	107.9	101.7	99.8	98.8	
25 000	30.7	26.7	23.2	21.6	126.5	119.1	116.8	115.7	
31 500	36.3	31.6	27.5	25.6	152.6	143.7	141.0	139.7	
40 000	43.2	37.5	32.8	30.4	178.8	168.3	165.2	163.6	
50 000	51.8	45.0	39.3	36.4	222.4	209.3	205.5	203.5	
63 000	61.2	53.1	46.4	43.0	267.1	251.5	246.8	244.5	

表 7　110 kV 油浸式三相三绕组无励磁调压变压器能效等级

额定容量 kV·A	空载损耗 kW				负载损耗(75 ℃) kW				短路阻抗 %	
	3 级	T	2 级	1 级	3 级	T	2 级	1 级	升压	降压
6 300	12.6	10.9	9.5	8.9	51.3	48.3	47.4	46.9	高—中 17.5～18.5 高—低 10.5 中—低 6.5	高—中 10.5 高—低 17.5～18.5 中—低 6.5
8 000	15.0	13.0	11.3	10.5	61.1	57.5	56.4	55.9		
10 000	17.7	15.4	13.4	12.5	72.0	67.8	66.5	65.9		
12 500	20.6	17.9	15.6	14.5	85.1	80.1	78.6	77.8		
16 000	25.1	21.8	19.0	17.7	103.6	97.5	95.7	94.8		
20 000	29.6	25.7	22.4	20.8	122.1	114.9	112.8	111.8		
25 000	34.5	30.0	26.2	24.3	145.0	136.5	134.0	132.7		
31 500	41.3	35.8	31.2	29.0	171.2	161.1	158.1	156.6		
40 000	48.9	42.4	37.0	34.4	206.0	193.9	190.4	188.6		
50 000	58.3	50.6	44.1	41.0	245.3	230.9	226.6	224.5		
63 000	69.0	59.9	52.3	48.5	294.3	277.1	271.9	269.4		

表 8　110 kV 油浸式三相双绕组有载调压电力变压器能效等级

额定容量 kV·A	空载损耗 kW				负载损耗(75 ℃) kW				短路阻抗 %
	3 级	T	2 级	1 级	3 级	T	2 级	1 级	
6 300	11.2	9.8	8.5	7.9	39.3	37.0	36.3	35.9	10.5
8 000	13.5	11.7	10.2	9.5	49.1	46.2	45.4	44.9	
10 000	15.9	13.8	12.1	11.2	57.8	54.4	53.4	52.9	
12 500	18.9	16.4	14.3	13.3	68.7	64.7	63.5	62.9	
16 000	22.7	19.7	17.2	15.9	84.0	79.0	77.6	76.8	
20 000	26.9	23.4	20.4	18.9	101.4	95.5	93.7	92.8	
25 000	31.8	27.6	24.1	22.4	120.0	112.9	110.8	109.8	
31 500	37.9	32.9	28.7	26.7	145.0	136.5	134.0	132.7	
40 000	45.3	39.3	34.3	31.9	170.1	160.1	157.1	155.6	
50 000	53.6	46.5	40.6	37.7	211.5	199.1	195.4	193.6	
63 000	63.7	55.2	48.2	44.8	255.1	240.1	235.7	233.5	

表 9　110 kV 油浸式三相三绕组有载调压电力变压器能效等级

额定容量 kV·A	空载损耗 kW				负载损耗(75 ℃) kW				短路阻抗 %
	3级	T	2级	1级	3级	T	2级	1级	
6 300	13.5	11.7	10.2	9.5	51.3	48.3	47.4	46.9	高—中 10.5 高—低 17.5～18.5 中—低 6.5
8 000	16.2	14.0	12.2	11.4	61.1	57.5	56.4	55.9	
10 000	19.2	16.7	14.5	13.5	72.0	67.8	66.5	65.9	
12 500	22.7	19.7	17.2	15.9	85.1	80.1	78.6	77.8	
16 000	27.1	23.6	20.6	19.1	103.6	97.5	95.7	94.8	
20 000	32.1	27.8	24.3	22.6	122.1	114.9	112.8	111.8	
25 000	37.9	32.9	28.7	26.7	145.0	136.5	134.0	132.7	
31 500	45.1	39.1	34.1	31.7	171.2	161.1	158.1	156.6	
40 000	54.0	46.9	40.9	38.0	206.0	193.9	190.4	188.6	
50 000	63.8	55.3	48.3	44.8	245.3	230.9	226.6	224.5	
63 000	75.9	65.8	57.4	53.3	294.3	277.1	271.9	269.4	

表 10　220 kV 油浸式三相双绕组无励磁调压电力变压器能效等级

额定容量 kV·A	空载损耗 kW				负载损耗(75 ℃) kW				短路阻抗 %
	3级	T	2级	1级	3级	T	2级	1级	
31 500	39.2	34.1	29.7	27.6	147.2	138.5	136.0	134.7	12～14
40 000	46.0	39.9	34.8	32.3	171.2	161.1	158.1	156.6	
50 000	54.9	47.7	41.6	38.6	206.0	194.0	190.4	188.6	
63 000	65.0	56.4	49.2	45.7	239.8	225.8	221.6	219.5	
75 000	75.1	65.2	56.9	52.8	272.5	256.5	251.8	249.4	
90 000	86.3	74.9	65.3	60.7	314.0	295.5	290.1	287.3	
120 000	105.3	91.4	79.7	74.1	376.1	354.0	347.5	344.2	
150 000	125.5	108.9	95.0	88.2	441.5	415.6	407.9	404.0	
160 000	131.1	113.8	99.3	92.2	463.3	436.1	428.0	424.0	
180 000	143.4	124.5	108.6	100.8	500.3	471.0	462.2	457.9	
240 000	179.2	155.6	135.7	126.0	618.1	581.8	571.0	565.6	
300 000	211.7	183.7	160.3	148.9	735.8	692.6	679.8	673.4	
360 000	243.1	211.0	184.1	170.9	843.7	794.2	779.5	772.1	
370 000	247.6	214.8	187.4	174.1	861.1	810.6	795.6	788.1	
400 000	262.1	227.5	198.5	184.3	912.4	858.8	842.9	834.9	
420 000	271.1	235.3	205.3	190.6	946.2	890.6	874.1	865.9	

表 11　220 kV 油浸式三相三绕组无励磁调压电力变压器能效等级

额定容量 kV·A	空载损耗 kW				负载损耗(75 ℃) kW				短路阻抗 %	
	3 级	T	2 级	1 级	3 级	T	2 级	1 级	升压	降压
31 500	44.8	38.9	34.0	31.5	176.6	166.2	163.2	161.6	高—中 22～24 高—低 12～14 中—低 7～9	高—中 12～14 高—低 22～24 中—低 7～9
40 000	53.8	46.7	40.7	37.8	206.0	193.9	190.4	188.6		
50 000	62.8	54.5	47.5	44.1	245.3	230.9	226.6	224.5		
63 000	74.0	64.2	56.0	52.0	284.5	267.8	262.9	260.4		
90 000	96.4	83.6	73.0	67.8	382.6	360.2	353.5	350.2		
120 000	118.8	103.1	89.9	83.5	470.9	443.3	435.1	431.0		
150 000	140.0	121.5	106.0	98.5	559.2	526.4	516.6	511.8		
180 000	159.1	138.1	120.5	111.9	637.7	600.2	589.1	583.6		
240 000	197.2	171.1	149.3	138.6	784.8	738.8	725.1	718.2		
300 000	233.0	202.2	176.4	163.8	926.5	872.1	856.0	847.9		

表 12　220 kV 油浸式三相双绕组有载调压电力变压器能效等级

额定容量 kV·A	空载损耗 kW				负载损耗(75 ℃) kW				短路阻抗 %
	3 级	T	2 级	1 级	3 级	T	2 级	1 级	
31 500	42.6	37.0	32.3	30.0	147.2	138.5	136.0	134.7	12～14
40 000	50.4	43.8	38.2	35.5	171.2	161.1	158.1	156.6	
50 000	60.5	52.5	45.8	42.6	206.0	193.9	190.4	188.6	
63 000	70.6	61.3	53.5	49.6	239.8	225.8	221.6	219.5	
90 000	89.6	77.8	67.9	63.0	314.0	295.5	290.1	287.3	
120 000	110.9	96.3	84.0	78.0	377.2	355.0	348.5	345.2	
150 000	130.0	112.8	98.4	91.4	441.5	415.6	407.9	404.0	
180 000	151.2	131.3	114.5	106.3	510.2	480.2	471.3	466.9	
120 000 低压 66、69 kV	114.3	99.2	86.5	387.0	397.6	364.3	357.5	354.2	
150 000 低压 66、69 kV	134.4	116.7	101.8	452.4	464.8	425.8	417.9	414.0	
180 000 低压 66、69 kV	156.8	136.1	118.8	517.8	532.0	487.4	478.4	473.8	

表 13 220 kV 油浸式三相三绕组有载调压电力变压器能效等级

额定容量 kV·A	空载损耗 kW				负载损耗(75 ℃) kW				短路阻抗 %
	3级	T	2级	1级	3级	T	2级	1级	
31 500	49.3	42.8	37.3	34.7	176.6	166.2	163.2	161.6	高—中 12～14 高—低 22～24 中—低 7～9
40 000	58.3	50.6	44.1	41.0	206.0	193.9	190.4	188.6	
50 000	67.2	58.4	50.9	47.3	245.3	230.9	226.6	224.5	
63 000	78.4	68.1	59.4	55.2	284.5	267.8	262.9	260.4	
90 000	103.1	89.5	78.1	72.5	382.6	360.2	353.5	350.2	
120 000	128.8	111.8	97.6	90.6	470.9	443.3	435.1	431.0	
150 000	151.2	131.3	114.5	106.3	559.2	526.4	516.6	511.8	
180 000	174.8	151.7	132.3	122.9	686.7	646.4	634.4	628.5	
240 000	216.2	187.6	163.7	152.0	850.2	800.3	785.5	778.1	

ICS 37.040.25
G 80

中华人民共和国国家标准

GB/T 24791.1—2009/ISO 9236-1:2004

摄影　医疗X射线成像用屏/片系统的感光测定　第1部分:感光特性曲线形状、感光度与平均斜率的测定

Photography—Sensitometry of screen/film systems for medical X-radiography—Part 1:Determination of sensitometric curve shape,speed and average gradient

(ISO 9236-1:2004,IDT)

2009-12-15 发布　　2010-06-01 实施

中华人民共和国国家质量监督检验检疫总局
中国国家标准化管理委员会　发布

前 言

本部分等同采用 ISO 9236-1:2004《摄影 医疗 X 射线成像用屏/片系统的感光测定 第 1 部分:感光特性曲线形状、感光度与平均斜率的测定》(英文版)。

本部分等同翻译 ISO 9236-1:2004。

为便于使用,本部分做了以下编辑性修改:

a) “本国际标准”一词改为“本部分”;

b) 用小数点“.”代替作为小数点的逗号“,”;

c) 修改了前言和引言。

本部分的附录 A 和附录 B 为资料性附录。

本部分由中国石油和化学工业协会提出。

本部分由全国感光材料标准化技术委员会(SAC/TC 102)归口。

本部分起草单位:中国乐凯胶片集团公司。

本部分主要起草人:王丽丽、张培、董雷。

引　言

本部分提供了医用X射线屏/片/片夹/加工系统的感光曲线形状、平均斜率和感光度的测定。乳腺X射线摄影和牙科放射线摄影除外。

感光特性曲线形状是在低散射下使用强度标X射线感光测定技术，最好是平方反比感光仪测量，测定其他特性（如调制传递函数MTF）也需要用到感光曲线。

在感光特性曲线形状以及其随后的平均斜率的测定而非感光度测定中，屏/片/片夹结合体的辐射只需测量相对值。

感光度的测定采用单独的方法，其曝光尽量模拟医疗实际状态，包括实际X射线散射的部分。不同类型的医疗曝光是用适当的模体和X射线管电压进行模拟，而屏/片/片夹结合体在相应的模体后曝光。为测定感光度，辐射是以空气柯玛（Gy）绝对值测量的。

规定了四种不同技术，其射线束质量和散射辐射的比例不同，分别模拟四肢、头颅、腰椎直肠和胸腔。可用每项感兴趣的技术测量感光度。由于取决于X射线能量和散射，屏/片系统的感光度在实际医疗应用中相差很大。本标准所描述的四种测量条件，提供了在实际医用条件下具有代表性的数值。

摄影　医疗 X 射线成像用屏/片系统的感光测定　第 1 部分:感光特性曲线形状、感光度与平均斜率的测定

1　范围

GB/T 24791 的本部分规定了医疗 X 射线照相中感光曲线形状、感光度与平均斜率以及屏/片/片夹/加工系统的测定方法。本测定方法不适于如乳腺 X 射线摄影术、牙科射线摄影术和直接曝光医疗放射照相系统等特殊放射照相(参见 ISO 5799)。

片夹可以是任何形式,只要确保屏/片紧密接触,防止胶片被周围光线曝光即可。片夹可以是一种经常在实验中使用的不漏光的真空袋,或者在医疗 X 线照相过程中使用的 X 射线成像暗盒。

2　规范性引用文件

下列文件中的条款通过 GB/T 24791 的本部分的引用而成为本部分的条款。凡是注日期的引用文件,其随后所有的修改单(不包括勘误的内容)或修订版均不适用于本部分。然而,鼓励根据本部分达成协议的各方研究是否可使用这些文件的最新版本。凡是不注日期的引用文件,其最新版本适用于本部分。

GB/T 11500　摄影　密度测量　第 2 部分:几何条件(GB/T 11500—2008,ISO 5-2:2001,IDT)

GB/T 11501　摄影　密度测量　第 3 部分:光谱条件(GB/T 11501—2008,ISO 5-3:1995,IDT)

ISO 554:1976　标准大气条件和/或测试　规范

3　术语和定义

下列术语和定义适用于本部分。

3.1

屏/片系统　screen/film system

由屏蔽、胶片、胶片夹和胶片加工组成的放射照相影像系统。

注:在下文中,屏/片/片夹结合体称之为"结合体",当包含加工系统时,称之为"系统"。

3.2

空气柯玛　air kerma K

从空气分子中非带电粒子(如 X 射线光子)释放的所有带电粒子(如电子)初始动能总和,除以释放带电粒子的容积内空气的质量。单位为戈瑞(Gy)。

3.3

感光特性曲线　sensitometric curve

胶片显影加工之后的密度与曝光量的对数的函数对应关系曲线。

3.4

感光度　speed S

在特定曝光、冲洗加工和密度测量条件下,屏/片系统对放射能量响应的定量测量。

3.5

平均斜率　average gradient $\bar{G}$

在感光特性曲线上两个特定点所连直线的斜率。

3.6

净密度　net density D

胶片曝光、冲洗加工之后的密度减去胶片未曝光而显影的密度。

3.7

数值因子 *k*

用作为获得扩展不确定度而对复合标准不确定度施加乘数。

注：数值因子在“测量误差表达导则”中有所解释。其典型取值范围为2～3。数值因子的选择基于所需可信度水平。当数值因子(k)取值为2时，其可信度通常约为95%；当数值因子(k)取值为3时，其可信度通常约为99%。可信度水平和数值因子的联合，是基于考虑测量结果概率分布所作假设之上。

4 一般要求

4.1 贮存和操作条件

胶片与增感屏都应按制造商的推荐条件进行贮存。在曝光前以及曝光期间，胶片与增感屏的温度应保持在(23±2)℃(见ISO 554)，而胶片的含湿量应在相对湿度保持在(50±20)%条件平衡。

4.2 安全灯

为了避免安全灯的灯光对胶片感光性能的影响，所有胶片的操作、曝光与显影加工过程都应在全黑中进行。

4.3 X射线设备

本部分所述所有实验，均应使用高频(多脉冲)高压发生器或至少12脉冲高压发生器。配以固定阳极或旋转阳极的X射线管均可使用。在任一情况下，其标靶材料应为钨或钨合金。

注1：标靶是指电子束指向并产生X辐射的阳极部分。由于技术原因，通常使用最高含10%铼的钨合金作标靶，阳极的其他部分可含其他材料(如钼)。在IEC 60522中定义的X射线管及其机架永久滤波，应与2.5 mm±0.2 mm的铝材相当。

注2：X射线管及其机架的永久滤波，受永久固定的X射线截阻材料影响，其X射线截阻材料不受使用条件而移动。通常情况下，永久滤波标注在X射线机架和随发的文件上，不必对IEC 60522中定义的永久滤波进行测量。

4.4 空气柯玛仪

在空气柯玛测量中，应使用校准检测器。空气柯玛测量(可信度为95%时)的误差，在汇聚情况下，应小于3%；在含散射于模体后测量辐射情况下，应小于5%。在包含散射情况下，应使用体积为30 cm^3～100 cm^3的球形电离室。该球形电离室应按照表2对包括散射的光束进行校准。该球形室的中心视为参照点，该球形室的把手应指向辐射源的反方向。

注：在校准空气柯玛仪和使用之中，为使达到所需误差要求，可将源于球形室把手而非模体的散射降至最小。

4.5 冲洗加工

屏/片系统包括手工冲洗与自动冲洗，按本部分测试。依据制造商的推荐冲洗条件加工胶片。不应要求制造商透露专利信息。选用化学药品和设备的范围广泛，本部分未对加工规范进行描述。当胶片按照推荐条件进行加工以便得到为加工所指定照相性能时，通常使用胶片生产厂商所提供的感光度和平均斜率数值。加工信息应由胶片生产厂商或感光度和平均斜率数值引用者提供，并应指定每一步骤的加工药液、时间、温度、搅拌、装备和程序，以及为得到所述测定结果所需附加信息。由其他加工程序得到的感光度和平均斜率数值差异较大。无论如何，本部分所选择的加工条件是测试系统的一部分。

注1：对于特种胶片，改变加工方法可得到不同的感光度值。然而不同加工过程的差异可能引发其他不良变化。为使潜影不稳定性或加工差异性的影响降至最小，所有胶片样品都应同时加工，即曝光后不少于30 min也不长于4 h加工。在曝光和加工期间，胶片的温度应保持在23 ℃±2 ℃，胶片的含湿量应与相对湿度为50%±20%平衡时的值相当。因为实际中胶片通常在曝光后几分钟进行加工，所以实际测量的感光度由于某些胶片潜影的衰退而与本部分测定的可有不同。因而，在曝光和加工之间延迟30 min至4 h所测得的速度，应修正于曝光后不久加工胶片的速度数值。为贯彻本部分，测量感光度时延迟5 min。

注2：得到必需的校正信息的一种方法是，将胶片条在普通感光计中曝光，并变换曝光和加工之间的时间。胶片双面乳剂面都要均匀曝光。

注3：因为在得到感光曲线时众多个体曝光所需时间相对较长，所以有必要在曝光和加工之间延迟至少30 min。延长时间可充分减小单个曝光潜影衰退的差异。

应指明下述加工信息和准确度：

a) 所有化学品的商品名称应列出配方，如有专利，化学分子式不必公开。

b) 显影剂的温度变化保持在±0.3 ℃以内。

c) 其他溶液的温度变化在±2 ℃之内。

d) 在显影液、定影液和水洗液中的沉浸时间精确至在3%s或1 s，此项时间测量是胶片前端进入溶液时开始至前端脱离溶液时截止。

e) 显影剂可能是新配的，也可能是“疲劳的”(如“疲劳的”，则胶片的类型与数量也应该与之相对应)，注意胶片冲洗加工后的密度与补加程序。

f) 搅动，以循环溶液的体积或者气体的流速而定。

g) 干燥温度精确在±5 ℃之内，干燥时间精确至3%s或1 s，干燥时间测量是以前端进入本阶段时开始至前端脱离本阶段时截止。

h) 加工设备指定商品名。

注4：术语“疲劳显影液”的意思是该显影剂已使用或不是新鲜的，而是，在“常规工作条件“下使用过还能继续使用的显影液。

4.6 密度计量

经过冲洗加工后胶片影像的光学漫透射密度测量的光谱条件和几何条件应符合GB/T 11500和GB/T 11501。选取影像均匀区域的密度读数。密度D的测定值应该精确到$\Delta D/D=\pm0.02$或者$\Delta D=\pm0.02$，以高精确度计。

5 感光特性曲线形状的测定

5.1 总则

本部分使用照度计量来测定曲线形状。按照反平方定律，由调节辐射源和结合体之间的距离来改变照度。由于光束中滤线器和其他二次辐射源的关系，曝光和距离之间的关系可能不遵守反平方定律。因而其关系应予以校正。

5.2 光束质量

为了测定感光特性曲线的形状，可选用表1中所述两种光束质量的其中一种。使用专用附加过滤镜通过反复测量半值层的方法便可获得光束质量。推荐近似X射线管电压作为起始值(见7.2.6部分)。

表1 测定感光曲线形状的线束质量

光束质量标号	近似X射线管电压 kV	半值层(HVL)[a] mm Al	附加滤色镜[b] mm Al	附加滤色镜[b] mm Cu+mm Al
1	50	3.0	5.0	0.10+1.5
2	70	5.7	12.0	0.25+2.5
3	90	7.4	13.0	0.25+3.5
4	120	8.5	10.0	0.20+2.5

[a] HVL的公差为±2%。

[b] 由铜材加铝材组成的附加滤色镜是作为单铝材备选滤色镜。作为滤色镜材料，铝材的纯度应至少为99.4%，铜材的纯度应至少为99.5%。如果使用混合滤色镜，朝向探测器的最外一层应为铝材。假定固有管滤为2.5 mm的铝。

5.3 感光特性曲线形状测定的几何学

测定应遵照图1和图2。光栅B1和附加滤光器应置于辐射源近处。光栅B1、B2和附加滤光器对于辐射源应为固定关系。光栅B3和屏/片/片夹结合体或辐射检测器R2相互间距辐射源的距离应为固定关系。光栅B3的入射面应距辐射感光胶片平面100 mm。如果确认墙面、设备等的散射不对结果产生影响，则光栅B3可以省略。光栅B2的辐射孔径可以作成可调式，以使光束随距离变化而保持严格校准。为限制曝光面积，光栅B4可以直接置于集合体前面，其最短尺寸应为至少15 mm。对光栅的衰减性能要求应为，射入阻挡区域的射线对测量结果产生的影响最高不超过 0.1%。光栅 B1 的辐射孔径应足够大，以保证辐射光束的投影大于监视检测器 R1 感光体积和控光装置 B2 辐射孔径。光栅 B2 的辐射孔径应小于 100 mm；光栅 B3 的辐射孔径直径应为 100 mm±10 mm。监视检测器 R1 的精度应大于±2%。如果其为透明和活动结构，可将其置于曝光结合体之内；否则，应将其置于曝光结合体之外。测量中最后区域之外的衰减保护层最少应为 450 mm。图 1 和图 2 中集合体或辐射检测器 R2 与保护层之间的空间除空气外不应有任何物质。

单位为米

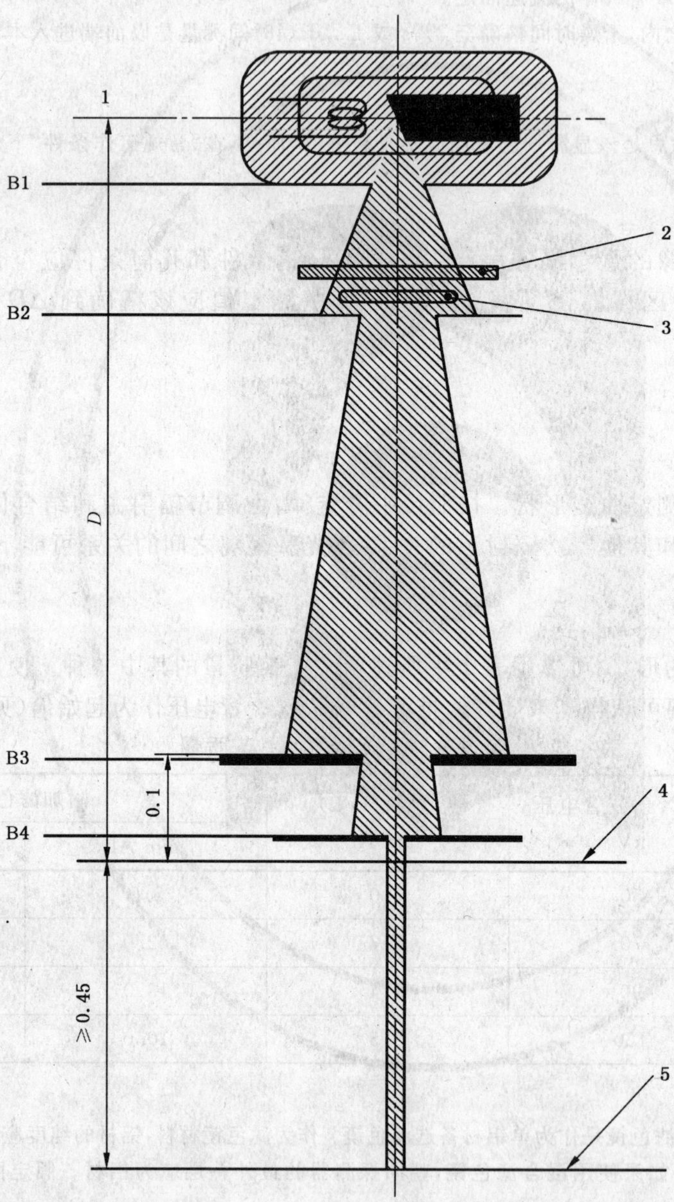

1——光束控光装置；
2——附加滤色镜；
3——监视检测器 R1；
4——胶片面板；
5——铅屏蔽；
D——可调距离。

图 1 屏/片结合体曝光用的反平方感光计的几何结构

单位为米

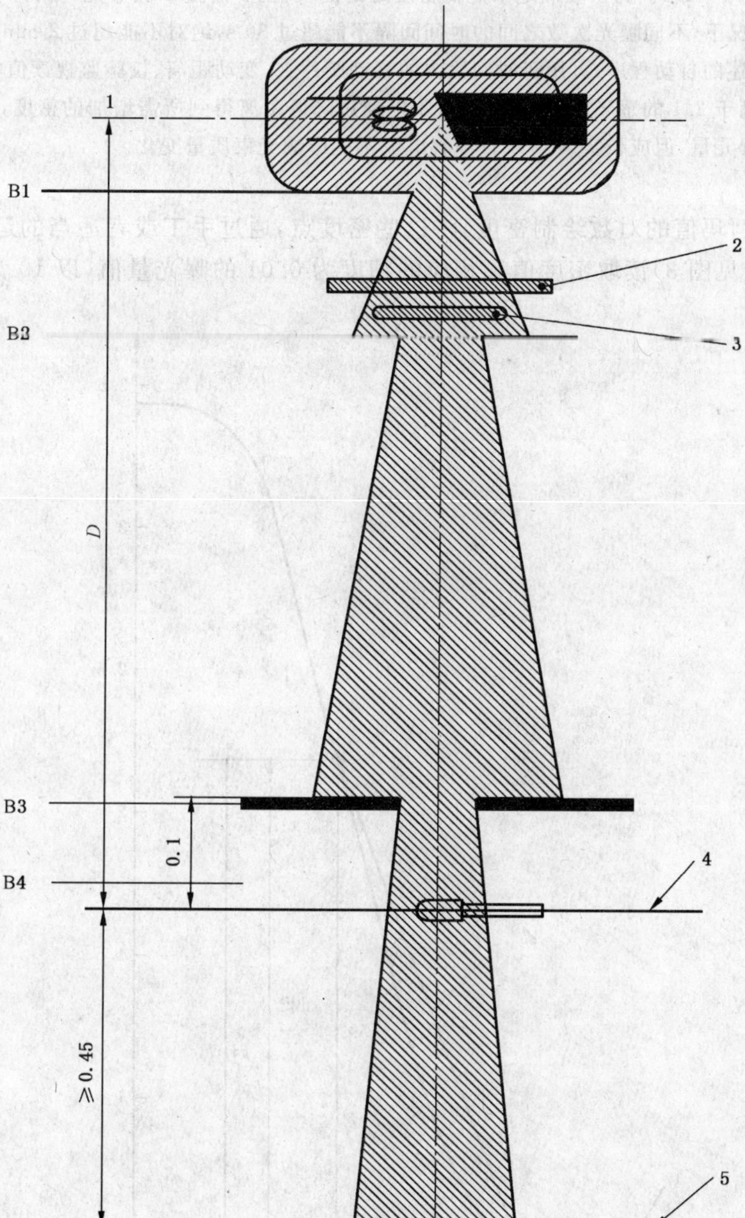

1——光束控光装置；

2——附加滤色镜；

3——监控检测器 R1；

4——测量检测器 R2；

5——铅屏蔽；

D——可调距离。

图 2　校准反平方感光计的几何结构

5.4　曝光

结合体的每次曝光都要应连续辐射。曝光时间应在(15＋5)ms 和(60＋30)ms 之间。

注 1：应用增感屏时，可能会发生互易率失效与间歇(曝光)效应。为了避免这些效应的影响，每次曝光必须按曝光时间范围连续进行。通过改变辐射源与射线胶片平面之间的距离来获得不同的空气柯玛值。曝光量对数最大增量不能超过 0.1。为了测定感光特性曲线，必须进行至少 20 次的曝光，并将曝光量换算成相应的对数，所得到的净密度为 0.1～2.1。为了准确地限定低密度处的曲线，至少需要 3 次曝光，所得到的净密度大小为 0.1～0.25。通常情况下，不同曝光次数之间的时间间隔不能超过 30 s，绝对不能超过 2 min。

注 2：如参考文献中[4]所述的自动程序，可用于时间段内的移动胶片夹、变动距离、校验监视读值等操作管理。

如希望测定密度远高于 2.1 的感光曲线的形状，且不能通过降低距离得到所需增加的密度，可以由增加 X 射线管电流来提高其曝光量，但应核实 X 射线较高管电流不能影响光束质量变化。

5.5 评价

与按照相对应的空气柯玛值的对数绘制密度，将这些密度点，通过手工或者适当的运算法则描出一条光滑的曲线。应从图中(见图 3)读取密度值和相应的精度为 0.01 的曝光量值(以 10 为底的对数)。

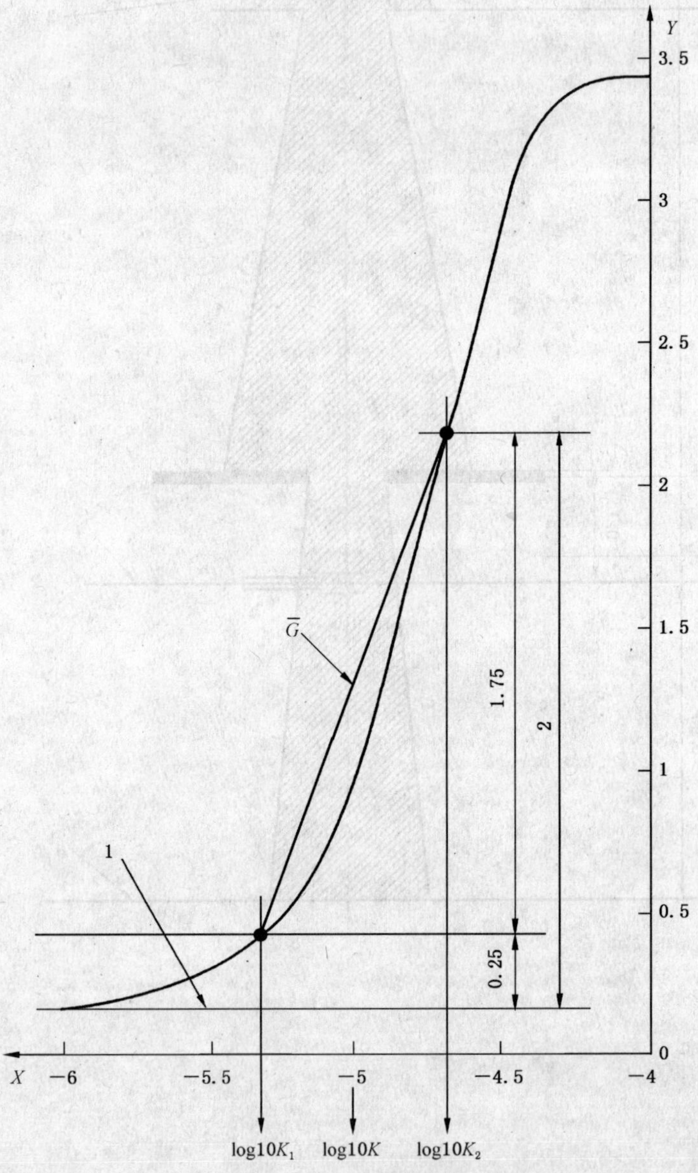

X——$\log_{10} K$；

Y——国际标准的视漫透射密度；

$\overline{G}$——平均斜率；

1——未曝光而加工胶片样品的密度。

图 3 感光曲线

6 平均斜率的测定

平均斜率由下式计算得出：

$$\overline{G}=\frac{D_2-D_1}{\lg K_2-\lg K_1}$$

式中：

D_2 和 D_1 分别为 2.0 和 0.25 的净密度；

K_2 和 K_1 分别为感光曲线上对应的相对空气柯玛值。

如果使用单一线束质量测定平均斜率，则应选用线束质量 2(见表 1)。

注：通常，以上所定义的平均斜率是最为常用的、用于预测显影后射线影像反差的唯一参数。

7 感光度的测定

7.1 定义

感光度 S 计算公式：

$$S=K_0/K_s$$

式中：

K_0 等于 10^{-3} Gy。

K_s 为入射至模体后的结合体上产生净密度为 1.0 的空气柯玛值(单位 Gy)。

7.2 光束质量

7.2.1 总则

测定感光度时，应在模体后辐射结合体。为模拟通用放射照相中最常用情况，表 2 给出所定义的四种曝光条件。有关模体的描述在 7.2.2 至 7.2.5。铝材的纯度应至少为 99.4%。

表 2 技术规范

技术标号	近似 X 射线管电压[a] kV	半值层(HVL) mm Al	曝光时间 ms	模体背部与探测器的距离[b] mm
1 手足	50	3.0	60±30	60
2 头骨	70	5.7	60±30	60
3 腰脊柱	90	7.4	60±30	60
4 胸腔	120	8.5	15±5	60

[a] 管电压设置的几何图详见 7.2.6。测定感光曲线形状的光束质量(表 1)和速度(表 2)相对应。

[b] 当检测器为集合体时，应测量到胶片平面的距离；否则，测量到参照点或测量检测器平面的距离。

7.2.2 技术规范 1 的模体

模体应包括两个厚度各为(25±1)mm、面积各约为 0.3 m^2 的聚甲基丙烯酸甲酯(有机玻璃)厚平板，其间夹有厚度为(2.0±0.1)mm、面积约为 0.3 m^2 的铝板。

7.2.3 技术规范 2 的模体

模体应包括厚度为 12.0 mm±0.1 mm、面积约为 0.3 m^2 厚的铝材平板。

7.2.4 技术规范 3 的模体

模体应包括技术规范 2 中的模体再增加厚度约为 1.0 mm 铝板，使总厚度达到 13.0 mm±

0.1 mm。

7.2.5 技术规范 4 的模体

模体应包括一厚度为 70 mm±1 mm 有机玻璃厚平板、一层厚度为 5.0 mm±0.1 mm 铝板，二者面积各约为 0.3 m^2。有机玻璃厚平板置于 X 射线管焦点附近(见图 7)；铝板置于检测器附近。

7.2.6 X 射线管电压的设置

对于光束质量所有测量，X 射线管焦点与检测器间最小距离应为 2 m。表 1 所列的滤色镜或相应的模体应置于 X 射线管和光束控光装置之间。假设技术规范 4 中两层平板(PMMA 和铝板)相互接触，有机玻璃平板朝向 X 射线管。光束控光装置与检测器间距离最小应为 1.5 m(见图 5)。表 1 和表 2 所示 X 射线管电压应为初始值。对于每个所用技术规范，应调整 X 射线管电压，以使所测的铝板半值层(HVL)与表 1 和表 2 所给数值相差±2%。以技术规范 2 为例，X 射线管电压应做以下调整：测量带头部模体的 X 射线管的空气柯玛，在模体背对 X 射线管一侧上 5.7 mm±0.1 mm 的铝板时，读数减为一半。所做调整应符合 7.4 中的 X 射线管电流。半值层测量应在检测器满足，检测器的光谱灵敏度应与测量光束质量范围基本一致，且与 X 射线管实用一致。X 射线管的会聚光束应使其尽量窄小，但仍许 X 射线光束覆盖测量检测器的光量。所有后续的屏/片曝光都应在上述设置的 X 射线管电压和 X 射线管电流下进行。

单位为米

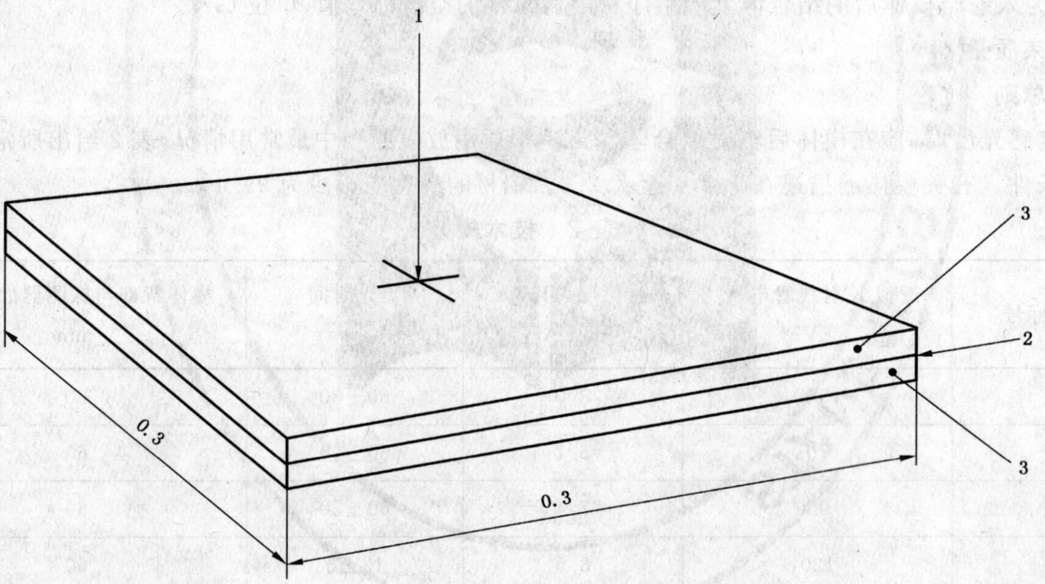

1——X 射线光束(中央光束)；

2——2 mm 铝板；

3——25 mm 聚甲基丙烯酸甲酯。

图 4 技术规则 1 的模体

单位为米

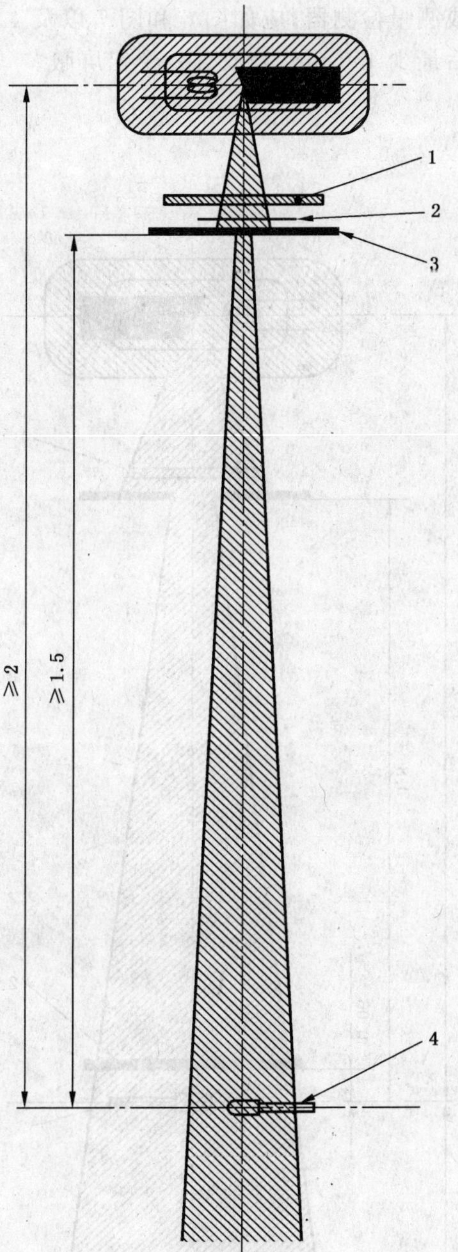

1——模体；

2——半值层滤色镜；

3——光束控光装置；

4——测量检测器 R2。

图 5　调整技术规则 1、2、3 和 4 的光束质量的几何结构

7.3　几何尺寸

结合体的辐射几何尺寸如图 6 和图 7 所示。检测器系统(为结合体或放射量测定器)置于模体背后的固定距离 60 mm 处。

作为可选内容,可在X射线管附近安置一台集成监控检测器,使之检测的X射线光束的强度,但并不由其自身吸收而导致校验系统定义的辐射区的辐射强度产生差异。此监视检测器可选择置于结合体曝光的光束之内或之外。控光装置B2应调整至模体完全接受辐射。

用于置换结合体的一台集成测量检测器,应如图6和图7以及4.3所指定放置。

应于测量区域最终部分之后最少450 mm处放置一个铅屏蔽。

单位为米

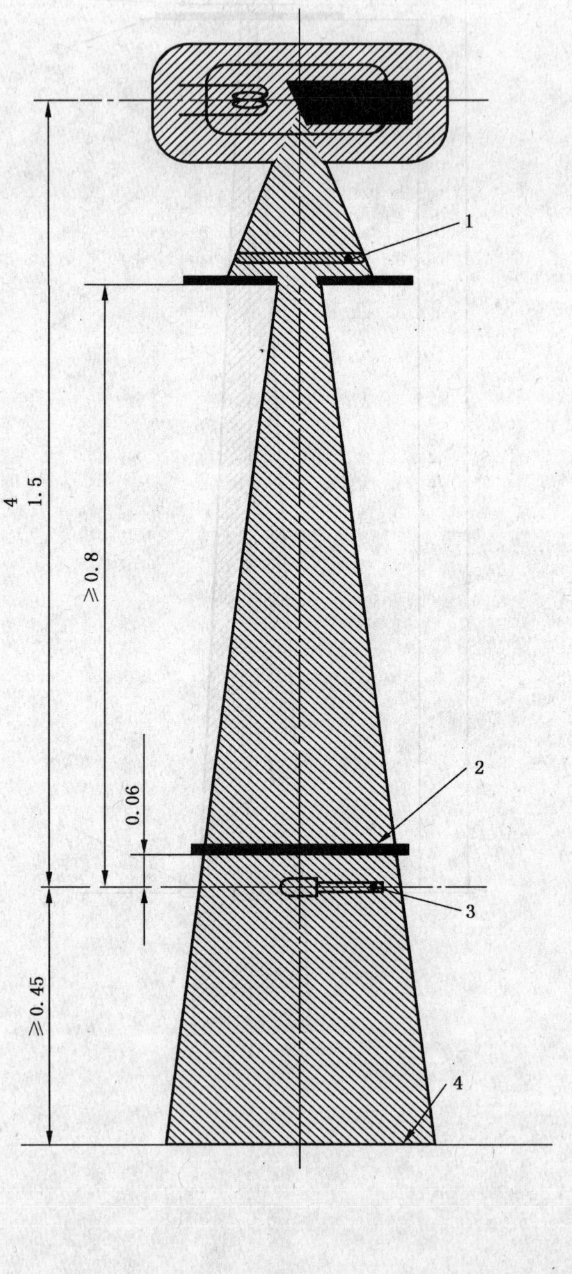

1——监控检测器;

2——模体;

3——测量检测器或胶片平面;

4——铅屏蔽。

图6 (技术规则1、2和3)感光度测量的几何结构

单位为米

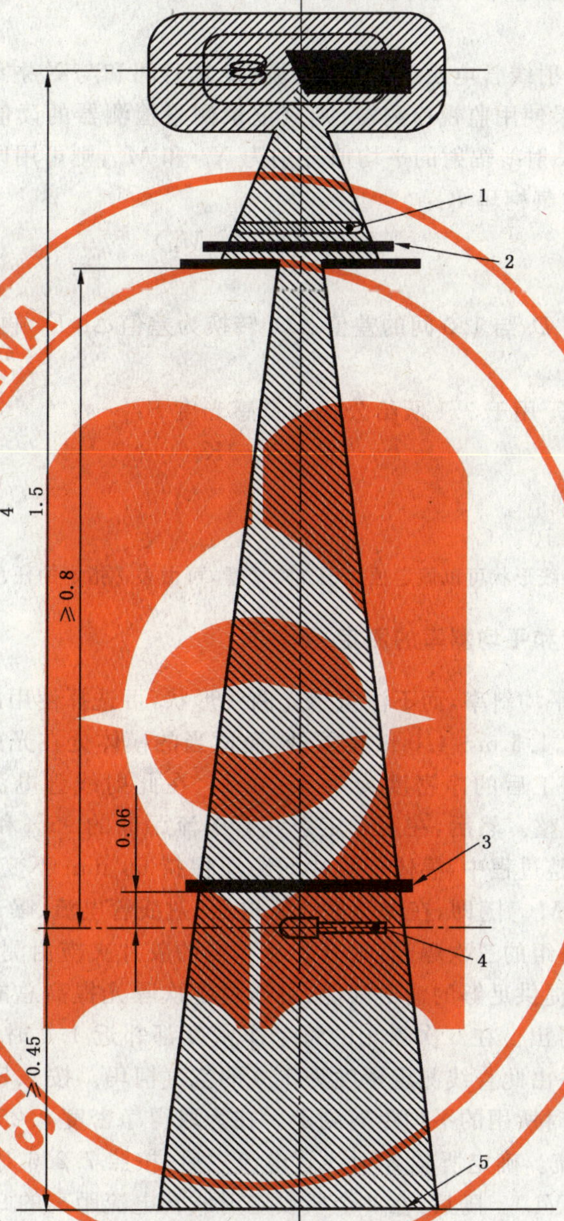

1——监控检测器；

2——模体；

3——模体；

4——测量检测器或胶片平面；

5——铅屏蔽。

图 7 (技术规则 4)感光度测量的几何结构

7.4 曝光

7.1 中感光度是由产生净密度为 1.0 的空气柯玛 K_s 得到。此空气柯玛的相近数值，可由穿插在曝光系列中估计能产生净密度为 1.0 的距离测得。在适当的射线管电压、射线管电流和曝光时间等条件下，此空气柯玛可用焦点与结合体间距离在 1.5 m～4.0 m 的适当模体得到。曝光时间可由发生器读数或外部快门给定。

所需胶片夹中的屏/片结合体随后被辐射，胶片进行加工。如果所产生的净密度超过 1.0±0.3，则应对照感光曲线在 1.5 m～4.0 m 的限度内调整焦点与模体之间的距离。三次曝光得到三种影像净密度为 $D_i=1.0\pm0.3$。三次曝光所对应的空气柯玛 K_i 即可由测量检测器读值直接测定或由监视器读值 M_i 计算得到。

结合体曝光之后，保持射线管电压、射线管电流、曝光时间和与 X 射线管距离等条件不变，换为测量检测器并重复曝光。如果使用监视检测器，则应记录测量检测器的读值 X_m 以及同时产生的监视检测器读值 M_m。假使三次 X 射线辐射的平均值分别为 X_m 和 M_m，则可用以下公式由相应监视检测器读值 M_i 计算得出集合体的空气柯玛 K_i：

$$K_i = M_i(X_m/M_m)$$

7.5 评价

使用感光特性曲线，将 D_i 与 1.0 间的差值 ΔD_i 转换为差值 $\Delta \lg K_i$，再用此值校正计算所得 K_i 值来得到净密度在 1.0 的 K_i 值。

三个 K_i 值的平均值 K_s 用于 7.1 所给公式计算感光度 S：

$$S = K_0/K_s$$

式中：

K_s 的单位为 Gy；$K_0=10^{-3}$ Gy。

注：本部分中，由于感光曲线形状可以假定独立于光束质量，可由表 1 指定的任意光束质量所制曲线进行校正。

8 无感光特性曲线感光度和平均斜率的测定

如果只关注感光度和平均斜率，而不注重感光曲线形状，可选择使用此程序。对于表 2 所列各个技术规范，结合体置于距焦点 1.5 m～4.0 m 位置处，而适当的模体处在光束之中（如图 6 和图 7）。射线管电流应调至试拍影像加工后的净密度为 1.0±0.1。在此射线管电流下，表 2 列出的所需半值层（HVL）按照 7.2.6 进行调整。然后，在所设定射线管电流距离的 95％和 105％处，应分别完成对界合体的三次曝光。在上面调整过程中，模体与胶片间距应保持 60 mm 不变。在使用监视检测器时，应同时记录监视检测器的读值 M_i。随即，在保持射线管电压、射线管电流、曝光时间和模体与胶片间距离等条件不变的情况下，进行每组的三次曝光，附有胶片和屏的胶片夹应由测量检测器替换，并应重复先前的曝光。为使测量检测器提供足够的输出读值，可通过多次曝光提高总的空气柯玛。结合体的空气柯玛 K_i 按照 7.4 所示计算得出。在 6 次曝光的每个净密度都邻近 1.0 时，将净密度对所测空气柯玛作图。通过作图绘出直线，并由此直线测定密度为 1.0 的空气柯玛。按 7.5 给出的公式计算得出感光度。平均斜率应由测定感光度时所用的平均距离测定。在为取得净密度 0.25±0.05 和 2.0±0.1 所需曝光时，只需改变 X 射线管电流。确定所需 X 射线管电流之后，按照 7.2.6 对每一设定射线管电流，调整表 2 所列出的所需半值层（HVL）。随后，在 2 个所设定射线管电流距离的 95％和 105％二处，应完成对集合体的三次曝光，总共进行 12 次曝光。在使用监视检测器的情况下，应同时记录监视检测器的读值 M_i。随即，在保持射线管电压、射线管电流、曝光时间和膜体与胶片间距离等条件不变的情况下，进行每组的三次曝光，附有胶片和屏的胶片夹应由测量检测器替换，并应重复先前曝光。上述用于测定速度的程序，重复测定空气柯玛 K_1 和 K_2，以分别取得净密度 $D_1=0.25$ 和 $D_2=2.0$。再由第 6 章给出的公式计算得出平均斜率。

9 不确定度

不确定度应做如下考虑。

所有可能影响不确定度的参数和数量都应在考虑范围之内。下列因素对预算产生特殊影响：

——柯玛仪，

——显像密度计，

——监视室的重复性和校正因素，

——光束质量的校正，

——不受控的散射，

——加工的差异性。

不确定度结果应符合：与感光度测量结果相关的相对扩展误差 U/S(可信度95%下)应小于或等于0.09；与平均斜率 $\overline{G}$ 测量结果相关的相对扩展误差 $U/\overline{G}$ 应小于或等于0.07。

如果方法误差与上相符，那么单一屏/片系统的参数 S 和 $\overline{G}$ 便可测量。

注1：基于长期实践的灵敏性系数的估值，可用于不确定度的计算。

注2：本可信度一般可使用分布因子 k 为2左右时取得。

注3：可信度与分布因子的联合是基于有关测量结果可能性分布的假设。

注4：上述有关相对扩展误差的指定极限表示，在95%附近的可能性下，与一个未知真实数值相比，速度 S 的测量结果偏离最多不超过约9%，平均斜率 $\overline{G}$ 的测量结果偏离最多不超过约7%。

10 试验报告

试验报告应给出以下信息：

a) 参考本部分中内容；

b) 感光曲线、感光度和平均斜率；

c) 实验设备名称；

d) 测试日期；

e) 增感屏的生产厂商或供应者的品牌或商标、型号或类型、序列号或生产日期；

f) 放射照相胶片的生产厂商/供应者的品牌或商标、型号或类型、乳剂号或生产日期；

g) 胶片夹的类型，如或使用射线照片盒，给出其生产厂商/供应者的品牌或商标、型号或类型、序列号或生产日期；

h) 光束质量或医疗应用(即技术规则1、2、3或4)；

i) 曝光时间；

j) 加工条件以及加工未在胶片生产厂商推荐条件下进行时的详细条件。

如果使用的是单一系统，而且此系统并未限定用于某一用途，例如胸部影像，应使用表2中技术规范2所给定内容。

附 录 A
（资料性附录）
基 本 原 理

A.1 感光曲线形状

假定感光曲线形状在所限定X射线管电压区间内与X射线能谱无关。与感光度不同，感光曲线形状与X射线能量有很大关系。事实上，不同的光束质量通常产生相对于辐射lg轴不同的感光曲线位置。然而，曲线形状的等同性导致加工后胶片的对比度和平均斜率相同。因此，屏/片/胶片夹结合体辐射只需在相对设备上进行测量，并且，对于感光度测定中所对应的四种光束质量的任一选择都可用于感光曲线形状的测定。

A.2 感光度

屏/片系统感光度一般依赖于影像接受体X射线的能谱，以及散射X射线的部分以及和散射角度分布。因而，曝光条件应尽可能模拟实际医疗应用，感光度的测定应以不同于感光曲线形状测定方法进行。为此，感光曲线形状测量中限定的辐射条件是变化的，包括某些散射射线，并且，散射的不同频谱导致光束质量产生轻微变化。使用相应的模体和X射线管电压模拟不同的医疗曝光类型。屏/片/片夹结合体在模体之后指定的几何位置进行曝光，辐射以绝对单位(Gy)进行测量。

A.3 模体

在医疗放射中，模体是在考虑分散辐射的衰减、过滤或产生时，充当人体或其一部分的一个物体。基于上面定义，本部分中的铝板和有机玻璃厚平板，可称为模体。当正确应用感光度测定所指定的技术规范时，模体像身体相应部位足够同样的方式过滤X射线，并充分产生实际的散射部分。

应予指出，除去技术规范1之外，在相应医疗影像的技术规范中，使用到了一个防散射格栅。亦即，在技术规范2至技术规范4中，用于指定几何位置的模体产生位于防散射格栅之后的分散部分，而不是直接位于患者之后。因此，在试验设置中，避免包含防散射格栅的情况。

总之，在医疗放射线应用中，如果模体产生与影像接受体的辐射场相同速度的辐射场，则此模体对于屏/片速度的测定是适当的。为此，X射线滤波和散射是决定性的，X射线在模体内的衰减对所得速度结果无任何影响。本部分中模体的X射线透明性，虽较相应身体部位高一些，但仍不存在问题。

A.4 空气柯玛

X射线光束中的光子的能量分布，由X射线管电压、标靶材质和滤波决定，并可由X射线频谱表述。本部分的光束质量，可理解为所使用的X射线频谱的非直接的定义。原则上，已知频谱的X射线光束的辐射，可由光子数或渗透某指定区域的能量进行表示，但由于技术和经济原因，本部分未做这方面的实际选项。代之对辐射本身测量，测量其在标准的温度和压强之下对空气的影响。因而，本部分规定了物理量“空气柯玛”，其源于ICRU Report No. 60并以戈瑞(Gy)表示。此人造词汇“kerma/柯玛”代表kinetic energy released per unit mass(每单位质量释放的动能)。

空气柯玛是指辐射所释放所有带电粒子的初始动能；而以库仑每公斤表示的传统量“曝光”(C/kg)是指所产生离子的总电量。医疗放射学的光子能量范围内，在此两个量之间存在一个固定的转换因子，所以，空气柯玛可由测量曝光(例，由离子化室)而测定。

A.5 感光度对光束质量的关系

由于空气柯玛描述X射线如何与空气互相作用，而不是对辐射的绝对测量，屏/片系统感光度则不是通常认为的绝对值。本质上,感光度不过是对给定X射线辐射频谱的屏/片系统的“灵敏性”与空气“离子化灵敏性”之间的对比结果。作为对比的结果,在不考虑特别的屏/片系统情况下,感光度一般随X射线管电压降低而减少,似乎与通常发现的低X射线管电压下吸收效率有微小增加的情况相矛盾。

考虑到单个的X射线的光子,此结果可以考虑。在医疗放射学中的光子能量范围内,空气分子的离子化可由光电效应或康普顿效应引发。当升至90 keV左右时,由于在此区域较低阶段中光电效应占优势,空气分子离子化的可能性随光子能量的增加而迅速减少。因此,技术规范2中X射线光束光子能量的光子平均空气柯玛值较技术规范1中X射线光束光子能量的显著降低。另一方面,从技术规范1到技术规范2,附带光子平均屏蔽吸收能量未产生大的变化。这主要是因为,吸收由因素(1-e-μd)支配,其中μ为吸收因子;d为吸收层的厚度。对于如荧光屏蔽之类的强吸收体,即使μ值产生较大变化,也只引发吸收的中等变化。例如,将33%的实际吸收增至100%理论极限,吸收因于μ会趋于无穷大。除此主要结果之外,作为在技术规则1中的频谱占优势的低能量屏蔽光子较大的吸收因子,大多由相应频谱中的较低平均光子能量来补偿。屏蔽发射的冷光光源会引起一定的胶片密度,由于冷光光源的量对所吸收的能量依赖强烈,所以,对于技术规则1和技术规则2,每个X射线光子对光学密度的平均贡献大致是相同的。因此,主要是光子平均空气柯玛值的差异,导致了技术规则1中按照7.1的感光度公式得到的感光度较低。对于技术规则2至技术规则4,感光度上的相对变化通常较小,其主要依赖以下几方面:在较高光子能量下Compton效应比重增加;在各自X射线频谱中的平均光子能量较小的差异;以及,那些频谱与屏蔽磷质吸收K缘的更加显著的交迭。

虽然在本释义中所述的实质内容支持每个屏蔽/胶片系统,但不同系统类型中速度对线束质量准确的依赖性存在重大的不同。存在这些不同的主要原因在于,用于荧光屏蔽并产生不同频谱吸收的X射线磷质是多样性的。

附 录 B
(资料性附录)
参考文献

[1] ISO 5-1:1984,摄影 密度测量 第1部分:术语,符号和标记

[2] ISO 4037-1:1996,校准计量剂和测定光能灵敏度的X和γ参考射线 第1部分:辐射性能和制作方法

[3] ISO 5799:1991,摄影 直接曝光医疗和牙科X射线胶片/加工系统 ISO感光度和ISO平均斜率的测定

[4] ICRU Report 41*,屏片系统的调制转换功能

[5] ICRU Report 60,电离辐射的基本量和单位,1998

[6] Kodera Y., Doi K. and Chan, H.-P. 屏片系统绝对感光度和被吸收能量的常数。X放射学,151,1984,pp. 229-236

[7] Buhr E., Bergmann D., Hoeschen D., Ailliet M., Sirand-Rey G., Gazzola C. and Uras S. 按照ISO 9236-1. *Med. Phys.*, 27, 2000, pp. 307-311 屏片感光度和平均斜率多个实验室测量

[8] 测量不确定度的表述指南(GUM), BIPM, IEC, IFCC, ISO, IUPAC, IUPAP, OIML, 1st ed., 1993**

ICS 37.040.25
G 80

中华人民共和国国家标准

GB/T 24791.3—2009/ISO 9236-3:1999

摄影　医疗X射线成像用屏/片系统的感光测定　第3部分:乳腺X射线成像感光特性曲线形状、感光度与平均斜率的测定

Photography—Sensitometry of screen/film systems for medical radiography—Part 3: Determination of sensitometric curve shape, speed and average gradient for mammography

(ISO 9236-3:1999,IDT)

2009-12-15 发布　　2010-06-01 实施

中华人民共和国国家质量监督检验检疫总局
中国国家标准化管理委员会　发布

前　言

本部分等同采用 ISO 9236-3:1999《摄影　医疗 X 射线成像用屏/片系统的感光测定　第 3 部分：乳腺 X 射线成像感光特性曲线的形状、感光度与平均斜率的测定》(英文版)。

本部分等同翻译 ISO 9236-3:1999。

为便于使用，本部分做了以下编辑性修改：

a) “本国际标准”一词改为“本部分”；

b) 用小数点“.”代替作为小数点的逗号“,”；

c) 修改了前言和引言。

本部分的附录 A、附录 B 为资料性附录。

本部分由中国石油和化学工业协会提出。

本部分由全国感光材料标准化技术委员会(SAC/TC 102)归口。

本部分起草单位：中国乐凯胶片集团公司。

本部分主要起草人：王丽丽、张培。

引　言

本标准由以下部分构成。

第1部分:感光特性曲线形状、感光度与平均斜率的测定。

第2部分:调制传递函数(MTF)的测定。

第3部分:乳腺X射线成像感光特性曲线形状、感光度与平均斜率的测定。

本标准提供医疗X射线成像用屏/片/片夹/加工系统的感光特性曲线形状,平均斜率与感光度的测定方法。

感光特性曲线是进行其他性能测定时所需要的(如调制传递函数),感光特性曲线是在低散射条件下使用强度标X射线感光测定技术,最好是使用平方反比感光仪测量。为了测定感光特性曲线的形状,需要对屏/片/片夹结合体的辐照进行测定。

平均斜率是通过感光特性曲线形状得出的,感光度必须使用单独的方法进行测定,曝光条件应尽可能模拟实际应用情况。因此,与应用于调光制感光测定的光线质量相比,散射光的组成伴随了光线质量轻微的改变。临床曝光是应用适当的模体与电子管电压模拟而成的。屏/片/片夹结合体在模体之后进行曝光。为了测定感光度,曝光应以绝对单位戈瑞(Gy)进行计量。

感光度通常取决于X射线能量,散射光量与曝光时间。因此,在实际应用中,感光度的大小会有所变化。因为应用于屏/片乳腺成像的电子管电压的量程较小,本标准只是描述了用于感光度测定时的一种光线质量。利用本标准所述测定的条件可以计算出感光度与平均斜率的大小,为实际应用提供了依据。

摄影　医疗X射线成像用屏/片系统的感光测定　第3部分:乳腺X射线成像感光特性曲线形状、感光度与平均斜率的测定

1　范围

GB/T 24791的本部分描述了乳腺X射线屏/片/片夹/加工系统的感光特性曲线形状、平均斜率与感光度的测定方法。

片夹可以是任何形式,只要确保屏/片紧密接触,防止胶片被周围光线曝光即可。片夹可以是一种经常在实验中使用的不漏光的真空袋,或者在乳腺X射线照相过程中使用的X射线成像暗盒。

注:在下文中,屏/片/片夹结合体称之为"结合体",当包含加工系统时,称之为"系统"。

2　规范性引用文件

下列文件中的条款通过GB/T 24791的本部分的引用而成为本部分的条款。凡是注日期的引用文件,其随后所有的修改单(不包括勘误的内容)或修订版均不适用于本部分。然而,鼓励根据本部分达成协议的各方研究是否可使用这些文件的最新版本。凡是不注日期的引用文件,其最新版本适用于本部分。

GB/T 11500　摄影　密度测量　第2部分:几何条件(GB/T 11500—2008,ISO 5-2:2001,IDT)

GB/T 11501　摄影　密度测量　第3部分:光谱条件(GB/T 11501—2008,ISO 5-3:1995,IDT)

ISO 554:1976　标准大气条件和/或测试　规范

3　术语和定义

下列术语和定义适用于本部分。

3.1

空气柯玛　air kerma K

从空气分子中非带电粒子(如X射线光子)释放的所有带电粒子(如电子)初始动能总和,除以释放带电粒子的空气质量。单位为戈瑞(Gy)。

3.2

感光特性曲线　sensitometric curve

胶片显影加工之后的密度与曝光量的对数的函数对应关系曲线。

3.3

感光度　speed S

在特定曝光、冲洗加工和密度测量条件下,屏/片系统对放射能量响应的定量测量。

3.4

平均斜率　average gradient $\bar{G}$

在感光特性曲线上两个特定点所连直线的斜率。

3.5

净密度　net density D

胶片曝光、显影之后的密度减去胶片未曝光而显影的密度。

4 一般要求

4.1 贮存和操作条件

胶片与增感屏都应按制造商的推荐条件进行贮存。在曝光前以及曝光期间，胶片与增感屏的温度应保持在(23±2)℃(见 ISO 554)，而胶片的含湿量应在相对湿度(50±20)%条件平衡。

4.2 安全灯

为了避免安全灯的灯光对胶片感光性能的影响，所有胶片的操作、曝光与显影加工过程都应在全黑中进行。

4.3 X射线设备

本标准所述的全部测试应使用6-脉冲、12-脉冲，高频(多脉冲)，或者恒压发电机。

应用测量探测器测定放射剂量。测量探测器经过校准可测定空气柯玛，确定所应用的光线质量。对于无散射的已校准的光线而言，读数应精确到±5%以上。当有散射光线时，对于在模体之后的放射测定而言，读数应精确到±7%以上。

注：推荐应用球状电离室进行测定，因球状电离室中包括散射放射。球状电离室的中心被视为参考点；球状电离室的阀杆(stem)所指方向应与焦点方向相反。

4.4 冲洗加工

屏/片系统包括手工冲洗与自动冲洗，按本标准测试。依据制造商的推荐冲洗条件加工胶片。不应要求制造商透露专利信息。

本标准未叙述冲洗规范，认可使用通用化学套药与设备。当按制造商的推荐条件进行冲洗加工以便实现制造商所注明的照相性能时，通常情况下，制造商所注明的屏/片系统的感光度与平均斜率也可以相应地实现。冲洗加工信息应该由胶片制造商或能够提供感光度与平均斜率值并指定与每一个加工工艺相对应的冲洗化学套药、时间、温度、搅拌、设备和程序步骤以及其他附加的信息以便实现指定的感光性能的其他一方提供。应用其他冲洗工艺所获得的感光度与平均斜率值可能会发生明显的变化。无论如何，冲洗加工条件的确定也是被测试系统的一个组成部分。对于某种特定胶片，改变冲洗加工工艺便可能获得不同的胶片感光度，但是，用户应注意，感光度发生改变，其他性能可能会变化。

为了将由于潜影的不稳定或者冲洗工艺的变化而造成的(不良)影响最小化，所有的胶片样品都应同时冲洗加工，胶片曝光之后与胶片显影加工之前的时间间隔不能少于30 min，也不可长于4 h。在胶片曝光与冲洗加工期间，胶片的温度应保持在(23±2)℃，而胶片的含湿量应均衡，相对湿度保持在(50±20)%。

通常，因为胶片曝光后实际冲洗加工时间约为几分钟，由于某些胶片潜影的衰减造成所观测到的实际感光度与本标准指定的感光度有所不同，所以，随着曝光与冲洗加工过程的时间间隔长达30 min～4 h的延迟，所测得的胶片感光度数值应修正为胶片曝光后不久便冲洗加工所得到的胶片感光度值。为此，本标准规定，在胶片曝光与冲洗加工期间的时间延迟定为5 min的条件下来计算感光度。

注1：通过更改胶片曝光与冲洗加工过程的时间间隔，在感光仪上曝光胶片光楔条可获得必要的校正信息。如果胶片正、反两面都涂有乳剂，则应该注意要利用感光仪对胶片的正、反两面乳剂进行等效曝光。

注2：因为许多单独的胶片样品曝光以获得感光特性曲线所需要的时间相对较长，所以将胶片在曝光与冲洗加工中间的时间延迟规定为最短为30 min。时间延迟考虑设定到足够长以实现多个单独样片曝光时潜影衰减差别的最小化。

下述冲洗加工信息与精确度予以规定：

a) 所有化学品的商品名称应列出配方，如有专利，化学分子式不必公开。

b) 显影剂的温度变化保持在±0.3 ℃以内。

c) 其他溶液的温度变化保持在±2 ℃以内。

d) 显影剂的浸入时间变化保持在3%以内。

e) 显影剂可能是新配的，也可能是“疲劳的”(如果所用显影剂是“疲劳的”，则胶片的类型与数量也应该与之相对应),注意胶片冲洗加工后的密度及显影剂的补加程序。

f) 搅动,以循环溶液的体积或者气体的流速而定。

g) 干燥温度变化要保持在±5 ℃以内。

h) 加工设备指定商品名。

注 3:术语“疲劳显影剂”是指该显影剂已使用或不是新鲜显影剂,该显影剂是在“常规工作条件“下使用过。

4.5 密度计量

经过冲洗加工后胶片影像的光学漫透射密度测量的光谱条件和几何条件应符合 GB/T 11500 和 GB/T 11501 测定。选取影像均匀区域的密度读数。密度 D 的测定值应该精确到 $\Delta D/D=\pm0.02$ 或者 $\Delta D=\pm0.02$,以高精确度计。

5 感光特性曲线形状的测定

感光强度决定了曲线的形状。通过变换辐射光源与屏/片/片夹结合体之间的距离来改变光强。由于光束中的二次辐射光源以及空气造成的光束衰减的原因,曝光与距离二者之间的对应关系便不能确切地遵守平方-反比定律。所以曝光与距离二者之间的对应关系应被校准。

5.1 光束质量

为了确定感光特性曲线的形状,可选用表 1 中所述两类光束质量的其中一类。使用专用附加过滤镜通过反复测量半层值的方法便可获得光束质量。推荐近似 X 射线管电压作为起始值(参见 7.2.2 与图 4)。

表 1 感光特性曲线形状测定的光束质量

光束质量号	阳极材料	近似 X 射线管电压/kV	固有过滤 mm Mo	附加过滤 mm Mo+mm Al	半值层 mm Al[a]
Ⅰ	Mo	28	0.03	0.00+2.1	0.63±0.02
Ⅱ	W	28	0.03	0.03+2.1	0.63±0.02

[a] 选择半值层靠近来自临床胸部的发射光束。半层值被置于附加过滤镜的后面。

在总体数量即固有过滤与附加过滤的总和保持不变的情况下,表 1 中给出的固有过滤与附加过滤的数量可不相同。对于整体过滤而言,钼滤光器的公差为±0.005,铝滤光器的公差为±0.1。铝与钼用作滤光器材料时,其纯度至少应该达到 99.9%。

5.2 感光特性曲线形状测定的几何学

按图 1 与图 2 中所标注的几何尺寸测量计算。由于空气对光束质量的影响,X 射线管的焦点与乳腺片平面之间的距离不能超过 3 m。

注:在实际情况中,乳腺成像 X 射线管发出的 X 射线光束通常是不均匀的,传至阳极的光束要多于阴极的光束。在实验室中,此种光线的不均匀性现象通常通过直接改变射线管处的隔膜或者将射线管旋转几度而得以减小,图 3 除外。所有图示中的 X 射线光束都是均匀的,均匀的 X 射线光束并不是本标准中所使用方法的前提条件。

控光装置 B1 与附加过滤应该置于辐射光源的附近。控光装置 B1、B2 与附加过滤与辐射光源的相对位置保持固定不变。控光装置 B3 与屏/片/片夹结合体或者测量探测器 R2 应该分别与辐射光源的相对距离保持固定不变。控光装置 B3 的入射面应置于乳腺片平面前方(100±5)mm 处。如果确信来自墙壁、设备等的散射光线对结果无影响,则可不用控光装置 B3。为此,控光装置 B2 的辐射光圈可以制作成能够变化的,以便当距离改变时,光束仍然保持紧密平行。

为了限制胶片曝光的区域,控光装置 B4 应该置于屏/片/片夹结合体前方至少 5 mm 处。

控光装置的衰减性能应该是,控光装置进入被屏蔽区域的透射光对测量结果的影响不能大于 0.1%。控光装置 B1 的辐射光圈应该足够大以便使辐射光束的半影在监控探测器 $R1$ 与膜片 B2 辐射缝隙的感光体积的外侧。

单位为米

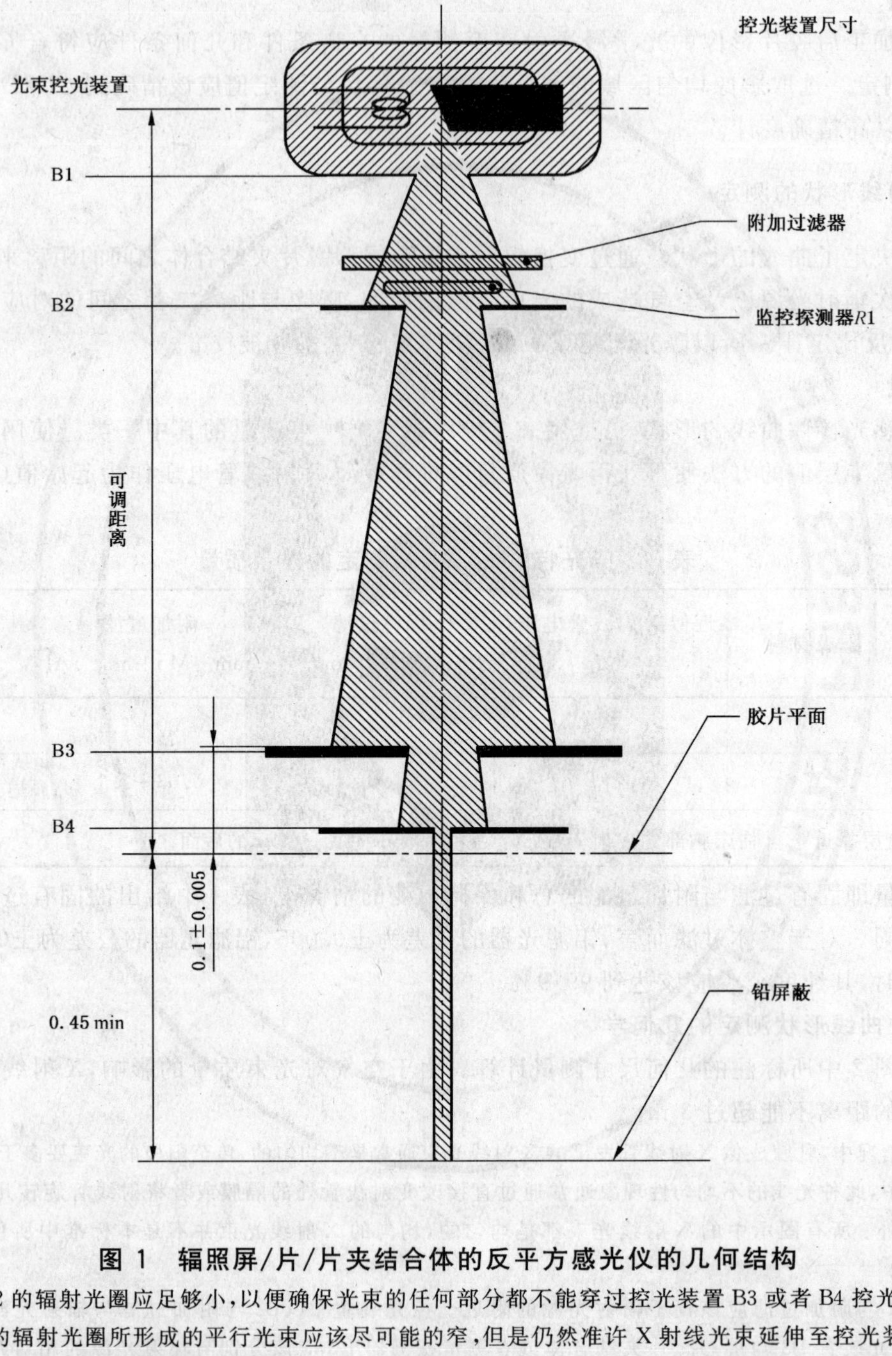

图 1　辐照屏/片/片夹结合体的反平方感光仪的几何结构

控光装置 B2 的辐射光圈应足够小，以便确保光束的任何部分都不能穿过控光装置 B3 或者 B4 控光装置的外侧。通过控光装置 B3 的辐射光圈所形成的平行光束应该尽可能的窄，但是仍然准许 X 射线光束延伸至控光装置 B4 的辐射光圈或者监控探测器 $R2$ 的感光体积处。

如果监控探测器是透光的，则监控探测器 $R1$ 可以置于用来曝光屏/片/片夹结合体的光束的内侧，否则就置于光束的外侧。监控探测器 $R1$ 的精度高于±2%。

衰减保护阻挡层与测量相关的末尾区域二者之间的距离要保持至少为 450 mm。屏/片/片夹结合体或者测量探测器 $R2$ 与保护阻挡层之间的空间内除了空气之外，不能包含其他物质。

单位为米

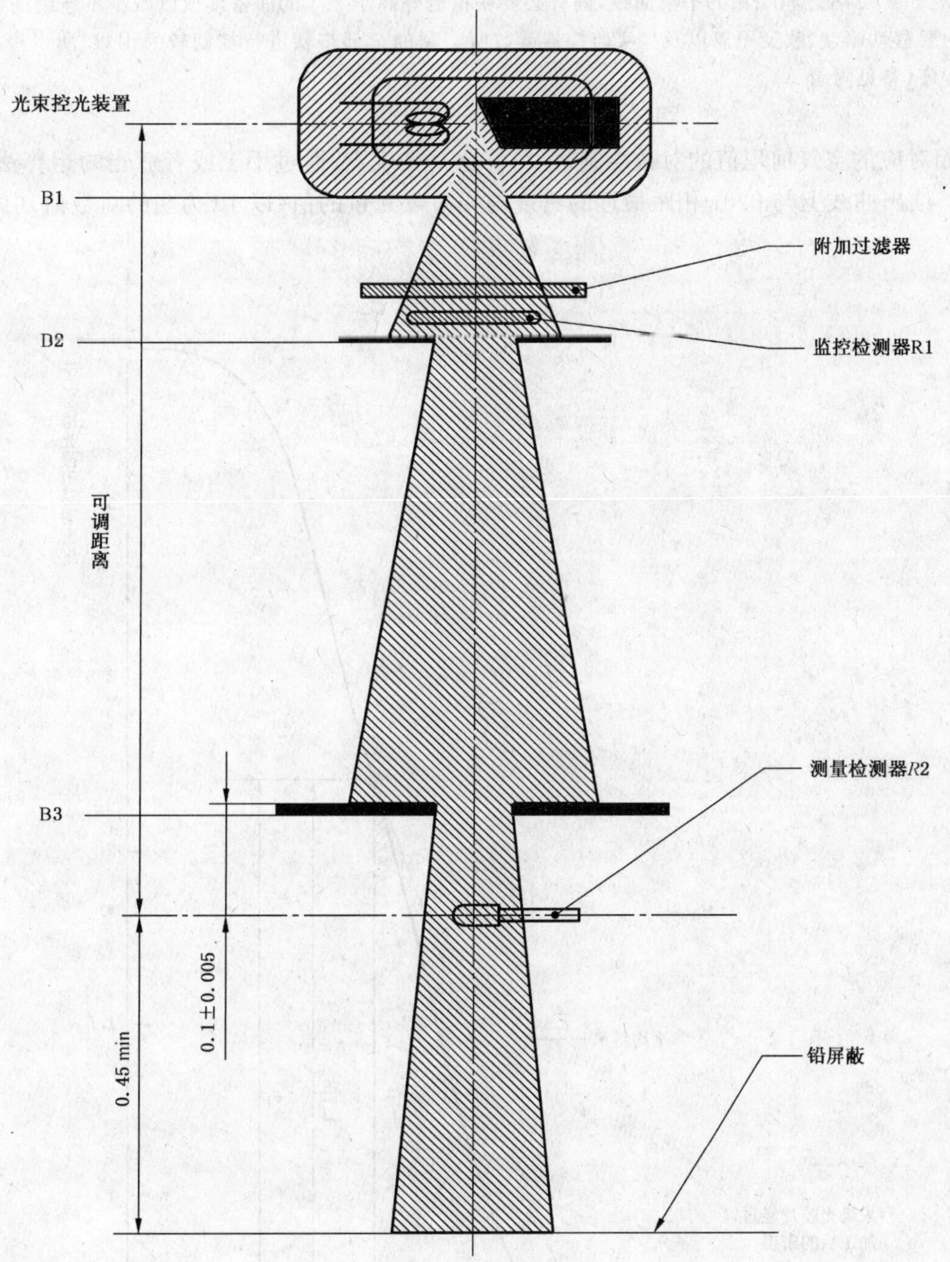

图2　平方反比定律感光仪校准的几何结构

5.3　曝光

结合体的每次曝光都要应连续辐射。辐射时间为0.5 s～1.5 s,结合体每次辐射时间都保持不变。

注1：应用增感屏时,可能会发生互易率失效与间歇(曝光)效应。为了避免这些效应所造成的影响,每次曝光时的辐照时间都要保持恒定不变,而辐照时间的长短要在规定的范围之内。通过改变辐射源与乳腺片平面之间的距离来获得不同的空气柯玛值。按表1,对于所应用的全部距离,半值层(HVL)大小都会保持在规定的公差范围之内。除此之外,也可改变管电流。管电流的变化不会改变光束质量。曝光量对数最大增量不能超过0.1。为了测定感光特性曲线,必须进行至少20次的曝光,并将曝光量换算成相应的对数,所得到的净密度大小为0.1～2.1。为了准确地限定低密度处的曲线,至少需要3次曝光,所得到的净密度大小为0.1～0.25。通常情况下,不同曝光次数之间的时间间隔不能超过30 s,绝对不能超过2 min。

注2：上限净密度值2.1恰恰是确定该文件第6条当中所述的平均斜率$\overline{G}$所需要的最小值。尤其是在乳腺片中,较

高密度处的感光特性曲线的形状也是很重要的。此外，如果应用数学法则寻找说明空气柯玛的对数与密度(参见5.4)二者之间关系的平滑曲线，则有必要获得恰好高于2.1的净密度值以减小不连续的错误。

注3：因为要移动暗盒、改变距离以及核实监控器读数所必须的全部步骤进行控制较为困难，所以推荐应用自动控制程序(参见附录A)。

5.4 评价

与按照相对应的空气柯玛值的对数绘制密度，将这些密度点，通过手工或者适当的运算法则描出一条光滑的曲线。读出曲线上与0.01相距最近的密度与相对曝光量的值(以10为底的对数值)(见图3)。

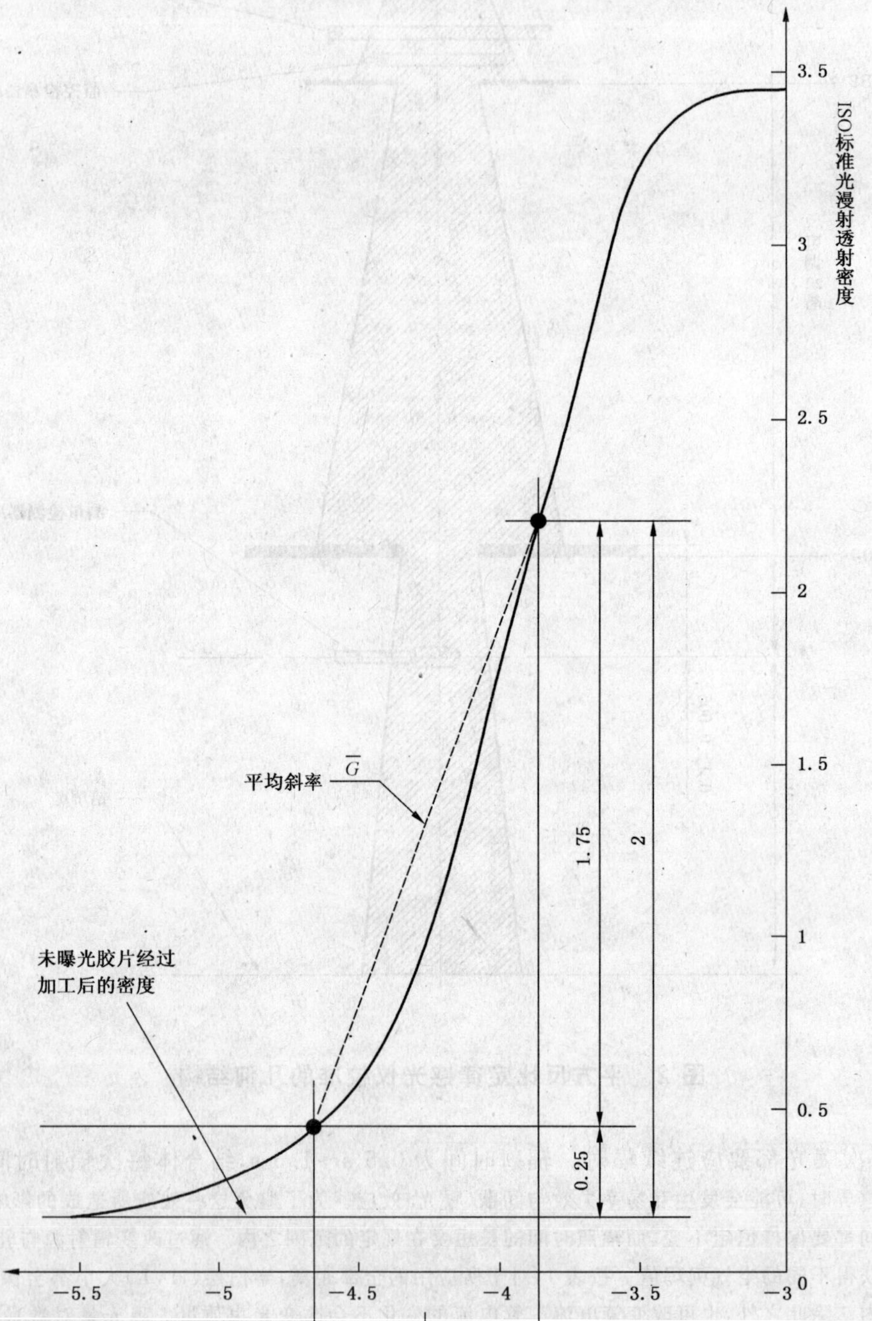

图3 乳腺成像用屏/片系统的感光特性曲线示例

6 平均斜率的测定

平均斜率 $\bar{G}$ 计算公式：$\bar{G}=D_2-D_1/\log_{10}K_2-\log_{10}K_1$

式中：

D_2 与 D_1 分别为净密度，其大小分别等于 2.00 与 0.25。

K_2 与 K_1 是自感光特性曲线上得出的相应的空气柯玛的相对值。

为了测定平均斜率，可以应用表 1 中所述的任何一种光线质量。

注：通常，以上所定义的平均斜率是最为常用的，用于预测显影后射线影像反差的唯一参数。

7 感光度的测定

7.1 定义

感光度 S 计算公式：$S=K_o/K_s$

式中：

K_o 等于 10^{-3} Gy。

K_s 为入射到位于模体之后的结合体上的空气柯玛(以戈瑞计)，产生的净密度值为 1.0。

7.2 曝光条件

为了用栅格乳腺 X 射线成像模拟最常见的用于屏/片乳腺成像的曝光条件，表 2 对其中一种曝光条件进行了定义与说明。

表 2 曝光条件

阳极材料	近似 X 射线管电压[a] kV	固有过滤 mm Mo	半值层 mm Al	曝光时间 s	模体背部与探测器的距离[b] mm
Mo	28	0.03±0.005	0.63±0.02	1.0±0.1	100±1

[a] 7.2.2 对获得射线管电压的几何问题进行了描述。确定感光特性曲线形状的光束质量 I(表 1)与确定感光度(表 2)的光束质量是相互对应的。

[b] 当探测器为结合体时，测量探测器到胶片平面的距离；否则测量探测器到参考点或者探测器到测量探测器 R2 平面的距离。

由于技术原因，表 2 中所列出的曝光时间无法应用，曝光时间可选定在 0.5 s～2.0 s 范围之内，曝光时间为 1.0 s 时的感光度可以通过胶片的互易率失效曲线形状进行确定，对胶片进行感光测定时可获知胶片的互易率失效曲线形状。如果不利用胶片的互易率失效曲线，则至少应该选用其他两种不同的曝光时间，曝光时间为 1.0 s 时的感光度分别通过内推法或者外推法得以确定。如果希望详细研究感光度与曝光时间(互易率失效)二者之间的依存关系，则应该选择其他的曝光时间。所选用的全部曝光时间都应该与临床实践中所用的曝光时间相一致。

7.2.1 模体

为了测定感光度，结合体应置于模体后进行射线处理。模体材料为坚固的聚甲基丙烯酸甲酯(PMMA)，形状为立方体。模体的外观尺寸为：

长：100 mm±1 mm；宽：100 mm±1 mm；高：45 mm±0.5 mm

7.2.2 X 射线管电压的确定

为了对光束质量进行全面测定，焦点与测量探测器 $R2$ 二者之间的最小距离应为 1.0 m。据 5.1 所述，附加过滤或者模体应该置于射线管与第二控光装置之间(见图 4)。第二控光装置与测量探测器 R2 二者之间的距离应该至少保持为 0.8 m。

单位为米

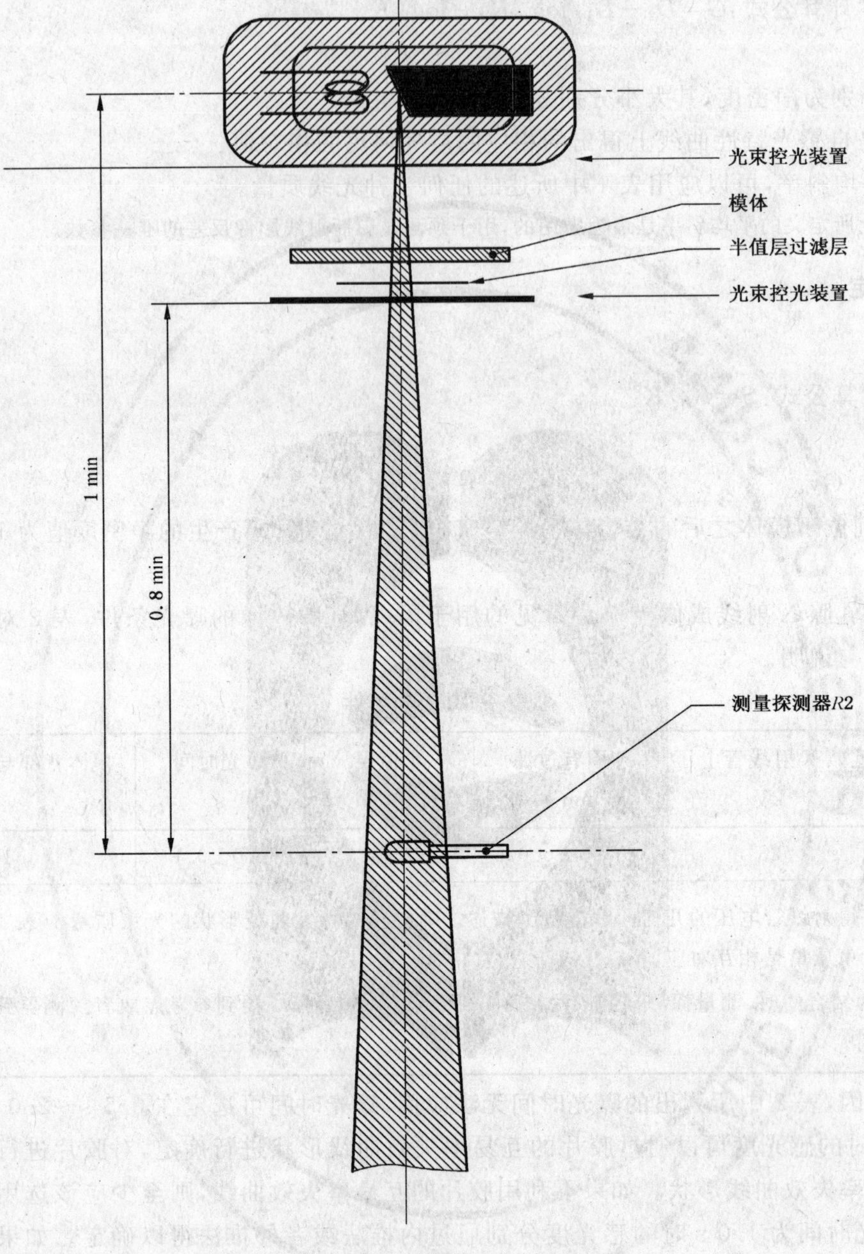

图 4　半值层测量的几何结构

推荐将表 1 与表 2 中列出的射线管电压作为起始电压值。在所测得的铝半层值保持在如同表 1、表 2 所列出的±0.02 mm 范围之内以前应该调整射线管电压。对 5.3 与 7.4 中所描述的进行 X 射线曝光的射线管的电流强度也应该进行调整。

应用对整个光束品质范围都具备良好的光谱响应的探测器进行半层值测定。第一控光装置射线管发出的平行光束之后应尽可能的窄，但是仍然保证 X 射线光束照射到测量探测器 $R2$ 的感光量。随后的屏/片曝光应该在射线管电流与电压已经确定的基础上进行。

7.3　几何尺寸

结合体进行射线照射的几何尺寸如图 5 所示。探测器（结合体或者测量探测器 $R2$）被置于模体后侧，距离模体保持固定不变之处，参见图 2 所示。平行的 X 射线光束的宽度应该尽可能的窄，但是仍然确保模体的入口区域完全辐射。

单位为米

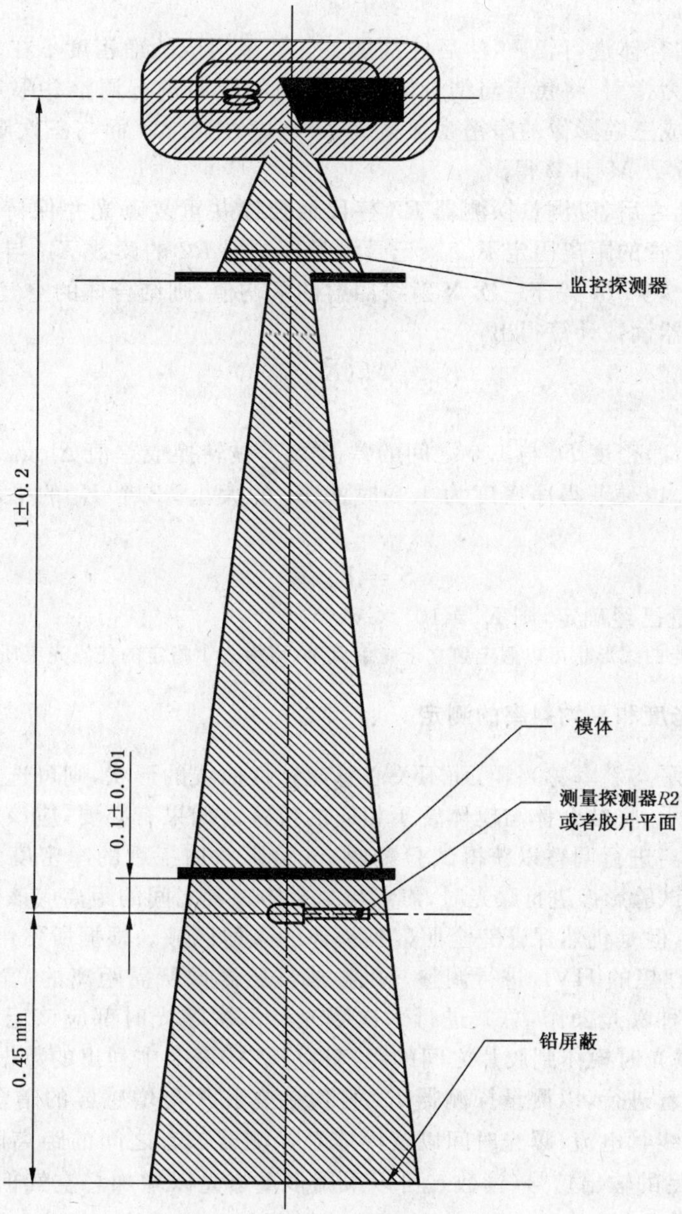

图5　感光度测定的几何结构

集监控于一体的探测器 $R1$ 应该安置在X射线管附近，以便于 $R1$ 进行取样的X射线光束的强度不会因为 $R1$ 自身对光线的吸收而造成光线在平行校准系统所定义的照射区域范围之内的强度发生变化。监控探测器 $R1$ 置于用来照射结合体的光线的外侧、内侧均可。

取代结合体并集测量于一体的探测器 $R2$ 应该根据图5与4.3的详细说明进行定位安装。

铅屏蔽应该安置于结合体或者测量探测器 $R2$ 后侧至少450 mm之处。

7.4　曝光

按7.1，净密度等于1.0条件下的空气柯玛值计算得到感光度。如果密度（曲线图）不仅仅是相对曝光量的函数，而且还是空气柯玛的函数，则通过感光特性曲线可以估计得出空气柯玛的近似值。否则，就要利用模体并且在特定的射线管电流与曝光时间的条件下，在初步测量过程中测定空气柯玛的近似值。通过发生器、外测量仪器或者快门的读数确定曝光时间的长短。

空气柯玛的测定与结合体的照射应该在模体之后进行，焦点与探测器二者之间的距离应保持在(1.0±0.2)m 范围之内。

对暗盒中的屏/片结合体进行辐照，然后冲洗加工。如果生成的净密度不在 1.0±0.3 范围之内，则应该以感光特性曲线作为指南，将焦点与结合体二者之间的距离进行调整并限定在 0.8 m～1.2 m 范围之内。三次曝光所生成三幅影像的净密度保持为 $D_i=1.0\pm0.3$。而与三次曝光相对应的空气柯玛值 K_i 可以通过监测器读数 M_i 计算得出。

在屏/片结合体曝光之后，以测量探测器 $R2$ 替代结合体并重复曝光并保持射线管电压、射线管电流、曝光时间以及到射线管的距离固定不变。记录测量探测器 $R2$ 的读数 X_M 与监控探测器 $R1$ 同时显示的读数 M_M。如果 X_M 与 M_M 等于三次 X 射线照射的平均值，则结合体的空气柯玛 K_j 可以应用下列公式通过相对应的监控器读数计算得出：

$$K_i = M_i(\overline{X}_M/\overline{M}_M)$$

7.5 评价

通过感光特性曲线，净密度 D_i 与 1.0 之间的差值 ΔD_i 被转换成差值 $\Delta\log_{10}K_i$，差值 $\Delta\log_{10}K_i$ 用于校正通过计算得出的 K_i 以便获得净密度为 1.0 时的 K_i 的大小。3 个 K_i 的平均值 K_s 用来计算感光度，其计算公式为：

$$S = K_o/K_s$$

如果 K_s 的戈瑞数量已经确定，则 $K_o=10^{-3}$Gy。

注：本标准中，由于感光曲线形状可以假定独立于光束质量，可由表 1 指定的任意光束质量所制曲线进行校正。

8 无感光特性曲线感光度和平均斜率的测定

如果只对感光度与平均斜率感兴趣，而不关心感光特性曲线的形状，则可选择应用下述两种方法。

根据表 2 与图 5 所示，将结合体与模体置于相应的位置。如果有必要，应该对射线管电流以及焦点与结合体二者之间的距离进行调整以获得试验影像，试验影像加工后的净密度为 1.0±0.1，按 7.2 所述控制曝光时间。当对试验影像进行曝光时，焦点与结合体二者之间的距离应该保持为(1.00±0.15)m，X 射线光束应尽可能窄，但是仍然保证完全照射到模体的入射区域。根据所使用的射线管电流条件，按 7.2.2 对表 2 中列出的理想的 HVL 进行调整。以生成试验影像所需距离的 95%与 105%的距离条件下分别进行结合体的三种曝光操作，总共进行六次曝光。每次曝光时都应该记录监控探测器 $R1$ 同时产生的读数 M_i。每次曝光时模体到胶片之间的距离都应该按表 2 中列出的数据执行。

三种曝光依次紧接着进行，以测量探测器 $R2$ 替代装有胶片与增感屏的暗盒并重复前面的曝光操作，保持射线管电压、射线管电流、曝光时间以及模体至探测器二者之间的距离固定不变。为了使测量探测器 $R2$ 能够提供充足的输出信号(读数)，可以采用多重曝光以增加总空气柯玛值。按 7.4 所述，通过 M_i 可以计算出结合体的空气柯玛 K_i。六次曝光中的任何一次曝光所产生的净密度都近似等于1.0，绘出密度对空气柯玛值曲线图。连接六个点可以绘出一条最优的直线，通过此直线可以确定，空气柯玛 K_s 产生的净密度等于 1.0。使用 7.5 中列出的公式计算感光度。

采用与感光度测定过程中相同的平均距离进行平均斜率的测定。但是，为了产生净密度 0.25±0.05与 2.0±0.1 需要调整曝光，所以只需改变 X 射线管电流即可。在确定所需要的射线管电流之后，按 7.2.2 所述，根据每次射线管电流的设定调整表 2 中列出的理想的 HVL。然后，分别采用两种不同的射线管电流并以感光度测定过程中所采用的平均距离的 95%与 105%的两种不同的距离进行结合体的三种曝光，总共合计进行 12 次曝光操作。每次曝光时，需要记录监控探测器 $R1$ 产生的相应读数。

三种曝光依次进行，以测量探测器 $R2$ 替代装有胶片与增感屏的暗盒并重复前面的曝光操作，保持射线管电压、射线管电流、曝光时间以及模体至探测器二者之间的距离固定不变。为了确定空气柯玛 K_1 与 K_2，分别产生净密度 $D_1=0.25$ 与 $D_2=2.0$，需要重复用于进行感光度测定的上述操作过程。然后利用第 6 章中列出的公式计算平均斜率。

注：传统的乳腺照相 X 射线发生器通常在给定的射线管电压与焦点尺寸以及固定的射线管电流条件下操作使用。

应用该类仪器，可以进行感光度的测定，而不能进行该条款中所述的平均斜率的测定。

9 精确度

探测器、密度计特定的精度、光束质量的准直度以及监控器腔体的重复能力，精度误差，光束的不均匀以及不可控制的光束散射都可能造成以下不确定性(σ 值)：

$$\Delta\bar{G}/\bar{G}=\pm 0.06 \text{ 与}$$

$$\Delta S/S=\pm 0.10$$

式中，探测器校准与光束质量的度量造成的影响最大。

加工变化产生的影响不包括在内。

采用上述精度，可以测定特定的、单一的乳腺照相屏/片/暗盒/加工系统的参数。

10 表述

感光特性曲线、感光度以及平均斜率测定时应表述如下：

a) 测定仪器名称；

b) 测定日期；

c) 增感屏的制造商或者供应商的商标名称，型号或者参考类别，序列号或者生产年份；

d) X 射线胶片制造商或者供应商的商标名称，型号或者参考类别，乳剂号或者生产年份；

e) 暗盒类型；

如果 X 射线照相盒作为暗盒使用，则应该注明产品制造商或者供应商的商标名称，产品型号或者参考类型，序列号或者生产年份；

f) 曝光时间；

g) 加工条件。

如果胶片不采用胶片制造商所推荐的加工条件，则应该对实际采用的加工条件加以详细介绍。

附 录 A
(资料性附录)
自动调光制 X 射线感光仪实例

在所列举的该感光仪实例中,屏/片结合体保存在屏/片暗盒中移动。图 A.1a)标明了结合体距 X 射线管最近的位置。图 A.1b)标明了结合体距 X 射线管相当远的一个位置。

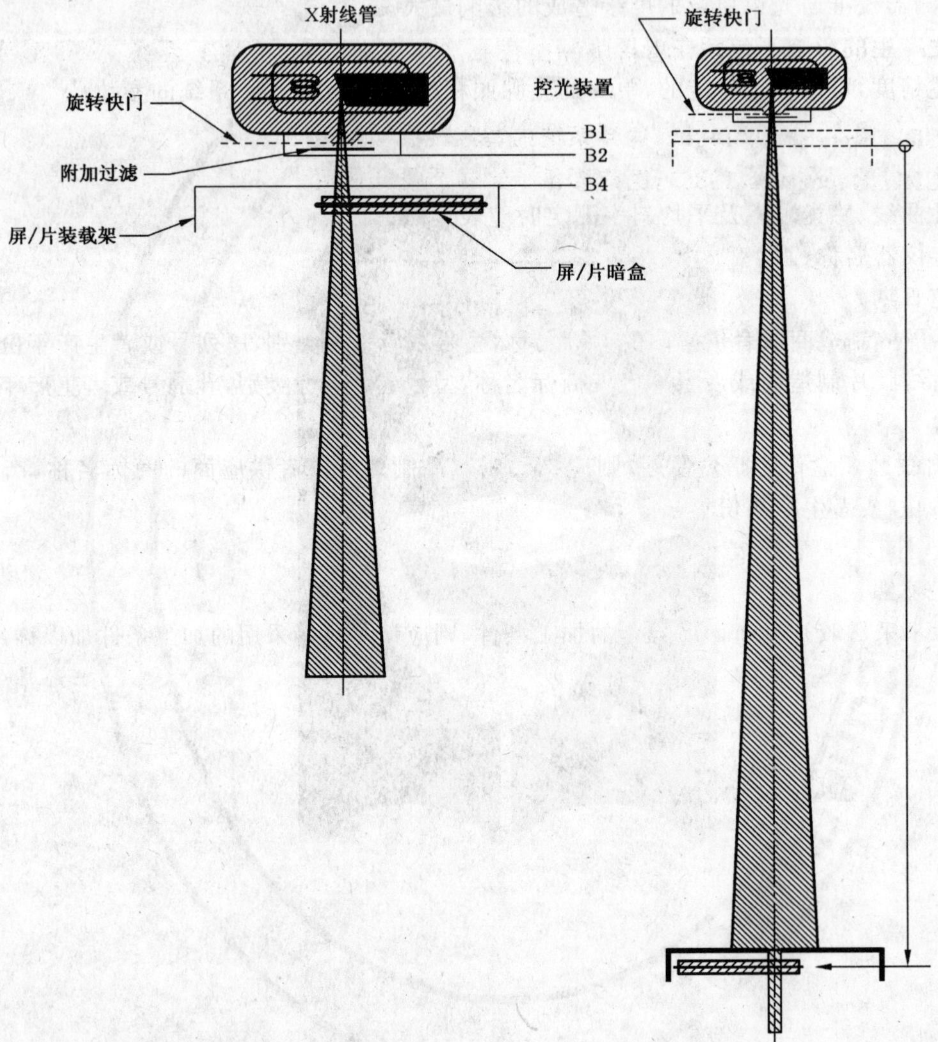

a) 结合体至 X 射线管距离最近的位置　　b) 结合体至 X 射线管距离最远的位置

图 A.1　X 射线调光制感光仪

当暗盒逐步远离 X 射线管移动时,保存在暗盒中的结合体也随之远离 X 射线管运动。在每个步骤中,每次进行曝光时,暗盒与保存在暗盒中的结合体都自动定位并且保持同步。在任何一个位置,结合体未曝光的区域都会呈现出来以便进行曝光。

在所列举的该感光仪实例中,在多次单独的曝光之间,发生器的高压不会自动切断。采用旋转式 X 射线快门叶片选定曝光时间,在暗盒所处的所有曝光位置都保持曝光时间的长短恒定不变。也可以应用能够实现高重复性单独曝光的 X 射线发生器达到这些要求,但是需要使用监控探测器 *R*1 进行核实。

胶片焦斑(focal-spot-to-film)至 X 射线管最短的距离与最长的距离之比决定了可获得的曝光宽容度。应该最小化所用的最长距离以降低空气稀薄化现象。基于上述考虑因素,该实例中所包含的感光仪就应该省略控光装置 B3 以保证最短距离尽可能的短。当增加暗盒至 X 射线管的距离以保持阻隔紧密以便抑制额外的光线散射时可以减小 B2 的尺寸。

附 录 B
（资料性附录）
参 考 文 献

［1］ ISO 5-1:1984，摄影　密度测量　第1部分：术语，符号和标记

［2］ ISO 4037-1:1996，校准计量剂和测定光能灵敏度的X和γ参考射线　第1部分：辐射性能和制作方法

［3］ ISO 5799:1991，摄影　直接曝光医疗和牙科X射线胶片/加工系统　ISO感光度和ISO平均斜率的测定

［4］ ICRU Report 41(1986)，屏片系统的调制转换功能

［5］ ICRU Report 54(1986)，医疗影像　影像质量的评定

ICS 37.040.30
G 84

中华人民共和国国家标准

GB/T 24792—2009/ISO 7766:2003

摄影　加工废液　氰化物分析　用光谱法测定六氰合亚铁酸盐(Ⅱ)和六氰合铁酸盐(Ⅲ)

Processing photographic wastes—Analysis of cyanides—Determination of hexacyanoferrate(Ⅱ) and hexacyanoferrate(Ⅲ) by spectrometry

(ISO 7766:2003,IDT)

2009-12-15 发布　　2010-06-01 实施

中华人民共和国国家质量监督检验检疫总局
中国国家标准化管理委员会　发布

前　言

本标准等同采用 ISO 7766:2003《摄影　加工废液　氰化物分析　用光谱法测定六氰合亚铁酸盐(Ⅱ)和六氰合铁酸盐(Ⅲ)》(英文版)。

本标准等同翻译 ISO 7766:2003。

为便于使用,本标准做了下列编辑性修改:

a) “本国际标准”一词改为“本标准”;

b) 用小数点“.”代替作为小数点的逗号“,”;

c) 删除 ISO 7766:2003 的前言,改为本标准的“前言”;将引言直接翻译作为本标准的引言;

d) 由于原标准 ISO 7766:2003 在规范性引用文件中引用的标准大部分已有新的版本:或者合并或者废止,所以本标准在引用这些标准时,均采用最新版。具体修改如下:

ISO 5667-1:1980　水质　取样　第 1 部分:取样程序设计导则

ISO 5667-2:1991　水质　取样　第 2 部分:取样技术指南(已废止)

ISO 5667-3:1994　水质　采样　第 3 部分:样品的保存和处理指导

改为:ISO 5667-1:2006　水质　取样　第 1 部分:取样程序和取样技术的设计指南

ISO 5667-3:2003　水质　采样　第 3 部分:水样的保存和处理指南

本标准由中国石油和化学工业协会提出。

本标准由全国感光材料标准化技术委员会(SAC/TC 102)归口。

本标准起草单位:中国乐凯胶片集团公司。

本标准起草人:曹永丽、鲍立民。

引 言

本标准专用于分析摄影加工废液;它规定了对摄影加工过程所排放废液中络合的铁氰化物(六氰合铁酸盐)的分析方法。

在测试过程中列出的一些化学药品具腐蚀性、有毒或有其他危险。明确的警告、告诫和危险警告已经指明,另外无论使用任何化学药品都应自始至终地执行标准的预防措施要求。

至于排放的废液,摄影加工厂最好通过适当的化学分析建立规则来进行管理。有时室内的分析是允许的,但通常要求在冲洗厂外进行采样分析。

络合氰化物惯常存在于彩色摄影加工过程中的漂白阶段,因此对摄影加工所排放废水的分析结果中氰化物存在的可能性达到了应该报告的水平。在样品制备时,将络合氰化物分解,这样的测试过程中络合氰化物构成了总氰化物的一部分。本标准的目的是对以六氰合铁酸盐络合物形式存在的氰化物提供一个可靠的测量方法。由于络合氰化物的化学特性,不可能指定一个单一的方法来定量测量这些废水中的络合氰化物。

以下国际标准的不同部分均涉及氰化物的分析:

ISO 6703-1:1984　水质　氰化物的测量　第1部分　总氰化物的测定

ISO 6703-2:1984　水质　氰化物的测量　第2部分　易释放的氰化物的测定

注1:游离的氰化物被定义为具有氰化物基团,在pH为4的室温条件下具有可测量的氰氢酸蒸气压的物质。

注2:在室温条件下pH为6时,氰化物从溶液中以氰化氢(HCN)形式逸出,氰化物的测量步骤基于氰化物的简单化合物和容易离解的络合物。

摄影　加工废液　氰化物分析 用光谱法测定六氰合亚铁酸盐(Ⅱ)和六氰合铁酸盐(Ⅲ)

1　范围

本标准规定了测定摄影加工废液中的六氰合亚铁酸盐(Ⅱ)(亚铁氰化物$[Fe(CN)_6]^{-4}$)和六氰合铁酸盐(Ⅲ)(铁氰化物$[Fe(CN)_6]^{-3}$)的测试方法，此后在摄影加工过程排放的废液中将称其为$Fe(CN)_6$[1)]。结果报告为六氰合铁酸盐，$Fe(CN)_6$。

2　规范性引用文件

下列文件中的条款通过本标准的引用而成为本标准的条款。凡是注日期的引用文件，其随后所有的修改单(不包括勘误的内容)或修订版均不适用于本标准。然而，鼓励根据本标准达成协议的各方研究是否可使用这些文件的最新版本。凡是不注日期的引用文件，其最新版本适用于本标准。

GB/T 20432.1—2006　摄影　照相级化学品试验方法　第1部分　总则(ISO 10349-1:2002，IDT)

ISO 5667-1:2006　水质　取样　第1部分　取样程序和取样技术的设计指南

ISO 5667-3:2003　水质　采样　第3部分　水样的保存和处理指南

ISO 6353-1:1982　化学分析试剂　第1部分:一般试验方法

ISO 6353-2:1983　化学分析试剂　第2部分:规范　第一系列

ISO 6353-3:1987　化学分析试剂　第3部分:规范　第二系列

3　安全和操作预防措施

3.1　危险警告

测试过程中列出的一些化学药品具腐蚀性、有毒或有其他方面的危险。实验室安全惯例要求在处理化学药品时要恰当地使用安全眼镜或护目镜、橡胶手套和其他防护用品，如面罩和工作围裙。对于特别危险的材料，在正文和脚注中已详细列出了危险警告，在执行任何化学品操作时都应始终执行标准的预防措施。

测试过程中一种危险材料第一次提及时，危险将通过单词“危险”及跟在其后面的一个由包含一个字母的角括号“〈〉”组成的符号来指明。双括号“《》”用来表示特别危险的情况。在后续的陈述中包含了危险性物质的处理方法，但只用由括号和字母组成的危险符号标记。此外，对于一个特定的原材料，一个章节内危险性符号只用一次。

危险警示符号不用于用量小于1 L的普通有机溶剂，除非它们具有特别的危险性。

详细的处置化学品及其稀释液的警示符号不包含在本标准的范围中。

企业应按法律要求提供培训和健康、安全资料。

本标准采用的危险符号系统只是为使用者提供资料，并不是法律规定的符号，因为各个国家的规定

---

1)　一定量的硫代硫酸盐(五水合硫代硫酸钠)会产生干扰。加工机器排放废水中一定量的硫代硫酸盐导致铁(Ⅲ)对硫代硫酸盐的氧化作用。产生的硫会增加所测定的吸光度。另外，硫代硫酸盐可能会耗尽加入的铁(Ⅲ)而使颜色反应无法进行。本方法适用于建筑物排出的废水，硫代硫酸盐将被建筑物排出的其余污水稀释，从而消除硫代硫酸盐的干扰。

是不同的。

我们极力建议:任何使用这些化学品的人应从制造商那里获取化学品的危险性、处理方法、使用方法和废弃物处置方法。

3.2 危险警示符号

<B>吸入伤害。避免吸入粉尘、蒸气、烟雾或气体。使用时必须有适当的通风设备。

<C>接触伤害。避免接触到眼睛、皮肤及衣物。触摸后彻底清洗。

<F>易燃。远离热源、火花及明火。使用时要有适当的通风设备。

<O>氧化剂。与其他材料接触可能会引起火灾。不要贮存于易燃物附近。

<S>吞咽有害。接触后彻底清洗。如不慎吞咽,应立即就医。

《S》如果吞咽,可能会致命。如果吞咽,立即去就医。

3.3 安全预防措施

所有的吸量管操作时都应使用洗耳球或使用活塞式吸量管。不遵守这条危险警告会导致氰化物中毒。这是一条关键性的安全警告。

加热操作应在烟气罩内进行。氰化物或其他有毒物质可能被放出。

所有实验室工作都应佩戴安全眼镜。

4 原理

将流出物或稀释后的流出物样品用二价铁离子和三价铁离子的混合物处理。如果 $Fe(CN)_6$ 存在,将生成蓝色沉淀。$Fe(CN)_6$ 在(1.0～10.0)mg/L 范围内时,这种蓝色沉淀是稳定的,并且它的吸收与其浓度成线性关系。这种吸收可以用分光光度计来测量,而浓度的测定可以根据先前建立的校准得出。

5 反应式

$$3[Fe(\text{II})(CN)_6]^{4-} + 4Fe^{3+} \rightarrow Fe_4[Fe(CN)_6]_3$$

$$2[Fe(\text{III})(CN)_6]^{3-} + 3Fe^{2+} \rightarrow Fe_3[Fe(CN)_6]_2$$

6 试剂和材料

6.1 通则

6.1.1 处置和标识

试剂应按照包装容器上标注的或从其他途径获得的健康和安全预防措施处置。适当的制备好的试剂标识有:化学名称、制备日期、失效期、重新标定日期、制备人和适当的健康和安全预防措施。试剂的废弃处置应遵从相应的环境法律、法规。

6.1.2 纯度

除非另有规定,试验中所使用的试剂均应为试剂级化学品或满足适用的标准的化学品,以及分析过程可接受的纯度的化学品。细节见 ISO 6353-1:1982,ISO 6353-2:1983 和 ISO 6353-3:1987。

6.1.3 水

除非另有规定,试验中只使用蒸馏水或相等纯度的水。

6.1.4 试剂的浓度

6.1.4.1 除非另有规定,酸和氢氧化铵均为浓溶液。

6.1.4.2 当需要使用标准溶液时,其溶液浓度用物质的量浓度(mol/L)表示,物质的量浓度的有效数字的位数应足够多,能够保证试剂不影响测试方法的有效性。

6.1.4.3 当不需要标准溶液时,它的浓度用每升中含的克数(g/L),数字具有适当的有效数字位数。

6.1.4.4 当溶液被稀释时,稀释液表示为($X+Y$),即 X 体积的试剂或浓溶液,用 Y 体积的水(6.1.3)

稀释。

6.2 试剂

6.2.1 二价铁-三价铁试剂

在盛有 20 mL 水的 50 mL 烧杯中加入 0.75 g 四水合氯化亚铁($FeCl_2 \cdot 4H_2O$)、0.75 g 六水合氯化铁($FeCl_3 \cdot 6H_2O$)和 3 mL 浓盐酸(6.2.2)(**危险：＜B＞，＜C＞**)，用磁性搅拌器连续搅拌使之溶解，稀释到 30 mL。

6.2.2 盐酸(HCl)(危险：＜B＞＜C＞)

浓盐酸，$\rho \approx 1.18$ g/mL。

6.2.3 盐酸溶液，1 mol/L

在一个 1 L 的烧杯中加入大约 500 mL 水，再不断搅拌加入 31 mL 浓盐酸(6.2.2)(**危险：＜B＞，＜C＞**)。用水稀释到 1 L。

6.2.4 亚铁氰化钾标准溶液，相当于 0.040 g/L 的 $Fe(CN)_6$

制备 $Fe(CN)_6$ 浓度为 4.0 g/L 的溶液，在一个 1 L 的单标线容量瓶中加入 8.0 g 三水合亚铁氰化钾[$K_4Fe(CN)_6 \cdot 3H_2O$](危险：《S》)，加水稀释到标线。移取 10 mL 上述溶液入 1 L 的单标线容量瓶中，加水稀释到标线。此溶液 $Fe(CN)_6$ 浓度为 0.040 g/L。这个稀释的标准溶液应当天配置。

6.2.5 氢氧化钠溶液，100 g/L

在一个盛有 800 mL 冷水的 2 L 的容器中缓慢加入 100 g 小粒状的氢氧化钠(危险：《C》)。由于操作过程中将放出大量的热，此项操作应特别小心。操作过程应在通风橱内进行。将容器放在聚乙烯桶内是可取的。搅拌溶解，冷却后稀释至 1 L。这个浓度不是关键性的。

6.3 材料

6.3.1 预先折叠好的中孔滤纸

(孔径为 8 μm)中速滤纸(过滤 100 mL 预先过滤过的水需要 55 s)；折叠好后滤纸面积为 15 cm^2。[2)]

6.3.2 石蕊试纸，蓝色

7 仪器设备

7.1 通则

所有用于加热的玻璃仪器均应由耐热的硅硼玻璃制成。[3)]

吸管和其他玻璃量器应符合 GB/T 20432.1—2006 指定的要求。

7.2 分光光度计

能测量 700 nm 的吸收。

7.3 比色皿

光程为 1 cm。

8 采样和样品预处理

分析典型的具有代表性的样品都是必要的。采集加工过程排放的废水或车间排放的废水可能遇到许多困难，应小心操作，详见 ISO 5667-1:2006 和 ISO 5667-3:2003。

采样应按照规章制度的要求进行。采样应在典型的操作条件下进行，正常状态下采集的样品应能

2) 注册商标 Whatman 的 2 V 和 41 号滤纸是对一个符合滤纸要求的商品举例。此信息为本标准的用户提供便利，但不构成 ISO 国际标准化组织对这些产品的认可。

3) 注册商标 Pyrex 是对一个符合玻璃器皿要求的商品举例。此信息为本标准的用户提供便利，但不构成 ISO 国际标准化组织对本产品的认可。

全面代表工厂所排放的废水。能真实代表其排放废水的日常样品要求采样时间要大于 24 h,并且采样量与废水流速成比例。在意外排放或非常规操作时采集的样品,其结果不具有代表性。

9 步骤

9.1 玻璃器皿的预处理

所用玻璃器皿使用前预先用 1 mol/L 的盐酸(6.2.3)处理并用水彻底冲洗干净。

9.2 样品的处理

9.2.1 本测试方法对样品的预处理和保存没有特殊要求。如果必要的话,样品在开始吸取及随后的稀释之前应充分搅拌。收集 100 mL 待测样品并标注为"溶液 A"。吸取 25.0 mL 此溶液移入 250 mL 单标线容量瓶中,用水稀释至标线,标注为"溶液 B"。

9.2.2 转移 100 mL 溶液 B 于 250 mL 锥形瓶中,加入 10 滴氢氧化钠溶液(6.2.5),使溶液呈碱性。充分混匀,等 5 min。然后用中速滤纸(6.3.1)过滤。用石蕊试纸(6.3.2)作指示剂,在滤出液中逐滴加入浓盐酸(6.2.2)(危险〈B〉〈C〉),使滤液呈酸性。取 2 份 40 mL 的滤液于 150 mL 的烧杯中,一份作为"测试溶液",一份作为"空白"。

9.3 显色并测定吸光度

在待测液中加 2 滴二价铁-三价铁试剂(6.2.1),等待 15 min,如果没有颜色产生,用溶液 A 代替溶液 B,重复 9.2.2 处理步骤。

使用分光光度计(7.2),以空气作参比,用 1 cm 比色皿(7.3)测量 700 nm 处的吸光度,同时测量每个待测液相应的空白吸光度。如果溶液 B 的吸光度大于 0.80,将溶液 B 稀释 10 倍,并重复样品制备(见 9.2.2)然后再测量其吸光度。

9.4 校准

按照表 1 给定的体积,用一支 25 mL 的刻度吸管转移一定体积的亚铁氰化钾标准溶液(6.2.4)(危险＜S＞)至 100 mL 的单标线容量瓶中,配制成一系列的标准溶液。

表 1 校准溶液

标准溶液体积/mL	$Fe(CN)_6$ 的浓度/mg/L
0	0
2.0	0.8
5.0	2.0
15.0	6.0
25.0	10.0

用测试溶液 B 的方法测试这一系列的标准溶液,但是只需测一个空白值。

用每个标准溶液在 700 nm 处的吸光度减去空白吸光度,得到标准溶液的空白校正吸光度,将其与相应的 $Fe(CN)_6$ 浓度比较,获得一系列的校准因子。计算这些校准因子的平均值,得到平均 F_C。

注:对于 1 cm 比色皿,平均校准因子应在 22~29 之间,可以取 25 这个值做大致分析。

10 结果表示的计算

10.1 总 $Fe(CN)_6$ 浓度计算

六氰合铁酸盐的浓度 $Fe(CN)_6$,mg/L,用下式计算

$$[Fe(CN)_6](mg/L) = (A_S - A_B) \times F_C \times D$$

式中:

A_S——被测液在 700 nm 处的吸光度;

A_B——空白在 700 nm 处的吸光度;

F_C——校准因子;

D——原始测试样的稀释倍数(例如使用测试溶液 B,则 $D=10$)。

10.2 校准曲线

另外,可以绘制吸光度对浓度曲线图,分析数据可以从曲线上读出。

11 检测报告

检测报告应包括以下内容:

——采用的分析方法;

——分析结果和分析方法的说明;

——测定过程中观察到的任何不寻常的特征;

——在本标准的任何操作步骤中没有详细说明的细节,或者被认为是可任意选择的以及任何有可能对结果产生影响的环节。

参考文献

[1] ISO 3696:1987 实验室分析用水 规范和试验方法

[2] ISO 5725:1994 测量方法与结果的准确度(正确度与精密度) 第2部分 确定标准测量方法重复性与再现性的基本方法

[3] ISO 6703-1:1984 水质 氰化物的测定 第1部分 总氰化物的测定

[4] ISO 6703-2:1984 水质 氰化物的测定 第2部分 易释放的氰化物的测定

ICS 37.040.30
G 84

中华人民共和国国家标准

GB/T 24793—2009/ISO 10348:1993

摄影 加工废液 银含量的测定

Photography—Processing wastes—Determination of silver content

(ISO 10348:1993,IDT)

2009-12-15 发布 2010-06-01 实施

中华人民共和国国家质量监督检验检疫总局
中国国家标准化管理委员会 发布

前　言

本标准等同采用 ISO 10348:1993《摄影　加工废液　银含量的测定》(英文版)。

本标准等同翻译 ISO 10348:1993。

为便于使用,本标准做了下列编辑性修改:

a) “本国际标准”一词改为“本标准”;

b) 用小数点“.”代替作为小数点的逗号“,”;

c) 删除 ISO 10348:1993 的前言,改为本标准的“前言”;将引言直接翻译作为本标准的引言。

d) 由于原标准 ISO 10348:1993 在规范性引用文件中引用的标准大部分已有新的版本:或者合并或者废止,所以本标准在引用这些标准时,均采用最新版。具体修改如下:

1) ISO 385-1:1984　实验室玻璃器皿　滴定管　第 1 部分:一般要求
改为:ISO 385:2005　实验室玻璃器皿　滴定管

2) ISO 648:1977　实验室玻璃器皿　单标线吸量管
改为:GB/T 12808—1991　实验室玻璃仪器　单标线吸量管

3) ISO 835-1:1981　实验室玻璃器皿　分度吸量管　第 1 部分:一般要求
ISO 835-2:1981　实验室玻璃器皿　分度吸量管　第 2 部分:无规定时间的吸量管
ISO 835-3:1981　实验室玻璃器皿　分度吸量管　第 3 部分:规定等待时间 15 s 的吸量管
ISO 835-4:1981　实验室玻璃器皿　分度吸量管　第 4 部分:吹出式吸量管(已废止)
改为:ISO 835:2007　实验室玻璃器皿　分度吸量管

4) ISO 1042:1983　实验室玻璃仪器　单标线容量瓶
改为:GB/T 12806—1991　实验室玻璃仪器　单标线容量瓶

5) ISO 3696:1987　实验室分析用水　规范和试验方法
改为:GB/T 6682:2008　分析实验室用水规格和试验方法

6) ISO 4788:1980　实验室玻璃器皿　刻度量筒
改为:ISO 4788:2005　实验室玻璃器皿　刻度量筒

7) ISO 5667-1:1980　水质　取样　第 1 部分:取样程序设计导则
ISO 5667-2:1991　水质　取样　第 2 部分:取样技术指南(已废止)
ISO 5667-3:1994　水质　采样　第 3 部分:样品的保存和处理指导
改为:ISO 5667-1:2006　水质　取样　第 1 部分:取样程序和取样技术的设计指南
ISO 5667-3:2003　水质　采样　第 3 部分:水样保存和处理指南

本标准的附录 A 为规范性附录。

本标准由中国石油和化学工业协会提出。

本标准由全国感光材料标准化技术委员会(SAC/TC 102)归口。

本标准起草单位:中国乐凯胶片集团公司。

本标准起草人:曹永丽、鲍立民。

引　言

本标准是专用于分析摄影加工废液的系列标准之一;包含了摄影加工废液中银含量的分析测试方法。

分析摄影加工和排放废液中的银含量,在样品的采集、处理和分析过程中面临其独有的问题。这些问题在标准文件中没有被完全包括,本标准的制定即是为此提供一整套方法。在测试过程中列出的一些化学药品具腐蚀性、有毒或有其他危险。明确的警告、告诫和危险警告已经指明,另外无论使用任何化学药品都应自始至终地执行标准的预防措施要求。

至于排放的废液,摄影加工厂最好通过适当的化学分析建立规则来进行管理。有时室内的分析是允许的,但通常要求在冲洗厂外进行采样分析。

摄影加工过程废液中的银以可溶性的硫酸盐形式或其他络合物形式存在,但它与废液中的其他成分相互作用,生成一种不稳定的系统。此系统包含不同数量的可溶性银的结构。分析重金属的废液样品一般通过用硝酸酸化来稳定。这种处理方法对于分析摄影加工废液中的银是不能令人满意的。因为含硫的硫酸盐在酸性溶液中不稳定,常规的处理实际上促进了形成难溶解的银。碘化氰溶液是这些废液中银的有效保护剂[1)]。

本标准包括火焰原子吸收光谱法(AAS)和碘化物的电位滴定法(PT)两种分析方法。采用不同的分析方法将决定不同的样品保存和处理方法。一旦样品被碘化氰溶液固定,通常采用AAS法分析样品。而碘化物滴定法要求消解来溶解银,并去除伴随着浓缩样品的煮沸步骤(消解法A)带来的干扰因素。AAS法的标准消解方法所推荐用的盐酸,并不适用于银分析的样品制备。

---

1)　Owerbach. . D. 碘化氰(CNI)作为银的稳定剂在摄影加工废液中的应用。《摄影技术应用》(*Journal of Applied Photographic Engineering*)1978年,4(1),2-24页。

摄影　加工废液　银含量的测定

1　范围

本标准规定了摄影加工废液中银含量的分析测试方法,包括采样、样品保存和分析方法。

给出了支持两种分析方法的三个分析步骤:

a)　火焰原子吸收光谱法(AAS);

b)　两种碘化物电位滴定法(PT)。

样品处理方法的选择取决于分析方法和样品的构成成分。分析方法选择 AAS 法时,碘化氰处理或保存的样品可以直接分析。选择 PT 法时,给出两种消解方式:消解法 A 适用于低盐分的废液样品,消解法 B 适用于含有高固体成分的样品。

2　规范性引用文件

下列文件中的条款通过本标准的引用而成为本标准的条款。凡是注日期的引用文件,其随后所有的修改单(不包括勘误的内容)或修订版均不适用于本标准,然而,鼓励根据本标准达成协议的各方研究是否可使用这些文件的最新版本。凡是不注日期的引用文件,其最新版本适用于本标准。

GB/T 12806—1991　实验室玻璃仪器　单标线容量瓶(eqv ISO 1042:1983)

GB/T 12808—1991　实验室玻璃仪器　单标线吸量管(eqv ISO 648:1977)

GB/T 6682—2008　分析实验室用水规格和试验方法(ISO 3696:1987,MOD)

ISO 385:2005　实验室玻璃器皿　滴定管

ISO 835:2007　实验室玻璃器皿　分度吸量管

ISO 4788:2005　实验室玻璃器皿　刻度量筒

ISO 5667-1:2006　水质　取样　第 1 部分:取样程序和取样技术的设计指南

ISO 5667-3:2003　水质　采样　第 3 部分:水样的保存和处理指南

ISO 6353-1:1982　化学分析试剂　第 1 部分:一般试验方法

ISO 6353-2:1983　化学分析试剂　第 2 部分:规范　第一系列

ISO 6353-3:1987　化学分析试剂　第 3 部分:规范　第二系列

3　原理

3.1　火焰原子吸收光谱分析法(AAS)

银空心阴极灯加热时被激发,发射出包含银原子的紫外波段的光谱辐射。溶液中的银离子被吸入火焰中,当银灯发射出的光通过火焰时,银离子将按照比尔定律关系吸收银的光谱辐射:

$$C_{Ag} = k \cdot \log(t/t_0)$$

式中:

C_{Ag}——银离子的浓度;

t——光通过吸入样品的火焰后在特定波长的光强;

t_0——光通过不含银的参比试样后,在特定波长的光强;

k——常数。

通常用建立校准曲线的方法来明确表示这种关系。

3.2　电位滴定分析法(PT)

用碘化物溶液滴定含银离子的溶液时,将按如下关系式形成碘化银沉淀:

$Ag^{+} + I^{-} \rightarrow AgI$(固体)

无论是用银棒制成的银电极(11.1.2)还是用有适当参比电极的碘化物选择电极制成的银电极,在含有银离子的溶液中都将按照能斯特方程产生电位:

$$E = E_0 + 0.023(RT/nF) \cdot \log(C_{Ag})$$

式中:

E——测量电位,单位为伏特(V);

E_0——基本电位,包括参比电极产生的电位,单位为伏特(V);

R——通用气体常数;

T——热力学温度;

n——转移的电子数;

F——法拉第常数;

C_{Ag}——银离子浓度。

过量的碘化物离子出现时,银离子浓度　$C_{Ag} = Ksp/c_1$

式中:

Ksp——碘化银的溶度积;

c_1——碘离子的浓度。

滴定时,在从银离子过量到碘离子过量的溶解过程中,产生电位突变。

4　准确度

银分析的实际最小检出限(近似值)如下:

直接火焰原子吸收光谱分析法 AAS	0.1 mg/L
电位滴定法 PT,消解法 A(样品 500 mL,0.001 mol/L 碘化钾滴定剂)	0.2 mg/L
电位滴定法 PT,消解法 B(样品 1.0 mL,0.001 mol/L 碘化钾滴定剂)	100 mg/L

废液样品的银含量为(0.2～4.0)mg/L 时,实验室内测定消解法 A 的 2σ(2 倍置信限)值为 ±0.12 mg/L。这些结果基于六个不同实验室的十七个数据计算得出[2)]。这个值对于碘化物电位滴定法,无论是用 pH 计的手工操作还是用滴定速度为 0.1 mL/min 的自动滴定计,都是真实的。

对于银含量为(0.02～0.05)mg/L 的摄影废液,直接吸入减少 5 倍样品体积的样品时,火焰法 AAS 的 2 倍置信限(2σ)平均值为 ±0.007 mg/L。

5　安全和操作预防措施

本标准给出的银含量分析的测试过程,要求有经验的操作人员细心操作。由于碘化氰稳定剂和其他溶液的危险和/或毒性,样品和试剂溶液的保存和安全处理都要求小心。由于在碘化物电位滴定时,过强地摇动可能使溶液飞溅造成损失,要求操作过程必须小心控制。独有的要求和大量单独类型的条款归纳在随后的操作预防措施中列出。

5.1　危险警告

测试过程中列出的一些化学药品具腐蚀性、有毒或有其他方面的危险。实验室安全惯例要求在处理化学药品时要恰当地使用安全眼镜或护目镜、橡胶手套和其他防护用品,如面罩和工作围裙。对于特别危险的材料,在正文和脚注中已详细列出了危险警告,在执行任何化学品操作时都应始终执行标准的预防措施。测试过程中一种危险材料第一次提及时,危险将通过单词“危险”及跟在其后面的一个由包含一个字母的角括号“〈〉”组成的符号来指明。双括号“《》”用来表示特别危险的情况。在后续的陈述中

2)　关于数据如何处理的解释,参见 ASTM 统计方法手册(*ASTM Handbook on Statistical Methods*)。从美国宾夕法尼亚州 19103,费城,Race 路 1916 号,ASTM(美国材料实验协会)可得到本手册。

包含了危险性物质的处理方法，但只用由括号和字母组成的危险符号标记。此外，对于一个特定的原材料，一个章节内危险性符号只用一次。

详细的处置化学品及其稀释液的警示符号不包含在本标准的范围中。

企业应按法律要求提供培训和健康、安全资料。

本标准采用的危险符号系统只是为使用者提供资料，并不是法律规定的符号，因为各个国家的规定是不同的。

我们极力建议：任何使用这些化学品的人应从制造商那里获取化学品的危险性、处理方法、使用方法和废弃物处置方法。

5.2 危险警示符号

〈B〉吸入伤害。避免吸入粉尘、蒸气、烟雾或气体。使用时必须有适当的通风设备。

〈C〉接触伤害。避免接触到眼睛、皮肤及衣物。触摸后彻底清洗。

〈S〉吞咽有害。接触后彻底清洗。如不慎吞咽，应立即就医。

《S》如果吞咽，可能会致命。如果吞咽，立即去就医。

〈F〉易燃。远离热源、火花及明火。使用时要有适当的通风设备。

〈O〉氧化剂。与其他材料接触可能会引起火灾。不要贮存于易燃物附近。

5.3 安全预防措施

5.3.1 所有的吸量管操作时都应使用洗耳球或使用活塞式吸量管。不遵守这条危险警告会导致氰化物中毒。这是一条关键性的安全警告。

5.3.2 消解步骤应在排风量足够大的通风橱内进行。氰化氢或其他有毒物质可以被放出。

5.3.3 所有试验室工作都应佩戴安全眼镜。

5.3.4 碘化氰用次氯酸钠处理可以被分解。

5.4 操作预防措施

5.4.1 在移取测试样品前，应提前足够的时间将碘化氰(CNI)银溶剂加入批量样品中，以保证闭塞或沉淀的银能完全溶解。如果样品是酸性的，在加入碘化氰(CNI)前应先中和。加入碘化氰(CNI)后最少反应时间为 1 h。碘化氰(CNI)可以在批量采样时加入。处理后的样品可保持稳定。

5.4.2 通过加入大量的 CNI(最高加入 20%)，批量样品中含有的大量的银会溶解，在加入 CNI 之前的批量采样时间，应做好最初的批量采样体积的标记。测试时 8.2.3 给出的稀释系数应与 AAS 值同时使用，来计算试样的真实浓度。对于因颗粒物造成的银浓度很高的样品，建议反应时间是前一天晚上。为了获得真实的银含量，应取具有代表性的典型样品，包括固体和颗粒物质。代表性的采样还应考虑容器壁上吸附或沉淀的银。转移样品时对容器壁进行适当处理是必要的。

5.4.3 使用保护剂 CNI 时，样品容器材料没有特别重要的关系。既然如此，宁愿选择塑料容器从而可以避免破损。不论怎样，样品容器都应完全清洁(见 5.4.5)。

5.4.4 分析样品中溶解的银，要求采样后马上过滤并使用过滤后不会影响银浓度的支持设备。可采用 0.45 μm 的薄膜过滤介质和不锈钢支架。搪瓷玻璃和陶瓷过滤器过滤时可能吸附银，因此不建议使用。

5.4.5 为避免容器壁上吸附的银释放出来，干扰样品测定，所有的玻璃仪器和容器清洁时应用(1～2)%CNI 溶液或浓硝酸浸泡最少 4 h，然后用蒸馏水漂洗数次。

5.4.6 消解应完全，以消除与滴定剂碘化钾起反应的干扰物质。

5.4.7 到达终点前碘化钾的滴定速率不应超过 0.1 mL/min。最后的滴定速率不应超过 0.05 mL/min。如果银的浓度低，化学反应速率慢，快的滴定速率将会使结果明显升高。这样的滴定速率最好还是用自动滴定设备。

5.4.8 执行规定的清洁和包盖银电极的步骤，将提供正确的硫化物涂层厚度。硫化物试剂的超期使用，能过分包盖电极，从而导致反应速度变慢，结果明显偏高。

5.4.9 消解后的样品量在滴定前应为 150 mL 或更少。样品量过多会降低滴定终点所要求的电位突越,对于银含量低的样品尤其如此。

5.4.10　滴定时样品应强力搅拌,以帮助反应完全。如果不这么做,会导致分析结果失去意义。

5.4.11　所有的容器均应贴上标签并标注日期。适当的警告标签应贴在容器上。

6　试剂

处置和标识:试剂应按照包装容器上标注的或从其他途径获得的健康和安全预防措施处置。适当的制备好的试剂标识有:化学名称、制备日期、有效期、重新标定日期、制备人和适当的健康和安全预防措施。试剂的废弃处置应遵从相应的环境法律、法规。

纯度:试验中所使用的试剂均应为试剂级化学品或满足适用的标准的化学品,以及分析过程可接受的纯度的化学品。细节见 ISO 6353-1:1982,ISO 6353-2:1983 和 ISO 6353-3:1987。

除非另有规定,试验中只使用蒸馏水或相等纯度的水。见 GB/T 6682:2008。

溶液的浓度:当需要使用标准溶液时,其溶液浓度用物质的量浓度(mol/L)表示,物质的量浓度的有效数字的位数应足够多,能够保证试剂不影响测试方法的有效性。

当不需要标准溶液时,它的浓度用每升中含的克数(g/L)表示,数字具有适当的有效数字位数。

当溶液被稀释时,表示为($X+Y$),即 X 体积的试剂或浓溶液用 Y 体积的蒸馏水或去离子水来稀释。

6.1　原子吸收光谱法(AAS)所用试剂

6.1.1　碘化氰溶液(CNI)(危险:《S》〈B〉〈C〉)[3)]

6.1.2　银标准溶液

0.5 mg/L,1.0 mg/L,3.0 mg/L,5.0 mg/L。[3)]

6.2　电位滴定法(PT)所用试剂

6.2.1　乙酸(CH_3COOH)(危险:〈C〉〈B〉)

乙酸,$\rho\approx1.05$ g/mL。

6.2.2　氢氧化铵(NH_4OH)(危险:〈C〉〈B〉)

$\rho\approx0.91$ g/mL。

6.2.3　过氧化氢(H_2O_2)(危险:〈C〉〈B〉〈O〉)

H_2O_2 质量分数约为 30%。

6.2.4　硝酸(HNO_3)(危险:〈C〉〈B〉〈O〉)

HNO_3 的质量分数约为 70%。

6.2.5　碘化钾标准溶液(KI)

0.1 mol/L,0.01 mol/L,0.001 mol/L。[3)]

6.2.6　硝酸钾溶液(KNO_3):饱和的

在 100 mL 水中加入 50 g 硝酸钾。搅拌 5 min 然后加热到室温。试剂容器中保持多余的不溶解的硝酸钾晶体。

6.2.7　硝酸银标准溶液($AgNO_3$)

0.100 mol/L,0.010 mol/L,0.001 mol/L。[3)]

6.2.8　硫酸(H_2SO_4)(危险:《C》)

$\rho\approx1.84$ g/mL。

7　玻璃仪器

所有用于加热的玻璃仪器均应由耐热的硅硼玻璃制成。[4)]

吸管和其他玻璃量器应符合 GB/T 12808—1991、GB/T 12806—1991、ISO 385:2005、ISO 835:

---

3)　这些溶液的制备步骤在附录 A 中给出。

4)　Pyrex® 公司是适用的玻璃仪器生产企业之一。为了便于用户使用,本标准提供此资料,并不意味着是 PIMA 或 ANSI 对产品的认可。

2007 和 ISO 4788:2005 里指明的对 A 级玻璃器皿的容量要求。

8 采样和样品预处理

本标准包含了分析方法的选择和样品预处理步骤。为了确保分析产生富有意义的结果，恰当的选择和决定是必需的。因此，本条款打算提供系统的、合理的方法使下列内容与材料类型和分析技术的选择一致：

a） 代表性的采样；

b） 采样量的确定；

c） 样品制备。

表 1 提供一个基于样品类型选择处理和分析方法的综述。对 AAS 法，样品的任何处理都是有效的。但适当时，为了简单更倾向于选择 CNI 处理。PT 法要求消解处理，适当时更倾向于选择较弱的消解法 A。对于高固体含量的样品，当 CNI 法不适合后面的操作时，PT 法和 AAS 法要求更强力的消解法 B。

8.1 采样和样品保存

分析典型的具有代表性的样品是必要的。采集加工过程排放的废水或车间排放的废水可能包括许多困难，应小心操作，详见 ISO 5667-1:2006 和 ISO 5667-3:2003。采样应按照规章制度的要求进行。采样应在典型的操作条件下进行，正常状态下采集的样品应能全面代表工厂所排放的废水。能真实代表其排放废水的日常样品要求采样时间要大于 24 h，并且采样量与废水流速成比例。在意外排放或非常规操作时采集的样品，其结果不具有代表性。

分析方法和对分析结果的要求将决定样品的保存要求。通常推荐所有打算分析银含量的废水样品都用 CNI 处理。值得注意的是打算装运的样品可能违反运输的规章制度。如果这样，可以在到达后再用 CNI 处理，要求是至少在分析前 1 h 处理。使用 CNI 起稳定作用的标准处理方法要求 CNI 的加入率为每 100 mL 样品中加入 1.0 mL CNI 溶液。

AAS 分析法用 CNI 来稳定样品。加入 CNI 稳定剂后的样品通常可以直接用于分析。CNI 用于 PT 分析法的样品，来避免容器壁的吸附作用造成材料丢失。因为 PT 分析法要求一个消解过程，倘若没有因吸附作用而损失的银，就不需要加入 CNI 稳定剂。

表 1 操作流程图

样品类型	分析方法	分条款	处置	分条款
低盐废水	AAS 法	10.2	CNI	8.2 或 8.3
	AAS 法或 PT 法	10.2 或 11.2	消解法 A	9.2
	AAS 法或 PT 法	10.2 或 11.2	消解法 B	9.3
高固体废水	AAS 法或 PT 法	10.2 或 11.2	消解法 B	9.3

8.2 采样量和样品预处理

分析技术的实际最低限度，AAS 法是 0.1 mg/L，PT 法是 0.2 mg/L（见 9.2.2，消解法 A）。AAS 法的最小试样量是 10 mL，相当于 0.001 mg 银。PT 法需要的滴定剂最小量等于 1 mL 浓度为 0.001 mol/L 的碘化钾溶液，这相当于 0.1 mg 银。按照这个要求，滴定法测银要求含银 0.2 mg/L 的最初样品 500 mL。当试着免除浓缩步骤或限制样品量时，分析技术可能扩展到更低的范围[(0.1～0.2)mg/L]。

本标准给出的步骤适用于银含量高的范围。这个范围被认为能更好地适合样品的处理和分析技术。考虑到这点，在随后的步骤中，稀释可能是必要的，但方便和可靠性的增长证明额外的步骤是必要的。

大多数 AAS 仪器操作在银含量(0.1～3.0)mg/L 的范围内呈线性。本标准提供适当的稀释来达到这点。使用不同线性范围的仪器操作，需要对稀释倍数进行适当的调整。为了方便计算，将 1.0 mg/L 用作目标点。适合的样品吸出量是 50 mL（最小量是 10 mL），即 50 mL 样品中含大约 0.05 mg 银。

滴定时消耗 0.001 mol/L 的碘化钾溶液 10 mL 时，PT 法分析银含量是方便准确的。这相当于

1.08 mg 银，为了获得比较明显的终点，样品量不应超过 150 mL。

一定条件下，可以从样品中直接获得银含量，并且在分析过程中准备好的最初的溶液是适用的。这点在用 AAS 法分析废水时尤其可靠。这时，CNI 处理后的适量样品可直接用于 AAS 分析法。

某些情况下，消解步骤或消解后的浓缩步骤是必需的。这时，所取样品中应含有近 0.1 g 银，对于高固体含量的材料，应含有近 0.5 g 银。高固体含量的样品，应处理成近似于 100 mg/L 或 500 mg/L 的溶液。这些最初的溶液被稀释成近似于 1.0 mg/L(AAS 法)或 10 mg/L(PT 法)的溶液，用于分析。

显而易见，第一步要求估计样品的银含量。如估计值高于实际值，遇到的问题将是得到低于期望值的银量。这可能会使得结果接近或低于工作限，需要重新采样测试。另一方面，如果估计值低于实际值，将会得到高于分析的工作范围上限的溶液。这时，样品稀释将会提供在分析的工作范围内的溶液。为此，宁愿使银含量的估计值低于希望预期值。

不同样品类型和样品预处理方法所需的测试样品量见 8.2.1。实际的分析要求校准测量与样品测量相一致。校准样品的制备在附录 A 中给出。

8.2.1　测试样品量

废水的银含量可能高于 1 000 mg/L，但通常低于 10 mg/L。测试样品时按照表 2，在银含量估计值的基础上取样。

表 2　废水和水洗水用 AAS 法或消解过程所需的测试样品量

银含量估计值/(mg/L)	消解法 A 的测试样品量/mL	AAS 法稀释倍数
200～1 000	1.0	1.0∶1 000
50～250	5.0	1.0∶100
20～100	10.0	1.0∶100
5～25	50.0	10.0∶100
2～10	100.0	10.0∶100
0.2～2.5	500.0	不稀释
0.1～0.2	1 000.0	不稀释
低于 0.1	浓缩样品	

8.2.2　AAS 法样品制备

废水含银量在(0.1～3.0)mg/L，可用 AAS 法直接分析。批量样品用 CNI 工作溶液(**危险:《S》〈B〉〈C〉**)照 100 mL 样品中加入 1 mL CNI 试剂的比例进行处理。处理后的溶液放置至少 1 h，混匀后，直接吸入分光光度计中(见 10.2)。如果需要稀释样品，将其稀释到(0.1～3.0)mg/L 的范围。废水或水洗水样品含银量低于 0.1 mg/L 时，要求按照 9.2.1 对样品进行浓缩，调整到合适的量。

8.2.3　用 AAS 法分析含有重要特定物质样品的预处理

8.2.3.1　一些流出物可能含有有效量的特定物质。使用 AAS 法时，这些样品可以用修改的 CNI 步骤来处理，可以避免消解步骤。处理含有大量特定物质的批量样品，用 20% 的 CNI 溶液(**危险:《S》〈B〉〈C〉**)。采样步骤和修正方案在 8.2.3.2 中详细列出。使用表 3 举例给出的类似特定量，必须计算稀释因子。

表 3　样品预处理举例

步骤	条　款	容量/mL
1	批量样品	2 000
2	加入 CNI;批量样品的 20%	400
3	总量(步骤 1+步骤 2)	2 400
4	直接测试样品量(原始批量样品的 25%)	500
5	将加入量标刻于量筒上(步骤 3 的 25%)	600
6	过滤和冲洗后的总量	750

8.2.3.2 下列步骤将被执行：

a) 如果批量样品是酸性的，先中和它。然后在样品中加入 CNI(**危险：《S》〈B〉〈C〉**)。放置反应到清澈透明，或放置过夜。

注：过夜处理对溶解银有意义，但可能不会使溶液清澈透明。

b) 强力摇动或混合样品并迅速倒入标好刻度的量筒内，相当于直接测试样品＋该样品的 CNI 百分加入量(见表 3，步骤 5)。确定包含代表性样品的特定物质。记录样品量。

c) 通过烧结玻璃或瓷玻璃料吸滤样品，用 CNI(**危险：《S》〈B〉〈C〉**)和蒸馏水冲洗过滤装置。将滤液倒入标好刻度的量筒，得到溶液体积(见表 3，步骤 6)。记录溶液总体积。

按下列公式计算稀释系数，K：

$$K - V_6/V_4$$

式中：

V_4——直接测试样品量，单位为毫升(mL)(见表 3，步骤 4)；

V_6——过滤后样品总量，单位为毫升(mL)(见表 3，步骤 6)。

实例

参阅表 3，稀释系数为

$$K=750/500=1.5$$

因为加入额外的 CNI 来溶解总量样品中的银，所以必须计算稀释系数。AAS 法和电位滴定终点值都要用到稀释系数。AAS 法使用稀释系数的正确公式如下：

$$C_{Ag}=K\times c_{DR}$$

式中：

C_{Ag}——银的浓度，单位为毫克每升(mg/L)；

K——稀释系数；

c_{DR}——从分光光度计直接读出的浓度，单位为毫克每升(mg/L)。

8.2.4 PT 分析法的样品预处理

本法要求初步的消解(见 9.2 消解法 A 或 9.3 消解法 B)。浓缩步骤(见 9.2.1)用于低银含量且低盐含量的样品。

9 测试样品准备

给出三种样品准备方法。第一种方法(见 9.1)，是用 CNI 处理各种类型样品的简化方法，通常适用于 AAS 法的直接分析。第二和第三种方法是消解技术。第一种消解技术(见 9.2)包括浓缩和消解过程，适用于用两种方法(AAS 法或 PT 法)分析的稀释材料。第二种消解技术(见 9.3)是一种更强力的消解法，对于有高固体含量的废水是必需的。如果拿不准，应采用第二种消解步骤。

9.1 碘化氰(CNI)处理

用 AAS 法，CNI 保存方法通常去除了消解预处理的必要。一个例外可能是样品含有大量的特定物质或胶体悬浮液。这种情况下，可以尝试着加入更多量的 CNI(高达样品体积的 20%)(见 8.2.3)，并使用恰当的修正量。

9.2 浓缩和消解(消解法 A)

本技术适用于低银含量和低盐份含量的废水。

警告——所有蒸发操作需在有充分通风设施的通风橱(排风罩)内进行。在消解步骤中，放出的浓厚的白烟(SO_3)是有毒的，因此应避免吸入。

9.2.1 样品浓缩

用带刻度的量筒将 500 mL 样品加入含有 5～10 粒玻璃珠的 1 000 mL 带刻度的烧杯中。在有充分通风的加热板上将样品蒸发至约 50 mL。将烧杯从加热板上拿下，在室温下放置 5 min，使溶液冷却。

9.2.2 样品消解(消解法A)

警告——使用带有安全护罩的通风橱(排风罩)。本操作要戴手套、安全眼镜和工作围裙。加热要在有充分通风设施的通风橱(排风罩)内进行。酸和过氧化物加入时,可能会发生迸溅。发出的浓厚的白烟(SO_3)是有毒的,因此应避免吸入。

9.2.2.1 向装有浓缩样品的1 000 mL烧杯中,边搅拌边用带刻度的量筒缓慢加入5 mL硫酸(6.2.8)(**危险**:《**C**》)。向烧杯中用带刻度的量筒缓慢加入5 mL硝酸(6.2.4)(**危险**:〈**C**〉〈**B**〉〈**O**〉)。然后再用带刻度的量筒或尖端吸管缓慢加入4 mL 30%的过氧化氢(6.2.3)(**危险**:〈**C**〉〈**B**〉〈**O**〉)。将没有加盖的烧杯放在加热板上加热2 min,到出现浓厚的白烟(SO_3)。将烧杯从加热板上拿下,在室温下放置5 min,使溶液冷却。

9.2.2.2 重复9.2.2.1的操作两次。第二次重复时,持续浓缩直到剩余量接近25 mL。将烧杯从加热板上拿下,放置,使溶液冷却至室温。

9.2.3 调节消解样品的pH值

9.2.3.1 将1 000 mL烧杯中的物质,用蒸馏水定量地转移到250 mL烧杯中。最终体积应近似于100 mL。用带刻度的量筒缓慢地小心加入氢氧化铵(6.2.2)(**危险**:〈**C**〉〈**B**〉)直到样品正好变碱性(红色的石蕊试纸变蓝)。大约需要(25～40)mL氢氧化铵。用带刻度的量筒加入乙酸(6.2.1)(**危险**:〈**C**〉〈**B**〉)直到样品正好为酸性(蓝色的石蕊试纸变红)。然后再加入2 mL乙酸。

9.2.3.2 本溶液大约含有100 mg银(如是高固体含量的样品,大约含有500 mg银)。将溶液定量地转移到1 000 mL的单标线容量瓶并用水稀释到刻度。

9.2.3.3 AAS法,按10.2.3.2,PT法按11.2继续操作。

9.3 强力消解(消解法B)

9.3.1 高溶质含量溶液的浓缩

在烧杯中加入至少两倍样品体积的代表性样品,加入5～10粒玻璃珠。在有充分通风的排风罩中用加热板将样品蒸发至50 mL。将烧杯从加热板上拿下,放置,使溶液冷却至室温。

9.3.2 样品消解(凯氏烧瓶)

警告——使用带有安全护罩的排风罩。本操作要戴手套、安全眼镜和工作围裙。加热要在有充分通风设施的排风罩内进行。酸和过氧化物加入时,可能会发生迸溅。确保烧瓶瓶颈朝向排风罩后面。发出的浓厚的白烟(SO_3)是有毒的,因此应避免吸入。

9.3.2.1 在排风罩内放置一个100 mL的凯氏烧瓶(Kjeldahl flake)。烧瓶瓶颈应与铁架支持棒成大约(30～45)°角。插入一片瓷板或加入数粒玻璃珠,以防止迸溅。将获得的样品引进凯氏烧瓶。用带刻度的量筒非常缓慢地向凯氏烧瓶加入(4～6)mL硫酸(6.2.8)(**危险**:《**C**》)。非常缓慢地用带刻度的量筒,向凯氏烧瓶加入(4～6)mL硝酸(6.2.4)(**危险**:〈**C**〉〈**B**〉〈**O**〉)。逐滴加入(4～6)mL 30%的过氧化氢(6.2.3)(**危险**:〈**C**〉〈**B**〉〈**O**〉),旋动烧瓶搅拌摇动里面的溶液。用本生灯(即煤气灯)或其他合适的热源轻轻地加热烧瓶,设法使样品分解。继续交替加入过氧化氢(6.2.3)和加热,直到溶液变清澈。

9.3.2.2 煮沸溶液直到固体完全溶解。溶液可能变无色或浅黄色。持续沸腾,直到从烧瓶嘴中冒出浓厚的白烟,并持续大约30 s(不要把一开始出现的水蒸气与这些白烟相混淆)。冷却后加入过氧化氢(6.2.3)(**危险**:〈**C**〉〈**B**〉〈**O**〉),然后再加热。交替进行,直到溶液变澄清。

9.3.3 调节样品的pH值

警告——如果水加入浓硫酸(6.2.8)(危险:《C》)时太快,可能会发生暴沸。加水时每次少量加入,充分混匀,两次加水中间间隔一定的冷却时间。确信凯氏烧瓶没有指向人群。加热溶液使结晶的盐溶解,然后冷却。

9.3.3.1 将凯氏烧瓶(见9.3.2)冷却到室温。缓慢小心地向凯氏烧瓶内加入25 mL水。向烧瓶内投下一小片红色的石蕊试纸,小心地逐滴加入氢氧化铵(6.2.2)(**危险**:〈**C**〉〈**B**〉)直到石蕊试纸变蓝(忽略出现的白色或红棕色的沉淀物)。逐滴加入乙酸(6.2.1)(**危险**:〈**C**〉〈**B**〉),直到石蕊试纸刚好变成红色。

再加入 2 mL 乙酸(6.2.1),混匀。

9.3.3.2 本溶液含有大约 100 mg 银(如果消解的是高固体样品则含有 500 mg 银)。定量地转移入 1 000 mL 容量瓶并稀释到标线。

9.3.3.3 AAS 法按照 10.2.3.2 操作,PT 法按照 11.2 操作。

10 原子吸收光谱分析法(AAS)

10.1 特殊仪器设备

10.1.1 原子吸收分光光度计

具有以下特征:

a) 银空心阴极灯。

b) 波长:328.1 nm。

c) 燃气:乙炔。

d) 助燃气:空气。

e) 火焰类型:氧化型。

10.2 步骤

10.2.1 通则

不同生产厂家的不同型号的符合要求的原子吸收分光光度计,在操作细节上会有所不同。分析人员应遵从生产厂家给出的针对特定仪器的操作指南。

通常,安装空心阴极灯后,灯应该预热 15 min。这段时间,调准分光光度计,使单色光器指到恰当的波长,选择合适的单色光器狭缝宽度,按照生产厂家的推荐,调节空心阴极灯的电流。随后,点火并调节燃气和助燃气的流量,调节燃烧器和喷雾器的流量比率,以得到最大百分比的稳定吸收,平衡分光光度计。

测试一系列含有 CNI 溶液(6.1.1)的银标准溶液(6.1.2),并建立标准溶液浓度对吸光度的校准曲线。对那些可以直接读取浓度值的设备,调节曲线校正器,使读出合适的浓度值。吸取样品并直接或从校准曲线上测试出浓度值。为得到最佳测试结果,每次测试一系列样品时,建立一定范围的银标准曲线。

10.2.2 校准曲线

为 AAS 法准备银标准溶液,如果样品已经过 CNI 处理,相应地在每 100 mL 标准溶液中加入 1 mL CNI。如果条件允许,使用背景校正。测试标准溶液并建立校准曲线。只使用曲线的直线部分。银校准曲线的直线范围通常在(0.1~3.0)mg/L。

10.2.3 最终样品处理

测试样品并从校准曲线上计算出样品的银含量。如果测试值不在曲线的直线部分,浓溶液应适当稀释,并测试稀释后的样品。

10.2.3.1 经 CNI 处理过的样品

恰当稀释过的经 CNI 处理过的样品,通常适合 AAS 法直接测试。

10.2.3.2 消解后的样品

经消解步骤(9.2 或 9.3)处理后的样品银的质量浓度将达到 100 mg/L,因此分析前需要稀释。稀释倍数通常为 100:1(1.0 mL 稀释到 100 mL)。高固体含量(树脂、淤泥、滤渣、金属)的样品,稀释倍数通常为 500:1(1.0 mL 稀释到 500 mL)。稀释过的样品适合 AAS 法分析。

11 碘化物电位滴定分析法(PT)

本方法比 AAS 法更复杂也更费时。当 AAS 法不适用或要求一个仲裁方法时,使用本方法。本方法适用于银含量低至 0.1 mg/L,并可通过样品用量的减少,来用于高浓度样品测定,或通过样品用量的增加来测定低浓度样品。用CNI溶液保存的原理和步骤与第9章相同。然而在电位滴定之前，要求消解来去除干扰。执行消解法A前，要有一个浓缩步骤。pH计可用于手工滴定，但滴定速度要非常慢，也就是0.1 mL/min。接近滴定终点时滴定速度为0.05 mL/min。

11.1 特殊的仪器设备

11.1.1 电位计的读出装置，由以下部分组成。

11.1.1.1 pH计，能读出两位小数。

11.1.1.2 电位滴定计(自动滴定计)

能以0.05 mL/min速度滴定。

11.1.2 硫化银电极(银离子选择电极)

用适合的研磨材料，例如无纺布，将银条或银棒电极擦亮。擦亮后将其浸入硝酸(**危险：**〈**C**〉〈**B**〉〈**O**〉)中大约15 s。用水冲洗并将其浸入质量分数为1%的亚硫酸钠溶液(10～15)s。

注：执行规定的清洁和包盖银电极的步骤，将提供恰当的硫化物涂层厚度。硫化物溶液的超期使用，能过分包盖电极，从而导致反应速度变慢，结果明显偏高。

11.1.3 参比电极(甘汞电极)

任何外部溶液为非卤化物(即硝酸盐)溶液的双盐桥的参比电极都可以使用。

11.1.4 通风橱(排风罩)

有确定的充分通风。

11.1.5 滴定管

11.1.6 搅拌装置

磁力搅拌器或其他相等的装置。

11.1.7 实验室玻璃器皿

所有实验室玻璃器皿和容器，应用(1～2)%的碘化氰溶液(6.1.1)(**危险：**《**S**》〈**B**〉〈**C**〉)浸泡1 min，或用硝酸(6.2.4)(**危险：**〈**C**〉〈**B**〉〈**O**〉)溶液浸泡4 h，以彻底清洗干净，从而避免容器壁上吸附的银在消解时释放出来，干扰样品测定。然后将容器用蒸馏水漂洗数次。

11.2 步骤

11.2.1 通则

电极对由硫化银电极(11.1.2)和参比电极(11.1.3)组成。在滴定过程中，调节磁力搅拌装置(11.1.6)强力搅拌样品。消解过的样品含银量应为100 mg/L(高固体含量的样品含银500 mg/L)。

使用电位滴定计(11.1.1.2)时，最大速度调节到0.1 mL/min。接近终点时，将滴定速度降低到0.05 mL/min。

11.2.2 含银量(0.2～4.0)mg/L的低含盐量样品(消解法A)

用0.001 mol/L的碘化钾(6.2.5)对样品进行电位滴定。

滴定时使用1 mL或更多的滴定剂。当最初取样量为500 mL时，在以上条件下滴定的含银量最低为0.2 mg/L。含银量0.1 mg/L的样品，取样量应为1 000 mL。

11.2.3 含银量超过4 mg/L的样品

如果已知大概的含银量，表4给出的转化换算系数可有效使用。拿不准时，取样量应大些。

注：0.001 mol/L的碘化钾溶液(6.2.5)一般适合大多数样品。当样品的银含量高于预期值时，使用0.001 mol/L的碘化钾溶液将会过分延长滴定时间。一个建议是记录下0.001 mol/L的碘化钾溶液在某一点的消耗量，然后改换用0.01 mol/L的碘化钾溶液滴定。计算时，考虑这两种滴定剂的用量(和物质的量浓度)。

11.2.4 稀释系数

当使用高浓度的CNI从含有大量特殊物质的样品中洗提银时，有必要使用8.2.3给出的稀释系数。

11.3 滴定法的计算

计算溶液中的银含量C_{Ag}，mg/L，用下式计算：

$$C_{Ag}=1.079\times10^{5}(c_{T}V_{T}/V_{S})$$

式中：

c_T——KI 滴定剂的精确浓度，单位为摩尔每升(mol/L)；

V_T——KI 滴定剂的用量，单位为毫升(mL)；

V_S——样品体积，单位为毫升(mL)。

1.079×10^5——银质量的组合转化系数，单位为克(g)，等于滴定时 1 mol 碘化钾消耗的银的质量(g)(即 107.9)×克与毫克的转化系数(即 1 000)。

表 4 转化系数

样品体积/mL	KI 浓度/(mol/L)	转化系数/(mg/mol)
1 000	0.001	0.108
500	0.001	0.216
100	0.001	1.079
50.0	0.001	2.158
10.0	0.001	10.79
5.0	0.001	21.58
1.0	0.001	107.9

附 录 A
(规范性附录)
试剂溶液的制备

A.1 碘化氰标准溶液(CNI)的制备(危险:《S》〈B〉〈C〉)

A.1.1 试剂

A.1.1.1 氰化钾(KCN)(**危险**:《S》〈C〉)。

A.1.1.2 碘(I_2)。

A.1.1.3 碘化钾(KI)。

A.1.1.4 氢氧化铵(NH_4OH),$\rho \approx 0.91$ g/mL,(**危险**:〈B〉〈C〉)。

A.1.2 步骤

A.1.2.1 在100 mL单标线容量瓶中,将40 g碘化钾(A.1.1.3)溶于25 mL水中。向容量瓶中加入(12.7±0.1)g碘(A.1.1.2),旋转混匀,直到确信碘已溶解,用水稀释到标线。盛放在带玻璃塞的棕色瓶中,存放在暗处。不要求标定。

A.1.2.2 称出(6.5±0.1)g氰化钾(A.1.1.1)(**危险**:《S》〈C〉),溶于50 mL水中。将此溶液(**危险**:《S》〈C〉)转移到100 mL单标线容量瓶中。用量筒向此容量瓶中加入4.0 mL氢氧化铵(A.1.1.4)(**危险**:〈C〉〈B〉),再加入5.0 mL 1.0 mol/L碘溶液(A.1.2.1)。用水稀释至刻度,盖好瓶塞并颠倒数次以混匀。转移碘化氰溶液(**危险**:《S》〈B〉〈C〉)入棕色瓶并存于通风橱内。在瓶上贴上标签并标注日期。试剂在变成深黄色前,一直是有效的。

A.2 AAS法用银标准溶液的制备(0.5 mg/L,1.0 mg/L,3.0 mg/L和5.0 mg/L)

A.2.1 试剂

A.2.1.1 硝酸银($AgNO_3$)(**危险**:〈C〉)

A.2.1.2 氢氧化铵(NH_4OH)(**危险**:〈C〉〈B〉)

$\rho \approx 0.91$ g/mL。

A.2.1.3 碘化氰溶液(CNI)(A.1)(**危险**:《S》〈B〉〈C〉)。

A.2.2 步骤

见5.4.5的清洗容器。

A.2.2.1 银储备溶液,1.0 g/L

称取(1.572±0.001)g硝酸银(A.2.1.1)(**危险**:〈C〉),将其转移入1 000 mL单标线容量瓶。用水稀释至刻度,盖好瓶塞并颠倒数次,直到充分混匀。贮存于棕色瓶内。

注:原子吸收分光光度计制造商或实验室供应商提供的1.000 g/L银储备液是有效的。

A.2.2.2 银储备溶液,100 mg/L

用移液管吸取10.0 mL浓度为1.0 g/L的银储备液(A.2.2.1),移入100 mL容量瓶。用水稀释至刻度,盖好瓶塞并颠倒数次,直到充分混匀。(假设稀释后溶液的酸性仍然足够在溶液中保存银。)

A.2.2.3 银参比溶液

在四个100 mL的容量瓶上标记如下:0.5 mg/L,1.0 mg/L,3.0 mg/L和5.0 mg/L。在各个容量瓶中吸取标记好量(准确到毫升)的浓度为100 mg/L的银储备溶液(A.2.2.2)。在每个容量瓶中加1~2滴氢氧化铵(A.2.1.2)(**危险**:〈C〉〈B〉)来中和溶液。于每个容量瓶中加入1 mL CNI(A.1)(**危险**:《S》〈B〉〈C〉)并摇匀。用水稀释到刻度,盖好瓶塞并颠倒数次,直到充分混匀。

A.3 PT 法用银标准滴定溶液的制备（0.100 mol/L，0.010 mol/L 和 0.001 mol/L）

A.3.1 试剂

A.3.1.1 硝酸银（$AgNO_3$）（**危险：〈C〉**）。

A.3.2 步骤

见操作预防措施 5.4.5，清洗容器。

注：本方法中作为基准物的硝酸银，必须使用硝酸银基准试剂。硝酸银溶液按 A.3.2.1 和 A.3.2.3 制备，不要求标定。

A.3.2.1 0.100 mol/L 硝酸银标准溶液（16.989 g/L）

在 1 000 mL 容量瓶中，将 16.989 g 硝酸银（A.3.1.1）（**危险：〈C〉**）溶解于 500 mL 水中。用水稀释至刻度并混合均匀。贮存于棕色瓶内。

A.3.2.2 0.010 mol/L 硝酸银标准溶液（1.698 9 g/L）

吸取 25.0 mL 0.100 mol/L 硝酸银标准溶液（A.3.2.1）于 250 mL 单标线容量瓶中，用水稀释至刻度并混合均匀。贮存于棕色瓶内。

A.3.2.3 0.001 mol/L 硝酸银标准溶液（0.1698 9 g/L）

吸取 10.0 mL 0.100 mol/L 硝酸银标准溶液（A.3.2.1）于 1 000 mL 单标线容量瓶中，用水稀释至刻度并混合均匀。贮存于棕色瓶内。

A.4 碘化钾标准溶液的制备（0.1 mol/L，0.01 mol/L 和 0.001 mol/L）

A.4.1 试剂

A.4.1.1 碘化钾（KI），试剂级。

A.4.1.2 硫酸（H_2SO_4）（1+4）。

在 2 000 mL 的耐热烧杯中放入 800 mL 水，用磁力搅拌器搅拌。小心缓慢地加入 200 mL 硫酸，$\rho \approx 1.84$ g/mL（**危险：《C》**）。冷却到室温，转移到贮藏瓶中，贴上标签并标注日期。

A.4.2 步骤

A.4.2.1 碘化钾溶液，0.100 mol/L（16.7 g/L）

在水中溶解 16.7 g 碘化钾（A.4.1.1）。稀释到 1 000 mL 并混合均匀。贮存于棕色瓶内。

A.4.2.2 碘化钾溶液，0.010 mol/L（1.67 g/L）

在水中溶解 1.67 g 碘化钾（A.4.1.1）。稀释到 1 000 mL 并混合均匀。贮存于棕色瓶内。

A.4.2.3 碘化钾溶液，0.001 mol/L（0.167 g/L）

将 100 mL 浓度为 0.010 mol/L 的碘化钾溶液（A.4.2.2）用水稀释到 1 000 mL，混合均匀。此溶液要在使用前 24 h 内准备。贮存于棕色瓶内。

A.4.3 碘化钾标准溶液

A.4.3.1 0.100 mol/L 的碘化钾标准溶液（16.7 g/L）

吸取 25.0 mL 浓度为 0.100 mol/L 的碘化钾标准溶液（A.4.2.1）于 150 mL 烧杯中。加入 25 mL 水和 1 mL 硫酸溶液（1+4）（A.4.1.2），用 0.100 mol/L 的硝酸银标准溶液（A.3.2.1）进行电位滴定。

用下式计算 KI 溶液的浓度，$c(\mathrm{KI})$，mol/L。

$$c(\mathrm{KI}) = V_{\mathrm{Ag}} \times 0.004\,00$$

式中：

V_{Ag}——滴定时，消耗硝酸银标准溶液的体积，单位为毫升（mL）。

A.4.3.2 0.010 mol/L 的碘化钾标准溶液（1.67 g/L）

吸取 25.0 mL 浓度为 0.010 mol/L 的碘化钾标准溶液（A.4.2.2）于 150 mL 烧杯中。加入 25 mL 水和 1 mL 硫酸溶液（1+4）（A.4.1.2），用 0.010 mol/L 的硝酸银标准溶液（A.3.2.2）进行电位滴定。

用下式计算 KI 溶液的浓度，$c'(\mathrm{KI})$，mol/L。

$$c'(\mathrm{KI}) = V'_{\mathrm{Ag}} 0.000\,40$$

式中：

V'_{Ag}——滴定时，消耗硝酸银标准溶液的体积，单位为毫升(mL)。

A.4.3.3　0.001 mol/L 的碘化钾标准溶液(0.167 g/L)

吸取 25.0 mL 浓度为 0.001 mol/L 的碘化钾标准溶液(A.4.2.3)于 150 mL 烧杯中。加入 25 mL 水和 1 mL 硫酸溶液(1+4)(A.4.1.2)，用 0.001 mol/L 的硝酸银标准溶液(A.3.2.3)进行电位滴定。

用下式计算 KI 溶液的浓度，$c''(\mathrm{KI})$，mol/L。

$$c''(\mathrm{KI}) = V''_{\mathrm{Ag}} \times 0.000\,04$$

式中：

V''_{Ag}——滴定时，消耗硝酸银标准溶液的体积，单位为毫升(mL)。